张天德 窦 慧 崔玉泉
王 玮 孙钦福
编著

全国大学生
数学竞赛
辅导指南

第3版

清华大学出版社
北 京

内 容 简 介

本书共分为3部分。第1部分的内容是十届预赛试题及参考答案;第2部分为考点直击,针对考试大纲对每个专题进行考点直击,包括考点综述、解题方法点拨和竞赛例题;第3部分为十届决赛试题及参考答案。

版权所有,侵权必究。举报: 010-62782989, beiqinquan@tup.tsinghua.edu.cn。

图书在版编目(CIP)数据

全国大学生数学竞赛辅导指南/张天德等编著. —3版. —北京:清华大学出版社,2019(2023.11重印)
ISBN 978-7-302-53028-2

Ⅰ.①全… Ⅱ.①张… Ⅲ.①高等数学-高等学校-教学参考资料 Ⅳ.①O13

中国版本图书馆 CIP 数据核字(2019)第 093918 号

责任编辑:刘 颖
封面设计:常雪影
责任校对:王淑云
责任印制:丛怀宇

出版发行:清华大学出版社
网　　址: http://www.tup.com.cn, http://www.wqbook.com
地　　址:北京清华大学学研大厦 A 座　　邮　编:100084
社 总 机:010-83470000　　邮　购:010-62786544
投稿与读者服务:010-62776969, c-service@tup.tsinghua.edu.cn
质量反馈:010-62772015, zhiliang@tup.tsinghua.edu.cn
印 装 者:小森印刷霸州有限公司
经　　销:全国新华书店
开　　本:185mm×260mm　　印 张:22　　字 数:531 千字
版　　次:2014 年 9 月第 1 版　2019 年 6 月第 3 版　印 次:2023 年 11 月第 14 次印刷
定　　价:62.00 元

产品编号:084032-03

前　言

自 2009 年 10 月开始至今全国大学生数学竞赛已经成功举办了十届,竞赛面向全国本科生,是一项全国性的高水平学科竞赛,为青年学子提供了展示数学特长的舞台,也为发现和选拔优秀数学人才积累了资源。随着数学竞赛持续深入开展,参赛学生越来越多,规模越来越大,参赛学子对数学竞赛资料的需求也越来越大,但是关于数学竞赛专门的资料寥寥几部且内容偏少、更新较慢,满足不了参赛学生学生的需求,因此我们着手编写这本《全国大学生数学竞赛辅导指南》。该指南是针对非数学专业的全国大学生数学竞赛编写的,它可供参加数学竞赛的师生作为应试教程,也可以供各类高校的大学生作为学习高等数学和考研的参考书,还可以作为教师的教学参考用书。

《全国大学生数学竞赛辅导指南》全书分为 3 个部分,第 1 部分是从 2009 年开始至今的预赛试题及解答,以便读者对预赛的赛题有一个全面系统的认识;第 2 部分为考点直击,这一部分分为 6 章(函数极限连续、微分学、积分学、微分方程、无穷级数、向量代数与空间解析几何),每章里面包含若干节,每节给出考试要求并对考点进行分析综述,给出相关的出题方式和解题点拨,有利于考生有效地提高数学水平;第 3 部分给出各届决赛试题及解答,开阔读者视野。本书是迄今为止内容最全面的一本竞赛参考资料。

张天德教授负责、与本书配套的"数学竞赛选讲"课程是 2018 年国家精品在线开放课程,也是数学竞赛类的第一门国家级精品课程;"数学竞赛选讲"课程 2020 年被认定为首批国家级一流本科课程。本页下面的二维码可以实现与此门课程的链接。本书配备微课视频和近年全国大学生数学竞赛的预赛和决赛的试题及其参考答案的链接,为读者提供了丰富的网络资源。微课视频有重点地讲解预赛和决赛真题,梳理知识点,为广大学子解答学习中可能遇到的疑难问题;对于此书出版后所举行的全国大学生数学竞赛的预赛和决赛的试题及其参考答案,我们会通过二维码的方式及时更新发布。请读者先扫封底的防盗码获取权限,再扫书中的二维码获取。

本书是山东大学创新创业育人项目群的组成部分,该项目已入选教育部第二批新工科研究与实践项目(编号:E-CXCYYR20200935)。

鉴于作者水平有限,编写时间比较仓促,书中难免有不当之处,敬请各位专家、读者批评指正,便于以后改版修订。

张天德
2019 年 4 月

MOOC 链接

目 录

中国大学生数学竞赛大纲(初稿) ··· 1

第1部分 十届预赛试题及参考答案

首届全国大学生数学竞赛预赛(2009年非数学类) ································· 6
第二届全国大学生数学竞赛预赛(2010年非数学类) ······························· 10
第三届全国大学生数学竞赛预赛(2011年非数学类) ······························· 15
第四届全国大学生数学竞赛预赛(2012年非数学类) ······························· 19
第五届全国大学生数学竞赛预赛(2013年非数学类) ······························· 24
第六届全国大学生数学竞赛预赛(2014年非数学类) ······························· 28
第七届全国大学生数学竞赛预赛(2015年非数学类) ······························· 32
第八届全国大学生数学竞赛预赛(2016年非数学类) ······························· 36
第九届全国大学生数学竞赛预赛(2017年非数学类) ······························· 40
第十届全国大学生数学竞赛预赛(2018年非数学类) ······························· 43

第2部分 考点直击

第1章 函数 极限 连续 ··· 48
  1.1 函数 ··· 48
    1.1.1 考点综述和解题方法点拨 ··· 48
    1.1.2 竞赛例题 ·· 48
    1.1.3 模拟练习题 1-1 ·· 49
  1.2 极限 ··· 50
    1.2.1 考点综述和解题方法点拨 ··· 50
    1.2.2 竞赛例题 ·· 52
    1.2.3 模拟练习题 1-2 ·· 55
  1.3 连续与间断 ··· 55
    1.3.1 考点综述和解题方法点拨 ··· 55
    1.3.2 竞赛例题 ·· 56
    1.3.3 模拟练习题 1-3 ·· 59

第2章 微分学 ·· 60
  2.1 一元函数微分学 ··· 60
    2.1.1 考点综述和解题方法点拨 ··· 60

2.1.2　竞赛例题 ··· 64
　　2.1.3　模拟练习题 2-1 ·· 88
2.2　多元函数微分学 ··· 88
　　2.2.1　考点综述和解题方法点拨 ··· 88
　　2.2.2　竞赛例题 ··· 94
　　2.2.3　模拟练习题 2-2 ·· 103

第3章　积分学 ·· 104
3.1　不定积分 ··· 104
　　3.1.1　考点综述和解题方法点拨 ··· 104
　　3.1.2　竞赛例题 ··· 105
　　3.1.3　模拟练习题 3-1 ·· 110
3.2　定积分 ··· 110
　　3.2.1　考点综述和解题方法点拨 ··· 110
　　3.2.2　竞赛例题 ··· 114
　　3.2.3　模拟练习题 3-2 ·· 142
3.3　二重积分 ··· 143
　　3.3.1　考点综述和解题方法点拨 ··· 143
　　3.3.2　竞赛例题 ··· 145
　　3.3.3　模拟练习题 3-3 ·· 155
3.4　三重积分 ··· 156
　　3.4.1　考点综述和解题方法点拨 ··· 156
　　3.4.2　竞赛例题 ··· 158
　　3.4.3　模拟练习题 3-4 ·· 163
3.5　第一类曲线积分 ··· 163
　　3.5.1　考点综述和解题方法点拨 ··· 163
　　3.5.2　竞赛例题 ··· 164
　　3.5.3　模拟练习题 3-5 ·· 166
3.6　第二类曲线积分 ··· 166
　　3.6.1　考点综述和解题方法点拨 ··· 166
　　3.6.2　竞赛例题 ··· 168
　　3.6.3　模拟练习题 3-6 ·· 177
3.7　第一类曲面积分 ··· 178
　　3.7.1　考点综述和解题方法点拨 ··· 178
　　3.7.2　竞赛例题 ··· 179
　　3.7.3　模拟练习题 3-7 ·· 181
3.8　第二类曲面积分 ··· 181
　　3.8.1　考点综述和解题方法点拨 ··· 181

3.8.2　竞赛例题 ··· 184
　　3.8.3　模拟练习题 3-8 ·· 190

第 4 章　微分方程 ··· 191
4.1　一阶微分方程 ··· 191
　　4.1.1　考点综述和解题方法点拨 ·· 191
　　4.1.2　竞赛例题 ··· 192
　　4.1.3　模拟练习题 4-1 ·· 201
4.2　可降阶的二阶微分方程 ·· 201
　　4.2.1　考点综述和解题方法点拨 ·· 201
　　4.2.2　竞赛例题 ··· 202
　　4.2.3　模拟练习题 4-2 ·· 203
4.3　线性微分方程 ··· 203
　　4.3.1　考点综述和解题方法点拨 ·· 203
　　4.3.2　竞赛例题 ··· 205
　　4.3.3　模拟练习题 4-3 ·· 212

第 5 章　无穷级数 ··· 214
5.1　数项级数 ··· 214
　　5.1.1　考点综述和解题方法点拨 ·· 214
　　5.1.2　竞赛例题 ··· 215
　　5.1.3　模拟练习题 5-1 ·· 227
5.2　幂级数 ·· 228
　　5.2.1　考点综述和解题方法点拨 ·· 228
　　5.2.2　竞赛例题 ··· 229
　　5.2.3　模拟练习题 5-2 ·· 244
5.3　傅里叶级数 ·· 244
　　5.3.1　考点综述和解题方法点拨 ·· 244
　　5.3.2　竞赛例题 ··· 246
　　5.3.3　模拟练习题 5-3 ·· 247

第 6 章　向量代数与空间解析几何 ··· 248
6.1　向量及其运算 ··· 248
　　6.1.1　考点综述和解题方法点拨 ·· 248
　　6.1.2　竞赛例题 ··· 249
　　6.1.3　模拟练习题 6-1 ·· 250
6.2　空间平面和直线 ·· 250
　　6.2.1　考点综述和解题方法点拨 ·· 250

  6.2.2 竞赛例题 ·· 252
  6.2.3 模拟练习题 6-2 ··· 254
 6.3 空间曲面和曲线 ··· 254
  6.3.1 考点综述和解题方法点拨 ··· 254
  6.3.2 竞赛例题 ·· 256
  6.3.3 模拟练习题 6-3 ··· 260

模拟练习题参考答案 ··· 261

第 3 部分 十届决赛试题及参考答案

第一届全国大学生数学竞赛决赛(2010 年非数学类) ·· 294
第二届全国大学生数学竞赛决赛(2011 年非数学类) ·· 300
第三届全国大学生数学竞赛决赛(2012 年非数学类) ·· 305
第四届全国大学生数学竞赛决赛(2013 年非数学类) ·· 309
第五届全国大学生数学竞赛决赛(2014 年非数学类) ·· 313
第六届全国大学生数学竞赛决赛(2015 年非数学类) ·· 317
第七届全国大学生数学竞赛决赛(2016 年非数学类) ·· 321
第八届全国大学生数学竞赛决赛(2017 年非数学类) ·· 325
第九届全国大学生数学竞赛决赛(2018 年非数学类) ·· 330
第十届全国大学生数学竞赛决赛(2019 年非数学类) ·· 335

参考文献 ··· 341

中国大学生数学竞赛大纲(初稿)

为了进一步推动高等学校数学课程的改革和建设,提高大学数学课程的教学水平,激励大学生学习数学的兴趣,发现和选拔数学创新人才,更好地实现"中国大学生数学竞赛"的目标,特制订本大纲。

一、竞赛的性质和参赛对象

"中国大学生数学竞赛"的目的是:激励大学生学习数学的兴趣,进一步推动高等学校数学课程的改革和建设,提高大学数学课程的教学水平,发现和选拔数学创新人才。

"中国大学生数学竞赛"的参赛对象为大学本科二年级及二年级以上的在校大学生。

二、竞赛的内容

中国大学生数学竞赛竞赛内容为大学本科理工科专业高等数学课程的教学内容,具体内容如下:

(一)函数、极限、连续

1. 函数的概念及表示法、简单应用问题的函数关系的建立。
2. 函数的性质:有界性、单调性、周期性和奇偶性。
3. 复合函数、反函数、分段函数和隐函数、基本初等函数的性质及其图形、初等函数。
4. 数列极限与函数极限的定义及其性质、函数的左极限与右极限。
5. 无穷小和无穷大的概念及其关系、无穷小的性质及无穷小的比较。
6. 极限的四则运算、极限存在的单调有界准则和夹逼准则、两个重要极限。
7. 函数的连续性(含左连续与右连续)、函数间断点的类型。
8. 连续函数的性质和初等函数的连续性。
9. 闭区间上连续函数的性质(有界性、最大值和最小值定理、介值定理)。

(二)一元函数微分学

1. 导数和微分的概念、导数的几何意义和物理意义、函数的可导性与连续性之间的关系、平面曲线的切线和法线。
2. 基本初等函数的导数、导数和微分的四则运算、一阶微分形式的不变性。
3. 复合函数、反函数、隐函数以及参数方程所确定的函数的微分法。
4. 高阶导数的概念、分段函数的二阶导数、某些简单函数的 n 阶导数。
5. 微分中值定理,包括罗尔定理、拉格朗日中值定理、柯西中值定理和泰勒定理。
6. 洛必达(L'Hospital)法则与求未定式极限。
7. 函数的极值、函数单调性、函数图形的凹凸性、拐点及渐近线(水平、铅直和斜渐近线)、函数图形的描绘。
8. 函数最大值和最小值及其简单应用。
9. 弧微分、曲率、曲率半径。

(三) 一元函数积分学

1. 原函数和不定积分的概念。
2. 不定积分的基本性质、基本积分公式。
3. 定积分的概念和基本性质、定积分中值定理、变上限定积分确定的函数及其导数、牛顿-莱布尼茨(Newton-Leibniz)公式。
4. 不定积分和定积分的换元积分法与分部积分法。
5. 有理函数、三角函数的有理式和简单无理函数的积分。
6. 广义积分。
7. 定积分的应用：平面图形的面积、平面曲线的弧长、旋转体的体积及侧面积、平行截面面积为已知的立体体积、功、引力、压力及函数的平均值。

(四) 常微分方程

1. 常微分方程的基本概念：微分方程及其解、阶、通解、初始条件和特解等。
2. 变量可分离的微分方程、齐次微分方程、一阶线性微分方程、伯努利(Bernoulli)方程、全微分方程。
3. 可用简单的变量代换求解的某些微分方程、可降阶的高阶微分方程：$y^{(n)}=f(x)$，$y''=f(x,y')$，$y''=f(y,y')$。
4. 线性微分方程解的性质及解的结构定理。
5. 二阶常系数齐次线性微分方程、高于二阶的某些常系数齐次线性微分方程。
6. 简单的二阶常系数非齐次线性微分方程：自由项为多项式、指数函数、正弦函数、余弦函数，以及它们的和与积。
7. 欧拉(Euler)方程。
8. 微分方程的简单应用。

(五) 向量代数和空间解析几何

1. 向量的概念、向量的线性运算、向量的数量积和向量积、向量的混合积。
2. 两向量垂直、平行的条件、两向量的夹角。
3. 向量的坐标表达式及其运算、单位向量、方向数与方向余弦。
4. 曲面方程和空间曲线方程的概念、平面方程、直线方程。
5. 平面与平面、平面与直线、直线与直线的夹角以及平行、垂直的条件，点到平面和点到直线的距离。
6. 球面、母线平行于坐标轴的柱面、旋转轴为坐标轴的旋转曲面的方程，常用的二次曲面方程及其图形。
7. 空间曲线的参数方程和一般方程、空间曲线在坐标面上的投影曲线方程。

(六) 多元函数微分学

1. 多元函数的概念、二元函数的几何意义。
2. 二元函数的极限和连续的概念、有界闭区域上多元连续函数的性质。
3. 多元函数偏导数和全微分、全微分存在的必要条件和充分条件。
4. 多元复合函数、隐函数的求导法。
5. 二阶偏导数、方向导数和梯度。
6. 空间曲线的切线和法平面、曲面的切平面和法线。

7. 二元函数的二阶泰勒公式。

8. 多元函数极值和条件极值、拉格朗日乘数法、多元函数的最大值、最小值及其简单应用。

（七）多元函数积分学

1. 二重积分和三重积分的概念及性质、二重积分的计算（直角坐标、极坐标）、三重积分的计算（直角坐标、柱面坐标、球面坐标）。

2. 两类曲线积分的概念、性质及计算，两类曲线积分的关系。

3. 格林（Green）公式、平面曲线积分与路径无关的条件、已知二元函数全微分求原函数。

4. 两类曲面积分的概念、性质及计算，两类曲面积分的关系。

5. 高斯（Gauss）公式、斯托克斯（Stokes）公式、散度和旋度的概念及计算。

6. 重积分、曲线积分和曲面积分的应用（平面图形的面积、立体图形的体积、曲面面积、弧长、质量、质心、转动惯量、引力、功及流量等）。

（八）无穷级数

1. 常数项级数的收敛与发散、收敛级数的和、级数的基本性质与收敛的必要条件。

2. 几何级数与 p 级数及其收敛性、正项级数收敛性的判别法、交错级数与莱布尼茨（Leibniz）判别法。

3. 任意项级数的绝对收敛与条件收敛。

4. 函数项级数的收敛域与和函数的概念。

5. 幂级数及其收敛半径、收敛区间（指开区间）、收敛域与和函数。

6. 幂级数在其收敛区间内的基本性质（和函数的连续性、逐项求导和逐项积分）、简单幂级数的和函数的求法。

7. 初等函数的幂级数展开式。

8. 函数的傅里叶（Fourier）系数与傅里叶级数、狄利克雷（Dirichlet）定理、函数在$[-1,1]$上的傅里叶级数、函数在$[0,1]$上的正弦级数和余弦级数。

第1部分

十届预赛试题及参考答案

首届全国大学生数学竞赛预赛(2009 年非数学类)

试　题

一、填空题(本题共 4 个小题,每小题 5 分,共 20 分)

(1) 计算 $\iint_D \dfrac{(x+y)\ln\left(1+\dfrac{y}{x}\right)}{\sqrt{1-x-y}} dxdy = $ _____,其中区域 D 是由直线 $x+y=1$ 与两坐标轴所围三角形区域。

(2) 设 $f(x)$ 是连续函数,且满足 $f(x)=3x^2-\int_0^2 f(x)dx-2$,则 $f(x)=$ _____。

(3) 曲面 $z=\dfrac{x^2}{2}+y^2-2$ 平行平面 $2x+2y-z=0$ 的切平面方程是 _____。

(4) 设函数 $y=y(x)$ 由方程 $xe^{f(y)}=e^y\ln 29$ 确定,其中 f 具有二阶导数,且 $f'\neq 1$,则 $\dfrac{d^2y}{dx^2}=$ _____。

二、(5 分) 求极限 $\lim\limits_{x\to 0}\left(\dfrac{e^x+e^{2x}+\cdots+e^{nx}}{n}\right)^{\frac{e}{x}}$,其中 n 是给定的正整数。

三、(15 分) 设函数 $f(x)$ 连续,$g(x)=\int_0^1 f(xt)dt$,且 $\lim\limits_{x\to 0}\dfrac{f(x)}{x}=A$,$A$ 为常数,求 $g'(x)$ 并讨论 $g'(x)$ 在 $x=0$ 处的连续性。

四、(15 分) 已知平面区域 $D=\{(x,y)|0\leq x\leq \pi,0\leq y\leq \pi\}$,$L$ 为 D 的正向边界,试证:

(1) $\oint_L xe^{\sin y}dy-ye^{-\sin x}dx=\oint_L xe^{-\sin y}dy-ye^{\sin x}dx$;

(2) $\oint_L xe^{\sin y}dy-ye^{-\sin x}dx\geq \dfrac{5}{2}\pi^2$。

五、(10 分) 已知
$$y_1=xe^x+e^{2x}, \quad y_2=xe^x+e^{-x}, \quad y_3=xe^x+e^{2x}-e^{-x}$$
是某二阶常系数线性非齐次微分方程的三个解,试求此微分方程。

六、(10 分) 设抛物线 $y=ax^2+bx+2\ln c$ 过原点,当 $0\leq x\leq 1$ 时,$y\geq 0$,又已知该抛物线与 x 轴及直线 $x=1$ 所围图形的面积为 $\dfrac{1}{3}$。试确定 a,b,c,使此图形绕 x 轴旋转一周而成的旋转体的体积 V 最小。

七、(15 分) 已知 $u_n(x)$ 满足
$$u'_n(x)=u_n(x)+x^{n-1}e^x, \quad n=1,2,\cdots,$$
且 $u_n(1)=\dfrac{e}{n}$,求函数项级数 $\sum\limits_{n=1}^\infty u_n(x)$ 之和。

八、(10 分) 求 $x\to 1^-$ 时,与 $\sum\limits_{n=0}^\infty x^{n^2}$ 等价的无穷大量。

参 考 答 案

一、(1) **解** 取变换 $u=x+y$, $v=x$, 则 $\mathrm{d}x\mathrm{d}y=|J|\mathrm{d}u\mathrm{d}v=\mathrm{d}u\mathrm{d}v$,

$$\text{原积分} = \int_0^1 \mathrm{d}u \int_0^u \frac{u\ln u - u\ln v}{\sqrt{1-u}} \mathrm{d}v = \frac{16}{15}.$$

(2) **解** 令 $a=\int_0^2 f(x)\mathrm{d}x$, 则 $f(x)=3x^2-a-2$, 两端积分解出 $a=\frac{4}{3}$, 从而得 $\Rightarrow f(x)=3x^2-\frac{10}{3}$.

(3) **解** 曲面的法向量为 $\boldsymbol{n}=(x, 2y, -1)$, 则切点处的法向量平行于平面 $2x+2y-z=0$ 的法向量 $(2, 2, -1)$, 因此对应坐标成比例 $\frac{2}{x}=\frac{2}{2y}=\frac{-1}{-1}$, 得切点为 $(2, 1, 1)$, 从而得切平面为 $2x+2y-z-5=0$.

(4) **解** 方程两端对 x 求导可得 $y'=\dfrac{\mathrm{e}^{f(y)}}{(1-f'(y))\mathrm{e}^y\ln 29}=\dfrac{1}{x(1-f'(y))}$, 再求导得

$$y''=-\frac{(1-f'(y))-xf''(y)y'}{x^2(1-f'(y))^2}=-\frac{(1-f'(y))^2-f''(y)}{x^2(1-f'(y))^3}.$$

二、**解**

$$\text{原式}=\lim_{x\to 0}\exp\left\{\frac{\mathrm{e}}{x}\ln\left(\frac{\mathrm{e}^x+\mathrm{e}^{2x}+\cdots+\mathrm{e}^{nx}}{n}\right)\right\}=\exp\left\{\lim_{x\to 0}\frac{\mathrm{e}(\ln(\mathrm{e}^x+\mathrm{e}^{2x}+\cdots+\mathrm{e}^{nx})-\ln n)}{x}\right\},$$

其中大括号内的极限是 $\dfrac{0}{0}$ 型未定式, 由洛必达法则, 有

$$\lim_{x\to 0}\frac{\mathrm{e}(\ln(\mathrm{e}^x+\mathrm{e}^{2x}+\cdots+\mathrm{e}^{nx})-\ln n)}{x}=\lim_{x\to 0}\frac{\mathrm{e}(\mathrm{e}^x+2\mathrm{e}^{2x}+\cdots+n\mathrm{e}^{nx})}{\mathrm{e}^x+\mathrm{e}^{2x}+\cdots+\mathrm{e}^{nx}}$$

$$=\frac{\mathrm{e}(1+2+\cdots+n)}{n}=\left(\frac{n+1}{2}\right)\mathrm{e},$$

于是

$$\text{原式}=\mathrm{e}^{\left(\frac{n+1}{2}\right)\mathrm{e}}.$$

三、**解** 由题设, 知 $f(0)=0, g(0)=0$. 令 $u=xt$, 得

$$g(x)=\frac{\int_0^x f(u)\mathrm{d}u}{x}, x\neq 0.$$

而

$$g'(x)=\frac{xf(x)-\int_0^x f(u)\mathrm{d}u}{x^2}, x\neq 0.$$

由导数的定义有

$$g'(0)=\lim_{x\to 0}\frac{\int_0^x f(u)\mathrm{d}u}{x^2}=\lim_{x\to 0}\frac{f(x)}{2x}=\frac{A}{2}.$$

另外

$$\lim_{x\to 0}g'(x)=\lim_{x\to 0}\frac{xf(x)-\int_0^x f(u)\mathrm{d}u}{x^2}=\lim_{x\to 0}\frac{f(x)}{x}-\lim_{x\to 0}\frac{\int_0^x f(u)\mathrm{d}u}{x^2}=A-\frac{A}{2}=\frac{A}{2}=g'(0).$$

从而知 $g'(x)$ 在 $x=0$ 处连续.

四、**证法 1** 由于区域 D 为一正方形, 可以直接用对坐标曲线积分的计算法计算.

(1) 左边 $=\int_0^\pi \pi\mathrm{e}^{\sin y}\mathrm{d}y-\int_\pi^0 \pi\mathrm{e}^{-\sin x}\mathrm{d}x=\pi\int_0^\pi(\mathrm{e}^{\sin x}+\mathrm{e}^{-\sin x})\mathrm{d}x,$

右边 $=\int_0^\pi \pi\mathrm{e}^{-\sin y}\mathrm{d}y-\int_\pi^0 \pi\mathrm{e}^{\sin x}\mathrm{d}x=\pi\int_0^\pi(\mathrm{e}^{\sin x}+\mathrm{e}^{-\sin x})\mathrm{d}x,$

所以
$$\oint_L x\mathrm{e}^{\sin y}\mathrm{d}y - y\mathrm{e}^{-\sin x}\mathrm{d}y = \oint_L x\mathrm{e}^{-\sin y}\mathrm{d}y - y\mathrm{e}^{\sin x}\mathrm{d}x\,.$$

(2) 由泰勒公式得 $\mathrm{e}^{\sin x}+\mathrm{e}^{-\sin x}\geqslant 2+\sin^2 x$,故
$$\oint_L x\mathrm{e}^{\sin y}\mathrm{d}y - y\mathrm{e}^{-\sin x}\mathrm{d}x = \pi\int_0^\pi(\mathrm{e}^{\sin x}+\mathrm{e}^{-\sin x})\mathrm{d}x \geqslant \pi\int_0^\pi(2+\sin^2 x)\mathrm{d}x = \frac{5}{2}\pi^2\,.$$

证法 2 (1) 根据格林公式,将曲线积分化为区域 D 上的二重积分
$$\oint_L x\mathrm{e}^{\sin y}\mathrm{d}y - y\mathrm{e}^{-\sin x}\mathrm{d}x = \iint_D(\mathrm{e}^{\sin y}+\mathrm{e}^{-\sin x})\mathrm{d}\sigma,$$
$$\oint_L x\mathrm{e}^{-\sin y}\mathrm{d}y - y\mathrm{e}^{\sin x}\mathrm{d}x = \iint_D(\mathrm{e}^{-\sin y}+\mathrm{e}^{\sin x})\mathrm{d}\sigma\,.$$

因为关于 $y=x$ 对称,所以
$$\iint_D(\mathrm{e}^{\sin y}+\mathrm{e}^{-\sin x})\mathrm{d}\sigma = \iint_D(\mathrm{e}^{-\sin y}+\mathrm{e}^{\sin x})\mathrm{d}\sigma,$$

故
$$\oint_L x\mathrm{e}^{\sin y}\mathrm{d}y - y\mathrm{e}^{-\sin x}\mathrm{d}x = \oint_L x\mathrm{e}^{-\sin y}\mathrm{d}y - y\mathrm{e}^{\sin x}\mathrm{d}x\,.$$

(2) 由 $\mathrm{e}^t+\mathrm{e}^{-t}=2\sum_{n=0}^\infty\dfrac{t^{2n}}{(2n)!}\geqslant 2+t^2$,有
$$\oint_L x\mathrm{e}^{\sin y}\mathrm{d}y - y\mathrm{e}^{-\sin x}\mathrm{d}x = \iint_D(\mathrm{e}^{\sin y}+\mathrm{e}^{-\sin x})\mathrm{d}\sigma = \iint_D(\mathrm{e}^{\sin x}+\mathrm{e}^{-\sin x})\mathrm{d}\sigma \geqslant \frac{5}{2}\pi^2\,.$$

五、解 根据二阶线性非齐次微分方程解的结构的有关知识,由题设可知 $2y_1-y_2-y_3=\mathrm{e}^{2x}$ 与 $y_1-y_3=\mathrm{e}^{-x}$ 是相应齐次方程两个线性无关的解,且 $x\mathrm{e}^x$ 是非齐次方程的一个特解,因此可以用下述两种解法。

解法 1 设此方程式为
$$y''-y'-2y=f(x)\,.$$
将 $y=x\mathrm{e}^x$ 代入上式,得
$$f(x)=(x\mathrm{e}^x)''-(x\mathrm{e}^x)'-2x\mathrm{e}^x=2\mathrm{e}^x+x\mathrm{e}^x-\mathrm{e}^x-x\mathrm{e}^x-2x\mathrm{e}^x=\mathrm{e}^x-2x\mathrm{e}^x,$$
因此所求方程为 $y''-y'-2y=\mathrm{e}^x-2x\mathrm{e}^x$。

解法 2 设 $y=x\mathrm{e}^x+C_1\mathrm{e}^{2x}+C_2\mathrm{e}^{-x}$ 是所求方程的通解,由
$$y'=\mathrm{e}^x+x\mathrm{e}^x+2C_1\mathrm{e}^{2x}-C_2\mathrm{e}^{-x},\qquad y''=2\mathrm{e}^x+x\mathrm{e}^x+4C_1\mathrm{e}^{2x}+C_2\mathrm{e}^{-x},$$
消去 C_1,C_2 得所求方程为 $y''-y'-2y=\mathrm{e}^x-2x\mathrm{e}^x$。

六、解 因抛物线过原点,故 $c=1$。由题设有
$$\int_0^1(ax^2+bx)\mathrm{d}x = \frac{a}{3}+\frac{b}{2} = \frac{1}{3},$$
即 $b=\dfrac{2}{3}(1-a)$,而
$$V = \pi\int_0^1(ax^2+bx)^2\mathrm{d}x = \pi\left(\frac{1}{5}a^2+\frac{1}{2}ab+\frac{1}{3}b^2\right)$$
$$= \pi\left[\frac{1}{5}a^2+\frac{1}{3}a(1-a)+\frac{1}{3}\times\frac{4}{9}(1-a)^2\right]\,.$$

令
$$\frac{\mathrm{d}V}{\mathrm{d}a} = \pi\left[\frac{2}{5}a+\frac{1}{3}-\frac{2}{3}a-\frac{8}{27}(1-a)\right] = 0,$$
得 $a=-\dfrac{5}{4}$,代入 b 的表达式得 $b=\dfrac{3}{2}$,所以 $y\geqslant 0$。

又因 $\dfrac{\mathrm{d}^2V}{\mathrm{d}a^2}\bigg|_{a=-\frac{5}{4}} = \pi\left(\dfrac{2}{5}-\dfrac{2}{3}+\dfrac{8}{27}\right) = \dfrac{4}{135}\pi>0$ 及实际情况,当 $a=-\dfrac{5}{4}$,$b=\dfrac{3}{2}$,$c=1$ 时,体积最小。

七、解 先解一阶常系数微分方程，求出 $u_n(x)$ 的表达式，然后再求 $\sum\limits_{n=1}^{\infty} u_n(x)$ 的和。

由已知条件可知 $u'_n(x) - u_n(x) = x^{n-1} e^x$ 是关于 $u_n(x)$ 的一个一阶常系数线性微分方程，故其通解为
$$u_n(x) = e^{\int dx} \left(\int x^{n-1} e^x e^{-\int dx} dx + C \right) = e^x \left(\frac{x^n}{n} + C \right).$$

由条件 $u_n(1) = \dfrac{e}{n}$，得 $C = 0$，故 $u_n(x) = \dfrac{x^n e^x}{n}$，从而
$$\sum_{n=1}^{\infty} u_n(x) = \sum_{n=1}^{\infty} \frac{x^n e^x}{n} = e^x \sum_{n=1}^{\infty} \frac{x^n}{n}.$$

$s(x) = \sum\limits_{n=1}^{\infty} \dfrac{x^n}{n}$，其收敛域为 $[-1, 1)$，当 $x \in (-1, 1)$ 时，有
$$s'(x) = \sum_{n=1}^{\infty} x^{n-1} = \frac{1}{1-x},$$

故
$$s(x) = \int_0^x \frac{1}{1-t} dt = -\ln(1-x).$$

当 $x = -1$ 时
$$\sum_{n=1}^{\infty} u_n(x) = -e^{-1} \ln 2.$$

于是，当 $-1 \leqslant x < 1$ 时，有
$$\sum_{n=1}^{\infty} u_n(x) = -e^x \ln(1-x).$$

八、解 $\int_0^{+\infty} x^{t^2} dt \leqslant \sum\limits_{n=0}^{\infty} x^{n^2} \leqslant 1 + \int_0^{+\infty} x^{t^2} dt$，故有
$$\int_0^{+\infty} x^{t^2} dt = \int_0^{+\infty} e^{-t^2 \ln \frac{1}{x}} dt = \frac{1}{\sqrt{\ln \frac{1}{x}}} \int_0^{+\infty} e^{-t^2} dt = \frac{1}{2} \sqrt{\frac{\pi}{\ln \frac{1}{x}}} \sim \frac{1}{2} \sqrt{\frac{\pi}{1-x}}.$$

Y1 第一届预赛微课

第二届全国大学生数学竞赛预赛(2010年非数学类)

试　题

一、计算下列各题(本题共 5 个小题,每小题 5 分,共 25 分)(要求写出重要步骤)

(1) 设 $x_n=(1+a)(1+a^2)\cdots(1+a^{2^n})$,其中 $|a|<1$,求 $\lim\limits_{n\to\infty}x_n$。

(2) 求 $\lim\limits_{x\to\infty}\mathrm{e}^{-x}\left(1+\dfrac{1}{x}\right)^{x^2}$。

(3) 设 $s>0$,求 $I_n=\displaystyle\int_0^{+\infty}\mathrm{e}^{-sx}x^n\mathrm{d}x(n=1,2,\cdots)$。

(4) 设函数 $f(t)$ 有二阶连续导数,$r=\sqrt{x^2+y^2}$,$g(x,y)=f\left(\dfrac{1}{r}\right)$,求 $\dfrac{\partial^2 g}{\partial x^2}+\dfrac{\partial^2 g}{\partial y^2}$。

(5) 求直线 $l_1:\begin{cases}x-y=0,\\ z=0\end{cases}$ 与直线 $l_2:\dfrac{x-2}{4}=\dfrac{y-1}{-2}=\dfrac{z-3}{-1}$ 的距离。

二、(15 分)设函数 $f(x)$ 在 $(-\infty,+\infty)$ 上具有二阶导数,并且
$$f''(x)>0,\ \lim\limits_{x\to+\infty}f'(x)=\alpha>0,\ \lim\limits_{x\to-\infty}f'(x)=\beta<0,$$
且存在一点 x_0,使得 $f(x_0)<0$。证明:方程 $f(x)=0$ 在 $(-\infty,+\infty)$ 恰有两个实根。

三、(15 分)设函数 $y=f(x)$ 由参数方程
$$\begin{cases}x=2t+t^2,\\ y=\psi(t),\end{cases}t>-1$$
所确定,且 $\dfrac{\mathrm{d}^2 y}{\mathrm{d}x^2}=\dfrac{3}{4(1+t)}$,其中 $\psi(t)$ 具有二阶导数,曲线 $y=\psi(t)$ 与 $y=\displaystyle\int_1^{t^2}\mathrm{e}^{-u^2}\mathrm{d}u+\dfrac{3}{2\mathrm{e}}$ 在 $t=1$ 处相切。求函数 $\psi(t)$。

四、(15 分)设 $a_n>0$,$S_n=\displaystyle\sum_{k=1}^n a_k$,证明:

(1) 当 $\alpha>1$ 时,级数 $\displaystyle\sum_{n=1}^{+\infty}\dfrac{a_n}{S_n^{\alpha}}$ 收敛;

(2) 当 $\alpha\leq 1$,且 $S_n\to\infty(n\to\infty)$ 时,级数 $\displaystyle\sum_{n=1}^{+\infty}\dfrac{a_n}{S_n^{\alpha}}$ 发散。

五、(15 分)设 l 是过原点、方向为 (α,β,γ)(其中 $\alpha^2+\beta^2+\gamma^2=1$)的直线,均匀椭球 $\dfrac{x^2}{a^2}+\dfrac{y^2}{b^2}+\dfrac{z^2}{c^2}\leq 1$(其中 $0<c<b<a$,密度为 1)绕 l 旋转。

(1) 求其转动惯量;

(2) 求其转动惯量关于方向 (α,β,γ) 的最大值和最小值。

六、(15 分)设函数 $\varphi(x)$ 具有连续的导数,在围绕原点的任意光滑的简单闭曲线 C 上,曲线积分 $\displaystyle\oint_C\dfrac{2xy\mathrm{d}x+\varphi(x)\mathrm{d}y}{x^4+y^2}$ 的值为常数。

(1) 设 L 为正向闭曲线 $(x-2)^2+y^2=1$。证明：$\oint_L \dfrac{2xy\mathrm{d}x+\varphi(x)\mathrm{d}y}{x^4+y^2}=0$。

(2) 求函数 $\varphi(x)$。

(3) 设 C 是围绕原点的光滑简单正向闭曲线，求 $\oint_C \dfrac{2xy\mathrm{d}x+\varphi(x)\mathrm{d}y}{x^4+y^2}$。

参考答案

一、(1) **解** 将 x_n 恒等变形

$$\begin{aligned} x_n &= (1-a)\cdot(1+a)\cdot(1+a^2)\cdots(1+a^{2^n})\cdot\dfrac{1}{1-a}\\ &= (1-a^2)\cdot(1+a^2)\cdots(1+a^{2^n})\cdot\dfrac{1}{1-a}\\ &= (1-a^4)\cdot(1+a^4)\cdots(1+a^{2^n})\cdot\dfrac{1}{1-a} = \dfrac{1-a^{2^{n+1}}}{1-a}。 \end{aligned}$$

由于 $|a|<1$，可知 $\lim\limits_{n\to\infty}a^{2^{n+1}}=0$，从而 $\lim\limits_{n\to\infty}x_n=\dfrac{1}{1-a}$。

(2) **解**
$$\begin{aligned} \lim_{x\to\infty}\mathrm{e}^{-x}\left(1+\dfrac{1}{x}\right)^{x^2} &= \lim_{x\to\infty}\left[\left(1+\dfrac{1}{x}\right)^x\mathrm{e}^{-1}\right]^x\\ &= \exp\left\{\lim_{x\to\infty}\left[\ln\left(1+\dfrac{1}{x}\right)^x-1\right]x\right\} = \exp\left\{\lim_{x\to\infty}x\left[x\ln\left(1+\dfrac{1}{x}\right)-1\right]\right\}\\ &= \exp\left\{\lim_{x\to\infty}x\left[x\left(\dfrac{1}{x}-\dfrac{1}{2x^2}+o\left(\dfrac{1}{x^2}\right)\right)-1\right]\right\} = \mathrm{e}^{-\frac{1}{2}}。 \end{aligned}$$

(3) **解法 1** 因为 $s>0$ 时，$\lim\limits_{x\to+\infty}\mathrm{e}^{-sx}x^n=0$，所以

$$I_n = -\dfrac{1}{s}\int_0^{+\infty}x^n\mathrm{d}\mathrm{e}^{-sx} = -\dfrac{1}{s}\left[x^n\mathrm{e}^{-sx}\Big|_0^{+\infty}-\int_0^{+\infty}\mathrm{e}^{-sx}\mathrm{d}x^n\right] = \dfrac{n}{s}I_{n-1},$$

由此得到

$$I_n = \dfrac{n}{s}I_{n-1} = \dfrac{n}{s}\cdot\dfrac{n-1}{s}I_{n-2} = \cdots = \dfrac{n!}{s^{n-1}}I_1 = \dfrac{n!}{s^{n+1}}。$$

解法 2 令 $t=sx$，则 $\mathrm{d}t=s\mathrm{d}x$，于是

$$I_n = \dfrac{1}{s^{n+1}}\int_0^{+\infty}t^n\mathrm{e}^{-t}\mathrm{d}t = \dfrac{\Gamma(n+1)}{s^{n+1}} = \dfrac{n!}{s^{n+1}}。$$

(4) **解** 因为 $\dfrac{\partial r}{\partial x}=\dfrac{x}{r}$，$\dfrac{\partial r}{\partial y}=\dfrac{y}{r}$，所以

$$\dfrac{\partial g}{\partial x}=-\dfrac{x}{r^3}f'\left(\dfrac{1}{r}\right), \qquad \dfrac{\partial^2 g}{\partial x^2}=\dfrac{x^2}{r^6}f''\left(\dfrac{1}{r}\right)+\dfrac{2x^2-y^2}{r^5}f'\left(\dfrac{1}{r}\right),$$

利用对称性有

$$\dfrac{\partial^2 g}{\partial x^2}+\dfrac{\partial^2 g}{\partial y^2}=\dfrac{1}{r^4}f''\left(\dfrac{1}{r}\right)+\dfrac{1}{r^3}f'\left(\dfrac{1}{r}\right)。$$

(5) **解** 直线 l_1 的对称式方程为 $l_1:\dfrac{x}{1}=\dfrac{y}{1}=\dfrac{z}{0}$。记两直线的方向向量分别为 $\boldsymbol{l}_1=(1,1,0)$，$\boldsymbol{l}_2=(4,-2,-1)$，两直线上的定点分别为 $P_1(0,0,0)$ 和 $P_2(2,1,3)$，$\boldsymbol{a}=\overrightarrow{P_1P_2}=(2,1,3)$。

$\boldsymbol{l}_1\times\boldsymbol{l}_2=(-1,1,-6)$。由向量的性质可知，两直线的距离

$$d = \left|\dfrac{\boldsymbol{a}\cdot(\boldsymbol{l}_1\times\boldsymbol{l}_2)}{|\boldsymbol{l}_1\times\boldsymbol{l}_2|}\right| = \dfrac{|-2+1-18|}{\sqrt{1+1+36}} = \dfrac{19}{\sqrt{38}} = \sqrt{\dfrac{19}{2}}。$$

二、证法 1 由 $\lim\limits_{x\to+\infty}f'(x)=\alpha>0$ 必有一个充分大的 $a>x_0$,使得 $f'(a)>0$。

由 $f''(x)>0$ 知 $y=f(x)$ 是凹函数,从而
$$f(x)>f(a)+f'(a)(x-a),x>a。$$

当 $x\to+\infty$ 时
$$f(a)+f'(a)(x-a)\to+\infty,$$

故存在 $b>a$,使得
$$f(b)>f(a)+f'(a)(b-a)>0。$$

同样,由 $\lim\limits_{x\to-\infty}f'(x)=\beta<0$,必有 $c<x_0$,使得 $f'(c)<0$。

由 $f''(x)>0$ 知 $y=f(x)$ 是凹函数,从而
$$f(x)>f(c)+f'(c)(x-c),x<c。$$

当 $x\to-\infty$ 时
$$f(c)+f'(c)(x-c)\to+\infty,$$

故存在 $d<c$,使得
$$f(d)>f(c)+f'(c)(d-c)>0。$$

在 $[x_0,b]$ 和 $[d,x_0]$ 利用零点定理,$\exists x_1\in(x_0,b),x_2\in(d,x_0)$ 使得 $f(x_1)=f(x_2)=0$。

下面证明方程 $f(x)=0$ 在 $(-\infty,+\infty)$ 只有两个实根。

用反证法。假设方程 $f(x)=0$ 在 $(-\infty,+\infty)$ 内有 3 个实根,不妨设为 x_1,x_2,x_3 且 $x_1<x_2<x_3$。用 $f(x)$ 在区间 $[x_1,x_2]$ 和 $[x_2,x_3]$ 上分别应用罗尔定理,则各至少存在一点 $\xi_1(x_1<\xi_1<x_2)$ 和 $\xi_2(x_2<\xi_2<x_3)$,使得 $f'(\xi_1)=f'(\xi_2)=0$。再将 $f'(x)$ 在区间 $[\xi_1,\xi_2]$ 上使用罗尔定理,则至少存在一点 $\eta(\xi_1<\eta<\xi_2)$,使得 $f''(\eta)=0$。此与条件 $f''(x)>0$ 矛盾。从而方程 $f(x)=0$ 在 $(-\infty,+\infty)$ 不能多于两个根。

证法 2 先证方程 $f(x)=0$ 至少有两个实根。

由 $\lim\limits_{x\to+\infty}f'(x)=\alpha>0$,必有一个充分大的 $a>x_0$,使得 $f'(a)>0$。

因 $f(x)$ 在 $(-\infty,+\infty)$ 上具有二阶导数,故 $f'(x)$ 在 $(-\infty,+\infty)$ 连续。由拉格朗日中值定理,对于 $x>a$ 有
$$\begin{aligned}f(x)-[f(a)+f'(a)(x-a)]&=f(x)-f(a)-f'(a)(x-a)\\&=f'(\xi)(x-a)-f'(a)(x-a)\\&=[f'(\xi)-f'(a)](x-a)\\&=f''(\eta)(\xi-a)(x-a),\end{aligned}$$

其中,$a<\xi<x,a<\eta<x$。注意到 $f''(\eta)>0$(因为 $f''(x)>0$),则
$$f(x)>f(a)+f'(a)(x-a),x>a。$$

又因 $f'(a)>0$,故存在 $b>a$,使得
$$f(b)>f(a)+f'(a)(b-a)>0。$$

又已知 $f(x_0)<0$,由连续函数的中间值定理,至少存在一点 $x_1(x_0<x_1<b)$ 使得 $f(x_1)=0$,即方程 $f(x)=0$ 在 $(x_0,+\infty)$ 上至少有一个根 x_1。

同理可证方程 $f(x)=0$ 在 $(-\infty,x_0)$ 上至少有一个根 x_2。

下面证明方程 $f(x)=0$ 在 $(-\infty,+\infty)$ 只有两个实根。(以下同证法 1)

三、解 因为
$$\frac{dy}{dx}=\frac{\psi'(t)}{2+2t},\frac{d^2y}{dx^2}=\frac{1}{2+2t}\cdot\frac{(2+2t)\psi''(t)-2\psi'(t)}{(2+2t)^2}=\frac{(1+t)\psi''(t)-\psi'(t)}{4(1+t)^3},$$

由题设 $\dfrac{d^2y}{dx^2}=\dfrac{3}{4(1+t)}$,故 $\dfrac{(1+t)\psi''(t)-\psi'(t)}{4(1+t)^3}=\dfrac{3}{4(1+t)}$,从而
$$(1+t)\psi''(t)-\psi'(t)=3(1+t)^2,$$

即
$$\psi''(t) - \frac{1}{1+t}\psi'(t) = 3(1+t)。$$

设 $u = \psi'(t)$，则有 $u' - \frac{1}{1+t}u = 3(1+t)$，故

$$u = e^{\int \frac{1}{1+t}dt}\left[\int 3(1+t)e^{-\int \frac{1}{1+t}dt}dt + C_1\right]$$

$$= (1+t)\left[\int 3(1+t)(1+t)^{-1}dt + C_1\right] = (1+t)(3t + C_1),$$

$$\psi(t) = \int (1+t)(3t + C_1)dt = \int (3t^2 + (3+C_1)t + C_1)dt = t^3 + \frac{3+C_1}{2}t^2 + C_1 t + C_2。$$

由曲线 $y = \psi(t)$ 与 $y = \int_1^{t^2} e^{-u^2}du + \frac{3}{2e}$ 在 $t=1$ 处相切知 $\psi(1) = \frac{3}{2e}$, $\psi'(1) = \frac{2}{e}$。所以 $u|_{t=1} = \psi'(1) = \frac{2}{e}$，由此知 $C_1 = \frac{1}{e} - 3$。由 $\psi(1) = \frac{3}{2e}$，知 $C_2 = 2$。于是

$$\psi(t) = t^3 + \frac{1}{2e}t^2 + \left(\frac{1}{e} - 3\right)t + 2, t > -1。$$

四、证明 令 $f(x) = x^{1-\alpha}, x \in [S_{n-1}, S_n]$。将 $f(x)$ 在区间 $[S_{n-1}, S_n]$ 上用拉格朗日中值定理，存在 $\xi \in (S_{n-1}, S_n)$，使

$$f(S_n) - f(S_{n-1}) = f'(\xi)(S_n - S_{n-1}),$$

即

$$S_n^{1-\alpha} - S_{n-1}^{1-\alpha} = (1-\alpha)\xi^{-\alpha}a_n。$$

(1) 当 $\alpha > 1$ 时

$$\frac{1}{S_{n-1}^{\alpha-1}} - \frac{1}{S_n^{\alpha-1}} = (\alpha-1)\frac{a_n}{\xi^\alpha} \geq (\alpha-1)\frac{a_n}{S_n^\alpha},$$

显然 $\left\{\frac{1}{S_{n-1}^{\alpha-1}} - \frac{1}{S_n^{\alpha-1}}\right\}$ 的前 n 项和有界，从而收敛，所以级数 $\sum_{n=1}^{+\infty}\frac{a_n}{S_n^\alpha}$ 收敛。

(2) 当 $\alpha = 1$ 时，因为 $a_n > 0, S_n$ 单调递增，所以

$$\sum_{k=n+1}^{n+p}\frac{a_k}{S_k} \geq \frac{1}{S_{n+p}}\sum_{k=n+1}^{n+p}a_k = \frac{S_{n+p} - S_n}{S_{n+p}} = 1 - \frac{S_n}{S_{n+p}}。$$

因为 $S_n \to +\infty$，对任意 n，当 $p \in \mathbf{N}, \frac{S_n}{S_{n+p}} < \frac{1}{2}$，从而 $\sum_{k=n+1}^{n+p}\frac{a_k}{S_k} \geq \frac{1}{2}$。所以级数 $\sum_{n=1}^{+\infty}\frac{a_n}{S_n^\alpha}$ 发散。

当 $\alpha < 1$ 时，$\frac{a_n}{S_n^\alpha} \geq \frac{a_n}{S_n}$。由 $\sum_{n=1}^{+\infty}\frac{a_n}{S_n}$ 发散及比较判别法，$\sum_{n=1}^{+\infty}\frac{a_n}{S_n^\alpha}$ 发散。

五、解 (1) 设旋转轴 l 的方向向量为 $\boldsymbol{l} = (\alpha, \beta, \gamma)$，椭球内任意一点 $P(x,y,z)$ 的径向量为 $\boldsymbol{r}$，则点 P 到旋转轴 l 的距离的平方为

$$d^2 = \boldsymbol{r}^2 - (\boldsymbol{r} \cdot \boldsymbol{l})^2 = (1-\alpha^2)x^2 + (1-\beta^2)y^2 + (1-\gamma^2)z^2 - 2\alpha\beta xy - 2\beta\gamma yz - 2\alpha\gamma xz。$$

由积分区域的对称性可知

$$\iiint_\Omega (2\alpha\beta xy + 2\beta\gamma yz + 2\alpha\gamma xz)dxdydz = 0, \quad \Omega = \left\{(x,y,z) \Big| \frac{x^2}{a^2} + \frac{y^2}{b^2} + \frac{z^2}{c^2} \leq 1\right\},$$

而

$$\iiint_\Omega x^2 dxdydz = \int_{-a}^a x^2 dx \iint_{\frac{y^2}{b^2} + \frac{z^2}{c^2} \leq 1 - \frac{x^2}{a^2}} dydz = \int_{-a}^a x^2 \cdot \pi bc\left(1 - \frac{x^2}{a^2}\right)dx = \frac{4a^3 bc\pi}{15},$$

$$\left(\text{或} \iiint_\Omega x^2 dxdydz = \int_0^{2\pi}d\theta \int_0^\pi d\varphi \int_0^1 a^2 r^2 \sin^2\varphi \cos^2\theta \cdot abcr^2 \sin\varphi dr = \frac{4a^3 bc\pi}{15}\right)$$

$$\iiint_\Omega y^2 dxdydz = \frac{4ab^3 c\pi}{15}, \quad \iiint_\Omega z^2 dxdydz = \frac{4abc^3\pi}{15}。$$

由转动惯量的定义
$$J_l = \iiint_\Omega d^2 \,\mathrm{d}x\mathrm{d}y\mathrm{d}z = \frac{4abc\pi}{15}\big[(1-\alpha^2)a^2 + (1-\beta^2)b^2 + (1-\gamma^2)c^2\big].$$

(2) 考虑目标函数
$$V(\alpha,\beta,\gamma) = (1-\alpha^2)a^2 + (1-\beta^2)b^2 + (1-\gamma^2)c^2$$
在约束 $\alpha^2 + \beta^2 + \gamma^2 = 1$ 下的条件极值。

设拉格朗日函数为
$$L(\alpha,\beta,\gamma,\lambda) = (1-\alpha^2)a^2 + (1-\beta^2)b^2 + (1-\gamma^2)c^2 + \lambda(\alpha^2+\beta^2+\gamma^2-1),$$
令
$$L_\alpha = 2\alpha(\lambda - a^2) = 0, \quad L_\beta = 2\beta(\lambda - b^2) = 0, \quad L_\gamma = 2\gamma(\lambda - c^2) = 0, \quad L_\lambda = \alpha^2+\beta^2+\gamma^2 - 1 = 0.$$

解得极值点为
$$Q_1(\pm 1,0,0,a^2), \quad Q_2(0,\pm 1,0,b^2), \quad Q_3(0,0,\pm 1,c^2).$$

比较可知，绕 z 轴（短轴）的转动惯量最大，为 $J_{\max} = \dfrac{4abc\pi}{15}(a^2+b^2)$；绕 x 轴（长轴）的转动惯量最小，为
$$J_{\min} = \frac{4abc\pi}{15}(b^2+c^2).$$

六、解 (1) 设 $\oint_C \dfrac{2xy\mathrm{d}x + \varphi(x)\mathrm{d}y}{x^4+y^2} = I$，闭曲线 L 由 $L_i (i=1,2)$ 组成。设 L_0 为不经过原点的光滑曲线，使得 $L_0 \cup L_1^-$（其中 L_1^- 为 L_1 的反向曲线）和 $L_0 \cup L_2$ 分别组成围绕原点的分段光滑闭曲线 C_i $(i=1,2)$。由曲线积分的性质和题设条件
$$\oint_L \frac{2xy\mathrm{d}x + \varphi(x)\mathrm{d}y}{x^4+y^2} = \int_{L_1} + \int_{L_2} \frac{2xy\mathrm{d}x + \varphi(x)\mathrm{d}y}{x^4+y^2}$$
$$= \int_{L_2} + \int_{L_0} - \int_{L_0} - \int_{L_1^-} \frac{2xy\mathrm{d}x + \varphi(x)\mathrm{d}y}{x^4+y^2}$$
$$= \oint_{C_1} + \oint_{C_2} \frac{2xy\mathrm{d}x + \varphi(x)\mathrm{d}y}{x^4+y^2} = I - I = 0.$$

(2) 设 $P(x,y) = \dfrac{2xy}{x^4+y^2}, Q(x,y) = \dfrac{\varphi(x)}{x^4+y^2}$，令 $\dfrac{\partial Q}{\partial x} = \dfrac{\partial P}{\partial y}$，即 $\dfrac{\varphi'(x)(x^4+y^2) - 4x^3\varphi(x)}{(x^4+y^2)^2} = \dfrac{2x^5 - 2xy^2}{(x^4+y^2)^2}$，解得 $\varphi(x) = -x^2$。

(3) 设 D 为正向闭曲线 $C_\delta: x^4 + y^2 = \delta^2$ 所围区域，由已知条件及 (2)
$$\oint_C \frac{2xy\mathrm{d}x + \varphi(x)\mathrm{d}y}{x^4+y^2} = \oint_{C_\delta} \frac{2xy\mathrm{d}x - x^2\mathrm{d}y}{x^4+y^2}.$$

利用格林公式和对称性
$$\oint_{C_\delta} \frac{2xy\mathrm{d}x + \varphi(x)\mathrm{d}y}{x^4+y^2} = \frac{1}{\delta^2}\oint_{C_\delta} 2xy\mathrm{d}x - x^2\mathrm{d}y = \frac{1}{\delta^2}\iint_D (-4x)\mathrm{d}x\mathrm{d}y = 0.$$

Y2 第二届预赛微课

第三届全国大学生数学竞赛预赛(2011年非数学类)

试　题

一、**计算下列各题**(本题共4个小题,每小题6分,共24分)(要求写出重要步骤)

(1) $\lim\limits_{x\to 0}\dfrac{(1+x)^{\frac{2}{x}}-e^2(1-\ln(1+x))}{x}$。

(2) 设 $a_n=\cos\dfrac{\theta}{2}\cdot\cos\dfrac{\theta}{2^2}\cdot\cdots\cdot\cos\dfrac{\theta}{2^n}$,求 $\lim\limits_{n\to\infty}a_n$。

(3) 求 $\iint\limits_{D}\mathrm{sgn}(xy-1)\mathrm{d}x\mathrm{d}y$,其中 $D=\{(x,y)\,|\,0\leqslant x\leqslant 2,0\leqslant y\leqslant 2\}$。

(4) 求幂级数 $\sum\limits_{n=1}^{\infty}\dfrac{2n-1}{2^n}x^{2n-2}$ 的和函数,并求级数 $\sum\limits_{n=1}^{\infty}\dfrac{2n-1}{2^{2n-1}}$ 的和。

二、(本题两问,每问8分,共16分)设 $\{a_n\}_{n=0}^{\infty}$ 为数列,a,λ 为有限数,求证:

(1) 如果 $\lim\limits_{n\to\infty}a_n=a$,则 $\lim\limits_{n\to\infty}\dfrac{a_1+a_2+\cdots+a_n}{n}=a$。

(2) 如果存在正整数 p,使得 $\lim\limits_{n\to\infty}(a_{n+p}-a_n)=\lambda$,则 $\lim\limits_{n\to\infty}\dfrac{a_n}{n}=\dfrac{\lambda}{p}$。

三、(15分)设函数 $f(x)$ 在闭区间 $[-1,1]$ 上具有连续的三阶导数,且 $f(-1)=0$,$f(1)=1$,$f'(0)=0$。求证:在开区间 $(-1,1)$ 内至少存在一点 x_0,使得 $f'''(x_0)=3$。

四、(15分)在平面上,有一条从点 $(a,0)$ 向右的射线,其线密度为 ρ。在点 $(0,h)$ 处(其中 $h>0$)有一质量为 m 的质点。求射线对该质点的引力。

五、(15分)设 $z=z(x,y)$ 是由方程 $F\left(z+\dfrac{1}{x},z-\dfrac{1}{y}\right)=0$ 确定的隐函数,且具有连续的二阶偏导数。求证:$x^2\dfrac{\partial z}{\partial x}-y^2\dfrac{\partial z}{\partial y}=1$ 和 $x^3\dfrac{\partial^2 z}{\partial x^2}+xy(x-y)\dfrac{\partial^2 z}{\partial x\partial y}-y^3\dfrac{\partial^2 z}{\partial y^2}+2=0$。

六、(15分)设函数 $f(x)$ 连续,a,b,c 为常数,Σ 是单位球面 $x^2+y^2+z^2=1$。记第一型曲面积分 $I=\iint\limits_{\Sigma}f(ax+by+cz)\mathrm{d}S$。求证:$I=2\pi\int_{-1}^{1}f(\sqrt{a^2+b^2+c^2}\,u)\mathrm{d}u$。

参　考　答　案

一、(1) **解**　因为

$$\dfrac{(1+x)^{\frac{2}{x}}-e^2(1-\ln(1+x))}{x}=\dfrac{e^{\frac{2}{x}\ln(1+x)}-e^2(1-\ln(1+x))}{x},$$

$$\lim\limits_{x\to 0}\dfrac{e^2\ln(1+x)}{x}=e^2,$$

$$\lim\limits_{x\to 0}\dfrac{e^{\frac{2}{x}\ln(1+x)}-e^2}{x}=e^2\lim\limits_{x\to 0}\dfrac{e^{\frac{2}{x}\ln(1+x)-2}-1}{x}=e^2\lim\limits_{x\to 0}\dfrac{\dfrac{2}{x}\ln(1+x)-2}{x}$$

$$= 2\mathrm{e}^2 \lim_{x\to 0} \frac{\ln(1+x)-x}{x^2} = 2\mathrm{e}^2 \lim_{x\to 0} \frac{\frac{1}{1+x}-1}{2x} = -\mathrm{e}^2,$$

所以

$$\lim_{x\to 0} \frac{(1+x)^{\frac{2}{x}} - \mathrm{e}^2(1-\ln(1+x))}{x} = 0。$$

(2) 解 若 $\theta = 0$，则 $\lim\limits_{n\to\infty} a_n = 1$。

若 $\theta \neq 0$，则当 n 充分大，使得 $2^n > |k|$ 时

$$a_n = \cos\frac{\theta}{2} \cdot \cos\frac{\theta}{2^2} \cdot \cdots \cdot \cos\frac{\theta}{2^n}$$

$$= \cos\frac{\theta}{2} \cdot \cos\frac{\theta}{2^2} \cdot \cdots \cdot \cos\frac{\theta}{2^n} \cdot \sin\frac{\theta}{2^n} \cdot \frac{1}{\sin\frac{\theta}{2^n}}$$

$$= \cos\frac{\theta}{2} \cdot \cos\frac{\theta}{2^2} \cdot \cdots \cdot \cos\frac{\theta}{2^{n-1}} \cdot \frac{1}{2} \cdot \sin\frac{\theta}{2^{n-1}} \cdot \frac{1}{\sin\frac{\theta}{2^n}}$$

$$= \cos\frac{\theta}{2} \cdot \cos\frac{\theta}{2^2} \cdot \cdots \cdot \cos\frac{\theta}{2^{n-2}} \cdot \frac{1}{2^2} \cdot \sin\frac{\theta}{2^{n-2}} \cdot \frac{1}{\sin\frac{\theta}{2^n}}$$

$$= \frac{\sin\theta}{2^n \sin\frac{\theta}{2^n}},$$

这时，$\lim\limits_{n\to\infty} a_n = \lim\limits_{n\to\infty} \frac{\sin\theta}{2^n \sin\frac{\theta}{2^n}} = \frac{\sin\theta}{\theta}$。

(3) 解 设

$$D_1 = \left\{(x,y) \,\middle|\, 0 \leq x \leq \frac{1}{2}, 0 \leq y \leq 2\right\}, D_2 = \left\{(x,y) \,\middle|\, \frac{1}{2} \leq x \leq 2, 0 \leq y \leq \frac{1}{x}\right\},$$

$$D_3 = \left\{(x,y) \,\middle|\, \frac{1}{2} \leq x \leq 2, \frac{1}{x} \leq y \leq 2\right\},$$

$$\iint_{D_1 \cup D_2} \mathrm{d}x\mathrm{d}y = 1 + \int_{\frac{1}{2}}^{2} \frac{\mathrm{d}x}{x} = 1 + 2\ln 2, \qquad \iint_{D_3} \mathrm{d}x\mathrm{d}y = 3 - 2\ln 2,$$

$$\iint_D \mathrm{sgn}(xy-1)\mathrm{d}x\mathrm{d}y = \iint_{D_3} \mathrm{d}x\mathrm{d}y - \iint_{D_1 \cup D_2} \mathrm{d}x\mathrm{d}y = 2 - 4\ln 2。$$

(4) 解 令 $S(x) = \sum\limits_{n=1}^{\infty} \frac{2n-1}{2^n} x^{2n-2}$，则其定义区间为 $(-\sqrt{2}, \sqrt{2})$。$\forall x \in (-\sqrt{2}, \sqrt{2})$，有

$$\int_0^x S(t)\mathrm{d}t = \sum_{n=1}^{\infty} \int_0^x \frac{2n-1}{2^n} t^{2n-2} \mathrm{d}t = \sum_{n=1}^{\infty} \frac{x^{2n-1}}{2^n} = \frac{x}{2} \sum_{n=1}^{\infty} \left(\frac{x^2}{2}\right)^{n-1} = \frac{x}{2-x^2}。$$

于是

$$S(x) = \left(\frac{x}{2-x^2}\right)' = \frac{2+x^2}{(2-x^2)^2}, \quad x \in (-\sqrt{2}, \sqrt{2})。$$

$$\sum_{n=1}^{\infty} \frac{2n-1}{2^{2n-1}} = \sum_{n=1}^{\infty} \frac{2n-1}{2^n} \left(\frac{1}{\sqrt{2}}\right)^{2n-2} = S\left(\frac{1}{\sqrt{2}}\right) = \frac{10}{9}。$$

二、证明 **(1)** 由 $\lim\limits_{n\to\infty} a_n = a$，$\exists M > 0$ 使得 $|a_n| \leq M$，且 $\forall \varepsilon > 0$，$\exists N_1 \in \mathbf{N}$，当 $n > N_1$ 时

$$|a_n - a| < \frac{\varepsilon}{2}。$$

因为 $\exists N_2 > N_1$，当 $n > N_2$ 时，$\dfrac{N_1(M+|a|)}{n} < \dfrac{\varepsilon}{2}$。于是

$$\left|\frac{a_1+a_2+\cdots+a_n}{n}-a\right|\leqslant\frac{N_1(M+|a|)}{n}+\frac{(n-N_1)}{n}\frac{\varepsilon}{2}<\varepsilon,$$

所以
$$\lim_{n\to\infty}\frac{a_1+a_2+\cdots+a_n}{n}=a。$$

(2) 对于 $i=0,1,\cdots,p-1$，令 $A_n^{(i)}=a_{(n+1)p+i}-a_{np+i}$，易知 $\{A_n^{(i)}\}$ 为 $\{a_{n+p}-a_n\}$ 的子列。
由 $\lim_{n\to\infty}(a_{n+p}-a_n)=\lambda$，知 $\lim_{n\to\infty}A_n^{(i)}=\lambda$，从而
$$\lim_{n\to\infty}\frac{A_1^{(i)}+A_2^{(i)}+\cdots+A_n^{(i)}}{n}=\lambda,$$

而 $A_1^{(i)}+A_2^{(i)}+\cdots+A_n^{(i)}=a_{(n+1)p+i}-a_{p+i}$，所以
$$\lim_{n\to\infty}\frac{a_{(n+1)p+i}-a_{p+i}}{n}=\lambda。$$

由 $\lim_{n\to\infty}\frac{a_{p+i}}{n}=0$，知 $\lim_{n\to\infty}\frac{a_{(n+1)p+i}}{n}=\lambda$，从而
$$\lim_{n\to\infty}\frac{a_{(n+1)p+i}}{(n+1)p+i}=\lim_{n\to\infty}\frac{n}{(n+1)p+i}\cdot\frac{a_{(n+1)p+i}}{n}=\frac{\lambda}{p}。$$

$\forall m\in\mathbf{N},\exists n,p,i\in\mathbf{N},0\leqslant i\leqslant p-1$，使得 $m=np+i$，且当 $m\to\infty$ 时，$n\to\infty$。所以，$\lim_{n\to\infty}\frac{a_n}{n}=\frac{\lambda}{p}$。

三、证明 由麦克劳林公式，得
$$f(x)=f(0)+\frac{1}{2!}f''(0)x^2+\frac{1}{3!}f'''(\eta)x^3,$$

η 介于 0 与 x 之间，$x\in[-1,1]$。

在上式中分别取 $x=1$ 和 $x=-1$，得
$$1=f(1)=f(0)+\frac{1}{2!}f''(0)+\frac{1}{3!}f'''(\eta_1),\quad 0<\eta_1<1,$$
$$0=f(-1)=f(0)+\frac{1}{2!}f''(0)-\frac{1}{3!}f'''(\eta_2),\quad -1<\eta_2<0。$$

两式相减，得
$$f'''(\eta_1)+f'''(\eta_2)=6。$$

由于 $f'''(x)$ 在闭区间 $[-1,1]$ 上连续，因此 $f'''(x)$ 在闭区间 $[\eta_2,\eta_1]$ 上有最大值 M 和最小值 m，从而
$$m\leqslant\frac{1}{2}(f'''(\eta_1)+f'''(\eta_2))\leqslant M。$$

再由连续函数的介值定理，至少存在一点 $x_0\in[\eta_2,\eta_1]\subset(-1,1)$，使得
$$f'''(x_0)=\frac{1}{2}(f'''(\eta_1)+f'''(\eta_2))=3。$$

四、解 在 x 轴的 x 处取一小段 $\mathrm{d}x$，其质量是 $\rho\mathrm{d}x$，到质点的距离为 $\sqrt{h^2+x^2}$，这一小段与质点的引力是 $\mathrm{d}F=\frac{Gm\rho\mathrm{d}x}{h^2+x^2}$（其中 G 为万有引力常数）。

这个引力在水平方向的分量为 $\mathrm{d}F_x=\frac{Gm\rho x\mathrm{d}x}{(h^2+x^2)^{\frac{3}{2}}}$，从而
$$F_x=\int_a^{+\infty}\frac{Gm\rho x\mathrm{d}x}{(h^2+x^2)^{\frac{3}{2}}}=\frac{Gm\rho}{2}\int_a^{+\infty}\frac{\mathrm{d}(x^2)}{(h^2+x^2)^{\frac{3}{2}}}=-Gm\rho(h^2+x^2)^{-\frac{1}{2}}\Big|_a^{+\infty}=\frac{Gm\rho}{\sqrt{h^2+a^2}}。$$

而 $\mathrm{d}F$ 在竖直方向的分量为 $\mathrm{d}F_y=-\frac{Gm\rho h\mathrm{d}x}{(h^2+x^2)^{\frac{3}{2}}}$，故
$$F_y=\int_a^{+\infty}-\frac{Gm\rho h\mathrm{d}x}{(h^2+x^2)^{\frac{3}{2}}}=-\int_{\arctan\frac{a}{h}}^{\frac{\pi}{2}}\frac{Gm\rho h^2\sec^2 t}{h^3\sec^3 t}\mathrm{d}t=-\frac{Gm\rho}{h}\int_{\arctan\frac{a}{h}}^{\frac{\pi}{2}}\cos t\mathrm{d}t$$
$$=-\frac{Gm\rho}{h}\left(1-\sin\arctan\frac{a}{h}\right)=\frac{Gm\rho}{h}\left(\frac{a}{\sqrt{a^2+h^2}}-1\right)。$$

所求引力向量为 $\boldsymbol{F}=(F_x,F_y)$。

五、解 对方程两边求导

$$\left(\frac{\partial z}{\partial x}-\frac{1}{x^2}\right)F_1'+\frac{\partial z}{\partial x}F_2'=0, \quad \frac{\partial z}{\partial y}F_1'+\left(\frac{\partial z}{\partial y}+\frac{1}{y^2}\right)F_2'=0。$$

由此解得

$$\frac{\partial z}{\partial x}=\frac{F_1'}{x^2(F_1'+F_2')}, \quad \frac{\partial z}{\partial y}=\frac{-F_2'}{y^2(F_1'+F_2')},$$

所以

$$x^2\frac{\partial z}{\partial x}-y^2\frac{\partial z}{\partial y}=1。$$

将上式再求导

$$x^2\frac{\partial^2 z}{\partial x^2}-y^2\frac{\partial^2 z}{\partial y\partial x}=-2x\frac{\partial z}{\partial x}, \quad x^2\frac{\partial^2 z}{\partial x\partial y}-y^2\frac{\partial^2 z}{\partial y^2}=2y\frac{\partial z}{\partial y},$$

相加得到

$$x^3\frac{\partial^2 z}{\partial x^2}+xy(x-y)\frac{\partial^2 z}{\partial x\partial y}-y^3\frac{\partial^2 z}{\partial y^2}+2=0。$$

六、解 由 Σ 的面积为 4π 可见:当 a,b,c 都为零时,等式成立。

当它们不全为零时,可知:原点到平面 $ax+by+cz+d=0$ 的距离是

$$\frac{|d|}{\sqrt{a^2+b^2+c^2}}。$$

设平面 $P_u:u=\dfrac{ax+by+cz}{\sqrt{a^2+b^2+c^2}}$,其中 u 固定,则 $|u|$ 是原点到平面 P_u 的距离,从而 $-1\leqslant u\leqslant 1$,被积函数取值为 $f(\sqrt{a^2+b^2+c^2}u)$。两平面 P_u 和 $P_{u+\mathrm{d}u}$ 截单位球 Σ 的截下的部分,这部分摊开可以看成一个细长条。这个细长条的长是 $2\pi\sqrt{1-u^2}$,宽是 $\dfrac{\mathrm{d}u}{\sqrt{1-u^2}}$,它的面积是 $2\pi\mathrm{d}u$,得证。

Y3 第三届预赛微课

第四届全国大学生数学竞赛预赛(2012 年非数学类)

试 题

一、解答下列各题(本题共 5 个小题,每小题 6 分,共 30 分)(要求写出重要步骤)

(1) 求极限 $\lim\limits_{n\to\infty}(n!)^{\frac{1}{n^2}}$。

(2) 求通过直线 $L:\begin{cases}2x+y-3z+2=0,\\5x+5y-4z+3=0\end{cases}$ 的两个相互垂直的平面 π_1 和 π_2,使其中一个平面过点 $(4,-3,1)$。

(3) 已知函数 $z=u(x,y)e^{ax+by}$,且 $\dfrac{\partial^2 u}{\partial x\partial y}=0$,确定常数 a 和 b,使函数 $z=z(x,y)$ 满足方程
$$\frac{\partial^2 z}{\partial x\partial y}-\frac{\partial z}{\partial x}-\frac{\partial z}{\partial y}+z=0。$$

(4) 设函数 $u=u(x)$ 连续可微,$u(2)=1$,且 $\int_L(x+2y)udx+(x+u^3)udy$ 在右半平面与路径无关,求 $u(x)$。

(5) 求极限 $\lim\limits_{x\to+\infty}\sqrt[3]{x}\int_x^{x+1}\dfrac{\sin t}{\sqrt{t+\cos t}}dt$。

二、(10 分) 计算 $\int_0^{+\infty}e^{-2x}|\sin x|dx$。

三、(10 分) 求方程 $x^2\sin\dfrac{1}{x}=2x-501$ 的近似解,精确到 0.001。

四、(12 分) 设函数 $y=f(x)$ 的二阶导数连续,且 $f''(x)>0$,$f(0)=0$,$f'(0)=0$,求 $\lim\limits_{x\to 0}\dfrac{x^3f(u)}{f(x)\sin^3 u}$,其中 u 是曲线 $y=f(x)$ 在点 $P(x,f(x))$ 处的切线在 x 轴上的截距。

五、(12 分) 求最小的实数 C,使得满足 $\int_0^1|f(x)|dx=1$ 的连续的函数 $f(x)$ 都有 $\int_0^1 f(\sqrt{x})dx\leqslant C$。

六、(12 分) 设 $F(x)$ 为连续函数,$t>0$。区域 Ω 是由抛物线 $z=x^2+y^2$ 和球面 $x^2+y^2+z^2=t^2$ 所围起来的部分。定义三重积分
$$F(t)=\iiint\limits_{\Omega}f(x^2+y^2+z^2)dv,$$
求 $F(t)$ 的导数 $F'(t)$。

七、(14 分) 设 $\sum\limits_{n=1}^{\infty}a_n$ 与 $\sum\limits_{n=1}^{\infty}b_n$ 为正项级数。

(1) 若 $\lim\limits_{n\to\infty}\left(\dfrac{a_n}{a_{n+1}b_n}-\dfrac{1}{b_{n+1}}\right)>0$,则 $\sum\limits_{n=1}^{\infty}a_n$ 收敛;

(2)若 $\lim\limits_{n\to\infty}\left(\dfrac{a_n}{a_{n+1}b_n}-\dfrac{1}{b_{n+1}}\right)<0$,且 $\sum\limits_{n=1}^{\infty}b_n$ 发散,则 $\sum\limits_{n=1}^{\infty}a_n$ 发散。

参 考 答 案

一、(1)解 因为 $(n!)^{\frac{1}{n^2}}=\mathrm{e}^{\frac{1}{n^2}\ln(n!)}$,而

$$\frac{1}{n^2}\ln(n!)\leqslant\frac{1}{n}\left(\frac{\ln1}{1}+\frac{\ln2}{2}+\cdots+\frac{\ln n}{n}\right),\text{且}\lim_{n\to\infty}\frac{\ln n}{n}=0,$$

所以

$$\lim_{n\to\infty}\frac{1}{n}\left(\frac{\ln1}{1}+\frac{\ln2}{2}+\cdots+\frac{\ln n}{n}\right)=0,$$

即

$$\lim_{n\to\infty}\frac{1}{n^2}\ln(n!)=0,\quad\text{故}\lim_{n\to\infty}(n!)^{\frac{1}{n^2}}=1。$$

(2)解 过直线 L 的平面束为

$$\lambda(2x+y-3z+2)+\mu(5x+5y-4z+3)=0,$$

即

$$(2\lambda+5\mu)x+(\lambda+5\mu)y-(3\lambda+4\mu)z+(2\lambda+3\mu)=0,$$

若平面 π_1 过点 $(4,-3,1)$,代入得 $\lambda+\mu=0$,即 $\mu=-\lambda$,从而 π_1 的方程为

$$3x+4y-z+1=0,$$

若平面束中的平面 π_2 与 π_1 垂直,则

$$3(2\lambda+5\mu)+4(\lambda+5\mu)+1(3\lambda+4\mu)=0。$$

解得 $\lambda=-3\mu$,从而平面 π_2 的方程为 $x-2y-5z+3=0$。

(3)解 $\dfrac{\partial z}{\partial x}=\mathrm{e}^{ax+by}\left[\dfrac{\partial u}{\partial x}+au(x,y)\right],\quad\dfrac{\partial z}{\partial y}=\mathrm{e}^{ax+by}\left[\dfrac{\partial u}{\partial y}+bu(x,y)\right],$

$$\frac{\partial^2 z}{\partial x\partial y}=\mathrm{e}^{ax+by}\left[b\frac{\partial u}{\partial x}+a\frac{\partial u}{\partial y}+abu(x,y)\right]。$$

故

$$\frac{\partial^2 z}{\partial x\partial y}-\frac{\partial z}{\partial x}-\frac{\partial z}{\partial y}+z=\mathrm{e}^{ax+by}\left[(b-1)\frac{\partial u}{\partial x}+(a-1)\frac{\partial u}{\partial y}+(ab-a-b+1)u(x,y)\right]。$$

若使 $\dfrac{\partial^2 z}{\partial x\partial y}-\dfrac{\partial z}{\partial x}-\dfrac{\partial z}{\partial y}+z=0$,只有

$$(b-1)\frac{\partial u}{\partial x}+(a-1)\frac{\partial u}{\partial y}+(ab-a-b+1)u(x,y)=0,$$

即 $a=b=1$。

(4)解 由 $\dfrac{\partial}{\partial x}(u(x+u^3))=\dfrac{\partial}{\partial y}((x+2y)u)$ 得 $(x+4u^3)u'=u$,即 $\dfrac{\mathrm{d}x}{\mathrm{d}u}-\dfrac{1}{u}x=4u^2$,方程通解为

$$x=\mathrm{e}^{\ln u}\left(\int 4u^2\mathrm{e}^{-\ln u}\mathrm{d}u+C\right)=u\left(\int 4u\mathrm{d}u+C\right)=u(2u^2+C),$$

由 $u(2)=1$ 得 $C=0$,故 $u=\left(\dfrac{x}{2}\right)^{\frac{1}{3}}$。

(5)解 因为当 $x>1$ 时,

$$\left|\sqrt[3]{x}\int_x^{x+1}\frac{\sin t}{\sqrt{t+\cos t}}\mathrm{d}t\right|\leqslant\sqrt[3]{x}\int_x^{x+1}\frac{\mathrm{d}t}{\sqrt{t-1}}\leqslant 2\sqrt[3]{x}(\sqrt{x}-\sqrt{x-1})=2\frac{\sqrt[3]{x}}{\sqrt{x}+\sqrt{x-1}}\to 0\quad(x\to+\infty),$$

所以 $\lim\limits_{x\to+\infty}\sqrt[3]{x}\int_x^{x+1}\dfrac{\sin t}{\sqrt{t+\cos t}}\mathrm{d}t=0$。

二、解 由于
$$\int_0^{n\pi} e^{-2x} |\sin x| \, dx = \sum_{k=1}^n \int_{(k-1)\pi}^{k\pi} e^{-2x} |\sin x| \, dx = \sum_{k=1}^n \int_{(k-1)\pi}^{k\pi} (-1)^{k-1} e^{-2x} \sin x \, dx,$$
应用分部积分法
$$\int_{(k-1)\pi}^{k\pi} (-1)^{k-1} e^{-2x} \sin x \, dx = \frac{1}{5} e^{-2k\pi}(1+e^{2\pi}),$$
所以
$$\int_0^{n\pi} e^{-2x} |\sin x| \, dx = \frac{1}{5}(1+e^{2\pi}) \sum_{k=1}^n e^{-2k\pi} = \frac{1}{5}(1+e^{2\pi}) \frac{e^{-2\pi} - e^{-2(n+1)\pi}}{1-e^{-2\pi}},$$
当 $n\pi \leqslant x < (n+1)\pi$ 时,
$$\int_0^{n\pi} e^{-2x} |\sin x| \, dx \leqslant \int_0^x e^{-2x} |\sin x| \, dx < \int_0^{(n+1)\pi} e^{-2x} |\sin x| \, dx,$$
令 $n \to \infty$,由夹逼准则,得
$$\int_0^\infty e^{-2x} |\sin x| \, dx = \lim_{x \to \infty} \int_0^x e^{-2x} |\sin x| \, dx = \frac{1}{5} \frac{e^{2\pi}+1}{e^{2\pi}-1}.$$

注 如果最后不用夹逼准则,而用
$$\int_0^\infty e^{-2x} |\sin x| \, dx = \lim_{n \to \infty} \int_0^{n\pi} e^{-2x} |\sin x| \, dx = \frac{1}{5} \frac{e^{2\pi}+1}{e^{2\pi}-1},$$
需先说明 $\int_0^\infty e^{-2x} |\sin x| \, dx$ 收敛。

三、解 由泰勒公式有
$$\sin t = t - \frac{\sin(\theta t)}{2} t^2, \quad 0 < \theta < 1,$$
令 $t = \frac{1}{x}$ 得 $\sin \frac{1}{x} = \frac{1}{x} - \frac{\sin\left(\frac{\theta}{x}\right)}{2x^2}$,代入原方程得
$$x - \frac{1}{2}\sin\left(\frac{\theta}{x}\right) = 2x - 501, \text{ 即 } x = 501 - \frac{1}{2}\sin\left(\frac{\theta}{x}\right),$$
由此知 $x > 500, 0 < \frac{\theta}{x} < \frac{1}{500}$,
$$|x - 501| = \frac{1}{2}\left|\sin\left(\frac{\theta}{x}\right)\right| \leqslant \frac{1}{2} \frac{\theta}{x} \leqslant \frac{1}{1000} = 0.001,$$
所以,$x = 501$ 即为满足题设条件的解。

四、解 曲线 $y = f(x)$ 在点 $p(x, f(x))$ 处的切线方程为
$$Y - f(x) = f'(x)(X-x),$$
令 $Y = 0$,则有 $X = x - \frac{f(x)}{f'(x)}$,由此 $u = x - \frac{f(x)}{f'(x)}$,且有
$$\lim_{x \to 0} u = \lim_{x \to 0} \left(x - \frac{f(x)}{f'(x)}\right) = -\lim_{x \to 0} \frac{\frac{f(x)-f(0)}{x}}{\frac{f'(x)-f'(0)}{x}} = \frac{f'(0)}{f''(0)} = 0.$$
由 $f(x)$ 在 $x = 0$ 处的二阶泰勒公式
$$f(x) = f(0) + f'(0)x + \frac{f''(0)}{2}x^2 + o(x^2) = \frac{f''(0)}{2}x^2 + o(x^2),$$
得
$$\lim_{x \to 0} \frac{u}{x} = 1 - \lim_{x \to 0} \frac{f(x)}{xf'(x)} = 1 - \lim_{x \to 0} \frac{\frac{f''(0)}{2}x^2 + o(x^2)}{xf'(x)}$$
$$= 1 - \lim_{x \to 0} \frac{\frac{f''(0)}{2} + \frac{o(x^2)}{x^2}}{\frac{f'(x)-f'(0)}{x}} = 1 - \frac{1}{2}\frac{f''(0)}{f''(0)} = \frac{1}{2},$$

故
$$\lim_{x\to 0}\frac{x^3 f(u)}{f(x)\sin^3 u}=\lim_{x\to 0}\frac{x^3\left(\frac{f''(0)}{2}u^2+o(u^2)\right)}{u^3\left(\frac{f''(0)}{2}x^2+o(x^2)\right)}=\lim_{x\to 0}\frac{x}{u}=2。$$

五、解 由于 $\int_0^1 |f(\sqrt{x})|\,dx = \int_0^1 |f(t)|\,2t\,dt \leqslant 2\int_0^1 |f(t)|\,dt = 2$。

另一方面，取 $f_n(x)=(n+1)x^n$，则 $\int_0^1 |f_n(x)|\,dx = \int_0^1 f_n(x)\,dx = 1$，而

$$\int_0^1 f_n(\sqrt{x})\,dx = 2\int_0^1 tf_n(t)\,dt = 2\frac{n+1}{n+2} = 2\left(1-\frac{1}{n+2}\right)\to 2\quad(n\to\infty),$$

因此最小的实数 $C=2$。

六、解法 1 记 $g=g(t)=\dfrac{\sqrt{1+4t^2}-1}{2}$，则 Ω 在 xy 面上的投影为 $x^2+y^2\leqslant g$。

在曲线 $S:\begin{cases}x^2+y^2=z,\\ x^2+y^2+z^2=t^2\end{cases}$ 上任取一点 (x,y,z)，则原点到该点的射线和 z 轴的夹角为 $\theta_t=\arccos\dfrac{z}{t}=\arccos\dfrac{g}{t}$。取 $\Delta t>0$，则 $\theta_t>\theta_{t+\Delta t}$。对于固定的 $t>0$，考虑积分差 $F(t+\Delta t)-F(t)$，这是一个在厚度为 Δt 的球壳上的积分。原点到球壳边缘上的点的射线和 z 轴夹角在 $\theta_{t+\Delta t}$ 和 θ_t 之间。我们使用球坐标变换来做这个积分，由积分的连续性可知，存在 $\alpha=\alpha(\Delta t)$，$\theta_{t+\Delta t}\leqslant\alpha\leqslant\theta_t$，使得

$$F(t+\Delta t)-F(t)=\int_0^{2\pi}d\varphi\int_0^{\alpha}d\theta\int_t^{t+\Delta t}f(r^2)r^2\sin\theta\,dr,$$

这样就有 $F(t+\Delta t)-F(t)=2\pi(1-\cos\alpha)\int_t^{t+\Delta t}f(r^2)r^2\,dr$。而当 $\Delta t\to 0^+$ 时

$$\cos\alpha\to\cos\theta_t=\frac{g(t)}{t},\quad \frac{1}{\Delta t}\int_t^{t+\Delta t}f(r^2)r^2\,dr\to t^2 f(t^2)。$$

故 $F(t)$ 的右导数为

$$2\pi\left(1-\frac{g(t)}{t}\right)t^2 f(t^2)=\pi(2t+1-\sqrt{1+4t^2})tf(t^2)。$$

当 $\Delta t<0$ 时，考虑 $F(t)-F(t+\Delta t)$ 可以得到同样的左导数。因此

$$F'(t)=\pi(2t+1-\sqrt{1+4t^2})tf(t^2)。$$

解法 2 令

$$\begin{cases}x=r\cos\theta,\\ y=r\sin\theta,\\ z=z,\end{cases}\quad\text{则 }\Omega:\begin{cases}0\leqslant\theta\leqslant 2\pi,\\ 0\leqslant r\leqslant a,\\ r^2\leqslant z\leqslant\sqrt{t^2-r^2},\end{cases}$$

其中 a 满足 $a^2+a^4=t^2$，即 $a^2=\dfrac{\sqrt{1+4t^2}-1}{2}$。故有

$$F(t)=\int_0^{2\pi}d\theta\int_0^a r\,dr\int_{r^2}^{\sqrt{t^2-r^2}}f(r^2+z^2)\,dz=2\pi\int_0^a r\left(\int_{r^2}^{\sqrt{t^2-r^2}}f(r^2+z^2)\,dz\right)dr,$$

从而有

$$F'(t)=2\pi\left(a\int_{a^2}^{\sqrt{t^2-a^2}}f(a^2+z^2)\,dz\cdot\frac{da}{dt}+\int_0^a rf(r^2+t^2-r^2)\frac{t}{\sqrt{t^2-r^2}}\,dr\right),$$

注意到 $\sqrt{t^2-a^2}=a^2$，第一个积分为 0，我们得到

$$F'(t)=2\pi f(t^2)t\int_0^a r\frac{1}{\sqrt{t^2-r^2}}\,dr=-\pi tf(t^2)\int_0^a\frac{d(t^2-r^2)}{\sqrt{t^2-r^2}},$$

所以 $F'(t)=2\pi tf(t^2)(t-a^2)=\pi tf(t^2)(2t+1-\sqrt{1+4t^2})$。

七、证 (1) 设 $\lim\limits_{n\to\infty}\left(\dfrac{a_n}{a_{n+1}b_n}-\dfrac{1}{b_{n+1}}\right)=2\delta>\delta>0$，则存在 $N\in\mathbf{N}$，对于任意的 $n\geqslant N$，有

$$\dfrac{a_n}{a_{n+1}}\dfrac{1}{b_n}-\dfrac{1}{b_{n+1}}>\delta,\qquad \dfrac{a_n}{b_n}-\dfrac{a_{n+1}}{b_{n+1}}>\delta a_{n+1},\qquad a_{n+1}<\dfrac{1}{\delta}\left(\dfrac{a_n}{b_n}-\dfrac{a_{n+1}}{b_{n+1}}\right),$$

$$\sum_{n=N}^{m}a_{n+1}\leqslant\dfrac{1}{\delta}\sum_{n=N}^{m}\left(\dfrac{a_n}{b_n}-\dfrac{a_{n+1}}{b_{n+1}}\right)\leqslant\dfrac{1}{\delta}\left(\dfrac{a_N}{b_N}-\dfrac{a_{m+1}}{b_{m+1}}\right)\leqslant\dfrac{1}{\delta}\dfrac{a_N}{b_N},$$

因而 $\sum\limits_{n=1}^{\infty}a_n$ 的部分和有上界，从而 $\sum\limits_{n=1}^{\infty}a_n$ 收敛。

(2) 若 $\lim\limits_{n\to\infty}\left(\dfrac{a_n}{a_{n+1}}\dfrac{1}{b_n}-\dfrac{1}{b_{n+1}}\right)<\delta<0$，则存在 $N\in\mathbf{N}$，对于任意的 $n\geqslant N$，有 $\dfrac{a_n}{a_{n+1}}<\dfrac{b_n}{b_{n+1}}$，于是

$$a_{n+1}>\dfrac{b_{n+1}}{b_n}a_n>\cdots>\dfrac{b_{n+1}}{b_n}\dfrac{b_n}{b_{n-1}}\cdots\dfrac{b_{N+1}}{b_N}a_N=\dfrac{a_N}{b_N}b_{n+1},$$

于是由 $\sum\limits_{n=1}^{\infty}b_n$ 发散，得到 $\sum\limits_{n=1}^{\infty}a_n$ 发散。

Y4 第四届预赛微课

第五届全国大学生数学竞赛预赛(2013年非数学类)

试 题

一、解答下列各题(本题共 4 个小题,每小题 6 分,共 24 分)

(1) 求极限 $\lim\limits_{n\to\infty}(1+\sin\pi\sqrt{1+4n^2})^n$。

(2) 证明广义积分 $\int_0^{+\infty}\dfrac{\sin x}{x}dx$ 不是绝对收敛的。

(3) 设函数 $y=y(x)$ 由 $x^3+3x^2y-2y^3=2$ 所确定,求 $y(x)$ 的极值。

(4) 过曲线 $y=\sqrt[3]{x}(x\geqslant 0)$ 上的点 A 作切线,使该切线与曲线及 x 轴所围成的平面图形的面积为 $\dfrac{3}{4}$,求 A 点的坐标。

二、(12 分)计算定积分 $I=\int_{-\pi}^{\pi}\dfrac{x\sin x\cdot\arctan e^x}{1+\cos^2 x}dx$。

三、(12 分)设 $f(x)$ 在 $x=0$ 处存在二阶导数 $f''(0)$,且 $\lim\limits_{x\to 0}\dfrac{f(x)}{x}=0$,证明:级数 $\sum\limits_{n=1}^{\infty}\left|f\left(\dfrac{1}{n}\right)\right|$ 收敛。

四、(10 分)设 $|f(x)|\leqslant\pi,f'(x)\geqslant m>0(a\leqslant x\leqslant b)$。证明 $\left|\int_a^b\sin f(x)dx\right|\leqslant\dfrac{2}{m}$。

五、(14 分)设 Σ 是一个光滑封闭曲面,方向朝外。给定第二型的曲面积分
$$I=\iint_{\Sigma}(x^3-x)dydz+(2y^3-y)dzdx+(3z^3-z)dxdy.$$
试确定曲面 Σ,使得积分 I 的值最小,并求该最小值。

六、(14 分)设 $I_a(r)=\int_c\dfrac{ydx-xdy}{(x^2+y^2)^a}$,其中 a 为常数,曲线 C 为椭圆 $x^2+xy+y^2=r^2$,取正向。求极限 $\lim\limits_{r\to +\infty}I_a(r)$。

七、(14 分)判断级数 $\sum\limits_{n=1}^{\infty}\dfrac{1+\dfrac{1}{2}+\cdots+\dfrac{1}{n}}{(n+1)(n+2)}$ 的敛散性,若收敛,求其和。

参 考 答 案

一、(1) 解 因为 $\sin(\pi\sqrt{1+4n^2})=\sin(\pi\sqrt{1+4n^2}-2n\pi)=\sin\dfrac{\pi}{2n+\sqrt{1+4n^2}}$。

$$原式=\lim_{n\to\infty}\left(1+\sin\dfrac{\pi}{2n+\sqrt{1+4n^2}}\right)^n=\exp\left[\lim_{n\to\infty}n\ln\left(1+\sin\dfrac{\pi}{2n+\sqrt{1+4n^2}}\right)\right]$$

$$=\exp\left(\lim_{n\to\infty}n\sin\dfrac{\pi}{2n+\sqrt{1+4n^2}}\right)=\exp\left(\lim_{n\to\infty}\dfrac{\pi n}{2n+\sqrt{1+4n^2}}\right)=e^{\frac{\pi}{4}}.$$

(2)**证明** 记 $a_n = \int_{n\pi}^{(n+1)\pi} \frac{|\sin x|}{x} dx$,只要证明 $\sum_{n=0}^{\infty} a_n$ 发散。因为
$$a_n \geq \frac{1}{(n+1)\pi} \int_{n\pi}^{(n+1)\pi} |\sin x| dx = \frac{1}{(n+1)\pi} \int_0^{\pi} \sin x dx = \frac{2}{(n+1)\pi},$$
而 $\sum_{n=0}^{\infty} \frac{2}{(n+1)\pi}$ 发散,故 $\sum_{n=0}^{\infty} a_n$ 发散。

(3)**解** 方程两边对 x 求导,得
$$3x^2 + 6xy + 3x^2 y' - 6y^2 y' = 0,$$
故 $y' = \frac{x(x+2y)}{2y^2 - x^2}$,令 $y' = 0$,得 $x(x+2y) = 0 \Rightarrow x = 0$ 或 $x = -2y$。

将 $x=0$ 和 $x=-2y$ 代入所给方程,得
$$\begin{cases} x = 0, \\ y = -1 \end{cases} \text{和} \begin{cases} x = -2, \\ y = 1 \end{cases}$$

又
$$y'' = \frac{(2y^2 - x^2)(2x + 2xy' + 2y) - (x^2 + 2xy)(4yy' - 2x)}{(2y^2 - x^2)^2} \Big|_{\substack{x=0 \\ y=-1 \\ y'=0}} = -1 < 0, \quad y'' \Big|_{\substack{x=-2 \\ y=1 \\ y'=0}} > 0.$$

故 $y(0) = -1$ 为极大值,$y(-2) = 1$ 为极小值。

(4)**解** 设切点 A 的坐标为 $(t, \sqrt[3]{t})$,曲线过 A 点的切线方程为
$$y - \sqrt[3]{t} = \frac{1}{3\sqrt[3]{t^2}} (x - t),$$
令 $y = 0$,由上式可得切线与 x 轴交点 B 的横坐标 $x_0 = -2t$。设 A 在 x 轴上的投影点为 C。如题(4)图所示平面图形 $\triangle ABC$ 的面积－曲边梯形 OCA 的面积
$$S = \frac{1}{2} \sqrt[3]{t} \cdot 3t - \int_0^t \sqrt[3]{x} dx = \frac{3}{4} t\sqrt[3]{t} = \frac{3}{4} \Rightarrow t = 1.$$
故 A 的坐标为 $(1,1)$。

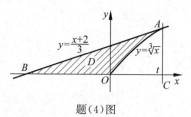

题(4)图

二、解 $I = \int_{-\pi}^0 \frac{x\sin x \cdot \arctan e^x}{1 + \cos^2 x} dx + \int_0^{\pi} \frac{x\sin x \cdot \arctan e^x}{1 + \cos^2 x} dx$

$= \int_0^{\pi} \frac{x\sin x \cdot \arctan e^{-x}}{1 + \cos^2 x} dx + \int_0^{\pi} \frac{x\sin x \cdot \arctan e^x}{1 + \cos^2 x} dx$

$= \int_0^{\pi} (\arctan e^x + \arctan e^{-x}) \frac{x\sin x}{1 + \cos^2 x} dx$

$= \frac{\pi}{2} \int_0^{\pi} \frac{x\sin x}{1 + \cos^2 x} dx = \left(\frac{\pi}{2}\right)^2 \int_0^{\pi} \frac{\sin x}{1 + \cos^2 x} dx = -\left(\frac{\pi}{2}\right)^2 \arctan(\cos x) \Big|_0^{\pi}$

$= \frac{\pi^3}{8}.$

三、证明 由于 $f(x)$ 在 $x=0$ 处连续,且 $\lim_{x \to 0} \frac{f(x)}{x} = 0$,则
$$f(0) = \lim_{x \to 0} f(x) = \lim_{x \to 0} \frac{f(x)}{x} \cdot x = 0, \quad f'(0) = \lim_{x \to 0} \frac{f(x) - f(0)}{x - 0} = 0.$$

应用洛必达法则,得
$$\lim_{x\to 0}\frac{f(x)}{x^2} = \lim_{x\to 0}\frac{f'(x)}{2x} = \lim_{x\to 0}\frac{f'(x)-f'(0)}{2(x-0)} = \frac{1}{2}f''(0)。$$

所以
$$\lim_{n\to\infty}\frac{\left|f\left(\frac{1}{n}\right)\right|}{\frac{1}{n^2}} = \frac{1}{2}|f''(0)|。$$

由于级数 $\sum_{n=1}^{\infty}\frac{1}{n^2}$ 收敛,从而 $\sum_{n=1}^{\infty}\left|f\left(\frac{1}{n}\right)\right|$ 收敛。

四、证法 1 因为 $f'(x)\geqslant m>0 (a\leqslant x\leqslant b)$,所以 $f(x)$ 在 $[a,b]$ 上严格单增,从而有反函数。

设 $A=f(a), B=f(b), \varphi(x)$ 是 $f(x)$ 的反函数,则
$$0 < \varphi'(y) = \frac{1}{f'(x)} \leqslant \frac{1}{m}。$$

又 $|f(x)|\leqslant \pi$,则 $-\pi\leqslant A<B\leqslant \pi$,所以
$$\left|\int_a^b \sin f(x)dx\right| \xrightarrow{x=\varphi(y)} \left|\int_A^B \varphi'(y)\sin y dy\right| \leqslant \int_0^\pi \frac{1}{m}\sin y dy = \frac{2}{m}。$$

证法 2 $\left|\int_a^b \sin f(x)dx\right| = \left|\int_a^b \frac{f'(x)\sin f(x)}{f'(x)}dx\right| \leqslant \frac{1}{m}\left|\int_a^b \sin f(x)df(x)\right| = \frac{1}{m}\left|[-\cos f(x)]_a^b\right| \leqslant \frac{2}{m}。$

五、解 记 Σ 围成的立体为 V,由高斯公式,
$$I = \iiint_V (3x^2+6y^2+9z^2-3)dv = 3\iiint_V (x^2+2y^2+3z^2-1)dxdydz。$$

为了使 I 达到最小,就要求 V 是使得 $x^2+2y^2+3z^2-1\leqslant 0$ 的最大空间区域,即
$$V = \{(x,y,z) \mid x^2+2y^2+3z^2\leqslant 1\}。$$

所以 V 是一个椭球,Σ 是椭球 V 的表面时,积分 I 最小。

为求该最小值,作变换
$$\begin{cases} x = u, \\ y = \dfrac{v}{\sqrt{2}}, \\ z = \dfrac{w}{\sqrt{3}}, \end{cases}$$

则 $\dfrac{\partial(x,y,z)}{\partial(u,v,w)}=\dfrac{1}{\sqrt{6}}$,有 $I = \dfrac{3}{\sqrt{6}}\iiint_{u^2+v^2+w^2\leqslant 1}(u^2+v^2+w^2-1)dudvdw$。使用球坐标变换,得
$$I = \frac{3}{\sqrt{6}}\int_0^{2\pi}d\theta\int_0^\pi d\varphi\int_0^1 (r^2-1)r^2\sin\varphi dr = -\frac{4\sqrt{6}}{15}\pi。$$

六、解 作变换
$$\begin{cases} x = \dfrac{u-v}{\sqrt{2}}, \\ y = \dfrac{u+v}{\sqrt{2}}。 \end{cases}$$

曲线 C 变为 uOv 平面上的曲线 Γ:$\dfrac{3}{2}u^2+\dfrac{1}{2}v^2=r^2$,也是取正向,且有 $x^2+y^2=u^2+v^2$,$ydx-xdy=vdu-udv$,
$$I_a(r) = \int_\Gamma \frac{vdu-udv}{(u^2+v^2)^a}。$$

作变换

$$\begin{cases} u = \sqrt{\dfrac{2}{3}} r\cos\theta, \\ v = \sqrt{2} r\sin\theta, \end{cases}$$

则有 $v\mathrm{d}u - u\mathrm{d}v = -\dfrac{2}{\sqrt{3}} r^2 \mathrm{d}\theta$,

$$I_a(r) = -\frac{2}{\sqrt{3}} r^{2(1-a)} \int_0^{2\pi} \frac{\mathrm{d}\theta}{\left(\dfrac{2}{3}\cos^2\theta + 2\sin^2\theta\right)^a} = -\frac{2}{\sqrt{3}} r^{-2(1-a)} J_a,$$

其中 $J_a = \displaystyle\int_0^{2\pi} \dfrac{\mathrm{d}\theta}{\left(\dfrac{2}{3}\cos^2\theta + 2\sin^2\theta\right)^a}, 0 < J_a < +\infty$。

因此当 $a > 1$ 和 $a < 1$ 时,所求极限分别为 0 和 $+\infty$。

而当 $a = 1$ 时,

$$J_1 = \int_0^{2\pi} \frac{\mathrm{d}\theta}{\dfrac{2}{3}\cos^2\theta + 2\sin^2\theta} = 4\int_0^{\frac{\pi}{2}} \frac{\mathrm{d}\theta}{\cos^2\theta\left(\dfrac{2}{3} + 2\tan^2\theta\right)}$$

$$= 4\int_0^{\frac{\pi}{2}} \frac{\mathrm{d}\tan\theta}{\dfrac{2}{3} + 2\tan^2\theta} = 2\int_0^{+\infty} \frac{\mathrm{d}t}{\left(\dfrac{\sqrt{3}}{3}\right)^2 + t^2} = \frac{2}{\dfrac{\sqrt{3}}{3}} \arctan \dfrac{t}{\dfrac{\sqrt{3}}{3}} \Bigg|_0^{+\infty} = \sqrt{3}\pi。$$

故所求极限为

$$\lim_{r \to +\infty} I_a(r) = \begin{cases} 0 & a > 1, \\ -\infty, & a < 1, \\ -2\pi, & a = 1。 \end{cases}$$

七、解 (1) 记 $a_n = 1 + \dfrac{1}{2} + \cdots + \dfrac{1}{n}, u_n = \dfrac{a_n}{(n+1)(n+2)}, n = 1, 2, 3, \cdots$。因为 n 充分大时,

$$0 < a_n = 1 + \frac{1}{2} + \cdots + \frac{1}{n} < 1 + \int_1^n \frac{1}{x} \mathrm{d}x = 1 + \ln n < \sqrt{n},$$

所以 $u_n \leqslant \dfrac{\sqrt{n}}{(n+1)(n+2)} < \dfrac{1}{n^{\frac{3}{2}}}$,而 $\displaystyle\sum_{n=1}^{\infty} \dfrac{1}{n^{\frac{3}{2}}}$ 收敛,所以 $\displaystyle\sum_{n=1}^{\infty} u_n$ 收敛。

(2) $a_k = 1 + \dfrac{1}{2} + \cdots + \dfrac{1}{k} (k = 1, 2, \cdots)$,

$$S_n = \sum_{k=1}^n \frac{1 + \dfrac{1}{2} + \cdots + \dfrac{1}{k}}{(k+1)(k+2)} = \sum_{k=1}^n \frac{a_k}{(k+1)(k+2)} = \sum_{k=1}^n \left(\frac{a_k}{k+1} - \frac{a_k}{k+2}\right)$$

$$= \left(\frac{a_1}{2} - \frac{a_1}{3}\right) + \left(\frac{a_2}{3} - \frac{a_2}{4}\right) + \cdots + \left(\frac{a_{n-1}}{n} - \frac{a_{n-1}}{n+1}\right) + \left(\frac{a_n}{n+1} - \frac{a_n}{n+2}\right)$$

$$= \frac{1}{2}a_1 + \frac{1}{3}(a_2 - a_1) + \frac{1}{4}(a_3 - a_2) + \cdots + \frac{1}{n+1}(a_n - a_{n-1}) - \frac{1}{n+2}a_n$$

$$= \left(\frac{1}{1 \cdot 2} + \frac{1}{2 \cdot 3} + \frac{1}{3 \cdot 4} + \cdots + \frac{1}{n \cdot (n+1)}\right) - \frac{1}{n+2}a_n = 1 - \frac{1}{n+1} - \frac{1}{n+2}a_n。$$

因为 $0 < a_n < 1 + \ln n$,所以 $0 < \dfrac{a_n}{n+2} < \dfrac{1 + \ln n}{n+2}$ 且 $\displaystyle\lim_{n \to \infty} \dfrac{1 + \ln n}{n+2} = 0$。故 $\displaystyle\lim_{n \to \infty} \dfrac{a_n}{n+2} = 0$。于是 $S = \displaystyle\lim_{n \to \infty} S_n = 1 - 0 - 0 = 1$。

Y5 第五届预赛微课

第六届全国大学生数学竞赛预赛(2014年非数学类)

试　题

一、填空题(本题共5个小题,每小题6分,共30分)

(1)已知 $y_1=e^x$ 和 $y_2=xe^x$ 是二阶齐次常系数线性微分方程的解,则该方程是_____。

(2)设有曲面 $S:z=x^2+2y^2$ 和平面 $L:2x+2y+z=0$,则与 L 平行的 S 的切平面方程是_____。

(3)设函数 $y=y(x)$ 由方程 $x=\int_1^{y-x}\sin^2\left(\dfrac{\pi t}{4}\right)dt$ 所确定,求 $\left.\dfrac{dy}{dx}\right|_{x=0}=$ _____。

(4)设 $x_n=\sum\limits_{k=1}^{n}\dfrac{k}{(k+1)!}$,则 $\lim\limits_{n\to\infty}x_n=$ _____。

(5)已知 $\lim\limits_{x\to 0}\left(1+x+\dfrac{f(x)}{x}\right)^{\frac{1}{x}}=e^3$,则 $\lim\limits_{x\to 0}\dfrac{f(x)}{x^2}=$ _____。

二、(12分)设 n 为正整数,计算 $I=\int_{e^{-2n\pi}}^{1}\left|\dfrac{d}{dx}\cos\left(\ln\dfrac{1}{x}\right)\right|dx$。

三、(14分)设函数 $f(x)$ 在 $[0,1]$ 上有二阶导数,且有正常数 A,B 使得 $|f(x)|\leqslant A$,$|f''(x)|\leqslant B$。证明:对任意 $x\in[0,1]$,有 $|f'(x)|\leqslant 2A+\dfrac{B}{2}$。

四、(14分)(1)设一球缺高为 h,所在球的半径为 R。证明:该球缺的体积为 $\dfrac{\pi}{3}(3R-h)h^2$,球冠的面积为 $2\pi Rh$。

(2)设球体 $(x-1)^2+(y-1)^2+(z-1)^2\leqslant 12$ 被平面 $P:x+y+z=6$ 所截的小球缺为 Ω。记球缺上的球冠为 Σ,方向指向球外,求第二型曲面积分 $I=\iint\limits_{\Sigma}xdydz+ydzdx+zdxdy$。

五、(15分)设 $f(x)$ 在 $[a,b]$ 上非负连续,严格单增,且存在 $x_n\in[a,b]$ 使得 $[f(x_n)]^n=\dfrac{1}{b-a}\int_a^b[f(x)]^n dx$。求 $\lim\limits_{n\to\infty}x_n$。

六、(15分)设 $A_n=\dfrac{n}{n^2+1}+\dfrac{n}{n^2+2^2}+\cdots+\dfrac{n}{n^2+n^2}$,求 $\lim\limits_{n\to\infty}n\left(\dfrac{\pi}{4}-A_n\right)$。

参考答案

一、(1)解　由解的表达式可知微分方程对应的特征方程有二重根,$r=1$,故所求微分方程为 $y''-2y'+y=0$。

(2)解　设 $P_0(x_0,y_0,z_0)$ 是 S 上一点,则 S 在点 P_0 的切平面方程为
$$-2x_0(x-x_0)-4y_0(y-y_0)+(z-z_0)=0。$$

由于该切平面与平面 L 平行，所以相应的法向量成比例，即存在常数 $k\neq 0$，使得
$$(-2x_0, -4y_0, 1) = k(2, 2, 1)。$$
解得 $x_0 = -1, y_0 = -\frac{1}{2}, z_0 = \frac{3}{2}$，所以所求切平面方程为
$$2x + 2y + z + \frac{3}{2} = 0。$$

(3) **解** 显然 $y(0) = 1$，等式两端对 x 求导，得
$$1 = \sin^2\left[\frac{\pi}{4}(y-x)\right] \cdot (y'-1) \Rightarrow y' = \csc^2\left[\frac{\pi}{4}(y-x)\right] + 1。$$
将 $x = 0$ 代入可得 $y' = 3$。

(4) **解** $x_n = \sum_{k=1}^{n} \frac{k}{(k+1)!} = \sum_{k=1}^{n}\left[\frac{1}{k!} - \frac{1}{(k+1)!}\right] = 1 - \frac{1}{(n+1)!}$。所以
$$\lim_{n\to\infty} x_n = \lim_{n\to\infty}\left(1 - \frac{1}{(n+1)!}\right) = 1。$$

(5) **解** 由 $\lim_{x\to 0}\left(1 + x + \frac{f(x)}{x}\right)^{\frac{1}{x}} = e^3$ 可得
$$\lim_{x\to 0} \frac{1}{x}\ln\left(1 + x + \frac{f(x)}{x}\right) = 3。$$
故有 $\frac{1}{x}\ln\left(1 + x + \frac{f(x)}{x}\right) = 3 + \alpha$，其中 $\alpha \to 0 (x\to 0)$，即有
$$\frac{f(x)}{x^2} = \frac{e^{\alpha x + 3x} - 1}{x} - 1。$$
从而
$$\lim_{x\to 0}\frac{f(x)}{x^2} = \lim_{x\to 0}\frac{e^{\alpha x + 3x} - 1}{x} - 1 = \lim_{x\to 0}\frac{(\alpha + 3)x}{x} - 1 = 2。$$

二、解 $I = \int_{e^{-2n\pi}}^{1}\left|\frac{d}{dx}\cos\left(\ln\frac{1}{x}\right)\right|dx = \int_{e^{-2n\pi}}^{1}\left|\frac{d}{dx}\cos(\ln x)\right|dx$
$= \int_{e^{-2n\pi}}^{1}|\sin(\ln x)|\frac{1}{x}dx = \int_{e^{-2n\pi}}^{1}|\sin(\ln x)|d\ln x。$

令 $\ln x = u$，则有
$$I = \int_{-2n\pi}^{0}|\sin u|du = \int_{0}^{2n\pi}|\sin t|dt = 4n\int_{0}^{\frac{\pi}{2}}|\sin t|dt = 4n。$$

三、证明 由泰勒公式，有
$$f(0) = f(x) + f'(x)(0-x) + \frac{f''(\xi)}{2}(0-x)^2, \quad \xi \in (0, x),$$
$$f(1) = f(x) + f'(x)(1-x) + \frac{f''(\eta)}{2}(1-x)^2, \quad \eta \in (x, 1)。$$
上面两式相减，得
$$f'(x) = f(1) - f(0) + \frac{f''(\xi)}{2}x^2 - \frac{f''(\eta)}{2}(1-x)^2。$$
由 $|f(x)| \leqslant A, |f''(x)| \leqslant B$，得
$$|f'(x)| \leqslant 2A + \frac{B}{2}[x^2 + (1-x)^2]。$$
又 $x^2 + (1-x)^2$ 在 $[0, 1]$ 上的最大值为 1，所以有
$$|f'(x)| \leqslant 2A + \frac{B}{2}。$$

四、(1) 证明 设球缺所在球表面的方程为 $x^2 + y^2 + z^2 = R^2$，球缺的中心线为 z 轴，且设球缺所在的圆锥顶角为 2α。

记球缺的区域为 Ω，则其体积为
$$\iiint_\Omega dV = \int_{R-h}^R dz \iint_{D_z} dxdy = \int_{R-h}^R \pi(R^2-z^2)dz = \frac{\pi}{3}(3R-h)h^2.$$

由于球面的面积元素为 $dS = R^2\sin\theta d\theta$，所以球冠的面积为
$$\int_0^{2\pi} d\varphi \int_0^\alpha R^2 \sin\theta d\theta = 2\pi R^2(1-\cos\alpha) = 2\pi Rh.$$

(2) **解** 记球缺的底面圆为 P_1，方向指向球缺外，且记
$$J = \iint_{P_1} x dydz + y dzdx + z dxdy.$$

由高斯公式得 $I + J = \iiint_\Omega 3 dV = 3V(\Omega)$，其中 $V(\Omega)$ 为 Ω 的体积。

由于平面 P 的正向单位法向量为 $-\frac{1}{\sqrt{3}}(1,1,1)$，故
$$J = -\frac{1}{\sqrt{3}}\iint_{P_1}(x+y+z)dS = -\frac{6}{\sqrt{3}}\sigma(P_1) = -2\sqrt{3}\sigma(P_1),$$

其中 $\sigma(P_1)$ 为 P_1 的面积，
$$I = 3V(\Omega) - J = 3V + 2\sqrt{3}\sigma(P_1).$$

由于球缺底面圆心为 $Q(2,2,2)$，而球缺的顶点为 $D(3,3,3)$，故球缺的高度为 $h = |QD| = \sqrt{3}$，再由(1)所证并代入 $h = \sqrt{3}, R = 2\sqrt{3}$，得
$$I = 3 \cdot \frac{\pi}{3}(3R-h)h^2 + 2\sqrt{3}\pi(2Rh - h^2) = 33\sqrt{3}\pi.$$

五、解 考虑特殊情形：$a=0, b=1$。下面证明 $\lim\limits_{n\to\infty} x_n = 1$。

首先，$x_n \in [0,1]$，即 $x_n \leq 1$，只要证明 $\forall \varepsilon > 0(<1)$，$\exists N$，当 $n > N$ 时 $x_n > 1-\varepsilon$。由 $f(x)$ 在 $[0,1]$ 上严格单增，就是要证明
$$f^n(1-\varepsilon) < [f(x_n)]^n = \int_0^1 [f(x_n)]^n dx.$$

由于 $\forall c \in (0,1)$，有
$$\int_c^1 [f(x)]^n dx > f^n(c) \cdot (1-c).$$

现取 $c = 1 - \frac{\varepsilon}{2}$，则 $f(1-\varepsilon) < f(c)$，即 $\frac{f(1-\varepsilon)}{f(c)} < 1$，于是有
$$\lim_{n\to\infty}\left[\frac{f(1-\varepsilon)}{f(c)}\right]^n = 0.$$

所以 $\exists N, \forall n > N$ 时有
$$\left[\frac{f(1-\varepsilon)}{f(c)}\right]^n < \frac{\varepsilon}{2} = 1 - c,$$

即
$$f^n(1-\varepsilon) < [f(c)]^n(1-c) \leq \int_c^1 [f(x)]^n dx \leq \int_0^1 [f(x)]^n dx = f^n(x_n),$$

从而 $1 - \varepsilon < x_n$，由 ε 的任意性得 $\lim\limits_{n\to\infty} x_n = 1$。

再考虑一般情形，令 $F(t) = f(a+t(b-a))$，由 $f(x)$ 在 $[a,b]$ 上非负连续，严格单增，知 F 在 $[0,1]$ 上非负连续，严格单增。从而 $\exists t_n \in [0,1]$，使得 $F^n(t_n) = \int_0^1 F^n(t)dt$，且 $\lim\limits_{n\to\infty} t_n = 1$，即
$$f^n(a + t_n(b-a)) = \int_0^1 f^n(a+t(b-a))dt.$$

记 $x_n = a + t_n(b-a)$，则有

$$[f(x_n)]^n = \frac{1}{b-a}\int_a^b [f(x)]^n dx, \quad \text{且} \quad \lim_{n\to\infty} x_n = a + (b-a) = b.$$

六、解 令 $f(x) = \dfrac{1}{1+x^2}$,因为 $A_n = \dfrac{1}{n}\sum_{i=1}^n \dfrac{1}{1+\dfrac{i^2}{n^2}}$,所以有

$$\lim_{n\to\infty} A_n = \int_0^1 f(x) dx = \frac{\pi}{4}.$$

记 $x_i = \dfrac{i}{n}$,则 $x_i - x_{i-1} = \dfrac{1}{n}$,$A_n = \sum_{i=1}^n \int_{x_{i-1}}^{x_i} f(x_i) dx$。令

$$J_n = n\left(\frac{\pi}{4} - A_n\right) = n\sum_{i=1}^n \int_{x_{i-1}}^{x_i} [f(x) - f(x_i)] dx,$$

由拉格朗日中值定理,$\exists \xi_i \in (x_{i-1}, x_i)$ 使得

$$J_n = n\sum_{i=1}^n \int_{x_{i-1}}^{x_i} f'(\xi_i)(x - x_i) dx.$$

记 m_i, M_i 分别是 $f'(x)$ 在 $[x_{i-1}, x_i]$ 上的最小值和最大值,则 $m_i \leqslant f'(\xi_i) \leqslant M_i$,故积分

$$\int_{x_{i-1}}^{x_i} f'(\xi_i)(x-x_i) dx \text{ 介于 } m_i \int_{x_{i-1}}^{x_i}(x-x_i)dx, M_i \int_{x_{i-1}}^{x_i}(x-x_i)dx$$

之间,所以 $\exists \eta_i \in (x_{i-1}, x_i)$ 使得

$$\int_{x_{i-1}}^{x_i} f'(\xi_i)(x - x_i) dx = -f'(\eta_i) \frac{(x_i - x_{i-1})^2}{2}.$$

于是,有 $J_n = -\dfrac{n}{2}\sum_{i=1}^n f'(\eta_i)(x_i - x_{i-1})^2 = -\dfrac{1}{2n}\sum_{i=1}^n f'(\eta_i)$。从而

$$\lim_{n\to\infty} n\left(\frac{\pi}{4} - A_n\right) = \lim_{n\to\infty} J_n = -\frac{1}{2}\int_0^1 f'(x)dx = -\frac{1}{2}[f(1) - f(0)] = \frac{1}{4}.$$

Y6 第六届预赛微课

第七届全国大学生数学竞赛预赛(2015年非数学类)

试 题

一、计算下列各题(本题共5个小题,每小题6分,共30分)(要求写出重要步骤)

(1) $\lim\limits_{n\to\infty} n\left\{\dfrac{\sin\dfrac{\pi}{n}}{n^2+1}+\dfrac{\sin\dfrac{2\pi}{n}}{n^2+2}+\cdots+\dfrac{\sin\pi}{n^2+n}\right\}=$ _____。

(2) 设函数 $z=z(x,y)$ 由方程 $F\left(x+\dfrac{z}{y},y+\dfrac{z}{x}\right)=0$ 所决定,其中 $F(u,v)$ 具有连续的偏导数,且 $xF_u+yF_v\neq 0$,则 $x\dfrac{\partial z}{\partial x}+y\dfrac{\partial z}{\partial y}=$ _____。(本小题结果要求不显含 F 及其偏导数)

(3) 曲面 $z=x^2+y^2+1$ 在点 $M(1,-1,3)$ 的切平面与曲面 $z=x^2+y^2$ 所围区域的体积为 _____。

(4) 函数 $f(x)=\begin{cases}3, & x\in[-5,0),\\ 0, & x\in[0,5)\end{cases}$ 在 $(-5,5)$ 内的傅里叶级数在 $x=0$ 收敛的值为 _____。

(5) 设区间 $(0,+\infty)$ 上的函数 $u(x)$ 定义为 $u(x)=\int_0^{+\infty}e^{-xt^2}dt$,则 $u(x)$ 的初等函数表达式为 _____。

二、(12分) 设 M 是以三个正半轴为母线的半圆锥面,求其方程。

三、(12分) 设 $f(x)$ 在 (a,b) 内二次可导,且存在常数 α,β 使得对于 $\forall x\in(a,b),f'(x)=\alpha f(x)+\beta f''(x)$,证明 $f(x)$ 在 (a,b) 内无穷次可导。

四、(14分) 求幂级数 $\sum\limits_{n=0}^{\infty}\dfrac{n^3+2}{(n+1)!}(x-1)^n$ 的收敛域与和函数。

五、(16分) 设函数 $f(x)$ 在 $[0,1]$ 上连续,且 $\int_0^1 f(x)dx=0,\int_0^1 xf(x)dx=1$。试证:

(1) $\exists x_0\in[0,1]$,使得 $|f(x_0)|>4$;(2) $\exists x_1\in[0,1]$,使得 $|f(x_1)|=4$。

六、(16分) 设 $f(x,y)$ 在 $x^2+y^2\leq 1$ 上有连续的二阶偏导数,$f_{xx}^2+2f_{xy}^2+f_{yy}^2\leq M$。若 $f(0,0)=0, f_x(0,0)=f_y(0,0)=0$,证明 $\left|\iint\limits_{x^2+y^2\leq 1}f(x,y)dxdy\right|\leq\dfrac{\pi\sqrt{M}}{4}$。

参 考 答 案

一、(1) 解 由于 $\dfrac{1}{n+1}\sum\limits_{i=1}^{n}\sin\dfrac{i\pi}{n}\leq\sum\limits_{i=1}^{n}\dfrac{\sin\dfrac{i\pi}{n}}{n+\dfrac{i}{n}}\leq\dfrac{1}{n}\sum\limits_{i=1}^{n}\sin\dfrac{i\pi}{n}$,而

$$\lim_{n\to\infty}\frac{1}{n}\sum_{i=1}^{n}\sin\frac{i\pi}{n}=\lim_{n\to\infty}\frac{1}{\pi}\sum_{i=1}^{n}\sin\frac{i\pi}{n}\cdot\frac{\pi}{n}=\frac{1}{\pi}\int_{0}^{\pi}\sin x\mathrm{d}x=\frac{2}{\pi},$$

$$\lim_{n\to\infty}\frac{1}{n+1}\sum_{i=1}^{n}\sin\frac{i\pi}{n}=\lim_{n\to\infty}\frac{n}{n+1}\cdot\frac{1}{n}\sum_{i=1}^{n}\sin\frac{i\pi}{n}=1\cdot\frac{2}{\pi}=\frac{2}{\pi}.$$

由夹逼准则,可得 $\lim\limits_{n\to\infty}\sum\limits_{i=1}^{n}\dfrac{\sin\dfrac{i\pi}{n}}{n+\dfrac{i}{n}}=\dfrac{2}{\pi}$.

(2)**解** 方程两端关于 x 求偏导数,可得

$$\left(1+\frac{1}{y}\frac{\partial z}{\partial x}\right)F_u+\left(\frac{1}{x}\frac{\partial z}{\partial x}-\frac{z}{x^2}\right)F_v=0, 解得 x\frac{\partial z}{\partial x}=\frac{y(zF_v-x^2F_u)}{xF_u+yF_v}.$$

类似地,对 y 求偏导数可得

$$y\frac{\partial z}{\partial y}=\frac{x(zF_u-y^2F_v)}{xF_u+yF_v}.$$

于是,有

$$x\frac{\partial z}{\partial x}+y\frac{\partial z}{\partial y}=\frac{-xy(xF_u+yF_v)+z(xF_u+yF_v)}{xF_u+yF_v}=z-xy.$$

(3)**解** 曲面 $z=x^2+y^2+1$ 在点 $M(1,-1,3)$ 的切平面为

$$2(x-1)-2(y+1)-(z-3)=0, 即 \quad z=2x-2y-1.$$

联立 $\begin{cases}z=x^2+y^2,\\ z=2x-2y-1,\end{cases}$ 得所围区域在 xOy 面上的投影 D 为

$$D=\{(x,y)\mid(x-1)^2+(y+1)^2\leqslant 1\}.$$

所求体积为

$$V=\iint_D[(2x-2y-1)-(x^2+y^2)]\mathrm{d}\sigma=\iint_D[1-(x-1)^2-(y+1)^2]\mathrm{d}\sigma.$$

令 $x-1=r\cos t, y+1=r\sin t$,则 $\mathrm{d}\sigma=r\mathrm{d}t\mathrm{d}r, D:\begin{cases}0\leqslant t\leqslant 2\pi,\\ 0\leqslant r\leqslant 1.\end{cases}$ 所以

$$V=\int_0^{2\pi}\mathrm{d}t\int_0^1(1-r^2)r\mathrm{d}r=\frac{\pi}{2}.$$

(4)**解** 由狄利克雷收敛定理,得 $S(0)=\dfrac{f(0-0)+f(0+0)}{2}=\dfrac{3}{2}$.

(5)**解法 1** $u^2(x)=\displaystyle\int_0^{+\infty}\mathrm{e}^{-xt^2}\mathrm{d}t\int_0^{+\infty}\mathrm{e}^{-xs^2}\mathrm{d}s=\iint_{s,t\geqslant 0}\mathrm{e}^{-x(s^2+t^2)}\mathrm{d}t\mathrm{d}s\xlongequal{\text{极坐标}}\int_0^{\frac{\pi}{2}}\mathrm{d}\theta\int_0^{+\infty}\mathrm{e}^{-xr^2}r\mathrm{d}r=\dfrac{\pi}{4x}.$

所以 $u(x)=\dfrac{\sqrt{\pi}}{2\sqrt{x}}$.

解法 2 令 $u=xt^2$,则 $\mathrm{d}u=2xt\mathrm{d}t$,于是

$$u(x)=\frac{1}{2\sqrt{x}}\int_0^{+\infty}\frac{1}{\sqrt{u}}\mathrm{e}^{-u}\mathrm{d}u=\frac{1}{2\sqrt{x}}\int_0^{+\infty}u^{\frac{1}{2}-1}\mathrm{e}^{-u}\mathrm{d}u=\frac{\Gamma\left(\dfrac{1}{2}\right)}{2\sqrt{x}}=\frac{\sqrt{\pi}}{2\sqrt{x}}.$$

二、解 显然 $O(0,0,0)$ 为 M 的顶点,$A(1,0,0),B(0,1,0),C(0,0,1)$ 在 M 上. 由 A、B、C 三点决定的平面 $x+y+z=1$ 与球面 $x^2+y^2+z^2=1$ 的交线 L 是 M 的准线.

设 $P(x,y,z)$ 是 M 上的点,(u,v,w) 是 M 的母线 OP 与 L 的交点,则 OP 的方程为

$$\frac{x}{u}=\frac{y}{v}=\frac{z}{w}=\frac{1}{t}, 即\quad u=xt,\ v=yt,\ w=zt.$$

代入准线方程,得

$$\begin{cases}(x+y+z)t=1,\\ (x^2+y^2+z^2)t^2=1.\end{cases}$$

消去 t,得圆锥面 M 的方程为 $xy+yz+zx=0$。

三、证明 (1) 若 $\beta=0$,则 $\forall x\in(a,b)$,有
$$f'(x)=\alpha f(x),\ f''(x)=\alpha^2 f(x),\cdots,f^{(n)}(x)=\alpha^n f(x),\cdots,$$
从而 $f(x)$ 在 (a,b) 内无穷次可导。

(2) 若 $\beta\neq 0$,则 $\forall x\in(a,b)$,有
$$f''(x)=\frac{f'(x)-\alpha f(x)}{\beta}=A_1 f'(x)+B_1 f(x), \tag{1}$$
其中 $A_1=\dfrac{1}{\beta}$,$B_1=-\dfrac{\alpha}{\beta}$。

因为 (1) 式右端可导,从而有
$$f'''(x)=A_1 f''(x)+B_1 f'(x)。$$
设 $f^{(n)}(x)=A_1 f^{(n-1)}(x)+B_1 f^{(n-2)}(x)$,$n>1$,则
$$f^{(n+1)}(x)=A_1 f^{(n)}(x)+B_1 f^{(n-1)}(x)。$$
所以,$f(x)$ 在 (a,b) 内无穷次可导。

四、解 因 $\lim\limits_{n\to\infty}\dfrac{a_{n+1}}{a_n}=\lim\limits_{n\to\infty}\dfrac{(n+1)^3+2}{(n+1)(n^3+2)}=0$,所以收敛半径 $R=+\infty$,收敛域为 $(-\infty,+\infty)$。由
$$\frac{n^3+2}{(n+1)!}=\frac{(n+1)n(n-1)}{(n+1)!}+\frac{n+1}{(n+1)!}+\frac{1}{(n+1)!}$$
$$=\frac{1}{(n-2)!}+\frac{1}{n!}+\frac{1}{(n+1)!}\ (n\geq 2)$$
及幂级数 $\sum\limits_{n=2}^{\infty}\dfrac{(x-1)^n}{(n-2)!}$,$\sum\limits_{n=0}^{\infty}\dfrac{(x-1)^n}{n!}$,$\sum\limits_{n=0}^{\infty}\dfrac{(x-1)^n}{(n+1)!}$ 的收敛域都为 $(-\infty,+\infty)$,得
$$\sum_{n=0}^{\infty}\frac{n^3+2}{(n+1)!}(x-1)^n=\sum_{n=2}^{\infty}\frac{(x-1)^n}{(n-2)!}+\sum_{n=0}^{\infty}\frac{(x-1)^n}{n!}+\sum_{n=0}^{\infty}\frac{(x-1)^n}{(n+1)!}。$$
用 $S_1(x)$,$S_2(x)$,$S_3(x)$ 分别表示上式右端三个幂级数的和,依据 e^x 的幂级数展开式可得到
$$S_1(x)=\sum_{n=0}^{\infty}\frac{(x-1)^{n+2}}{n!}=(x-1)^2\sum_{n=0}^{\infty}\frac{(x-1)^n}{n!}=(x-1)^2\mathrm{e}^{x-1},$$
$$S_2(x)=\mathrm{e}^{x-1},$$
$$S_3(x)=\frac{1}{x-1}\sum_{n=0}^{\infty}\frac{(x-1)^{n+1}}{(n+1)!}=\frac{1}{x-1}\sum_{n=1}^{\infty}\frac{(x-1)^n}{n!}=\frac{\mathrm{e}^{x-1}-1}{x-1}(x\neq 1)。$$
综合上述讨论,可得幂级数的和函数为
$$S(x)=\begin{cases}(x^2-2x+2)\mathrm{e}^{x-1}+\dfrac{1}{x-1}(\mathrm{e}^{x-1}-1), & x\neq 1,\\ 2, & x=1。\end{cases}$$

五、证明 (1) 反证法。若 $\forall x\in[0,1]$,$|f(x)|\leq 4$,则
$$1=\int_0^1\left(x-\frac{1}{2}\right)f(x)\mathrm{d}x\leq\int_0^1\left|x-\frac{1}{2}\right||f(x)|\mathrm{d}x\leq 4\int_0^1\left|x-\frac{1}{2}\right|\mathrm{d}x=1。$$
因此,$\int_0^1|f(x)|\left|x-\dfrac{1}{2}\right|\mathrm{d}x=1$。而 $4\int_0^1\left|x-\dfrac{1}{2}\right|\mathrm{d}x=1$,故
$$\int_0^1\left|x-\frac{1}{2}\right|(4-|f(x)|)\mathrm{d}x=0。$$
所以对于任意的 $x\in[0,1]$,$|f(x)|=4$。又由 $f(x)$ 的连续性知,
$$f(x)\equiv 4\ \text{或}\ f(x)\equiv-4。$$
这与条件 $\int_0^1 f(x)\mathrm{d}x=0$ 矛盾。所以 $\exists x_0\in[0,1]$,使得
$$|f(x_0)|>4。$$

(2) 先证 $\exists x_2 \in [0,1]$ 使得 $|f(x_2)| < 4$。若不然，$\forall x \in [0,1], |f(x)| \geq 4$，则 $f(x) \geq 4$ 或 $f(x) \leq -4$ 恒成立，这与 $\int_0^1 f(x)\mathrm{d}x = 0$ 矛盾。

再由 $f(x)$ 的连续性及(1)的结果，利用介值定理，可得 $\exists x_1 \in [0,1]$ 使得 $|f(x_1)| = 4$。

六、证明 在 $(0,0)$ 处展开 $f(x,y)$ 得

$$f(x,y) = \frac{1}{2}\left(x\frac{\partial}{\partial x} + y\frac{\partial}{\partial y}\right)^2 f(\theta x, \theta y)$$

$$= \frac{1}{2}\left(x^2\frac{\partial^2}{\partial x^2} + 2xy\frac{\partial^2}{\partial x \partial y} + y^2\frac{\partial^2}{\partial y^2}\right)f(\theta x, \theta y), \theta \in (0,1)。$$

记 $(u,v,w) = \left(\dfrac{\partial^2}{\partial x^2}, \dfrac{\partial^2}{\partial x \partial y}, \dfrac{\partial^2}{\partial y^2}\right)f(\theta x, \theta y)$，则

$$f(x,y) = \frac{1}{2}(ux^2 + 2vxy + wy^2)。$$

由于 $\|(u, \sqrt{2}v, w)\| = \sqrt{u^2 + 2v^2 + w^2} \leq \sqrt{M}$ 以及

$$\|(x^2, \sqrt{2}xy, y^2)\| = x^2 + y^2,$$

于是有

$$|(u, \sqrt{2}v, w) \cdot (x^2, \sqrt{2}xy, y^2)| \leq \sqrt{M}(x^2 + y^2),$$

即 $|f(x,y)| \leq \dfrac{1}{2}\sqrt{M}(x^2 + y^2)$，从而

$$\left|\iint_{x^2+y^2 \leq 1} f(x,y)\mathrm{d}\sigma\right| \leq \left|\frac{\sqrt{M}}{2}\iint_{x^2+y^2 \leq 1}(x^2+y^2)\mathrm{d}x\mathrm{d}y\right| = \frac{\pi\sqrt{M}}{4}。$$

Y7 第七届预赛微课

第八届全国大学生数学竞赛预赛(2016年非数学类)

试 题

一、填空题(本题共5个小题,每小题6分,共30分)

(1)若 $f(x)$ 在点 $x=a$ 处可导,且 $f(a)\neq 0$,则 $\lim\limits_{n\to+\infty}\left[\dfrac{f\left(a+\dfrac{1}{n}\right)}{f(a)}\right]^n=$ _____ 。

(2)若 $f(1)=0$,$f'(1)$ 存在,求极限 $I=\lim\limits_{x\to 0}\dfrac{f(\sin^2 x+\cos x)\tan 3x}{(e^{x^2}-1)\sin x}$。

(3)若 $f(x)$ 有连续导数,且 $f(1)=2$,记 $z=f(e^x y^2)$,若 $\dfrac{\partial z}{\partial x}=z$,求 $f(x)$ 在 $x>0$ 的表达式。

(4)设 $f(x)=e^x\sin 2x$,求 $f^{(4)}(0)$。

(5)求曲面 $z=\dfrac{x^2}{2}+y^2$ 平行于平面 $2x+2y-z=0$ 的切平面方程。

二、(14分)设 $f(x)$ 在 $[0,1]$ 上可导,$f(0)=0$,且当 $x\in(0,1)$ 时,$0<f'(x)<1$。试证:当 $a\in(0,1)$ 时,有

$$\left(\int_0^a f(x)dx\right)^2>\int_0^a f^3(x)dx。$$

三、(14分)某物体所在的空间区域为

$$\Omega:x^2+y^2+2z^2\leqslant x+y+2z。$$

密度函数为 $x^2+y^2+z^2$,求质量

$$M=\iiint\limits_{\Omega}(x^2+y^2+z^2)dxdydz。$$

四、(14分)设函数 $f(x)$ 在闭区间 $[0,1]$ 上具有连续导数,$f(0)=0$,$f(1)=1$,证明:

$$\lim\limits_{n\to\infty}n\left(\int_0^1 f(x)dx-\dfrac{1}{n}\sum_{k=1}^n f\left(\dfrac{k}{n}\right)\right)=-\dfrac{1}{2}。$$

五、(14分)设函数 $f(x)$ 在区间 $[0,1]$ 上连续,且 $I=\int_0^1 f(x)dx\neq 0$。证明:在 $(0,1)$ 内存在不同的两点 x_1,x_2,使得

$$\dfrac{1}{f(x_1)}+\dfrac{1}{f(x_2)}=\dfrac{2}{I}。$$

六、(14分)设 $f(x)$ 在 $(-\infty,+\infty)$ 上可导,且

$$f(x)=f(x+2)=f(x+\sqrt{3})。$$

用傅里叶级数理论证明 $f(x)$ 为常数。

参考答案

一、(1)解
$$\lim_{n\to+\infty}\left[\frac{f\left(a+\frac{1}{n}\right)}{f(a)}\right]^n = \lim_{n\to+\infty}\left[\frac{f(a)+f'(a)\frac{1}{n}+o\left(\frac{1}{n}\right)}{f(a)}\right]^n$$

$$= \lim_{n\to+\infty}\left[\left(1+\frac{f'(a)\frac{1}{n}+o\left(\frac{1}{n}\right)}{f(a)}\right)^{\frac{f(a)}{f'(a)\frac{1}{n}+o\left(\frac{1}{n}\right)}}\right]^{\frac{n\left(f'(a)\frac{1}{n}+o\left(\frac{1}{n}\right)\right)}{f(a)}}$$

$$= e^{\frac{f'(a)}{f(a)}}.$$

(2)解
$$I = \lim_{x\to 0}\frac{f(\sin^2 x+\cos x)\cdot 3x}{x^2\cdot x} = 3\lim_{x\to 0}\frac{f(\sin^2 x+\cos x)}{x^2}$$
$$= 3\lim_{x\to 0}\frac{f(\sin^2 x+\cos x)-f(1)}{\sin^2 x+\cos x-1}\cdot\frac{\sin^2 x+\cos x-1}{x^2}$$
$$= 3f'(1)\cdot\lim_{x\to 0}\frac{\sin^2 x+\cos x-1}{x^2} = 3f'(1)\left(\lim_{x\to 0}\frac{\sin^2 x}{x^2}+\lim_{x\to 0}\frac{\cos x-1}{x^2}\right)$$
$$= 3f'(1)\left(1-\frac{1}{2}\right) = \frac{3}{2}f'(1).$$

(3)解 由题设，得 $\frac{\partial z}{\partial x} = f'(e^x y^2)\cdot e^x y^2 = f(e^x y^2)$。令 $e^x y^2 = u$，则当 $u>0$ 时，有
$$f'(u)u = f(u) \Rightarrow \frac{\mathrm{d}f(u)}{f(u)} = \frac{1}{u}\mathrm{d}u,$$
积分得 $\ln f(u) = \ln u + C_1$，即 $f(u) = Cu$。
又由初值条件得 $f(u) = 2u$。所以，当 $x>0$ 时，$f(x) = 2x$。

(4)解 将 e^x 和 $\sin 2x$ 展开为带有佩亚诺型余项的麦克劳林公式，有
$$f(x) = \left(1+x+\frac{1}{2!}x^2+\frac{1}{3!}x^3+o(x^3)\right)\cdot\left(2x-\frac{1}{3!}(2x)^3+o(x^4)\right)$$
$$= 2x+2x^2+\left(1-\frac{2^3}{3!}\right)x^3+\left(\frac{2}{3!}-\frac{2^3}{3!}\right)x^4+o(x^4),$$

所以有 $\frac{f^{(4)}(0)}{4!} = \frac{2}{3!}-\frac{8}{3!} = -1$，即 $f^{(4)}(0) = -24$。

(5)解 曲面在 (x_0, y_0, z_0) 的切平面的法向量为 $(x_0, 2y_0, -1)$。又切平面与已知平面平行，从而两平面的法向量平行，所以有
$$\frac{x_0}{2} = \frac{2y_0}{2} = \frac{-1}{-1}.$$
从而 $x_0 = 2, y_0 = 1$，得 $z_0 = 3$，所以切平面方程为
$$2(x-2)+2(y-1)-(z-3) = 0, \quad 即 \quad 2x+2y-z = 3.$$

二、证明 设 $F(x) = \left(\int_0^x f(t)\mathrm{d}t\right)^2 - \int_0^x f^3(t)\mathrm{d}t$，则 $F(0) = 0$，下证 $F'(x) > 0$。

再设 $g(x) = 2\int_0^x f(t)\mathrm{d}t - f^2(x)$，则 $F'(x) = f(x)g(x)$，由于 $f'(x) > 0, f(0) = 0$，故 $f(x) > 0$。从而只要证明 $g(x) > 0(x > 0)$。而 $g(0) = 0$，因此只要证明 $g'(x) > 0(0 < x < a)$。而
$$g'(x) = 2f(x)[1-f'(x)] > 0.$$
所以 $g(x) > 0, F'(x) > 0, F(x)$ 单调增加，$F(a) > F(0)$，即

$$\left(\int_0^a f(x)\mathrm{d}x\right)^2 \geqslant \int_0^a f^3(x)\mathrm{d}x.$$

三、解 由于

$$\Omega: \left(x-\frac{1}{2}\right)^2 + \left(y-\frac{1}{2}\right)^2 + 2\left(z-\frac{1}{2}\right)^2 \leqslant 1.$$

是一个各轴长分别为 $1,1,\frac{\sqrt{2}}{2}$ 的椭球,它的体积为 $V=\frac{2\sqrt{2}}{3}\pi$。

做变换 $u=x-\frac{1}{2}, v=y-\frac{1}{2}, w=\sqrt{2}\left(z-\frac{1}{2}\right)$,将区域变成单位球 $\Omega': u^2+v^2+w^2 \leqslant 1$,而 $\frac{\partial(x,y,z)}{\partial(u,v,w)}=\frac{\sqrt{2}}{2}$,所以

$$M = \iiint_{u^2+v^2+w^2\leqslant 1}\left[\left(u+\frac{1}{2}\right)^2+\left(v+\frac{1}{2}\right)^2+\left(\frac{w}{\sqrt{2}}+\frac{1}{2}\right)^2\right]\cdot\frac{\sqrt{2}}{2}\mathrm{d}u\mathrm{d}v\mathrm{d}w.$$

$$= \frac{\sqrt{2}}{2}\iiint_{u^2+v^2+w^2\leqslant 1}\left(u^2+v^2+\frac{w^2}{2}\right)\mathrm{d}u\mathrm{d}v\mathrm{d}w + \frac{1}{\sqrt{2}}\left(\frac{1}{4}+\frac{1}{4}+\frac{1}{4}\right)\cdot\frac{4\pi}{3}.$$

$$= \frac{\sqrt{2}}{2}\cdot\left(\frac{1}{3}+\frac{1}{3}+\frac{1}{6}\right)\iiint_{u^2+v^2+w^2\leqslant 1}(u^2+v^2+w^2)\mathrm{d}u\mathrm{d}v\mathrm{d}w + \frac{\pi}{\sqrt{2}}.$$

而 $\iiint_{u^2+v^2+w^2\leqslant 1}(u^2+v^2+w^2)\mathrm{d}u\mathrm{d}v\mathrm{d}w = \int_0^{2\pi}\mathrm{d}\theta\int_0^\pi \mathrm{d}\varphi\int_0^1 r^2\cdot r^2\sin\varphi \mathrm{d}r = \frac{4}{5}\pi$。所以 $M=\frac{5\sqrt{2}}{6}\pi$。

四、证明 将区间 $[0,1]$ 分成 n 等份,设分点为 $x_k=\frac{k}{n}(k=0,1,2,\cdots,n)$,则 $\Delta x_k=\frac{1}{n}$。且

$$\lim_{n\to\infty} n\left(\int_0^1 f(x)\mathrm{d}x - \frac{1}{n}\sum_{k=1}^n f\left(\frac{k}{n}\right)\right) = \lim_{n\to\infty} n\left(\sum_{k=1}^n \int_{x_{k-1}}^{x_k} f(x)\mathrm{d}x - \sum_{k=1}^n f\left(\frac{k}{n}\right)\Delta x_k\right)$$

$$= \lim_{n\to\infty} n\left(\sum_{k=1}^n \int_{x_{k-1}}^{x_k}(f(x)-f(x_k))\mathrm{d}x\right)$$

$$= \lim_{n\to\infty} n\left(\sum_{k=1}^n \int_{x_{k-1}}^{x_k}\frac{f(x)-f(x_k)}{x-x_k}(x-x_k)\mathrm{d}x\right)$$

$$= \lim_{n\to\infty} n\left(\sum_{k=1}^n \frac{f(\xi_k)-f(x_k)}{\xi_k-x_k}\int_{x_{k-1}}^{x_k}(x-x_k)\mathrm{d}x\right) \quad (\xi_k\in(x_{k-1},x_k))$$

$$= \lim_{n\to\infty} n\left(\sum_{k=1}^n f'(\eta_k)\int_{x_{k-1}}^{x_k}(x-x_k)\mathrm{d}x\right) \quad (\eta_k\in(\xi_k,x_k)).$$

$$= \lim_{n\to\infty} n\left(\sum_{k=1}^n f'(\eta_k)\left[-\frac{1}{2}(x_{k-1}-x_k)^2\right]\right)$$

$$= -\frac{1}{2}\lim_{n\to\infty}\left(\sum_{k=1}^n f'(\eta_k)\Delta x_k\right)$$

$$= -\frac{1}{2}\int_0^1 f'(x)\mathrm{d}x = -\frac{1}{2}[f(1)-f(0)] = -\frac{1}{2}.$$

五、证明 设 $F(x)=\frac{1}{I}\int_0^x f(t)\mathrm{d}t$,则 $F(0)=0, F(1)=1$。由介值定理,存在 $\xi\in(0,1)$,使得 $F(\xi)=\frac{1}{2}$。在区间 $[0,\xi],[\xi,1]$ 上分别应用拉格朗日中值定理,得

$$F'(x_1)=\frac{f(x_1)}{I}=\frac{F(\xi)-F(0)}{\xi}=\frac{\frac{1}{2}}{\xi}, \quad x_1\in(0,\xi);$$

$$F'(x_2) = \frac{f(x_2)}{I} = \frac{F(1)-F(\xi)}{1-\xi} = \frac{\frac{1}{2}}{1-\xi}, \quad x_2 \in (\xi,1)_\circ$$

所以
$$\frac{I}{f(x_1)} + \frac{I}{f(x_2)} = \frac{\xi}{\frac{1}{2}} + \frac{1-\xi}{\frac{1}{2}} = 2, \quad 即 \quad \frac{1}{f(x_1)} + \frac{1}{f(x_2)} = \frac{2}{I}_\circ$$

六、证明 由 $f(x)=f(x+2)=f(x+\sqrt{3})$ 可知，f 是以 $2,\sqrt{3}$ 为周期的周期函数，所以，它的傅里叶系数为

$$a_n = \int_{-1}^{1} f(x)\cos n\pi x \, dx, \quad b_n = \int_{-1}^{1} f(x)\sin n\pi x \, dx_\circ$$

由于 $f(x)=f(x+\sqrt{3})$，所以

$$\begin{aligned}
a_n &= \int_{-1}^{1} f(x)\cos n\pi x \, dx = \int_{-1}^{1} f(x+\sqrt{3})\cos n\pi x \, dx \\
&= \int_{-1+\sqrt{3}}^{1+\sqrt{3}} f(t)\cos n\pi(t-\sqrt{3}) \, dt \\
&= \int_{-1+\sqrt{3}}^{1+\sqrt{3}} f(t)(\cos n\pi t \cos\sqrt{3}n\pi + \sin n\pi t \sin\sqrt{3}n\pi) \, dt \\
&= \cos\sqrt{3}n\pi \int_{-1+\sqrt{3}}^{1+\sqrt{3}} f(t)\cos n\pi t \, dt + \sin\sqrt{3}n\pi \int_{-1+\sqrt{3}}^{1+\sqrt{3}} f(t)\sin n\pi t \, dt,
\end{aligned}$$

故有 $a_n = a_n\cos\sqrt{3}n\pi + b_n\sin\sqrt{3}n\pi$；同理可得

$$b_n = b_n\cos\sqrt{3}n\pi - a_n\sin\sqrt{3}n\pi_\circ$$

联立，有

$$\begin{cases} a_n = a_n\cos\sqrt{3}n\pi + b_n\sin\sqrt{3}n\pi, \\ b_n = b_n\cos\sqrt{3}n\pi - a_n\sin\sqrt{3}n\pi, \end{cases}$$

解得 $a_n = b_n = 0 (n=1,2,\cdots)$。

而 $f(x)$ 可导，其傅里叶级数处处收敛于 $f(x)$，所以有

$$f(x) = \frac{a_0}{2} + \sum_{n=1}^{\infty}(a_n\cos nx + b_n\sin nx) = \frac{a_0}{2},$$

其中 $a_0 = \int_{-1}^{1} f(x) \, dx$ 为常数。

Y8 第八届预赛微课

第九届全国大学生数学竞赛预赛(2017年非数学类)

试 题

一、填空题(本题共 6 个小题,每小题 7 分,共 42 分)

(1) 已知可导函数 $f(x)$ 满足 $f(x)\cos x + 2\int_0^x f(t)\sin t\, dt = x + 1$,则 $f(x) = $ _____。

(2) 极限 $\lim\limits_{n\to\infty}\sin^2(\pi\sqrt{n^2+n}) = $ _____。

(3) 设 $w = f(u,v)$ 具有二阶连续偏导数,且 $u = x - cy$,$v = x + cy$,其中 c 为非零常数,则 $w_{xx} - \dfrac{1}{c^2}w_{yy} = $ _____。

(4) 设 $f(x)$ 有二阶连续导数,且 $f(0) = f'(0) = 0$,$f''(0) = 6$,则 $\lim\limits_{x\to 0}\dfrac{f(\sin^2 x)}{x^4} = $ _____。

(5) 不定积分 $I = \displaystyle\int \dfrac{e^{-\sin x}\sin 2x}{(1-\sin x)^2}dx = $ _____。

(6) 记曲面 $z^2 = x^2 + y^2$ 和 $z = \sqrt{4 - x^2 - y^2}$ 围成的空间区域为 V,则三重积分 $\iiint\limits_V z\,dx\,dy\,dz = $ _____。

二、(14 分) 设二元函数 $f(x,y)$ 在平面上有连续的二阶偏导数,对任何角度 α,定义一元函数
$$g_\alpha(t) = f(t\cos\alpha, t\sin\alpha),$$
若对任何 α 都有 $\dfrac{dg_\alpha(0)}{dt} = 0$ 且 $\dfrac{d^2 g_\alpha(0)}{dt^2} > 0$,证明 $f(0,0)$ 是 $f(x,y)$ 的极小值。

三、(14 分) 设曲线 Γ 为在
$$x^2 + y^2 + z^2 = 1,\quad x + z = 1,\quad x \geq 0,\ y \geq 0,\ z \geq 0$$
上从点 $A(1,0,0)$ 到点 $B(0,0,1)$ 的一段。求曲线积分 $I = \displaystyle\int_\Gamma y\,dx + z\,dy + x\,dz$。

四、(15 分) 设函数 $f(x) > 0$ 且在实轴上连续。若对任意实数 t,有
$$\int_{-\infty}^{+\infty} e^{-|t-x|}f(x)dx \leq 1,$$
则 $\forall a, b(a<b)$,有 $\displaystyle\int_a^b f(x)dx \leq \dfrac{b-a+2}{2}$。

五、(15 分) 设 $\{a_n\}$ 为一个数列,p 为固定的正整数。若 $\lim\limits_{n\to\infty}(a_{n+p} - a_n) = \lambda$,其中 λ 为常数。证明:$\lim\limits_{n\to\infty}\dfrac{a_n}{n} = \dfrac{\lambda}{p}$。

参考答案

一、(1) **解** 在方程两边求导得
$$f'(x)\cos x + f(x)\sin x = 1,\quad \text{即}\ f'(x) + f(x)\tan x = \sec x.$$

从而
$$f(x) = e^{-\int \tan x dx}\left(\int \sec x e^{\int \tan x dx}dx + C\right) = e^{\ln\cos x}\left(\int \frac{1}{\cos x}e^{-\ln\cos x}dx + C\right)$$
$$= \cos x\left(\int \frac{1}{\cos^2 x}dx + C\right) = \cos x(\tan x + C) = \sin x + C\cos x.$$

由于 $f(0)=1$,故得 $C=1$,即 $f(x)=\sin x+\cos x$。

(2) **解** 由于 $\sin^2(\pi\sqrt{n^2+n}) = \sin^2(\pi\sqrt{n^2+n}-n\pi) = \sin^2\left(\frac{n\pi}{\sqrt{n^2+n}+n}\right)$,

故 $\lim\limits_{n\to\infty}\sin^2(\pi\sqrt{n^2+n}) = \lim\limits_{n\to\infty}\sin^2\left(\frac{n\pi}{\sqrt{n^2+n}+n}\right) = 1$。

(3) **解** $w_x = f_1' + f_2'$, $w_{xx} = f_{11}'' + 2f_{12}'' + f_{22}''$, $w_y = c(f_2' - f_1')$,

$w_{yy} = c\dfrac{\partial}{\partial y}(f_2' - f_1') = c(cf_{11}'' - cf_{12}'' - cf_{21}'' + cf_{22}'') = c^2(f_{11}'' - 2f_{12}'' + f_{22}'')$。

所以 $w_{xx} - \dfrac{1}{c^2}w_{yy} = 4f_{12}''$。

(4) **解** 由麦克劳林公式有 $f(x) = f(0) + f'(0)x + \dfrac{1}{2}f''(\xi)x^2$,且 $f(0)=f'(0)=0$,所以 $f(\sin^2 x) = \dfrac{1}{2}f''(\xi)\sin^4 x$,这样 $\lim\limits_{x\to 0}\dfrac{f(\sin^2 x)}{x^4} = \lim\limits_{x\to 0}\dfrac{f''(\xi)\sin^4 x}{2x^4} = \lim\limits_{x\to 0}\dfrac{f''(\xi)}{2}\cdot\lim\limits_{x\to 0}\dfrac{\sin^4 x}{x^4} = 3$。

(5) **解** $I = 2\int \dfrac{e^{-\sin x}\sin x\cos x}{(1-\sin x)^2}dx \xrightarrow{\sin x = v} 2\int \dfrac{v\,e^{-v}}{(1-v)^2}dv = 2\int \dfrac{(v-1+1)e^{-v}}{(1-v)^2}dv$

$= 2\int \dfrac{e^{-v}}{v-1}dv + 2\int \dfrac{e^{-v}}{(v-1)^2}dv = 2\int \dfrac{e^{-v}}{v-1}dv - 2\int e^{-v}d\dfrac{1}{v-1}$

$= 2\int \dfrac{e^{-v}}{v-1}dv - 2\left(e^{-v}\dfrac{1}{v-1} + \int \dfrac{e^{-v}}{v-1}dv\right) = -\dfrac{2e^{-v}}{v-1} + C = \dfrac{2e^{-\sin x}}{1-\sin x} + C$。

(6) **解** 使用球面坐标,则
$$I = \iiint\limits_V z\,dx\,dy\,dz = \int_0^{2\pi}d\theta\int_0^{\pi/4}d\varphi\int_0^2 \rho\cos\varphi\cdot\rho^2\sin\varphi\,d\rho$$
$$= 2\pi\cdot\dfrac{1}{2}\sin^2\varphi\Big|_0^{\pi/4}\cdot\dfrac{1}{4}\rho^4\Big|_0^2 = 2\pi.$$

二、解 由于 $\dfrac{dg_\alpha(0)}{dt} = (f_x, f_y)_{(0,0)}\begin{pmatrix}\cos\alpha\\\sin\alpha\end{pmatrix} = 0$ 对一切 α 成立,故 $(f_x, f_y)_{(0,0)} = (0,0)$,即 $(0,0)$ 是 $f(x,y)$ 的驻点。

记 $\boldsymbol{H}_f(x,y) = \begin{pmatrix}f_{xx} & f_{xy}\\ f_{yx} & f_{yy}\end{pmatrix}$,则

$$\dfrac{d^2 g_\alpha(0)}{dt^2} = \dfrac{d}{dt}\left[(f_x, f_y)\begin{pmatrix}\cos\alpha\\\sin\alpha\end{pmatrix}\right]_{(0,0)} = (\cos\alpha, \sin\alpha)\boldsymbol{H}_f(0,0)\begin{pmatrix}\cos\alpha\\\sin\alpha\end{pmatrix} > 0.$$

上式对任何单位向量 $(\cos\alpha,\sin\alpha)$ 成立,故 $\boldsymbol{H}_f(0,0)$ 是一个正定矩阵,从而 $f(0,0)$ 是 $f(x,y)$ 的极小值。

三、解 记 Γ_1 为从 B 到 A 的直线段,则 $x=t, y=0, z=1-t, 0\leq t\leq 1$,

$$\int_{\Gamma_1} y\,dx + z\,dy + x\,dz = \int_0^1 t\,d(1-t) = -\dfrac{1}{2}.$$

设 Γ 和 Γ_1 围成的平面区域为 Σ,方向按右手法则,由斯托克斯公式得到

$$\left(\int_\Gamma + \int_{\Gamma_1}\right)y\,dx + z\,dy + x\,dz = \iint\limits_\Sigma \begin{vmatrix}dy\,dz & dz\,dx & dx\,dy\\ \dfrac{\partial}{\partial x} & \dfrac{\partial}{\partial y} & \dfrac{\partial}{\partial z}\\ y & z & x\end{vmatrix} = -\iint\limits_\Sigma dy\,dz + dz\,dx + dx\,dy.$$

右边 3 个积分都是 Σ 在各个坐标面上的投影面积，而 Σ 在 zx 面上投影面积为零，故
$$I+\int_{\Gamma_1}=-\iint_{\Sigma}\mathrm{d}y\mathrm{d}z+\mathrm{d}x\mathrm{d}y.$$

曲线 Γ 在 xy 面上投影的方程为
$$\frac{(x-1/2)^2}{(1/2)^2}+\frac{y^2}{(1/\sqrt{2})^2}=1.$$

由该投影（半个椭圆）的面积得知 $\iint_{\Sigma}\mathrm{d}x\mathrm{d}y=\dfrac{\pi}{4\sqrt{2}}$。同理可得，$\iint_{\Sigma}\mathrm{d}y\mathrm{d}z=\dfrac{\pi}{4\sqrt{2}}$。这样就有 $I=\dfrac{1}{2}-\dfrac{\pi}{2\sqrt{2}}$。

四、证明 由于 $\forall a,b(a<b)$，有 $\int_a^b e^{-|t-x|}f(x)\mathrm{d}x\leqslant\int_{-\infty}^{+\infty}e^{-|t-x|}f(x)\mathrm{d}x\leqslant 1$，因此
$$\int_a^b\mathrm{d}t\int_a^b e^{-|t-x|}f(x)\mathrm{d}x\leqslant b-a.$$

然而
$$\int_a^b\mathrm{d}t\int_a^b e^{-|t-x|}f(x)\mathrm{d}x=\int_a^b f(x)\left(\int_a^b e^{-|t-x|}\mathrm{d}t\right)\mathrm{d}x,$$

其中
$$\int_a^b e^{-|t-x|}\mathrm{d}t=\int_a^x e^{t-x}\mathrm{d}t+\int_x^b e^{x-t}\mathrm{d}t=2-e^{a-x}-e^{x-b}.$$

这样就有
$$\int_a^b f(x)(2-e^{a-x}-e^{x-b})\mathrm{d}x\leqslant b-a, \qquad (*)$$

即
$$\int_a^b f(x)\mathrm{d}x\leqslant\frac{b-a}{2}+\frac{1}{2}\left[\int_a^b e^{a-x}f(x)\mathrm{d}x+\int_a^b e^{x-b}f(x)\mathrm{d}x\right].$$

注意到
$$\int_a^b e^{a-x}f(x)\mathrm{d}x=\int_a^b e^{-|a-x|}f(x)\mathrm{d}x\leqslant 1,\text{和}\int_a^b f(x)e^{x-b}\mathrm{d}x\leqslant 1.$$

把以上两个式子代入（*）式，即得结论。

五、证明 对于 $i=0,1,\cdots,p-1$，记 $A_n^{(i)}=a_{(n+1)p+i}-a_{np+i}$，由题设得 $\lim\limits_{n\to\infty}A_n^{(i)}=\lambda$，从而
$$\lim_{n\to\infty}\frac{A_1^{(i)}+A_2^{(i)}+\cdots+A_n^{(i)}}{n}=\lambda.$$

而 $A_1^{(i)}+A_2^{(i)}+\cdots+A_n^{(i)}=a_{(n+1)p+i}-a_{p+i}$。由题设知
$$\lim_{n\to\infty}\frac{a_{(n+1)p+i}}{(n+1)p+i}=\lim_{n\to\infty}\frac{a_{(n+1)p+i}}{n}\frac{n}{(n+1)p+i}=\frac{\lambda}{p}.$$

对正整数 m，设 $m=np+i$，其中 $i=0,1,\cdots,p-1$，从而可以把正整数依照 i 分为 p 个子列类。考虑任何这样的子列，下面极限
$$\lim_{n\to\infty}\frac{a_{(n+1)p+i}}{(n+1)p+i}=\frac{\lambda}{p},\text{ 故}\lim_{m\to\infty}\frac{a_m}{m}=\frac{\lambda}{p}.$$

Y9 第九届预赛微课

第十届全国大学生数学竞赛预赛(2018年非数学类)

试 题

一、填空题(本题共 4 个小题,每小题 6 分,共 24 分)

(1) 设 $a\in(0,1)$,则 $\lim\limits_{n\to\infty}((n+1)^a-n^a)=$ _____。

(2) 若曲线 $y=y(x)$ 由 $\begin{cases} x=t+\cos t, \\ e^y+ty+\sin t=1 \end{cases}$ 确定,则此曲线在 $t=0$ 对应点处的切线方程为 _____。

(3) $\displaystyle\int \frac{\ln(x+\sqrt{1+x^2})}{(1+x^2)^{3/2}}\mathrm{d}x=$ _____。

(4) $\displaystyle\lim_{x\to 0}\frac{1-\cos x\sqrt{\cos 2x}\sqrt[3]{\cos 3x}}{x^2}=$ _____。

二、(8 分) 设函数 $f(t)$ 在 $t\neq 0$ 时一阶连续可导,且 $f(1)=0$,求函数 $f(x^2-y^2)$,使得曲线积分 $\displaystyle\int_L [y(2-f(x^2-y^2))]\mathrm{d}x+xf(x^2-y^2)\mathrm{d}y$ 与路径无关,其中 L 为任一不与直线 $y=\pm x$ 相交的分段光滑闭曲线。

三、(14 分) 设 $f(x)$ 在区间 $[0,1]$ 上连续,且 $1\leq f(x)\leq 3$。证明:
$$1\leq \int_0^1 f(x)\mathrm{d}x\int_0^1\frac{1}{f(x)}\mathrm{d}x\leq \frac{4}{3}。$$

四、(12 分) 计算三重积分 $\displaystyle\iiint_{(V)}(x^2+y^2)\mathrm{d}V$,其中 (V) 是由 $x^2+y^2+(z-2)^2\geq 4$,$x^2+y^2+(z-1)^2\leq 9$,$z\geq 0$ 所围成的空心立体。

五、(14 分) 设 $f(x,y)$ 在区域 D 内可微,且 $\sqrt{\left(\dfrac{\partial f}{\partial x}\right)^2+\left(\dfrac{\partial f}{\partial y}\right)^2}\leq M$。$A(x_1,y_1)$,$B(x_2,y_2)$ 是 D 内两点,线段 AB 包含在 D 内。证明:$|f(x_1,y_1)-f(x_2,y_2)|\leq M|AB|$,其中 $|AB|$ 表示线段 AB 的长度。

六、(14 分) 证明:对于连续函数 $f(x)>0$,有 $\ln\displaystyle\int_0^1 f(x)\mathrm{d}x\geq \int_0^1\ln f(x)\mathrm{d}x$。

七、(14 分) 已知 $\{a_k\}$,$\{b_k\}$ 是正项级数,且 $b_{k+1}-b_k\geq\delta>0$,$k=1,2,\cdots$,δ 为一常数。证明:若级数 $\displaystyle\sum_{k=1}^\infty a_k$ 收敛,则级数 $\displaystyle\sum_{k=1}^\infty \frac{k\sqrt{(a_1 a_2\cdots a_k)(b_1 b_2\cdots b_k)}}{b_{k+1}b_k}$ 收敛。

参 考 答 案

一、(1) **解** 由于 $\left(1+\dfrac{1}{n}\right)^a<\left(1+\dfrac{1}{n}\right)$,则 $(n+1)^a-n^a=n^a\left(\left(1+\dfrac{1}{n}\right)^a-1\right)<n^a\left(\left(1+\dfrac{1}{n}\right)-1\right)=\dfrac{1}{n^{1-a}}$,于是 $0<(n+1)^a-n^a<\dfrac{1}{n^{1-a}}$,应用两边夹法则,得 $\lim\limits_{n\to+\infty}((n+1)^a-n^a)=0$。

(2) **解** 当 $t=0$ 时，$x=1$，$y=0$，对 $x=t+\cos t$ 两边关于 t 求导，得 $\dfrac{dx}{dt}=1-\sin t$，故 $\dfrac{dx}{dt}\bigg|_{t=0}=1$。对 $e^y+ty+\sin t=1$ 两边关于 t 求得，得 $e^y\dfrac{dy}{dt}+y+t\dfrac{dy}{dt}+\cos t=0$，故 $\dfrac{dy}{dt}\bigg|_{t=0}=-1$，则 $\dfrac{dy}{dx}\bigg|_{t=0}=\dfrac{\dfrac{dy}{dt}\bigg|_{t=0}}{\dfrac{dx}{dt}\bigg|_{t=0}}=-1$。

所以，切线方程为 $y-0=-(x-1)$，即 $x+y=1$。

(3) **解法 1**

$$\int\dfrac{\ln(x+\sqrt{1+x^2})}{(1+x^2)^{3/2}}dx \xrightarrow{x=\tan t} \int\dfrac{\ln(\tan t+\sec t)}{\sec t}dt = \int\ln(\tan t+\sec t)d\sin t$$

$$=\int\ln(\tan t+\sec t)d\sin t = \sin t\ln(\tan t+\sec t)-\int\sin t d\ln(\tan t+\sec t)$$

$$=\sin t\ln(\tan t+\sec t)-\int\sin t\dfrac{1}{\tan t+\sec t}(\sec^2 t+\tan t\sec t)dt$$

$$=\sin t\ln(\tan t+\sec t)-\int\dfrac{\sin t}{\cos t}dt$$

$$=\sin t\ln(\tan t+\sec t)+\ln|\cos t|+C$$

$$=\dfrac{x}{\sqrt{1+x^2}}\ln(x+\sqrt{1+x^2})-\dfrac{1}{2}\ln(1+x^2)+C。$$

解法 2

$$\int\dfrac{\ln(x+\sqrt{1+x^2})}{(1+x^2)^{3/2}}dx=\int\ln(x+\sqrt{1+x^2})d\dfrac{x}{\sqrt{1+x^2}}$$

$$=\dfrac{x}{\sqrt{1+x^2}}\ln(x+\sqrt{1+x^2})-\int\dfrac{x}{\sqrt{1+x^2}}\dfrac{1}{x+\sqrt{1+x^2}}\left(1+\dfrac{x}{\sqrt{1+x^2}}\right)dx$$

$$=\dfrac{x}{\sqrt{1+x^2}}\ln(x+\sqrt{1+x^2})-\int\dfrac{x}{1+x^2}dx$$

$$=\dfrac{x}{\sqrt{1+x^2}}\ln(x+\sqrt{1+x^2})-\dfrac{1}{2}\ln(1+x^2)+C。$$

(4) **解**

$$\lim_{x\to 0}\dfrac{1-\cos x\sqrt{\cos 2x}\sqrt[3]{\cos 3x}}{x^2}=\lim_{x\to 0}\left[\dfrac{1-\cos x}{x^2}+\dfrac{\cos x(1-\sqrt{\cos 2x}\sqrt[3]{\cos 3x})}{x^2}\right]$$

$$=\dfrac{1}{2}+\lim_{x\to 0}\dfrac{1-\sqrt{\cos 2x}\sqrt[3]{\cos 3x}}{x^2}$$

$$=\dfrac{1}{2}+\lim_{x\to 0}\left[\dfrac{1-\sqrt{\cos 2x}}{x^2}+\dfrac{\sqrt{\cos 2x}(1-\sqrt[3]{\cos 3x})}{x^2}\right]$$

$$=\dfrac{1}{2}+\lim_{x\to 0}\left[\dfrac{1-\sqrt{(\cos 2x-1)+1}}{x^2}+\dfrac{1-\sqrt[3]{(\cos 3x-1)+1}}{x^2}\right]$$

$$=\dfrac{1}{2}+\lim_{x\to 0}\dfrac{1-\cos 2x}{2x^2}+\lim_{x\to 0}\dfrac{1-\cos 3x}{3x^2}=\dfrac{1}{2}+1+\dfrac{3}{2}=3。$$

二、解 设 $P(x,y)=y(2-f(x^2-y^2))$，$Q(x,y)=xf(x^2-y^2)$，由题设可知，积分与路径无关，于是有 $\dfrac{\partial Q(x,y)}{\partial x}=\dfrac{\partial P}{\partial y}$，由此可知 $(x^2-y^2)f'(x^2-y^2)+f(x^2-y^2)=1$。记 $t=x^2-y^2$，则得微分方程 $tf'(t)+f(t)=1$，即 $(tf(t))'=1$，从而得 $tf(t)=t+C$。又 $f(1)=0$，可得 $C=-1$，于是得 $f(t)=1-\dfrac{1}{t}$，从而 $f(x^2-y^2)=1-\dfrac{1}{x^2-y^2}$。

三、证明 由柯西不等式得 $\int_0^1 f(x)dx\int_0^1\dfrac{1}{f(x)}dx\geqslant\left(\int_0^1\sqrt{f(x)}\sqrt{\dfrac{1}{f(x)}}dx\right)^2=1$。

又由于 $(f(x)-1)(f(x)-3)\leqslant 0$，则 $(f(x)-1)(f(x)-3)/f(x)\leqslant 0$，即

$$f(x)+\frac{3}{f(x)}\leqslant 4,\text{从而}\int_0^1\left(f(x)+\frac{3}{f(x)}\right)\mathrm{d}x\leqslant 4。$$

由于 $\int_0^1 f(x)\mathrm{d}x\int_0^1\frac{3}{f(x)}\mathrm{d}x\leqslant\frac{1}{4}\left(\int_0^1 f(x)\mathrm{d}x+\int_0^1\frac{3}{f(x)}\mathrm{d}x\right)^2$，故

$$1\leqslant\int_0^1 f(x)\mathrm{d}x\int_0^1\frac{1}{f(x)}\mathrm{d}x\leqslant\frac{4}{3}。$$

四、解 (1) (V_1): $\begin{cases}x=r\sin\varphi\cos\theta,\ y=r\sin\varphi\sin\theta,\ z-1=r\cos\varphi,\\ 0\leqslant r\leqslant 3,\ 0\leqslant\varphi\leqslant\pi,\ 0\leqslant\theta\leqslant 2\pi,\end{cases}$

$$\iiint_{(V_1)}(x^2+y^2)\mathrm{d}V=\int_0^{2\pi}\mathrm{d}\theta\int_0^\pi\mathrm{d}\varphi\int_0^3 r^2\sin^2\varphi\cdot r^2\sin\varphi\mathrm{d}r=\frac{8}{15}\cdot 3^5\cdot\pi。$$

(2) (V_2): $\begin{cases}x=r\sin\varphi\cos\theta,\ y=r\sin\varphi\sin\theta,\ z-2=r\cos\varphi,\\ 0\leqslant r\leqslant 2,\ 0\leqslant\varphi\leqslant\pi,\ 0\leqslant\theta\leqslant 2\pi,\end{cases}$

$$\iiint_{(V_2)}(x^2+y^2)\mathrm{d}V=\int_0^{2\pi}\mathrm{d}\theta\int_0^\pi\mathrm{d}\varphi\int_0^2 r^2\sin^2\varphi\cdot r^2\sin\varphi\mathrm{d}r=\frac{8}{15}\cdot 2^5\cdot\pi。$$

(3) (V_3): $\begin{cases}x=r\cos\theta,\ y=r\sin\theta,\ 1-\sqrt{9-r^2}\leqslant z\leqslant 0,\\ 0\leqslant r\leqslant 2\sqrt{2},\ 0\leqslant\theta\leqslant 2\pi,\end{cases}$

$$\iiint_{(V_3)}(x^2+y^2)\mathrm{d}V=\iint_{r\leqslant 2\sqrt{2}}r\mathrm{d}r\mathrm{d}\theta\int_{1-\sqrt{9-r^2}}^0 r^2\mathrm{d}z=\int_0^{2\pi}\mathrm{d}\theta\int_0^{2\sqrt{2}}r^3(\sqrt{9-r^2}-1)\mathrm{d}r=\left(124-\frac{2}{5}\cdot 3^5+\frac{2}{5}\right)\pi,$$

$$\iiint_{(V)}(x^2+y^2)\mathrm{d}V=\iiint_{(V_1)}(x^2+y^2)\mathrm{d}V-\iiint_{(V_2)}(x^2+y^2)\mathrm{d}V-\iiint_{(V_3)}(x^2+y^2)\mathrm{d}V=\frac{256}{3}\pi。$$

五、证明 作辅助函数 $\varphi(t)=f(x_1+t(x_2-x_1),\ y_1+t(y_2-y_1))$，显然 $\varphi(t)$ 在 $[0,1]$ 上可导。根据拉格朗日中值定理，存在 $c\in(0,1)$，使得

$$\varphi(1)-\varphi(0)=\varphi'(c)=\frac{\partial f(u,v)}{\partial u}(x_2-x_1)+\frac{\partial f(u,v)}{\partial v}(y_2-y_1)。$$

于是

$$|\varphi(1)-\varphi(0)|=|f(x_2,y_2)-f(x_1,y_1)|=\left|\frac{\partial f(u,v)}{\partial u}(x_2-x_1)+\frac{\partial f(u,v)}{\partial v}(y_2-y_1)\right|$$

$$\leqslant\left[\left(\frac{\partial f(u,v)}{\partial u}\right)^2+\left(\frac{\partial f(u,v)}{\partial v}\right)^2\right]^{1/2}[(x_2-x_1)^2+(y_2-y_1)^2]^{1/2}\leqslant M|AB|。$$

六、证明 由于 $f(x)$ 在 $[0,1]$ 上连续，所以 $\int_0^1 f(x)\mathrm{d}x=\lim_{n\to+\infty}\frac{1}{n}\sum_{k=1}^n f(x_k)$，其中 $x_k\in\left[\frac{k-1}{n},\frac{k}{n}\right]$。由不等式 $(f(x_1)f(x_2)\cdots f(x_n))^{1/n}\leqslant\frac{1}{n}\sum_{k=1}^n f(x_k)$，根据 $\ln x$ 的单调性有 $\frac{1}{n}\sum_{k=1}^n\ln f(x_k)\leqslant\ln\left(\frac{1}{n}\sum_{k=1}^n f(x_k)\right)$。

根据 $\ln x$ 的连续性，两边取极限有

$$\lim_{n\to\infty}\left(\frac{1}{n}\sum_{k=1}^n\ln f(x_k)\right)\leqslant\lim_{n\to\infty}\ln\left(\frac{1}{n}\sum_{k=1}^n f(x_k)\right),\text{即得}\int_0^1\ln f(x)\mathrm{d}x\leqslant\ln\int_0^1 f(x)\mathrm{d}x。$$

七、证明 令 $S_k=\sum_{i=1}^k a_i b_i$，则 $a_k b_k=S_k-S_{k-1},\ S_0=0,\ a_k=\frac{S_k-S_{k-1}}{b_k},\ k=1,2,\cdots$

$$\sum_{k=1}^N a_k=\sum_{k=1}^N\frac{S_k-S_{k-1}}{b_k}=\sum_{k=1}^{N-1}\left(\frac{S_k}{b_k}-\frac{S_k}{b_{k+1}}\right)+\frac{S_N}{b_N}=\sum_{k=1}^{N-1}\frac{b_{k+1}-b_k}{b_k b_{k+1}}S_k+\frac{S_N}{b_N}\geqslant\sum_{k=1}^{N-1}\frac{\delta}{b_k b_{k+1}}S_k$$

所以 $\sum_{k=1}^\infty\frac{S_k}{b_k b_{k+1}}$ 收敛。根据平均值不等式

$$\sqrt[k]{(a_1 a_2\cdots a_k)(b_1 b_2\cdots b_k)}\leqslant\frac{S_k}{k},$$

可得 $\sum_{k=1}^\infty\frac{k\sqrt[k]{(a_1 a_2\cdots a_k)(b_1 b_2\cdots b_k)}}{b_k b_{k+1}}\leqslant\sum_{k=1}^\infty\frac{S_k}{b_k b_{k+1}}。$

Y10 第十届预赛微课　　近年预赛试题及参考答案

第 2 部分

考点直击

第1章 函数 极限 连续

1.1 函　　数

1.1.1 考点综述和解题方法点拨

1.利用已知条件求函数的表达式

2.函数的性质：有界性、周期性、奇偶性与单调性

(1)周期性主要用于三角函数。

(2)$f(x)$在区间 D 上有界　$\forall x \in D, \exists M(\geqslant 0)$，总有$|f(x)| \leqslant M$。

$f(x)$在区间 D 上无界　$\forall M(>0), \exists x_0 \in D$，有$|f(x_0)|>M$。

(3)基本初等函数：

常函数　$y=c$；

幂函数　$y=x^n (n \in \mathbf{R})$；

指数函数　$y=a^x (a>0,\text{且} a \neq 1)$；

对数函数　$y=\log_a x (a>0,\text{且} a \neq 1)$；

三角函数　$y=\sin x/\cos x/\tan x/\cot x/\sec x/\csc x$；

反三角函数　$y=\arcsin x/\arccos x/\arctan x/\text{arccot} x$。

初等函数　由基本初等函数经过有限次四则运算或复合且能用一个式子表达的函数。

1.1.2 竞赛例题

1.求函数的表达式

例1　设 $f(x)$ 满足 $\sin f(x) - \dfrac{1}{3}\sin f\left(\dfrac{1}{3}x\right) = x$，求 $f(x)$。

解　令 $g(x)=\sin f(x)$，则 $g(x) - \dfrac{1}{3}g\left(\dfrac{1}{3}x\right) = x$，

$$\frac{1}{3}g\left(\frac{1}{3}x\right) - \frac{1}{3^2}g\left(\frac{1}{3^2}x\right) = \frac{1}{3^2}x,$$

$$\frac{1}{3^2}g\left(\frac{1}{3^2}x\right) - \frac{1}{3^3}g\left(\frac{1}{3^3}x\right) = \frac{1}{3^4}x,$$

$$\vdots$$

$$\frac{1}{3^{n-1}}g\left(\frac{1}{3^{n-1}}x\right) - \frac{1}{3^n}g\left(\frac{1}{3^n}x\right) = \frac{1}{3^{2(n-1)}}x。$$

上述式子相加，得

$$g(x) - \frac{1}{3^n}g\left(\frac{1}{3^n}x\right) = x\left(1 + \frac{1}{9} + \frac{1}{9^2} + \cdots + \frac{1}{9^{n-1}}\right)。$$

$|g(x)|=|\sin f(x)|\leqslant 1$,所以 $\lim\limits_{n\to\infty}\dfrac{1}{3^n}g\left(\dfrac{1}{3^n}x\right)=0$。而 $\lim\limits_{n\to\infty}\left(1+\dfrac{1}{9}+\dfrac{1}{9^2}+\cdots+\dfrac{1}{9^{n-1}}\right)=\dfrac{9}{8}$。

因此,$g(x)=\dfrac{9}{8}x$,于是

$$f(x)=2k\pi+\arcsin\dfrac{9}{8}x \text{ 或 } f(x)=(2k-1)\pi-\arcsin\dfrac{9}{8}x \quad (k\in\mathbf{Z})。$$

例 2 已知 $f(x)$ 是周期为 π 的奇函数,且当 $x\in\left(0,\dfrac{\pi}{2}\right)$ 时,$f(x)=\sin x-\cos x+2$,则当 $x\in\left(\dfrac{\pi}{2},\pi\right)$ 时 $f(x)=$ _____。

解 因 $f(x)$ 为奇函数,所以当 $-\dfrac{\pi}{2}<x<0$ 时,有

$$f(x)=-f(-x)=-(\sin(-x)-\cos(-x)+2)=\sin x+\cos x-2。$$

又因为 $f(x)$ 的周期为 π,所以当 $x\in\left(\dfrac{\pi}{2},\pi\right)$ 时,

$$f(x)=f(x-\pi)=\sin(x-\pi)+\cos(x-\pi)-2=-\sin x-\cos x-2。$$

例 3 已知 $f'(0)$ 存在,求满足 $f(x+y)=\dfrac{f(x)+f(y)}{1-f(x)\cdot f(y)}$ 的函数 $f(x)$。

解 因为 $f(x+y)=\dfrac{f(x)+f(y)}{1-f(x)\cdot f(y)}$,所以令 $x=y=0$,得 $f(0)=0$。

$$\begin{aligned}f'(x)&=\lim_{y\to 0}\dfrac{f(x+y)-f(x)}{y}=\lim_{y\to 0}\dfrac{\dfrac{f(x)+f(y)}{1-f(x)\cdot f(y)}-f(x)}{y}\\&=\lim_{y\to 0}\dfrac{f(y)}{y}\cdot\dfrac{1+f^2(x)}{1-f(x)f(y)}=\lim_{y\to 0}\dfrac{f(y)}{y}\cdot\lim_{y\to 0}\dfrac{1+f^2(x)}{1-f(x)f(y)}\\&=\lim_{y\to 0}\dfrac{f(y)-f(0)}{y}\cdot[1+f^2(x)]=f'(0)[1+f^2(x)]。\end{aligned}$$

变形为 $\dfrac{f'(x)}{1+f^2(x)}=f'(0)$,对方程两侧从 0 到 x 积分,得 $\arctan f(x)=f'(0)x$。于是,$f(x)=\tan[f'(0)x]$。

1.1.3 模拟练习题 1-1

1. 已知 $f(x)=\sin x$,$f[g(x)]=1-x^2$,则 $g(x)$ 的定义域为 _____。

2. 设 $[x]$ 表示不超过 x 的最大整数,则 $y=x-[x]$ 是 _____。
   A. 无界函数
   B. 周期为 1 的周期函数
   C. 单调函数
   D. 偶函数

3. 求 $y=f(x)=\begin{cases}3-x^3, & x<-2,\\ 5-x, & -2\leqslant x\leqslant 2,\\ 1-(x-2)^2, & x>2\end{cases}$ 的值域,并求它的反函数。

4. 设 $f(x)$ 满足 $f^2(\ln x)-2xf(\ln x)+x^2\ln x=0$,且 $f(0)=0$,求 $f(x)$。

5. 设 $f\left(\dfrac{x+1}{x-1}\right)=3f(x)-2x$,求 $f(x)$。

1.2 极 限

1.2.1 考点综述和解题方法点拨

1. 数列极限

(1) $\lim\limits_{n\to\infty}x_n=A$ 的定义：$\forall \varepsilon>0$, $\exists N\in \mathbf{N}$，当 $n>N$ 时，有
$$|x_n-A|<\varepsilon.$$

(2) 收敛数列的性质

定理 1(唯一性) 若数列 $\{x_n\}$ 收敛于 A，则其极限 A 是唯一的。

定理 2(有界性) 若数列 $\{x_n\}$ 收敛，则 $\{x_n\}$ 为有界数列。

定理 3(保号性) 若 $\lim\limits_{n\to\infty}x_n=A>0(<0)$，则 $\exists N\in\mathbf{N}$，当 $n>N$ 时，有
$$x_n>0 \quad (<0).$$

2. 函数的极限

(1) 六种极限过程下函数极限的定义
$$\lim_{x\to a}f(x)=A, \quad \lim_{x\to a^+}f(x)=A, \quad \lim_{x\to a^-}f(x)=A,$$
$$\lim_{x\to\infty}f(x)=A, \quad \lim_{x\to+\infty}f(x)=A, \quad \lim_{x\to-\infty}f(x)=A.$$

例如 $\lim\limits_{x\to a}f(x)=A$ 的定义：$\forall \varepsilon>0$, $\exists \delta>0$，当 $0<|x-a|<\delta$ 时，有
$$|f(x)-A|<\varepsilon$$

定理 1 $\lim\limits_{x\to a}f(x)=A\Leftrightarrow f(a^-)=f(a^+)=A$。

定理 2 $\lim\limits_{x\to\infty}f(x)=A\Leftrightarrow f(-\infty)=f(+\infty)=A$。

(2) 函数极限的性质

定理 3(唯一性) 在某一极限过程下，若函数 $f(x)$ 的极限存在，则其极限是唯一的。

定理 4(有界性) 若 $\lim\limits_{x\to a}f(x)$ 存在，则存在 $x=a$ 的去心邻域 $\mathring{U}$，使得 $f(x)$ 在 $\mathring{U}$ 上有界。

定理 5(保号性) 若 $\lim\limits_{x\to a}f(x)=A>0(<0)$，则存在 $x=a$ 的去心邻域 $\mathring{U}$，使得 $x\in\mathring{U}$ 时 $f(x)>0(<0)$。

3. 证明数列或函数极限存在的方法

定理 1(夹逼准则) 设 3 个数列 $\{x_n\}, \{y_n\}, \{z_n\}$ 满足 $y_n\leqslant x_n\leqslant z_n$，且 $\lim\limits_{n\to\infty}y_n=A$，$\lim\limits_{n\to\infty}z_n=A$，则 $\lim\limits_{n\to\infty}x_n=A$。

定理 2(夹逼准则) 设 3 个函数 $f(x), g(x), h(x)$ 在 $x=a$ 的去心邻域中满足 $g(x)\leqslant f(x)\leqslant h(x)$，且 $\lim\limits_{x\to a}g(x)=A$，$\lim\limits_{x\to a}h(x)=A$，则 $\lim\limits_{x\to a}f(x)=A$。

注 对于其他的极限过程，类似的结论留给读者自己写出。

定理 3(单调有界准则) 若数列 $\{x_n\}$ 单调增加，并有上界(或单调减少，并有下界)，则数列 $\{x_n\}$ 必收敛。

4. 无穷小量

(1) 若在某极限过程中 ($x\to a, x\to a^+, x\to a^-, x\to\infty, x\to+\infty, x\to-\infty$ 中任一个)，某变

量或函数 $\alpha(x) \to 0$，则称 $\alpha(x)$ 为该极限过程下的**无穷小量**，简称**无穷小**。在同一极限过程中的有限个无穷小量之和仍为无穷小量；在同一极限过程中的有限个无穷小量的乘积仍为无穷小量；无穷小量与有界变量的乘积仍为无穷小量。例如

$$\lim_{x \to 0} x \sin \frac{1}{x} = 0 \quad \left(\text{因 } x \to 0, \sin \frac{1}{x} \text{ 有界}\right),$$

$$\lim_{x \to \infty} \frac{\sin x}{x} = 0 \quad \left(\text{因 } \frac{1}{x} \to 0, \sin x \text{ 有界}\right).$$

定理 $\lim_{x \to a} f(x) = A \Leftrightarrow f(x) = A + \alpha(x)$，这里 $x \to a$ 时 $\alpha(x)$ 为无穷小量。

(2) 无穷小的比较

假设在某极限过程中（以 $x \to a$ 为例），α, β 都是无穷小量。

① 若 $\dfrac{\alpha}{\beta} \to 0$，则称 α 是 β 的**高阶无穷小**，记为 $\alpha = o(\beta)$。

② 若 $\dfrac{\alpha}{\beta} \to \infty$，则称 α 是 β 的**低阶无穷小**。

③ 若 $\dfrac{\alpha}{\beta} \to c (c \neq 0, c \in \mathbf{R})$，则称 α 与 β 为**同阶无穷小**。特别地，当 $c = 1$ 时，称 α 与 β 为**等价无穷小**，记为 $\alpha \sim \beta (x \to a)$。

④ 若 $\dfrac{\alpha}{x^k} \to c (c \neq 0, k > 0)$，则称 α 是 x 的 **k 阶无穷小**。此时 $\alpha \sim cx^k$，称 cx^k 为 α 的**无穷小主部**。

5. 无穷大量

(1) 当 $n \to \infty$ 时，下列数列无穷大的阶数由低到高排序：

$$\ln n, \quad n^\alpha (\alpha > 0), \quad n^\beta (\beta > \alpha > 0), \quad a^n (a > 1), \quad n^n.$$

(2) 当 $x \to +\infty$ 时，下列函数无穷大的阶数由低到高排序：

$$\ln x, \quad x^\alpha (\alpha > 0), \quad x^\beta (\beta > \alpha > 0), \quad a^x (a > 1), \quad x^x.$$

6. 求数列或函数的极限的方法

(1) 四则运算法则。

(2) 利用夹逼准则求极限。

(3) 先利用单调有界准则证明数列的极限存在，再求其极限。

(4) 利用两个重要极限求极限：

$$\lim_{\square \to 0} \frac{\sin \square}{\square} = 1, \quad \lim_{\square \to 0} (1+\square)^{\frac{1}{\square}} = e.$$

例如 $\lim_{x \to 0} (\cos x)^{\frac{1}{\cos x - 1}} = \lim_{x \to 0} (1 + \cos x - 1)^{\frac{1}{\cos x - 1}} = e$ （这里 $\square = \cos x - 1$）。

(5) 利用等价无穷小代换求极限。

定理 当 $\square \to 0$ 时，有下列无穷小的等价性：

$$\square \sim \sin\square \sim \arcsin\square \sim \tan\square \sim \arctan\square \sim \ln(1+\square) \sim e^\square - 1,$$

$$(1+\square)^\lambda - 1 \sim \lambda\square \quad (\lambda > 0),$$

$$1 - \cos\square \sim \frac{1}{2}\square^2.$$

(6) 利用洛必达法则求极限。

(7) 利用麦克劳林展开求极限。
(8) 利用导数的定义求极限。
(9) 利用定积分的定义求极限。
(10) 利用级数收敛的必要条件。

1.2.2 竞赛例题

1. 利用四则运算法则求极限

例 1 已知 $\lim\limits_{x\to 1}\dfrac{x^2+ax+b}{x-1}=5$，求 a 和 b。

解 由 $\lim\limits_{x\to 1}(x^2+ax+b)=1+a+b=0 \Rightarrow b=-(1+a)$。

$$\lim_{x\to 1}\frac{x^2+ax+b}{x-1}=\lim_{x\to 1}\frac{x^2+ax-(1+a)}{x-1}=\lim_{x\to 1}\frac{(x-1)(x+1+a)}{x-1}$$
$$=\lim_{x\to 1}(x+1+a)=2+a=5。$$

解得 $a=3, b=-4$。

2. 利用夹逼准则与单调有界准则求极限

例 2 求 $\lim\limits_{n\to\infty}\dfrac{1!+2!+\cdots+n!}{n!}$。

解 $\dfrac{1!+2!+\cdots+n!}{n!}=1+\dfrac{1!+2!+\cdots+(n-1)!}{n!}$。

由于

$$0<\frac{1!+2!+\cdots+(n-1)!}{n!}=\frac{1!+2!+\cdots+(n-2)!+(n-1)!}{n!}$$
$$<\frac{(n-2)(n-2)!+(n-1)!}{n!}<\frac{2(n-1)!}{n!}=\frac{2}{n},$$

而且 $\dfrac{2}{n}\to 0$，所以由夹逼准则得 $\lim\limits_{n\to\infty}\dfrac{1!+2!+\cdots+(n-1)!}{n!}=0$，故

$$原式=1+0=1。$$

例 3 设 $0<x_1<3, x_{n+1}=\sqrt{x_n(3-x_n)}(n=1,2,\cdots)$，证明数列 $\{x_n\}$ 的极限存在，并求此极限。

证明 由 $0<x_1<3$，知 $x_1, 3-x_1$ 均为正数，故

$$0<x_2=\sqrt{x_1(3-x_1)}\leqslant \frac{1}{2}(x_1+3-x_1)=\frac{3}{2}。$$

设 $0<x_k\leqslant\dfrac{3}{2}(k>1)$，则

$$0<x_{k+1}=\sqrt{x_k(3-x_k)}\leqslant\frac{1}{2}(x_k+3-x_k)=\frac{3}{2}。$$

由数学归纳法知，对任意正整数 $n>1$ 均有 $0<x_n\leqslant\dfrac{3}{2}$，因而数列 $\{x_n\}$ 有界。

又当 $n>1$ 时，

$$x_{n+1}-x_n=\sqrt{x_n(3-x_n)}-x_n=\sqrt{x_n}(\sqrt{3-x_n}-\sqrt{x_n})=\frac{\sqrt{x_n}(3-2x_n)}{\sqrt{3-x_n}+\sqrt{x_n}}\geqslant 0,$$

因而有 $x_{n+1} \geqslant x_n (n>1)$，即数列 $\{x_n\}$ 单调增加。

由单调有界数列必有极限知 $\lim\limits_{n\to\infty} x_n$ 存在。设 $\lim\limits_{n\to\infty} x_n = a$，在 $x_{n+1} = \sqrt{x_n(3-x_n)}$ 两边取极限，得 $a = \sqrt{a(3-a)}$，解之得 $a = \dfrac{3}{2}, a=0$（舍去）。故 $\lim\limits_{n\to\infty} x_n = \dfrac{3}{2}$。

3. 利用两个重要极限求极限

例 4 设 $u_n = \left[\sum\limits_{k=1}^{n} \dfrac{1}{2(1+2+\cdots+k)}\right]^n$，求 $\lim\limits_{n\to\infty} u_n$。

解 因为 $u_n = \left[\sum\limits_{k=1}^{n} \dfrac{1}{2(1+2+\cdots+k)}\right]^n = \left[\sum\limits_{k=1}^{n} \dfrac{1}{k(1+k)}\right]^n = \left(1 - \dfrac{1}{n+1}\right)^n$。

故

$$\lim_{n\to\infty} u_n = \lim_{n\to\infty} \left(1 - \dfrac{1}{n+1}\right)^n = \lim_{n\to\infty}\left(1 - \dfrac{1}{n+1}\right)^{-(n+1)\cdot \frac{-n}{n+1}} = e^{-1}.$$

例 5 求 $\lim\limits_{n\to\infty} \left[\sqrt{n}(\sqrt{n+1} - \sqrt{n}) + \dfrac{1}{2}\right]^{\frac{\sqrt{n+1}+\sqrt{n}}{\sqrt{n+1}-\sqrt{n}}}$。

解 $\sqrt{n}(\sqrt{n+1} - \sqrt{n}) + \dfrac{1}{2} = \dfrac{\sqrt{n}}{\sqrt{n+1}+\sqrt{n}} + \dfrac{1}{2} = 1 + \dfrac{\sqrt{n}-\sqrt{n+1}}{2(\sqrt{n+1}+\sqrt{n})}$，

而 $\lim\limits_{n\to\infty} \dfrac{\sqrt{n}-\sqrt{n+1}}{2(\sqrt{n+1}+\sqrt{n})} = \lim\limits_{n\to\infty} \dfrac{1-\sqrt{1+\frac{1}{n}}}{2\left(\sqrt{1+\frac{1}{n}}+1\right)} = 0$。所以

$$\text{原式} = \lim_{n\to\infty}\left[1 + \dfrac{\sqrt{n}-\sqrt{n+1}}{2(\sqrt{n+1}+\sqrt{n})}\right]^{\frac{\sqrt{n+1}+\sqrt{n}}{\sqrt{n+1}-\sqrt{n}}}$$

$$= \lim_{n\to\infty}\left[1 + \dfrac{\sqrt{n}-\sqrt{n+1}}{2(\sqrt{n+1}+\sqrt{n})}\right]^{\frac{2(\sqrt{n+1}+\sqrt{n})}{\sqrt{n}-\sqrt{n+1}}\cdot\left(-\frac{1}{2}\right)} = e^{-\frac{1}{2}}.$$

4. 利用单侧极限求极限

例 6 求 $f(x) = \dfrac{|x|}{x}$，$g(x) = \dfrac{1-a^{\frac{1}{x}}}{1+a^{\frac{1}{x}}}\,(a>1)$，当 $x\to 0$ 时的左、右极限，并说明 $x\to 0$ 时极限是否存在。

解 $\lim\limits_{x\to 0^+} f(x) = \lim\limits_{x\to 0^+} \dfrac{x}{x} = 1$，$\quad \lim\limits_{x\to 0^-} f(x) = \lim\limits_{x\to 0^-} \dfrac{-x}{x} = -1$；

$\lim\limits_{x\to 0^-} g(x) = \lim\limits_{x\to 0^-} \dfrac{1-a^{\frac{1}{x}}}{1+a^{\frac{1}{x}}} = 1$，$\quad \lim\limits_{x\to 0^+} g(x) = \lim\limits_{x\to 0^+} \dfrac{1-a^{\frac{1}{x}}}{1+a^{\frac{1}{x}}} = \lim\limits_{x\to 0^+} \dfrac{a^{-\frac{1}{x}}-1}{a^{-\frac{1}{x}}+1} = -1$。

故 $x\to 0$ 时，$f(x), g(x)$ 的极限都不存在。

5. 利用等价无穷小代换求极限

例 7 求 $\lim\limits_{x\to 0} \dfrac{e^x - e^{\sin x}}{(x+x^2)\ln(1+x)\arcsin x}$。

解 利用等价无穷小代换定理，并提出因子 $e^{\sin x}$，再应用洛必达法则得

$$\lim_{x\to 0} \dfrac{e^x - e^{\sin x}}{(x+x^2)\ln(1+x)\arcsin x} = \lim_{x\to 0} \dfrac{e^{\sin x}(e^{x-\sin x}-1)}{x^3 + x^4}$$

$$= \lim_{x\to 0} \dfrac{e^{\sin x}}{1+x} \cdot \lim_{x\to 0} \dfrac{x-\sin x}{x^3} = \lim_{x\to 0} \dfrac{1-\cos x}{3x^2} = \dfrac{1}{6}.$$

点评 若 $\lim\limits_{x\to x_0}\alpha(x)=a$, $\lim\limits_{x\to x_0}\beta(x)=a$, 则对下列形式的极限, 宜提取公因子, 然后利用极限的运算法则与等价无穷小代换定理计算, 有

$$\lim_{x\to x_0}\frac{e^{\alpha(x)}-e^{\beta(x)}}{\alpha(x)-\beta(x)}=\lim_{x\to x_0}e^{\beta(x)}\lim_{x\to x_0}\frac{e^{\alpha(x)-\beta(x)}-1}{\alpha(x)-\beta(x)}=e^{\beta(x_0)}.$$

例8 求 $\lim\limits_{x\to 0}\dfrac{e^{x^2}-\cos x}{\ln\cos x}$。

解 原式 $=\lim\limits_{x\to 0}\left[\dfrac{e^{x^2}-1}{\ln[1+(\cos x-1)]}+\dfrac{1-\cos x}{\ln[1+(\cos x-1)]}\right]$

$=\lim\limits_{x\to 0}\dfrac{e^{x^2}-1}{\ln[1+(\cos x-1)]}+\lim\limits_{x\to 0}\dfrac{1-\cos x}{\ln[1+(\cos x-1)]}$

$=\lim\limits_{x\to 0}\dfrac{x^2}{\cos x-1}+\lim\limits_{x\to 0}\dfrac{1-\cos x}{\cos x-1}=-3$。

例9 设 $\lim\limits_{x\to 0}\dfrac{\ln\left(1+\dfrac{f(x)}{\sin x}\right)}{a^x-1}=A(a>0,a\neq 1)$, 求 $\lim\limits_{x\to 0}\dfrac{f(x)}{x^2}$。

解 因为 $\lim\limits_{x\to 0}\dfrac{\ln\left(1+\dfrac{f(x)}{\sin x}\right)}{a^x-1}=A$, 所以 $\dfrac{\ln\left(1+\dfrac{f(x)}{\sin x}\right)}{a^x-1}=A+\alpha$, 其中 $\lim\limits_{x\to 0}\alpha=0$。

又因为 $a^x-1=e^{x\ln a}-1\sim x\ln a$(当 $x\to 0$), 所以 $\ln\left(1+\dfrac{f(x)}{\sin x}\right)\sim Ax\ln a+\alpha x\ln a$, 因此

$$\frac{f(x)}{\sin x}\sim a^{Ax}-1, f(x)\sim(a^{Ax}-1)\sin x\sim Ax\ln a\cdot\sin x,$$

所以

$$\lim_{x\to 0}\frac{f(x)}{x^2}=\lim_{x\to 0}\frac{A\ln a\cdot x\sin x}{x^2}=A\ln a.$$

点评 这类由已知的极限表示来求解新的极限的命题, 切忌用洛必达法则。一般来讲, 这类题是利用"逐步分析法", 使用函数的极限与无穷小的关系定理, 等价无穷小代换定理等方法来解决。

例10 已知 $\lim\limits_{x\to 0}\dfrac{a\tan x+b(1-\cos x)}{\ln(1-2x)+c(1-e^{-x^2})}=2$, 求 a 的值。

解 当 $x\to 0$ 时, $a\tan x+b(1-\cos x)\sim ax$, $\ln(1-2x)+c(1-e^{-x^2})\sim -2x$, 故

$$\lim_{x\to 0}\frac{a\tan x+b(1-\cos x)}{\ln(1-2x)+c(1-e^{-x^2})}=\lim_{x\to 0}\frac{ax}{-2x}=-\frac{a}{2}=2.$$

所以 $a=-4$。

6. 利用无穷大的比较求极限

例11 对充分大的一切 x, 5 个函数 1000^x, e^{3x}, $\log_{10}x^{1000}$, $e^{\frac{x^2}{1000}}$, $x^{10^{10}}$ 中最大的是 _____。

解 因为 $x\to+\infty$ 时, 指数函数是幂函数的高阶无穷大, 幂函数是对数函数的高阶无穷大, 且题目中的 3 个指数函数为

$$1000^x=e^{\ln 1000^x}=e^{x\ln 1000}, e^{3x}, e^{\frac{x^2}{1000}}.$$

这 3 个指数函数的指数 $\frac{1}{1000}x^2$ 最大,所以 $e^{\frac{x^2}{1000}}$ 是最大的。

例 12 $\lim\limits_{x\to+\infty}\dfrac{\ln x}{x^{1996}}\cdot e^x = $ _____。

解 原式 $= \lim\limits_{x\to+\infty}\ln x\cdot\dfrac{e^x}{x^{1996}} = (+\infty)\cdot(+\infty) = +\infty$。

1.2.3 模拟练习题 1-2

1. $\lim\limits_{n\to\infty}\left(\dfrac{n+1}{n}\right)^{(-1)^n} = $ _____。

2. 求 $\lim\limits_{x\to 0}x^{-3}\left[\left(\dfrac{2+\cos x}{3}\right)^x - 1\right]$。

3. 若 $\lim\limits_{x\to 0}\dfrac{\sin 6x + xf(x)}{x^3} = 0$,则 $\lim\limits_{x\to 0}\dfrac{6+f(x)}{x^2} = $ _____。

4. $\lim\limits_{n\to\infty}\sin(\pi\sqrt{n^2+1}) = $ _____。

5. 求 $\lim\limits_{x\to 0}\dfrac{1-\cos x\cdot\sqrt{\cos 2x}\cdot\sqrt[3]{\cos 3x}}{x^2}$。

6. 求 $\lim\limits_{x\to+\infty}(\cos\sqrt{x+1}-\cos\sqrt{x})$。

7. 求 $\lim\limits_{x\to 0}\dfrac{\ln(\sin^2 x + e^x) - x}{\ln(x^2 + e^{2x}) - 2x}$。

1.3 连续与间断

1.3.1 考点综述和解题方法点拨

1. 连续的有关定义和性质

(1) $y = f(x)$ 在 $x = a$ 处连续。

$$\lim_{x\to a}f(x) = f(a) \text{ 或 } \lim_{\Delta x\to 0}\Delta y = 0(\Delta y = f(a+\Delta x) - f(a))。$$

(2) $f(x)$ 在 $x = a$ 处单侧连续。

$$\text{左连续:}\lim_{x\to a^-}f(x) = f(a);\text{右连续:}\lim_{x\to a^+}f(x) = f(a)。$$

(3) $f(x)$ 在区间上连续。

设 I 为开区间,$\forall x_0 \in I$,若 $f(x)$ 在 x_0 处连续,则 $f(x)$ 在 I 内连续。

设 I 为闭区间,若 $f(x)$ 在开区间内连续,在左端点右连续,在右端点左连续,则 $f(x)$ 在闭区间上连续。

(4) 连续的运算:四则运算,复合运算。

(5) 初等函数在其定义区间上连续。

2. 间断点

(1) 若 $f(x)$ 在 $x = a$ 处,无定义或有定义无极限或有定义有极限,但 $\lim\limits_{x\to a}f(x) \neq f(a)$,则 $x = a$ 为 $f(x)$ 的间断点。

(2)间断点的分类：

$$\text{间断点}\begin{cases}\text{第一类间断点(左、右极限都存在)}\begin{cases}\text{可去间断点(左极限=右极限)}\\ \text{跳跃间断点(左极限}\ne\text{右极限)}\end{cases}\\ \text{第二类间断点(左、右极限不全存在)}\begin{cases}\text{无穷间断点}\\ \text{振荡间断点}\left(\text{如 }\sin\dfrac{1}{x}\text{ 在 }x=0\text{ 处}\right)\end{cases}\end{cases}$$

3. 闭区间上连续函数的性质

若 $f(x)\in C[a,b]$ 则有下列结论：

(1) $\exists M$, 使得 $\forall x\in[a,b]$, 有 $|f(x)|\leqslant M$ (有界性)；

(2) $\exists x_1,x_2\in[a,b]$, 使得 $m=f(x_1)=\min\{f(x)\}$, $M=f(x_2)=\max\{f(x)\}$ (最值定理)；

(3) 若 $f(a)\cdot f(b)<0$, 则 $\exists\xi\in(a,b)$, 使得 $f(\xi)=0$ (零点定理).

1.3.2 竞赛例题

例 1 设 $f(x)=\lim\limits_{n\to\infty}\dfrac{x^{2n-1}+ax^2+bx}{x^{2n}+1}$ 为连续函数, 试确定 a 和 b 的值.

解 当 $|x|<1$ 时, $f(x)=ax^2+bx$; 当 $|x|>1$ 时, $f(x)=\dfrac{1}{x}$;

当 $x=1$ 时, $f(1)=\dfrac{a+b+1}{2}$; 当 $x=-1$ 时, $f(-1)=\dfrac{a-b-1}{2}$. 故

$$f(x)=\begin{cases}\dfrac{1}{x}, & x<-1,\\ \dfrac{a-b-1}{2}, & x=-1,\\ ax^2+bx, & -1<x<1,\\ \dfrac{a+b+1}{2}, & x=1,\\ \dfrac{1}{x}, & x>1.\end{cases}$$

由连续的定义知

$$\begin{cases}f(-1)=\lim\limits_{x\to-1^-}f(x),\\ f(1)=\lim\limits_{x\to1^+}f(x),\end{cases}\text{即}\begin{cases}\dfrac{a-b-1}{2}=-1,\\ \dfrac{a+b+1}{2}=1.\end{cases}$$

所以 $a=0,b=1$.

例 2 设

$$f(x)=\begin{cases}x, & x<1,\\ a, & x\geqslant 1,\end{cases}\qquad\psi(x)=\begin{cases}b, & x\leqslant 0,\\ x+1, & x>0,\end{cases}$$

求 a,b 使 $f(x)+\psi(x)$ 在 $(-\infty,+\infty)$ 上连续.

解 $f(x)+\psi(x)=\begin{cases}x+b, & x\leqslant 0,\\ 2x+1, & 0<x<1,\\ x+a+1, & x\geqslant 1,\end{cases}$

所以当 $a=b=1$ 时, $f(x)+\psi(x)$ 在 $(-\infty,+\infty)$ 上连续.

例3 求函数 $f(x)=(1+x)^{\frac{x}{\tan\left(x-\frac{\pi}{4}\right)}}$ 在区间 $(0,2\pi)$ 内的间断点,并判断其类型。

解 $f(x)$ 在 $(0,2\pi)$ 内的间断点为 $x=\frac{\pi}{4},\frac{3\pi}{4},\frac{5\pi}{4},\frac{7\pi}{4}$。

在 $x=\frac{\pi}{4}$ 处,$f\left(\frac{\pi}{4}+0\right)=+\infty$;在 $x=\frac{5\pi}{4}$ 处,$f\left(\frac{5\pi}{4}+0\right)=+\infty$,故 $x=\frac{\pi}{4},\frac{5\pi}{4}$ 为第二类(或无穷)间断点。

在 $x=\frac{3\pi}{4}$ 处,$\lim\limits_{x\to\frac{3}{4}\pi}f(x)=1$;在 $x=\frac{7\pi}{4}$ 处,$\lim\limits_{x\to\frac{7}{4}\pi}f(x)=1$,故 $x=\frac{3\pi}{4},\frac{7}{4}\pi$ 为第一类(或可去)间断点。

例4 设 $f(x)$ 在 $(-\infty,+\infty)$ 内有定义,且 $\lim\limits_{x\to\infty}f(x)=a$,$g(x)=\begin{cases}f\left(\dfrac{1}{x}\right),&x\neq0\\0,&x=0,\end{cases}$ 则( )。

A. $x=0$ 必是 $g(x)$ 的第一类间断点 B. $x=0$ 必是 $g(x)$ 的第二类间断点
C. $x=0$ 必是 $g(x)$ 的连续点 D. $g(x)$ 在点 $x=0$ 处的连续性与 a 的取值有关

解 若 $a=0$,则 $\lim\limits_{x\to0}g(x)=\lim\limits_{x\to0}f\left(\dfrac{1}{x}\right)=0=g(0)$,从而 $g(x)$ 在 $x=0$ 处连续;

若 $a\neq0$,则 $\lim\limits_{x\to0}g(x)=\lim\limits_{x\to0}f\left(\dfrac{1}{x}\right)=a\neq g(0)$,从而 $g(x)$ 在 $x=0$ 处不连续。
故应选 D。

点评 本题主要考察的是分段函数在分界点处的连续性,函数 $f(x)$ 在点 x_0 处的连续性应满足 3 个条件:

(1) 在 $x=x_0$ 有定义; (2) $\lim\limits_{x\to x_0}f(x)$ 存在; (3) $\lim\limits_{x\to x_0}f(x)=f(x_0)$。

不满足上述任一条件,则导致函数 $f(x)$ 在 $x=x_0$ 点处间断。

例5 设 $f(x)$ 对一切实数满足 $f(x^2)=f(x)$,且在 $x=0$ 与 $x=1$ 处连续,求证:$f(x)$ 恒为常数。

证明 $\forall x_0>0 \Rightarrow f(x_0)=f(\sqrt{x_0})=f(x_0^{\frac{1}{4}})=f(x_0^{\frac{1}{8}})=\cdots=f(x_0^{\frac{1}{2^n}})$,

由于 $n\to\infty$ 时 $u=x_0^{\frac{1}{2^n}}\to 1$,且 $f(x)$ 在 $x=1$ 处连续,所以

$$f(x_0)=\lim_{n\to\infty}f(x_0^{\frac{1}{2^n}})=\lim_{u\to1}f(u)=f(1)。$$

同理,$\forall x_1<0 \Rightarrow f(x_1)=f(x_1^2)=f(|x_1|^2)=f(|x_1|)=f(|x_1|^{\frac{1}{2}})=\cdots=f(|x_1|^{\frac{1}{2^n}})$,于是

$$f(x_1)=\lim_{n\to\infty}f(|x_1|^{\frac{1}{2^n}})=\lim_{u\to1}f(u)=f(1)。$$

由于 $f(x)$ 在 $x=0$ 处连续,所以 $f(0)=f(1)$。故 $\forall x\in\mathbf{R},f(x)=f(1)$。

例6 设函数 $f(x)$ 在 $(0,1)$ 内有定义,且函数 $e^x f(x)$ 与函数 $e^{-f(x)}$ 在 $(0,1)$ 内都是单调递增的,求证:$f(x)$ 在 $(0,1)$ 内连续。

证明 对 $\forall x_0\in(0,1)$,证明 $f(x)$ 在 x_0 的连续性,首先考虑右连续。
当 $0<x_0<x<1$ 时,由于 $e^{-f(x)}$ 单调递增,故 $e^{-f(x_0)}\leqslant e^{-f(x)}$,可知

$$f(x_0)\geqslant f(x)。$$

又因为 $e^x f(x)$ 单调递增,故 $e^{x_0}f(x_0)\leqslant e^x f(x)$,得

$$e^{x_0-x}f(x_0)\leqslant f(x)\leqslant f(x_0)。$$

在上式中令 $x \to x_0^+$，由夹逼准则知 $\lim\limits_{x \to x_0^+} f(x) = f(x_0)$，即 $f(x)$ 在 x_0 右连续。同理可得其左连续性。

由此 $f(x)$ 在 x_0 是连续的，由 x_0 在 $(0,1)$ 内的任意性知 $f(x)$ 在 $(0,1)$ 内连续。

例 7　(1)证明 $f_n(x) = x^n + nx - 2$（n 为正整数）在 $(0, +\infty)$ 上有唯一正根 a_n；(2)计算 $\lim\limits_{n \to \infty}(1+a_n)^n$。

证明　(1)由于 $f_n(0) = -2 < 0$，$f_n\left(\dfrac{2}{n}\right) = \left(\dfrac{2}{n}\right)^n > 0$，故在 $\left[0, \dfrac{2}{n}\right]$ 上应用零点定理，$\exists a_n \in \left(0, \dfrac{2}{n}\right) \subset (0, +\infty)$，使 $f_n(a_n) = 0$。又 $f_n'(x) = nx^{n-1} + n > 0$，$x \in (0, +\infty)$，因此 $f_n(x)$ 在 $(0, +\infty)$ 上严格单调增，故在 $(0, +\infty)$ 上有唯一正根 a_n。

(2)由 $n \in \mathbf{N}^*$ 得 $0 \leqslant \dfrac{2}{n} - \dfrac{2}{n^2} < 1$，$\dfrac{2}{n} - \dfrac{2}{n^2} < \dfrac{2}{n}$，故

$$f_n\left(\dfrac{2}{n} - \dfrac{2}{n^2}\right) = \left(\dfrac{2}{n} - \dfrac{2}{n^2}\right)^n - \dfrac{2}{n} < 0。$$

进一步得 $a_n \in \left(\dfrac{2}{n} - \dfrac{2}{n^2}, \dfrac{2}{n}\right)$，因此

$$\left(1 + \dfrac{2}{n} - \dfrac{2}{n^2}\right)^n < (1+a_n)^n < \left(1 + \dfrac{2}{n}\right)^n。$$

令 $n \to \infty$，则

$$\left(1 + \dfrac{2}{n}\right)^n = \left(1 + \dfrac{2}{n}\right)^{\frac{n}{2} \cdot 2} \to \mathrm{e}^2,$$

$$\left(1 + \dfrac{2}{n} - \dfrac{2}{n^2}\right)^n = \left(1 + \dfrac{2n-2}{n^2}\right)^{\frac{n^2}{2n-2} \cdot \frac{2n(n-1)}{n^2}} \to \mathrm{e}^2,$$

应用夹逼准则知 $\lim\limits_{n \to \infty}(1+a_n)^n = \mathrm{e}^2$。

例 8　设 $f(x)$ 在 $[0,n]$（n 为自然数，$n \geqslant 2$）上连续，$f(0) = f(n)$，证明：存在 $\xi, \xi+1 \in [0,n]$，使 $f(\xi) = f(\xi+1)$。

证明　设 $g(x) = f(x+1) - f(x)$，$x \in [0, n-1]$，在此区间最小值为 m，最大值为 M，则
$$g(0) = f(1) - f(0), \quad g(1) = f(2) - f(1),$$
$$g(2) = f(3) - f(2), \cdots, g(n-1) = f(n) - f(n-1)。$$

以上诸式相加得 $\sum\limits_{i=0}^{n-1} g(i) = f(n) - f(0)$。

而另一方面，$nm \leqslant \sum\limits_{i=0}^{n-1} g(i) \leqslant nM$，即 $m \leqslant \dfrac{1}{n}\sum\limits_{i=0}^{n-1} g(i) \leqslant M$，

由闭区间上连续函数的介值定理知存在 $\xi \in (0, n-1)$，使 $g(\xi) = \dfrac{1}{n}\sum\limits_{i=0}^{n-1} g(i) = 0$，即
$$g(\xi) = f(\xi+1) - f(\xi) = 0。$$

例 9　设 $f(x)$ 在 $[a,b]$ 上连续，$x_i \in [a,b]$，$t_i > 0$（$i = 1, 2, \cdots, n$），且 $\sum\limits_{i=1}^{n} t_i = 1$，试证至少存在一点 $\xi \in [a,b]$，使
$$f(\xi) = t_1 f(x_1) + t_2 f(x_2) + \cdots + t_n f(x_n)。$$

证明 因为 $f(x)$ 在 $[a,b]$ 上连续,所以 $m \leqslant f(x) \leqslant M$,其中 m,M 分别为最小值与最大值,又 $x_i \in [a,b], t_i > 0$ $(i=1,2,\cdots,n)$,所以

$$m = \sum_{i=1}^{n} mt_i \leqslant \sum_{i=1}^{n} t_i f(x_i) \leqslant \sum_{i=1}^{n} Mt_i = M。$$

从而至少存在一点 $\xi \in [a,b]$,使 $f(\xi) = t_1 f(x_1) + t_2 f(x_2) + \cdots + t_n f(x_n)$。

1.3.3 模拟练习题 1-3

1. 设 $f(x)$ 在 $(-\infty, +\infty)$ 上有定义,在点 $x=0$ 处连续且 $f(1)=2$。对于任何 x,y 满足函数方程 $f(x+y) = f(x) + f(y)$。求 $f(x)$ 的表达式。

2. 依次求解下列问题:
(1) 证明方程 $e^x + x^{2n+1} = 0$ 有唯一的实根 x_n $(n=0,1,2,\cdots)$;
(2) 证明 $\lim\limits_{n\to\infty} x_n$ 存在并求其值 A;
(3) 证明当 $n \to \infty$ 时,$x_n - A$ 与 $\dfrac{1}{n}$ 是同阶无穷小。

3. 讨论 $f(x) = \lim\limits_{n\to\infty} \dfrac{x(x^{2n}-1)}{x^{2n}+1}$ 的定义域、连续性;若有间断点,指出其类型。

4. 证明方程 $\ln x = ax + b$ 至多有两个实根。(其中 a,b 为常数,$a > 0$)

第2章 微分学

2.1 一元函数微分学

2.1.1 考点综述和解题方法点拨

1. 导数的定义

$$f'(a) \stackrel{\text{def}}{=} \lim_{\square \to 0} \frac{f(a+\square)-f(a)}{\square} = \lim_{x \to a} \frac{f(x)-f(a)}{x-a},$$

$$f'(0) \stackrel{\text{def}}{=} \lim_{\square \to 0} \frac{f(\square)-f(0)}{\square} = \lim_{x \to 0} \frac{f(x)-f(0)}{x}。$$

2. 左、右导数的定义

$$f'_-(a) \stackrel{\text{def}}{=} \lim_{\square \to 0^-} \frac{f(a+\square)-f(a)}{\square} = \lim_{x \to a^-} \frac{f(x)-f(a)}{x-a},$$

$$f'_+(a) \stackrel{\text{def}}{=} \lim_{\square \to 0^+} \frac{f(a+\square)-f(a)}{\square} = \lim_{x \to a^+} \frac{f(x)-f(a)}{x-a}。$$

左导数 $f'_-(a)$ 不同于导函数 $f'(x)$ 在 $x=a$ 的左极限 $f'(a^-)$；右导数 $f'_+(a)$ 不同于导函数 $f'(x)$ 在 $x=a$ 的右极限 $f'(a^+)$。可以证明：当 $f(x)$ 在 $x=a$ 处连续，导函数 $f'(x)$ 在 $x=a$ 的左(右)极限 $f'(a^-)$ ($f'(a^+)$)存在时，则左(右)导数 $f'_-(a)$ ($f'_+(a)$)必存在，且 $f'_-(a)=f'(a^-)$ ($f'_+(a)=f'(a^+)$)；当 $f(x)$ 在 $x=a$ 处不连续时，上述结论不成立。

3. 微分概念

(1) 可微的定义：若 $f(x)$ 在 $x=a$ 处的全增量可写为

$$\Delta f(x)|_{x=a} = f(a+\Delta x) - f(a) = A\Delta x + o(\Delta x) \tag{2.1}$$

时，则称 $f(x)$ 在 $x=a$ 处**可微**。

定理 1 当 f 在 $x=a$ 处可微时，f 在 $x=a$ 处必连续。

定理 2 函数 f 在 $x=a$ 处可微的充要条件是 f 在 $x=a$ 处可导，且 (2.1) 式中的 $A=f'(a)$。

(2) 微分的定义：当函数 f 在 $x=a$ 处可微时，f 在 $x=a$ 处的**微分**定义为

$$df(x)|_{x=a} \stackrel{\text{def}}{=} f'(a)dx。$$

一般地，有

$$df(x) = f'(x)dx。$$

4. 基本初等函数的导数公式

$$(x^\lambda)' = \lambda x^{\lambda-1}, \quad (a^x)' = a^x \ln a, \quad (e^x)' = e^x,$$

$$(\log_a |x|)' = \frac{1}{x \ln a}, \quad (\ln|x|)' = \frac{1}{x},$$

$$(\sin x)' = \cos x, \quad (\cos x)' = -\sin x, \quad (\tan x)' = \sec^2 x, \quad (\cot x)' = -\csc^2 x,$$

$$(\sec x)' = \sec x \tan x, \quad (\csc x)' = -\csc x \cot x,$$

$$(\arcsin x)' = \frac{1}{\sqrt{1-x^2}}, \quad (\arccos x)' = \frac{-1}{\sqrt{1-x^2}},$$

$$(\arctan x)' = \frac{1}{1+x^2}, \quad (\text{arccot} x)' = \frac{-1}{1+x^2}。$$

熟记下列函数的导数

$$(\sqrt{x})' = \frac{1}{2\sqrt{x}}, \quad \left(\frac{1}{x}\right)' = -\frac{1}{x^2}, \quad (\sqrt{1+x^2})' = \frac{x}{\sqrt{1+x^2}}, \quad (\sqrt{1-x^2})' = \frac{-x}{\sqrt{1-x^2}}。$$

5. 求导法则

(1) 四则运算法则：设函数 u, v 可导，则

$$(u \pm v)' = u' \pm v',$$

$$(uv)' = u'v + uv', \quad (cu)' = cu' \quad (c \in \mathbf{R}),$$

$$\left(\frac{u}{v}\right)' = \frac{u'v - uv'}{v^2} \quad (v \neq 0)。$$

(2) 复合函数链式法则

$$(f(\varphi(x)))' = f'(\varphi(x)) \cdot \varphi'(x)。$$

(3) 反函数、隐函数与参数式函数求导法则

(4) 取对数求导法则

$$f'(x) = f(x)(\ln|f(x)|)'。$$

6. 高阶导数

(1) 几个高阶导数公式

$$(\sin x)^{(n)} = \sin\left(x + n \cdot \frac{\pi}{2}\right), \quad (\cos x)^{(n)} = \cos\left(x + n \cdot \frac{\pi}{2}\right),$$

$$\left(\frac{1}{x}\right)^{(n)} = (-1)^n \frac{n!}{x^{n+1}}, \quad (\ln x)^{(n+1)} = (-1)^n \frac{n!}{x^{n+1}},$$

$$(x^n)^{(k)} = \frac{n!}{(n-k)!} x^{n-k} \quad (1 \leqslant k \leqslant n), \quad (x^n)^{(k)} = 0 \quad (k > n), \quad (e^x)^{(n)} = e^x。$$

(2) 参数式函数的二阶导数

(3) 分段函数在分段点处的二阶导数

(4) 莱布尼茨公式：设函数 u, v 皆 n 阶可导，则

$$(uv)^{(n)} = u^{(n)}v + C_n^1 u^{(n-1)}v' + \cdots + C_n^{n-1} u'v^{(n-1)} + uv^{(n)}。$$

若 u, v 中有幂函数，一般选用幂函数作 v。

7. 微分中值定理

定理 1(费马定理) 若函数 $f(x)$ 在 $x = a$ 的某邻域 U 上定义，$f(a)$ 为 f 在 U 上的最大或最小值，且 f 在 $x = a$ 处可导，则 $f'(a) = 0$。

定理 2(罗尔定理) 若函数 $f(x)$ 在 $[a, b]$ 上连续，在 (a, b) 内可导，且 $f(a) = f(b)$，则 $\exists \xi \in (a, b)$，使得 $f'(\xi) = 0$。

定理 3(拉格朗日中值定理) 若函数 $f(x)$ 在 $[a, b]$ 上连续，在 (a, b) 内可导，则 $\exists \xi \in (a, b)$，使得

$$f(b) - f(a) = f'(\xi)(b - a)。$$

定理 4(柯西中值定理) 若函数 $f(x)$ 与 $g(x)$ 在 $[a, b]$ 上连续，在 (a, b) 内可导，且

$g'(x) \neq 0$,则 $\exists \xi \in (a,b)$,使得

$$\frac{f(b)-f(a)}{g(b)-g(a)} = \frac{f'(\xi)}{g'(\xi)}。$$

8. 泰勒公式与麦克劳林公式

(1) 若 $f(x)$ 在 $x=a$ 的某邻域 U 上 $n+1$ 阶可导,则 $\forall x \in U$,有

$$f(x) = f(a) + f'(a)(x-a) + \cdots + \frac{1}{n!}f^{(n)}(a)(x-a)^n + R_n(x)。 \quad (2.2)$$

称(2.2)式为 $f(x)$ 在 $x=a$ 的 n 阶**泰勒公式**,$R_n(x)$ 称为**余项**,有

$$R_n(x) = \frac{1}{(n+1)!}f^{(n+1)}(\xi)(x-a)^{n+1}, \quad (2.3)$$

或

$$R_n(x) = o((x-a)^n)。 \quad (2.4)$$

其中 ξ 介于 a 与 x 之间,并称(2.3)式为**拉格朗日余项**,称(2.4)式为**佩亚诺型余项**。

(2) 若 $f(x)$ 在 $x=0$ 的某邻域 U 上 $n+1$ 阶可导,则 $\forall x \in U$,有

$$f(x) = f(0) + f'(0)x + \frac{1}{2!}f''(0)x^2 + \cdots + \frac{1}{n!}f^{(n)}(0)x^n + o(x^n)。 \quad (2.5)$$

称(2.5)式为 $f(x)$ 的**麦克劳林公式**。

(3) 几个常用函数的麦克劳林公式

$$e^x = 1 + x + \frac{1}{2!}x^2 + \frac{1}{3!}x^3 + \cdots + \frac{1}{n!}x^n + o(x^n),$$

$$\sin x = x - \frac{1}{3!}x^3 + \frac{1}{5!}x^5 - \cdots + (-1)^n \frac{1}{(2n+1)!}x^{2n+1} + o(x^{2n+1}),$$

$$\cos x = 1 - \frac{1}{2!}x^2 + \frac{1}{4!}x^4 - \cdots + (-1)^n \frac{1}{(2n)!}x^{2n} + o(x^{2n}),$$

$$\frac{1}{1-x} = 1 + x + x^2 + \cdots + x^n + o(x^n),$$

$$\ln(1-x) = -x - \frac{1}{2}x^2 - \frac{1}{3}x^3 - \cdots - \frac{1}{n}x^n + o(x^n)。$$

9. 洛必达法则

若在某极限过程中(下面以 $x \to a$ 为例),$f(x) \to 0$,$g(x) \to 0$,则称 $\lim\limits_{x \to a}\frac{f(x)}{g(x)}$ 为 $\frac{0}{0}$ 型的**未定式极限**。类似地,有 $\frac{\infty}{\infty}$ 型、$0 \cdot \infty$ 型、$\infty - \infty$ 型,以及 1^∞,0^0,∞^0 型的未定式的极限,洛必达法则是求上述未定式的极限的好方法。

(1) $\frac{0}{0}$ 型的未定式的极限

定理 1(洛必达法则 I) 若在某极限过程中(下文以 $x \to a$ 为例),有

① $f(x) \to 0$,$g(x) \to 0$;

② $f(x)$,$g(x)$ 在 $x=a$ 的某去心邻域内可导,$g'(x) \neq 0$;

③ $\lim\limits_{x \to a}\frac{f'(x)}{g'(x)} = A$(或 ∞),

则有

$$\lim_{x\to a}\frac{f(x)}{g(x)} = \lim_{x\to a}\frac{f'(x)}{g'(x)} = A(或\infty)$$

(2) $\frac{\infty}{\infty}$ 型的未定式的极限

定理 2(洛必达法则Ⅱ) 若在某极限过程中(下文以 $x\to a$ 为例),有

① $f(x)\to\infty, g(x)\to\infty$;
② $f(x), g(x)$ 在 $x=a$ 的某去心邻域内可导,$g'(x)\neq 0$;
③ $\lim\limits_{x\to a}\dfrac{f'(x)}{g'(x)}=A(或\infty)$,

则有

$$\lim_{x\to a}\frac{f(x)}{g(x)} = \lim_{x\to a}\frac{f'(x)}{g'(x)} = A(或\infty)。$$

(3) 其他型的未定式的极限

对于 $0\cdot\infty, \infty-\infty$ 型的未定式,总可化为 $\dfrac{0}{0}$ 或 $\dfrac{\infty}{\infty}$ 型的形式;对 $1^\infty, 0^0, \infty^0$ 型的未定式 u^v,有

$$u^v = \exp(v\ln u) = \exp\left(\frac{\ln u}{1/v}\right),$$

这里 $\dfrac{\ln u}{1/v}$ 是 $\dfrac{0}{0}$ 或 $\dfrac{\infty}{\infty}$ 型。

10. 导数在几何上的应用

(1) 单调性

可导函数 $f(x)$ 在区间 I 上单调增(减)的充要条件是 $f'(x)\geqslant 0(\leqslant 0)$。若 $f'(x)>0, x\in I$,则 $f(x)$ 在 I 上严格增;若 $f'(x)<0, x\in I$,则 $f(x)$ 在 I 上严格减。

(2) 极值

可导函数 $f(x)$ 在 $x=a$ 取极值的必要条件是 $f'(a)=0$。反之,若 $f'(a)=0$,且

$$f'(x)(x-a) > 0 \quad (<0),$$

这里 x 在 $x=a$ 的去心邻域内取值,则 $f(a)$ 为 $f(x)$ 一个极小值(极大值)。若 $f'(a)=0$, $f''(a)>0(<0)$,则 $f(a)$ 为 $f(x)$ 的极小值(极大值)。

(3) 最值

设函数 $f(x)$ 在区间 $[a,b]$ 上连续,$x_i\in(a,b)$ 是 $f(x)$ 的驻点(即 $f'(x_i)=0$)。$x_j\in(a,b)$ 是 $f(x)$ 的不可导点,则 $f(x)$ 在 $[a,b]$ 上的最大值与最小值分别为

$$\max_{x\in[a,b]} f(x) = \max\{f(x_i), f(x_j), f(a), f(b)\},$$

$$\min_{x\in[a,b]} f(x) = \min\{f(x_i), f(x_j), f(a), f(b)\}。$$

(4) 凹凸性、拐点

设 $f(x)$ 在区间 I 上二阶可导,当 $f''(x)>0$ 时,$f(x)$ 在 I 上的曲线是凹的;当 $f''(x)<0$ 时,$f(x)$ 在 I 上的曲线是凸的。二阶可导函数 $f(x)$ 有拐点 $(a,f(a))$ 的必要条件是 $f''(a)=0$。反之,若 $f''(a)=0$,且

$$f''(x)(x-a) \neq 0,$$

这里 x 在 $x=a$ 的去心邻域内取值,则 $(a,f(a))$ 是 $f(x)$ 的拐点。

(5) 作函数的图形

首先考察函数 $f(x)$ 的定义域,是否有奇偶性、周期性,是否连续;第二步求 $f'(x)$,确定驻点与不可导点,判别 $f(x)$ 的单调性,求其极值;第三步求 $f''(x)$,确定凹凸区间,求出拐点;第四步考察 $x\to\infty$ 时 $f(x)$ 的曲线的走向,即求 $y=f(x)$ 的渐近线;最后作 $y=f(x)$ 的简图。

(6) 渐近线

① 铅直渐近线:若 $\lim\limits_{x\to a^+}f(x)=\infty$ 或 $\lim\limits_{x\to a^-}f(x)=\infty$,则 $x=a$ 是 $y=f(x)$ 的一条铅直渐近线。

② 水平渐近线:若 $\lim\limits_{x\to+\infty}f(x)=A,\ \lim\limits_{x\to-\infty}f(x)=B(A,B\in\mathbf{R})$,则 $y=A$ 与 $y=B$ 是 $y=f(x)$ 的两条水平渐近线。$y=f(x)$ 的水平渐近线最多有两条。

③ 斜渐近线

若 $\lim\limits_{x\to+\infty}\dfrac{f(x)}{x}=a$,$\lim\limits_{x\to+\infty}(f(x)-ax)=b$,则 $y=ax+b$ 是 $y=f(x)$ 的右侧斜渐近线;若 $\lim\limits_{x\to-\infty}\dfrac{f(x)}{x}=c$,$\lim\limits_{x\to-\infty}(f(x)-cx)=d$,则 $y=cx+d$ 是 $y=f(x)$ 的左侧斜渐近线。

$y=f(x)$ 的斜渐近线最多有两条;$y=f(x)$ 的水平渐近线与斜渐近线的总条线最多有两条。

2.1.2 竞赛例题

1. 利用导数定义解题

例1 设 $f(x)=\arcsin x\cdot\sqrt{\dfrac{1-\sin x}{1+\sin x}}$,求 $f'(0)$。

解 令 $x=0$,得 $f(0)=0$,故

$$f'(0)=\lim_{x\to 0}\frac{f(x)-f(0)}{x}=\lim_{x\to 0}\frac{\arcsin x}{x}\cdot\sqrt{\frac{1-\sin x}{1+\sin x}}=1。$$

例2 设 $f(x)$ 可导,$F(x)=f(x)(1+|\sin x|)$,欲使 $F(x)$ 在 $x=0$ 可导,则必有( )。

A. $f'(0)=0$
B. $f(0)=0$
C. $f(0)+f'(0)=0$
D. $f(0)-f'(0)=0$

解 由导数的定义,有

$$F'(0)=\lim_{x\to 0}\frac{F(x)-F(0)}{x}=\lim_{x\to 0}\frac{f(x)+f(x)|\sin x|-f(0)}{x}$$

$$=\lim_{x\to 0}\frac{f(x)-f(0)}{x}+\lim_{x\to 0}f(x)\frac{|\sin x|}{x}$$

$$=f'(0)+f(0)\lim_{x\to 0}\frac{|\sin x|}{x}。$$

因为 $\lim\limits_{x\to 0^+}\dfrac{|\sin x|}{x}=1$,$\lim\limits_{x\to 0^-}\dfrac{|\sin x|}{x}=-1$,所以要使上式右端极限存在,必须 $f(0)=0$,故选 B。

例3 设函数

$$f(x)=\begin{cases}\dfrac{x}{1+e^{\frac{1}{x}}}, & x<0,\\ 0, & x=0,\\ \dfrac{2x}{1+e^x}, & x>0,\end{cases}$$

则函数在点 $x=0$ 处的导数为_____。

解 $f(x)$ 是分段函数，按定义分别求 $f(x)$ 在点 $x=0$ 处的左、右导数，

$$f'_-(0)=\lim_{x\to 0^-}\frac{\frac{x}{1+e^{\frac{1}{x}}}-0}{x}=\lim_{x\to 0^-}\frac{1}{1+e^{\frac{1}{x}}}=1, \qquad f'_+(0)=\lim_{x\to 0^+}\frac{\frac{2x}{1+e^x}-0}{x}=\lim_{x\to 0^+}\frac{2}{1+e^x}=1,$$

因以上左、右导数存在且相等，所以导数存在，$f'(0)=1$。故应填 1。

例4 函数 $f(x)=(x^2-x-2)|x^3-x|$ 不可导点的个数是( )。

A. 3 B. 2 C. 1 D. 0

解 $f(x)=\begin{cases}-(x-2)x(x-1)(x+1)^2, & x\leqslant -1,\\ (x-2)x(x-1)(x+1)^2, & -1<x\leqslant 0,\\ -(x-2)x(x-1)(x+1)^2, & 0<x\leqslant 1,\\ (x-2)x(x-1)(x+1)^2, & x>1,\end{cases}$

$f(x)$ 的不可导的可能点为 $x=-1,x=0,x=1$。

$$f'_-(-1)=\lim_{x\to -1^-}\frac{-(x-2)x(x-1)(x+1)^2}{x+1}=0,$$
$$f'_+(-1)=\lim_{x\to -1^+}\frac{(x-2)x(x-1)(x+1)^2}{x+1}=0。$$

所以由 $f'_-(-1)=f'_+(-1)$ 得：$x=-1$ 为 $f(x)$ 的可导点。

由于

$$f'_-(0)=\lim_{x\to 0^-}\frac{(x-2)x(x-1)(x+1)^2}{x}=2,$$
$$f'_+(0)=\lim_{x\to 0^+}\frac{-(x-2)x(x-1)(x+1)^2}{x}=-2,$$
$$f'_-(1)=\lim_{x\to 1^-}\frac{-(x-2)x(x-1)(x+1)^2}{x-1}=4,$$
$$f'_+(1)=\lim_{x\to 1^+}\frac{(x-2)x(x-1)(x+1)^2}{x-1}=-4。$$

因此 $f(x)$ 的不可导点有两个：$x=0, x=1$。故应选 B。

例5 设函数 $f(x)$ 在 $x=0$ 处连续，且 $\lim_{h\to 0}\frac{f(h^2)}{h^2}=1$，则( )。

A. $f(0)=0$ 且 $f'_-(0)$ 存在 B. $f(0)=1$ 且 $f'_-(0)$ 存在
C. $f(0)=0$ 且 $f'_+(0)$ 存在 D. $f(0)=1$ 且 $f'_+(0)$ 存在

解 由 $f(x)$ 在 $x=0$ 点连续且 $\lim_{h\to 0}\frac{f(h^2)}{h^2}=1$ 知 $\lim_{h\to 0}f(h^2)=0=f(0)$，令 $h^2=\Delta x$，则当 $h\to 0$ 时，$\Delta x\to 0^+$，

$$1=\lim_{h\to 0}\frac{f(h^2)}{h^2}=\lim_{h\to 0}\frac{f(h^2)-f(0)}{h^2}=\lim_{\Delta x\to 0^+}\frac{f(\Delta x)-f(0)}{\Delta x}=f'_+(0)。$$

故应选 C。

例6 已知 $f(0)=0, f'(0)$ 存在，求

$$\lim_{n\to\infty}\left[f\left(\frac{1}{n^2}\right)+f\left(\frac{2}{n^2}\right)+\cdots+f\left(\frac{n}{n^2}\right)\right]。$$

解 因 $f(0)=0, f'(0)$ 存在,所以

$$\lim_{n\to\infty}\frac{f\left(\frac{k}{n^2}\right)-f(0)}{\frac{1}{n^2}}=\lim_{n\to\infty}k\cdot\frac{f\left(\frac{k}{n^2}\right)-f(0)}{\frac{k}{n^2}}=kf'(0),$$

这里 $k=1,2,\cdots,n$。于是 $n\to\infty$ 时

$$f\left(\frac{k}{n^2}\right)=kf'(0)\frac{1}{n^2}+o\left(\frac{1}{n^2}\right),$$

$$\text{原式}=\lim_{n\to\infty}\left[f'(0)\left(\frac{1}{n^2}+\frac{2}{n^2}+\cdots+\frac{n}{n^2}\right)+n\cdot o\left(\frac{1}{n^2}\right)\right]$$

$$=\lim_{n\to\infty}\left[f'(0)\frac{\frac{1}{2}n(n+1)}{n^2}+o\left(\frac{1}{n}\right)\right]$$

$$=\frac{1}{2}f'(0)。$$

2. 利用求导法则解题

例 7 设当 $x=0$ 时 $\frac{\mathrm{d}}{\mathrm{d}x}f(\sin x)=\frac{\mathrm{d}}{\mathrm{d}x}f^2(\sin x), f'(0)\neq 0$,则 $f(0)=$ _____。

解 应用复合函数求导法则,有

$$\frac{\mathrm{d}}{\mathrm{d}x}f(\sin x)=f'(\sin x)\cos x, \qquad \frac{\mathrm{d}}{\mathrm{d}x}f^2(\sin x)=2f(\sin x)f'(\sin x)\cos x。$$

令 $x=0$,得 $f'(0)=2f(0)f'(0)$。因 $f'(0)\neq 0$,所以 $f(0)=\frac{1}{2}$。

例 8 已知 $y=f\left(\frac{3x-2}{3x+2}\right), f'(x)=\arctan x^2$,则 $\frac{\mathrm{d}y}{\mathrm{d}x}\bigg|_{x=0}=$ _____。

解 令 $u=\frac{3x-2}{3x+2}$,则 $y=f[u(x)]$,由链式法则,

$$\frac{\mathrm{d}y}{\mathrm{d}x}=\frac{\mathrm{d}y}{\mathrm{d}u}\cdot\frac{\mathrm{d}u}{\mathrm{d}x}=\arctan u^2\cdot\frac{12}{(3x+2)^2}, \frac{\mathrm{d}y}{\mathrm{d}x}\bigg|_{x=0}=\frac{12}{(0+2)^2}\cdot\arctan 1=\frac{3\pi}{4}。$$

故应填 $\frac{3\pi}{4}$。

例 9 设函数 $g(x)$ 可微,$h(x)=\mathrm{e}^{1+g(x)}, h'(1)=1, g'(1)=2$,则 $g(1)=$ (　　)。

A. $\ln 3-1$ 　　　　B. $-\ln 3-1$ 　　　　C. $-\ln 2-1$ 　　　　D. $\ln 2-1$

解 在 $h(x)=\mathrm{e}^{1+g(x)}$ 两端关于 x 求导数得 $h'(x)=\mathrm{e}^{1+g(x)}\cdot g'(x)$。将 $x=1$ 代入上式得

$$h'(1)=\mathrm{e}^{1+g(1)}\cdot g'(1), \quad \mathrm{e}^{1+g(1)}=\frac{1}{2}, \quad g(1)=-\ln 2-1。$$

故应选 C。

例 10 设 $\frac{\mathrm{d}x}{\mathrm{d}y}=\frac{1}{y'}$,求 $\frac{\mathrm{d}^2x}{\mathrm{d}y^2}, \frac{\mathrm{d}^3x}{\mathrm{d}y^3}$。

解 $\frac{\mathrm{d}^2x}{\mathrm{d}y^2}=\frac{\mathrm{d}}{\mathrm{d}y}\left(\frac{\mathrm{d}x}{\mathrm{d}y}\right)=\frac{\mathrm{d}}{\mathrm{d}y}\left(\frac{1}{y'}\right)=\frac{\mathrm{d}}{\mathrm{d}x}\left(\frac{1}{y'}\right)\cdot\frac{\mathrm{d}x}{\mathrm{d}y}=\frac{-y''}{(y')^2}\cdot\frac{1}{y'}=-\frac{y''}{(y')^3},$

$$\frac{d^3x}{dy^3} = \frac{d}{dy}\left(\frac{d^2x}{dy^2}\right) = \frac{d}{dy}\left(-\frac{y''}{y'^3}\right) = \frac{d}{dx}\left(-\frac{y''}{(y')^3}\right) \cdot \frac{dx}{dy}$$

$$= -\frac{y''' \cdot y'^3 - y'' \cdot 3y'^2 \cdot y''}{(y')^6} \cdot \frac{1}{y'} = \frac{3(y'')^2 - y' \cdot y'''}{(y')^5}.$$

例 11 证明:两条心脏线 $\rho = a(1+\cos\theta)$ 与 $\rho = a(1-\cos\theta)$ 在交点处的切线互相垂直。

证明 曲线 $\rho = a(1+\cos\theta)$ 化为参数方程为

$$\begin{cases} x = a(1+\cos\theta)\cos\theta, \\ y = a(1+\cos\theta)\sin\theta, \end{cases}$$

其斜率为

$$k_1 = \frac{dy}{dx} = \frac{\dfrac{dy}{d\theta}}{\dfrac{dx}{d\theta}} = \frac{\cos\theta + \cos2\theta}{-\sin\theta - \sin2\theta}.$$

曲线 $\rho = a(1-\cos\theta)$ 化为参数方程为

$$\begin{cases} x = a(1-\cos\theta)\cos\theta, \\ y = a(1-\cos\theta)\sin\theta, \end{cases}$$

其斜率为

$$k_2 = \frac{dy}{dx} = \frac{\dfrac{dy}{d\theta}}{\dfrac{dx}{d\theta}} = \frac{\cos\theta - \cos2\theta}{-\sin\theta + \sin2\theta}.$$

再求两曲线的交点,由 $\begin{cases} \rho = a(1+\cos\theta), \\ \rho = a(1-\cos\theta), \end{cases}$ 解得 $\cos\theta = 0$,于是交点的极坐标为 $\left(\dfrac{\pi}{2}, a\right)$ 与 $\left(\dfrac{3}{2}\pi, a\right)$。

在 $\theta = \dfrac{\pi}{2}$ 处,$k_1 = \dfrac{0-1}{-1-0} = 1$,$k_2 = \dfrac{0+1}{-1+0} = -1$,因为 $k_1 k_2 = -1$,所以两曲线在交点 $\left(\dfrac{\pi}{2}, a\right)$ 处的切线互相垂直。

在 $\theta = \dfrac{3}{2}\pi$ 处,$k_1 = \dfrac{0-1}{1-0} = -1$,$k_2 = \dfrac{0+1}{1+0} = 1$,因为 $k_1 k_2 = -1$,所以两曲线在交点 $\left(\dfrac{3}{2}\pi, a\right)$ 处的切线互相垂直。

3. 求高阶导数

例 12 求 $y = \arctan x$ 在 $x=0$ 处的 n 阶导数。

解 $y' = \dfrac{1}{1+x^2}$,变形为 $(1+x^2) \cdot y' = 1$,利用莱布尼茨公式,两边对 x 求 n 阶导数,得

$$(1+x^2)y^{(n+1)} + 2nxy^{(n)} + n(n-1)y^{(n-1)} = 0.$$

令 $x=0$,得

$$y^{(n+1)}(0) = -n(n-1)y^{(n-1)}(0),$$

$$y^{(n)}(0) = -(n-1)(n-2)y^{(n-2)}(0).$$

易得 $y^{(0)}(0)=0, y^{(1)}(0)=1$，由此得：当 n 为偶数时 $y^{(n)}(0)=0$；当 n 为奇数时，$y^{(n)}(0)=(-1)^{\frac{n-1}{2}} \cdot (n-1)!$。

例 13 设 $f(x)=\begin{cases}\dfrac{\sin x}{x}, & x\neq 0\\ 1, & x=0,\end{cases}$ 则 $f''(0)=$ _____。

解 $f'(0)=\lim\limits_{x\to 0}\dfrac{f(x)-f(0)}{x}=\lim\limits_{x\to 0}\dfrac{\dfrac{\sin x}{x}-1}{x}=\lim\limits_{x\to 0}\dfrac{\sin x-x}{x^2}$

$$=\lim_{x\to 0}\dfrac{\cos x-1}{2x}=\lim_{x\to 0}\dfrac{-\dfrac{1}{2}x^2}{2x}=0。$$

当 $x\neq 0$ 时，$f'(x)=\dfrac{x\cos x-\sin x}{x^2}$，所以，

$$f''(0)=\lim_{x\to 0}\dfrac{f'(x)-f'(0)}{x}=\lim_{x\to 0}\dfrac{x\cos x-\sin x}{x^3}$$

$$=\lim_{x\to 0}\dfrac{\cos x-x\sin x-\cos x}{3x^2}=\lim_{x\to 0}\dfrac{-x\sin x}{3x^2}=-\dfrac{1}{3}。$$

例 14 已知 $f(x)=\cos 2x$，求 $f^{(2n)}(0)$。

解 $f^{(n)}(x)=\cos\left(2x+\dfrac{n\pi}{2}\right)\cdot 2^n$，所以

$$f^{(2n)}(0)=2^{2n}\cdot\cos\left(0+\dfrac{2n\pi}{2}\right)=(-1)^n\cdot 4^n。$$

例 15 已知 $f(x)=\dfrac{1}{x^2-3x+2}$，求 $f^{(n)}(3)$。

解 将 $f(x)$ 分解为部分分式，即

$$f(x)=\dfrac{1}{x-2}-\dfrac{1}{x-1}。$$

由公式 $\left(\dfrac{1}{x}\right)^{(n)}=(-1)^n\dfrac{n!}{x^{n+1}}$，可得

$$f^{(n)}(x)=\left(\dfrac{1}{x-2}\right)^{(n)}-\left(\dfrac{1}{x-1}\right)^{(n)}=(-1)^n\dfrac{n!}{(x-2)^{n+1}}-(-1)^n\dfrac{n!}{(x-1)^{n+1}}。$$

令 $x=3$，得

$$f^{(n)}(3)=(-1)^n n!\left(1-\dfrac{1}{2^{n+1}}\right)。$$

例 16 设 $f(x)=\dfrac{x^n}{x^2-1}(n=1,2,3,\cdots)$，求 $f^{(n)}(x)$。

解 应用多项式除法，有

$$f(x)=\begin{cases}x^{n-2}+x^{n-4}+\cdots+x^2+1+\dfrac{1}{2}\left(\dfrac{1}{x-1}-\dfrac{1}{x+1}\right), & n\text{ 为偶数,}\\ x^{n-2}+x^{n-4}+\cdots+x+\dfrac{1}{2}\left(\dfrac{1}{x-1}+\dfrac{1}{x+1}\right), & n\text{ 为奇数。}\end{cases}$$

由于 $(x^k)^{(n)}=0(k=0,1,2,\cdots,n-1)$,

$$\left(\frac{1}{x-1}\right)^{(n)}=(-1)^n\frac{n!}{(x-1)^{n+1}}, \qquad \left(\frac{1}{x+1}\right)^{(n)}=(-1)^n\frac{n!}{(x+1)^{n+1}},$$

所以

$$f^{(n)}(x)=\frac{n!}{2}\left[\frac{(-1)^n}{(x-1)^{n+1}}-\frac{1}{(x+1)^{n+1}}\right], \quad n=1,2,3,\cdots。$$

4. 利用微分中值定理证明结论

例 17 设函数 $f(x)$ 在 $[0,3]$ 上连续,在 $(0,3)$ 内可导,且 $f(0)+f(1)+f(2)=3, f(3)=1$。试证必存在 $\xi\in(0,3)$,使 $f'(\xi)=0$。

证明 因为 $f(x)$ 在 $[0,3]$ 上连续,所以 $f(x)$ 在 $[0,2]$ 上连续,且在 $[0,2]$ 上必有最大值 M 和最小值 m,于是

$$m\leqslant f(0)\leqslant M, \quad m\leqslant f(1)\leqslant M, \quad m\leqslant f(2)\leqslant M,$$

故 $m\leqslant\dfrac{f(0)+f(1)+f(2)}{3}\leqslant M$。由介值定理知,至少存在一点 $c\in[0,2]$,使

$$f(c)=\frac{f(0)+f(1)+f(2)}{3}=1。$$

因为 $f(c)=1=f(3)$,且 $f(x)$ 在 $[c,3]$ 上连续,在 $(c,3)$ 内可导,所以由罗尔定理知,必存在 $\xi\in(c,3)\subset(0,3)$,使 $f'(\xi)=0$。

例 18 假设函数 $f(x)$ 和 $g(x)$ 在 $[a,b]$ 上存在二阶导数,并且 $g''(x)\neq 0, f(a)=f(b)=g(a)=g(b)=0$,试证:

(1) 在开区间 (a,b) 内 $g(x)\neq 0$;

(2) 在开区间 (a,b) 内至少存在一点 ξ,使 $\dfrac{f(\xi)}{g(\xi)}=\dfrac{f''(\xi)}{g''(\xi)}$。

证明 (1) 用反证法。若存在点 $c\in(a,b)$,使 $g(c)=0$,则对 $g(x)$ 在 $[a,c]$ 和 $[c,b]$ 上分别应用罗尔定理,知存在 $\xi_1\in(a,c), \xi_2\in(c,b)$,使 $g'(\xi_1)=g'(\xi_2)=0$。

再对 $g'(x)$ 在 $[\xi_1,\xi_2]$ 上应用罗尔定理,知存在 $\xi_3\in(\xi_1,\xi_2)$,使 $g''(\xi_3)=0$。这与题设 $g''(x)\neq 0$ 矛盾,故在 (a,b) 内 $g(x)\neq 0$。

(2) 令 $\varphi(x)=f(x)g'(x)-f'(x)g(x)$,易知 $\varphi(a)=\varphi(b)=0$。对 $\varphi(x)$ 在 $[a,b]$ 上应用罗尔定理知存在 $\xi\in(a,b)$,使 $\varphi'(\xi)=0$,即 $f(\xi)g''(\xi)-f''(\xi)g(\xi)=0$。因 $g(\xi)\neq 0, g''(\xi)\neq 0$,故得 $\dfrac{f(\xi)}{g(\xi)}=\dfrac{f''(\xi)}{g''(\xi)}$。

例 19 设 $f(x)$ 在 $[a,b]$ 上连续,在 (a,b) 内可导,且 $f(a)\cdot f(b)>0, f(a)\cdot f\left(\dfrac{a+b}{2}\right)<0$,试证至少有一点 $\xi\in(a,b)$,使 $f'(\xi)=f(\xi)$。

证明 设 $F(x)=f(a)\mathrm{e}^{-x}f(x)$,则

$$F(a)=f^2(a)\mathrm{e}^{-a}>0, F\left(\frac{a+b}{2}\right)=f(a)f\left(\frac{a+b}{2}\right)\mathrm{e}^{-\frac{a+b}{2}}<0, F(b)=f(a)f(b)\mathrm{e}^{-b}>0。$$

所以由零点定理知存在 $\xi_1\in\left(a,\dfrac{a+b}{2}\right), \xi_2\in\left(\dfrac{a+b}{2},b\right)$,使 $F(\xi_1)=0, F(\xi_2)=0$。再在区间 $[\xi_1,\xi_2]$ 上使用罗尔定理即得结果。

例 20 设 $f(x)$ 在 $[0,+\infty)$ 上连续可导,$f(0)=1$,且对一切 $x\geqslant 0$ 有 $|f(x)|\leqslant\mathrm{e}^{-x}$,求证:$\exists\xi\in(0,+\infty)$,使得 $f'(\xi)=-\mathrm{e}^{-\xi}$。

证明 令 $F(x)=f(x)-\mathrm{e}^{-x}$，则 $F(x)$ 在 $(0,+\infty)$ 上连续可导，且 $F(0)=f(0)-1=0$。由于 $|f(x)|\leqslant \mathrm{e}^{-x}$，所以
$$\lim_{x\to+\infty}|f(x)|\leqslant \lim_{x\to+\infty}\mathrm{e}^{-x}=0\Leftrightarrow \lim_{x\to+\infty}f(x)=0,$$
于是
$$\lim_{x\to+\infty}F(x)=\lim_{x\to+\infty}f(x)-\lim_{x\to+\infty}\mathrm{e}^{-x}=0。$$

若 $f(x)=\mathrm{e}^{-x}$，则 $\forall x\in[0,+\infty)$，$F(x)=0$，于是 $\forall \xi\in(0,+\infty)$，有 $f'(\xi)=-\mathrm{e}^{-\xi}$。若 $f(x)\not\equiv \mathrm{e}^{-x}$，由于 $|f(x)|\leqslant \mathrm{e}^{-x}$，所以 $\exists c\in(0,+\infty)$，使得 $f(c)<\mathrm{e}^{-c}$，则 $F(c)<0$。于是 $F(x)$ 在 $(0,+\infty)$ 内取得最小值，若 $F(\xi)$ 是其最小值，则 $F'(\xi)=0$。即 $\exists \xi\in(0,+\infty)$，使得 $F'(\xi)=0$，即 $f'(\xi)=-\mathrm{e}^{-\xi}$。

例 21 已知 $f(x)$ 在 $[a,+\infty)$ 上连续，在 $(a,+\infty)$ 上可导，且 $\lim_{x\to+\infty}f(x)=f(a)$，求证：$\exists \xi\in(a,+\infty)$，使得 $f'(\xi)=0$。

证明 若 $\forall x\geqslant a$ 有 $f(x)=f(a)$，则 $\forall \xi>a$，有 $f'(\xi)=0$。若 $f(x)\not\equiv f(a)$，则 $\exists b>a$，使得 $f(b)\neq f(a)$。不妨设 $f(b)>f(a)$。记 $f(b)-f(a)=2\varepsilon,\varepsilon>0$，在区间 $[a,b]$ 上应用介值定理，$\exists c_1\in(a,b)$，使得 $f(c_1)=f(a)+\varepsilon$。由 $\lim_{x\to+\infty}f(x)=f(a)$，应用极限的性质，$\exists N\in(b,+\infty)$，使得
$$f(a)-\varepsilon<f(N)<f(a)+\varepsilon。$$
在 $[b,N]$ 上再次应用介值定理，$\exists c_2\in(b,N)$，使得 $f(c_2)=f(a)+\varepsilon$。最后在区间 $[c_1,c_2]$ 上应用罗尔定理，$\exists \xi\in(c_1,c_2)\subset(a,+\infty)$，使得 $f'(\xi)=0$。

例 22 设 $f(x),g(x)$ 在 $[a,b]$ 上连续，在 (a,b) 内可导，且对 (a,b) 内的一切 x 均有 $f'(x)g(x)-f(x)g'(x)\neq 0$。证明：如果 $f(x)$ 在 (a,b) 内有两个零点，则介于这两个零点之间，$g(x)$ 至少有一个零点。

证明 （用反证法）假设 $\forall x\in(x_1,x_2)\subset(a,b),g(x)\neq 0$，这里 $f(x_1)=f(x_2)=0$。令 $F(x)=\dfrac{f(x)}{g(x)}$，由于 $f'(x_1)g(x_1)-f(x_1)g'(x_1)=f'(x_1)g(x_1)\neq 0,f'(x_2)g(x_2)-f(x_2)g'(x_2)=f'(x_2)g(x_2)\neq 0$，所以 $g(x_1)\neq 0,g(x_2)\neq 0$。于是 $F(x)$ 在 $[x_1,x_2]$ 上可导，且 $F(x_1)=F(x_2)=0$。应用罗尔定理，必 $\exists \xi\in(x_1,x_2)$，使得 $F'(\xi)=0$。由于
$$F'(x)=\frac{f'(x)g(x)-f(x)g'(x)}{g^2(x)},$$
所以 $f'(\xi)g(\xi)-f(\xi)g'(\xi)=0$，此与条件 $\forall x\in(a,b),f'(x)g(x)-f(x)g'(x)\neq 0$ 矛盾。

例 23 设 $f(x),g(x)$ 在 $[a,b]$ 上可微，且 $g'(x)\neq 0$，证明：存在一点 $c(a<c<b)$，使得
$$\frac{f(a)-f(c)}{g(c)-g(b)}=\frac{f'(c)}{g'(c)}。$$

证明 取辅助函数
$$F(x)=f(a)g(x)+g(b)f(x)-f(x)g(x),$$
则 $F(x)$ 在 $[a,b]$ 上可微，且 $F(a)=F(b)=f(a)g(b)$，应用罗尔定理，$\exists c\in(a,b)$，使得 $F'(c)=0$。由于
$$F'(x)=f(a)g'(x)+g(b)f'(x)-[f'(x)g(x)+f(x)g'(x)],$$
则
$$F'(c)=f(a)g'(c)+g(b)f'(c)-[f'(c)g(c)+f(c)g'(c)]=0,$$

化简得
$$g'(c)(f(a)-f(c)) = f'(c)(g(c)-g(b))。$$
由于 $g'(c)\neq 0$,且 $g(c)-g(b)\neq 0$(否则 $\exists \xi\in(c,b)$,使得 $g'(\xi)=0$,此与 $g'(x)\neq 0$ 矛盾),所以上式等价于
$$\frac{f(a)-f(c)}{g(c)-g(b)} = \frac{f'(c)}{g'(c)}。$$

例 24 设 $f(x)$ 在 $[a,b]$ 上连续,在 (a,b) 内可导,且有 $f(a)=a$,$\int_a^b f(x)\mathrm{d}x = \frac{1}{2}(b^2-a^2)$,求证:在 (a,b) 内至少有一点 ξ,使得
$$f'(\xi) = f(\xi) - \xi + 1。$$

证明 由
$$\int_a^b f(x)\mathrm{d}x = \frac{1}{2}(b^2-a^2) \Rightarrow \int_a^b (f(x)-x)\mathrm{d}x = 0。$$
对上面的右式应用积分中值定理,$\exists c\in(a,b)$,使得
$$\int_a^b (f(x)-x)\mathrm{d}x = (f(c)-c)(b-a) = 0。$$
于是 $f(c)-c=0(a<c<b)$。取辅助函数
$$F(x) = \mathrm{e}^{-x}(f(x)-x),$$
则 $F(a)=F(c)=0$,且 $F(x)$ 在 $[a,c]$ 上连续,在 (a,c) 内可导,应用罗尔定理,$\exists \xi\in(a,c)\subset(a,b)$,使得 $F'(\xi)=0$。因为
$$F'(x) = \mathrm{e}^{-x}(f'(x)-1-f(x)+x),$$
所以 $F'(\xi)=\mathrm{e}^{-\xi}(f'(\xi)-1-f(\xi)+\xi)=0$,即
$$f'(\xi) = f(\xi) - \xi + 1。$$

例 25 已知函数 $f(x)$ 在 $[0,1]$ 上三阶可导,且 $f(0)=-1,f(1)=0,f'(0)=0$,试证:至少存在一点 $\xi\in(0,1)$,使
$$f(x) = -1 + x^2 + \frac{x^2(x-1)}{3!}f'''(\xi), \qquad x\in(0,1)。$$

证明 令 $F(t)=f(t)-t^2+1-\frac{t^2(t-1)}{x^2(x-1)}[f(x)-x^2+1]$,$x\in(0,1)$,则 $F(x)$ 在 $[0,1]$ 上连续,在 $(0,1)$ 内可导,且 $F(0)=F(x)=F(1)=0$。在 $[0,x]$ 与 $[x,1]$ 上对 $F(x)$ 分别应用罗尔定理,$\exists \xi_1\in(0,x),\xi_2\in(x,1)$,使得
$$F'(\xi_1) = 0, F'(\xi_2) = 0 \text{ 且 } F'(0) = 0。$$
又 $F'(x)$ 在 $[0,1]$ 上连续,在 $(0,1)$ 内可导,因此再在 $[0,\xi_1]$ 与 $[\xi_1,\xi_2]$ 上对 $F'(x)$ 分别应用罗尔定理,$\exists \eta_1\in(0,\xi_1),\eta_2\in(\xi_1,\xi_2)$,使得
$$F''(\eta_1) = 0, \qquad F''(\eta_2) = 0。$$
由于 $F''(x)$ 在 $[0,1]$ 上连续,在 $(0,1)$ 内可导,再在 $[\eta_1,\eta_2]$ 上应用罗尔定理知,$\exists \xi\in(\eta_1,\eta_2)\subset(0,1)$,使 $F'''(\xi)=0$,而 $F'''(t)=f'''(t)-\frac{3!}{x^2(x-1)}[f(x)-x^2+1]$,故 $\exists \xi\in(0,1)$,使
$$f(x) = -1 + x^2 + \frac{x^2(x-1)}{3!}f'''(\xi)。$$

例 26 设 $f(x)$ 在区间 $[0,1]$ 上可微,$f(0)=0,f(1)=1$,3 个正数 $\lambda_1,\lambda_2,\lambda_3$ 的和为 1,证明存在 3 个不同的数 $x_1,x_2,x_3\in(0,1)$ 使得

$$\frac{\lambda_1}{f'(x_1)}+\frac{\lambda_2}{f'(x_2)}+\frac{\lambda_3}{f'(x_3)}=1。$$

证明 利用介值定理选择 $0<a<b<1$ 使得 $f(a)=\lambda_1, f(b)=\lambda_1+\lambda_2$。分别在3个区间 $[0,a],[a,b],[b,1]$ 上使用拉格朗日中值定理,得到

$$\frac{f(a)-f(0)}{a-0}=f'(x_1),\quad \frac{f(b)-f(a)}{b-a}=f'(x_2),\quad \frac{f(1)-f(b)}{1-b}=f'(x_3),$$

其中 x_1,x_2,x_3 分别在区间 $(0,a),(a,b),(b,1)$ 内。变形为

$$\frac{\lambda_1}{f'(x_1)}=a,\quad \frac{\lambda_2}{f'(x_2)}=b-a,\quad \frac{\lambda_3}{f'(x_3)}=1-b,$$

相加得 $\frac{\lambda_1}{f'(x_1)}+\frac{\lambda_2}{f'(x_2)}+\frac{\lambda_3}{f'(x_3)}=1$。

例27 设 $f(x)$ 在 $[a,b]$ 上连续,在 (a,b) 内可导,且 $f'(x)\neq 0$。证明:存在 $\xi,\eta\in(a,b)$,使得

$$\frac{f'(\xi)}{f'(\eta)}=\frac{e^b-e^a}{b-a}e^{-\eta}。$$

证明 由于 $f(x)$ 在 $[a,b]$ 上连续,在 (a,b) 内可导,且 $f'(x)\neq 0$,在区间 $[a,b]$ 上对函数 $f(x)$ 与 e^x 使用柯西中值定理得到

$$\frac{f(b)-f(a)}{e^b-e^a}=\frac{f'(\eta)}{e^\eta},$$

其中 $\eta\in(a,b)$。再对 $f(x)$ 使用拉格朗日中值定理得到

$$\frac{f(b)-f(a)}{b-a}=f'(\xi),$$

其中 $\xi\in(a,b)$。由于 $f'(x)\neq 0$,因此 $f(b)-f(a)\neq 0$。把两式相除并变形即得

$$\frac{f'(\xi)}{f'(\eta)}=\frac{e^b-e^a}{b-a}e^{-\eta}。$$

例28 设 $f(x)$ 在 $[a,b]$ 上连续,在 (a,b) 内可导,且 $f(a)=0, f(b)=1$,求证:$\exists \xi\in(a,b), \eta\in(a,b), \xi\neq\eta$,使得

$$\frac{1}{f'(\xi)}+\frac{1}{f'(\eta)}=2(b-a)。$$

证明 首先应用介值定理,可知 $\exists c\in(a,b)$,使得 $f(c)=\frac{1}{2}$。在区间 $[a,c]$ 与 $[c,b]$ 上分别应用拉格朗日中值定理,可知 $\exists \xi\in(a,c)\subset(a,b), \eta\in(c,b)\subset(a,b)$,且 $\xi\neq\eta$,使得

$$f(c)-f(a)=f'(\xi)(c-a),\quad f(b)-f(c)=f'(\eta)(b-c),$$

即有

$$\frac{\frac{1}{2}}{f'(\xi)}+\frac{\frac{1}{2}}{f'(\eta)}=c-a+b-c=b-a,$$

故

$$\frac{1}{f'(\xi)}+\frac{1}{f'(\eta)}=2(b-a)。$$

例29 设 $f(x)$ 在 $[0,1]$ 上连续,在 $(0,1)$ 内可导,且有 $f(0)=0, f(1)=1$,若 $a>0, b>0$,求证:$\exists \xi\in(0,1), \eta\in(0,1), \xi\neq\eta$,使得

(1) $\dfrac{a}{f'(\xi)}+\dfrac{b}{f'(\eta)}=a+b$; \qquad (2) $af'(\xi)+bf'(\eta)=a+b$。

证明 (1) $\forall k \in (0,1)$，应用介值定理，$\exists c \in (0,1)$，使得 $f(c) = k$。在 $[0,c]$ 与 $[c,1]$ 上分别应用拉格朗日中值定理，$\exists \xi \in (0,c) \subset (0,1)$，$\eta \in (c,1) \subset (0,1)$，且 $\xi \neq \eta$，使得
$$f(c) - f(0) = f'(\xi)(c-0), \quad f(1) - f(c) = f'(\eta)(1-c),$$
即
$$\frac{k}{f'(\xi)} = c, \frac{1-k}{f'(\eta)} = 1-c。$$
取 $k = \dfrac{a}{a+b}$，则 $1-k = \dfrac{b}{a+b}$，代入上式即得
$$\frac{a}{f'(\xi)} + \frac{b}{f'(\eta)} = a+b。$$

(2) $\dfrac{a}{a+b} \in (0,1)$，对 $f(x)$ 在 $\left[0, \dfrac{a}{a+b}\right]$ 与 $\left[\dfrac{a}{a+b}, 1\right]$ 上分别应用拉格朗日中值定理，$\exists \xi \in \left(0, \dfrac{a}{a+b}\right)$，$\eta \in \left(\dfrac{a}{a+b}, 1\right)$，使得
$$f\left(\frac{a}{a+b}\right) - f(0) = f'(\xi)\frac{a}{a+b}, \quad f(1) - f\left(\frac{a}{a+b}\right) = f'(\eta)\left(1 - \frac{a}{a+b}\right)。$$
上述两式相加，得
$$f(1) - f(0) = \frac{a}{a+b}f'(\xi) + \frac{b}{a+b}f'(\eta)。$$
即
$$af'(\xi) + bf'(\eta) = a+b。$$

例 30 设 $f(x)$ 在 $(-\infty, +\infty)$ 上有界，且二阶可导，求证：$\exists \xi \in \mathbf{R}$，使得 $f''(\xi) = 0$。

证明 (1) 若 $\exists a, b \in (-\infty, +\infty)$，$a < b$，使得 $f'(a) = f'(b)$，令 $F(x) = f'(x)$，则 $F(x)$ 在 $[a,b]$ 上可导，且有 $F(a) = F(b)$，应用罗尔定理，必 $\exists \xi \in (a,b)$，使得 $F'(\xi) = 0$，即 $f''(\xi) = 0$。

(2) 若 $\forall a, b \in (-\infty, +\infty)$，$a < b$，$f'(a) \neq f'(b)$，则 $f'(x)$ 在 $(-\infty, +\infty)$ 上严格增或严格减。不妨设 $f'(x)$ 在 $(-\infty, +\infty)$ 上严格增。

$\forall c \in (-\infty, +\infty)$，①若 $f'(c) \geq 0$，则 $f'(1+c) > 0$，当 $x > 1+c$ 时，在 $[1+c, x]$ 上应用拉格朗日中值定理，有
$$f(x) = f(1+c) + f'(\xi)(x-1-c) > f(1+c) + f'(1+c)(x-1-c),$$
这里 $1+c < \xi < x$。令 $x \to +\infty$ 得 $\lim\limits_{x \to +\infty} f(x) = +\infty$，此与 $f(x)$ 在 $(-\infty, +\infty)$ 上有界矛盾。

②若 $f'(c) < 0$，当 $x < c$ 时，在 $[x, c]$ 上应用拉格朗日中值定理，有
$$f(x) = f(c) + f'(\eta)(x-c) > f(c) + f'(c)(x-c),$$
这里 $x < \eta < c$。令 $x \to -\infty$ 得 $\lim\limits_{x \to -\infty} f(x) = +\infty$，此与 $f(x)$ 在 $(-\infty, +\infty)$ 上有界矛盾。

这表明情况(2)不可能发生，只有第(1)种情况发生。

5. 利用麦克劳林公式与泰勒公式解题

例 31 当 $x \to 0$ 时，$1 - \cos x \cos 2x \cos 3x$ 对于无穷小 x 的阶数等于 _____。

解 应用麦克劳林公式，有
$$\cos x = 1 - \frac{1}{2}x^2 + o(x^2)。$$

$$1-\cos x\cos 2x\cos 3x = 1-\left[1-\frac{1}{2}x^2+o(x^2)\right]\left[1-\frac{1}{2}(2x)^2+o(x^2)\right]\left[1-\frac{1}{2}(3x)^2+o(x^2)\right]$$
$$= 7x^2+o(x^2)。$$

所以原式的无穷小阶数为 2。

例 32 当 $x \to 0$ 时, $x-\sin x\cos x\cos 2x$ 与 cx^k 为等价无穷小, 则 $c=$ _____, $k=$ _____。

解 $x-\sin x\cos x\cos 2x = x-\frac{1}{2}\sin 2x\cos 2x = x-\frac{1}{4}\sin 4x$。

因为 $\sin x = x-\frac{1}{3!}x^3+o(x^3)$, 所以

$$x-\sin x\cos x\cos 2x = x-\frac{1}{4}\left[4x-\frac{1}{3!}(4x)^3+o(x^3)\right]$$
$$= x-x+\frac{1}{24}\cdot 4^3\cdot x^3+o(x^3)$$
$$= \frac{8}{3}x^3+o(x^3)。$$

又 $x \to 0$ 时, $\frac{8}{3}x^3+o(x^3) \sim cx^k$, 所以 $c=\frac{8}{3}, k=3$。

例 33 当 $a=$ _____, $b=$ _____ 时, $f(x)=\ln(1-ax)+\frac{x}{1+bx}$ 在 $x \to 0$ 时是关于 x 的无穷小的阶数最高。

解 应用麦克劳林公式, 有

$$\ln(1-ax) = -ax-\frac{1}{2}(ax)^2-\frac{1}{3}(ax)^3+o(x^3),$$
$$\frac{1}{1+bx} = 1-bx+(bx)^2-(bx)^3+o(x^3)。$$

所以

$$f(x) = -ax-\frac{1}{2}(ax)^2-\frac{1}{3}(ax)^3+x-bx^2+b^2x^3+o(x^3)$$
$$= (1-a)x-\left(\frac{a^2}{2}+b\right)x^2+\left(b^2-\frac{1}{3}a^3\right)x^3+o(x^3)。$$

令

$$\begin{cases} 1-a=0, \\ \frac{a^2}{2}+b=0, \end{cases}$$

解得 $a=1, b=-\frac{1}{2}$, 此时 $f(x)=-\frac{1}{12}x^3+o(x^3)$。所以 $a=1, b=-\frac{1}{2}$ 时, $f(x)$ 在 $x \to 0$ 时是关于 x 的无穷小阶数最高(3 阶)。

例 34 当 $x \to 0$ 时, $e^x+\ln(1-x)-1$ 与 x^n 是同阶无穷小, 则 $n=$ _____。

解 应用 $e^x, \ln(1-x)$ 的麦克劳林公式, 有

$$e^x = 1+x+\frac{1}{2!}x^2+\frac{1}{3!}x^3+o(x^3) = 1+x+\frac{1}{2}x^2+\frac{1}{6}x^3+o(x^3),$$
$$\ln(1-x) = -x-\frac{1}{2}x^2-\frac{1}{3}x^3+o(x^3),$$

于是

$$e^x + \ln(1-x) - 1 = 1 + x + \frac{1}{2}x^2 + \frac{1}{6}x^3 - x - \frac{1}{2}x^2 - \frac{1}{3}x^3 - 1 + o(x^3)$$

$$= -\frac{1}{6}x^3 + o(x^3)。$$

即原式是 x 的 3 阶无穷小，故 $n=3$。

例 35 用泰勒公式求下列极限：

(1) $\lim\limits_{x \to 0} \dfrac{\cos x - e^{-\frac{x^2}{2}}}{x^4}$；

(2) $\lim\limits_{x \to 0} \dfrac{\tan x - x - \dfrac{x^3}{3}}{x^5}$；

(3) $\lim\limits_{x \to 0} \dfrac{\tan\tan x - \sin\sin x}{\tan x - \sin x}$；

(4) $\lim\limits_{x \to +\infty} (\sqrt[6]{x^6 + x^5} - \sqrt[6]{x^6 - x^5})$。

解 (1) 利用带有佩亚诺型余项的麦克劳林公式，有

$$\lim_{x \to 0} \frac{\cos x - e^{-\frac{x^2}{2}}}{x^4} = \lim_{x \to 0} \frac{\left(1 - \dfrac{x^2}{2} + \dfrac{x^4}{24} + o(x^4)\right) - \left(1 - \dfrac{x^2}{2} + \dfrac{x^4}{8} + o(x^4)\right)}{x^4}$$

$$= \lim_{x \to 0} \frac{-\dfrac{x^4}{12} + o(x^4)}{x^4} = -\frac{1}{12}。$$

(2) 用除法可得 $\tan x = \dfrac{\sin x}{\cos x}$ 的麦克劳林展开式为

$$\tan x = x + \frac{1}{3}x^3 + \frac{2}{15}x^5 + o(x^5)。$$

于是

$$\lim_{x \to 0}\frac{\tan x - x - \dfrac{x^3}{3}}{x^5} = \lim_{x \to 0}\frac{\left(x + \dfrac{x^3}{3} + \dfrac{2}{15}x^5 + o(x^5)\right) - x - \dfrac{x^3}{3}}{x^5} = \frac{2}{15}。$$

(3) 由麦克劳林公式得到

$$\tan x - \sin x = \left(x + \frac{x^3}{3} + o(x^3)\right) - \left(x - \frac{x^3}{6} + o(x^3)\right) = \frac{x^3}{2} + o(x^3),$$

$$\tan\tan x = \tan x + \frac{1}{3}\tan^3 x + o(\tan^3 x)$$

$$= \left(x + \frac{1}{3}x^3 + o(x^3)\right) + \frac{1}{3}(x + o(x))^3 + o(x^3) = x + \frac{2}{3}x^3 + o(x^3),$$

$$\sin\sin x = \sin x - \frac{1}{6}\sin^3 x + o(\sin^3 x)$$

$$= x - \frac{x^3}{6} + o(x^3) - \frac{1}{6}(x + o(x))^3 + o(x^3) = x - \frac{x^3}{3} + o(x^3),$$

$$\tan\tan x - \sin\sin x = x^3 + o(x^3)。$$

于是

$$\lim_{x \to 0}\frac{\tan\tan x - \sin\sin x}{\tan x - \sin x} = \lim_{x \to 0}\frac{x^3 + o(x^3)}{\dfrac{x^3}{2} + o(x^3)} = 2。$$

(4) 利用泰勒公式可以得到

$$\sqrt[6]{x^6 + x^5} = x\left(1 + \frac{1}{x}\right)^{\frac{1}{6}} = x\left(1 + \frac{1}{6}\cdot\frac{1}{x} + o\left(\frac{1}{x}\right)\right) = x + \frac{1}{6} + o(1),$$

其中 $o(1)$ 表示 $x \to +\infty$ 时的无穷小。
$$\sqrt[6]{x^6-x^5} = x\left(1-\frac{1}{x}\right)^{\frac{1}{6}} = x\left(1+\frac{1}{6}\cdot\left(-\frac{1}{x}\right)+o\left(\frac{1}{x}\right)\right) = x - \frac{1}{6} + o(1)。$$

因此
$$\lim_{x\to+\infty}(\sqrt[6]{x^6+x^5} - \sqrt[6]{x^6-x^5}) = \lim_{x\to+\infty}\left(x+\frac{1}{6}+o(1)-x+\frac{1}{6}+o(1)\right) = \frac{1}{3}。$$

评注 利用带有佩亚诺型余项的泰勒公式计算极限,对于处理一些表达式复杂的极限问题有重要作用。

例 36 已知函数 $f(x)$ 在 $x=0$ 的某个邻域内有连续导数,且
$$\lim_{x\to 0}\left(\frac{\sin x}{x^2}+\frac{f(x)}{x}\right) = 2。$$
求 $f(0)$ 及 $f'(0)$。

解 当 $x \to 0$ 时,应用麦克劳林公式,有
$$f(x) = f(0) + f'(0)x + o(x),\quad \sin x = x + o(x^2)。$$

代入得
$$\lim_{x\to 0}\left(\frac{\sin x}{x^2}+\frac{f(x)}{x}\right) = \lim_{x\to 0}\frac{x+o(x^2)+f(0)x+f'(0)x^2+o(x^2)}{x^2}$$
$$= \lim_{x\to 0}\frac{(1+f(0))x+f'(0)x^2+o(x^2)}{x^2} = 2。$$

所以 $f(0) = -1, f'(0) = 2$。

例 37 设 $f(x)$ 具有连续的二阶导数,且
$$\lim_{x\to 0}\left(1+x+\frac{f(x)}{x}\right)^{\frac{1}{x}} = e^3。$$

试求 $f(0), f'(0), f''(0)$ 及 $\lim_{x\to 0}\left(1+\frac{f(x)}{x}\right)^{\frac{1}{x}}$。

解 由 $\lim_{x\to 0}\left(1+x+\frac{f(x)}{x}\right)^{\frac{1}{x}} = e^3$,得 $\lim_{x\to 0}\dfrac{\ln\left(1+x+\dfrac{f(x)}{x}\right)}{x} = 3$,故
$$\lim_{x\to 0}\ln\left(1+x+\frac{f(x)}{x}\right) = 0 \Rightarrow \lim_{x\to 0}\frac{f(x)}{x} = 0。$$

由此 $f(0) = \lim_{x\to 0}f(x) = 0, f'(0) = \lim_{x\to 0}\dfrac{f(x)-f(0)}{x} = \lim_{x\to 0}\dfrac{f(x)}{x} = 0$,且
$$3 = \lim_{x\to 0}\frac{\ln\left(1+x+\dfrac{f(x)}{x}\right)}{x} = \lim_{x\to 0}\frac{x+\dfrac{f(x)}{x}}{x} = \lim_{x\to 0}\frac{f(x)}{x^2}+1$$

故 $\lim_{x\to 0}\dfrac{f(x)}{x^2} = 2$。

应用麦克劳林公式,$x \to 0$ 时,有
$$f(x) = f(0) + f'(0)x + \frac{f''(0)}{2}x^2 + o(x^2) = \frac{f''(0)}{2}x^2 + o(x^2)$$
$$\Rightarrow \lim_{x\to 0}\frac{f(x)}{x^2} = \lim_{x\to 0}\frac{\frac{1}{2}f''(0)x^2+o(x^2)}{x^2} = \frac{1}{2}f''(0) = 2 \Rightarrow f''(0) = 4。$$

从而
$$\lim_{x\to 0}\left(1+\frac{f(x)}{x}\right)^{\frac{1}{x}} = \lim_{x\to 0}\left(1+\frac{f(x)}{x}\right)^{\frac{x}{f(x)}\cdot\frac{f(x)}{x^2}} = e^2.$$

例 38 已知 $f(x)=x^2\ln(1-x)$，则当 $n>2$ 时，$f^{(n)}(0)=$ _____。

解 应用 $\ln(1-x)$ 的麦克劳林公式，有
$$\ln(1-x) = -\sum_{k=1}^{n}\frac{1}{k}x^k + o(x^n),$$

所以
$$f(x) = x^2\left(-\sum_{k=1}^{n}\frac{1}{k}x^k + o(x^n)\right) = -\sum_{k=1}^{n}\frac{1}{k}x^{k+2} + o(x^{n+2}).$$

右端 x^n 的系数为 $-\dfrac{1}{n-2}$，故 $f^{(n)}(0) = -\dfrac{n!}{n-2}(n>2)$。

例 39 求一函数 $f(x)$，使其在任一有限区间上有界，且满足方程
$$f(x) - \frac{1}{2}f\left(\frac{x}{2}\right) = x - x^2.$$

解 本题是求一函数满足方程，而不是求满足方程的函数。我们可假设函数 $f(x)$ 任意阶可导，且可展为麦克劳林级数。在原式中令 $x=0$ 可得 $f(0)=0$，原式两边求导得
$$f'(x) - \frac{1}{4}f'\left(\frac{x}{2}\right) = 1 - 2x.$$

在上式中令 $x=0$ 得，$f'(0)=\dfrac{4}{3}$。上式两边再求导得
$$f''(x) - \frac{1}{8}f''\left(\frac{x}{2}\right) = -2.$$

在上式中令 $x=0$ 得，$f''(0)=-\dfrac{16}{7}$。上式两边再求导得
$$f'''(x) - \frac{1}{16}f'''\left(\frac{x}{2}\right) = 0.$$

在上式中令 $x=0$ 得，$f'''(0)=0$。上式两边再求导得 $f^{(4)}(x)=0$，如此继续可得
$$f^{(n)}(x) = 0 \quad (n=5,6,\cdots)$$

因此函数 $f(x)$ 的麦克劳林展式为
$$f(x) = f(0) + f'(0)x + \frac{1}{2!}f''(0)x^2 + \frac{1}{3!}f'''(0)x^3 + \frac{1}{4!}f^{(4)}(0)x^4 + \cdots$$
$$= \frac{4}{3}x - \frac{8}{7}x^2.$$

此函数 $f(x)$ 即为所求的函数。

例 40 设函数 $f(x)$ 的二阶导数 $f''(x)$ 在 $[2,4]$ 上连续，且 $f(3)=0$。试证：在 $(2,4)$ 上至少存在一点 ξ，使得 $f''(\xi)=3\int_2^4 f(t)dt$。

证明 设 $F(x) = \int_3^x f(t)dt$，则 $F(3)=0, F'(3)=f(3)=0$。把 $F(x)$ 在 $x=3$ 展为麦克劳林公式得
$$F(x) = F(3) + F'(3)(x-3) + \frac{F''(3)}{2!}(x-3)^2 + \frac{F'''(\xi)}{3!}(x-3)^3,$$

其中 ξ 介于 x 与 3 之间。

令 $x=2$，得
$$F(2) = \frac{f'(3)}{2}(2-3)^2 + \frac{f''(\xi_1)}{3!}(2-3)^3, \xi_1 \in (2,3), \qquad ①$$

令 $x=4$，得
$$F(4) = \frac{f'(3)}{2}(4-3)^2 + \frac{f''(\xi_2)}{3!}(4-3)^3, \xi_2 \in (3,4), \qquad ②$$

②式－①式得
$$\int_2^4 f(t)\mathrm{d}t = F(4) - F(2) = \frac{1}{6}[f''(\xi_1) + f''(\xi_2)]。$$

因为 $f''(x)$ 在 $[2,4]$ 上连续，故由闭区间上连续函数的性质知存在最大、最小值分别为 M, m，使 $m \leqslant \dfrac{f''(\xi_1) + f''(\xi_2)}{2} \leqslant M$。再由介值定理得存在 $\xi \in (\xi_1, \xi_2) \subset (2, 4)$，使
$$f''(\xi) = \frac{f''(\xi_1) + f''(\xi_2)}{2}, \text{即} \int_2^4 f(t)\mathrm{d}t = \frac{1}{3}f''(\xi)。$$

例 41 设 $f(x)$ 在 $[0,1]$ 上二阶可导，且 $f(0)=f(1)=0$。$f(x)$ 在 $[0,1]$ 上的最小值等于 -1，试证至少存在一点 $\xi \in (0,1)$，使 $f''(\xi) \geqslant 8$。

证明 由题设存在 $a \in (0,1)$，使 $f(a)=-1, f'(a)=0$。利用泰勒公式
$$f(x) = f(a) + f'(a)(x-a) + \frac{f''(\xi)}{2!}(x-a)^2 = -1 + \frac{f''(\xi)}{2}(x-a)^2,$$

令 $x=0, x=1$ 分别得
$$0 = -1 + \frac{f''(\xi_1)}{2}a^2, \qquad 0 < \xi_1 < a, \qquad ③$$
$$0 = -1 + \frac{f''(\xi_2)}{2}(1-a)^2, \qquad a < \xi_2 < 1。 \qquad ④$$

若 $0 < a < \dfrac{1}{2}$，由③式得 $f''(\xi_1) \geqslant 8$；若 $\dfrac{1}{2} \leqslant a < 1$，由④式得，$f''(\xi_2) \geqslant 8$。

点评 用泰勒公式时，x_0 的选取是关键。若证明结果中不含一阶导数时，x_0 可考虑选取为题设条件已知一阶导数的点或隐含为一阶导数已知的点。若是积分不等式，还可考虑选取 $x_0 = \dfrac{a+b}{2}$，因为 $\int_a^b f'(x_0)\left(x - \dfrac{a+b}{2}\right)\mathrm{d}x = 0$，积分后可把含有 $f'(x_0)$ 的项消去。

例 42 设 $f(x)$ 三阶可导，且 $f'''(a) \neq 0$，
$$f(x) = f(a) + f'(a)(x-a) + \frac{f''[a+\theta(x-a)](x-a)^2}{2} \quad (0 < \theta < 1), \qquad ⑤$$

证明：$\lim\limits_{x \to a}\theta = \dfrac{1}{3}$。

证明 把 $f(x)$ 及 $f''(x)$ 在 $x=a$ 处展为泰勒公式：
$$f(x) = f(a) + f'(a)(x-a) + \frac{f''(a)}{2!}(x-a)^2 + \frac{f'''(a)}{3!}(x-a)^3 + o((x-a)^3), \qquad ⑥$$
$$f''(x) = f''(a) + f'''(a)(x-a) + o(x-a)。 \qquad ⑦$$

把 $x = a + \theta(x-a)$ 代入⑦式得
$$f''[a+\theta(x-a)] = f''(a) + f'''(a)\theta(x-a) + o(x-a)。 \qquad ⑧$$

另一方面,由⑤式-⑥式得
$$f''[a+\theta(x-a)] = f''(a) + \frac{f'''(a)}{3}(x-a) + o(x-a)。 \qquad ⑨$$

⑧式、⑨式联立得
$$\frac{1}{3}f'''(a)(x-a) + o(x-a) = f'''(a)\theta(x-a) + o(x-a)。$$

所以 $\lim\limits_{x \to a}\theta = \dfrac{1}{3}$。

6. 利用洛必达法则求极限

例 43 计算 $\lim\limits_{x \to 0}\dfrac{\arctan x - x}{\ln(1+2x^3)}$。

解 为运算方便起见,先用等价无穷小来替代
$$原式 = \lim_{x \to 0}\frac{\arctan x - x}{2x^3} = \lim_{x \to 0}\frac{\dfrac{1}{1+x^2}-1}{6x^2} = \frac{1}{6}\lim_{x \to 0}\frac{-x^2}{x^2(1+x^2)} = -\frac{1}{6}。$$

例 44 求 $\lim\limits_{x \to 0}\dfrac{\sin^2 x - x^2\cos^2 x}{x(\mathrm{e}^{2x}-1)\ln(1+\tan^2 x)}$。

解 先采用等价无穷小来替代,再作运算
$$原式 = \lim_{x \to 0}\frac{\sin^2 x - x^2\cos^2 x}{x \cdot 2x \cdot \tan^2 x}$$
$$= \frac{1}{2}\lim_{x \to 0}\frac{(\sin x - x\cos x)(\sin x + x\cos x)}{x^4} = \frac{1}{2}\lim_{x \to 0}\frac{\sin x - x\cos x}{x^3} \cdot \lim_{x \to 0}\frac{\sin x + x\cos x}{x}$$
$$= \frac{1}{2}\lim_{x \to 0}\frac{\sin x - x\cos x}{x^3} \cdot 2 \xlongequal{\frac{0}{0}} \lim_{x \to 0}\frac{\cos x - \cos x + x\sin x}{3x^2} = \lim_{x \to 0}\frac{x\sin x}{3x^2}$$
$$= \lim_{x \to 0}\frac{x^2}{3x^2} = \frac{1}{3}。$$

例 45 设 $\lim\limits_{x \to 0}\dfrac{a\tan x + b(1-\cos x)}{c\ln(1-2x) + d(1-\mathrm{e}^{-x^2})} = 2$,其中 $a^2+c^2 \neq 0$,则必有( )。

A. $b=4d$ B. $b=-4d$ C. $a=4c$ D. $a=-4c$

解 左边 $\xlongequal{\frac{0}{0}} \lim\limits_{x \to 0}\dfrac{a\sec^2 x + b\sin x}{c \cdot \dfrac{-2}{1-2x} + d \cdot 2x\mathrm{e}^{-x^2}} = \lim\limits_{x \to 0}\dfrac{a + b\sin x \cos^2 x}{-2c + 2dx\mathrm{e}^{-x^2}(1-2x)} \cdot \dfrac{1-2x}{\cos^2 x}$

$$= \lim_{x \to 0}\frac{a + b\sin x \cos^2 x}{-2c + 2dx\mathrm{e}^{-x^2}(1-2x)} = -\frac{a}{2c}。$$

由 $-\dfrac{a}{2c} = 2$,得 $a = -4c$。故应选 D。

例 46 求 $\lim\limits_{x \to 0}\left(\dfrac{1+x}{1-\mathrm{e}^{-x}} - \dfrac{1}{x}\right)$。

解 用洛必达法则前,先采用等价无穷小进行化简,
$$原式 = \lim_{x \to 0}\frac{x^2 + x - 1 + \mathrm{e}^{-x}}{x(1-\mathrm{e}^{-x})} = \lim_{x \to 0}\frac{x^2 + x - 1 + \mathrm{e}^{-x}}{x^2} = 1 + \lim_{x \to 0}\frac{x + \mathrm{e}^{-x} - 1}{x^2}$$
$$= 1 + \lim_{x \to 0}\frac{1 - \mathrm{e}^{-x}}{2x} = 1 + \lim_{x \to 0}\frac{-(-x)}{2x} = \frac{3}{2}。$$

例 47　若 $a>0, b>0$ 均为常数，则 $\lim\limits_{x\to 0}\left(\dfrac{a^x+b^x}{2}\right)^{\frac{3}{x}} = $ _____。

解　设 $y=\left(\dfrac{a^x+b^x}{2}\right)^{\frac{3}{x}}$，则

$$\lim_{x\to 0}\ln y = 3\lim_{x\to 0}\dfrac{\ln(a^x+b^x)-\ln 2}{x} = 3\lim_{x\to 0}\dfrac{\dfrac{a^x\ln a+b^x\ln b}{a^x+b^x}-0}{1} = \dfrac{3}{2}\ln(ab) = \ln(ab)^{\frac{3}{2}}.$$

所以 $\lim\limits_{x\to 0}y = e^{\ln(ab)^{\frac{3}{2}}} = (ab)^{\frac{3}{2}}$。

例 48　求 $\lim\limits_{x\to\infty}\left[\dfrac{a_1^{\frac{1}{x}}+a_2^{\frac{1}{x}}+\cdots+a_n^{\frac{1}{x}}}{n}\right]^{nx}$（其中 $a_1, a_2, \cdots, a_n > 0$）。

解　设 $y=\left[\dfrac{a_1^{\frac{1}{x}}+a_2^{\frac{1}{x}}+\cdots+a_n^{\frac{1}{x}}}{n}\right]^{nx}$，则 $\ln y = nx\left[\ln(a_1^{\frac{1}{x}}+a_2^{\frac{1}{x}}+\cdots+a_n^{\frac{1}{x}})-\ln n\right]$，

$$\lim_{x\to\infty}\ln y = \lim_{x\to\infty}\{nx[\ln(a_1^{\frac{1}{x}}+a_2^{\frac{1}{x}}+\cdots+a_n^{\frac{1}{x}})-\ln n]\}$$

$$= n\lim_{x\to\infty}\dfrac{\ln(a_1^{\frac{1}{x}}+a_2^{\frac{1}{x}}+\cdots+a_n^{\frac{1}{x}})-\ln n}{\dfrac{1}{x}}$$

$$= n\lim_{x\to\infty}\dfrac{\dfrac{1}{a_1^{\frac{1}{x}}+a_2^{\frac{1}{x}}+\cdots+a_n^{\frac{1}{x}}}}{-\dfrac{1}{x^2}}\cdot\left[a_1^{\frac{1}{x}}\ln a_1\left(\dfrac{-1}{x^2}\right)+\cdots+a_n^{\frac{1}{x}}\ln a_n\left(\dfrac{-1}{x^2}\right)\right]$$

$$= n\lim_{x\to\infty}\dfrac{a_1^{\frac{1}{x}}\ln a_1+\cdots+a_n^{\frac{1}{x}}\ln a_n}{a_1^{\frac{1}{x}}+a_2^{\frac{1}{x}}+\cdots+a_n^{\frac{1}{x}}} = n\dfrac{\ln a_1+\cdots+\ln a_n}{n} = \ln(a_1 a_2\cdots a_n).$$

所以 $\lim\limits_{x\to\infty}y = e^{\ln(a_1 a_2\cdots a_n)} = a_1 a_2\cdots a_n$。

例 49　求 $\lim\limits_{n\to\infty}\left(n\tan\dfrac{1}{n}\right)^{n^2}$（$n$ 为自然数）。

解　因为 $\lim\limits_{x\to 0^+}\left(\dfrac{\tan x}{x}\right)^{\frac{1}{x^2}} = \lim\limits_{x\to 0^+}\left[\left(1+\dfrac{\tan x-x}{x}\right)^{\frac{x}{\tan x-x}}\right]^{\frac{\tan x-x}{x^3}}$，其中

$$\lim_{x\to 0^+}\dfrac{\tan x-x}{x^3} \xlongequal{\frac{0}{0}} \lim_{x\to 0^+}\dfrac{\sec^2 x-1}{3x^2} = \dfrac{1}{3}.$$

取 $x=\dfrac{1}{n}$，则原式 $= e^{\frac{1}{3}}$。

例 50　已知 $\lim\limits_{x\to 0}\dfrac{e^{\tan x}-e^x}{x^k} = c\,(c\ne 0)$，求 k 和 c。

解　应用等价无穷小因子代换与洛必达法则，有

$$\lim_{x\to 0}\dfrac{e^{\tan x}-e^x}{x^k} = \lim_{x\to 0}\dfrac{e^x(e^{\tan x-x}-1)}{x^k} = \lim_{x\to 0}\dfrac{\tan x-x}{x^k} = \lim_{x\to 0}\dfrac{\sec^2 x-1}{kx^{k-1}}$$

$$= \lim_{x\to 0}\dfrac{\tan^2 x}{kx^{k-1}} = \lim_{x\to 0}\dfrac{x^2}{kx^{k-1}} = c.$$

因为 $c\ne 0$，所以 $k-1=2$，于是

$$\text{原式} = \lim_{x \to 0} \frac{x^2}{3x^2} = \frac{1}{3} = c.$$

所以 $k=3, c=\frac{1}{3}$。

例 51 若当 x 大于 $\frac{1}{2}$ 且趋向于 $\frac{1}{2}$ 时，$\pi - 3\arccos x$ 与 $a\left(x-\frac{1}{2}\right)^b$ 为等价无穷小，则 $a=$ _____，$b=$ _____。

解 因为

$$\lim_{x \to \frac{1}{2}^+} \frac{\pi - 3\arccos x}{a\left(x-\frac{1}{2}\right)^b} = \lim_{x \to \frac{1}{2}^+} \frac{-3 \cdot \frac{-1}{\sqrt{1-x^2}}}{ab\left(x-\frac{1}{2}\right)^{b-1}} = \lim_{x \to \frac{1}{2}^+} \frac{6}{\sqrt{3}\,ab\left(x-\frac{1}{2}\right)^{b-1}} = 1,$$

所以 $b-1=0, \sqrt{3}\,ab=6$，于是 $a=2\sqrt{3}, b=1$。

例 52 $\lim\limits_{x \to +\infty}\left(\sqrt[3]{x^3+2x^2+1} - x\mathrm{e}^{\frac{1}{x}}\right) =$ _____。

解 令 $x=\frac{1}{t}$，并运用洛必达法则，则

$$\text{原式} = \lim_{t \to 0^+} \frac{\sqrt[3]{1+2t+t^3} - \mathrm{e}^t}{t} = \lim_{t \to 0^+} \frac{\frac{1}{3}(1+2t+t^3)^{-\frac{2}{3}}(2+3t^2) - \mathrm{e}^t}{1}$$

$$= \frac{1}{3} \times 1 \times 2 - 1 = -\frac{1}{3}.$$

7. 证明不等式

例 53 证明：当 $0 < x < \pi$ 时，有 $\sin\frac{x}{2} > \frac{x}{\pi}$。

证法 1 $\sin\frac{x}{2} > \frac{x}{\pi} \Leftrightarrow \frac{\sin\frac{x}{2}}{x} > \frac{1}{\pi}$ $(0 < x < \pi)$。

令 $f(x) = \frac{\sin\frac{x}{2}}{x} - \frac{1}{\pi}$ $(0 < x < \pi)$，则

$$f'(x) = \frac{\frac{1}{2}\cos\frac{x}{2} \cdot x - \sin\frac{x}{2}}{x^2} = \frac{\cos\frac{x}{2}\left(\frac{x}{2} - \tan\frac{x}{2}\right)}{x^2}.$$

因为 $0 < x < \pi$ 时，$\cos\frac{x}{2} > 0, \tan\frac{x}{2} > \frac{x}{2}$，所以 $f'(x) < 0$，因此 $f(x)$ 在 $(0, \pi)$ 内单调递减，因此 $f(x) > f(\pi) = 0$。即 $\frac{\sin\frac{x}{2}}{x} > \frac{1}{\pi}$。

证法 2 设 $f(x) = \frac{x}{\pi} - \sin\frac{x}{2}, x \in [0, \pi]$，则 $f(0) = f(\pi) = 0$，且 $f''(x) = \frac{1}{4}\sin\frac{x}{2} > 0$ $(x \in (0, \pi))$。因此 $f(x)$ 在 $[0, \pi]$ 上是凹的连续函数，所以 $f(x) < \max\{f(0), f(\pi)\} = 0$，$x \in (0, \pi)$，即 $\sin\frac{x}{2} > \frac{x}{\pi}$。

注 若 $f(x)$ 是 $[a, b]$ 上的凹的连续函数，则 $f(x) \leqslant \max\{f(a), f(b)\}, x \in [a, b]$。

例 54 证明 $\sin\pi x \leqslant \dfrac{\pi^2}{2}x(1-x), x\in[0,1]$。

证明 令 $f(x)=\sin\pi x-\dfrac{\pi^2}{2}x(1-x), x\in[0,1]$，则 $f(0)=f(1)=0$，且
$$f''(x)=\pi^2(1-\sin\pi x)\geqslant 0,\quad x\in[0,1]。$$
因此 $f(x)$ 在 $[0,1]$ 上是凹的连续函数，所以 $f(x)\leqslant\max\{f(0),f(1)\}=0$，即
$$\sin\pi x\leqslant\dfrac{\pi^2}{2}x(1-x),\quad x\in[0,1]。$$

例 55 试证：当 $x>0$ 时，$(x^2-1)\ln x\geqslant(x-1)^2$。

证明 令 $\varphi(x)=(x^2-1)\ln x-(x-1)^2$，易知 $\varphi(1)=0$。由于
$$\varphi'(x)=2x\ln x-x+2-\dfrac{1}{x},\qquad \varphi'(1)=0;$$
$$\varphi''(x)=2\ln x+1+\dfrac{1}{x^2},\qquad \varphi''(1)=2>0;$$
$$\varphi'''(x)=\dfrac{2(x^2-1)}{x^3}。$$
所以当 $0<x<1$ 时，$\varphi'''(x)<0$；当 $1<x<+\infty$ 时，$\varphi'''(x)>0$，从而推知当 $x\in(0,+\infty)$ 时，$\varphi''(x)>0$。

由 $\varphi''(x)>0$ 推知，当 $0<x<1$ 时，$\varphi'(x)<0$；当 $1<x<+\infty$ 时，$\varphi'(x)>0$。

再由 $\varphi(1)=0$ 推知，当 $x>0$ 时，$(x^2-1)\ln x\geqslant(x-1)^2$。

例 56 设 $x\in(0,1)$，证明

(1) $(1+x)\ln^2(1+x)<x^2$； (2) $\dfrac{1}{\ln 2}-1<\dfrac{1}{\ln(1+x)}-\dfrac{1}{x}<\dfrac{1}{2}$。

证明 (1) 令 $\varphi(x)=(1+x)\ln^2(1+x)-x^2$，则有
$$\varphi(0)=0,\quad \varphi'(x)=\ln^2(1+x)+2\ln(1+x)-2x,\quad \varphi'(0)=0。$$
因为当 $x\in(0,1)$ 时，$\varphi''(x)=\dfrac{2}{1+x}[\ln(1+x)-x]<0$，所以 $\varphi'(x)<\varphi'(0)=0$，从而 $\varphi(x)<0$，即 $(1+x)\ln^2(1+x)<x^2$。

(2) 令 $f(x)=\dfrac{1}{\ln(1+x)}-\dfrac{1}{x}, x\in(0,1]$，则有 $f'(x)=\dfrac{(1+x)\ln^2(1+x)-x^2}{x^2(1+x)\ln^2(1+x)}$。

由(1)知，$f'(x)<0$（当 $x\in(0,1)$），于是推知在 $(0,1)$ 内 $f(x)$ 单调减少。又 $f(x)$ 在区间 $(0,1]$ 上连续，且 $f(1)=\dfrac{1}{\ln 2}-1$，故当 $x\in(0,1)$ 时，$f(x)=\dfrac{1}{\ln(1+x)}-\dfrac{1}{x}>\dfrac{1}{\ln 2}-1$，不等式左边证毕。

又
$$\lim_{x\to 0^+}f(x)=\lim_{x\to 0^+}\dfrac{x-\ln(1+x)}{x\ln(1+x)}=\lim_{x\to 0^+}\dfrac{x-\ln(1+x)}{x^2}=\lim_{x\to 0^+}\dfrac{x}{2x(1+x)}=\dfrac{1}{2},$$
故当 $x\in(0,1)$ 时，$f(x)=\dfrac{1}{\ln(1+x)}-\dfrac{1}{x}<\dfrac{1}{2}$。不等式右边证毕。

例 57 设 $0<a<b$，证明不等式 $\dfrac{2a}{a^2+b^2}<\dfrac{\ln b-\ln a}{b-a}<\dfrac{1}{\sqrt{ab}}$。

证明 先证右边不等式。设 $\varphi(x)=\ln x-\ln a-\dfrac{x-a}{\sqrt{ax}}$ $(x>a>0)$，因为

$$\varphi'(x) = \frac{1}{x} - \frac{1}{\sqrt{a}}\left(\frac{1}{2\sqrt{x}} + \frac{a}{2x\sqrt{x}}\right) = -\frac{(\sqrt{x}-\sqrt{a})^2}{2x\sqrt{ax}} < 0,$$

故当 $x>a$ 时,$\varphi(x)$ 单调减少。又 $\varphi(a)=0$,所以,当 $x>a$ 时,$\varphi(x)<\varphi(a)=0$,即

$$\ln x - \ln a < \frac{x-a}{\sqrt{ax}},$$

从而当 $b>a>0$ 时,$\ln b - \ln a < \frac{b-a}{\sqrt{ab}}$,即 $\frac{\ln b - \ln a}{b-a} < \frac{1}{\sqrt{ab}}$。

再证左边不等式。设函数 $f(x)=\ln x(x>a>0)$,由拉格朗日中值定理知,至少存在一点 $\xi \in (a,b)$,使

$$\frac{\ln b - \ln a}{b-a} = (\ln x)'\Big|_{x=\xi} = \frac{1}{\xi}。$$

由于 $0<a<\xi<b$,故 $\frac{1}{\xi} > \frac{1}{b} > \frac{2a}{a^2+b^2}$,从而 $\frac{\ln b - \ln a}{b-a} > \frac{2a}{a^2+b^2}$。

点评 利用拉格朗日中值定理可证明联合不等式,步骤为:
(1) 从中间表达式确定出 $f(x)$ 及区间 $[a,b]$;
(2) 验证 $f(x)$ 在 $[a,b]$ 满足拉格朗日中值定理条件,得

$$f(b)-f(a)=f'(\xi)(b-a),\xi\in(a,b);$$

(3) 分别令 $\xi=a,\xi=b$ 破坏这个等式得不等式。

例 58 设 $e<a<b<e^2$,证明 $\ln^2 b - \ln^2 a > \frac{4}{e^2}(b-a)$。

证明 对函数 $\ln^2 x$ 在 $[a,b]$ 上应用拉格朗日中值定理,得

$$\ln^2 b - \ln^2 a = \frac{2\ln\xi}{\xi}(b-a), a<\xi<b。$$

设 $\varphi(t)=\frac{\ln t}{t}$,则 $\varphi'(t)=\frac{1-\ln t}{t^2}$,当 $t>e$ 时,$\varphi'(t)<0$,所以 $\varphi(t)$ 单调减少,从而

$$\varphi(\xi) > \varphi(e^2), \text{即} \frac{\ln\xi}{\xi} > \frac{\ln e^2}{e^2} = \frac{2}{e^2},$$

故 $\ln^2 b - \ln^2 a > \frac{4}{e^2}(b-a)$。

例 59 试比较 π^e 与 e^π 的大小。

解 令 $f(x)=e^x-x^e(x\geq e)$,则

$$f'(x)=e^x-ex^{e-1}, \quad f''(x)=e^x-e(e-1)x^{e-2}, \quad f'''(x)=e^x-e(e-1)(e-2)x^{e-3}。$$

由于 $e-3<0$,故 x^{e-3} 单调减 $(x\geq e)$,$-e(e-1)(e-2)x^{e-3}$ 单调增,e^x 也单调增,于是 $f'''(x)$ 在 $x\geq e$ 时单调增。当 $x\geq e$ 时

$$f'''(x) \geq f'''(e) = e^e - e(e-1)(e-2)e^{e-3}$$
$$= e^{e-2}(e^2-e^2+3e-2) = e^{e-2}(3e-2) > 0,$$

故 $f''(x)$ 严格增,当 $x\geq e$ 时

$$f''(x) \geq f''(e) = e^e - e(e-1)e^{e-2} = e^{e-1} > 0,$$

故 $f'(x)$ 严格增,当 $x>e$ 时,$f'(x)>f'(e)=0$,故 $f(x)$ 严格增。当 $x>e$ 时,$f(x)>f(e)=0$,取 $x=\pi$ 即得 $f(\pi)>0$,即 $\pi^e<e^\pi$。

例 60 设 $f(x)$ 在 $[0,+\infty)$ 上二阶可导,$f(0)=1,f'(0)\leq 1,f''(x)<f(x)$,求证:$x>0$ 时,$f(x)<e^x$。

证明 令 $F(x)=\mathrm{e}^{-x}f(x)$,则 $F'(x) = \mathrm{e}^{-x}(f'(x)-f(x))$。

令 $G(x)=\mathrm{e}^{x}(f'(x)-f(x))$,则
$$G'(x) = \mathrm{e}^{x}(f''(x)-f(x)) < 0,$$
$\Rightarrow G(x)$ 单调减 $\Rightarrow$
$$G(x) < G(0) = f'(0) - f(0) \leqslant 0,$$
$\Rightarrow f'(x)-f(x)<0 \Rightarrow$
$$F'(x) = \mathrm{e}^{-x}(f'(x)-f(x)) < 0,$$
$\Rightarrow F(x)$ 单调减 $\Rightarrow$
$$F(x) = \mathrm{e}^{-x}f(x) < F(0) = 1。$$
由此可得 $f(x)<\mathrm{e}^{x}$。

例 61 设 $a_1, a_2, \cdots, a_n$ 为常数,且
$$\Big|\sum_{k=1}^{n}a_k\sin kx\Big| \leqslant |\sin x|, \quad \Big|\sum_{j=1}^{n}a_{n-j+1}\sin jx\Big| \leqslant |\sin x|。$$
试证明: $\Big|\sum_{k=1}^{n}a_k\Big| \leqslant \dfrac{2}{n+1}$。

证明 令 $f(x)=a_1\sin x + a_2\sin 2x + \cdots + a_n\sin nx$,则
$$\Big|\frac{f(x)}{x}\Big| \leqslant \Big|\frac{\sin x}{x}\Big| \Rightarrow \lim_{x\to 0}\Big|\frac{f(x)}{x}\Big| \leqslant \lim_{x\to 0}\Big|\frac{\sin x}{x}\Big|。$$
因为
$$\lim_{x\to 0}\Big|\frac{f(x)}{x}\Big| = \Big|\lim_{x\to 0}\frac{f(x)}{x}\Big| = \Big|\lim_{x\to 0}\frac{f(x)-f(0)}{x}\Big| = |f'(0)| = |a_1+2a_2+3a_3+\cdots+na_n|,$$
$$\lim_{x\to 0}\Big|\frac{\sin x}{x}\Big| = \Big|\lim_{x\to 0}\frac{\sin x}{x}\Big| = 1,$$
所以
$$|a_1+2a_2+3a_3+\cdots+na_n| \leqslant 1。$$
令 $g(x)=a_1\sin nx + a_2\sin(n-1)x + \cdots + a_n\sin x$,则
$$\Big|\frac{g(x)}{x}\Big| \leqslant \Big|\frac{\sin x}{x}\Big| \Rightarrow \lim_{x\to 0}\Big|\frac{g(x)}{x}\Big| \leqslant \lim_{x\to 0}\Big|\frac{\sin x}{x}\Big|。$$
因为
$$\lim_{x\to 0}\Big|\frac{g(x)}{x}\Big| = \Big|\lim_{x\to 0}\frac{g(x)}{x}\Big| = \Big|\lim_{x\to 0}\frac{g(x)-g(0)}{x}\Big| = |g'(0)|$$
$$= |na_1+(n-1)a_2+\cdots+2a_{n-1}+a_n|,$$
$$\lim_{x\to 0}\Big|\frac{\sin x}{x}\Big| = \Big|\lim_{x\to 0}\frac{\sin x}{x}\Big| = 1,$$
所以
$$|na_1+(n-1)a_2+\cdots+2a_{n-1}+a_n| \leqslant 1。$$
综上,有
$$|(1+n)(a_1+a_2+\cdots+a_n)| = |(a_1+na_1)+(2a_2+(n-1)a_2)+\cdots+(na_n+a_n)|$$
$$\leqslant |a_1+2a_2+\cdots+na_n|+|na_1+(n-1)a_2+\cdots+a_n|$$
$$\leqslant 1+1 = 2,$$
于是 $\Big|\sum_{k=1}^{n}a_k\Big| \leqslant \dfrac{2}{1+n}$。

例 62 证明: $x\ln\dfrac{1+x}{1-x}+\cos x\geqslant 1+\dfrac{x^2}{2}$ $(-1<x<1)$。

证明 当 $-1<x<1$ 时, $\ln\dfrac{1+x}{1-x}=\ln(1+x)-\ln(1-x)$。而

$$\ln(1+x)=x-\dfrac{1}{2}x^2+o(x^2), \qquad \ln(1-x)=-x-\dfrac{1}{2}x^2+o(x^2),$$

$$\cos x=1-\dfrac{1}{2}x^2+o(x^2)。$$

因此

$$x\ln\dfrac{1+x}{1-x}+\cos x=x[\ln(1+x)-\ln(1-x)]+\cos x$$

$$=x\left[x-\dfrac{1}{2}x^2+x+\dfrac{1}{2}x^2+o(x^2)\right]+1-\dfrac{1}{2}x^2+o(x^2)$$

$$=1+\dfrac{3}{2}x^2+o(x^2)\geqslant 1+\dfrac{1}{2}x^2+o(x^2)。$$

所以 $x\ln\dfrac{1+x}{1-x}+\cos x\geqslant 1+\dfrac{x^2}{2}$ $(-1<x<1)$。

8. 导数的几何应用(求极值、单调性、凹凸性、拐点、渐近线)

例 63 设常数 $k>0$,函数 $f(x)=\ln x-\dfrac{x}{e}+k$ 在 $(0,+\infty)$ 内零点个数为( )。

A. 3 B. 2 C. 1 D. 0

解 因 $\lim\limits_{x\to 0^+}f(x)=-\infty, \lim\limits_{x\to+\infty}f(x)=-\infty$,而 $f'(x)=\dfrac{1}{x}-\dfrac{1}{e}$。
当 $0<x<e$ 时, $f'(x)>0, f(x)$ 单调增加;当 $x>e$ 时, $f'(x)<0, f(x)$ 单调减少。而 $f(e)=k>0$。所以 $f(x)$ 在 $(0,e)$ 内有一个零点,在 $(e,+\infty)$ 内有一个零点。故应选 B。

例 64 在区间 $(-\infty,+\infty)$ 内,方程 $|x|^{\frac{1}{4}}+|x|^{\frac{1}{2}}-\cos x=0($)。

A. 无实根   B. 有且仅有一个实根
C. 有且仅有两个实根   D. 有无穷多个实根

解 当 $x\in[0,+\infty)$ 时,令 $f(x)=x^{\frac{1}{4}}+x^{\frac{1}{2}}-\cos x$,显然, $f(0)=-1<0$。而 $\lim\limits_{x\to+\infty}f(x)=+\infty$,即存在 $X>0$,使 $f(X)>0$。由零点定理知在 $[0,X]$ 内至少有一个 $f(x)=0$ 的根。易知当 $x>X$ 时 $f(x)$ 在 $[0,+\infty)$ 为单调增加函数,故 $f(x)=0$ 在 $(0,+\infty)$ 内仅有一个实根。 $f(x)=|x|^{\frac{1}{4}}+|x|^{\frac{1}{2}}-\cos x$ 为偶函数,根据偶函数的图像的对称性可知, $f(x)=0$ 在 $(-\infty,0)$ 内仅有一个实根。故应选 C。

例 65 设函数 $f(x)$ 满足关系式 $f''(x)+[f'(x)]^2=x$,且 $f'(0)=0$。则( )。

A. $f(0)$ 是 $f(x)$ 的极大值
B. $f(0)$ 是 $f(x)$ 的极小值
C. 点 $(0,f(0))$ 是曲线 $y=f(x)$ 的拐点
D. $f(0)$ 不是 $f(x)$ 的极值,点 $(0,f(0))$ 也不是曲线 $y=f(x)$ 的拐点

解 在关系式中令 $x=0$ 得 $f''(0)=0$,对 $f''(x)=x-[f'(x)]^2$ 两边关于 x 求导得

$$f'''(x)=1-2f'(x)f''(x)。$$

令 $x=0$ 得 $f'''(0)=1>0$,所以 $(0,f(0))$ 是曲线 $y=f(x)$ 拐点,故应选 C。

例 66 设函数 $y(x)$ 由参数方程
$$\begin{cases} x = t^3 + 3t + 1, \\ y = t^3 - 3t + 1 \end{cases}$$
确定，则曲线 $y=y(x)$ 凸的 x 取值范围是_____。

解 $\dfrac{dy}{dx} = \dfrac{\dfrac{dy}{dt}}{\dfrac{dx}{dt}} = \dfrac{3t^2-3}{3t^2+3} = \dfrac{t^2-1}{t^2+1}$, $\dfrac{d^2y}{dx^2} = \dfrac{d}{dx}\left(\dfrac{dy}{dx}\right) = \dfrac{\dfrac{d}{dt}\left(\dfrac{t^2-1}{t^2+1}\right)}{\dfrac{dx}{dt}} = \dfrac{\dfrac{4t}{(t^2+1)^2}}{3(t^2+1)} = \dfrac{4t}{3(t^2+1)^3}$。

令 $\dfrac{d^2y}{dx^2}=0$，得 $t=0$，从而 $x=1$。且 $x<1$ 时，$y''<0$。故 $y=y(x)$ 凸的 x 取值范围为 $(-\infty,1)$（或 $(-\infty,1]$）。

例 67 设 $f(x)=x^2(x-1)^2(x-3)^2$，试问曲线 $y=f(x)$ 有几个拐点，证明你的结论。

解 令 $u(x)=x(x-1)(x-3)$，则 $f(x)=u^2$，$f'(x)=2u(x)u'(x)$，$u'(x)=3x^2-8x+3$。令 $u'(x)=0$，解得 $x=\dfrac{4\pm\sqrt{7}}{3}$，所以 $f'(x)$ 有 5 个零点：$x=0, \dfrac{4-\sqrt{7}}{3}, 1, \dfrac{4+\sqrt{7}}{3}, 3$。应用罗尔定理，在 $f'(x)$ 的相邻零点之间必有 $f''(x)$ 的零点，所以 $f''(x)$ 至少有 4 个零点，但由于 $f''(x)$ 是 4 次多项式，故 $f''(x)=0$ 最多有 4 个实根。因此 $f''(x)$ 恰有 4 个零点，分别位于 $\left(0, \dfrac{4-\sqrt{7}}{3}\right), \left(\dfrac{4-\sqrt{7}}{3}, 1\right), \left(1, \dfrac{4+\sqrt{7}}{3}\right), \left(\dfrac{4+\sqrt{7}}{3}, 3\right)$ 内。

由于 $f(x)$ 是多项式，它的一阶导数、二阶导数都是连续的。$x=0,1,3$ 显见是 $f(x)$ 的极小值点。由连续函数的最值定理，$f(x)$ 在 $[0,1],[1,3]$ 内分别有最大值，且其最大值点应是 $f'(x)$ 的零点，所以 $x=\dfrac{4-\sqrt{7}}{3}, \dfrac{4+\sqrt{7}}{3}$ 是 $f(x)$ 的极大值点。由于 $f(x)$ 在极小值点 $x=0$, 1,3 的附近是凹的，在极大值点 $x=\dfrac{4-\sqrt{7}}{3}, \dfrac{4+\sqrt{7}}{3}$ 的附近是凸的，所以 $f''(x)$ 的 4 个零点左、右两侧的凹凸性改变，故 $f(x)$ 恰有 4 个拐点。由 $f(x)$ 的简图也可见此结论（如图 2.1 所示）。

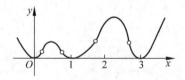

图 2.1

例 68 设函数 $f(x)$ 在 x_0 的某一邻域内具有直到 n 阶的连续导数，且 $f'(x_0)=f''(x_0)=\cdots=f^{(n-1)}(x_0)=0$，而 $f^{(n)}(x_0)\neq 0$，试证：

(1) 当 n 为偶数，且 $f^{(n)}(x_0)>0$ 时，则 $f(x_0)$ 为极小值；当 n 为偶数，且 $f^{(n)}(x_0)<0$ 时，则 $f(x_0)$ 为极大值；

(2) 当 n 为奇数时，$f(x_0)$ 不是极值。

证明 因为 $f'(x_0)=f''(x_0)=\cdots=f^{(n-1)}(x_0)=0$，由泰勒公式有
$$f(x) = f(x_0) + \dfrac{f^{(n)}(\xi)}{n!}(x-x_0)^n,$$
其中 ξ 介于 x 与 x_0 之间，即

$$f(x) - f(x_0) = \frac{f^{(n)}(\xi)}{n!}(x - x_0)^n.$$

因为 $f^{(n)}(x)$ 在 x_0 连续,且 $f^{(n)}(x_0) \neq 0$,所以必存在 x_0 的某一邻域 $(x_0 - \delta, x_0 + \delta)$,使对于该邻域内任意 x,$f^{(n)}(x)$ 与 $f^{(n)}(x_0)$ 同号,进而 $f^{(n)}(\xi)$ 与 $f^{(n)}(x_0)$ 同号,于是,在 $f^{(n)}(x_0)$ 的符号确定后,$f(x) - f(x_0)$ 的符号完全取决于 $(x - x_0)^n$ 的符号。

(1) 当 n 为偶数时,$(x - x_0)^n \geq 0$。所以:

当 $f^{(n)}(x_0) < 0$ 时,$f(x) - f(x_0) \leq 0$,即 $f(x) \leq f(x_0)$,从而 $f(x_0)$ 为极大值;

当 $f^{(n)}(x_0) > 0$ 时,$f(x) - f(x_0) \geq 0$,即 $f(x) \geq f(x_0)$,从而 $f(x_0)$ 为极小值。

(2) 当 n 为奇数时,若 $x < x_0$,则 $(x - x_0)^n < 0$;若 $x > x_0$,则 $(x - x_0)^n > 0$。所以不论 $f^{(n)}(x_0)$ 的符号如何,当 $(x - x_0)$ 由负变正时,则 $f(x) - f(x_0)$ 的符号也随之改变,因此 $f(x)$ 在 x_0 处取不到极值。

例 69 已知方程 $\log_a x = x^b$ 存在实根,常数 $a > 1, b > 0$,求 a 和 b 应满足的条件。

解 令 $f(x) = \log_a x - x^b$ $(0 < x < +\infty)$,则 $f(0^+) = -\infty$,$f(+\infty) = -\infty$,且

$$f'(x) = \frac{1}{x \ln a} - bx^{b-1} = \frac{1 - bx^b \ln a}{x \ln a}.$$

令 $f'(x) = 0$,得驻点 $x_0 = (b \ln a)^{-\frac{1}{b}}$。当 $0 < x < x_0$ 时,$f'(x) > 0$;当 $x_0 < x$ 时,$f'(x) < 0$。所以当 $0 < x < x_0$ 时,$f(x)$ 严格增加;当 $x > x_0$ 时,$f(x)$ 严格减少。所以 $f(x_0)$ 为极大值,因为原方程有实根,故 $f(x_0) \geq 0$,即

$$-\frac{\ln(b \ln a) + 1}{b \ln a} \geq 0 \Rightarrow \ln(b \ln a) \leq -1.$$

由此可得 a, b 应满足 $b \ln a \leq \dfrac{1}{e}$。

例 70 设函数 f 满足 $f''(x) > 0$,$\int_0^1 f(x) \mathrm{d}x = 0$,证明:

$$\forall x \in [0, 1], \ |f(x)| \leq \max\{f(0), f(1)\}.$$

证明 记 $\max\{f(0), f(1)\} = d$。由 $f''(x) > 0$,得 $y = f(x)$ 的图形是凹的,于是 $\forall x \in [0, 1]$,有

$$f(x) = f((1-x) \cdot 0 + x \cdot 1) \leq (1-x)f(0) + xf(1) \leq d(1-x) + dx = d. \quad ⑩$$

又 $\forall x_0 \in (0, 1)$,考虑连接点 $(0, f(0))$,$(x_0, f(x_0))$,$(1, f(1))$ 的折线,有

$$y = g(x) = \begin{cases} f(0) + \dfrac{f(x_0) - f(0)}{x_0 - 0}(x - 0), & x \in [0, x_0]; \\ f(x_0) + \dfrac{f(1) - f(x_0)}{1 - x_0}(x - x_0), & x \in (x_0, 1]. \end{cases}$$

由于 $y = f(x)$ 的图形是凹的,则 $f(x) \leq g(x)$,故

$$0 = \int_0^1 f(x) \mathrm{d}x \leq \int_0^1 g(x) \mathrm{d}x = \frac{1}{2}(f(0) + f(x_0))x_0 + \frac{1}{2}(f(x_0) + f(1))(1 - x_0)$$

$$= \frac{1}{2}f(x_0) + \frac{1}{2}(f(0)x_0 + f(1)(1 - x_0)),$$

即

$$-f(x_0) \leq f(0)x_0 + f(1)(1 - x_0) \leq dx_0 + d(1 - x_0) = d. \quad ⑪$$

由⑩式和⑪式知 $\forall x\in[0,1], |f(x)|\leqslant d$，即 $|f(x)|\leqslant\max\{f(0),f(1)\}$。

2.1.3 模拟练习题 2-1

1. 设 $f(x)=x^2(2+|x|)$，求使得 $f^{(n)}(0)$ 存在的最高阶数 n。

2. 设 $f(x)$ 在 $[a,b]$ 上可导，$f'(x)\neq 0$，证明：$\exists \xi,\eta\in(a,b)$ 使得
$$(b-a)e^\eta f'(\xi)=(e^b-e^a)f'(\eta)。$$

3. 证明下列不等式：

(1) $x\ln^2 x<(x-1)^2$ $(1<x<2)$；

(2) $\dfrac{x}{1+2x}<\ln\sqrt{1+2x}<x$ $(x>0)$。

4. 求下列曲线的渐近线：

(1) $y=e^{\frac{1}{x}}\arctan\dfrac{x^2+x+1}{x-2}$；

(2) $y=|x+2|e^{\frac{1}{x}}$；

(3) $y=xe^{\frac{1}{x^2}}$；

(4) $y=x\ln\left(e+\dfrac{1}{x}\right)$。

5. 求 $y=(x-1)e^{\frac{\pi}{2}+\arctan x}$ 的单调区间与极值，并求该图形的渐近线。

6. 设摆线
$$\begin{cases} x=a(t-\sin t), \\ y=a(1-\cos t), \end{cases} a>0, t\in(0,2\pi)。$$
问 t 为何值时曲率最小，并求出最小曲率和该点处的曲率半径。

7. 讨论曲线 $y=4\ln x+k$ 与 $y=4x+\ln^4 x$ 的交点个数。

8. 设 $f(x)$ 在 $x=0$ 的某邻域内二阶可导，且 $\lim\limits_{x\to 0}\dfrac{\sin x+xf(x)}{x^3}=\dfrac{1}{3}$，试求：$f(0),f'(0)$ 及 $f''(0)$ 的值。

2.2 多元函数微分学

2.2.1 考点综述和解题方法点拨

1. 二元函数的极限与连续性

(1) 二元函数极限的定义

设 $f(x,y)$ 在 (a,b) 的某去心邻域 $\mathring{U}$ 内有定义，若 $\forall \varepsilon>0, \exists \delta>0$，当 $0<\sqrt{(x-a)^2+(y-b)^2}<\delta$ 时恒有
$$|f(x,y)-A|<\varepsilon,$$
则称 A 为 $f(x,y)$ 在 (a,b) 处的极限，记作
$$\lim_{\substack{x\to a\\ y\to b}}f(x,y)=A。$$

(2) 在二元函数极限的定义中，动点 (x,y) 在 (a,b) 的邻近以任意路径趋向于点 (a,b) 时，函数值 $f(x,y)$ 与固定常数 A 需任意地接近。这些任意路径是不可能一一取到的。若取两条不同的路径让 $(x,y)\to(a,b)$，而 $f(x,y)$ 取不同的极限，则可推知：$(x,y)\to(a,b)$ 时 $f(x,y)$ 的极限不存在。

通常求二元函数极限的方法如下:①利用定义求极限;②在$(x,y) \to (0,0)$时化为极坐标求极限,即$(x,y) \to (0,0) \Leftrightarrow \rho \to 0$;③化为一元函数的极限;④利用无穷小量乘以有界变量仍为无穷小量;⑤利用夹逼准则求极限。

(3) 二元函数的连续性　若
$$\lim_{\substack{x \to a \\ y \to b}} f(x,y) = f(a,b),$$
则称$f(x,y)$在点(a,b)处**连续**。

多元初等函数在其定义区域上每一点皆连续。

(4) 有界闭域上的连续函数的性质　如果$f(x,y)$在有界闭域D上连续,则$f(x,y)$在D上为有界函数,$f(x,y)$在D上取到最大值与最小值。类似于一元函数的介值定理与零点定理也成立。

2. 偏导数与全微分

(1) 偏导数的定义

$$\left.\frac{\partial f}{\partial x}\right|_{(a,b)} = f_x(a,b) \stackrel{\text{def}}{=\!=\!=} \lim_{\Delta x \to 0} \frac{f(a+\Delta x,b) - f(a,b)}{\Delta x} = \lim_{x \to a} \frac{f(x,b) - f(a,b)}{x-a},$$

$$\left.\frac{\partial f}{\partial y}\right|_{(a,b)} = f_y(a,b) \stackrel{\text{def}}{=\!=\!=} \lim_{\Delta y \to 0} \frac{f(a,b+\Delta y) - f(a,b)}{\Delta y} = \lim_{y \to b} \frac{f(a,y) - f(a,b)}{y-b},$$

这两式右端的极限存在,称f在(a,b)处**可偏导**。

$$\left.\frac{\partial f}{\partial x}\right|_{(0,0)} = f_x(0,0) \stackrel{\text{def}}{=\!=\!=} \lim_{\Delta x \to 0} \frac{f(\Delta x,0) - f(0,0)}{\Delta x} = \lim_{x \to 0} \frac{f(x,0) - f(0,0)}{x},$$

$$\left.\frac{\partial f}{\partial y}\right|_{(0,0)} = f_y(0,0) \stackrel{\text{def}}{=\!=\!=} \lim_{\Delta y \to 0} \frac{f(0,\Delta y) - f(0,0)}{\Delta y} = \lim_{y \to 0} \frac{f(0,y) - f(0,0)}{y},$$

这两式右端的极限存在,称f在$(0,0)$处**可偏导**。

(2) $f(x,y)$在(a,b)处可偏导时,$f(x,y)$在(a,b)处不一定连续。

(3) 偏导数的几何意义

当f在(a,b)处对x可偏导时,$f_x(a,b)$表示曲线$\begin{cases} z = f(x,y), \\ y = b \end{cases}$在$(a,b)$的切线对$x$轴的斜率;

当f在(a,b)处对y可偏导时,$f_y(a,b)$表示曲线$\begin{cases} z = f(x,y), \\ x = a \end{cases}$在$(a,b)$的切线对$y$轴的斜率。

(4) 全微分的定义:若$f(x,y)$在(a,b)的全增量$\Delta f(x,y)$可写为
$$\Delta f(x,y) = f(a+\Delta x, b+\Delta y) - f(a,b) = A\Delta x + B\Delta y + o(\rho), \quad (2.6)$$
这里$\rho = \sqrt{(\Delta x)^2 + (\Delta y)^2}$,则称$f(x,y)$在$(a,b)$处**可微**。

当$f(x,y)$在(a,b)处可微时,$f(x,y)$在(a,b)处必可偏导,且(2.6)式中$A = f_x(a,b)$, $B = f_y(a,b)$。

当$f(x,y)$在(a,b)处可微时,$f(x,y)$在(a,b)处必连续。

当$f_x(x,y), f_y(x,y)$在(a,b)处连续时,$f(x,y)$在(a,b)处必可微(此时称f在(a,b)处连续可微)。

当 $f(x,y)$ 在 (a,b) 处可微时,称
$$df(x,y)|_{a,b} \xlongequal{\text{def}} f_x(a,b)dx + f_y(a,b)dy \tag{2.7}$$
为 $f(x,y)$ 在 (a,b) 处的**全微分**;当 $f(x,y)$ 在 (x,y) 处可微时,称
$$df(x,y) \xlongequal{\text{def}} f_x(x,y)dx + f_y(x,y)dy \tag{2.8}$$
为 $f(x,y)$ 的**全微分**。

由于多元初等函数的偏导数仍是多元初等函数,所以多元初等函数在其可偏导处必偏导数连续,因而必可微,其全微分公式(2.7)与公式(2.8)可直接使用。

3. 多元复合函数与隐函数的偏导数

(1) 多元复合函数的链式法则

设 $z=f(u,v)$ 在 (u,v) 处可微,$u=\varphi(x,y)$,$v=\psi(x,y)$ 在 (x,y) 处可偏导,则 $z(x,y)=f(\varphi(x,y),\psi(x,y))$ 在 (x,y) 处可偏导,且有

$$\frac{\partial}{\partial x}z(x,y) = \frac{\partial f}{\partial u}\varphi_x(x,y) + \frac{\partial f}{\partial v}\psi_x(x,y) \xlongequal{\text{or}} f_1' \cdot \varphi_x + f_2' \cdot \psi_x,$$

$$\frac{\partial}{\partial y}z(x,y) = \frac{\partial f}{\partial u}\varphi_y(x,y) + \frac{\partial f}{\partial v}\psi_y(x,y) \xlongequal{\text{or}} f_1' \cdot \varphi_y + f_2' \cdot \psi_y.$$

函数关系图:

因　中　自

由于多元复合函数的情况很多,下面再列举几个求偏导数的链式法则,其可偏导的条件略去。

① 若 $z=z(x,y)=f(x,y,u,v)$,$u=\varphi(x,y)$,$v=\psi(x,y)$,则

$$\frac{\partial}{\partial x}z(x,y) = f_x + f_u \cdot \varphi_x + f_v \cdot \psi_x \xlongequal{\text{or}} f_1' + f_3' \cdot \varphi_x + f_4' \cdot \psi_x,$$

$$\frac{\partial}{\partial y}z(x,y) = f_y + f_u \cdot \varphi_y + f_v \cdot \psi_y \xlongequal{\text{or}} f_2' + f_3' \cdot \varphi_y + f_4' \cdot \psi_y.$$

因　中　自

② 若 $z=z(x)=f(x,u,v)$,$u=\varphi(x)$,$v=\psi(x)$,则

$$\frac{d}{dx}z(x) = f_x + f_u \cdot \varphi' + f_v \cdot \psi' \xlongequal{\text{or}} f_1' + f_2' \cdot \varphi' + f_3' \cdot \psi'.$$

因　中　自

这里左端的导数称为**全导数**。

③ 若 $z=f(u)$,$u=\varphi(x,y)$,则

$$\frac{\partial}{\partial x}z(x,y) = \frac{dz}{du} \cdot \varphi_x = f'(u) \cdot \varphi_x,$$

$$\frac{\partial}{\partial y}z(x,y)=\frac{\mathrm{d}z}{\mathrm{d}u}\cdot\varphi_y=f'(u)\varphi_y\text{。}$$

$$z\longrightarrow u\diagdown\begin{matrix}x\\ y\end{matrix}$$

因　　中　　自

(2) 隐函数的偏导数

①设函数 $F(x,y)$ 在点 $P(x_0,y_0)$ 的某一邻域内具有连续偏导数,且 $F(x_0,y_0)=0$, $F_y(x_0,y_0)\neq 0$,则方程 $F(x,y)=0$ 在点 $P(x_0,y_0)$ 的某一邻域内恒能唯一确定一个连续且具有连续导数的函数 $y=f(x)$,它满足条件 $y_0=f(x_0)$,并有 $\dfrac{\mathrm{d}y}{\mathrm{d}x}=-\dfrac{F_x}{F_y}$。

②设函数 $F(x,y,z)$ 在点 $P(x_0,y_0,z_0)$ 的某一邻域内具有连续偏导数,且 $F(x_0,y_0,z_0)=0$, $F_z(x_0,y_0,z_0)\neq 0$,则方程 $F(x,y,z)=0$ 在点 $P(x_0,y_0,z_0)$ 的某一邻域内恒能唯一确定一个连续且具有连续偏导数的函数 $z=f(x,y)$,它满足条件 $z_0=f(x_0,y_0)$,并有

$$\frac{\partial z}{\partial x}=-\frac{F_x}{F_z},\qquad \frac{\partial z}{\partial y}=-\frac{F_y}{F_z}\text{。}$$

③设函数 $F(x,y,z)$、$G(x,y,z)$ 在点 $P(x_0,y_0,z_0)$ 的某一邻域内具有对各个变量的连续偏导数,$F(x_0,y_0,z_0)=0$,$G(x_0,y_0,z_0)=0$,且

$$J=\frac{\partial(F,G)}{\partial(y,z)}=\begin{vmatrix}F_y & F_z\\ G_y & G_z\end{vmatrix}$$

在 $P_0(x_0,y_0,z_0)$ 处不等于零,则 $\begin{cases}F(x,y,z)=0,\\ G(x,y,z)=0\end{cases}$ 在点 $P_0(x_0,y_0,z_0)$ 的某一邻域内恒能唯一确定一组连续且具有连续偏导数的函数 $y=y(x)$,$z=z(x)$,它们满足条件 $y_0=y(x_0)$, $z_0=z(x_0)$,且有

$$\frac{\partial y}{\partial x}=-\frac{1}{J}\frac{\partial(F,G)}{\partial(x,z)}=-\frac{\begin{vmatrix}F_x & F_z\\ G_x & G_z\end{vmatrix}}{\begin{vmatrix}F_y & F_z\\ G_y & G_z\end{vmatrix}},\quad \frac{\partial z}{\partial x}=-\frac{1}{J}\frac{\partial(F,G)}{\partial(y,x)}=-\frac{\begin{vmatrix}F_y & F_x\\ G_y & G_x\end{vmatrix}}{\begin{vmatrix}F_y & F_z\\ G_y & G_z\end{vmatrix}}\text{。}$$

④设 $F(x,y,u,v)$、$G(x,y,u,v)$ 在点 $P(x_0,y_0,u_0,v_0)$ 的某一邻域内具有对各个变量的连续偏导数,$F(x_0,y_0,u_0,v_0)=0$,$G(x_0,y_0,u_0,v_0)=0$,且偏导数所组成的函数行列式(或称雅可比(Jacobi)式)

$$J=\frac{\partial(F,G)}{\partial(u,v)}=\begin{vmatrix}\dfrac{\partial F}{\partial u} & \dfrac{\partial F}{\partial v}\\[2mm] \dfrac{\partial G}{\partial u} & \dfrac{\partial G}{\partial v}\end{vmatrix}$$

在点 $P(x_0,y_0,u_0,v_0)$ 处不等于零,则方程组 $F(x,y,u,v)=0$,$G(x,y,u,v)=0$ 在点 (x_0,y_0,u_0,v_0) 的某一邻域内恒能唯一确定一组连续且具有连续偏导数的函数 $u=u(x,y)$, $v=v(x,y)$,它们满足条件 $u_0=u(x_0,y_0)$,$v_0=v(x_0,y_0)$,并有

$$\frac{\partial u}{\partial x}=-\frac{1}{J}\frac{\partial(F,G)}{\partial(u,v)}=-\frac{\begin{vmatrix}F_x & F_v\\ G_x & G_v\end{vmatrix}}{\begin{vmatrix}F_u & F_v\\ G_u & G_v\end{vmatrix}},\quad \frac{\partial v}{\partial x}=-\frac{1}{J}\frac{\partial(F,G)}{\partial(u,x)}=-\frac{\begin{vmatrix}F_u & F_x\\ G_u & G_x\end{vmatrix}}{\begin{vmatrix}F_u & F_v\\ G_u & G_v\end{vmatrix}},$$

$$\frac{\partial u}{\partial y}=-\frac{1}{J}\frac{\partial(F,G)}{\partial(y,v)}=-\frac{\begin{vmatrix}F_y & F_v \\ G_y & G_v\end{vmatrix}}{\begin{vmatrix}F_u & F_v \\ G_u & G_v\end{vmatrix}}, \quad \frac{\partial v}{\partial y}=-\frac{1}{J}\frac{\partial(F,G)}{\partial(u,y)}=-\frac{\begin{vmatrix}F_u & F_y \\ G_u & G_y\end{vmatrix}}{\begin{vmatrix}F_u & F_v \\ G_u & G_v\end{vmatrix}}。$$

4. 高阶偏导数

(1)函数 $f(x,y)$ 的偏导数 $f_x(x,y), f_y(x,y)$ 一般还是 x,y 的函数,若 $f_x(x,y)$, $f_y(x,y)$ 可偏导时,有四个二阶偏导数:

$$\frac{\partial^2 f}{\partial x^2}=f_{xx}(x,y), \quad \frac{\partial^2 f}{\partial x \partial y}=f_{xy}(x,y),$$

$$\frac{\partial^2 f}{\partial y \partial x}=f_{yx}(x,y), \quad \frac{\partial^2 f}{\partial y^2}=f_{yy}(x,y)。$$

对二阶偏导数继续求偏导数,即得三阶及三阶以上的偏导数,统称**高阶偏导数**。

(2)两个混合二阶偏导数 $f_{xy}(x,y), f_{yx}(x,y)$ 不一定相等,但当 $f_{xy}(x,y)$ 与 $f_{yx}(x,y)$ 在 (x,y) 处连续时它们一定相等,即 $f_{xy}(x,y)=f_{yx}(x,y)$。

(3)由于多元初等函数的两个二阶混合偏导数仍是多元初等函数,所以多元初等函数在其二阶偏导处两个二阶混合偏导数必连续,因此一定相等。

5. 二元函数的极值

(1)可偏导的二元函数 $f(x,y)$ 在 (a,b) 取极值的必要条件是

$$f_x(a,b)=0, \quad f_y(a,b)=0。$$

称点 (a,b) 为 $f(x,y)$ 的**驻点**。

(2)二元函数取极值的充分条件

若 $f(x,y)$ 在 (a,b) 处二阶偏导函数连续,(a,b) 是 $f(x,y)$ 的驻点,令

$$A=f_{xx}(a,b), \quad B=f_{xy}(a,b), \quad C=f_{yy}(a,b)。$$

(1)当 $\Delta=B^2-AC<0, A>0$ 时,$f(a,b)$ 为极小值;

(2)当 $\Delta=B^2-AC<0, A<0$ 时,$f(a,b)$ 为极大值;

(3)当 $\Delta=B^2-AC>0$ 时,$f(a,b)$ 不是 f 的极值。

6. 条件极值

(1)求函数 $z=f(x,y)$ 满足约束方程 $\varphi(x,y)=0$ 的极值,称为**条件极值**。解决此问题有两种方法,一是由 $\varphi(x,y)=0$ 解出 $y=y(x)$(或 $x=x(y)$)代入函数 $f(x,y)$ 得到一元函数 $z(x)=f(x,y(x))$,利用一元函数求极值的方法解决;二是利用拉格朗日乘数法,其步骤如下。

①作拉格朗日函数 令

$$F(x,y,\lambda)=f(x,y)+\lambda\varphi(x,y)。$$

②求拉格朗日函数的驻点 由方程组

$$\begin{cases} F_x=f_x(x,y)+\lambda\varphi_x(x,y)=0, \\ F_y=f_y(x,y)+\lambda\varphi_y(x,y)=0, \\ F_\lambda=\varphi(x,y)=0, \end{cases}$$

解得驻点 (a,b,λ_0)。

③若原问题存在条件极大值(或条件极小值),而上述求得的拉格朗日函数 F 的驻点是唯

一的,则 $f(a,b)$ 即为所求的条件极大值(或条件极小值);若原问题既有条件极大值又有条件极小值,而上述求得的拉格朗日函数的驻点有两个,即 $(a_1,b_1,\lambda_1),(a_2,b_2,\lambda_2)$,则 $\max\{f(a_1,b_1),f(a_2,b_2)\}$ 即为所求的条件极大值,$\min\{f(a_1,b_1),f(a_2,b_2)\}$ 即为所求的条件极小值。

(2)求函数 $u=f(x,y,z)$ 满足约束方程 $\varphi(x,y,z)=0$ 的极值,称为**条件极值**。解决此问题最好直接利用拉格朗日乘数法,其步骤如下。

①作拉格朗日函数　令
$$F(x,y,z,\lambda) = f(x,y,z) + \lambda\varphi(x,y,z)。$$

②求拉格朗日函数的驻点　由方程组
$$\begin{cases} F_x = f_x(x,y,z) + \lambda\varphi_x(x,y,z) = 0, \\ F_y = f_y(x,y,z) + \lambda\varphi_y(x,y,z) = 0, \\ F_z = f_z(x,y,z) + \lambda\varphi_z(x,y,z) = 0, \\ F_\lambda = \varphi(x,y,z) = 0, \end{cases}$$

解得驻点 (a,b,c,λ_0)。

③对于函数值 $f(a,b,c)$ 进行与上述 $f(a,b)$ 完全相同的说明。

(3)求函数 $u=f(x,y,z)$ 满足两个约束方程 $\varphi(x,y,z)=0$ 与 $\psi(x,y,z)=0$ 的极值,称为**条件极值**。解决此问题有两种方法,一是由 $\begin{cases} \varphi(x,y,z)=0, \\ \psi(x,y,z)=0 \end{cases}$ 解出 $y=y(x),z=z(x)$,代入函数 $f(x,y,z)$ 得到一元函数 $u(x)=f(x,y(x),z(x))$,利用一元函数求极值的方法解决;二是利用拉格朗日乘数法,其步骤如下。

①作拉格朗日函数　令
$$F(x,y,z,\lambda,\mu) = f(x,y,z) + \lambda\varphi(x,y,z) + \mu\psi(x,y,z)。$$

②求拉格朗日函数的驻点　由方程组
$$\begin{cases} F_x = f_x(x,y,z) + \lambda\varphi_x(x,y,z) + \mu\psi_x(x,y,z) = 0, \\ F_y = f_y(x,y,z) + \lambda\varphi_y(x,y,z) + \mu\psi_y(x,y,z) = 0, \\ F_z = f_z(x,y,z) + \lambda\varphi_z(x,y,z) + \mu\psi_z(x,y,z) = 0, \\ F_\lambda = \varphi(x,y,z) = 0, \\ F_\mu = \psi(x,y,z) = 0, \end{cases}$$

解得驻点 (a,b,c,λ_0,μ_0)。

③对于函数值 $f(a,b,c)$ 进行与上述 $f(a,b)$ 完全相同的说明。

7. 多元函数的最值

设函数 f(二元函数或三元函数)在有界闭域 G 上连续,应用最值定理,f 在 G 上存在最大值与最小值,由于使函数 f 取得最值的点只可能是 f 在 G 的内部的驻点,或在 G 的边界上拉格朗日函数的驻点,或是 G 的边界上的端点,求出函数 f 在上述所有点的函数值,比较它们的大小,其中最大者为函数 f 在 G 上的最大值,其中最小者为函数 f 在 G 上的最小值(对上述这些点的函数值,无须逐一讨论取极大还是取极小或者不是极值)。

8. 方向导数,梯度,散度,旋度

(1)方向导数

如果 $f(x,y)$ 在 $P(x,y)$ 处可微,则函数在 P 点处沿任一方向 l 的方向导数均存在,且有
$$\frac{\partial f}{\partial l} = f_x\cos\alpha + f_y\cos\beta,$$

其中 $\cos\alpha,\cos\beta$ 是方向 l 的方向余弦。

如果 $f(x,y,z)$ 在 $P(x,y,z)$ 处可微,则函数在 P 点处沿着 $\boldsymbol{l}=(\cos\alpha,\cos\beta,\cos\gamma)$ 的方向导数为

$$\frac{\partial f}{\partial \boldsymbol{l}} = f_x\cos\alpha + f_y\cos\beta + f_z\cos\gamma。$$

(2)梯度

设函数 $f(x,y)$ 在平面区域 D 内具有一阶连续偏导数,则函数 $f(x,y)$ 在 $P(x,y)$ 处的梯度为

$$\mathrm{grad} f(x,y) = f_x\boldsymbol{i} + f_y\boldsymbol{j} = (f_x, f_y)。$$

(3)散度、旋度

设 $\boldsymbol{A}(x,y,z)=(P(x,y,z),Q(x,y,z),R(x,y,z))$,$P,Q,R$ 具有一阶连续偏导数,则 $\boldsymbol{A}$ 的散度

$$\mathrm{div}\boldsymbol{A} = \frac{\partial P}{\partial x} + \frac{\partial Q}{\partial y} + \frac{\partial R}{\partial z}。$$

$\boldsymbol{A}$ 的旋度

$$\mathrm{rot}\boldsymbol{A} = \begin{vmatrix} \boldsymbol{i} & \boldsymbol{j} & \boldsymbol{k} \\ \frac{\partial}{\partial x} & \frac{\partial}{\partial y} & \frac{\partial}{\partial z} \\ P & Q & R \end{vmatrix}。$$

2.2.2 竞赛例题

1.判断、求解二元函数的极限

例 1 证明 $\lim\limits_{(x,y)\to(0,0)} \dfrac{x^2 y^2}{x^2+y^2}=0$。

证明 因为 $x^2+y^2 \geqslant 2|xy|$,所以 $0 \leqslant \left|\dfrac{x^2 y^2}{x^2+y^2}\right| \leqslant \dfrac{|xy|}{2}$。又 $\lim\limits_{(x,y)\to(0,0)} \dfrac{|xy|}{2}=0$。所以由夹逼准则知 $\lim\limits_{(x,y)\to(0,0)} \dfrac{x^2 y^2}{x^2+y^2}=0$。

例 2 函数 $\dfrac{x^3 y}{x^6+y^2}$ 在 $(x,y)\to(0,0)$ 时的极限是否存在?

解 $\lim\limits_{(x,y)\to(0,0)} \dfrac{x^3 y}{x^6+y^2} \xlongequal{y=kx^3} \lim\limits_{x\to 0} \dfrac{kx^6}{x^6+k^2 x^6} = \dfrac{k}{1+k^2}$。故 $\dfrac{x^3 y}{x^6+y^2}$ 在 $(x,y)\to(0,0)$ 时的极限不存在。

例 3 设 $f(x,y) = \dfrac{y}{1+xy} - \dfrac{1-y\sin\frac{\pi x}{y}}{\arctan x}$,$x>0,y>0$。求:(1)$g(x) = \lim\limits_{y\to +\infty} f(x,y)$;(2)$\lim\limits_{x\to 0^+} g(x)$。

解 (1)$g(x) = \lim\limits_{y\to +\infty} f(x,y) = \dfrac{1}{x} - \dfrac{1-\pi x}{\arctan x}$。

(2)$\lim\limits_{x\to 0^+} g(x) = \lim\limits_{x\to 0^+} \left(\dfrac{1}{x} - \dfrac{1-\pi x}{\arctan x}\right) = \lim\limits_{x\to 0^+} \dfrac{\arctan x - x + \pi x^2}{x^2}$

$= \lim\limits_{x\to 0^+} \dfrac{\frac{1}{1+x^2} - 1 + 2\pi x}{2x} = \lim\limits_{x\to 0^+} \dfrac{2\pi - x + 2\pi x^2}{2(1+x^2)} = \pi$。

2. 二元函数的连续性、可导性与可微性

例 4 若 $\dfrac{\partial f}{\partial x}\Big|_{(x_0,y_0)}, \dfrac{\partial f}{\partial y}\Big|_{(x_0,y_0)}$ 都存在，则 $f(x,y)$ 在 (x_0,y_0)（　　）。

A. 极限存在但不一定连续　　　　　　　　B. 极限存在且连续
C. 沿任意方向的方向导数存在　　　　　　D. 极限不一定存在，也不一定连续

解 二元函数的可导与连续无关，因此可导也与极限无关。故选 D。

例 5 已知 $f(x,y)=\mathrm{e}^{\sqrt{x^2+y^4}}$，则（　　）。

A. $f_x(0,0), f_y(0,0)$ 都存在　　　　　　　B. $f_x(0,0)$ 不存在，$f_y(0,0)$ 存在
C. $f_x(0,0)$ 存在，$f_y(0,0)$ 不存在　　　　D. $f_x(0,0), f_y(0,0)$ 都不存在

解 $f_x(0,0)=\lim\limits_{x\to 0}\dfrac{f(x,0)-f(0,0)}{x}=\lim\limits_{x\to 0}\dfrac{\mathrm{e}^{|x|}-1}{x}=\lim\limits_{x\to 0}\dfrac{|x|}{x}$，该极限不存在，所以 $f_x(0,0)$ 不存在。

$f_y(0,0)=\lim\limits_{y\to 0}\dfrac{f(0,y)-f(0,0)}{y}=\lim\limits_{y\to 0}\dfrac{\mathrm{e}^{y^2}-1}{y}=\lim\limits_{y\to 0}\dfrac{y^2}{y}=0$。所以 $f_y(0,0)=0$。

综上，选 B。

例 6 设
$$f(x,y)=\begin{cases} y\arctan\dfrac{1}{\sqrt{x^2+y^2}}, & (x,y)\neq(0,0), \\ 0, & (x,y)=(0,0). \end{cases}$$

试讨论 $f(x,y)$ 在点 $(0,0)$ 的连续性、可偏导性与可微性。

解 因 $\arctan\dfrac{1}{\sqrt{x^2+y^2}}$ 有界，所以

$$\lim_{\substack{x\to 0\\ y\to 0}}f(x,y)=\lim_{\substack{x\to 0\\ y\to 0}}y\arctan\dfrac{1}{\sqrt{x^2+y^2}}=0=f(0,0),$$

故 $f(x,y)$ 在 $(0,0)$ 处连续。因为

$$f_x(0,0)=\lim_{x\to 0}\dfrac{f(x,0)-f(0,0)}{x}=\lim_{x\to 0}\dfrac{0}{x}=0,$$

$$f_y(0,0)=\lim_{y\to 0}\dfrac{f(0,y)-f(0,0)}{y}=\lim_{y\to 0}\arctan\dfrac{1}{|y|}=\dfrac{\pi}{2},$$

所以 $f(x,y)$ 在 $(0,0)$ 处可偏导。

下面考虑可微性。令

$$\Delta f(0,0)=f(x,y)-f(0,0)=f_x(0,0)x+f_y(0,0)y+\omega,$$

则 $\rho=\sqrt{x^2+y^2}\to 0^+$ 时

$$\dfrac{\omega}{\rho}=\dfrac{y}{\sqrt{x^2+y^2}}\left(\arctan\dfrac{1}{\rho}-\dfrac{\pi}{2}\right)\to 0 \quad \left(\text{因}\left|\dfrac{y}{\sqrt{x^2+y^2}}\right|\leqslant 1\right),$$

所以 $\omega=o(\rho)$，故 $f(x,y)$ 在 $(0,0)$ 处可微。

例 7 讨论函数

$$z=f(x,y)=\begin{cases} (x^2+y^2)\sin\dfrac{1}{\sqrt{x^2+y^2}}, & x^2+y^2\neq 0, \\ 0, & x^2+y^2=0 \end{cases}$$

在坐标原点处(1)是否连续;(2)是否可导;(3)是否可微;(4)偏导数是否连续。

解 (1)当$(x,y)\neq(0,0)$时,$|f(x,y)|\leqslant x^2+y^2$,故$\lim\limits_{\substack{x\to 0\\ y\to 0}}f(x,y)=0=f(0,0)$,所以连续。

(2)在$(0,0)$处,$\lim\limits_{x\to 0}\dfrac{f(x,0)-f(0,0)}{x}=\lim\limits_{x\to 0}\dfrac{x^2\sin\dfrac{1}{|x|}}{x}=\lim\limits_{x\to 0}x\sin\dfrac{1}{|x|}=0$,所以$f_x(0,0)=0$。同理$f_y(0,0)=0$,因此可导。

(3)$f(x,y)-f(0,0)-f_x(0,0)x-f_y(0,0)y=f(x,y)=(x^2+y^2)\sin\dfrac{1}{\sqrt{x^2+y^2}}$,

故

$$\lim\limits_{\substack{x\to 0\\ y\to 0}}\dfrac{f(x,y)-f(0,0)-f_x(0,0)x-f_y(0,0)y}{\sqrt{x^2+y^2}}=\lim\limits_{\substack{x\to 0\\ y\to 0}}\sqrt{x^2+y^2}\sin\dfrac{1}{\sqrt{x^2+y^2}}=0.$$

即函数$f(x,y)$在$(0,0)$点可微,且$\mathrm{d}z|_{(0,0)}=0\cdot\mathrm{d}x+0\cdot\mathrm{d}y=0$。

(4)当$(x,y)\neq(0,0)$时,$z_x=2x\sin\dfrac{1}{\sqrt{x^2+y^2}}-\dfrac{x}{\sqrt{x^2+y^2}}\cos\dfrac{1}{\sqrt{x^2+y^2}}$,

$$z_y=2y\sin\dfrac{1}{\sqrt{x^2+y^2}}-\dfrac{y}{\sqrt{x^2+y^2}}\cos\dfrac{1}{\sqrt{x^2+y^2}},$$

所以

$$z_x=\begin{cases}2x\sin\dfrac{1}{\sqrt{x^2+y^2}}-\dfrac{x}{\sqrt{x^2+y^2}}\cos\dfrac{1}{\sqrt{x^2+y^2}}, & (x,y)\neq(0,0),\\ 0, & (x,y)=(0,0),\end{cases}$$

$$z_y=\begin{cases}2y\sin\dfrac{1}{\sqrt{x^2+y^2}}-\dfrac{y}{\sqrt{x^2+y^2}}\cos\dfrac{1}{\sqrt{x^2+y^2}}, & (x,y)\neq(0,0),\\ 0, & (x,y)=(0,0).\end{cases}$$

因为$\lim\limits_{\substack{x\to 0\\ y\to 0}}\dfrac{x}{\sqrt{x^2+y^2}}\cos\dfrac{1}{\sqrt{x^2+y^2}}\xlongequal{y=x}\lim\limits_{x\to 0}\dfrac{x}{|x|\sqrt{2}}\cos\dfrac{1}{\sqrt{2}|x|}$不存在,而$\lim\limits_{\substack{x\to 0\\ y\to 0}}2x\sin\dfrac{1}{\sqrt{x^2+y^2}}=0$,所以$\lim\limits_{\substack{x\to 0\\ y\to 0}}z_x$不存在,因此不连续。同理$z_y$在$(0,0)$处也不连续。

3. 求多元复合函数与隐函数的导数、全微分

例8 设$f(x,y)$可微,$f(1,2)=2$,$f_x(1,2)=3$,$f_y(1,2)=4$,$\varphi(x)=f(x,f(x,2x))$,则$\varphi'(1)=$ _____。

解 应用多元复合函数的链式法则,有

$$\varphi'(x)=f_1'+f_2'(f_1'+2f_2')。$$

由于$f(1,f(1,2))=f(1,2)$,$f_1'(1,2)=f_x(1,2)=3$,$f_2'(1,2)=f_y(1,2)=4$,所以

$$\varphi'(1)=f_1'(1,2)+f_2'(1,2)[f_1'(1,2)+2f_2'(1,2)]=3+4(3+8)=47。$$

例9 已知变量x,y,t满足$y=f(x,t)$及$F(x,y,t)=0$,函数f,F的一阶偏导数连续,则$\dfrac{\mathrm{d}y}{\mathrm{d}x}=$ _____。

解 由方程组$y=f(x,t)$,$F(x,y,t)=0$确定y,t是x的一元函数,即有$y(x),t(x)$。方程两边对x求导得

$$\frac{dy}{dx} = f_x + f_t \frac{dt}{dx}, F_x + F_y \frac{dy}{dx} + F_t \frac{dt}{dx} = 0.$$

两式联立消 $\frac{dt}{dx}$ 得 $\frac{dy}{dx} = \frac{f_x F_t - f_t F_x}{F_t + f_t F_y}$。

例10 设函数 $u = f(x, y, z)$ 有连续偏导数，且 $z = z(x, y)$ 由方程 $xe^x - ye^y = ze^z$ 所确定，求 du。

解 设 $F(x, y, z) = xe^x - ye^y - ze^z$，则
$$F_x = (x+1)e^x, \quad F_y = -(y+1)e^y, \quad F_z = -(z+1)e^z,$$
故
$$\frac{\partial z}{\partial x} = -\frac{F_x}{F_z} = \frac{x+1}{z+1}e^{x-z}, \quad \frac{\partial z}{\partial y} = -\frac{F_y}{F_z} = -\frac{y+1}{z+1}e^{y-z}.$$
而
$$\frac{\partial u}{\partial x} = f_x + f_z \frac{\partial z}{\partial x} = f_x + f_z \frac{x+1}{z+1}e^{x-z}, \quad \frac{\partial u}{\partial y} = f_y + f_z \frac{\partial z}{\partial y} = f_y - f_z \frac{y+1}{z+1}e^{y-z}.$$
所以
$$du = \frac{\partial u}{\partial x}dx + \frac{\partial u}{\partial y}dy = \left(f_x + f_z \frac{x+1}{z+1}e^{x-z}\right)dx + \left(f_y - f_z \frac{y+1}{z+1}e^{y-z}\right)dy.$$

例11 设 $z = f\left(\frac{\sin x}{y}, \frac{y}{\ln x}\right)$，其中 f 是可微函数，则 $\frac{\partial z}{\partial x} = $ _____。

解 $\frac{\partial z}{\partial x} = f_1' \cdot \frac{1}{y}\cos x + f_2' \left(-\frac{1}{\ln^2 x} \cdot \frac{1}{x}\right) \cdot y = \frac{\cos x}{y}f_1' - \frac{y}{x\ln^2 x}f_2'$。

例12 $z = f\left(xy, \frac{x}{y}\right) + g\left(\frac{y}{x}\right)$，求 $\frac{\partial z}{\partial x}, \frac{\partial z}{\partial y}$。

解 $\frac{\partial z}{\partial x} = f_1' \cdot y + f_2' \frac{1}{y} + g'\left(-\frac{y}{x^2}\right) = yf_1' + \frac{1}{y}f_2' - \frac{y}{x^2}g'$,

$\frac{\partial z}{\partial y} = f_1' \cdot x + f_2' \left(-\frac{1}{y^2}\right) \cdot x + g' \cdot \frac{1}{x} = xf_1' - \frac{x}{y^2}f_2' + \frac{1}{x}g'$。

例13 设 $u = f(x, y, z)$，f 是可微函数，若 $\frac{f_x}{x} = \frac{f_y}{y} = \frac{f_z}{z}$，证明：$u$ 仅为 $r = \sqrt{x^2 + y^2 + z^2}$ 的函数。

证明 令 $\begin{cases} x = r\cos\theta\sin\varphi, \\ y = r\sin\theta\sin\varphi, \\ z = r\cos\varphi, \end{cases}$ 则 $u = f(r\cos\theta\sin\varphi, r\sin\theta\sin\varphi, r\cos\varphi)$。因此

$\frac{\partial u}{\partial \theta} = f_x(-\sin\theta)r \cdot \sin\varphi + r\cos\theta\sin\varphi f_y = -r\sin\theta\sin\varphi f_x + r\cos\theta\sin\varphi f_y$,

$\frac{\partial u}{\partial \varphi} = f_x r\cos\theta\cos\varphi + f_y r\sin\theta\cos\varphi - f_z r\sin\varphi$。

由
$$\frac{f_x}{x} = \frac{f_y}{y} = \frac{f_z}{z}, \text{得} \frac{f_x}{r\sin\varphi\cos\theta} = \frac{f_y}{r\sin\varphi\sin\theta} = \frac{f_z}{r\cos\varphi} = \lambda.$$

代入 $\frac{\partial u}{\partial \theta}, \frac{\partial u}{\partial \varphi}$，得 $\frac{\partial u}{\partial \theta} \equiv 0, \frac{\partial u}{\partial \varphi} \equiv 0$。故 u 仅为 r 的函数。

例14 设 z 是由方程组 $\begin{cases} x = (t+1)\cos z, \\ y = t\sin z \end{cases}$ 确定的隐函数，则 $\frac{\partial z}{\partial x} = $ _____。

解 在方程组 $\begin{cases} x=(t+1)\cos z, \\ y=t\sin z \end{cases}$ 中将 x,y 视为自变量,将 z,t 视为隐函数,方程组两边对 x 求偏导,有

$$\begin{cases} \cos z \cdot \dfrac{\partial t}{\partial x} - (t+1)\sin z \cdot \dfrac{\partial z}{\partial x} = 1, & \text{①} \\ \sin z \cdot \dfrac{\partial t}{\partial x} + t\cos z \cdot \dfrac{\partial z}{\partial x} = 0 & \text{②} \end{cases}$$

①式乘以 $\sin z$ 减去②式乘以 $\cos z$ 得

$$\frac{\partial z}{\partial x} = \frac{-\sin z}{(1+t)\sin^2 z + t\cos^2 z} = \frac{-\tan^2 z}{y + x\tan^3 z}。$$

例 15 设二元函数 $f(x,y)$ 有一阶连续的偏导数,且 $f(0,1)=f(1,0)$,证明:单位圆周上至少存在两点满足方程 $y\dfrac{\partial}{\partial x}f(x,y) - x\dfrac{\partial}{\partial y}f(x,y) = 0$。

解 令 $g(t) = f(\cos t, \sin t)$,则 $g(t)$ 一阶连续可导,且 $g(0)=f(1,0)$,$g\left(\dfrac{\pi}{2}\right)=f(0,1)$,$g(2\pi)=f(1,0)$,所以 $g(0) = g\left(\dfrac{\pi}{2}\right) = g(2\pi)$。分别在区间 $\left[0,\dfrac{\pi}{2}\right]$ 与 $\left[\dfrac{\pi}{2},2\pi\right]$ 上应用罗尔定理,存在 $\xi_1 \in \left(0,\dfrac{\pi}{2}\right)$,$\xi_2 \in \left(\dfrac{\pi}{2},2\pi\right)$,使得

$$g'(\xi_1) = 0, \qquad g'(\xi_2) = 0。$$

记 $(x_1,y_1)=(\cos\xi_1,\sin\xi_1)$,$(x_2,y_2)=(\cos\xi_2,\sin\xi_2)$,由于

$$g'(t) = -\sin t \frac{\partial}{\partial x}f(\cos t,\sin t) + \cos t\frac{\partial}{\partial y}f(\cos t,\sin t),$$

所以

$$-\sin\xi_i \cdot \frac{\partial f}{\partial x}\bigg|_{(\cos\xi_i,\sin\xi_i)} + \cos\xi_i \cdot \frac{\partial f}{\partial y}\bigg|_{(\cos\xi_i,\sin\xi_i)} = 0,$$

即

$$y_i\frac{\partial f}{\partial x}\bigg|_{(x_i,y_i)} - x_i\frac{\partial f}{\partial y}\bigg|_{(x_i,y_i)} = 0, \qquad i=1,2。$$

例 16 设 $u(x,y) = \varphi(x+y) + \varphi(x-y) + \int_{x-y}^{x+y}\psi(t)\mathrm{d}t$,其中 φ 具有二阶导数,ψ 具有一阶导数,则必有(　　)。

A. $\dfrac{\partial^2 u}{\partial x^2} = -\dfrac{\partial^2 u}{\partial y^2}$ 　　B. $\dfrac{\partial^2 u}{\partial x^2} = \dfrac{\partial^2 u}{\partial y^2}$ 　　C. $\dfrac{\partial^2 u}{\partial x\partial y} = \dfrac{\partial^2 u}{\partial y^2}$ 　　D. $\dfrac{\partial^2 u}{\partial x\partial y} = \dfrac{\partial^2 u}{\partial x^2}$

解 $\dfrac{\partial u}{\partial x} = \varphi'(x+y) + \varphi'(x-y) + \psi(x+y) - \psi(x-y)$,

$\dfrac{\partial u}{\partial y} = \varphi'(x+y) - \varphi'(x-y) + \psi(x+y) + \psi(x-y)$。

所以

$$\frac{\partial^2 u}{\partial x^2} = \varphi''(x+y) + \varphi''(x-y) + \psi'(x+y) - \psi'(x-y),$$

$$\frac{\partial^2 u}{\partial x \partial y} = \varphi''(x+y) - \varphi''(x-y) + \psi'(x+y) + \psi'(x-y),$$

$$\frac{\partial^2 u}{\partial y^2} = \varphi''(x+y) + \varphi''(x-y) + \psi'(x+y) - \psi'(x-y)。$$

故有 $\dfrac{\partial^2 u}{\partial x^2} = \dfrac{\partial^2 u}{\partial y^2}$，选 B。

例 17 设 g 二阶可导，f 具有二阶连续偏导数，$z=g(xf(x+y,2y))$，求 $\dfrac{\partial^2 z}{\partial x \partial y} = $ _____。

解 应用多元复合函数的链式法则，有

$$\frac{\partial z}{\partial x} = g' \cdot (f + xf'_1),$$

$$\frac{\partial^2 z}{\partial x \partial y} = g'' \cdot x(f'_1 + 2f'_2)(f + xf'_1) + g' \cdot [f'_1 + 2f'_2 + x(f''_{11} + 2f''_{12})],$$

即

$$\frac{\partial^2 z}{\partial x \partial y} = x(f + xf'_1)(f'_1 + 2f'_2)g'' + [f'_1 + 2f'_2 + x(f''_{11} + 2f''_{12})]g'。$$

例 18 设函数 $u = f(\ln\sqrt{x^2+y^2})$ 满足 $\dfrac{\partial^2 u}{\partial x^2} + \dfrac{\partial^2 u}{\partial y^2} = (x^2+y^2)^{\frac{3}{2}}$，试求函数 f 的表达式。

解 令 $t = \dfrac{1}{2}\ln(x^2+y^2)$，则

$$\frac{\partial u}{\partial x} = f'(t) \cdot \frac{x}{x^2+y^2}, \quad \frac{\partial u}{\partial y} = f'(t)\frac{y}{x^2+y^2},$$

$$\frac{\partial^2 u}{\partial x^2} = f''(t) \cdot \frac{x^2}{(x^2+y^2)^2} + f'(t) \cdot \frac{y^2 - x^2}{(x^2+y^2)^2}。$$

同理可得 $\dfrac{\partial^2 u}{\partial y^2} = f''(t)\dfrac{y^2}{(x^2+y^2)^2} + f'(t)\dfrac{x^2-y^2}{(x^2+y^2)^2}$。代入原方程得

$$\frac{\partial^2 u}{\partial x^2} + \frac{\partial^2 u}{\partial y^2} = f''(t) \cdot \frac{1}{x^2+y^2} = (x^2+y^2)^{\frac{3}{2}},$$

即得

$$f''(t) = (x^2+y^2)^{\frac{5}{2}} = e^{5t}。$$

积分两次得

$$f(t) = \frac{1}{25}e^{5t} + C_1 t + C_2。$$

例 19 设函数 $u = u(x,y)$ 有连续的二阶偏导数，且满足方程

$$\text{div}(\text{grad}u) - 2\frac{\partial^2 u}{\partial y^2} = 0。$$

(1) 用变量代换 $\xi = x - y, \eta = x + y$ 将上述方程化为以 ξ, η 为自变量的方程；
(2) 已知 $u(x, 2x) = x, u_x(x, 2x) = x^2$，求 $u(x,y)$。

解 (1) $\text{div}(\text{grad}u) = \text{div}(u_x, u_y) = u_{xx} + u_{yy}$，于是原方程化为

$$\frac{\partial^2 u}{\partial x^2} + \frac{\partial^2 u}{\partial y^2} - 2\frac{\partial^2 u}{\partial y^2} = \frac{\partial^2 u}{\partial x^2} - \frac{\partial^2 u}{\partial y^2} = 0。$$ ③

由于

$$\frac{\partial u}{\partial x} = \frac{\partial u}{\partial \xi}\frac{\partial \xi}{\partial x} + \frac{\partial u}{\partial \eta}\frac{\partial \eta}{\partial x} = \frac{\partial u}{\partial \xi} + \frac{\partial u}{\partial \eta}, \qquad \frac{\partial u}{\partial y} = \frac{\partial u}{\partial \xi}\frac{\partial \xi}{\partial y} + \frac{\partial u}{\partial \eta}\frac{\partial \eta}{\partial y} = -\frac{\partial u}{\partial \xi} + \frac{\partial u}{\partial \eta},$$

$$\frac{\partial^2 u}{\partial x^2} = \frac{\partial^2 u}{\partial \xi^2}\frac{\partial \xi}{\partial x} + \frac{\partial^2 u}{\partial \xi \partial \eta}\frac{\partial \eta}{\partial x} + \frac{\partial^2 u}{\partial \eta \partial \xi}\frac{\partial \xi}{\partial x} + \frac{\partial^2 u}{\partial \eta^2}\frac{\partial \eta}{\partial x} = \frac{\partial^2 u}{\partial \xi^2} + 2\frac{\partial^2 u}{\partial \xi \partial \eta} + \frac{\partial^2 u}{\partial \eta^2}, \quad ④$$

$$\frac{\partial^2 u}{\partial y^2} = -\frac{\partial^2 u}{\partial \xi^2}\frac{\partial \xi}{\partial y} - \frac{\partial^2 u}{\partial \xi \partial \eta}\frac{\partial \eta}{\partial y} + \frac{\partial^2 u}{\partial \eta \partial \xi}\frac{\partial \xi}{\partial y} + \frac{\partial^2 u}{\partial \eta^2}\frac{\partial \eta}{\partial y} = \frac{\partial^2 u}{\partial \xi^2} - 2\frac{\partial^2 u}{\partial \xi \partial \eta} + \frac{\partial^2 u}{\partial \eta^2} 。 \quad ⑤$$

将④式与⑤式代入③式得

$$\frac{\partial^2 u}{\partial \xi \partial \eta} = 0 。$$

(2) 将方程 $\frac{\partial^2 u}{\partial \xi \partial \eta} = 0$ 两边对 η 积分得

$$\frac{\partial u}{\partial \xi} = \varphi(\xi) \quad (\varphi(\xi) \text{为} \xi \text{的任意可微函数})。$$

此式两边对 ξ 积分得

$$u = \int \varphi(\xi) d\xi + g(\eta) = f(\xi) + g(\eta),$$

这里 f, g 为任意可微函数。于是

$$u(x,y) = f(x-y) + g(x+y)。 \quad ⑥$$

由条件 $u(x, 2x) = x$ 得

$$f(-x) + g(3x) = x。 \quad ⑦$$

⑥式两边对 x 求偏导,得

$$u_x = f'(x-y) + g'(x+y)。$$

由条件 $u_x(x, 2x) = x^2$ 得

$$u_x(x, 2x) = f'(-x) + g'(3x) = x^2 。$$

上式两边对 x 积分得

$$-3f(-x) + g(3x) = x^3 + C。 \quad ⑧$$

联立⑦式与⑧式解得

$$f(-x) = \frac{1}{4}(x - x^3) - \frac{1}{4}C, \quad g(3x) = \frac{1}{4}(3x + x^3) + \frac{1}{4}C 。$$

由此可得

$$f(x) = \frac{1}{4}(x^3 - x) - \frac{1}{4}C, \quad g(x) = \frac{1}{4}x + \frac{1}{108}x^3 + \frac{1}{4}C 。$$

于是由⑥式可得所求函数为

$$u(x,y) = \frac{1}{4}[(x-y)^3 - (x-y)] - \frac{1}{4}C + \frac{1}{4}(x+y) + \frac{1}{108}(x+y)^3 + \frac{1}{4}C$$

$$= \frac{1}{4}(x-y)^3 + \frac{1}{108}(x+y)^3 + \frac{1}{2}y 。$$

4. 求多元函数的极值和最值

例 20 已知函数 $f(x,y) = e^{2x}(x + y^2 + 2y)$,其在点 $\left(\frac{1}{2}, -1\right)$ 处取( )。

A. 极大值 $-\frac{e}{2}$ B. 极小值 $-\frac{e}{2}$ C. 不取得极值   D. 极小值 e

解 由

$$\begin{cases} f_x = e^{2x}(2x + 2y^2 + 4y + 1) = 0, \\ f_y = e^{2x}(2y + 2) = 0 \end{cases}$$

解得驻点为 $P\left(\frac{1}{2}, -1\right)$, $A = f_{xx}(P) = 2e, B = f_{xy}(P) = 0, C = f_{yy}(P) = 2e$。

$AC-B^2=4e^2>0$,且 $A=2e>0$,故 $\left(\dfrac{1}{2},-1\right)$ 为极小值点,且极小值为 $f\left(\dfrac{1}{2},-1\right)=-\dfrac{e}{2}$。故选 B。

例 21 已知函数 $f(x,y)$ 在点 $(0,0)$ 的某个邻域内连续且 $\lim\limits_{\substack{x\to 0\\y\to 0}}\dfrac{f(x,y)-xy}{(x^2+y^2)^2}=1$,则( )。

A. 点 $(0,0)$ 不是 $f(x,y)$ 的极值点

B. 点 $(0,0)$ 是 $f(x,y)$ 的极大值点

C. 点 $(0,0)$ 是 $f(x,y)$ 的极小值点

D. 根据所给条件无法判断点 $(0,0)$ 是否为 $f(x,y)$ 的极值点

解 $\lim\limits_{\substack{x\to 0\\y\to 0}}\dfrac{f(x,y)-xy}{(x^2+y^2)^2}=1 \Rightarrow f(0,0)=0$。从而得

$$f(x,y)=(x^2+y^2)^2+xy+\alpha(x^2+y^2)^2=(1+\alpha)(x^2+y^2)^2+xy,$$

其中 $\lim\limits_{\substack{x\to 0\\y\to 0}}\alpha=0$,因此 $\exists \mathring{U}(0,0)$,$xy\in\mathring{U}(0,0)$,当 $(x,y)\in$ Ⅰ,Ⅲ 象限时,$f(x,y)>0$,$(x,y)\in$ Ⅱ,Ⅳ 象限时,$f(x,y)<0$,所以点 $(0,0)$ 不是 $f(x,y)$ 的极值点。故选 A。

例 22 设 $z=z(x,y)$ 是由 $x^2-6xy+10y^2-2yz-z^2+18=0$ 确定的函数,求 $z=z(x,y)$ 的极值点和极值。

解 方程 $x^2-6xy+10y^2-2yz-z^2+18=0$ 两侧分别关于 x,y 求导,z 看作是 (x,y) 的二元函数,得

$$\begin{cases} 2x-6y-2y\dfrac{\partial z}{\partial x}-2z\dfrac{\partial z}{\partial x}=0, & \text{⑨}\\ -6x+20y-2z-2y\dfrac{\partial z}{\partial y}-2z\dfrac{\partial z}{\partial y}=0。 & \text{⑩} \end{cases}$$

解得

$$\begin{cases} \dfrac{\partial z}{\partial x}=\dfrac{x-3y}{y+z},\\ \dfrac{\partial z}{\partial y}=\dfrac{-3x+10y-z}{y+z}, \end{cases}$$

令它们为 0,得 $\begin{cases}x=3y,\\ z=y。\end{cases}$ 代入原方程,得

$$\begin{cases}x=9,\\ y=3,\\ z=3\end{cases} \text{或} \begin{cases}x=-9,\\ y=-3,\\ z=-3。\end{cases}$$

⑨式关于 x 求导,得

$$2-2y\dfrac{\partial^2 z}{\partial x^2}-2\left(\dfrac{\partial z}{\partial x}\right)^2-2z\dfrac{\partial^2 z}{\partial x^2}=0。$$

⑨式关于 y 求导,得

$$-6-2\dfrac{\partial z}{\partial x}-2y\dfrac{\partial^2 z}{\partial x\partial y}-2\dfrac{\partial z}{\partial y}\cdot\dfrac{\partial z}{\partial x}-2z\dfrac{\partial^2 z}{\partial x\partial y}=0。$$

⑩式关于 y 求导,得

$$20 - 4\frac{\partial z}{\partial y} - 2y\frac{\partial^2 z}{\partial y^2} - 2\left(\frac{\partial z}{\partial y}\right)^2 - 2z\frac{\partial^2 z}{\partial y^2} = 0。$$

所以
$$A = \frac{\partial^2 z}{\partial x^2}\bigg|_{(9,3,3)} = \frac{1}{6}, \quad B = \frac{\partial^2 z}{\partial x \partial y}\bigg|_{(9,3,3)} = -\frac{1}{2}, \quad C = \frac{\partial^2 z}{\partial y^2}\bigg|_{(9,3,3)} = \frac{5}{3}。$$

故 $AC - B^2 = \frac{1}{36} > 0$，且 $A > 0$，所以 $(9,3)$ 为极小值点，极小值为 $z(9,3) = 3$。

类似地可得 $(-9,-3)$ 是极大值点，且极大值为 $z(-9,-3) = -3$。

例 23 已知曲线 $C: \begin{cases} x^2 + y^2 - 2z^2 = 0, \\ x + y + 3z = 5, \end{cases}$ 求 C 上距离 xOy 平面最远的点和最近的点。

解 点 (x,y,z) 到 xOy 平面的距离为 $|z|$，将目标函数取为 z^2，曲线的两个方程就是限制条件，用拉格朗日乘数法。

令 $F(x,y,z,\lambda,u) = z^2 + \lambda(x^2 + y^2 - 2z^2) + u(x + y + 3z - 5)$，求导数得

$$\begin{cases} F_x = 2\lambda x + u = 0, \\ F_y = 2\lambda y + u = 0, \\ F_z = 2z + 3u - 4\lambda z = 0, \\ x^2 + y^2 - 2z^2 = 0, \\ x + y + 3z - 5 = 0。 \end{cases}$$

解得

$$\begin{cases} x = 1, \\ y = 1, \\ z = 1, \end{cases} 或 \begin{cases} x = -5, \\ y = -5, \\ z = 5。 \end{cases}$$

故距离最远的点为 $(-5,-5,5)$，最近的点为 $(1,1,1)$。

例 24 用拉格朗日乘数法求函数 $f(x,y) = x^2 + \sqrt{2}xy + 2y^2$ 在区域 $x^2 + 2y^2 \leqslant 4$ 上的最大值与最小值。

解 在 $x^2 + 2y^2 < 4$ 内，由 $f_x = 2x + \sqrt{2}y = 0, f_y = \sqrt{2}x + 4y = 0$ 得唯一驻点 $P_1(0,0)$。
在 $x^2 + 2y^2 = 4$ 上，令
$$F = x^2 + \sqrt{2}xy + 2y^2 + \lambda(x^2 + 2y^2 - 4)。$$
由
$$\begin{cases} F_x = 2x + \sqrt{2}y + 2\lambda x = (2 + 2\lambda)x + \sqrt{2}y = 0, & \text{⑪} \\ F_y = \sqrt{2}x + 4y + 4\lambda y = \sqrt{2}x + (4 + 4\lambda)y = 0, & \text{⑫} \\ F_\lambda = x^2 + 2y^2 - 4 = 0。 & \text{⑬} \end{cases}$$

将 $4(1+\lambda)$ 乘以⑪式减去 $\sqrt{2}$ 乘以⑫式，得 $(8\lambda^2 + 16\lambda + 6)x = 0$。若 $8\lambda^2 + 16\lambda + 6 \neq 0$，则 $x = 0$，由⑪式和⑫式得 $y = 0$，与⑬式矛盾。故 $8\lambda^2 + 16\lambda + 6 = 0$，解得 $\lambda = -\frac{1}{2}, -\frac{3}{2}$。

当 $\lambda = -\frac{1}{2}$ 时解得驻点 $P_2(\sqrt{2}, -1), P_3(-\sqrt{2}, 1)$；

当 $\lambda = -\frac{3}{2}$ 时解得驻点 $P_4(\sqrt{2}, 1), P_5(-\sqrt{2}, -1)$。

又 $f(P_1) = 0, f(P_2) = 2, f(P_3) = 2, f(P_4) = 6, f(P_5) = 6$，故 $f_{\min} = 0, f_{\max} = 6$。

2.2.3 模拟练习题 2-2

1. 讨论函数
$$f(x,y) = \begin{cases} xy\sin\dfrac{1}{x^2+y^2}, & (x,y) \neq (0,0), \\ 0, & (x,y) = (0,0) \end{cases}$$
在 $(0,0)$ 处的连续性、可导性、可微性。

2. 已知 $z = f(x+\varphi(y))$,且 f,φ 具有二阶连续导数,求 $\dfrac{\partial^2 z}{\partial x^2}, \dfrac{\partial^2 z}{\partial y^2}$。

3. 已知 $z = \dfrac{1}{x}f(xy) + yf(x+y)$,且 f 具有二阶连续导数,求 $\dfrac{\partial^2 z}{\partial x \partial y}$。

4. 已知 $z = f(x,y)$,其中 $x = \varphi(y)$,且 f 具有二阶连续偏导数,φ 具有二阶连续导数,求 $\dfrac{d^2 z}{dx^2}$。

5. 设 f 连续可导,$z(x,y) = \displaystyle\int_0^y e^y f(x-t)dt$,求 $\dfrac{\partial^2 z}{\partial x \partial y}$。

6. 设 $z(x,y) = xyf\left(\dfrac{x+y}{xy}\right)$,且 f 可微,证明 $z(x,y)$ 满足形如 $x^2\dfrac{\partial z}{\partial x} - y^2\dfrac{\partial z}{\partial y} = g(x,y)z$ 的方程,并求函数 $g(x,y)$。

7. 设 $z = z(x,y)$ 由方程 $x - z = ye^z$ 确定,求 $\dfrac{\partial z}{\partial x}, \dfrac{\partial^2 z}{\partial x^2}$。

8. 设 $x^2 + y^2 + z^2 = yf\left(\dfrac{z}{y}\right)$,且 f 可微,求 dz。

9. 设 $u = f(x^2, y^2, z^2)$,其中 $y = e^x$,且 $\varphi(y,z) = 0$,f, φ 皆可微,求 $\dfrac{du}{dx}$。

10. 求二元函数 $f(x,y) = x^2(2+y^2) + y\ln y$ 的极值。

11. 已知曲面 $\Sigma: \sqrt{x} + 2\sqrt{y} + 3\sqrt{z} = 3$。(1) 求该曲面上点 $P(a,b,c)(abc>0)$ 处的切平面方程;(2) 问 a,b,c 为何值时,上述切平面与三个坐标平面所围四面体的体积最大。

12. 设函数 $f(x,y) = 2(y-x^2)^2 - y^2 - \dfrac{1}{7}x^7$。(1) 求 $f(x,y)$ 的极值,并证明函数 $f(x,y)$ 在点 $(0,0)$ 处不取极值;(2) 当点 (x,y) 在过原点的任一直线上变化时,求证函数 $f(x,y)$ 在点 $(0,0)$ 处取极小值。

第3章 积 分 学

3.1 不定积分

3.1.1 考点综述和解题方法点拨

1. 不定积分

(1) 原函数与不定积分 若在某区间 I 上,$f(x)$ 和 $F(x)$ 满足 $F'(x)=f(x)$,则称 $F(x)$ 为 $f(x)$ 的一个原函数。若 $F(x)$ 是 $f(x)$ 的一个原函数,则 $f(x)$ 有无数个原函数,全体原函数为 $F(x)+C$(C 为任意常数)。$F(x)+C$ 称为 $f(x)$ 的不定积分,记为

$$\int f(x)\mathrm{d}x = F(x)+C。$$

(2) 不定积分的性质

$$\int f'(x)\mathrm{d}x = f(x)+C, \qquad \int \mathrm{d}f(x) = f(x)+C,$$

$$\left[\int f(x)\mathrm{d}x\right]' = f(x), \qquad \mathrm{d}\left[\int f(x)\mathrm{d}x\right] = f(x)\mathrm{d}x,$$

$$\int kf(x)\mathrm{d}x = k\int f(x)\mathrm{d}x, \qquad \int [f(x)\pm g(x)]\mathrm{d}x = \int f(x)\mathrm{d}x \pm \int g(x)\mathrm{d}x。$$

2. 基本积分公式

(1) $\int x^a \mathrm{d}x = \dfrac{1}{a+1}x^{a+1}+C \ (a\neq -1);$ (2) $\int \dfrac{1}{x}\mathrm{d}x = \ln|x|+C;$

(3) $\int a^x \mathrm{d}x = \dfrac{1}{\ln a}a^x + C;$ (4) $\int e^x \mathrm{d}x = e^x + C;$

(5) $\int \sin x \mathrm{d}x = -\cos x + C;$ (6) $\int \cos x \mathrm{d}x = \sin x + C;$

(7) $\int \sec^2 x \mathrm{d}x = \tan x + C;$ (8) $\int \csc^2 x \mathrm{d}x = -\cot x + C;$

(9) $\int \tan x \mathrm{d}x = -\ln|\cos x| + C;$ (10) $\int \cot x \mathrm{d}x = \ln|\sin x| + C;$

(11) $\int \sec x \mathrm{d}x = \ln|\sec x + \tan x| + C;$ (12) $\int \csc x \mathrm{d}x = \ln|\csc x - \cot x| + C;$

(13) $\int \dfrac{\mathrm{d}x}{\sqrt{a^2-x^2}} = \arcsin \dfrac{x}{a} + C;$ (14) $\int \dfrac{\mathrm{d}x}{a^2+x^2} = \dfrac{1}{a}\arctan \dfrac{x}{a} + C;$

(15) $\int \dfrac{\mathrm{d}x}{a^2-x^2} = \dfrac{1}{2a}\ln\left|\dfrac{a+x}{a-x}\right| + C;$ (16) $\int \dfrac{\mathrm{d}x}{\sqrt{x^2 \pm a^2}}\mathrm{d}x = \ln|x+\sqrt{x^2\pm a^2}| + C;$

(17) $\int \sqrt{a^2-x^2}\mathrm{d}x = \dfrac{x}{2}\sqrt{a^2-x^2} + \dfrac{a^2}{2}\arcsin \dfrac{x}{a} + C;$

(18) $\int \sqrt{x^2-a^2}\mathrm{d}x = \dfrac{x}{2}\sqrt{x^2-a^2} - \dfrac{a^2}{2}\ln|x+\sqrt{x^2-a^2}| + C;$

(19) $\int \sqrt{x^2+a^2}\,dx = \dfrac{x}{2}\sqrt{x^2+a^2} + \dfrac{a^2}{2}\ln|x+\sqrt{x^2+a^2}| + C$;

(20) $\int \mathrm{sh}x\,dx = \mathrm{ch}x + C$;   (21) $\int \mathrm{ch}x\,dx = \mathrm{sh}x + C$。

3. 不定积分的计算

(1) 第一换元积分法

$$\int f(x)\,dx = \int g(\varphi(x))\cdot\varphi'(x)\,dx \xrightarrow{u=\varphi(x)} \int g(u)\,du = G(u) + C$$
$$= G(\varphi(x)) + C。$$

（凑微分法）

(2) 第二换元积分法 设 $x=\varphi(t)$ 严格单调、可导，则

$$\int f(x)\,dx \xrightarrow[t=\varphi^{-1}(x)]{\diamondsuit\, x=\varphi(t)} \int f(\varphi(t))\cdot\varphi'(t)\,dt = \int g(t)\,dt = G(t) + C$$
$$= G(\varphi^{-1}(x)) + C。$$

(3) 分部积分法 设 $u(x),v(x)$ 均可导，$u'(x)v(x)$ 与 $u(x)v'(x)$ 中至少有一个有原函数，则

$$\int u(x)v'(x)\,dx = \int u(x)\,dv(x) = u(x)v(x) - \int v(x)\,du(x)$$
$$= u(x)v(x) - \int v(x)u'(x)\,dx。$$

分部规律：①三角函数（或指数函数）与幂函数作乘积时，前者作 $v'(x)$，后者作 $u(x)$；②反三角函数（或对数函数）与幂函数作乘积时，前者作 $u(x)$，后者作 $v'(x)$；③三角函数与指数函数作乘积时，$u(x)$ 与 $v'(x)$ 任选。

(4) 有理函数的积分

$$\text{有理函数} = \text{多项式} + \text{有理真分式}。$$

有理真分式可分解为若干个部分分式的和，这些部分分式的形式为

$$\int \frac{1}{(x-a)^n}\,dx, \quad \int \frac{Ax+B}{(x^2+px+q)^n}\,dx \quad (p^2<4q, n\in\mathbf{N})。$$

这两种形式的积分一般可采用第一换元积分法运算。

(5) 无理函数的积分

可采用适当的换元如 $t=\sqrt[n]{x},\, t=\sqrt[n]{\dfrac{ax+b}{cx+d}}$ 等转变再积分。

(6) 特定的三角函数的积分

如果采用第一换元、第二换元和分部积分法积不出来的，可考虑万能公式变换。如令 $t=\tan\dfrac{x}{2}$，则 $\sin x=\dfrac{2t}{1+t^2}, \cos x=\dfrac{1-t^2}{1+t^2}, dx=\dfrac{2}{1+t^2}\,dt$，代入原表达式即转化为有理函数，再积分。

4. $\int \dfrac{\sin x}{x}\,dx, \int e^{-x^2}\,dx, \int \dfrac{1}{\ln x}\,dx, \int \dfrac{1}{\sqrt{1+x^4}}\,dx$ 积不出来

3.1.2 竞赛例题

1. 求原函数

例 1 设 $f'(\cos^2 x)=\sin^2 x$，且 $f(0)=0$，则 $f(x)=$ _____。

解 $f'(\cos^2 x) = \sin^2 x = 1 - \cos^2 x$,所以 $f'(x) = 1-x$,$f(x) = -\dfrac{x^2}{2} + x + C$。

又 $f(0) = 0$,所以 $C = 0$。因此 $f(x) = x - \dfrac{x^2}{2}$。

例 2 设 $f(x)$ 定义在 **R** 上,且满足
$$f'(\ln x) = \begin{cases} 1, & x \in (0,1], \\ x, & x \in (1,+\infty), \end{cases}$$
$f(0) = 1$,则 $f(x) = $ _____。

解 令 $\ln x = t$,则 $e^t = x$,且
$$f'(t) = \begin{cases} 1, & -\infty < t \leqslant 0, \\ e^t, & 0 < t < +\infty, \end{cases}$$
积分得
$$f(t) = \begin{cases} t + C_1, & t \leqslant 0, \\ e^t + C_2, & t > 0。\end{cases}$$
令 $t = 0$,得 $f(0) = C_1 = \lim\limits_{t \to 0^+} f(t) = \lim\limits_{t \to 0^+}(e^t + C_2) = 1 + C_2 = 1$,故 $C_1 = 1, C_2 = 0$。于是
$$f(x) = \begin{cases} x + 1, & x \leqslant 0, \\ e^x, & x > 0。\end{cases}$$

例 3 设 $f(x)$ 在 $[0, +\infty)$ 上连续,在 $(0, +\infty)$ 内可导,$g(x)$ 在 $(-\infty, +\infty)$ 内有定义且可导,$g(0) = 1$。又当 $x > 0$ 时
$$f(x) + g(x) = 3x + 2,$$
$$f'(x) - g'(x) = 1,$$
$$f'(2x) - g'(-2x) = -12x^2 + 1。$$
求 $f(x)$ 与 $g(x)$ 的表达式。

解 由 $f(x) + g(x) = 3x + 2$,令 $x \to 0^+$,由 $g(0) = 1$ 得 $f(0) = 1$。将 $f'(x) - g'(x) = 1$ 积分得 $f(x) - g(x) = x + C_1$。由 $f(0) = g(0) = 1$,可得 $C_1 = 0$,故 $f(x) - g(x) = x$。

将上式与 $f(x) + g(x) = 3x + 2$ 联立解得
$$f(x) = 2x + 1, g(x) = x + 1, x \geqslant 0。$$
在 $f'(2x) - g'(-2x) = -12x^2 + 1$ 中令 $u = 2x$ 得
$$f'(u) - g'(-u) = -3u^2 + 1,$$
两边积分得
$$f(u) + g(-u) = -u^3 + u + C_2。$$
由 $f(0) = g(0) = 1$,可得 $C_2 = 2$,所以
$$g(-u) = -u^3 + u + 2 - f(u) = -u^3 - u + 1, \quad u \geqslant 0,$$
即
$$g(x) = x^3 + x + 1, \quad x < 0。$$
于是
$$f(x) = 2x + 1, \ x \geqslant 0, \qquad g(x) = \begin{cases} x + 1, & x \geqslant 0, \\ x^3 + x + 1, & x < 0。\end{cases}$$

例 4 求满足下列条件的可微函数 $f(x)$:对任意的 $x, y(x \neq y)$,有 $\dfrac{f(y) - f(x)}{y - x} = $

$f'(\alpha x+\beta y)$，这里 $\alpha\geqslant 0, \beta\geqslant 0$，且 $\alpha+\beta=1$。

解 令 $x=u-\beta v, y=u+\alpha v$，则 $y-x=v(v\neq 0), \alpha x+\beta y=u$，故有
$$f(y)-f(x)=f(u+\alpha v)-f(u-\beta v)=vf'(u)。$$
对 v 求导两次得
$$\alpha^2 f''(u+\alpha v)=\beta^2 f''(u-\beta v),$$
即 $\alpha^2 f''(y)=\beta^2 f''(x)$，对一切 $x,y(x\neq y)$ 成立。

(1) 若 $\alpha\neq\beta$，则 $f''(x)=0$，积分得所求函数为
$$f(x)=C_1 x+C_2。$$

(2) 若 $\alpha=\beta=\dfrac{1}{2}$，则 $f''(x)=C_1$，积分得所求函数为
$$f(x)=\frac{C_1}{2}x^2+C_2 x+C_3。$$

以上两式中，C_1, C_2, C_3 为任意常数。

2. 求不定积分

例5 求 $\displaystyle\int\frac{\arctan\sqrt{x}}{\sqrt{x}(1+x)}\mathrm{d}x$。

解
$$\int\frac{\arctan\sqrt{x}}{\sqrt{x}(1+x)}\mathrm{d}x=\int\frac{\arctan\sqrt{x}}{1+x}\cdot\frac{1}{\sqrt{x}}\mathrm{d}x=2\int\frac{\arctan\sqrt{x}}{1+x}\mathrm{d}\sqrt{x}$$
$$=2\int\arctan\sqrt{x}\cdot\frac{1}{1+(\sqrt{x})^2}\mathrm{d}\sqrt{x}=2\int\arctan\sqrt{x}\,\mathrm{d}\arctan\sqrt{x}$$
$$=(\arctan\sqrt{x})^2+C。$$

例6 求 $\displaystyle\int\frac{x^5-x}{x^8+1}\mathrm{d}x$。

解
$$\int\frac{x^5-x}{x^8+1}\mathrm{d}x\xlongequal{t=x^2}\frac{1}{2}\int\frac{t^2-1}{t^4+1}\mathrm{d}t=\frac{1}{2}\int\frac{1-\dfrac{1}{t^2}}{t^2+\dfrac{1}{t^2}}\mathrm{d}t$$
$$=\frac{1}{2}\int\frac{\mathrm{d}\left(t+\dfrac{1}{t}\right)}{\left(t+\dfrac{1}{t}\right)^2-(\sqrt{2})^2}=\frac{1}{4\sqrt{2}}\ln\left|\frac{\sqrt{2}-\left(t+\dfrac{1}{t}\right)}{\sqrt{2}+\left(t+\dfrac{1}{t}\right)}\right|+C$$
$$=\frac{1}{4\sqrt{2}}\ln\left|\frac{\sqrt{2}x^2-x^4-1}{\sqrt{2}x^2+x^4+1}\right|+C。$$

例7 求 $\displaystyle\int\frac{1+x}{x(1+x\mathrm{e}^x)}\mathrm{d}x$。

解 $(x\mathrm{e}^x)'=\mathrm{e}^x(x+1)$。令 $x\mathrm{e}^x=t$，则
$$\int\frac{1+x}{x(1+x\mathrm{e}^x)}\mathrm{d}x=\int\frac{\mathrm{e}^x(1+x)}{x\mathrm{e}^x(1+x\mathrm{e}^x)}\mathrm{d}x=\int\frac{\mathrm{d}t}{t(1+t)}=\int\left(\frac{1}{t}-\frac{1}{1+t}\right)\mathrm{d}t$$
$$=\ln\left|\frac{t}{1+t}\right|+C=\ln\left|\frac{x\mathrm{e}^x}{1+x\mathrm{e}^x}\right|+C。$$

例 8 $\int \dfrac{x+\sin x\cos x}{(\cos x - x\sin x)^2}\mathrm{d}x = $ _____。

解 $\int \dfrac{x+\sin x\cos x}{(\cos x - x\sin x)^2}\mathrm{d}x = \int \dfrac{x+\sin x\cos x}{\cos^2 x\,(1-x\tan x)^2}\mathrm{d}x = \int \dfrac{x\sec^2 x + \tan x}{(1-x\tan x)^2}\mathrm{d}x$

$$= \int \dfrac{1}{(x\tan x - 1)^2}\mathrm{d}(x\tan x) = \dfrac{-1}{x\tan x - 1} + C。$$

例 9 设 y 是由方程 $y^3(x+y) = x^3$ 所确定的隐函数，求 $\int \dfrac{1}{y^3}\mathrm{d}x$。

解 令 $x = ty$，代入原方程有 $(1+t)y^4 = t^3 y^3$，从而

$$y = \dfrac{t^3}{1+t},\ x = \dfrac{t^4}{1+t} \Rightarrow \mathrm{d}x = \dfrac{t^3(3t+4)}{(1+t)^2}\mathrm{d}t。$$

所以

$$\int \dfrac{1}{y^3}\mathrm{d}x = \int \dfrac{(1+t)^3}{t^9}\cdot \dfrac{t^3(3t+4)}{(1+t)^2}\mathrm{d}t = \int \left(\dfrac{3}{t^4} + \dfrac{7}{t^5} + \dfrac{4}{t^6}\right)\mathrm{d}t$$

$$= -\left(\dfrac{1}{t^3} + \dfrac{7}{4}\cdot\dfrac{1}{t^4} + \dfrac{4}{5}\cdot\dfrac{1}{t^5}\right) + C$$

$$= -\left(\left(\dfrac{y}{x}\right)^3 + \dfrac{7}{4}\left(\dfrac{y}{x}\right)^4 + \dfrac{4}{5}\left(\dfrac{y}{x}\right)^5\right) + C。$$

例 10 求 $\int \dfrac{\ln x}{\sqrt{1 + x^2\,(\ln x - 1)^2}}\mathrm{d}x$。

解 因为 $(x\ln x - x)' = \ln x$，令 $x(\ln x - 1) = t$，应用换元积分法，则

$$\int \dfrac{\ln x}{\sqrt{1 + x^2\,(\ln x - 1)^2}}\mathrm{d}x = \int \dfrac{1}{\sqrt{1 + t^2}}\mathrm{d}t = \ln(t + \sqrt{1+t^2}) + C$$

$$= \ln\left(x(\ln x - 1) + \sqrt{1 + x^2\,(\ln x - 1)^2}\right) + C。$$

例 11 $\int \arcsin x \cdot \arccos x\,\mathrm{d}x = $ _____。

解 分部积分，得

$$原式 = x\arcsin x \cdot \arccos x - \int x\cdot\left(\dfrac{\arccos x}{\sqrt{1-x^2}} - \dfrac{\arcsin x}{\sqrt{1-x^2}}\right)\mathrm{d}x$$

$$= x\arcsin x \cdot \arccos x + \int (\arccos x - \arcsin x)\,\mathrm{d}\sqrt{1-x^2}$$

$$= x\arcsin x \cdot \arccos x + (\arccos x - \arcsin x)\sqrt{1-x^2}$$

$$\quad - \int \sqrt{1-x^2}\left(\dfrac{-1}{\sqrt{1-x^2}} - \dfrac{1}{\sqrt{1-x^2}}\right)\mathrm{d}x$$

$$= x\arcsin x \cdot \arccos x + (\arccos x - \arcsin x)\sqrt{1-x^2} + 2x + C。$$

例 12 求 $\int \ln\left[(x+a)^{x+a}\cdot(x+b)^{x+b}\right]\dfrac{1}{(x+a)(x+b)}\mathrm{d}x$。

解 $原式 = \int \left(\dfrac{\ln(x+a)}{x+b} + \dfrac{\ln(x+b)}{x+a}\right)\mathrm{d}x$

$$= \int \ln(x+a)\,\mathrm{d}\ln(x+b) + \int \dfrac{\ln(x+b)}{x+a}\mathrm{d}x$$

$$= \ln(x+a)\ln(x+b) - \int \frac{\ln(x+b)}{x+a}dx + \int \frac{\ln(x+b)}{x+a}dx$$
$$= \ln(x+a)\ln(x+b) + C_\circ$$

例 13 已知 $f''(x)$ 连续,$f'(x)\neq 0$,求
$$\int \left[\frac{f(x)}{f'(x)} - \frac{f^2(x)f''(x)}{(f'(x))^3}\right]dx_\circ$$

解 对被积函数的第二项分部积分,有
$$\int \frac{f^2(x)f''(x)}{[f'(x)]^3}dx = \int \frac{f^2(x)}{[f'(x)]^3}df'(x) = -\frac{1}{2}\int f^2(x)d\frac{1}{[f'(x)]^2}$$
$$= -\frac{f^2(x)}{2[f'(x)]^2} + \int \frac{1}{2[f'(x)]^2}df^2(x)$$
$$= -\frac{f^2(x)}{2[f'(x)]^2} + \int \frac{f(x)}{f'(x)}dx_\circ$$

于是
$$原式 = \int \frac{f(x)}{f'(x)}dx + \frac{f^2(x)}{2[f'(x)]^2} - \int \frac{f(x)}{f'(x)}dx = \frac{f^2(x)}{2[f'(x)]^2} + C_\circ$$

例 14 求 $\int \frac{x^2}{1+x^2}\arctan x\,dx_\circ$

解 令 $\arctan x = u$,则 $x = \tan u$,$dx = \frac{du}{\cos^2 u}$。于是
$$原式 = \int \frac{\tan^2 u}{1+\tan^2 u} \cdot u \cdot \frac{du}{\cos^2 u} = \int u\tan^2 u\,du = \int u(\sec^2 u - 1)du$$
$$= \int u\sec^2 u\,du - \frac{1}{2}u^2 = \int u\,d(\tan u) - \frac{1}{2}u^2 = u\tan u - \int \tan u\,du - \frac{1}{2}u^2$$
$$= u\tan u + \ln|\cos u| - \frac{1}{2}u^2 + C = x\arctan x + \ln\frac{1}{\sqrt{1+x^2}} - \frac{1}{2}(\arctan x)^2 + C_\circ$$

例 15 计算 $\int \frac{xe^x}{\sqrt{e^x-2}}dx_\circ$

解 先分部积分后变量代换。
$$\int \frac{xe^x}{\sqrt{e^x-2}}dx = \int x\,d(2\sqrt{e^x-2}) = 2x\sqrt{e^x-2} - 2\int \sqrt{e^x-2}\,dx_\circ$$

令 $e^x - 2 = t^2$,则 $e^x = 2+t^2$,$x = \ln(2+t^2)$,$dx = \frac{2t}{2+t^2}dt$,于是
$$\int \sqrt{e^x-2}\,dx = \int t\frac{2t}{2+t^2}dt = 2\int \frac{t^2+2-2}{2+t^2}dt = 2t - \frac{4}{\sqrt{2}}\arctan\frac{t}{\sqrt{2}} + C,$$

所以 $\int \frac{xe^x}{\sqrt{e^x-2}}dx = 2x\sqrt{e^x-2} - 4\sqrt{e^x-2} + 4\sqrt{2}\arctan\sqrt{\frac{e^x-2}{2}} + C_\circ$

例 16 计算不定积分 $\int \frac{xe^{\arctan x}}{(1+x^2)^{3/2}}dx_\circ$

解 设 $x = \tan t$,则
$$\int \frac{xe^{\arctan x}}{(1+x^2)^{3/2}}dx = \int \frac{e^t \tan t}{(1+\tan^2 t)^{3/2}}\sec^2 t\,dt = \int e^t \sin t\,dt_\circ$$

又

$$\int e^t \sin t \, dt = -\int e^t d\cos t = -\left(e^t\cos t - \int e^t\cos t \, dt\right) = -e^t\cos t + e^t\sin t - \int e^t\sin t \, dt,$$

故

$$\int e^t \sin t \, dt = \frac{1}{2}e^t(\sin t - \cos t) + C_\circ$$

因此

$$\int \frac{x e^{\arctan x}}{(1+x^2)^{3/2}} dx = \frac{1}{2} e^{\arctan x}\left(\frac{x}{\sqrt{1+x^2}} - \frac{1}{\sqrt{1+x^2}}\right) + C = \frac{(x-1)e^{\arctan x}}{2\sqrt{1+x^2}} + C_\circ$$

例 17 计算 $\displaystyle\int \frac{e^{-\sin x}\sin 2x}{\sin^4\left(\frac{\pi}{4}-\frac{x}{2}\right)} dx_\circ$

解 $\displaystyle\int \frac{e^{-\sin x}\sin 2x}{\sin^4\left(\frac{\pi}{4}-\frac{x}{2}\right)} dx = \int \frac{8\sin x \cdot e^{-\sin x}}{(1-\sin x)^2}\cos x \, dx$

$$\xrightarrow{t=\sin x - 1} \int \frac{8(t+1)e^{-(t+1)}}{t^2} dt$$

$$= \frac{8}{e}\left(\int \frac{e^{-t}}{t^2} dt + \int \frac{e^{-t}}{t} dt\right)$$

$$= \frac{8}{e}\left[\int \frac{e^{-t}}{t} dt + \left(-\int \frac{e^{-t}}{t} dt - \frac{e^{-t}}{t}\right)\right]$$

$$= -\frac{8}{e}\cdot\frac{e^{-t}}{t} + C = \frac{8e^{-\sin x}}{\sin x - 1} + C_\circ$$

3.1.3 模拟练习题 3-1

1. 求 $\displaystyle\int \frac{\sin x}{\sin x + \cos x} dx_\circ$

2. 求 $\displaystyle\int \frac{\arctan\frac{1}{x}}{1+x^2} dx_\circ$

3. 求 $\displaystyle\int \frac{x^2 e^x}{(x+2)^2} dx_\circ$

4. 求 $\displaystyle\int \frac{x e^{\arctan x}}{(1+x^2)^{3/2}} dx_\circ$

5. 设 $f(x)$ 的一个原函数为 e^{x^2},求 $\displaystyle\int x f''(x) dx_\circ$

3.2 定 积 分

3.2.1 考点综述和解题方法点拨

1. 定积分的定义和性质

(1) 定积分的定义

将区间 $[a,b]$ 分割为 n 个小区间

$$a = x_0 < x_1 < x_2 < \cdots < x_{n-1} < x_n = b,$$

记 $\Delta x_i = x_i - x_{i-1}, \lambda = \max\{\Delta x_i\}, \forall \xi_i \in [x_{i-1}, x_i] (i = 1, 2, \cdots, n)$，则 $f(x)$ 在区间 $[a, b]$ 上的**定积分**定义为

$$\int_a^b f(x) dx = \lim_{\lambda \to 0} \sum_{i=1}^n f(\xi_i) \Delta x_i,$$

这里右端的极限存在。

(2) $f(x)$ 在 $[a,b]$ 上可积的必要条件是 $f(x)$ 在 $[a,b]$ 上有界，当 $f(x)$ 在 $[a,b]$ 上连续时，$f(x)$ 在 $[a,b]$ 上可积；当 $f(x)$ 在 $[a,b]$ 上有界，且只有有限个间断点时，$f(x)$ 在 $[a,b]$ 上可积。

(3) 定积分的主要性质

定理 1(保号性)　若 $f(x), g(x)$ 在 $[a, b]$ 上可积，$\forall x \in [a, b]$，有 $f(x) \leqslant g(x)$，则

$$\int_a^b f(x) dx \leqslant \int_a^b g(x) dx。$$

定理 2(可加性)　当下列 3 个积分皆存在时，有

$$\int_a^b f(x) dx = \int_a^c f(x) dx + \int_c^b f(x) dx。$$

对于实数 a, b, c 的任意大小关系，上式皆成立。

2. 定积分中值定理

定理(中值定理)　设 $f(x)$ 在闭区间 $[a, b]$ 上连续，则 $\exists \xi \in (a, b)$，使得

$$\int_a^b f(x) dx = f(\xi)(b - a)。$$

推广的中值定理　设 $f(x), g(x)$ 在闭区间 $[a, b]$ 上连续，$g(x)$ 不变号，则 $\exists \xi \in (a, b)$，使得

$$\int_a^b f(x) g(x) dx = f(\xi) \int_a^b g(x) dx。$$

3. 变限的定积分

定理　若 $f(x)$ 连续，$\varphi(x), \psi(x)$ 可导，则

$$\frac{d}{dx}\left(\int_a^x f(t) dt\right) = \frac{d}{dx}\left(\int_0^x f(t) dt\right) = f(x),$$

$$\frac{d}{dx}\left(\int_a^{\varphi(x)} f(t) dt\right) = \frac{d}{dx}\left(\int_0^{\varphi(x)} f(t) dt\right) = f(\varphi(x)) \varphi'(x),$$

$$\frac{d}{dx}\left(\int_{\psi(x)}^{\varphi(x)} f(t) dt\right) = \frac{d}{dx}\left(\int_{\psi(x)}^{\varphi(x)} f(t) dt\right) = f(\varphi(x)) \varphi'(x) - f(\psi(x)) \psi'(x)。$$

4. 定积分的计算

(1) 定积分基本定理

定理 1(牛顿-莱布尼茨公式)　若 $f(x)$ 在 $[a, b]$ 上连续，$F(x)$ 是 $f(x)$ 的一个原函数，则

$$\int_a^b f(x) dx = F(x) \Big|_a^b = F(b) - F(a)。$$

(2) 换元积分法

定理 2(换元积分公式)　设函数 $f(x)$ 在 $[a, b]$ 上连续，$\varphi'(t)$ 在 $[\alpha, \beta]$(或 $[\beta, \alpha]$)上连续，且 $\varphi(\alpha) = a, \varphi(\beta) = b, \varphi'(x) \neq 0$，则

$$\int_a^b f(x) dx = \int_\alpha^\beta f(\varphi(t)) \varphi'(t) dt。$$

(3) 分部积分法

定理 3(分部积分公式) 设函数 $u(x),v(x)$ 在 $[a,b]$ 上连续可导,则
$$\int_a^b u(x)\mathrm{d}v(x) = u(x)v(x)\Big|_a^b - \int_a^b v(x)\mathrm{d}u(x)。$$

5. 奇偶函数与周期函数定积分的性质

(1) 设 $f(x)$ 在对称区间 $[-a,a]$ 上连续,则
$$\int_{-a}^a f(x)\mathrm{d}x = \int_0^a [f(x)+f(-x)]\mathrm{d}x。$$

$$\int_{-a}^a f(x)\mathrm{d}x = \begin{cases} 0, & f(x) \text{ 为奇函数}; \\ 2\int_0^a f(x)\mathrm{d}x, & f(x) \text{ 为偶函数}。 \end{cases}$$

(2) 设 $f(x)$ 是周期为 T 的连续函数,则
$$\int_a^{a+T} f(x)\mathrm{d}x = \int_0^T f(x)\mathrm{d}x, \qquad T>0, a\in \mathbf{R},$$
$$\int_a^{a+nT} f(x)\mathrm{d}x = n\int_0^T f(x)\mathrm{d}x, \qquad a\in \mathbf{R}, n\in \mathbf{N}。$$

6. 定积分在几何与物理上的应用

(1) 平面图形的面积

① 若平面图形 D 是由上、下两条曲线 $y=f(x),y=g(x)(g(x)\leqslant f(x))$ 与直线 $x=a$,$x=b(a<b)$ 围成的,则 D 的面积为
$$S = \int_a^b (f(x)-g(x))\mathrm{d}x。$$

② 若平面图形 D 是由左、右两条曲线 $x=\varphi(y),x=\psi(y)(\varphi(y)\leqslant \psi(y))$ 与直线 $y=c$,$y=d(c<d)$ 围成的,则 D 的面积为
$$S = \int_c^d (\psi(y)-\varphi(y))\mathrm{d}y。$$

③ 若平面图形 D 是极坐标下的两条曲线 $\rho=\rho_1(\theta),\rho=\rho_2(\theta)(\rho_1(\theta)\leqslant \rho_2(\theta))$ 与射线 $\theta=\alpha,\theta=\beta(\alpha<\beta)$ 围成的,则 D 的面积为
$$S = \frac{1}{2}\int_\alpha^\beta (\rho_2^2(\theta)-\rho_1^2(\theta))\mathrm{d}\theta。$$

(2) 特殊立体的体积

① 设立体 Ω 介于两平面 $x=a,x=b(a<b)$ 之间,$\forall x\in [a,b]$,过点 x 作平面垂直于 x 轴,该平面与立体 Ω 的截面的面积为可求的连续函数 $A(x)$,则立体 Ω 的体积为
$$V = \int_a^b A(x)\mathrm{d}x。$$

② 平面图形 $D:\{(x,y)\,|\,g(x)\leqslant y\leqslant f(x),a\leqslant x\leqslant b\}$ 绕 x 轴旋转一周所得旋转体的体积为
$$V = \pi\int_a^b [f^2(x)-g^2(x)]\mathrm{d}x。$$

③ 平面图形 $D:\{(x,y)\,|\,g(x)\leqslant y\leqslant f(x),a<x<b,a\geqslant 0\}$ 绕 y 轴旋转一周所得旋转体的体积为
$$V = 2\pi\int_a^b x(f(x)-g(x))\mathrm{d}x。$$

(3)平面曲线的弧长

①平面曲线 Γ 的方程 $y=f(x)(a\leqslant x\leqslant b)$,若 $f(x)$ 连续可导,则曲线 Γ 的弧长为
$$l=\int_a^b\sqrt{1+(f'(x))^2}\mathrm{d}x。$$

②平面曲线 Γ 的参数方程为 $x=\varphi(t),y=\psi(t)(\alpha\leqslant t\leqslant \beta),\varphi(t)$ 与 $\psi(t)$ 皆连续可导,则曲线 Γ 的弧长为
$$l=\int_\alpha^\beta\sqrt{(\varphi'(t))^2+(\psi'(t))^2}\mathrm{d}t。$$

③平面曲线 Γ 的极坐标方程为 $\rho=\rho(\theta),\alpha\leqslant\theta\leqslant\beta,\rho(\theta)$ 连续可导,则曲线 Γ 的弧长为
$$l=\int_\alpha^\beta\sqrt{(\rho(\theta))^2+(\rho'(\theta))^2}\mathrm{d}\theta。$$

(4)旋转曲面的面积

平面曲线 $y=f(x)(f(x)\geqslant 0,a\leqslant x\leqslant b)$ 绕 x 轴旋转一周所得旋转曲面的面积为
$$S=2\pi\int_a^b f(x)\sqrt{1+(f'(x))^2}\mathrm{d}x。$$

(5)定积分在物理上可用于求变力在直线运动下所做的功、液体的压力以及引力等,这些应用可用微元法解决。

7.广义积分

(1)两类广义积分的定义

①若 $f(x)$ 在任意有限区间 $[a,x]$ 上可积,则
$$\int_a^{+\infty}f(x)\mathrm{d}x\xlongequal{\text{def}}\lim_{x\to+\infty}\int_a^x f(x)\mathrm{d}x。$$

若上式右端极限存在时,称广义积分 $\int_a^{+\infty}f(x)\mathrm{d}x$ 收敛;否则称为发散。

②若 $f(x)$ 在 $x=b$ 的左邻域内无界,则
$$\int_a^b f(x)\mathrm{d}x\xlongequal{\text{def}}\lim_{x\to b^-}\int_a^x f(x)\mathrm{d}x。$$

若上式右端极限存在时,称广义积分 $\int_a^b f(x)\mathrm{d}x$ 收敛;否则称为发散。称 $x=b$ 为奇点(或瑕点)。

③三个基本结论:

广义积分 $\int_1^{+\infty}\dfrac{1}{x^p}\mathrm{d}x$,当且仅当 $p>1$ 时收敛;

广义积分 $\int_a^b\dfrac{1}{(b-x)^\lambda}\mathrm{d}x$,当且仅当 $\lambda<1$ 时收敛;

广义积分 $\int_a^b\dfrac{1}{(x-a)^\lambda}\mathrm{d}x$,当且仅当 $\lambda<1$ 时收敛。

(2)两类广义积分的计算

①广义牛顿-莱布尼茨公式:若 $x=+\infty$ 是广义积分 $\int_a^{+\infty}f(x)\mathrm{d}x$ 的唯一奇点,$F'(x)=f(x),x\in[a,+\infty)$,则
$$\int_a^{+\infty}f(x)\mathrm{d}x=F(x)\Big|_a^{+\infty}=F(+\infty)-F(a)。$$

若 $x=b$ 是广义积分 $\int_a^b f(x)\mathrm{d}x$ 的唯一奇点，$F'(x)=f(x)$，$x\in[a,b)$，则

$$\int_a^b f(x)\mathrm{d}x = F(x)\Big|_a^{b^-} = F(b^-)-F(a)。$$

若 $x=a$ 是广义积分 $\int_a^b f(x)\mathrm{d}x$ 的唯一奇点，$F'(x)=f(x)$，$x\in(a,b]$，则

$$\int_a^b f(x)\mathrm{d}x = F(x)\Big|_{a^+}^b = F(b)-F(a^+)。$$

②广义换元积分法：若 $x=b$（b 可为 $+\infty$）是广义积分 $\int_a^b f(x)\mathrm{d}x$ 的唯一奇点，令 $x=\varphi(t)$，$\varphi(t)$ 连续可导，且 $a=\varphi(\alpha)$，$\lim\limits_{t\to\beta}\varphi(t)=b$（$\beta$ 可为 $+\infty$），则

$$\int_a^b f(x)\mathrm{d}x = \int_\alpha^\beta f(\varphi(t))\varphi'(t)\mathrm{d}t。$$

③广义分部积分法：若 $x=b$（b 可为 $+\infty$）是广义积分 $\int_a^b u(x)\mathrm{d}v(x)$ 的唯一奇点，则

$$\int_a^b u(x)\mathrm{d}v(x) = u(x)v(x)\Big|_a^{b^-} - \int_a^b v(x)\mathrm{d}u(x)。$$

3.2.2 竞赛例题

1. 利用定积分定义求极限

例 1 $\lim\limits_{n\to\infty}\dfrac{1}{n}\left[\sqrt{1+\cos\dfrac{\pi}{n}}+\sqrt{1+\cos\dfrac{2\pi}{n}}+\cdots+\sqrt{1+\cos\dfrac{n\pi}{n}}\right]=$ _____。

解 原式 $=\lim\limits_{n\to\infty}\dfrac{1}{n}\sum\limits_{i=1}^n\sqrt{1+\cos\dfrac{\pi i}{n}}=\dfrac{1}{\pi}\lim\limits_{n\to\infty}\dfrac{\pi}{n}\sum\limits_{i=1}^n\sqrt{1+\cos\dfrac{\pi i}{n}}$

$=\dfrac{1}{\pi}\int_0^\pi\sqrt{1+\cos x}\,\mathrm{d}x=\dfrac{1}{\pi}\int_0^\pi\sqrt{2}\left|\cos\dfrac{x}{2}\right|\mathrm{d}x=\dfrac{\sqrt{2}}{\pi}\cdot 2\sin\dfrac{x}{2}\Big|_0^\pi=\dfrac{2\sqrt{2}}{\pi}$。

故应填 $\dfrac{2\sqrt{2}}{\pi}$。

例 2 $\lim\limits_{n\to\infty}\ln\sqrt[n]{\left(1+\dfrac{1}{n}\right)^2\left(1+\dfrac{2}{n}\right)^2\cdots\left(1+\dfrac{n}{n}\right)^2}=$ (　　)。

A. $\int_1^2 \ln^2 x\,\mathrm{d}x$ \hspace{2cm} B. $2\int_1^2 \ln x\,\mathrm{d}x$

C. $2\int_1^2 \ln(1+x)\,\mathrm{d}x$ \hspace{1cm} D. $\int_1^2 \ln^2(1+x)\,\mathrm{d}x$

解 $\lim\limits_{n\to\infty}\ln\sqrt[n]{\left(1+\dfrac{1}{n}\right)^2\left(1+\dfrac{2}{n}\right)^2\cdots\left(1+\dfrac{n}{n}\right)^2}$

$=2\lim\limits_{n\to\infty}\dfrac{1}{n}\left[\ln\left(1+\dfrac{1}{n}\right)+\ln\left(1+\dfrac{2}{n}\right)+\cdots+\ln\left(1+\dfrac{n}{n}\right)\right]=2\lim\limits_{n\to\infty}\dfrac{1}{n}\sum\limits_{i=1}^n\ln\left(1+\dfrac{i}{n}\right)$

$=2\int_0^1 \ln(1+x)\,\mathrm{d}x=2\int_1^2 \ln x\,\mathrm{d}x$。

故应选 B。

点评 若和式极限表示为 $\lim\limits_{n\to\infty}\sum\limits_{i=1}^n f(\xi_i)\Delta x_i$ 的形式，则可用定积分定义求极限。

例 3 求 $\lim\limits_{n\to\infty}\left[\dfrac{\sin\dfrac{\pi}{n}}{n+1}+\dfrac{\sin\dfrac{2\pi}{n}}{n+\dfrac{1}{2}}+\cdots+\dfrac{\sin\pi}{n+\dfrac{1}{n}}\right]$。

解 $\dfrac{\sin\dfrac{\pi}{n}}{n+1}+\dfrac{\sin\dfrac{2\pi}{n}}{n+\dfrac{1}{2}}+\cdots+\dfrac{\sin\pi}{n+\dfrac{1}{n}}<\dfrac{1}{n}\left(\sin\dfrac{\pi}{n}+\sin\dfrac{2\pi}{n}+\cdots+\sin\pi\right)=\dfrac{1}{n}\sum\limits_{i=1}^{n}\sin\dfrac{i\pi}{n}$,而

$$\lim_{n\to\infty}\dfrac{1}{n}\sum_{i=1}^{n}\sin\dfrac{i\pi}{n}=\int_0^1\sin\pi x\,\mathrm{d}x=\dfrac{2}{\pi}.$$

另一方面,

$\dfrac{\sin\dfrac{\pi}{n}}{n+1}+\dfrac{\sin\dfrac{2\pi}{n}}{n+\dfrac{1}{2}}+\cdots+\dfrac{\sin\pi}{n+\dfrac{1}{n}}>\dfrac{1}{n+1}\left(\sin\dfrac{\pi}{n}+\sin\dfrac{2\pi}{n}+\cdots+\sin\pi\right)=\dfrac{n}{n+1}\cdot\dfrac{1}{n}\sum\limits_{i=1}^{n}\sin\dfrac{i\pi}{n}$,

$$\lim_{n\to\infty}\left(\dfrac{n}{n+1}\cdot\dfrac{1}{n}\sum_{i=1}^{n}\sin\dfrac{i\pi}{n}\right)=\int_0^1\sin\pi x\,\mathrm{d}x=\dfrac{2}{\pi}.$$

所以,由夹逼准则知原式 $=\dfrac{2}{\pi}$。

例 4 已知

$$f(x)=\begin{cases}\lim\limits_{n\to\infty}\left(1+\dfrac{2nx+x^2}{2n^2}\right)^{-n}, & x\neq 0,\\ \lim\limits_{n\to\infty}2\left[\dfrac{n}{(n+1)^2}+\dfrac{n}{(n+2)^2}+\cdots+\dfrac{n}{(n+n)^2}\right], & x=0.\end{cases}$$

求 $f'(0)$。

解 当 $x\neq 0$ 时,$f(x)=\lim\limits_{n\to\infty}\left(1+\dfrac{2nx+x^2}{2n^2}\right)^{-n}$

$$=\lim_{n\to\infty}\left[\left(1+\dfrac{2nx+x^2}{2n^2}\right)^{\frac{2n^2}{2nx+x^2}}\right]^{\frac{(2nx+x^2)}{2n^2}\cdot(-n)}$$

$$=\mathrm{e}^{-x}.$$

当 $x=0$ 时,$f(x)=\lim\limits_{n\to\infty}2\left[\dfrac{n}{(n+1)^2}+\dfrac{n}{(n+2)^2}+\cdots+\dfrac{n}{(n+n)^2}\right]$

$$=2\lim_{n\to\infty}\sum_{i=1}^{n}\dfrac{1}{n}\cdot\dfrac{1}{\left(1+\dfrac{i}{n}\right)^2}=2\int_0^1\dfrac{1}{(1+x)^2}\mathrm{d}x$$

$$=-\dfrac{2}{1+x}\bigg|_0^1=1.$$

于是

$$f(x)=\begin{cases}\mathrm{e}^{-x}, & x\neq 0,\\ 1, & x=0,\end{cases}$$

故

$$f'(0)=\lim_{x\to 0}\dfrac{f(x)-f(0)}{x}=\lim_{x\to 0}\dfrac{\mathrm{e}^{-x}-1}{x}=-1.$$

例 5 设

$$f(x) = \begin{cases} \lim_{n\to\infty} \dfrac{1}{n}\left(1+\cos\dfrac{x}{n}+\cos\dfrac{2x}{n}+\cdots+\cos\dfrac{n-1}{n}x\right), & x>0, \\ \lim_{n\to\infty}\left[1+\dfrac{1}{n!}\left(\int_0^1\sqrt{x^5+x^3+1}\,\mathrm{d}x\right)^n\right], & x=0, \\ f(-x) & x<0. \end{cases}$$

(1) 讨论 $f(x)$ 在 $x=0$ 的可导性；

(2) 求函数 $f(x)$ 在 $[-\pi,\pi]$ 上的最大值。

解 (1) 当 $x>0$ 时

$$f(x)=\frac{1}{x}\lim_{n\to\infty}\left[\left(\sum_{k=0}^{n-1}\cos\frac{k}{n}x\right)\cdot\frac{x}{n}\right]=\frac{1}{x}\int_0^x\cos x\,\mathrm{d}x=\frac{1}{x}\sin x\Big|_0^x=\frac{\sin x}{x}.$$

当 $x=0$ 时

$$f(0)=\lim_{n\to\infty}\left[1+\frac{1}{n!}\left(\int_0^1\sqrt{x^5+x^3+1}\,\mathrm{d}x\right)^n\right].$$

记 $\int_0^1\sqrt{x^5+x^3+1}\,\mathrm{d}x=a$，显然 $1<a<\sqrt{3}$。考虑级数 $\sum_{n=1}^{\infty}\dfrac{a^n}{n!}$，因为

$$\frac{b_{n+1}}{b_n}=\frac{a^{n+1}}{(n+1)!}\cdot\frac{n!}{a^n}=\frac{a}{n+1}\to 0,\,n\to\infty.$$

这里 $b_n=\dfrac{a^n}{n!}$。据比值判别法得级数 $\sum_{n=1}^{\infty}\dfrac{a^n}{n!}$ 收敛，由级数收敛的必要条件得

$$\lim_{n\to\infty}\frac{1}{n!}\left(\int_0^1\sqrt{x^5+x^3+1}\,\mathrm{d}x\right)^n=0.$$

所以 $f(0)=1$。当 $x<0$ 时，$f(x)=f(-x)=\dfrac{\sin(-x)}{-x}=\dfrac{\sin x}{x}$。故

$$f'(0)=\lim_{x\to 0}\frac{f(x)-f(0)}{x}=\lim_{x\to 0}\frac{\frac{\sin x}{x}-1}{x}=\lim_{x\to 0}\frac{\sin x-x}{x^2}$$
$$=\lim_{x\to 0}\frac{\cos x-1}{2x}=\lim_{x\to 0}\frac{-\sin x}{2}=0.$$

(2) 当 $0<x\leqslant\pi$ 时，$f'(x)=\dfrac{x\cos x-\sin x}{x^2}$。令 $g(x)=x\cos x-\sin x$，则 $g'(x)=-x\sin x\leqslant 0$，且仅当 $x=\pi$ 时 $g'(x)=0$，所以 $g(x)$ 严格减，$g(x)<g(0)=0$，所以 $f'(x)<0$，$f(x)$ 严格减。而 $f(x)$ 为偶函数，故 $-\pi\leqslant x<0$ 时 $f(x)$ 严格增。因此 $f(x)$ 在 $[-\pi,\pi]$ 上的最大值为 $f(0)=1$。

2. 积分中值定理的应用

例 6 求 $\lim_{n\to\infty}\int_0^1 x^n\mathrm{e}^x\,\mathrm{d}x$。

解 $\int_0^1 x^n\mathrm{e}^x\,\mathrm{d}x=\mathrm{e}^{\xi}\int_0^1 x^n\,\mathrm{d}x=\mathrm{e}^{\xi}\cdot\dfrac{1}{n+1},\xi\in(0,1)$。故原式 $=\lim_{n\to\infty}\dfrac{\mathrm{e}^{\xi}}{n+1}=0$。

例7 设 $f(x)$ 在 $[0,1]$ 上可导，$F(x)=\int_0^x t^2 f(t)\mathrm{d}t$，且 $F(1)=f(1)$。证明：在 $(0,1)$ 内至少存在一点 ξ，使 $f'(\xi)=-\dfrac{2f(\xi)}{\xi}$。

证明 $F(x)=\int_0^x t^2 f(t)\mathrm{d}t \xrightarrow{\text{积分中值定理}} x\eta^2 f(\eta)$，

从而 $F(1)=\eta^2 f(\eta)$。令 $G(x)=x^2 f(x)$，则
$$G(1)=f(1)=F(1)=\eta^2 f(\eta)=G(\eta), \eta\in(0,x).$$

对函数 $G(x)$ 在 $[\eta,1]\subset[0,1]$ 上运用罗尔中值定理得，$\exists\xi\in(\eta,1)\subset(0,1)$，有 $G'(\xi)=0$，即 $f'(\xi)=-\dfrac{2f(\xi)}{\xi}$。

例8 设 $f(x)$ 在区间 $[0,1]$ 上连续，在 $(0,1)$ 内可导，且满足
$$f(1)=3\int_0^{\frac{1}{3}}\mathrm{e}^{1-x^2}f(x)\mathrm{d}x,$$
证明：存在 $\xi\in(0,1)$，使得 $f'(\xi)=2\xi f(\xi)$。

证明 由积分中值定理，得 $f(1)=\mathrm{e}^{1-\xi_1^2}f(\xi_1)$，$\xi_1\in\left[0,\dfrac{1}{3}\right]$，即 $f(1)\mathrm{e}^{-1}=\mathrm{e}^{-\xi_1^2}f(\xi_1)$。

令 $F(x)=\mathrm{e}^{-x^2}f(x)$，则 $F(x)$ 在 $[\xi_1,1]$ 上连续，在 $(\xi_1,1)$ 内可导，且
$$F(1)=f(1)\mathrm{e}^{-1}=\mathrm{e}^{-\xi_1^2}f(\xi_1)=F(\xi_1),$$
由罗尔定理，在 $(\xi_1,1)$ 内至少有一点 ξ，使得
$$F'(\xi)=\mathrm{e}^{-\xi^2}[f'(\xi)-2\xi f(\xi)]=0,$$
于是 $f'(\xi)=2\xi f(\xi)$，$\xi\in(\xi_1,1)\subset(0,1)$。

例9 已知 $f(x)\in C[0,1]$，$b>a>0$，求
$$\lim_{\varepsilon\to 0^+}\int_{a\varepsilon}^{b\varepsilon}\frac{f(x)}{x}\mathrm{d}x.$$

解 应用积分中值定理，$\exists\xi\in(a\varepsilon,b\varepsilon)$，使得
$$\lim_{\varepsilon\to 0^+}\int_{a\varepsilon}^{b\varepsilon}\frac{f(x)}{x}\mathrm{d}x=\lim_{\varepsilon\to 0^+}f(\xi)\int_{a\varepsilon}^{b\varepsilon}\frac{1}{x}\mathrm{d}x=\lim_{\varepsilon\to 0^+}f(\xi)\ln\frac{b}{a}\quad(\text{因 }\varepsilon\to 0^+\text{ 时 }\xi\to 0^+)$$
$$=f(0)\ln\frac{b}{a}\quad(\text{因 }f(x)\in C[0,1]).$$

例10 设 $f(x)$ 在 $[a,b]$ 上连续，对一切 $\alpha,\beta(a\leqslant\alpha<\beta\leqslant b)$，有
$$\left|\int_a^\beta f(x)\mathrm{d}x\right|\leqslant M|\beta-\alpha|^{1+\delta},$$
其中 M,δ 为正常数。求证：$f(x)\equiv 0$，$x\in[a,b]$。

证明 $\forall x_0\in[a,b]$，应用积分中值定理，有
$$\int_{x_0}^{x_0+h}f(x)\mathrm{d}x=f(x_0+\theta h)h,$$
这里 $x_0+h\in[a,b]$，$h\neq 0$，$0<\theta<1$，所以
$$\left|\int_{x_0}^{x_0+h}f(x)\mathrm{d}x\right|=|f(x_0+\theta h)h|\leqslant M|h|^{1+\delta},$$
$$|f(x_0+\theta h)|\leqslant M|h|^\delta.$$

由于 $M>0$，$\delta>0$，$\lim\limits_{h\to 0}M|h|^\delta=0$，且 $f(x)$ 在 x_0 处连续，得

$$\lim_{h\to 0}|f(x_0+\theta h)|=0, \lim_{h\to 0}f(x_0+\theta h)=f(x_0)=0。$$

由 $x_0\in[a,b]$ 的任意性得 $f(x)\equiv 0, x\in[a,b]$。

例 11 设 $f(x)$ 为 $[0,+\infty)$ 上单调减少的连续函数,试证明:
$$\int_0^x(x^2-3t^2)f(t)\mathrm{d}t\geqslant 0。$$

证明 令 $F(x)=\int_0^x(x^2-3t^2)f(t)\mathrm{d}t$,则 $F(0)=0$,且

$$F'(x)=\left[x^2\int_0^x f(t)\mathrm{d}t-\int_0^x 3t^2 f(t)\mathrm{d}t\right]'$$

$$=2x\int_0^x f(t)\mathrm{d}t+x^2 f(x)-3x^2 f(x)$$

$$=2x\int_0^x f(t)\mathrm{d}t-2x^2 f(x)$$

$$\xrightarrow{\text{积分中值定理}} 2x^2 f(\xi)-2x^2 f(x)$$

$$=2x^2(f(\xi)-f(x)),\quad \xi\in(0,x)。$$

因为 $f(x)$ 单调减少,所以 $f(\xi)\geqslant f(x)$,从而 $F'(x)\geqslant 0$,所以 $F(x)$ 在 $[0,+\infty)$ 上单调增加,$F(x)\geqslant F(0)$,即
$$\int_0^x(x^2-3t^2)f(t)\mathrm{d}t\geqslant 0。$$

3. 与变限定积分有关的问题

例 12 $\lim\limits_{x\to 0}\int_0^x \dfrac{1}{x^3}(\mathrm{e}^{-t^2}-1)\mathrm{d}t=$ _____。

解 $\lim\limits_{x\to 0}\int_0^x \dfrac{1}{x^3}(\mathrm{e}^{-t^2}-1)\mathrm{d}t=\lim\limits_{x\to 0}\dfrac{\int_0^x(\mathrm{e}^{-t^2}-1)\mathrm{d}t}{x^3}\xrightarrow{\text{洛必达法则}}\lim\limits_{x\to 0}\dfrac{\mathrm{e}^{-x^2}-1}{3x^2}$

$$=\lim_{x\to 0}\dfrac{-x^2}{3x^2}=-\dfrac{1}{3}。$$

例 13 若 $a>0$ 时,有
$$\lim_{x\to 0}\dfrac{1}{x-\sin x}\int_0^x \dfrac{t^2}{\sqrt{a+t}}\mathrm{d}t=\lim_{x\to \frac{\pi}{6}}\left[\sin\left(\dfrac{\pi}{6}-x\right)\tan 3x\right],$$

则 $a=$ _____。

解 $\lim\limits_{x\to 0}\dfrac{\int_0^x \dfrac{t^2}{\sqrt{a+t}}\mathrm{d}t}{x-\sin x}=\lim\limits_{x\to 0}\dfrac{\dfrac{x^2}{\sqrt{a+x}}}{1-\cos x}=\dfrac{1}{\sqrt{a}}\lim\limits_{x\to 0}\dfrac{x^2}{\dfrac{x^2}{2}}=\dfrac{2}{\sqrt{a}}。$

$\lim\limits_{x\to \frac{\pi}{6}}\left[\sin\left(\dfrac{\pi}{6}-x\right)\tan 3x\right]=\lim\limits_{x\to \frac{\pi}{6}}\dfrac{\sin\left(\dfrac{\pi}{6}-x\right)}{\cos 3x}\cdot\sin 3x=\lim\limits_{x\to \frac{\pi}{6}}\dfrac{\dfrac{\pi}{6}-x}{\cos 3x}=\lim\limits_{x\to \frac{\pi}{6}}\dfrac{-1}{-3\sin 3x}=\dfrac{1}{3}。$

所以 $\dfrac{2}{\sqrt{a}}=\dfrac{1}{3}$,故 $a=36$。

例 14 当 $x \to 0$ 时，$F(x) = \int_0^x (x^2 - t^2) f'(t) dt$ 的导数与 x^2 为等价无穷小，求 $f'(0)$。

解 $F(x) = \int_0^x (x^2 - t^2) f'(t) dt = x^2 \int_0^x f'(t) dt - \int_0^x t^2 f'(t) dt$,

$$F'(x) = 2x \int_0^x f'(t) dt + x^2 f'(x) - x^2 f'(x) = 2x \int_0^x f'(t) dt = 2x(f(x) - f(0))。$$

由题意

$$\lim_{x \to 0} \frac{F'(x)}{x^2} = \lim_{x \to 0} \frac{2x(f(x) - f(0))}{x^2} = 2 \lim_{x \to 0} \frac{f(x) - f(0)}{x} = 1,$$

即 $2f'(0) = 1$，故 $f'(0) = \frac{1}{2}$。

例 15 求函数 $f(x) = \int_0^{x^2} (2 - t) e^{-t} dt$ 的最大值和最小值。

解 因为 $f(x)$ 是偶函数，故只需求 $f(x)$ 在 $[0, +\infty)$ 内的最大值与最小值。

令 $f'(x) = 2x(2 - x^2) e^{-x^2} = 0$，故在区间 $(0, +\infty)$ 内有唯一的驻点 $x = \sqrt{2}$。

当 $0 < x < \sqrt{2}$ 时，$f'(x) > 0$；当 $x > \sqrt{2}$ 时，$f'(x) < 0$。所以 $x = \sqrt{2}$ 是极大值点，即最大值点，最大值为

$$f(\sqrt{2}) = \int_0^2 (2 - t) e^{-t} dt = -(2 - t) e^{-t} \Big|_0^2 - \int_0^2 e^{-t} dt = 1 + e^{-2}。$$

因为 $\int_0^{+\infty} (2 - t) e^{-t} dt = -(2 - t) e^{-t} \Big|_0^{+\infty} + e^{-t} \Big|_0^{+\infty} = 2 - 1 = 1$ 以及 $f(0) = 0$，故 $x = 0$ 是最小值点，所以 $f(x)$ 的最小值为 0。

例 16 设 $F(x) = \int_x^{x+2\pi} e^{\sin t} \sin t \, dt$，则 $F(x)$ ( )。

A. 为正常数   B. 为负常数   C. 恒为零   D. 不为常数

解 $F'(x) = e^{\sin(x+2\pi)} \sin(x + 2\pi) - e^{\sin x} \sin x = 0$。故 $F(x) = C$，C 为常数。而

$$F(0) = \int_0^{2\pi} e^{\sin t} \sin t \, dt = \int_0^{\pi} e^{\sin t} \sin t \, dt + \int_{\pi}^{2\pi} e^{\sin t} \sin t \, dt = \int_0^{\pi} (e^{\sin t} - e^{-\sin t}) \sin t \, dt > 0。$$

故应选 A。

点评 本题主要考查周期函数的积分性质，只需确定 $F(x)$ 的符号，无须具体计算积分 $\int_0^{2\pi} e^{\sin t} \sin t \, dt$。一般地，若 $f(x)$ 是以 T 为周期的连续函数，则必有

$$\int_a^{a+T} f(x) dx = \int_0^T f(x) dx。$$

例 17 设 $\int_0^y e^{t^2} dt = \int_0^{3x^2} \ln \sqrt{t + x^2} dt \, (x > 0)$，求 $\frac{dy}{dx}$。

解 令 $u = t + x^2$，则 $\int_0^{3x^2} \ln \sqrt{t + x^2} dt = \int_{x^2}^{4x^2} \ln \sqrt{u} \, du$，故 $\int_0^y e^{t^2} dt = \int_{x^2}^{4x^2} \ln \sqrt{t} \, dt$。将 y 看作 x 的函数，等式两侧求导，得

$$e^{y^2} \frac{dy}{dx} = 8x \ln \sqrt{4x^2} - 2x \ln \sqrt{x^2},$$

所以
$$\frac{dy}{dx} = \frac{2x(4\ln 2x - \ln x)}{e^{y^2}}。$$

例 18 设 $\begin{cases} x = \int_0^t f(u^2)du, \\ y = [f(t^2)]^2, \end{cases}$ 其中 $f(u)$ 具有二阶导数，且 $f(u) \neq 0$，求 $\dfrac{d^2 y}{dx^2}$。

解 $\dfrac{dy}{dx} = \dfrac{\frac{dy}{dt}}{\frac{dx}{dt}} = \dfrac{2f(t^2) \cdot f'(t^2) \cdot 2t}{f(t^2)} = 4tf'(t^2)$。

$\dfrac{d^2 y}{dx^2} = \dfrac{d}{dx}\left(\dfrac{dy}{dx}\right) = \dfrac{d}{dt}\left(\dfrac{dy}{dx}\right)\bigg/\dfrac{dx}{dt} = \dfrac{4f'(t^2) + 4tf''(t^2) \cdot 2t}{f(t^2)} = \dfrac{4[f'(t^2) + 2t^2 f''(t^2)]}{f(t^2)}$。

例 19 设函数 $f(x)$ 连续，且 $f(0) \neq 0$，求 $\lim\limits_{x \to 0} \dfrac{\int_0^x (x-t)f(t)dt}{x\int_0^x f(x-t)dt}$。

解 $\lim\limits_{x \to 0} \dfrac{\int_0^x (x-t)f(t)dt}{x\int_0^x f(x-t)dt} \xlongequal{u=x-t} \lim\limits_{x \to 0} \dfrac{x\int_0^x f(t)dt - \int_0^x tf(t)dt}{x\int_0^x f(u)du}$

$= \lim\limits_{x \to 0} \dfrac{\int_0^x f(t)dt + xf(x) - xf(x)}{\int_0^x f(u)du + xf(x)} = \lim\limits_{x \to 0} \dfrac{\int_0^x f(t)dt}{\int_0^x f(u)du + xf(x)}$

$= \lim\limits_{x \to 0} \dfrac{f(\xi) \cdot x}{f(\xi) \cdot x + xf(x)} = \lim\limits_{x \to 0} \dfrac{f(\xi)}{f(\xi) + f(x)} \quad (\xi \in (0, x))$

$= \dfrac{f(0)}{2f(0)} = \dfrac{1}{2}$。

例 20 当 $x \to 0^+$ 时，无穷小量 $\alpha = \int_0^x \cos t^2 dt$，$\beta = \int_0^{x^2} \tan\sqrt{t}\,dt$，$\gamma = \int_0^{\sqrt{x}} \sin t^3 dt$，试求它们分别是 x 的多少阶无穷小。

解 $\lim\limits_{x \to 0^+} \dfrac{\alpha}{x^k} = \lim\limits_{x \to 0^+} \dfrac{\int_0^x \cos t^2 dt}{x^k} = \lim\limits_{x \to 0^+} \dfrac{\cos x^2}{kx^{k-1}} = 1 \quad (k = 1 \text{ 时})$。

$\lim\limits_{x \to 0^+} \dfrac{\beta}{x^k} = \lim\limits_{x \to 0^+} \dfrac{\int_0^{x^2} \tan\sqrt{t}\,dt}{x^k} = \lim\limits_{x \to 0^+} \dfrac{\tan x \cdot 2x}{kx^{k-1}} = \lim\limits_{x \to 0} \dfrac{2x^2}{kx^{k-1}} = \dfrac{2}{3} \quad (k = 3 \text{ 时})$。

$\lim\limits_{x \to 0^+} \dfrac{\gamma}{x^k} = \lim\limits_{x \to 0^+} \dfrac{\int_0^{\sqrt{x}} \sin t^3 dt}{x^k} = \lim\limits_{x \to 0^+} \dfrac{x^{-\frac{1}{2}} \cdot x^{\frac{3}{2}}}{2kx^{k-1}} = \lim\limits_{x \to 0^+} \dfrac{x}{2kx^{k-1}} = \dfrac{1}{4} \quad (k = 2 \text{ 时})$。

故 α 为 x 的一阶无穷小，β 为 x 的 3 阶无穷小，γ 为 x 的 2 阶无穷小。

例 21 设 $f''(x)$ 连续，且 $f''(x) > 0$，$f(0) = f'(0) = 0$，试求极限

$$\lim_{x \to 0^+} \dfrac{\int_0^{u(x)} f(t)dt}{\int_0^x f(t)dt},$$

其中 $u(x)$ 是曲线 $y=f(x)$ 在点 $(x,f(x))$ 处的切线在 x 轴上的截距。

解 曲线 $y=f(x)$ 在点 $(x,f(x))$ 处切线为
$$Y-f(x)=f'(x)(X-x)。$$

令 $Y=0$，得 $X=x-\dfrac{f(x)}{f'(x)}$，即 $u(x)=x-\dfrac{f(x)}{f'(x)}$，$u'(x)=\dfrac{f(x)f''(x)}{[f'(x)]^2}$。

应用 $f(x)$ 与 $f'(x)$ 的麦克劳林公式，有
$$f(x)=f(0)+f'(0)x+\frac{1}{2}f''(0)x^2+o(x^2)=\frac{1}{2}f''(0)x^2+o(x^2),$$
$$f'(x)=f'(0)+f''(0)x+o(x)=f''(0)x+o(x)。$$

因此，$u(x)=x-\dfrac{\dfrac{1}{2}f''(0)x^2+o(x^2)}{f''(0)x+o(x)}$，且当 $x\to 0$ 时，有
$$\frac{u(x)}{\dfrac{x}{2}}=2-\frac{f''(0)x+o(x)}{f''(0)x+o(x)}\to 1,$$

故 $u(x)=\dfrac{x}{2}+o(x)$，且 $\lim\limits_{x\to 0^+}u(x)=0$。

因此
$$\lim_{x\to 0^+}\frac{\int_0^{u(x)}f(t)\mathrm{d}t}{\int_0^x f(t)\mathrm{d}t}=\lim_{x\to 0^+}\frac{f(u(x))u'(x)}{f(x)}=\lim_{x\to 0^+}\frac{f(u(x))}{[f'(x)]^2}f''(x)$$
$$=\lim_{x\to 0^+}\frac{\dfrac{1}{2}f''(0)u^2(x)+o(u^2(x))}{[f''(0)x+o(x)]^2}\cdot f''(0)$$
$$=\lim_{x\to 0^+}\frac{\dfrac{1}{2}f''(0)\cdot\left(\dfrac{x}{2}\right)^2+o(x^2)}{[f''(0)x+o(x)]^2}\cdot f''(0)=\frac{1}{8}。$$

例 22 求 $\lim\limits_{x\to+\infty}\sqrt{x}\int_x^{x+1}\dfrac{\mathrm{d}t}{\sqrt{t+\sin t+x}}$。

解 应用积分的保号性，有
$$\varphi(x)=\int_x^{x+1}\frac{1}{\sqrt{t+\sin t+x}}\mathrm{d}t\leqslant\int_x^{x+1}\frac{\mathrm{d}t}{\sqrt{x-1+x}}=\frac{1}{\sqrt{2x-1}},$$
$$\varphi(x)=\int_x^{x+1}\frac{1}{\sqrt{t+\sin t+x}}\mathrm{d}t\geqslant\int_x^{x+1}\frac{1}{\sqrt{x+1+1+x}}\mathrm{d}t=\frac{1}{\sqrt{2x+2}}。$$

因为
$$\lim_{x\to+\infty}\sqrt{x}\frac{1}{\sqrt{2x-1}}=\frac{1}{\sqrt{2}},\lim_{x\to+\infty}\sqrt{x}\frac{1}{\sqrt{2x+2}}=\frac{1}{\sqrt{2}}。$$

应用夹逼准则得
$$原式=\lim_{x\to+\infty}\sqrt{x}\varphi(x)=\frac{1}{\sqrt{2}}。$$

例 23 设 $f(x)$ 连续，且当 $x>-1$ 时，有

$$f(x)\left(\int_0^x f(t)\mathrm{d}t+1\right)=\frac{x\mathrm{e}^x}{2(1+x)^2},$$

求 $f(x)$。

解 令 $y(x)=\int_0^x f(t)\mathrm{d}t+1$，则 $y(0)=1,y'(x)=f(x)$，于是有

$$2y'(x)y(x)=\frac{x\mathrm{e}^x}{(1+x)^2}。$$

两边积分，得

$$y^2(x)=\int\frac{x\mathrm{e}^x}{(1+x)^2}\mathrm{d}x=-\int x\mathrm{e}^x\mathrm{d}\frac{1}{1+x}$$

$$=-\frac{x\mathrm{e}^x}{1+x}+\int\frac{1}{1+x}\mathrm{e}^x(1+x)\mathrm{d}x=\frac{\mathrm{e}^x}{1+x}+C。$$

由 $y(0)=1$，可得 $C=0$，所以 $y(x)=\sqrt{\frac{\mathrm{e}^x}{1+x}}$，即

$$\int_0^x f(t)\mathrm{d}t+1=\sqrt{\frac{\mathrm{e}^x}{1+x}}。$$

故

$$f(x)=\left[\sqrt{\frac{\mathrm{e}^x}{1+x}}-1\right]'=\frac{\sqrt{\mathrm{e}^x}\cdot x}{2(1+x)^{3/2}}。$$

例 24 已知 $g(x)$ 是以 T 为周期的连续函数，且 $g(0)=1,f(x)=\int_0^{2x}|x-t|g(t)\mathrm{d}t$，求 $f'(T)$。

解 因为

$$f(x)=\int_0^x(x-t)g(t)\mathrm{d}t+\int_x^{2x}(t-x)g(t)\mathrm{d}t$$

$$=x\int_0^x g(t)\mathrm{d}t-\int_0^x tg(t)\mathrm{d}t+\int_x^{2x}tg(t)\mathrm{d}t-x\int_x^{2x}g(t)\mathrm{d}t,$$

$$f'(x)=\int_0^x g(t)\mathrm{d}t+xg(x)-xg(x)+4xg(2x)-xg(x)$$

$$-\int_x^{2x}g(t)\mathrm{d}t-2xg(2x)+xg(x)$$

$$=\int_0^x g(t)\mathrm{d}t-\int_x^{2x}g(t)\mathrm{d}t+2xg(2x),$$

所以

$$f'(T)=\int_0^T g(t)\mathrm{d}t-\int_T^{2T}g(t)\mathrm{d}t+2Tg(2T)。$$

因 $g(t)$ 以 T 为周期，故 $\int_0^T g(t)\mathrm{d}t=\int_T^{2T}g(t)\mathrm{d}t,g(2T)=g(0)=1$，得 $f'(T)=2T$。

例 25 设 $f(x)$ 在区间 $[0,+\infty)$ 上是导数连续的函数，$f(0)=0,|f(x)-f'(x)|\leqslant 1$，求证：$|f(x)|\leqslant \mathrm{e}^x-1,x\in[0,+\infty)$。

解 令 $F(x)=\mathrm{e}^{-x}(f(x)+1)$，则

$$F'(x)=\mathrm{e}^{-x}(f'(x)-f(x)-1)。$$

由于 $|f(x)-f'(x)|\leqslant 1$，所以 $f'(x)-f(x)-1\leqslant 0$，于是 $F'(x)\leqslant 0$，即 $F(x)$ 在 $[0,+\infty)$ 上单调减少，因此

$$F(x) \leqslant F(0) = f(0) + 1 = 1,$$

即
$$e^{-x}(f(x)+1) \leqslant 1 \Leftrightarrow f(x) \leqslant e^x - 1。$$

令 $G(x) = e^{-x}(1-f(x))$，则
$$G'(x) = e^{-x}(-f'(x) - 1 + f(x))。$$

由于 $|f(x) - f'(x)| \leqslant 1$，所以 $-f'(x) + f(x) - 1 \leqslant 0$，于是 $G'(x) \leqslant 0$，即 $G(x)$ 在 $[0, +\infty)$ 上单调减少，因此
$$G(x) \leqslant G(0) = 1 - f(0) = 1,$$

即
$$e^{-x}(1 - f(x)) \leqslant 1 \Leftrightarrow f(x) \geqslant -(e^x - 1)。$$

于是 $\forall x \geqslant 0$，有
$$|f(x)| \leqslant e^x - 1。$$

4. 定积分的计算

例 26 设连续函数 $f(x)$ 满足
$$f(x) = x + x^2 \int_0^1 f(x) \mathrm{d}x + x^3 \int_0^2 f(x) \mathrm{d}x,$$

求 $f(x)$。

解 设 $A = \int_0^1 f(x) \mathrm{d}x, B = \int_0^2 f(x) \mathrm{d}x$，则 $f(x) = x + Ax^2 + Bx^3$，所以
$$A = \int_0^1 (x + Ax^2 + Bx^3) \mathrm{d}x = \frac{1}{2} + \frac{1}{3}A + \frac{1}{4}B,$$
$$B = \int_0^2 (x + Ax^2 + Bx^3) \mathrm{d}x = 2 + \frac{8}{3}A + 4B。$$

由上述两式解出 $A = \frac{3}{8}, B = -1$，于是 $f(x) = x + \frac{3}{8}x^2 - x^3$。

例 27 $\int_0^{\frac{\pi}{2}} \sin^2 x \cdot \cos^4 x \mathrm{d}x = \underline{\qquad}$。

解 原式 $= \frac{1}{4} \int_0^{\frac{\pi}{2}} (\sin 2x)^2 \frac{1 + \cos 2x}{2} \mathrm{d}x$

$\qquad = \frac{1}{8} \int_0^{\frac{\pi}{2}} \frac{1 - \cos 4x}{2} \mathrm{d}x + \frac{1}{8} \int_0^{\frac{\pi}{2}} (\sin 2x)^2 \cos 2x \mathrm{d}x$

$\qquad = \frac{1}{16} \left(x - \frac{1}{4} \sin 4x \right) \Big|_0^{\frac{\pi}{2}} + \frac{1}{48} (\sin 2x)^3 \Big|_0^{\frac{\pi}{2}} = \frac{1}{32}\pi。$

例 28 设
$$f(x) = \begin{cases} \dfrac{1}{1+x}, & x \geqslant 0, \\ \dfrac{1}{1+e^x}, & x < 0。 \end{cases}$$

求 $\int_0^2 f(x-1) \mathrm{d}x$。

解 令 $x - 1 = t$，则

$$\int_0^2 f(x-1)\mathrm{d}x = \int_{-1}^1 f(t)\mathrm{d}t = \int_{-1}^0 \frac{1}{1+\mathrm{e}^t}\mathrm{d}t + \int_0^1 \frac{1}{1+t}\mathrm{d}t$$

$$= \int_{-1}^0 \frac{1+\mathrm{e}^t - \mathrm{e}^t}{1+\mathrm{e}^t}\mathrm{d}t + \ln(1+t)\Big|_0^1$$

$$= 1 - \ln(1+\mathrm{e}^t)\Big|_{-1}^0 + \ln 2$$

$$= 1 - \ln 2 + \ln\left(1+\frac{1}{\mathrm{e}}\right) + \ln 2$$

$$= 1 + \ln\frac{1+\mathrm{e}}{\mathrm{e}} = \ln(1+\mathrm{e})_\circ$$

例 29 $\int_0^{2\sqrt[n]{3}} \dfrac{x^{3n-1}}{(x^{2n}+1)^2}\mathrm{d}x = $ _____。

解 作换元变换，令 $x^n = \tan t$，则
$$nx^{n-1}\mathrm{d}x = \sec^2 t\mathrm{d}t,\ x^{3n-1}\mathrm{d}x = \frac{1}{n}(x^n)^2 nx^{n-1}\mathrm{d}x,$$

故

$$原式 = \frac{1}{n}\int_0^{\frac{\pi}{3}} \frac{\tan^2 t}{\sec^4 t}\cdot\sec^2 t\mathrm{d}t = \frac{1}{n}\int_0^{\frac{\pi}{3}} \frac{1-\cos 2t}{2}\mathrm{d}t$$

$$= \frac{1}{2n}\left(t - \frac{1}{2}\sin 2t\right)\Big|_0^{\frac{\pi}{3}} = \frac{1}{2n}\left(\frac{\pi}{3} - \frac{\sqrt{3}}{4}\right)_\circ$$

例 30 求 $\int_0^1 \dfrac{\arctan x}{(1+x)^2}\mathrm{d}x$。

解 原式 $= -\int_0^1 \arctan x\mathrm{d}\dfrac{1}{1+x} = -\dfrac{\arctan x}{1+x}\Big|_0^1 + \int_0^1 \dfrac{1}{(1+x)(1+x^2)}\mathrm{d}x$

$$= -\frac{\pi}{8} + \int_0^1 \frac{1}{(1+x)(1+x^2)}\mathrm{d}x_\circ$$

令 $\dfrac{1}{(1+x)(1+x^2)} = \dfrac{A}{1+x} + \dfrac{Bx+C}{1+x^2}$，可解得 $A = \dfrac{1}{2}, B = -\dfrac{1}{2}, C = \dfrac{1}{2}$，则

$$\int_0^1 \frac{1}{(1+x)(1+x^2)}\mathrm{d}x = \left(\frac{1}{2}\ln(1+x) - \frac{1}{4}\ln(1+x^2) + \frac{1}{2}\arctan x\right)\Big|_0^1$$

$$= \frac{1}{2}\ln 2 - \frac{1}{4}\ln 2 + \frac{\pi}{8},$$

故

$$原式 = \frac{1}{4}\ln 2_\circ$$

例 31 $\int_0^1 \dfrac{\arctan x}{(1+x^2)^2}\mathrm{d}x = $ _____。

解 作换元变换，令 $\arctan x = t$，则

$$原式 = \int_0^{\frac{\pi}{4}} \frac{t}{\sec^4 t}\sec^2 t\mathrm{d}t = \int_0^{\frac{\pi}{4}} \frac{1}{2}t(1+\cos 2t)\mathrm{d}t$$

$$= \frac{t^2}{4}\Big|_0^{\frac{\pi}{4}} + \frac{1}{4}\left(t\sin 2t\Big|_0^{\frac{\pi}{4}} - \int_0^{\frac{\pi}{4}} \sin 2t\mathrm{d}t\right)$$

$$= \frac{1}{64}\pi^2 + \frac{1}{16}\pi + \frac{1}{8}\cos 2t\Big|_0^{\frac{\pi}{4}} = \frac{\pi^2}{64} + \frac{\pi}{16} - \frac{1}{8}_\circ$$

例 32 已知 $f(x) = \int_1^{x^2} \frac{\sin t}{t} dt$，求 $\int_0^1 x f(x) dx$。

解 因为
$$f'(x) = 2x \cdot \frac{\sin(x^2)}{x^2} = \frac{2\sin(x^2)}{x},$$
应用分部积分法得（因 $f(1)=0$）
$$\int_0^1 x f(x) dx = \frac{1}{2} \int_0^1 f(x) dx^2 = \frac{1}{2} \left[x^2 f(x) \Big|_0^1 - \int_0^1 x^2 f'(x) dx \right]$$
$$= -\frac{1}{2} \int_0^1 2x \sin(x^2) dx = \frac{1}{2} \cos(x^2) \Big|_0^1 = \frac{1}{2} \cos 1 - \frac{1}{2}。$$

例 33 设 $f(t) = \int_1^t e^{-x^2} dx$，求 $\int_0^1 t^2 f(t) dt$。

解 因为 $f'(t) = e^{-t^2}$，$f(1)=0$，分部积分得
$$\int_0^1 t^2 f(t) dt = \frac{1}{3} \int_0^1 f(t) dt^3 = \frac{1}{3} \left[t^3 f(t) \Big|_0^1 - \int_0^1 t^3 f'(t) dt \right]$$
$$= -\frac{1}{3} \int_0^1 t^3 e^{-t^2} dt \xrightarrow{\diamondsuit t^2 = x} -\frac{1}{6} \int_0^1 x e^{-x} dx = \frac{1}{6} \int_0^1 x de^{-x}$$
$$= \frac{1}{6} \left(x e^{-x} \Big|_0^1 - \int_0^1 e^{-x} dx \right) = \frac{1}{6} \left(\frac{1}{e} + e^{-x} \Big|_0^1 \right) = \frac{1}{3e} - \frac{1}{6}。$$

例 34 求 $\int_0^{\frac{\pi}{2}} e^x \left(1 + \tan \frac{x}{2}\right)^2 dx$。

解 原式 $= \int_0^{\frac{\pi}{2}} e^x \sec^2 \frac{x}{2} dx + 2 \int_0^{\frac{\pi}{2}} e^x \tan \frac{x}{2} dx$
$$= 2 \int_0^{\frac{\pi}{2}} e^x d\tan \frac{x}{2} + 2 \int_0^{\frac{\pi}{2}} e^x \tan \frac{x}{2} dx$$
$$= 2 e^x \tan \frac{x}{2} \Big|_0^{\frac{\pi}{2}} - 2 \int_0^{\frac{\pi}{2}} e^x \tan \frac{x}{2} dx + 2 \int_0^{\frac{\pi}{2}} e^x \tan \frac{x}{2} dx = 2 e^{\frac{\pi}{2}}。$$

例 35 求 $\int_0^{\frac{\pi}{2}} e^x \frac{1+\sin x}{1+\cos x} dx$。

解 原式 $= \int_0^{\frac{\pi}{2}} e^x \frac{\left(\sin \frac{x}{2} + \cos \frac{x}{2}\right)^2}{2 \cos^2 \frac{x}{2}} dx = \frac{1}{2} \int_0^{\frac{\pi}{2}} e^x \left(1 + \tan \frac{x}{2}\right)^2 dx$
$$= \frac{1}{2} \int_0^{\frac{\pi}{2}} e^x \sec^2 \frac{x}{2} dx + \int_0^{\frac{\pi}{2}} e^x \tan \frac{x}{2} dx$$
$$= \int_0^{\frac{\pi}{2}} e^x d\tan \frac{x}{2} + \int_0^{\frac{\pi}{2}} e^x \tan \frac{x}{2} dx$$
$$= e^x \tan \frac{x}{2} \Big|_0^{\frac{\pi}{2}} - \int_0^{\frac{\pi}{2}} e^x \tan \frac{x}{2} dx + \int_0^{\frac{\pi}{2}} e^x \tan \frac{x}{2} dx = e^{\frac{\pi}{2}}。$$

例 36 若 $f(u)$ 是连续函数，证明
$$\int_0^\pi x f(\sin x) dx = \frac{\pi}{2} \int_0^\pi f(\sin x) dx,$$
并求 $\int_0^\pi \frac{x \sin x}{3\sin^2 x + 4\cos^2 x} dx$。

证明 作积分变换,令 $x=\pi-t$,则

$$\int_0^\pi xf(\sin x)dx = -\int_\pi^0 (\pi-t)f(\sin t)dt = \pi\int_0^\pi f(\sin x)dx - \int_0^\pi xf(\sin x)dx,$$

于是

$$\int_0^\pi xf(\sin x)dx = \frac{\pi}{2}\int_0^\pi f(\sin x)dx。$$

应用此公式,则

$$\int_0^\pi \frac{x\sin x}{3\sin^2 x + 4\cos^2 x}dx = \frac{\pi}{2}\int_0^\pi \frac{\sin x}{3+\cos^2 x}dx = -\frac{\pi}{2}\int_0^\pi \frac{d\cos x}{3+\cos^2 x}$$

$$= \frac{-\pi}{2\sqrt{3}}\arctan\frac{\cos x}{\sqrt{3}}\bigg|_0^\pi = \frac{\sqrt{3}}{18}\pi^2。$$

例 37 求积分 $\int_{\frac{1}{2}}^2 \left(1+x-\frac{1}{x}\right)e^{x+\frac{1}{x}}dx$。

解 应用定积分分部积分公式,有

$$原式 = \int_{\frac{1}{2}}^2 e^{x+\frac{1}{x}}dx + \int_{\frac{1}{2}}^2 x\left(1-\frac{1}{x^2}\right)e^{x+\frac{1}{x}}dx = \int_{\frac{1}{2}}^2 e^{x+\frac{1}{x}}dx + \int_{\frac{1}{2}}^2 xde^{x+\frac{1}{x}}$$

$$= \int_{\frac{1}{2}}^2 e^{x+\frac{1}{x}}dx + xe^{x+\frac{1}{x}}\bigg|_{\frac{1}{2}}^2 - \int_{\frac{1}{2}}^2 e^{x+\frac{1}{x}}dx = \frac{3}{2}e^{\frac{5}{2}}。$$

例 38 求 $I = \int_{e^{-2n\pi}}^1 \left|\frac{d}{dx}\cos\left(\ln\frac{1}{x}\right)\right|dx, n\in\mathbf{N}$。

解 由于 $\frac{d}{dx}\cos\left(\ln\frac{1}{x}\right) = \sin(\ln x)\cdot\left(-\frac{1}{x}\right)$,应用定积分换元法和周期函数的定积分性质,有

$$I = \int_{e^{-2n\pi}}^1 |\sin(\ln x)|d\ln x = \int_{-2n\pi}^0 |\sin u|du = 2n\int_0^\pi \sin u du = -2n\cos u\bigg|_0^\pi = 4n。$$

例 39 求积分 $\int_0^1 \frac{\ln(1+x)}{1+x^2}dx$。

解 因为

$$原式 = \int_0^1 \frac{\ln\left[2\left(\frac{1+x}{2}\right)\right]}{1+x^2}dx = \int_0^1 \frac{\ln 2}{1+x^2}dx + \int_0^1 \frac{\ln\left(\frac{1+x}{2}\right)}{1+x^2}dx,$$

令 $\frac{1+x}{2}=\frac{1}{1+t}$,有 $x=\frac{1-t}{1+t}, dx=-\frac{2}{(1+t)^2}dt$,所以

$$原式 = (\ln 2\cdot\arctan x)\bigg|_0^1 - \int_0^1 \frac{\ln(1+t)}{1+t^2}dt = \frac{\pi}{4}\ln 2 - 原式,$$

即

$$原式 = \frac{\pi}{8}\ln 2。$$

例 40 计算 $\int_0^\pi \frac{\pi+\cos x}{x^2-\pi x+2004}dx$。

解 令 $x=\frac{\pi}{2}+t$,则运用基本积分公式与奇函数的定积分性质,有

$$原式 = \int_{-\frac{\pi}{2}}^{\frac{\pi}{2}} \frac{\pi-\sin t}{t^2+2004-\frac{\pi^2}{4}}dt$$

$$= \pi \int_{-\frac{\pi}{2}}^{\frac{\pi}{2}} \frac{1}{t^2 + 2004 - \frac{\pi^2}{4}} dt - \int_{-\frac{\pi}{2}}^{\frac{\pi}{2}} \frac{\sin t}{t^2 + 2004 - \frac{\pi^2}{4}} dt$$

$$= 2\pi \frac{1}{\sqrt{2004 - \frac{\pi^2}{4}}} \arctan \frac{t}{\sqrt{2004 - \frac{\pi^2}{4}}} \Big|_0^{\frac{\pi}{2}} - 0$$

$$= \frac{2\pi}{\sqrt{2004 - \frac{\pi^2}{4}}} \arctan \frac{\pi}{2\sqrt{2004 - \frac{\pi^2}{4}}} 。$$

例 41 设可微函数 $f(x)$ 在 $x>0$ 上有定义,其反函数为 $g(x)$ 且满足

$$\int_1^{f(x)} g(t) dt = \frac{1}{3}(x^{\frac{3}{2}} - 8),$$

试求 $f(x)$。

解 在原式中令 $f(x)=1$ 得 $x^{\frac{3}{2}}-8=0$,解得 $x=4$,即 $f(4)=1$。设 $t=f(x)$,反函数为 $x=f^{-1}(t)$,故 $g(t)=f^{-1}(t)$,则

$$\int_1^{f(x)} g(t) dt = \int_1^{f(x)} f^{-1}(t) dt = \int_4^x x df(x) \quad (f(4)=1)$$

$$= xf(x)\Big|_4^x - \int_4^x f(x) dx = xf(x) - 4 - \int_4^x f(x) dx,$$

于是

$$xf(x) - 4 - \int_4^x f(x) dx = \frac{1}{3}(x^{\frac{3}{2}} - 8)。$$

两边对 x 求导得

$$xf'(x) + f(x) - f(x) = \frac{1}{2} x^{\frac{1}{2}},$$

$$f'(x) = \frac{1}{2\sqrt{x}}, \quad f(4) = 1。$$

积分得 $f(x)=\sqrt{x}+C$,由 $1=2+C$,解得 $C=-1$,于是所求函数为

$$f(x) = \sqrt{x} - 1。$$

例 42 (1)证明:$\int_0^{\frac{\pi}{4}} \ln\sin\left(x + \frac{\pi}{4}\right) dx = \int_0^{\frac{\pi}{4}} \ln\cos x dx$。

(2)计算:$\int_0^{\frac{\pi}{4}} \ln(1 + \tan x) dx$。

证明 (1)令 $x = \frac{\pi}{4} - t$,则

$$\int_0^{\frac{\pi}{4}} \ln\sin\left(x + \frac{\pi}{4}\right) dx = -\int_{\frac{\pi}{4}}^0 \ln\sin\left(\frac{\pi}{2} - t\right) dt = \int_0^{\frac{\pi}{4}} \ln\cos t dt = \int_0^{\frac{\pi}{4}} \ln\cos x dx。$$

(2) 原式 $= \int_0^{\frac{\pi}{4}} \ln \frac{\sin x + \cos x}{\cos x} dx = \int_0^{\frac{\pi}{4}} \ln\left[\sqrt{2}\sin\left(x + \frac{\pi}{4}\right)\right] dx - \int_0^{\frac{\pi}{4}} \ln\cos x dx$

$$= \frac{1}{2} \cdot \frac{\pi}{4} \ln 2 + \int_0^{\frac{\pi}{4}} \ln\sin\left(x + \frac{\pi}{4}\right) dx - \int_0^{\frac{\pi}{4}} \ln\cos x dx = \frac{1}{8}\pi\ln 2。$$

例 43 设 $F(a) = \int_0^\pi \ln(1 - 2a\cos x + a^2) dx$,求 $F(-a), F(a^2)$。

解 作定积分的换元变换，令 $x=\pi-t$，则

$$F(-a) = \int_0^\pi \ln(1+2a\cos x+a^2)dx = -\int_\pi^0 \ln(1-2a\cos t+a^2)dt$$

$$= \int_0^\pi \ln(1-2a\cos x+a^2)dx = F(a),$$

$$F(a^2) = \int_0^\pi \ln(1-2a^2\cos x+a^4)dx. \qquad ①$$

由于 $F(-a)=F(a)$，所以

$$2F(a) = F(a)+F(-a) = \int_0^\pi [\ln(1-2a\cos x+a^2)+\ln(1+2a\cos x+a^2)]dx$$

$$= \int_0^\pi \ln[(1+a^2)^2-4a^2\cos^2 x]dx = \int_0^\pi \ln(1-2a^2\cos 2x+a^4)dx$$

$$= \frac{1}{2}\int_0^{2\pi} \ln(1-2a^2\cos t+a^4)dt \quad (令\ 2x=t)$$

$$= \frac{1}{2}\left[\int_0^\pi \ln(1-2a^2\cos t+a^4)dt+\int_\pi^{2\pi} \ln(1-2a^2\cos t+a^4)dt\right]$$

（第 2 项中令 $t=2\pi-u$）

$$= \frac{1}{2}\left[\int_0^\pi \ln(1-2a^2\cos t+a^4)dt+\int_0^\pi \ln(1-2a^2\cos u+a^4)du\right]$$

$$= \frac{1}{2}\left[\int_0^\pi \ln(1-2a^2\cos x+a^4)dx+\int_0^\pi \ln(1-2a^2\cos x+a^4)dx\right]$$

$$= \int_0^\pi \ln(1-2a^2\cos x+a^4)dx. \qquad ②$$

比较①式与②式即得

$$F(a^2) = 2F(a).$$

5. 含有积分的不等式、等式的证明。

例 44 设 $f:[0,1]\to[-a,b]$ 连续，且 $\int_0^1 f^2(x)dx=ab$，证明：

$$0 \leqslant \frac{\int_0^1 f(x)dx}{b-a} \leqslant \frac{1}{4}\left(\frac{a+b}{a-b}\right)^2.$$

证明 由 $-a\leqslant f(x)\leqslant b$ 可得，$-\dfrac{a+b}{2}\leqslant f(x)-\dfrac{b-a}{2}\leqslant \dfrac{a+b}{2}$，于是

$$0 \leqslant \left(f(x)-\frac{b-a}{2}\right)^2 \leqslant \left(\frac{a+b}{2}\right)^2.$$

所以

$$0 \leqslant \int_0^1 \left(f(x)-\frac{b-a}{2}\right)^2 dx \leqslant \left(\frac{a+b}{2}\right)^2.$$

即

$$0 \leqslant \int_0^1 f^2(x)dx - (b-a)\int_0^1 f(x)dx + \frac{(b-a)^2}{4} \leqslant \frac{(a+b)^2}{4}.$$

将 $\int_0^1 f^2(x)dx=ab$ 代入上式，得

$$0 \leqslant -(b-a)\int_0^1 f(x)dx + \frac{(b+a)^2}{4} \leqslant \frac{(b+a)^2}{4},$$

即
$$0 \leqslant (b-a)\int_0^1 f(x)\mathrm{d}x \leqslant \frac{(b+a)^2}{4}.$$

所以
$$0 \leqslant \frac{1}{b-a}\int_0^1 f(x)\mathrm{d}x \leqslant \frac{(b+a)^2}{4(b-a)^2} = \frac{1}{4}\left(\frac{a+b}{a-b}\right)^2.$$

例 45 设 $S(x) = \int_0^x |\cos t|\,\mathrm{d}t$。

(1) 当 n 为正整数，且 $n\pi \leqslant x < (n+1)\pi$ 时，证明 $2n \leqslant S(x) < 2(n+1)$；

(2) 求 $\lim\limits_{x\to+\infty}\dfrac{S(x)}{x}$。

解 (1) $|\cos t| \geqslant 0$ 且 $n\pi \leqslant x < (n+1)\pi$，所以
$$\int_0^{n\pi} |\cos t|\,\mathrm{d}t \leqslant S(x) < \int_0^{(n+1)\pi} |\cos t|\,\mathrm{d}t.$$

又 $\int_0^{n\pi}|\cos t|\,\mathrm{d}t = n\int_0^{\pi}|\cos t|\,\mathrm{d}t = 2n, \int_0^{(n+1)\pi}|\cos t|\,\mathrm{d}t = 2(n+1)$，即有
$$2n \leqslant S(x) < 2(n+1).$$

(2) 由(1)知，当 $n\pi \leqslant x < (n+1)\pi$ 时，有 $2n \leqslant S(x) < 2(n+1)$，故有
$$\frac{2n}{(n+1)\pi} < \frac{S(x)}{x} < \frac{2(n+1)}{n\pi}.$$

而 $\lim\limits_{n\to\infty}\dfrac{2n}{(n+1)\pi} = \lim\limits_{n\to\infty}\dfrac{2(n+1)}{n\pi} = \dfrac{2}{\pi}$，由夹逼准则得
$$\lim_{x\to+\infty}\frac{S(x)}{x} = \frac{2}{\pi}.$$

例 46 设 $f(x)$ 在 $[0,1]$ 上连续且递减，证明：当 $0 < \lambda < 1$ 时
$$\int_0^\lambda f(x)\mathrm{d}x \geqslant \lambda \int_0^1 f(x)\mathrm{d}x.$$

证明
$$\int_0^\lambda f(x)\mathrm{d}x - \lambda\int_0^1 f(x)\mathrm{d}x$$
$$= \int_0^\lambda f(x)\mathrm{d}x - \lambda\int_0^\lambda f(x)\mathrm{d}x - \lambda\int_\lambda^1 f(x)\mathrm{d}x = (1-\lambda)\int_0^\lambda f(x)\mathrm{d}x - \lambda\int_\lambda^1 f(x)\mathrm{d}x$$
$$= (1-\lambda)\lambda f(\xi_1) - \lambda(1-\lambda)f(\xi_2) = \lambda(1-\lambda)[f(\xi_1) - f(\xi_2)],$$

其中 $0 \leqslant \xi_1 \leqslant \lambda \leqslant \xi_2 \leqslant 1$，因 $f(x)$ 递减，则有 $f(\xi_1) \geqslant f(\xi_2)$。又 $\lambda > 0, 1-\lambda > 0$，因此 $\lambda(1-\lambda)[f(\xi_1) - f(\xi_2)] \geqslant 0$。即原不等式成立。

例 47 (1) 设 $f(x)$ 在 $[a,b]$ 上连续，证明：$\left(\int_a^b f(x)\mathrm{d}x\right)^2 \leqslant (b-a)\int_a^b f^2(x)\mathrm{d}x$；

(2) 设 $f(x)$ 在 $[a,b]$ 上连续，且严格单增，证明：$(a+b)\int_a^b f(x)\mathrm{d}x < 2\int_a^b xf(x)\mathrm{d}x$。

证明 (1) 令 $F(x) = \left(\int_a^x f(t)\mathrm{d}t\right)^2 - (x-a)\int_a^x f^2(t)\mathrm{d}t$。因为
$$F'(x) = 2\int_a^x f(t)\mathrm{d}t \cdot f(x) - \int_a^x f^2(t)\mathrm{d}t - (x-a)f^2(x)$$
$$= \int_a^x 2f(x)f(t)\mathrm{d}t - \int_a^x f^2(t)\mathrm{d}t - \int_a^x f^2(x)\mathrm{d}t$$
$$= -\int_a^x [f(t) - f(x)]^2\mathrm{d}t \leqslant 0,$$

所以 $F(x)$ 单调递减，$x \in [a,b]$，而 $F(a) = 0$ 则 $F(b) \leqslant 0$。故有

$$\left(\int_a^b f(x)\mathrm{d}x\right)^2 \leqslant (b-a)\int_a^b f^2(x)\mathrm{d}x。$$

(2) 令 $F(x) = (a+x)\int_a^x f(t)\mathrm{d}t - 2\int_a^x tf(t)\mathrm{d}t$。因为

$$F'(x) = \int_a^x f(t)\mathrm{d}t + (a+x)f(x) - 2xf(x)$$

$$= \int_a^x f(t)\mathrm{d}t + (a-x)f(x)$$

$$= \int_a^x [f(t) - f(x)]\mathrm{d}t < 0,$$

所以 $F(x)$ 单调递减。又 $F(a)=0$，故 $F(b)<F(a)=0$，即

$$(a+b)\int_a^b f(x)\mathrm{d}x < 2\int_a^b xf(x)\mathrm{d}x。$$

例 48 $f(x)$ 在区间 $[0,1]$ 上可导，$f(0)=0, 0<f'(x)\leqslant 1$，试证：

$$\left(\int_0^1 f(x)\mathrm{d}x\right)^2 \geqslant \int_0^1 f^3(x)\mathrm{d}x。$$

证明 令 $F(x) = \left(\int_0^x f(t)\mathrm{d}t\right)^2 - \int_0^x f^3(t)\mathrm{d}t$，则

$$F'(x) = 2\int_0^x f(t)\mathrm{d}t \cdot f(x) - f^3(x) = f(x)\left[2\int_0^x f(t)\mathrm{d}t - f^2(x)\right]\mathrm{d}x。$$

再令 $G(x) = 2\int_0^x f(t)\mathrm{d}t - f^2(x)$，则

$$G'(x) = 2f(x) - 2f(x)f'(x) = 2f(x)[1 - f'(x)]。$$

因为 $f'(x)>0$，且 $f(0)=0$，所以 $f(x)>0$；$f'(x)\leqslant 1$，故 $G(x)$ 单调增加，而 $G(0)=0$，所以 $G(x)\geqslant 0$，故 $F'(x)>0$，$F(x)$ 单调增加，于是 $F(1)>F(0)$，即

$$\left(\int_0^1 f(x)\mathrm{d}x\right)^2 \geqslant \int_0^1 f^3(x)\mathrm{d}x。$$

例 49 设 $f(x)$ 在 $[a,b]$ 上可导，且 $f'(x)\leqslant M, f(a)=0$，证明：

$$\int_a^b f(x)\mathrm{d}x \leqslant \frac{M}{2}(b-a)^2。$$

证明 对 $f(x)$ 在 $[a,b]$ 上应用拉格朗日中值定理，得

$$f(x) = f(x) - f(a) = f'(\xi)(x-a), \quad \xi \in (a,x)。$$

又 $f'(x)\leqslant M$，所以 $f(x)\leqslant M(x-a)$，从而

$$\int_a^b f(x)\mathrm{d}x \leqslant \int_a^b M(x-a)\mathrm{d}x = \frac{M}{2}(b-a)^2。$$

例 50 设 $f(x)$ 的一阶导数在 $[0,1]$ 上连续，$f(0)=f(1)=0$，求证：

$$\left|\int_0^1 f(x)\mathrm{d}x\right| \leqslant \frac{1}{4}\max_{x\in[0,1]}|f'(x)|。$$

证明 由题设可知，$f(x)$ 在 $[0,1]$ 上满足拉格朗日中值定理，于是有

$$f(x) = f(x) - f(0) = xf'(\xi_1), \quad \xi_1 \in (0,x),$$

$$f(x) = f(x) - f(1) = (x-1)f'(\xi_2), \quad \xi_2 \in (x,1)。$$

又

$$\int_0^1 f(x)\mathrm{d}x = \int_0^x f(t)\mathrm{d}t + \int_x^1 f(t)\mathrm{d}t = \int_0^x f'(\xi_1)t\mathrm{d}t + \int_x^1 f'(\xi_2)(t-1)\mathrm{d}t,$$

所以对任意的 $x \in (0,1)$，有

$$\left| \int_0^1 f(x)dx \right| \leq \left| \int_0^x f'(\xi_1)t\,dt \right| + \left| \int_x^1 f'(\xi_2)(t-1)dt \right|$$

$$\leq \int_0^x |f'(\xi_1)||t|\,dt + \int_x^1 |f'(\xi_2)||t-1|dt$$

$$= \int_0^x |f'(\xi_1)|t\,dt + \int_x^1 |f'(\xi_2)|(1-t)dt$$

$$\leq \max_{x \in [0,1]} |f'(x)| \left[\int_0^x t\,dt + \int_x^1 (1-t)dt \right]$$

$$= \max_{x \in [0,1]} |f'(x)| \cdot \frac{1}{2}[x^2 + (1-x)^2]。$$

令 $x = \frac{1}{2}$，即得 $\left| \int_0^1 f(x)dx \right| \leq \frac{1}{4} \max_{x \in [0,1]} |f'(x)|$。

例 51 设 $f(x)$、$g(x)$ 在 $[a,b]$ 上连续，且 $g(x) \neq 0$，$x \in [a,b]$，试证：至少存在一个 $\xi \in (a,b)$，使 $\dfrac{\int_a^b f(x)dx}{\int_a^b g(x)dx} = \dfrac{f(\xi)}{g(\xi)}$。

证明 设 $F(x) = \int_a^x f(t)dt$，$G(x) = \int_a^x g(t)dt$，则 $F(x)$，$G(x)$ 在 $[a,b]$ 上满足柯西中值定理的条件，则有

$$\frac{F(b) - F(a)}{G(b) - G(a)} = \frac{F'(\xi)}{G'(\xi)},$$

即至少存在一个 $\xi \in (a,b)$，使 $\dfrac{\int_a^b f(x)dx}{\int_a^b g(x)dx} = \dfrac{f(\xi)}{g(\xi)}$。

例 52 设函数 $f(x)$ 在闭区间 $[a,b]$ 上连续，在开区间 (a,b) 内可导，且 $f'(x) > 0$，若极限 $\lim\limits_{x \to a^+} \dfrac{f(2x-a)}{x-a}$ 存在，证明：

(1) 在 (a,b) 内 $f(x) > 0$；

(2) 在 (a,b) 内存在点 ξ，使 $\dfrac{b^2 - a^2}{\int_a^b f(x)dx} = \dfrac{2\xi}{f(\xi)}$；

(3) 在 (a,b) 内存在与 (2) 中 ξ 相异的点 η，使 $f'(\eta)(b^2 - a^2) = \dfrac{2\xi}{\xi - a}\int_a^b f(x)dx$。

证明 (1) 因为 $\lim\limits_{x \to a^+} \dfrac{f(2x-a)}{x-a}$ 存在，故 $\lim\limits_{x \to a^+} f(2x-a) = 0$，由 $f(x)$ 在 $[a,b]$ 上连续，从而 $f(a) = 0$。又 $f'(x) > 0$，知 $f(x)$ 在 (a,b) 内单调增加，故 $f(x) > f(a) = 0$，$x \in (a,b)$。

(2) 设 $F(x) = x^2$，$g(x) = \int_a^x f(t)dt$ $(a \leq x \leq b)$，则 $g'(x) = f(x) > 0$，故 $F(x)$，$g(x)$ 满足柯西中值定理的条件，于是在 (a,b) 内存在点 ξ，使

$$\frac{F(b) - F(a)}{g(b) - g(a)} = \frac{b^2 - a^2}{\int_a^b f(t)dt - \int_a^a f(t)dt} = \frac{(x^2)'}{\left(\int_a^x f(t)dt\right)'}\bigg|_{x=\xi},$$

即
$$\frac{b^2-a^2}{\int_a^b f(x)\mathrm{d}x} = \frac{2\xi}{f(\xi)}.$$

(3) 因 $f(\xi)=f(\xi)-0=f(\xi)-f(a)$,在$[a,\xi]$上应用拉格朗日中值定理,知在$(a,\xi)$内存在一点 η,使 $f(\xi)=f'(\eta)(\xi-a)$,从而由(2)的结论得
$$\frac{b^2-a^2}{\int_a^b f(x)\mathrm{d}x} = \frac{2\xi}{f'(\eta)(\xi-a)},$$

即有 $f'(\eta)(b^2-a^2) = \dfrac{2\xi}{\xi-a}\int_a^b f(x)\mathrm{d}x$。

例 53 设函数 $f(x)$ 在$[a,b]$上具有连续的二阶导数,证明:在(a,b)内存在一点 ξ,使得 $\int_a^b f(x)\mathrm{d}x = (b-a)f\left(\dfrac{a+b}{2}\right)+\dfrac{1}{24}(b-a)^3 f''(\xi)$。

证明 设 $F(x)=\int_a^x f(t)\mathrm{d}t$,则 $F'(x)=f(x)$,$\int_a^b f(x)\mathrm{d}x = F(b)-F(a)$,对任意 $x\in[a,b]$,将 $F(x)$ 在 $x_0=\dfrac{a+b}{2}$ 处展成泰勒公式
$$F(x) = F\left(\frac{a+b}{2}\right)+F'\left(\frac{a+b}{2}\right)\left(x-\frac{a+b}{2}\right)+\frac{1}{2!}F''\left(\frac{a+b}{2}\right)\left(x-\frac{a+b}{2}\right)^2$$
$$+\frac{1}{3!}F'''(\xi)\left(x-\frac{a+b}{2}\right)^3, \qquad ③$$

其中 ξ 在 x 与 $\dfrac{a+b}{2}$ 之间,注意到
$$F'(x) = f(x), \quad F''(x) = f'(x), F'''(x) = f''(x).$$
并将 $x=b,x=a$ 分别代入③式并相减,得
$$F(b)-F(a) = (b-a)f\left(\frac{a+b}{2}\right)+\frac{1}{24}(b-a)^3 \frac{f''(\xi_1)+f''(\xi_2)}{2},$$

其中 ξ_1,ξ_2 分别在 $\dfrac{a+b}{2}$ 与 b,a 与 $\dfrac{a+b}{2}$ 之间。

通常 $f''(\xi_1)\neq f''(\xi_2)$,不妨设 $f''(\xi_1)<f''(\xi_2)$,因而
$$f''(\xi_1) < \frac{f''(\xi_1)+f''(\xi_2)}{2} < f''(\xi_2),$$

对 $f''(x)$ 应用介值定理,得 $\exists \xi$ 介于 ξ_1 与 ξ_2 之间,使得 $f''(\xi) = \dfrac{f''(\xi_1)+f''(\xi_2)}{2}$,于是
$$\int_a^b f(x)\mathrm{d}x = F(b)-F(a) = (b-a)f\left(\frac{a+b}{2}\right)+\frac{1}{24}(b-a)^3 f''(\xi).$$

例 54 设 $f(x)$ 在区间$[-a,a]$ $(a>0)$上具有二阶连续导数,$f(0)=0$。

(1) 写出 $f(x)$ 的带拉格朗日余项的一阶麦克劳林公式;

(2) 证明在$[-a,a]$上至少存在一点 η,使 $a^3 f''(\eta) = 3\int_{-a}^a f(x)\mathrm{d}x$。

解 (1) 对任意 $x\in[-a,a]$,
$$f(x) = f(0)+f'(0)x+\frac{f''(\xi)}{2!}x^2 = f'(0)x+\frac{f''(\xi)}{2!}x^2,$$

其中 ξ 在 0 与 x 之间。

(2) $\int_{-a}^{a} f(x)\mathrm{d}x = \int_{-a}^{a} f'(0)x\mathrm{d}x + \int_{-a}^{a} \frac{x^2}{2!} f''(\xi)\mathrm{d}x = \frac{1}{2}\int_{-a}^{a} x^2 f''(\xi)\mathrm{d}x$。

因为 $f''(x)$ 在 $[-a,a]$ 上连续, 故对任意的 $x \in [-a,a]$, 有 $m \leqslant f''(x) \leqslant M$, 其中 M, m 分别为 $f''(x)$ 在 $[-a,a]$ 上的最大值、最小值, 所以有

$$m\int_0^a x^2 \mathrm{d}x \leqslant \int_{-a}^a f(x)\mathrm{d}x = \frac{1}{2}\int_{-a}^a x^2 f''(\xi)\mathrm{d}x \leqslant M\int_0^a x^2 \mathrm{d}x,$$

即

$$m \leqslant \frac{3}{a^3}\int_{-a}^a f(x)\mathrm{d}x \leqslant M。$$

因而由 $f''(x)$ 的连续性知, 至少存在一点 $\eta \in [-a,a]$, 使

$$f''(\eta) = \frac{3}{a^3}\int_{-a}^a f(x)\mathrm{d}x, \text{ 即 } a^3 f''(\eta) = 3\int_{-a}^a f(x)\mathrm{d}x。$$

例 55 设 $a_n = \int_{n\pi}^{(n+1)\pi} \frac{\sin x}{x}\mathrm{d}x$, n 为自然数, 求证: (1) $|a_{n+1}| < |a_n|$; (2) $\lim_{n\to\infty} a_n = 0$。

证明 (1) 作积分变换, 令 $x - n\pi = t$, 则

$$a_n = \int_0^\pi \frac{\sin(n\pi + t)}{n\pi + t}\mathrm{d}t = (-1)^n \int_0^\pi \frac{\sin t}{n\pi + t}\mathrm{d}t,$$

$$|a_{n+1}| = \int_0^\pi \frac{\sin t}{(n+1)\pi + t}\mathrm{d}t < \int_0^\pi \frac{\sin t}{n\pi + t}\mathrm{d}t = |a_n|。$$

(2) 因为 $0 \leqslant |a_n| = \int_0^\pi \frac{\sin t}{n\pi + t}\mathrm{d}t \leqslant \int_0^\pi \frac{\sin t}{n\pi}\mathrm{d}t = \frac{2}{n\pi}$, 而 $\lim_{n\to\infty} \frac{2}{n\pi} = 0$, 由夹逼准则得 $\lim_{n\to\infty} |a_n| = 0$, 此式等价于 $\lim_{n\to\infty} a_n = 0$。

例 56 设函数 $f(x)$ 在 $[0, 2\pi]$ 上导数连续, $f'(x) \geqslant 0$, 求证: 对任意正整数 n, 有

$$\left|\int_0^{2\pi} f(x)\sin nx \,\mathrm{d}x\right| \leqslant \frac{2}{n}[f(2\pi) - f(0)]。$$

证明 由题意可得

$$\int_0^{2\pi} f(x)\sin nx \,\mathrm{d}x = -\frac{1}{n}\int_0^{2\pi} f(x)\mathrm{d}\cos nx$$

$$= -\frac{1}{n} f(x)\cos nx \Big|_0^{2\pi} + \frac{1}{n}\int_0^{2\pi} f'(x)\cos nx \,\mathrm{d}x$$

$$= -\frac{1}{n}[f(2\pi) - f(0)] + \frac{1}{n}\int_0^{2\pi} f'(x)\cos nx \,\mathrm{d}x。$$

因 $f'(x) \geqslant 0$, 故 $f(x)$ 在 $[0, 2\pi]$ 上单调增加, $f(2\pi) \geqslant f(0)$。于是

$$\left|\int_0^{2\pi} f(x)\sin nx \,\mathrm{d}x\right| \leqslant \frac{1}{n}[f(2\pi) - f(0)] + \frac{1}{n}\int_0^{2\pi} f'(x)|\cos nx|\,\mathrm{d}x$$

$$\leqslant \frac{1}{n}[f(2\pi) - f(0)] + \frac{1}{n}\int_0^{2\pi} f'(x)\mathrm{d}x$$

$$= \frac{2}{n}[f(2\pi) - f(0)]。$$

例 57 设 $f(x)$ 在 $[a,b]$ 上可导, $f'(x)$ 在 $[a,b]$ 上可积, $f(a) = f(b) = 0$, 求证: $\forall x \in [a,b]$, 有

$$|f(x)| \leqslant \frac{1}{2}\int_a^b |f'(x)|\,\mathrm{d}x。$$

证明 由于
$$\int_a^x f'(t)dt = f(x) - f(a) = f(x), \quad a \leqslant x \leqslant b,$$
$$\int_x^b f'(t)dt = f(b) - f(x) = -f(x), \quad a \leqslant x \leqslant b,$$

所以 $\forall x \in [a,b]$,有
$$|f(x)| = \left|\int_a^x f'(t)dt\right| \leqslant \int_a^x |f'(t)|dt,$$
$$|f(x)| = \left|\int_x^b f'(t)dt\right| \leqslant \int_x^b |f'(t)|dt.$$

两式相加得
$$2|f(x)| \leqslant \int_a^b |f'(t)|dt = \int_a^b |f'(x)|dx,$$

即
$$|f(x)| \leqslant \frac{1}{2}\int_a^b |f'(x)|dx.$$

例 58 设函数 $f(x)$ 在 $[a,b]$ 上连续,且对于 $t \in [0,1]$ 及 $x_1, x_2 \in [a,b]$ 满足
$$f(tx_1 + (1-t)x_2) \leqslant tf(x_1) + (1-t)f(x_2).$$

证明:
$$f\left(\frac{a+b}{2}\right) \leqslant \frac{1}{b-a}\int_a^b f(x)dx \leqslant \frac{1}{2}(f(a) + f(b)).$$

证明 令 $x = a + t(b-a)$,则有
$$\int_a^b f(x)dx = \int_0^1 f(a+t(b-a)) \cdot (b-a)dt$$
$$\leqslant (b-a)\int_0^1 [(1-t)f(a) + tf(b)]dt$$
$$= \frac{b-a}{2}(f(a) + f(b)),$$

所以
$$\frac{1}{b-a}\int_a^b f(x)dx \leqslant \frac{1}{2}(f(a) + f(b)).$$

右边不等式得证。又令 $x = a+b-u$,有
$$\int_a^b f(x)dx = \int_a^{\frac{a+b}{2}} f(x)dx + \int_{\frac{a+b}{2}}^b f(x)dx$$
$$= \int_{\frac{a+b}{2}}^b f(a+b-u)du + \int_{\frac{a+b}{2}}^b f(x)dx$$
$$= 2\int_{\frac{a+b}{2}}^b \left(\frac{1}{2}f(a+b-x) + \frac{1}{2}f(x)\right)dx$$
$$\geqslant 2\int_{\frac{a+b}{2}}^b f\left(\frac{1}{2}(a+b-x) + \frac{1}{2}x\right)dx = 2\int_{\frac{a+b}{2}}^b f\left(\frac{a+b}{2}\right)dx$$
$$= f\left(\frac{a+b}{2}\right)(b-a),$$

所以
$$\frac{1}{b-a}\int_a^b f(x)dx \geqslant f\left(\frac{a+b}{2}\right).$$
左边不等式得证。

例 59 求证 $\frac{5}{2}\pi < \int_0^{2\pi} e^{\sin x}dx < 2\pi e^{\frac{1}{4}}$。

证明 运用 e^u 的麦克劳林级数,有
$$e^{\sin x} = 1 + \sin x + \frac{1}{2!}\sin^2 x + \cdots + \frac{1}{n!}\sin^n x + \cdots。$$

由于 $n=2k+1(k=0,1,2,\cdots)$ 时,有
$$\int_0^{2\pi} \sin^{2k+1} x dx = 0。$$

当 $n=2k(k=1,2,\cdots)$ 时,有
$$\int_0^{2\pi} \sin^{2k} x dx = 4\int_0^{\frac{\pi}{2}} \sin^{2k} x dx = 4 \cdot \frac{(2k-1)!!}{(2k)!!} \cdot \frac{\pi}{2},$$

因此,由逐项积分有
$$\int_0^{2\pi} e^{\sin x} dx = 2\pi + \sum_{k=1}^{\infty} \frac{1}{(2k)!} \int_0^{2\pi} \sin^{2k} x dx$$
$$= 2\pi \left(1 + \sum_{k=1}^{\infty} \frac{(2k-1)!!}{(2k)!(2k)!!}\right)$$
$$= 2\pi \left(1 + \sum_{k=1}^{\infty} \frac{1}{(k!)^2} \cdot \frac{1}{4^k}\right),$$

从而有
$$\int_0^{2\pi} e^{\sin x} dx > 2\pi \left(1 + \frac{1}{4}\right) = \frac{5}{2}\pi,$$
$$\int_0^{2\pi} e^{\sin x} dx < 2\pi \left(1 + \sum_{n=1}^{\infty} \frac{1}{n!} \cdot \frac{1}{4^n}\right) = 2\pi e^{\frac{1}{4}}。$$

6. 定积分的应用问题

例 60 双纽线 $(x^2+y^2)^2 = x^2-y^2$ 所围成的区域面积可用定积分表示为( )。

A. $2\int_0^{\frac{\pi}{4}} \cos 2\theta d\theta$ B. $4\int_0^{\frac{\pi}{4}} \cos 2\theta d\theta$ C. $2\int_0^{\frac{\pi}{4}} \sqrt{\cos 2\theta} d\theta$ D. $\frac{1}{2}\int_0^{\frac{\pi}{4}} (\cos 2\theta)^2 d\theta$

解 双纽线的极坐标方程为 $r^2=\cos 2\theta$。由对称性,得
$$A = 4 \cdot \frac{1}{2} \int_0^{\frac{\pi}{4}} r^2(\theta) d\theta = 2\int_0^{\frac{\pi}{4}} \cos 2\theta d\theta。$$

故选 A。

例 61 设函数 $f(x),g(x)$ 满足条件:$f'(x)=g(x),g'(x)=f(x)$。又 $f(0)=0,g(x)\neq 0$。试求由曲线 $y=\frac{f(x)}{g(x)}$ 与 $x=0,x=t(t>0),y=1$ 所围成平面图形的面积。

分析 要写出面积的积分公式,首先需知道曲线 $y=\frac{f(x)}{g(x)}$ 与 $y=1$ 的相对位置,而 $f'(x)=g(x),g'(x)=f(x),f(0)=0,g(x)\neq 0$,实际上用常微分方程的形式给出了 $f(x)$ 与 $g(x)$ 的性质,因此可以求出曲线 $y=\frac{f(x)}{g(x)}$ 的具体表达式。

解 由 $f'(x)=g(x), g'(x)=f(x)$ 可得 $g''(x)=g(x)$,因此
$$g(x)=C_1 e^x + C_2 e^{-x}, f(x)=C_1 e^x - C_2 e^{-x}.$$
又由 $f(0)=0$ 知 $C_1=C_2$,由 $g(x)\neq 0$ 知 $C_1=C_2\neq 0$,则
$$y=\frac{f(x)}{g(x)}=\frac{C_1(e^x-e^{-x})}{C_1(e^x+e^{-x})}=\frac{e^x-e^{-x}}{e^x+e^{-x}}<1 \quad (当 x>0 时).$$
由此可得所求面积为
$$A(t)=\int_0^t \left(1-\frac{f(x)}{g(x)}\right)dx=\int_0^t \left(1-\frac{e^x-e^{-x}}{e^x+e^{-x}}\right)dx=t-\ln(e^x+e^{-x})\Big|_0^t$$
$$=t-\ln(e^t+e^{-t})+\ln 2=\ln 2-\ln(1+e^{-2t}).$$

例 62 已知曲线 L 的方程为 $\begin{cases}x=t^2+1,\\ y=4t-t^2,\end{cases} t\geqslant 0$。

(1) 讨论 L 的凹凸性;

(2) 过点 $(-1,0)$ 引 L 的切线,求切点 (x_0,y_0),并写出切线的方程;

(3) 求此切线与 L(对应于 $x\leqslant x_0$ 的部分)及 x 轴所围成的平面图形的面积。

解 (1) 由于 $\dfrac{dy}{dx}=\dfrac{2}{t}-1, \dfrac{d^2 y}{dx^2}=-\dfrac{1}{t^3}$,当 $t>0$ 时,$\dfrac{d^2 y}{dx^2}<0$,故 L 为凸的。

(2) 因为当 $t=0$ 时,L 在对应点处的切线方程为 $x=1$,不合题意,故设切点 (x_0,y_0) 对应的参数为 $t_0>0$,则 L 在 (x_0,y_0) 处的切线方程为
$$y-(4t_0-t_0^2)=\left(\frac{2}{t_0}-1\right)(x-t_0^2-1).$$
令 $x=-1, y=0$,得 $t_0^2+t_0-2=0$,解得 $t_0=1$,或 $t_0=-2$(舍去)。由 $t_0=1$ 知,切点为 $(2,3)$,且切线方程为 $y=x+1$。

(3) 由 $t=0, t=4$ 知,L 与 x 轴的交点分别为 $(1,0)$ 和 $(17,0)$。所求平面图形的面积为
$$S=\int_{-1}^2 (x+1)dx-\int_1^2 y\,dx=\frac{9}{2}-\int_0^1 (4t-t^2)d(t^2+1)=\frac{9}{2}-2\int_0^1 (4t^2-t^3)dt=\frac{7}{3}.$$

例 63 已知星形线 $\begin{cases}x=a\cos^3 t,\\ y=a\sin^3 t,\end{cases} a>0$,求:

(1) 它所围的面积;

(2) 它的弧长;

(3) 它绕 x 轴旋转而成的旋转体的表面积。

解 (1) 如图 3.1 所示。
$$A=4\int_0^a y\,dx=4\int_{\frac{\pi}{2}}^0 a\sin^3 t\cdot 3a\cos^2 t(-\sin t)dt$$
$$=12\int_0^{\frac{\pi}{2}} a^2(\sin^4 t-\sin^6 t)dt$$
$$=12a^2\left[\frac{3}{4}\cdot\frac{1}{2}\cdot\frac{\pi}{2}\left(1-\frac{5}{6}\right)\right]=\frac{3}{8}\pi a^2.$$

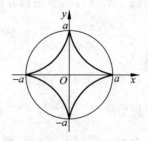

图 3.1

(2) $L=4\int_0^{\frac{\pi}{2}} \sqrt{(x')^2+(y')^2}\,dt=4\int_0^{\frac{\pi}{2}} 3a\cos t\sin t\,dt$
$$=6a(\sin t)^2\Big|_0^{\frac{\pi}{2}}=6a.$$

(3) $S = 2\int_0^a 2\pi y\sqrt{1+y_x'^2}\mathrm{d}x = 4\pi\int_0^{\frac{\pi}{2}} a\sin^3 t \cdot 3a\cos t\sin t\mathrm{d}t = 12\pi a^2 \cdot \frac{1}{5}\sin^5 t\Big|_0^{\frac{\pi}{2}} = \frac{12}{5}\pi a^2$。

例 64 设函数 $f(x)$ 在闭区间 $[0,1]$ 上连续，在开区间 $(0,1)$ 内大于零，并满足 $xf'(x) = f(x) + \frac{3a}{2}x^2$（$a$ 为常数）。又曲线 $y = f(x)$ 与 $x = 1$, $y = 0$ 所围的图形 S 的面积值为 2，求函数 $y = f(x)$，并问 a 为何值时，图形 S 绕 x 轴旋转一周所得的旋转体的体积最小。

解 由题设知，当 $x \neq 0$ 时，
$$\frac{xf'(x) - f(x)}{x^2} = \frac{3a}{2}, \quad \text{即} \frac{\mathrm{d}}{\mathrm{d}x}\left[\frac{f(x)}{x}\right] = \frac{3a}{2},$$
据此并由 $f(x)$ 在点 $x = 0$ 处的连续性，得
$$f(x) = \frac{3}{2}ax^2 + Cx, \quad x \in [0,1]。$$
又由已知条件得
$$2 = \int_0^1 \left(\frac{3}{2}ax^2 + Cx\right)\mathrm{d}x = \left(\frac{1}{2}ax^3 + \frac{C}{2}x^2\right)\Big|_0^1 = \frac{1}{2}a + \frac{1}{2}C,$$
即 $C = 4 - a$。因此 $f(x) = \frac{3}{2}ax^2 + (4-a)x$。旋转体的体积为
$$V(a) = \pi\int_0^1 f^2(x)\mathrm{d}x = \pi\int_0^1 \left[\frac{3}{2}ax^2 + (4-a)x\right]^2 \mathrm{d}x = \left(\frac{1}{30}a^2 + \frac{1}{3}a + \frac{16}{3}\right)\pi。$$
由 $V'(a) = \left(\frac{1}{15}a + \frac{1}{3}\right)\pi = 0$，得 $a = -5$。又因 $V''(a) = \frac{\pi}{15} > 0$，故 $a = -5$ 时，旋转体体积最小。

例 65 设 $f(x)$ 在 $[a,b]$ 上可导，$f(a) > 0$，$f'(x) > 0$，求证：存在唯一的 $\xi \in (a,b)$，使得由 $y = f(x)$, $x = b$, $y = f(\xi)$ 所围的图形的面积与由 $y = f(x)$, $x = a$, $y = f(\xi)$ 所围的图形的面积之比为 2010。

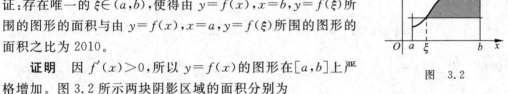

图 3.2

证明 因 $f'(x) > 0$，所以 $y = f(x)$ 的图形在 $[a,b]$ 上严格增加。图 3.2 所示两块阴影区域的面积分别为
$$\int_a^\xi (f(\xi) - f(x))\mathrm{d}x, \quad \int_\xi^b (f(x) - f(\xi))\mathrm{d}x。$$
作辅助函数
$$F(x) = \int_x^b [f(t) - f(x)]\mathrm{d}t - 2010\int_a^x [f(x) - f(t)]\mathrm{d}t, \quad a \leqslant x \leqslant b,$$
则
$$F(a) = \int_a^b [f(t) - f(a)]\mathrm{d}t > 0 \quad (\text{因 } f(t) > f(a)),$$
$$F(b) = -2010\int_a^b [f(b) - f(t)]\mathrm{d}t < 0 \quad (\text{因 } f(t) < f(b))。$$
因 $F(x)$ 在 $[a,b]$ 上连续，应用零点定理，$\exists \xi \in (a,b)$，使得 $F(\xi) = 0$，即
$$\int_\xi^b [f(t) - f(\xi)]\mathrm{d}t = 2010\int_a^\xi [f(\xi) - f(t)]\mathrm{d}t。$$

由于

$$F(x) = \int_x^b f(t)dt - f(x)(b-x) - 2010 f(x)(x-a) + 2010 \int_a^x f(t)dt,$$
$$F'(x) = -f(x) - f'(x)(b-x) + f(x) - 2010 f'(x)(x-a) - 2010 f(x) + 2010 f(x)$$
$$= -f'(x)[(b-x) + 2010(x-a)] < 0.$$

所以 $F(x)$ 在 $[a,b]$ 上严格减少，于是上述应用零点定理的 ξ 是唯一的。

例 66 设 $D: y^2 - x^2 \leqslant 4, y \geqslant x, x+y \geqslant 2, x+y \leqslant 4$。在 D 的边界 $y=x$ 上任取点 P，设 P 到原点的距离为 t，作 PQ 垂直于 $y=x$，交 D 的边界 $y^2 - x^2 = 4$ 于 Q。

(1) 试将 P,Q 的距离 $|PQ|$ 表示为 t 的函数；

(2) 求 D 绕 $y=x$ 旋转一周的旋转体体积。

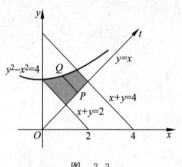

图 3.3

解 如图 3.3 所示，沿 $y=x$ 作坐标轴 t，原点在 O，则 P 在 t 轴上的坐标为 t。在 xy 平面上 P 的坐标为 $\left(\dfrac{t}{\sqrt{2}}, \dfrac{t}{\sqrt{2}}\right)$，所以直线 PQ 的方程为

$$y = -x + \sqrt{2} t, \qquad \sqrt{2} \leqslant t \leqslant 2\sqrt{2}.$$

由

$$\begin{cases} y = -x + \sqrt{2} t, \\ y^2 - x^2 = 4 \end{cases}$$

解得点 Q 的横坐标为 $x_0 = \dfrac{t}{\sqrt{2}} - \dfrac{\sqrt{2}}{t}$，所以

$$|PQ| = \sqrt{2}\left(\dfrac{t}{\sqrt{2}} - x_0\right) = \dfrac{2}{t}.$$

所求旋转体体积为

$$V = \pi \int_{\sqrt{2}}^{2\sqrt{2}} |PQ|^2 dt = \pi \int_{\sqrt{2}}^{2\sqrt{2}} \dfrac{4}{t^2} dt = 4\pi \left(-\dfrac{1}{t}\right)\bigg|_{\sqrt{2}}^{2\sqrt{2}} = \sqrt{2}\pi.$$

例 67 设 $f(x) = \int_{-1}^x t|t|dt$，求曲线 $y = f(x)$ 与 x 轴所围成封闭图形的面积。

解 根据题意，当 $x \leqslant 0$ 时，$f(x) = \int_{-1}^x (-t^2)dt = -\dfrac{1}{3}(x^3 + 1)$；当 $x > 0$ 时，$f(x) = \int_{-1}^0 (-t^2)dt + \int_0^x t^2 dt = \dfrac{1}{3}(x^3 - 1)$。故 $f(x)$ 为偶函数。所以曲线 $y = f(x)$ 与 x 轴所围成封闭图形（如图 3.4 所示）的面积为

$$S = 2\int_0^1 \left[0 - \left(-\dfrac{1}{3} + \dfrac{1}{3}x^3\right)\right]dx = \dfrac{1}{2}.$$

例 68 某闸门的形状与大小如图 3.5 所示，其中直线 l 为对称轴，闸门的上部为矩形 $ABCD$，下部由二次抛物线与线段 AB 所围成。当水面与闸门的上端相平时，欲使闸门矩形部分承受的水压力与闸门下部承受的水压力之比为 $5:4$，闸门矩形部分的高 h 应为多少米？

解 建立如图 3.5 所示的坐标系，则抛物线的方程为

$$y = x^2,$$

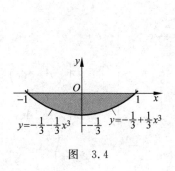

图 3.4

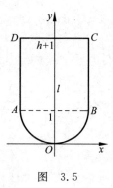

图 3.5

闸门矩形部分承受的水压力

$$P_1 = 2\int_1^{h+1} \rho g(h+1-y)\mathrm{d}y = 2\rho g\left[(h+1)y - \frac{y^2}{2}\right]\Big|_1^{h+1} = \rho g h^2,$$

其中 ρ 为水的密度,g 为重力加速度。

闸门下部承受的水压力

$$P_2 = 2\int_0^1 \rho g(h+1-y)\sqrt{y}\mathrm{d}y = 2\rho g\left[\frac{2}{3}(h+1)y^{\frac{3}{2}} - \frac{2}{5}y^{\frac{5}{2}}\right]\Big|_0^1 = 4\rho g\left(\frac{1}{3}h + \frac{2}{15}\right).$$

由题意知

$$\frac{P_1}{P_2} = \frac{5}{4}, \text{即} \frac{h^2}{4\left(\frac{1}{3}h + \frac{2}{15}\right)} = \frac{5}{4},$$

解之得 $h=2, h=-\frac{1}{3}$(舍去),故 $h=2$。即闸门矩形部分的高应为 $2\mathrm{m}$。

7. 广义积分运算

例 69 计算 $\int_1^{+\infty} \frac{1}{x^3}\arccos\frac{1}{x}\mathrm{d}x$。

解 $\int_1^{+\infty} \frac{1}{x^3}\arccos\frac{1}{x}\mathrm{d}x = -\int_1^{+\infty} \frac{1}{x}\arccos\frac{1}{x}\mathrm{d}\frac{1}{x} \xlongequal{\frac{1}{x}=t} \int_0^1 t\arccos t\,\mathrm{d}t$

$$= \frac{1}{2}\int_0^1 \arccos t\,\mathrm{d}t^2 = \frac{1}{2}t^2\cdot\arccos t\Big|_0^1 + \frac{1}{2}\int_0^1 \frac{t^2}{\sqrt{1-t^2}}\mathrm{d}t$$

$$= \frac{1}{2}\int_0^1 \frac{t^2}{\sqrt{1-t^2}}\mathrm{d}t \xlongequal{t=\sin u} \frac{1}{2}\int_0^{\frac{\pi}{2}} \sin^2 u\,\mathrm{d}u$$

$$= \frac{\pi}{8}.$$

例 70 $\int_0^2 \sqrt{\frac{x}{2-x}}\mathrm{d}x = \underline{\qquad}$。

解 令 $\sqrt{\frac{x}{2-x}}=t$,则 $x = 2 - \frac{2}{1+t^2}, \mathrm{d}x = -2\mathrm{d}\frac{1}{1+t^2}$,且 $x:0\to 2$ 时,$t:0\to +\infty$。故原式变为

$$-2\int_0^{+\infty} t\,\mathrm{d}\frac{1}{1+t^2} = -2\frac{t}{1+t^2}\Big|_0^{+\infty} + 2\int_0^{+\infty} \frac{1}{1+t^2}\mathrm{d}t = 2\arctan t\Big|_0^{+\infty} = \pi.$$

例 71 $\int_0^{+\infty} x^7 e^{-x^2} dx = \underline{\qquad}$。

解法 1 $\int_0^{+\infty} x^7 e^{-x^2} dx = \frac{1}{2}\int_0^{+\infty} x^6 e^{-x^2} dx^2 \xrightarrow{t=x^2} \frac{1}{2}\int_0^{+\infty} t^3 e^{-t} dt$

$$= -\frac{1}{2}\int_0^{+\infty} t^3 de^{-t} = -\frac{1}{2}\left(t^3 e^{-t}\Big|_0^{+\infty} - 3\int_0^{+\infty} t^2 e^{-t} dt\right)$$

$$= -\frac{3}{2}\int_0^{+\infty} t^2 de^{-t} = -\frac{3}{2}\left(t^2 e^{-t}\Big|_0^{+\infty} - 2\int_0^{+\infty} t e^{-t} dt\right)$$

$$= -3\int_0^{+\infty} t de^{-t} = -3\left(te^{-t}\Big|_0^{+\infty} - \int_0^{+\infty} e^{-t} dt\right)$$

$$= 3\int_0^{+\infty} e^{-t} dt = -3e^{-t}\Big|_0^{+\infty} = 3。$$

解法 2 令 $t=x^2$，则 $dt=2xdx$，于是

$$\int_0^{+\infty} x^7 e^{-x^2} dx = \frac{1}{2}\int_0^{+\infty} t^3 e^{-t} dt = \frac{1}{2}\Gamma(4) = \frac{1}{2}\times 3! = 3。$$

例 72 求广义积分 $\int_0^{+\infty} \frac{1}{(1+x^2)(1+x^\alpha)} dx \quad (\alpha \neq 0)$。

解 令 $x=\frac{1}{t}$，则

$$I = \int_0^{+\infty} \frac{1}{(1+x^2)(1+x^\alpha)} dx = \int_0^{+\infty} \frac{t^\alpha}{(1+t^2)(1+t^\alpha)} dt = \int_0^{+\infty} \frac{x^\alpha}{(1+x^2)(1+x^\alpha)} dx。$$

于是

$$I = \frac{1}{2}\int_0^{+\infty} \frac{1+x^\alpha}{(1+x^2)(1+x^\alpha)} dx = \frac{1}{2}\int_0^{+\infty} \frac{1}{1+x^2} dx = \frac{1}{2}\arctan x\Big|_0^{+\infty} = \frac{\pi}{4}。$$

例 73 $\int_0^{\frac{\pi}{2}} \frac{dx}{1+(\cot x)^3} = \underline{\qquad}$。

解法 1 令 $\cot x = t$，则 $x\to 0^+$ 时 $t\to +\infty$，$x=\frac{\pi}{2}$ 时 $t=0$，故

$$\text{原式} = \int_{+\infty}^0 \frac{-1}{1+t^3} \cdot \frac{1}{1+t^2} dt = \int_0^{+\infty} \frac{1}{(1+t^3)(1+t^2)} dt。$$

继令 $t=\frac{1}{x}$，则 $t\to +\infty$ 时 $x\to 0$，$t\to 0^+$ 时 $x\to +\infty$，于是

$$\int_0^{+\infty} \frac{1}{(1+t^3)(1+t^2)} dt = \int_{+\infty}^0 \frac{x^5}{(1+x^3)(1+x^2)}\left(-\frac{1}{x^2}\right) dx = \int_0^{+\infty} \frac{x^3}{(1+x^3)(1+x^2)} dx。$$

故

$$\text{原式} = \int_0^{+\infty} \frac{1}{(1+x^3)(1+x^2)} dx = \int_0^{+\infty} \frac{x^3}{(1+x^3)(1+x^2)} dx。$$

因而

$$\text{原式} = \frac{1}{2}\int_0^{+\infty} \frac{1+x^3}{(1+x^3)(1+x^2)} dx = \frac{1}{2}\int_0^{+\infty} \frac{1}{1+x^2} dx = \frac{1}{2}\arctan x\Big|_0^{+\infty} = \frac{\pi}{4}。$$

解法 2 令 $u=\frac{\pi}{2}-x$,则 $du=-dx$,于是

$$I = \int_0^{\frac{\pi}{2}} \frac{dx}{1+(\cot x)^3} = \int_0^{\frac{\pi}{2}} \frac{(\cot u)^3}{1+(\cot u)^3}du, \quad 即 \ 2I = \int_0^{\frac{\pi}{2}} du = \frac{\pi}{2},$$

所以 $I=\frac{\pi}{4}$。

例 74 求广义积分 $\int_0^1 \frac{x^b-x^a}{\ln x}dx(a,b>0)$。

解 化为二重积分并换序,有

$$\int_0^1 \frac{x^b-x^a}{\ln x}dx = \int_0^1 \left(\int_a^b x^y dy\right)dx = \int_a^b dy \int_0^1 x^y dx = \int_a^b \frac{1}{y+1}dy = \ln\frac{b+1}{a+1}。$$

例 75 设 $\lambda \in \mathbf{R}$,求证:

$$\int_0^{\frac{\pi}{2}} \frac{1}{1+(\tan x)^\lambda}dx = \int_0^{\frac{\pi}{2}} \frac{1}{1+(\cot x)^\lambda}dx = \frac{\pi}{4}。$$

证明 作广义换元积分变换,令 $\tan x = t$,则

$$I_1 = \int_0^{\frac{\pi}{2}} \frac{1}{1+(\tan x)^\lambda}dx = \int_0^{+\infty} \frac{1}{(1+t^\lambda)(1+t^2)}dt。$$

令 $\cot x = t$,则

$$I_2 = \int_0^{\frac{\pi}{2}} \frac{1}{1+(\cot x)^\lambda}dx = \int_{+\infty}^0 \frac{-1}{(1+t^\lambda)(1+t^2)}dt = \int_0^{+\infty} \frac{1}{(1+t^\lambda)(1+t^2)}dt。$$

故 $I_1 = I_2$。于是

$$I_1 = \frac{1}{2}(I_1+I_2) = \frac{1}{2}\int_0^{\frac{\pi}{2}} \frac{1}{1+(\tan x)^\lambda}dx + \frac{1}{2}\int_0^{\frac{\pi}{2}} \frac{1}{1+(\cot x)^\lambda}dx$$

$$= \frac{1}{2}\int_0^{\frac{\pi}{2}} \frac{1}{1+(\tan x)^\lambda}dx + \frac{1}{2}\int_0^{\frac{\pi}{2}} \frac{(\tan x)^\lambda}{1+(\tan x)^\lambda}dx$$

$$= \frac{1}{2}\int_0^{\frac{\pi}{2}} \frac{1+(\tan x)^\lambda}{1+(\tan x)^\lambda}dx = \frac{\pi}{4}。$$

例 76 设 $\lim\limits_{x\to 0}\dfrac{\ln(1+x)-(ax+bx^2)}{\int_0^{x^2} e^{t^2}dt} = \int_e^{+\infty} \dfrac{dx}{x(\ln x)^2}$,求常数 a,b。

解 对原式右边应用广义牛顿-莱布尼茨公式,有

$$右边 = -\frac{1}{\ln x}\Big|_e^{+\infty} = 0+1 = 1。$$

对原式左边应用洛必达法则,有

$$左边 = \lim_{x\to 0}\frac{\frac{1}{1+x}-a-2bx}{2x\exp(x^4)} \quad (由此可得 \ a=1)$$

$$= \lim_{x \to 0} \frac{1-(1+x)(1+2bx)}{2x(1+x)} = \lim_{x \to 0} \frac{-(1+2b)x-2bx^2}{2x}$$

$$= -\frac{1}{2}(1+2b) + 0 = -\frac{1}{2}(1+2b)\text{。}$$

于是 $-\frac{1}{2}(1+2b)=1$,解得 $b=-\frac{3}{2}$,即 $a=1,b=-\frac{3}{2}$。

3.2.3 模拟练习题 3-2

1. 设 $f(x)$ 在 $\left[0,\frac{\pi}{2}\right]$ 上连续,满足 $f(x) = x^2\sin x + \int_0^{\frac{\pi}{2}} f(x)\mathrm{d}x$,求 $f(x)$。

2. 求下列极限:

(1) $\lim\limits_{n\to\infty}\frac{1}{n}\sqrt[n]{n(n+1)\cdots(2n-1)}$;

(2) $\lim\limits_{n\to\infty}\left\{\dfrac{\sin\frac{\pi}{n}}{n+1}+\dfrac{\sin\frac{2\pi}{n}}{n+\frac{1}{2}}+\cdots+\dfrac{\sin\frac{n\pi}{n}}{n+\frac{1}{n}}\right\}$。

3. 设 $f(x)$ 在 $[0,1]$ 上连续,且 $\int_0^1 f(x)\mathrm{d}x = 0$,证明:存在 $\xi \in (0,1)$,使得
$$f(\xi) + f(1-\xi) = 0\text{。}$$

4. 求 $\int_0^{\pi} \dfrac{\sin 2nx}{\sin x}\mathrm{d}x$,其中 $n \in \mathbf{N}$。

5. 求下列定积分:

(1) $\int_a^b |x|\mathrm{d}x \quad (a<b)$;

(2) $\int_{-3}^3 \max\{x, x^2, x^3\}\mathrm{d}x$;

(3) $\int_0^{\pi} \sqrt{\sin x - \sin^3 x}\mathrm{d}x$;

(4) $\int_{\frac{1}{2}}^2 \left(1+x+\dfrac{1}{x}\right)\mathrm{e}^{x-\frac{1}{x}}\mathrm{d}x$;

(5) $\int_0^{\frac{\pi}{4}} \ln(1+\tan x)\mathrm{d}x$;

(6) $\int_1^{\mathrm{e}} \cos(\ln x)\mathrm{d}x$;

(7) $\int_0^{\frac{\pi}{4}} \dfrac{1-\tan x}{1+\tan x}\mathrm{d}x$;

(8) $\int_{-\frac{\pi}{2}}^{\frac{\pi}{2}} \dfrac{\mathrm{e}^x}{1+\mathrm{e}^x}\sin^4 x\mathrm{d}x$。

6. 设 $f(x)$ 在 $[a,b]$ 上有连续的 2 阶导数,且有 $f(a)=f(b)=0$。证明:
$$\int_a^b f(x)\mathrm{d}x = \frac{1}{2}\int_a^b (x-a)(x-b)f''(x)\mathrm{d}x\text{。}$$

7. 设 $f(x)$ 在 $[0,1]$ 上有连续的 2 阶导数,且有 $f'(0)=f'(1)$,证明:$\exists \xi \in (0,1)$,使得
$$\int_0^1 f(x)\mathrm{d}x = \frac{1}{2}[f(0)+f(1)] + \frac{1}{6}f''(\xi)\text{。}$$

8. 设 $f(x)$ 在 $[0,1]$ 上连续,证明:$\left(\int_0^1 f(x)\mathrm{d}x\right)^2 \leqslant \int_0^1 f^2(x)\mathrm{d}x$。(注:不能用已知的公式。)

9. 设 $f(x)$ 在 $[a,b] \, (a>0)$ 上连续,且 $f(x) \geqslant 0$,若对于 $[a,b]$ 上任何一点都有 $f(x) \leqslant \int_a^x f(t)\mathrm{d}t$,求证:$\forall x \in [a,b], f(x) \equiv 0$。

3.3 二重积分

3.3.1 考点综述和解题方法点拨

1. 二重积分的概念

(1)函数 $f(x,y)$ 在二维有界闭域 D 上的二重积分是指下述和式的极限：

$$\iint_D f(x,y)\mathrm{d}x\mathrm{d}y = \lim_{\lambda \to 0} \sum_{i=1}^{n} f(\xi_i, \eta_i)\Delta\sigma_i,$$

其中 $\Delta\sigma_i$ 是分割闭域 D 为 n 个子域 $\sigma_1, \sigma_2, \cdots, \sigma_n$ 时子域 σ_i 的面积，而 $(\xi_i, \eta_i) \in \sigma_i$，$\lambda$ 为各子域 $\sigma_i (i=1,2,\cdots,n)$ 直径之最大者。

(2)若 $f(x,y)$ 在 D 上连续，则上述二重积分存在。

2. 二重积分的主要性质

(1)若有界闭域 D 能分为两个闭区域 D_1 与 D_2，则

$$\iint_D f(x,y)\mathrm{d}\sigma = \iint_{D_1} f(x,y)\mathrm{d}\sigma + \iint_{D_2} f(x,y)\mathrm{d}\sigma,$$

即二重积分对于积分域具有可加性。

(2)(二重积分的保号性)若在区域 D 上，$f(x,y) \leqslant \varphi(x,y)$，则

$$\iint_D f(x,y)\mathrm{d}\sigma \leqslant \iint_D \varphi(x,y)\mathrm{d}\sigma.$$

(3)(二重积分的中值定理) 设函数 $f(x,y)$ 在有界闭域 D 上连续，则在 D 上至少存在一点 (ξ, η)，使得

$$\iint_D f(x,y)\mathrm{d}\sigma = f(\xi, \eta)\sigma,$$

其中，σ 表示区域 D 的面积。

3. 二重积分计算法

(1)在直角坐标系中的计算法

在直角坐标系中，二重积分的面积元素 $\mathrm{d}\sigma$ 可写成 $\mathrm{d}x\mathrm{d}y$，于是

$$\iint_D f(x,y)\mathrm{d}\sigma = \iint_D f(x,y)\mathrm{d}x\mathrm{d}y.$$

①如果积分区域 D 是由两条直线 $x=a, x=b$ 与两条曲线 $y=\varphi_1(x), y=\varphi_2(x)$ 所围成（如图 3.6(a)所示），即

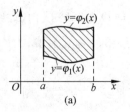
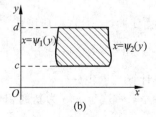

图 3.6

$$D: \begin{cases} a \leqslant x \leqslant b, \\ \varphi_1(x) \leqslant y \leqslant \varphi_2(x), \end{cases}$$

则

$$\iint_D f(x,y)\mathrm{d}x\mathrm{d}y = \int_a^b \mathrm{d}x \int_{\varphi_1(x)}^{\varphi_2(x)} f(x,y)\mathrm{d}y。$$

②如果积分区域 D 是由两条直线 $y=c, y=d$ 与两条曲线 $x=\psi_1(y), x=\psi_2(y)$ 所围成(如图 3.6(b)所示),即

$$D: \begin{cases} c \leqslant y \leqslant d, \\ \psi_1(y) \leqslant x \leqslant \psi_2(y), \end{cases}$$

则

$$\iint_D f(x,y)\mathrm{d}x\mathrm{d}y = \int_c^d \mathrm{d}y \int_{\psi_1(y)}^{\psi_2(y)} f(x,y)\mathrm{d}x。$$

(2)在极坐标系中的计算法

在极坐标系中 $\begin{cases} x=r\cos\theta, \\ y=r\sin\theta, \end{cases}$ 面积元素 $\mathrm{d}\sigma = r\mathrm{d}r\mathrm{d}\theta$。

①如果极点 O 不在区域 D 上,而区域 D 是由两条射线 $\theta=\alpha, \theta=\beta$ 与两条曲线 $r=r_1(\theta), r=r_2(\theta)$ 所围成(如图 3.7(a)所示),即

$$D: \begin{cases} \alpha \leqslant \theta \leqslant \beta, \\ r_1(\theta) \leqslant r \leqslant r_2(\theta), \end{cases}$$

则

$$\iint_D f(x,y)\mathrm{d}x\mathrm{d}y = \int_\alpha^\beta \mathrm{d}\theta \int_{r_1(\theta)}^{r_2(\theta)} f(r\cos\theta, r\sin\theta) r\mathrm{d}r。$$

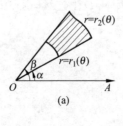 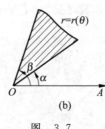 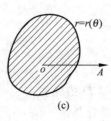

图 3.7

②如果区域 D 是曲边扇形(如图 3.7(b)所示),即

$$D: \begin{cases} \alpha \leqslant \theta \leqslant \beta, \\ 0 \leqslant r \leqslant r(\theta), \end{cases}$$

则

$$\iint_D f(x,y)\mathrm{d}\sigma = \int_\alpha^\beta \mathrm{d}\theta \int_0^{r(\theta)} f(r\cos\theta, r\sin\theta) r\mathrm{d}r。$$

③如果区域 D 由闭曲线 $r=r(\theta)$ 所围成,且极点 O 在区域 D 内(如图 3.7(c)所示),则

$$\iint_D f(x,y)\mathrm{d}\sigma = \int_0^{2\pi} \mathrm{d}\theta \int_0^{r(\theta)} f(r\cos\theta, r\sin\theta) r\mathrm{d}r。$$

(3)用平移变换计算二重积分

令 $x=u+k, y=\sigma+h$,这里 u,σ 为新的积分变量,k,h 为常数,则

$$\iint_D f(x,y)\mathrm{d}x\mathrm{d}y = \iint_{D'} f(u+k, \sigma+h)\mathrm{d}u\mathrm{d}\sigma。$$

D' 是区域 D 在上述变换下 (u,σ) 在 $u\sigma$ 平面上的对应区域。

(4)利用积分区域 D 的对称性和被积函数的奇偶性计算。

①设 D 关于 x 轴对称，$D_\text{上}$ 为 D 的上半部分，则有

$$\iint_D f(x,y)\mathrm{d}x\mathrm{d}y = \begin{cases} 2\iint_{D_\text{上}} f(x,y)\mathrm{d}x\mathrm{d}y, & \text{若 } f(x,-y)=f(x,y), \\ 0, & \text{若 } f(x,-y)=-f(x,y)。 \end{cases}$$

②设 D 关于 y 轴对称，$D_\text{右}$ 为 D 的右半部分，则有

$$\iint_D f(x,y)\mathrm{d}x\mathrm{d}y = \begin{cases} 2\iint_{D_\text{右}} f(x,y)\mathrm{d}x\mathrm{d}y, & \text{若 } f(-x,y)=f(x,y), \\ 0, & \text{若 } f(-x,y)=-f(x,y)。 \end{cases}$$

③设 D 关于直线 $y=x$ 对称，则有

$$\iint_D f(x,y)\mathrm{d}x\mathrm{d}y = \iint_D f(y,x)\mathrm{d}x\mathrm{d}y。$$

4. 二重积分的积分换序

若 $\iint_D f(x,y)\mathrm{d}x\mathrm{d}y$ 中的 D 为既 X-型，又 Y-型区域，则计算时有两种不同的次序，因而有一种典型的积分换序题目。做法要点：

(1)根据已知次序写出 D 的表达式，并做出 D 的图；
(2)将 D 改写为另一种类型的表达式；
(3)完成积分换序。

5. 二重积分的应用(曲面的面积)

设曲面 Σ 由方程 $z=f(x,y)$ 给出，D_{xy} 为曲面 Σ 在 xOy 面上的投影，函数 $f(x,y)$ 在 D_{xy} 上具有一阶连续偏导数，则曲面面积为

$$S = \iint_{D_{xy}} \sqrt{1+\left(\frac{\partial z}{\partial x}\right)^2 + \left(\frac{\partial z}{\partial y}\right)^2}\mathrm{d}x\mathrm{d}y。$$

其中 $\mathrm{d}S = \sqrt{1+\left(\frac{\partial z}{\partial x}\right)^2 + \left(\frac{\partial z}{\partial y}\right)^2}\mathrm{d}x\mathrm{d}y$ 称为面积微元(也有其他类似公式)。

3.3.2 竞赛例题

1. 与二重积分有关的极限问题

例1 求 $\lim\limits_{n\to\infty} \dfrac{\pi}{2n^4}\sum\limits_{i=1}^{n}\sum\limits_{j=1}^{n} i^2 \sin\dfrac{j\pi}{2n}$。

解 由二重积分的定义及函数 $x^2\sin y$ 在区域 $0\leqslant x\leqslant 1, 0\leqslant y\leqslant \dfrac{\pi}{2}$ 上的连续性可知

$$\lim_{n\to\infty} \frac{\pi}{2n^4}\sum_{i=1}^{n}\sum_{j=1}^{n} i^2\sin\frac{j\pi}{2n} = \lim_{n\to\infty}\sum_{i=1}^{n}\sum_{j=1}^{n}\left[\left(\frac{i}{n}\right)^2\left(\sin\frac{\pi j}{2n}\right)\right]\cdot\frac{1}{n}\cdot\frac{\pi}{2n}$$

$$= \iint_{\substack{0\leqslant x\leqslant 1 \\ 0\leqslant y\leqslant \frac{\pi}{2}}} x^2\sin y\,\mathrm{d}x\mathrm{d}y = \int_0^1 x^2\mathrm{d}x\int_0^{\frac{\pi}{2}}\sin y\,\mathrm{d}y$$

$$= \frac{1}{3}。$$

例 2 计算 $\lim\limits_{r\to 0}\dfrac{1}{\pi r^2}\iint\limits_{D}e^{x^2-y^2}\cos(x+y)\mathrm{d}x\mathrm{d}y$,其中 D 为 $x^2+y^2\leqslant r^2$。

解 由积分中值定理得

$$\iint\limits_{D}e^{x^2-y^2}\cos(x+y)\mathrm{d}x\mathrm{d}y = e^{\xi^2-\eta^2}\cdot\cos(\xi+\eta)\cdot\pi r^2,(\xi,\eta)\in D。$$

故

$$\lim\limits_{r\to 0}\dfrac{1}{\pi r^2}\iint\limits_{D}e^{x^2-y^2}\cos(x+y)\mathrm{d}x\mathrm{d}y = \lim\limits_{r\to 0}e^{\xi^2-\eta^2}\cdot\cos(\xi+\eta)$$

$$= \lim\limits_{\substack{\xi\to 0\\ \eta\to 0}}e^{\xi^2-\eta^2}\cdot\cos(\xi+\eta) = 1。$$

2.积分换序问题

例 3 将二重积分 $\iint\limits_{D}f(x,y)\mathrm{d}x\mathrm{d}y = \int_{1}^{e}\mathrm{d}x\int_{0}^{\ln x}f(x,y)\mathrm{d}y$ 化为先对 x,后对 y 的二次积分,则 $\iint\limits_{D}f(x,y)\mathrm{d}x\mathrm{d}y = $ _____。

解 将 $D:\begin{cases}1\leqslant x\leqslant e,\\ 0\leqslant y\leqslant\ln x,\end{cases}$ 改记成 $D:\begin{cases}0\leqslant y\leqslant 1,\\ e^y\leqslant x\leqslant e。\end{cases}$

如图 3.8 所示,所以

$$\iint\limits_{D}f(x,y)\mathrm{d}x\mathrm{d}y = \int_{0}^{1}\mathrm{d}y\int_{e^y}^{e}f(x,y)\mathrm{d}x。$$

故应填 $\int_{0}^{1}\mathrm{d}y\int_{e^y}^{e}f(x,y)\mathrm{d}x$。

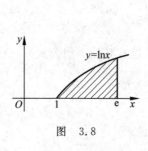

图 3.8

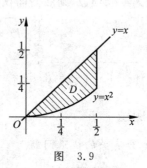

图 3.9

例 4 交换积分次序:$\int_{0}^{\frac{1}{4}}\mathrm{d}y\int_{y}^{\sqrt{y}}f(x,y)\mathrm{d}x + \int_{\frac{1}{4}}^{\frac{1}{2}}\mathrm{d}y\int_{y}^{\frac{1}{2}}f(x,y)\mathrm{d}x = $ _____。

解 如图 3.9 所示。积分区域 $D=D_1+D_2$,其中

$$D_1 = \left\{(x,y)\,\middle|\,0\leqslant y\leqslant\dfrac{1}{4},y\leqslant x\leqslant\sqrt{y}\right\},$$

$$D_2 = \left\{(x,y)\,\middle|\,\dfrac{1}{4}\leqslant y\leqslant\dfrac{1}{2},y\leqslant x\leqslant\dfrac{1}{2}\right\}。$$

于是 D 也可表示为

$$D = \left\{(x,y)\,\middle|\,0\leqslant x\leqslant\dfrac{1}{2},x^2\leqslant y\leqslant x\right\}。$$

故
$$\int_0^{\frac{1}{4}} dy \int_y^{\sqrt{y}} f(x,y) dx + \int_{\frac{1}{4}}^{\frac{1}{2}} dy \int_y^{\frac{1}{2}} f(x,y) dx = \int_0^{\frac{1}{2}} dx \int_{x^2}^{x} f(x,y) dy.$$

点评 本题应先画出草图,即可直观明了地得出正确答案。

例 5 交换二次积分的积分次序:$\int_{-1}^{0} dy \int_{2}^{1-y} f(x,y) dx = $ _____。

解 $\int_{-1}^{0} dy \int_{2}^{1-y} f(x,y) dx = -\int_{-1}^{0} dy \int_{1-y}^{2} f(x,y) dx$,积分区域 D 为

$$D = \{(x,y) | -1 \leqslant y \leqslant 0, 1-y \leqslant x \leqslant 2\}.$$

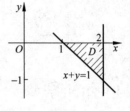

图 3.10

如图 3.10 所示,可将区域 D 改写为

$$D = \{(x,y) | 1 \leqslant x \leqslant 2, 1-x \leqslant y \leqslant 0\}.$$

于是有

$$\int_{-1}^{0} dy \int_{2}^{1-y} f(x,y) dx = -\int_{-1}^{0} dy \int_{1-y}^{2} f(x,y) dx$$
$$= -\int_{1}^{2} dx \int_{1-x}^{0} f(x,y) dy$$
$$= \int_{1}^{2} dx \int_{0}^{1-x} f(x,y) dy.$$

例 6 累次积分 $\int_{0}^{\frac{\pi}{2}} d\theta \int_{0}^{\cos\theta} f(r\cos\theta, r\sin\theta) r dr$ 可以写成( )。

A. $\int_{0}^{1} dy \int_{0}^{\sqrt{y-y^2}} f(x,y) dx$ B. $\int_{0}^{1} dy \int_{0}^{\sqrt{1-y^2}} f(x,y) dx$

C. $\int_{0}^{1} dx \int_{0}^{1} f(x,y) dy$ D. $\int_{0}^{1} dx \int_{0}^{\sqrt{x-x^2}} f(x,y) dy$

解 平面区域 D 为曲线 $\left(x-\frac{1}{2}\right)^2 + y^2 = \frac{1}{4}(y>0)$ 及 x 轴围成,所以

$$原式 = \iint_D f(x,y) dxdy = \int_0^1 dx \int_0^{\sqrt{x-x^2}} f(x,y) dy.$$

故应选 D。

例 7 设 $f(x,y)$ 为连续函数,则 $\int_{0}^{\frac{\pi}{4}} d\theta \int_{0}^{1} f(r\cos\theta, r\sin\theta) r dr = ($)。

A. $\int_{0}^{\frac{\sqrt{2}}{2}} dx \int_{x}^{\sqrt{1-x^2}} f(x,y) dy$ B. $\int_{0}^{\frac{\sqrt{2}}{2}} dx \int_{0}^{\sqrt{1-x^2}} f(x,y) dy$

C. $\int_{0}^{\frac{\sqrt{2}}{2}} dy \int_{y}^{\sqrt{1-y^2}} f(x,y) dx$ D. $\int_{0}^{\frac{\sqrt{2}}{2}} dy \int_{0}^{\sqrt{1-y^2}} f(x,y) dx$

解 积分区域 D 由 $x^2 + y^2 = 1, y = x, y = 0$ 围成,所以

$$\int_{0}^{\frac{\pi}{4}} d\theta \int_{0}^{1} f(r\cos\theta, r\sin\theta) r dr = \int_{0}^{\frac{\sqrt{2}}{2}} dy \int_{y}^{\sqrt{1-y^2}} f(x,y) dx.$$

故应选 C。

例8 计算二重积分
$$\int_1^2 dx \int_{\sqrt{x}}^x \sin\frac{\pi x}{2y} dy + \int_2^4 dx \int_{\sqrt{x}}^2 \sin\frac{\pi x}{2y} dy。$$

解 因为 $\int \sin\frac{\pi x}{2y} dy$ 不能用有限形式的初等函数表示，所以需要改变积分顺序，如图 3.11 所示，设

$$D_1: \begin{cases} 1 \leqslant x \leqslant 2, \\ \sqrt{x} \leqslant y \leqslant x, \end{cases} \quad D_2: \begin{cases} 2 \leqslant x \leqslant 4, \\ \sqrt{x} \leqslant y \leqslant 2, \end{cases} \quad D = D_1 + D_2: \begin{cases} 1 \leqslant y \leqslant 2, \\ y \leqslant x \leqslant y^2。\end{cases}$$

则

$$\int_1^2 dx \int_{\sqrt{x}}^x \sin\frac{\pi x}{2y} dy + \int_2^4 dx \int_{\sqrt{x}}^2 \sin\frac{\pi x}{2y} dy$$

$$= \int_1^2 dy \int_y^{y^2} \sin\frac{\pi x}{2y} dx = -\int_1^2 \left(\frac{2y}{\pi} \cos\frac{\pi x}{2y}\bigg|_y^{y^2}\right) dy$$

$$= -\int_1^2 \frac{2y}{\pi}\left(\cos\frac{\pi}{2}y - \cos\frac{\pi}{2}\right) dy = -\frac{2}{\pi}\int_1^2 y\cos\frac{\pi}{2}y dy = -\frac{4}{\pi^2}\int_1^2 y d\sin\frac{\pi y}{2} = \frac{4}{\pi^3}(2+\pi)。$$

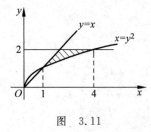

图 3.11

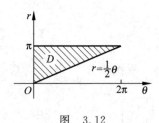

图 3.12

例9 求二次积分 $\int_0^{2\pi} d\theta \int_{\frac{\theta}{2}}^{\pi} (\theta^2 - 1) e^{r^2} dr$。

解 如图 3.12 所示，在 (θ, r) 平面上积分换序，

$$D: \begin{cases} 0 \leqslant \theta \leqslant 2\pi, \\ \frac{\theta}{2} \leqslant r \leqslant \pi \end{cases} \text{换为} \begin{cases} 0 \leqslant r \leqslant \pi, \\ 0 \leqslant \theta \leqslant 2r。\end{cases}$$

所以

$$\text{原式} = \int_0^{\pi} dr \int_0^{2r} (\theta^2 - 1) e^{r^2} d\theta = \int_0^{\pi} e^{r^2} \left(\frac{\theta^3}{3} - \theta\right)\bigg|_0^{2r} dr$$

$$= \frac{8}{3}\int_0^{\pi} r^3 e^{r^2} dr - 2\int_0^{\pi} r e^{r^2} dr \xrightarrow{t=r^2} \frac{4}{3}\int_0^{\pi^2} t e^t dt - \int_0^{\pi^2} e^t dt$$

$$= \frac{4}{3} e^t(t-1)\bigg|_0^{\pi^2} - e^t\bigg|_0^{\pi^2} = \frac{1}{3} e^{\pi^2}(4\pi^2 - 7) + \frac{7}{3}。$$

例10 设 $f(x)$ 为连续偶函数，试证明：

$$\iint_D f(x-y) dx dy = 2\int_0^{2a} (2a-u) f(u) du，$$

其中 D 为正方形 $|x| \leqslant a, |y| \leqslant a(a>0)$。

证明 根据题意,有

$$\iint_D f(x-y)\mathrm{d}x\mathrm{d}y = \int_{-a}^a \mathrm{d}x \int_{-a}^a f(x-y)\mathrm{d}y \xrightarrow{\diamondsuit u = x-y} \int_{-a}^a \mathrm{d}x \int_{x+a}^{x-a} [-f(u)]\mathrm{d}u$$

$$= \int_{-a}^a \mathrm{d}x \int_{x-a}^{x+a} f(u)\mathrm{d}u_\circ$$

参看图 3.13,变换积分顺序,上式化为

$$\int_{-2a}^0 \mathrm{d}u \int_{-a}^{u+a} f(u)\mathrm{d}x + \int_0^{2a} \mathrm{d}u \int_{u-a}^a f(u)\mathrm{d}x$$

$$= \int_{-2a}^0 f(u)(u+2a)\mathrm{d}u + \int_0^{2a} f(u)(2a-u)\mathrm{d}u_\circ$$

因为 $f(x)$ 为偶函数,有

$$\int_{-2a}^0 f(u)(u+2a)\mathrm{d}u \xrightarrow{v=-u} -\int_0^{2a} f(-v)(2a-v)\mathrm{d}(-v)$$

$$= \int_0^{2a} f(v)(2a-v)\mathrm{d}v$$

$$= \int_0^{2a} f(u)(2a-u)\mathrm{d}u_\circ$$

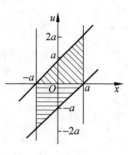

图 3.13

故

$$\iint_D f(x-y)\mathrm{d}x\mathrm{d}y = 2\int_0^{2a} (2a-u)f(u)\mathrm{d}u_\circ$$

例 11 求 $\lim\limits_{t\to 0^+} \dfrac{1}{t^6} \int_0^t \mathrm{d}x \int_x^t \sin(xy)^2 \mathrm{d}y$。

解 交换积分次序,有

$$\int_0^t \mathrm{d}x \int_x^t \sin(xy)^2 \mathrm{d}y = \int_0^t \mathrm{d}y \int_0^y \sin(xy)^2 \mathrm{d}x_\circ$$

两次应用洛必达法则和积分变换,则

$$\text{原式} = \lim_{t\to 0^+} \frac{\int_0^t \sin(tx)^2 \mathrm{d}x}{6t^5} = \lim_{t\to 0^+} \frac{\int_0^{t^2} \sin u^2 \mathrm{d}u}{6t^6} = \lim_{t\to 0^+} \frac{2t\sin t^4}{36t^5} = \frac{1}{18}_\circ$$

例 12 设 $f(x,y)$ 是定义在区域 $0 \leqslant x \leqslant 1, 0 \leqslant y \leqslant 1$ 上的二元函数,$f(0,0)=0$,且在点 $(0,0)$ 处 $f(x,y)$ 可微,求极限

$$\lim_{x\to 0^+} \frac{\int_0^{x^2} \mathrm{d}t \int_x^{\sqrt{t}} f(t,u)\mathrm{d}u}{1-e^{-\frac{x^4}{4}}}_\circ$$

解 交换积分次序,有

$$\int_0^{x^2} \mathrm{d}t \int_x^{\sqrt{t}} f(t,u)\mathrm{d}u = -\int_0^x \left(\int_0^{u^2} f(t,u)\mathrm{d}t \right)\mathrm{d}u_\circ$$

应用洛必达法则与积分中值定理,则

$$\text{原式} = \lim_{x\to 0^+} \frac{-\int_0^x \left(\int_0^{u^2} f(t,u)\mathrm{d}t \right)\mathrm{d}u}{\dfrac{x^4}{4}} = \lim_{x\to 0^+} \frac{-\int_0^{x^2} f(t,x)\mathrm{d}t}{x^3}$$

$$= -\lim_{x\to 0^+} \frac{f(\xi(x),x)\cdot x^2}{x^3}$$

$$= -\lim_{x \to 0^+} \frac{f(\xi(x), x)}{x} \quad (0 < \xi(x) < x^2)_\circ$$

由于 $f(x,y)$ 在 $(0,0)$ 处可微,$f(0,0) = 0$,及 $\xi(x) = o(x)$,所以

$$f(\xi(x), x) = f(0,0) + f'_x(0,0)\xi(x) + f'_y(0,0)x + o(\sqrt{\xi^2(x) + x^2})$$
$$= f'_y(0,0)x + o(x)_\circ$$

因此

$$\text{原式} = -\lim_{x \to 0^+} \frac{f'_y(0,0)x + o(x)}{x} = -f'_y(0,0)_\circ$$

3. 二重积分的计算

例 13 计算 $\iint\limits_{\sqrt{x}+\sqrt{y} \leqslant 1} \sqrt[3]{\sqrt{x}+\sqrt{y}}\,dxdy$。

解 原式 $= \int_0^1 dx \int_0^{(1-\sqrt{x})^2} \sqrt[3]{\sqrt{x}+\sqrt{y}}\,dy \quad (\diamondsuit\ t = \sqrt{y})$

$$= 2\int_0^1 dx \int_0^{1-\sqrt{x}} \sqrt[3]{\sqrt{x}+t} \cdot t\,dt \quad (\diamondsuit\ u = \sqrt{x} + t)$$

$$= 2\int_0^1 dx \int_{\sqrt{x}}^1 \sqrt[3]{u} \cdot (u - \sqrt{x})\,du = 2\int_0^1 \left[\frac{3}{7}u^{\frac{7}{3}} - \frac{3}{4}\sqrt{x}u^{\frac{4}{3}}\right]_{\sqrt{x}}^1 dx$$

$$= 2\int_0^1 \left(\frac{3}{7} - \frac{3}{4}\sqrt{x} + \frac{9}{28}x^{\frac{7}{6}}\right)dx = \frac{2}{13}_\circ$$

例 14 设 $a > 0$,

$$f(x) = g(x) = \begin{cases} a, & \text{若 } 0 \leqslant x \leqslant 1, \\ 0, & \text{其他,} \end{cases}$$

D 表示全平面,则 $I = \iint\limits_D f(x)g(y-x)\,dxdy = $ _____。

解 $I = \iint\limits_D f(x)g(y-x)\,dxdy = \iint\limits_{\substack{0 \leqslant x \leqslant 1 \\ 0 \leqslant y-x \leqslant 1}} a^2\,dxdy = a^2\int_0^1 dx \int_x^{x+1} dy = a^2\int_0^1 dx = a^2_\circ$

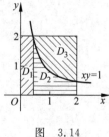

图 3.14

例 15 求二重积分 $\iint\limits_D \max\{xy, 1\}\,dxdy$,其中

$$D = \{(x,y) \mid 0 \leqslant x \leqslant 2, 0 \leqslant y \leqslant 2\}_\circ$$

解 如图 3.14 所示,将区域 D 分为 3 个部分:

$$D_1: \begin{cases} 0 \leqslant x \leqslant \dfrac{1}{2}, \\ 0 \leqslant y \leqslant 2, \end{cases} \quad D_2: \begin{cases} \dfrac{1}{2} \leqslant x \leqslant 2, \\ 0 \leqslant y \leqslant \dfrac{1}{x}, \end{cases} \quad D_3: \begin{cases} \dfrac{1}{2} \leqslant x \leqslant 2, \\ \dfrac{1}{x} \leqslant y \leqslant 2_\circ \end{cases}$$

由区域可加性,得

$$\iint\limits_D \max\{xy, 1\}\,dxdy = \iint\limits_{D_1} \max\{xy, 1\}\,dxdy + \iint\limits_{D_2} \max\{xy, 1\}\,dxdy + \iint\limits_{D_3} \max\{xy, 1\}\,dxdy$$

$$= \iint_{D_1} \mathrm{d}x\mathrm{d}y + \iint_{D_2} \mathrm{d}x\mathrm{d}y + \iint_{D_3} xy\mathrm{d}x\mathrm{d}y$$

$$= 1 + \int_{\frac{1}{2}}^{2} \mathrm{d}x \int_{0}^{\frac{1}{x}} \mathrm{d}y + \int_{\frac{1}{2}}^{2} x\mathrm{d}x \int_{\frac{1}{x}}^{2} y\mathrm{d}y$$

$$= 1 + 2\ln 2 + \frac{15}{4} - \ln 2 = \frac{19}{4} + \ln 2 \text{。}$$

例 16 试计算二重积分 $\iint_D |y - x^2| \mathrm{d}x\mathrm{d}y$,其中积分区域 D 为正方形区域 $|x| \leqslant 1, 0 \leqslant y \leqslant 2$。

解 如图 3.15 所示用 $y = x^2$ 将积分区域分割为 D_1 与 D_2,则

$$原式 = \iint_{D_1} (y - x^2) \mathrm{d}x\mathrm{d}y + \iint_{D_2} (x^2 - y) \mathrm{d}x\mathrm{d}y$$

$$= \int_{-1}^{1} \mathrm{d}x \int_{x^2}^{2} (y - x^2) \mathrm{d}y + \int_{-1}^{1} \mathrm{d}x \int_{0}^{x^2} (x^2 - y) \mathrm{d}y$$

$$= \int_{-1}^{1} \frac{1}{2} (y - x^2)^2 \Big|_{x^2}^{2} \mathrm{d}x - \int_{-1}^{1} \frac{1}{2} (y - x^2)^2 \Big|_{0}^{x^2} \mathrm{d}x$$

$$= \frac{1}{2} \int_{-1}^{1} (4 - 4x^2 + x^4) \mathrm{d}x + \frac{1}{2} \int_{-1}^{1} x^4 \mathrm{d}x$$

$$= 2 \int_{0}^{1} (2 - 2x^2 + x^4) \mathrm{d}x = 2 \left(2 - \frac{2}{3} + \frac{1}{5} \right) = \frac{46}{15} \text{。}$$

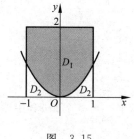

图 3.15

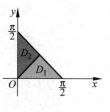

图 3.16

例 17 求 $\iint_D |\sin(x - y)| \mathrm{d}x\mathrm{d}y$,其中 $D: x \geqslant 0, y \geqslant 0, x + y \leqslant \frac{\pi}{2}$。

解 如图 3.16 所示,用直线 $y = x$ 将区域 D 分割为 D_1 与 D_2,则在 D_1 上 $0 \leqslant x - y \leqslant \frac{\pi}{2}$,在 D_2 上 $-\frac{\pi}{2} \leqslant x - y \leqslant 0$,于是

$$原式 = \iint_{D_1} \sin(x - y) \mathrm{d}x\mathrm{d}y - \iint_{D_2} \sin(x - y) \mathrm{d}x\mathrm{d}y$$

$$= \int_{0}^{\frac{\pi}{4}} \mathrm{d}y \int_{y}^{\frac{\pi}{2} - y} \sin(x - y) \mathrm{d}x - \int_{0}^{\frac{\pi}{4}} \mathrm{d}x \int_{x}^{\frac{\pi}{2} - x} \sin(x - y) \mathrm{d}y$$

$$= -\int_{0}^{\frac{\pi}{4}} \cos(x - y) \Big|_{y}^{\frac{\pi}{2} - y} \mathrm{d}y - \int_{0}^{\frac{\pi}{4}} \cos(x - y) \Big|_{x}^{\frac{\pi}{2} - x} \mathrm{d}x$$

$$= \int_0^{\frac{\pi}{4}} (1-\sin 2y) \mathrm{d}y + \int_0^{\frac{\pi}{4}} (1-\sin 2x) \mathrm{d}x$$

$$= 2\left(y + \frac{1}{2}\cos 2y\right)\bigg|_0^{\frac{\pi}{4}} = \frac{\pi}{2} - 1.$$

例 18 计算二重积分 $\iint\limits_D (x^2+xy)^2 \mathrm{d}x\mathrm{d}y$,其中 D 为 $\{(x,y) \mid x^2+y^2 \leqslant 2x\}$。

解 曲线 $x^2+y^2=2x$ 的极坐标方程为 $\rho=2\cos\theta$,如图 3.17 所示,区域 D 关于 x 轴对称,$2x^3y$ 关于 y 为奇函数,$x^2(x^2+y^2)$ 关于 y 为偶函数。应用奇偶对称性,得

$$原式 = \iint\limits_D x^2(x^2+2xy+y^2)\mathrm{d}x\mathrm{d}y = 2\iint\limits_{D(y\geqslant 0)} x^2(x^2+y^2)\mathrm{d}x\mathrm{d}y$$

$$= 2\int_0^{\frac{\pi}{2}}\mathrm{d}\theta \int_0^{2\cos\theta} \rho^5 \cos^2\theta \mathrm{d}\rho = \frac{64}{3}\int_0^{\frac{\pi}{2}} \cos^8\theta \mathrm{d}\theta,$$

其中 $D(y\geqslant 0): 0\leqslant \rho \leqslant 2\cos\theta, 0\leqslant \theta \leqslant \frac{\pi}{2}$。由于

$$I_n = \int_0^{\frac{\pi}{2}} \cos^n x \mathrm{d}x = \int_0^{\frac{\pi}{2}} \cos^{n-1}x \mathrm{d}\sin x = (n-1)\int_0^{\frac{\pi}{2}} \sin^2 x \cos^{n-2} x \mathrm{d}x$$

$$= (n-1)\int_0^{\frac{\pi}{2}} (1-\cos^2 x)\cos^{n-2} x \mathrm{d}x = (n-1)I_{n-2} - (n-1)I_n,$$

因此 $I_n = \frac{n-1}{n} I_{n-2}$。又因为 $I_0 = \frac{\pi}{2}$,所以

$$I_8 = \frac{7}{8}\cdot\frac{5}{6}\cdot\frac{3}{4}\cdot\frac{1}{2}\cdot\frac{\pi}{2} = \frac{35}{4\times 64}\pi.$$

故

$$原式 = \frac{64}{3}\cdot\frac{35}{4\times 64}\pi = \frac{35}{12}\pi.$$

例 19 计算 $I = \int_0^{a\sin\varphi} \mathrm{e}^{-y^2} \mathrm{d}y \int_{\sqrt{a^2-y^2}}^{\sqrt{b^2-y^2}} \mathrm{e}^{-x^2} \mathrm{d}x + \int_{a\sin\varphi}^{b\sin\varphi} \mathrm{e}^{-y^2} \mathrm{d}y \int_{y\cot\varphi}^{\sqrt{b^2-y^2}} \mathrm{e}^{-x^2} \mathrm{d}x$。其中 $0<a<b$,$0<\varphi<\frac{\pi}{2}$,且 a,b,φ 均为常数。

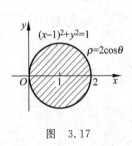

图 3.17

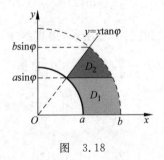

图 3.18

解 原式中两项二重积分的被积函数均为 $\mathrm{e}^{-x^2-y^2}$,因此采用极坐标。按题意作出 D_1 和 D_2 的图如图 3.18 所示,则

第 3 章 积 分 学

$$原式 = \iint_D e^{-(x^2+y^2)} dxdy = \iint_D e^{-\rho^2} \rho d\rho d\theta = \int_0^\varphi d\theta \int_a^b \rho e^{-\rho^2} d\rho = \frac{e^{-a^2}-e^{-b^2}}{2}\varphi。$$

例 20 设 $D=\{(x,y)|x^2+y^2\leqslant\sqrt{2},x\geqslant 0,y\geqslant 0\}$，$[1+x^2+y^2]$ 表示不超过 $1+x^2+y^2$ 的最大整数，计算二重积分 $\iint_D xy[1+x^2+y^2]dxdy$。

解 如图 3.19 所示

$$原式 = \int_0^{\frac{\pi}{2}} d\theta \int_0^{\sqrt[4]{2}} r^3 \cos\theta\sin\theta[1+r^2]dr = \int_0^{\frac{\pi}{2}} \sin\theta\cos\theta d\theta \cdot \int_0^{\sqrt[4]{2}} r^3[1+r^2]dr$$

$$= \frac{1}{2} \cdot \int_0^{\sqrt[4]{2}} r^3[1+r^2]dr = \frac{1}{2}\left(\int_0^1 r^3 dr + \int_1^{\sqrt[4]{2}} 2r^3 dr\right)$$

$$= \frac{3}{8}。$$

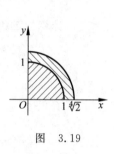

图 3.19

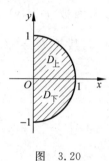

图 3.20

例 21 设区域 $D=\{(x,y)|x^2+y^2\leqslant 1,x\geqslant 0\}$，计算二重积分

$$I = \iint_D \frac{1+xy}{1+x^2+y^2}dxdy。$$

解 D 为右半单位圆，如图 3.20 所示，D 关于 x 轴上下对称，而 $\frac{xy}{1+x^2+y^2}$ 关于 y 为奇函数，$\frac{1}{1+x^2+y^2}$ 关于 y 为偶函数，利用奇偶对称性，有

$$I = \iint_D \frac{1+xy}{1+x^2+y^2}dxdy = \iint_D \frac{1}{1+x^2+y^2}dxdy + \iint_D \frac{xy}{1+x^2+y^2}dxdy$$

$$= 2\iint_{D_上} \frac{1}{1+x^2+y^2}dxdy + 0 = 2\int_0^{\frac{\pi}{2}} d\theta \int_0^1 \frac{1}{1+r^2} rdr$$

$$= \frac{\pi}{2}\ln 2。$$

例 22 求由曲面 $z=x^2+y^2$ 和 $z=2-\sqrt{x^2+y^2}$ 所围成的体积 V 和表面积 S。

解 由

$$\begin{cases} z=x^2+y^2, \\ z=2-\sqrt{x^2+y^2}, \end{cases}$$

得 $z=2-\sqrt{z}$,即 $z^2-5z+4=0$。解得 $z_1=1, z_2=4$(舍去),所以投影区域为 $D: x^2+y^2 \leqslant 1$.

$$V = \iint_D [2-\sqrt{x^2+y^2}-(x^2+y^2)]dxdy = \int_0^{2\pi}d\theta\int_0^1(2-\rho-\rho^2)\rho d\rho = \frac{5}{6}\pi.$$

因为 $S = \iint_D \sqrt{1+\left(\frac{\partial z}{\partial x}\right)^2+\left(\frac{\partial z}{\partial y}\right)^2}dxdy$,所以

$$S = \iint_D \sqrt{1+(2x)^2+(2y)^2}dxdy + \iint_D \sqrt{1+\left(\frac{-x}{\sqrt{x^2+y^2}}\right)^2+\left(\frac{-y}{\sqrt{x^2+y^2}}\right)^2}dxdy$$

$$= \iint_D [\sqrt{1+4(x^2+y^2)}+\sqrt{2}]dxdy = \int_0^{2\pi}d\theta\int_0^1(\sqrt{1+4\rho^2}+\sqrt{2})\rho d\rho$$

$$= \left[\frac{1}{6}(5\sqrt{5}-1)+\sqrt{2}\right]\pi.$$

例 23 已知函数 $f(x,y)$ 具有二阶连续偏导数,且 $f(1,y)=0, f(x,1)=0$, $\iint_D f(x,y)dxdy = a$,其中 $D = \{(x,y) \mid 0 \leqslant x \leqslant 1, 0 \leqslant y \leqslant 1\}$。计算二重积分

$$I = \iint_D xyf''_{xy}(x,y)dxdy.$$

解 $I = \int_0^1 xdx\int_0^1 yf''_{xy}(x,y)dy = \int_0^1 xdx\left[\int_0^1 ydf'_x(x,y)\right]$

$$= \int_0^1 x\left[yf'_x(x,y)\Big|_0^1 - \int_0^1 f'_x(x,y)dy\right]dx$$

$$= \int_0^1 x\left[f'_x(x,1) - \int_0^1 f'_x(x,y)dy\right]dx$$

$$= \int_0^1 xf'_x(x,1)dx - \int_0^1 xdx\int_0^1 f'_x(x,y)dy$$

$$= \int_0^1 xdf(x,1) - \int_0^1 dy\int_0^1 xf'_x(x,y)dx$$

$$= xf(x,1)\Big|_0^1 - \int_0^1 f(x,1)dx - \int_0^1 dy\int_0^1 xdf(x,y)$$

$$= -\int_0^1 dy\int_0^1 xdf(x,y) = -\int_0^1 \left[xf(x,y)\Big|_0^1 - \int_0^1 f(x,y)dx\right]dy$$

$$= -\int_0^1 f(1,y)dy + \int_0^1 dy\int_0^1 f(x,y)dx$$

$$= \int_0^1 dy\int_0^1 f(x,y)dx = \iint_D f(x,y)dxdy$$

$$= a.$$

例 24 计算 $\iint_D \frac{dxdy}{xy}$,其中 $D: \begin{cases} 2 \leqslant \dfrac{x}{x^2+y^2} \leqslant 4, \\ 2 \leqslant \dfrac{y}{x^2+y^2} \leqslant 4. \end{cases}$

解 在极坐标系中,积分区域为

$$D = \left\{ (\rho,\theta) \,\bigg|\, \frac{\cos\theta}{4} \leqslant \rho \leqslant \frac{\cos\theta}{2}, \frac{\sin\theta}{4} \leqslant \rho \leqslant \frac{\sin\theta}{2} \right\}.$$

如图 3.21 所示,4 个交点的坐标分别为

$$\left(\frac{\sqrt{2}}{4}, \frac{\pi}{4}\right), \left(\frac{\sqrt{2}}{8}, \frac{\pi}{4}\right), \left(\frac{\sqrt{5}}{10}, \arctan\frac{1}{2}\right), \left(\frac{\sqrt{5}}{10}, \arctan 2\right).$$

利用对称性,得

$$\iint_D \frac{\mathrm{d}x\mathrm{d}y}{xy} = 2\int_{\arctan\frac{1}{2}}^{\frac{\pi}{4}} \mathrm{d}\theta \int_{\frac{\cos\theta}{4}}^{\frac{\sin\theta}{2}} \frac{\mathrm{d}\rho}{\rho\sin\theta\cos\theta}$$

$$= 2\int_{\arctan\frac{1}{2}}^{\frac{\pi}{4}} \frac{1}{\sin\theta\cos\theta} \ln(2\tan\theta) \mathrm{d}\theta$$

$$= 2\int_{\arctan\frac{1}{2}}^{\frac{\pi}{4}} \frac{1}{\tan\theta} (\ln 2 + \ln\tan\theta) \mathrm{d}\tan\theta$$

$$= 2\left(\ln 2 \cdot \ln\tan\theta + \frac{1}{2}\ln^2 \tan\theta\right) \bigg|_{\arctan\frac{1}{2}}^{\frac{\pi}{4}}$$

$$= \ln^2 2.$$

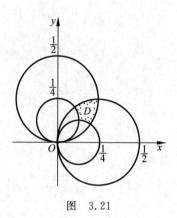

图 3.21

例 25 设 $D: x^2 + y^2 \leqslant 1$,求 $\iint_D (\sin^2 x + \cos^2 y) \mathrm{d}x\mathrm{d}y$。

解 因为 D 关于直线 $y = x$ 对称,所以有 $\iint_D f(x,y)\mathrm{d}x\mathrm{d}y = \iint_D f(y,x)\mathrm{d}x\mathrm{d}y$。故

$$\iint_D (\sin^2 x + \cos^2 y)\mathrm{d}x\mathrm{d}y = \iint_D (\sin^2 y + \cos^2 x)\mathrm{d}x\mathrm{d}y$$

$$= \frac{1}{2}\iint_D (\sin^2 x + \cos^2 y + \sin^2 y + \cos^2 x)\mathrm{d}x\mathrm{d}y$$

$$= \frac{2}{2}\iint_D \mathrm{d}x\mathrm{d}y$$

$$= \pi.$$

3.3.3 模拟练习题 3-3

1. 交换下列二次积分的次序:

(1) $\int_1^2 \mathrm{d}x \int_{\frac{1}{x}}^2 f(x,y)\mathrm{d}y$; (2) $\int_0^1 \mathrm{d}x \int_{2x-1}^{\sqrt{x}} f(x,y)\mathrm{d}y$;

(3) $\int_{-2}^1 \mathrm{d}x \int_{x^2+2x}^{x+2} f(x,y)\mathrm{d}y$; (4) $\int_{-\sqrt{2}}^{\sqrt{2}} \mathrm{d}x \int_{x^2}^{4-x^2} f(x,y)\mathrm{d}y$;

(5) $\int_0^a \mathrm{d}y \int_{\sqrt{a^2-y^2}}^{y+a} f(x,y)\mathrm{d}x \,(a > 0)$; (6) $\int_{-\frac{\pi}{4}}^{\frac{\pi}{2}} \mathrm{d}x \int_0^{2\cos x} f(x,y)\mathrm{d}y$;

(7) $\int_0^1 \mathrm{d}y \int_0^{y^2} f(x,y)\mathrm{d}x + \int_1^2 \mathrm{d}y \int_0^{\sqrt{2y-y^2}} f(x,y)\mathrm{d}x$。

2. 将 $\int_{-\frac{\pi}{4}}^{\frac{\pi}{2}} \mathrm{d}\theta \int_0^{2\cos\theta} f(\rho\cos\theta, \rho\sin\theta)\rho\mathrm{d}\rho$ 化为直角坐标下的两种次序二次积分。

3. 计算下列二重积分：

(1) $\iint\limits_{D} |y-x^2| \max\{x,y\} \mathrm{d}x\mathrm{d}y, D: 0 \leqslant x \leqslant 1, 0 \leqslant y \leqslant 1$；

(2) $\iint\limits_{D} |x^2+y^2-2| \mathrm{d}x\mathrm{d}y, D: x^2+y^2 \leqslant 3$；

(3) $\iint\limits_{D} (x+y)^2 \mathrm{d}x\mathrm{d}y, D: x^2+y^2 \leqslant 2ay, x^2+y^2 \geqslant ay (a>0)$；

(4) $\iint\limits_{D} \mathrm{e}^{\frac{x}{y}} \mathrm{d}x\mathrm{d}y, D$ 为 $y^2=x, x=0, y=1$ 所围区域；

(5) $\iint\limits_{D} y \mathrm{d}x\mathrm{d}y, D: x^2+y^2 \leqslant 4a^2, \rho \geqslant a(1+\cos\theta), y \geqslant 0 (a>0)$；

(6) $\iint\limits_{D} (x+y)^3 (x-y)^2 \mathrm{d}x\mathrm{d}y, D$ 为 $x+y=1, x+y=3, x-y=1, x-y=-1$ 所围区域；

(7) $\iint\limits_{D} \sqrt{\sqrt{x}+\sqrt[3]{y}} \mathrm{d}x\mathrm{d}y, D$ 为 $\sqrt{x}+\sqrt[3]{y}=1, x=0, y=0$ 所围区域；

(8) $\iint\limits_{D} (x+y)^2 \mathrm{d}x\mathrm{d}y, D: (x^2+y^2)^2 \leqslant 2(x^2-y^2)$。

4. 计算 $\int_0^1 \mathrm{d}x \int_0^{x^2} \dfrac{y\mathrm{e}^y}{1-\sqrt{y}} \mathrm{d}y$。

5. 计算 $\int_0^1 \mathrm{d}x \int_1^{x^2} x\mathrm{e}^{-y^2} \mathrm{d}y$。

6. 求 $\int_0^1 \mathrm{d}x \int_{-\sqrt{1-x^2}}^{\sqrt{1-x^2}} \left(\dfrac{1-x^2-y^2}{1+x^2+y^2} \right)^{\frac{1}{2}} \mathrm{d}y$。

3.4　三重积分

3.4.1　考点综述和解题方法点拨

1. 三重积分的概念

函数 $f(x,y,z)$ 在三维有界闭域 Ω 上的三重积分是指下述和式的极限：

$$\iiint\limits_{\Omega} f(x,y,z) \mathrm{d}x\mathrm{d}y\mathrm{d}z = \lim_{\lambda \to 0} \sum_{i=1}^{n} f(\xi_i, \eta_i, \zeta_i) \Delta V_i,$$

其中 ΔV_i 是分割闭域 Ω 为 n 个子域 $V_1, V_2, \cdots, V_n$ 时子域 V_i 的体积，而 $(\xi_i, \eta_i, \zeta_i) \in V_i$，$\lambda$ 为各子域 $V_i (i=1,2,\cdots,n)$ 直径之最大者。

若 $f(x,y,z)$ 在 Ω 上连续，则上述三重积分存在。

2. 三重积分的计算法

(1) 在直角坐标系中的计算法

在直角坐标系中，三重积分的体积元素 $\mathrm{d}V$ 为 $\mathrm{d}x\mathrm{d}y\mathrm{d}z$。设空间有界闭区域 Ω 在 xOy 平面上的投影为 D_{xy}，且平行于 z 轴的直线与 Ω 的边界曲面 S 的交点不多于两个。此时如果 Ω 可表示为

$$\Omega: \begin{cases} a \leqslant x \leqslant b, \\ y_1(x) \leqslant y \leqslant y_2(x), \\ z_1(x,y) \leqslant z \leqslant z_2(x,y), \end{cases}$$

则

$$\iiint_\Omega f(x,y,z)\mathrm{d}V = \iiint_\Omega f(x,y,z)\mathrm{d}x\mathrm{d}y\mathrm{d}z$$
$$= \iint_{D_{xy}} \mathrm{d}x\mathrm{d}y \int_{z_1(x,y)}^{z_2(x,y)} f(x,y,z)\mathrm{d}z = \int_a^b \mathrm{d}x \int_{y_1(x)}^{y_2(x)} \mathrm{d}y \int_{z_1(x,y)}^{z_2(x,y)} f(x,y,z)\mathrm{d}z.$$

如果 Ω 在 z 轴上的投影区间为 $[c,d]$，$\forall z \in [c,d]$，过点 $(0,0,z)$ 作平面 π 垂直于 z 轴，若平面 π 与闭区域 Ω 的截面为有界闭区域 $D(z)$，则

$$\iiint_\Omega f(x,y,z)\mathrm{d}x\mathrm{d}y\mathrm{d}z = \int_c^d \mathrm{d}z \iint_{D_z} f(x,y,z)\mathrm{d}y\mathrm{d}x.$$

(2) 在柱面坐标系下的计算法

直角坐标与柱面坐标的关系是

$$\begin{cases} x = r\cos\theta, \\ y = r\sin\theta, \\ z = z. \end{cases}$$

在柱面坐标系中三重积分的体积元素 $\mathrm{d}V$ 为 $r\mathrm{d}r\mathrm{d}\theta\mathrm{d}z$，因此

$$\iiint_\Omega f(x,y,z)\mathrm{d}V = \iiint_\Omega f(r\cos\theta, r\sin\theta, z) r\mathrm{d}r\mathrm{d}\theta\mathrm{d}z.$$

将右端化为累次积分，即可求得其结果。

(3) 在球面坐标系下的计算法

直角坐标与球面坐标的关系是

$$\begin{cases} x = r\sin\varphi\cos\theta, \\ y = r\sin\varphi\sin\theta, \\ z = r\cos\varphi. \end{cases}$$

在球面坐标系中三重积分的体积元素 $\mathrm{d}V$ 为 $r^2\sin\varphi\mathrm{d}r\mathrm{d}\theta\mathrm{d}\varphi$，因此

$$\iiint_\Omega f(x,y,z)\mathrm{d}V = \iiint_\Omega f(r\sin\varphi\cos\theta, r\sin\varphi\sin\theta, r\cos\varphi) r^2\sin\varphi\mathrm{d}r\mathrm{d}\varphi\mathrm{d}\theta.$$

将右端化为累次积分即可求得其结果。

(4) 利用区域的对称性和函数的奇偶性计算

① 若有界闭区域 Ω 关于 xOy 面上、下对称，$\Omega_\text{上}$ 为 Ω 的上半部分，则有

$$\iiint_\Omega f(x,y,z)\mathrm{d}x\mathrm{d}y\mathrm{d}z = \begin{cases} 0, & \text{若 } f(x,y,-z) = -f(x,y,z), \\ 2\iiint_{\Omega_\text{上}} f(x,y,z)\mathrm{d}x\mathrm{d}y\mathrm{d}z, & \text{若 } f(x,y,-z) = f(x,y,z). \end{cases}$$

② 若 Ω 关于 xOz 面左、右对称，$\Omega_\text{右}$ 为 Ω 的右半部分，则有

$$\iiint_\Omega f(x,y,z)\mathrm{d}x\mathrm{d}y\mathrm{d}z = \begin{cases} 0, & \text{若 } f(x,-y,z) = -f(x,y,z), \\ 2\iiint_{\Omega_\text{右}} f(x,y,z)\mathrm{d}x\mathrm{d}y\mathrm{d}z, & \text{若 } f(x,-y,z) = f(x,y,z). \end{cases}$$

③若 Ω 关于 yOz 面前、后对称,$\Omega_{前}$ 为 Ω 的前半部分,则有

$$\iiint_\Omega f(x,y,z)\mathrm{d}x\mathrm{d}y\mathrm{d}z = \begin{cases} 0, & 若 f(-x,y,z) = -f(x,y,z), \\ 2\iiint_{\Omega_{前}} f(x,y,z)\mathrm{d}x\mathrm{d}y\mathrm{d}z, & 若 f(-x,y,z) = f(x,y,z)。\end{cases}$$

④设 Ω 关于点 $P(x,y,z)$ 具有轮换对称性,即若 $(x,y,z) \in \Omega$,则有 $(z,x,y) \in \Omega$,$(y,z,x) \in \Omega$。这时

$$\iiint_\Omega f(x,y,z)\mathrm{d}V = \iiint_\Omega f(y,z,x)\mathrm{d}V = \iiint_\Omega f(z,x,y)\mathrm{d}V。$$

3. 三重积分的应用

可求空间立体的质量、立体的质心等。

3.4.2 竞赛例题

例 1 设 $f(x)$ 连续,$f(0)=k$,V_t 由 $0 \leqslant z \leqslant k$,$x^2+y^2 \leqslant t^2$ 确定,试求 $\lim\limits_{t \to 0^+} \dfrac{F(t)}{t^2}$,其中

$$F(t) = \iiint_{V_t} [z^2 + f(x^2+y^2)]\mathrm{d}x\mathrm{d}y\mathrm{d}z。$$

解 记 $D: x^2+y^2 \leqslant t^2$,则

$$F(t) = \iiint_{V_t} [z^2+f(x^2+y^2)]\mathrm{d}V = \iint_D \mathrm{d}x\mathrm{d}y \int_0^k z^2 \mathrm{d}z + \iint_D \mathrm{d}x\mathrm{d}y \int_0^k f(x^2+y^2)\mathrm{d}z$$

$$= \frac{k^3}{3}\pi t^2 + k\int_0^{2\pi}\mathrm{d}\theta \int_0^t f(\rho^2)\rho\mathrm{d}\rho \xrightarrow{令 \rho^2 = u} \frac{k^3}{3}\pi t^2 + \pi k \int_0^{t^2} f(u)\mathrm{d}u,$$

故

$$\text{原式} = \lim_{t \to 0^+} \frac{F(t)}{t^2} = \frac{\pi}{3}k^3 + \lim_{t \to 0^+} \frac{\pi k \int_0^{t^2} f(u)\mathrm{d}u}{t^2} = \frac{\pi}{3}k^3 + \lim_{t \to 0^+} \frac{\pi k 2t f(t^2)}{2t} = \frac{\pi}{3}k^3 + \pi k^2。$$

例 2 曲线 $\begin{cases} x^2=2z, \\ y=0 \end{cases}$ 绕 z 轴旋转一周生成的曲面与 $z=1$,$z=2$ 所围成的立体区域记为 Ω。求:(1) $\iiint_\Omega (x^2+y^2+z^2)\mathrm{d}x\mathrm{d}y\mathrm{d}z$;(2) $\iiint_\Omega \dfrac{1}{x^2+y^2+z^2}\mathrm{d}x\mathrm{d}y\mathrm{d}z$。

解 曲面方程为 $x^2+y^2=2z$,记 $D(z): x^2+y^2 \leqslant (\sqrt{2z})^2$。

(1) $\iiint_\Omega (x^2+y^2+z^2)\mathrm{d}x\mathrm{d}y\mathrm{d}z = \int_1^2 \mathrm{d}z \iint_{D(z)} (x^2+y^2+z^2)\mathrm{d}x\mathrm{d}y$

$$= \int_1^2 \mathrm{d}z \int_0^{2\pi} \mathrm{d}\theta \int_0^{\sqrt{2z}} (r^2+z^2)r\mathrm{d}r$$

$$= 2\pi \int_1^2 (z^2+z^3)\mathrm{d}z = \frac{73}{6}\pi。$$

(2) $\iiint_\Omega \dfrac{1}{x^2+y^2+z^2}\mathrm{d}x\mathrm{d}y\mathrm{d}z = \int_1^2 \mathrm{d}z \iint_{D(z)} \dfrac{1}{x^2+y^2+z^2}\mathrm{d}x\mathrm{d}y$

$$= \int_1^2 dz \int_0^{2\pi} d\theta \int_0^{\sqrt{2z}} \frac{r dr}{r^2 + z^2}$$

$$= 2\pi \int_1^2 \frac{1}{2} \ln(r^2 + z^2) \Big|_0^{\sqrt{2z}} dz$$

$$= \pi \int_1^2 \ln\left(1 + \frac{2}{z}\right) dz$$

$$= \pi z \ln\left(1 + \frac{2}{z}\right) \Big|_1^2 + \pi \int_1^2 \frac{2}{2+z} dz$$

$$= \pi \ln \frac{4}{3} + 2\pi \ln \frac{4}{3}$$

$$= 3\pi \ln \frac{4}{3}.$$

例3 求 $\iiint_\Omega \sqrt{x^2 + y^2} dxdydz$,其中 Ω 为由曲面 $z = \sqrt{x^2 + y^2}$,$z = \sqrt{1 - x^2 - y^2}$ 所围成的立体。

解 用球坐标计算。如图 3.22 所示。

$$\begin{cases} x = r\sin\varphi\cos\theta, \\ y = r\sin\varphi\sin\theta, \\ z = r\cos\varphi, \end{cases} \quad \Omega: \begin{cases} 0 \leqslant \theta \leqslant 2\pi, \\ 0 \leqslant \varphi \leqslant \frac{\pi}{4}, \\ 0 \leqslant r \leqslant 1. \end{cases}$$

故

$$\iiint_\Omega \sqrt{x^2 + y^2} dxdydz = \int_0^{2\pi} d\theta \int_0^{\frac{\pi}{4}} d\varphi \int_0^1 r\sin\varphi \cdot r^2 \sin\varphi dr$$

$$= 2\pi \int_0^{\frac{\pi}{4}} \sin^2\varphi d\varphi \cdot \int_0^1 r^3 dr$$

$$= \frac{\pi}{16}(\pi - 2).$$

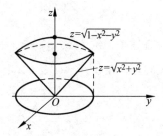

图 3.22

例4 设 $\Omega = \{(x,y,z) \mid x^2 + y^2 + z^2 \leqslant 1\}$,则 $\iiint_\Omega z^2 dxdydz = $ _____。

解 由 Ω 具有轮换对称,所以有

$$\iiint_\Omega z^2 dxdydz = \iiint_\Omega x^2 dxdydz = \iiint_\Omega y^2 dxdydz.$$

故

$$\iiint_\Omega z^2 dxdydz = \frac{1}{3} \iiint_\Omega (x^2 + y^2 + z^2) dxdydz = \frac{1}{3} \int_0^{2\pi} d\theta \int_0^\pi d\varphi \int_0^1 r^2 \cdot r^2 \sin\varphi dr$$

$$= \frac{2\pi}{3} \cdot \int_0^\pi \sin\varphi d\varphi \cdot \int_0^1 r^4 dr = \frac{4}{15}\pi.$$

例5 设 $f(u)$ 在 $u=0$ 可导,$f(0)=0$,$\Omega: x^2 + y^2 + z^2 \leqslant 2tz$,求

$$\lim_{t \to 0^+} \frac{1}{t^5} \iiint_\Omega f(x^2 + y^2 + z^2) dV.$$

解 先用球坐标计算三重积分,有

$$\iiint_\Omega f(x^2+y^2+z^2)dV = \int_0^{2\pi}d\theta\int_0^{2t}dr\int_0^{\arccos\frac{r}{2t}}f(r^2)r^2\sin\varphi d\varphi$$

$$= 2\pi\int_0^{2t}r^2f(r^2)(-\cos\varphi)\Big|_0^{\arccos\frac{r}{2t}}dr$$

$$= 2\pi\int_0^{2t}r^2f(r^2)\cdot\left(1-\frac{r}{2t}\right)dr。$$

于是

$$原式 = 2\pi\lim_{t\to 0^+}\frac{t\int_0^{2t}r^2f(r^2)dr-\frac{1}{2}\int_0^{2t}r^3f(r^2)dr}{t^6}$$

$$= 2\pi\lim_{t\to 0^+}\frac{\int_0^{2t}r^2f(r^2)dr}{6t^5} = 2\pi\lim_{t\to 0^+}\frac{2(2t)^2f(4t^2)}{30t^4}$$

$$= \frac{32}{15}\pi\lim_{t\to 0^+}\frac{f(4t^2)-f(0)}{4t^2} = \frac{32}{15}\pi f'(0)。$$

例 6 证明:

$$28\sqrt{3}\pi \leqslant \iiint_{x^2+y^2+z^2\leqslant 3}(x+y-z+10)dxdydz \leqslant 52\sqrt{3}\pi。$$

证法 1 令 $f(x,y,z)=x+y-z+10$,则 $f_x=f_y=1, f_z=-1$,所以 f 在 $x^2+y^2+z^2<3$ 内无驻点。在 $x^2+y^2+z^2=3$ 上,令

$$F = x+y-z+10+\lambda(x^2+y^2+z^2-3),$$

由

$$\begin{cases} F_x = 1+2\lambda x = 0, \\ F_y = 1+2\lambda y = 0, \\ F_z = -1+2\lambda z = 0, \\ F_\lambda = x^2+y^2+z^2-3 = 0 \end{cases}$$

解得可疑的条件极值点为 $(1,1,-1)$ 与 $(-1,-1,1)$,它们对应的函数值分别为 $f(1,1,-1)=13, f(-1,-1,1)=7$。于是

$$f_{\max} = f(1,1,-1) = 13, \quad f_{\min} = f(-1,-1,1) = 7。$$

由积分的保号性即得(设 $\Omega: x^2+y^2+z^2\leqslant 3$)

$$\iiint_\Omega f dV \leqslant 13\iiint_\Omega dV = 13\cdot\frac{4}{3}\pi(\sqrt{3})^3 = 52\sqrt{3}\pi,$$

$$\iiint_\Omega f dV \geqslant 7\iiint_\Omega dV = 7\cdot\frac{4}{3}\pi(\sqrt{3})^3 = 28\sqrt{3}\pi。$$

证法 2 由于 x 为奇函数,Ω 关于 $x=0$ 对称,所以 $\iiint_\Omega x dV = 0$;由于 y 为奇函数,Ω 关

于 $y = 0$ 对称，所以 $\iiint_\Omega y\,dV = 0$；由于 z 为奇函数，Ω 关于 $z = 0$ 对称，所以 $\iiint_\Omega z\,dV = 0$ ($\Omega: x^2 + y^2 + z^2 \leqslant 3$)。于是

$$\iiint_\Omega (x + y - z + 10)\,dV = 10\iiint_\Omega dV = 10 \cdot \frac{4}{3}\pi (\sqrt{3})^3 = 40\sqrt{3}\pi,$$

显见 $28\sqrt{3}\pi < 40\sqrt{3}\pi < 52\sqrt{3}\pi$。

例 7 求证：$\dfrac{3}{2}\pi < \iiint_\Omega \sqrt[3]{x + 2y - 2z + 5}\,dV < 3\pi$，其中 Ω 为 $x^2 + y^2 + z^2 \leqslant 1$。

证明 首先求 $f = x + 2y - 2z + 5$ 在 $x^2 + y^2 + z^2 \leqslant 1$ 上的最大值与最小值。在 $x^2 + y^2 + z^2 < 1$ 的内部，由于

$$f_x = 1 \neq 0,\ f_y = 2 \neq 0,\ f_z = -2 \neq 0,$$

故 f 在 $x^2 + y^2 + z^2 < 1$ 上无驻点，在 $x^2 + y^2 + z^2 = 1$ 上应用拉格朗日乘数法，令

$$F = x + 2y - 2z + 5 + \lambda(x^2 + y^2 + z^2 - 1),$$

由

$$\begin{cases} F_x = 1 + 2\lambda x = 0,\\ F_y = 2 + 2\lambda y = 0,\\ F_z = -2 + 2\lambda z = 0,\\ F_\lambda = x^2 + y^2 + z^2 - 1 = 0 \end{cases}$$

解得可疑的条件极值点 $P_1\left(\dfrac{1}{3}, \dfrac{2}{3}, -\dfrac{2}{3}\right), P_2\left(-\dfrac{1}{3}, -\dfrac{2}{3}, \dfrac{2}{3}\right)$。由于连续函数 f 在有界闭集 $x^2 + y^2 + z^2 = 1$ 有最大值和最小值，所以 $f(P_1) = 8, f(P_2) = 2$ 分别是 f 的最大值与最小值。又由于 f 与 $f^{\frac{1}{3}}$ 有相同的极值点，故

$$\sqrt[3]{2} \leqslant \sqrt[3]{f} = \sqrt[3]{x + 2y - 2z + 5} \leqslant \sqrt[3]{8}.$$

由积分的保号性得

$$\sqrt[3]{2}\iiint_\Omega dV \leqslant \iiint_\Omega \sqrt[3]{x + 2y - 2z + 5}\,dV \leqslant 2\iiint_\Omega dV.$$

由于 $\iiint_\Omega dV = \dfrac{4}{3}\pi \cdot 1^3 = \dfrac{4}{3}\pi$，因此

$$\frac{3}{2}\pi < \sqrt[3]{2} \cdot \frac{4}{3}\pi \leqslant \iiint_\Omega \sqrt[3]{x + 2y - 2z + 5}\,dV \leqslant 2 \cdot \frac{4}{3}\pi = \frac{8}{3}\pi < 3\pi.$$

例 8 计算 $\iiint_\Omega xy^2z^3\,dx\,dy\,dz$，$\Omega$ 是由马鞍面 $z = xy$ 与平面 $y = x, x = 1, z = 0$ 所包围的空间区域。

解 $\Omega = \{0 \leqslant x \leqslant 1, 0 \leqslant y \leqslant x, 0 \leqslant z \leqslant xy\}$，故

$$\iiint_\Omega xy^2z^3\,dx\,dy\,dz = \int_0^1 x\,dx \int_0^x y^2\,dy \int_0^{xy} z^3\,dz = \int_0^1 x\,dx \int_0^x y^6 \frac{x^4}{4}\,dy = \int_0^1 \frac{1}{28}x^{12}\,dx = \frac{1}{364}.$$

例 9 计算 $I = \iiint_\Omega (x^2 + y^2)\,dV$，其中 Ω 为平面曲线 $\begin{cases} y^2 = 2z \\ x = 0 \end{cases}$ 绕 z 轴旋转一周所成的曲

面与平面 $z=8$ 所围成的区域。

解 $\Omega = \left\{0 \leqslant \theta \leqslant 2\pi, 0 \leqslant r \leqslant 4, \dfrac{r^2}{2} \leqslant z \leqslant 8\right\}$ $\left(\begin{cases} x^2+y^2=2z \\ z=8 \end{cases} \Rightarrow x^2+y^2=16\right)$,

所以
$$I = \int_0^{2\pi} d\theta \int_0^4 r dr \int_{\frac{r^2}{2}}^8 r^2 dz = 2\pi \int_0^4 r^3 \left(8 - \dfrac{r^2}{2}\right) dr = \dfrac{1024\pi}{3}.$$

例 10 设 $f(u)$ 具有连续导数，求 $\lim\limits_{t\to 0} \dfrac{1}{\pi t^4} \iiint\limits_{x^2+y^2+z^2 \leqslant t^2} f(\sqrt{x^2+y^2+z^2}) dx dy dz$。

解
$$\lim_{t\to 0} \dfrac{1}{\pi t^4} \iiint\limits_{x^2+y^2+z^2 \leqslant t^2} f(\sqrt{x^2+y^2+z^2}) dV = \lim_{t\to 0} \dfrac{1}{\pi t^4} \left[\int_0^{2\pi} d\theta \int_0^{\pi} \sin\varphi d\varphi \int_0^t f(r) r^2 dr\right]$$
$$= \lim_{t\to 0} \dfrac{2\pi \cdot 2 \cdot \int_0^t f(r) r^2 dr}{\pi t^4} = \lim_{t\to 0} \dfrac{4\pi f(t) t^2}{4\pi t^3}$$
$$= \lim_{t\to 0} \dfrac{f(t)}{t} = \begin{cases} f'(0), & \text{若 } f(0)=0, \\ \infty, & \text{若 } f(0) \neq 0. \end{cases}$$

例 11 设有一半径为 R 的球体，P_0 是此球的表面上的一个定点，球体上任一点的密度与该点到 P_0 距离的平方成正比（比例常数 $k>0$），求球体的质心位置。

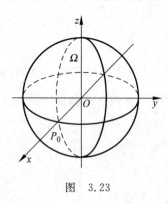

图 3.23

解 记所考虑的球体为 Ω，以 Ω 的球心为原点 O，射线 OP_0 为正 x 轴建立直角坐标系（如图 3.23 所示），则点 P_0 的坐标为 $(R,0,0)$，球面的方程为
$$x^2+y^2+z^2 = R^2.$$

设 Ω 的重心位置为 $(\bar{x},\bar{y},\bar{z})$，由对称性，得
$$\bar{y}=0, \bar{z}=0,$$
$$\bar{x} = \dfrac{\iiint\limits_\Omega x \cdot k[(x-R)^2+y^2+z^2] dV}{\iiint\limits_\Omega k[(x-R)^2+y^2+z^2] dV},$$

而
$$\iiint\limits_\Omega [(x-R)^2+y^2+z^2] dV = \iiint\limits_\Omega (x^2+y^2+z^2) dV + \iiint\limits_\Omega R^2 dV$$
$$= 8 \int_0^{\frac{\pi}{2}} d\theta \int_0^{\frac{\pi}{2}} d\varphi \int_0^R r^2 \cdot r^2 \sin\varphi dr + \dfrac{4}{3}\pi R^5 = \dfrac{32}{15}\pi R^5,$$
$$\iiint\limits_\Omega x[(x-R)^2+y^2+z^2] dV = \iiint\limits_\Omega x(x^2+y^2+z^2) dV - 2R \iiint\limits_\Omega x^2 dV + R^2 \iiint\limits_\Omega x dV$$
$$= -2R \iiint\limits_\Omega x^2 dV = -\dfrac{2R}{3} \iiint\limits_\Omega (x^2+y^2+z^2) dV$$
$$= -\dfrac{8}{15}\pi R^6.$$

故 $\bar{x} = -\dfrac{R}{4}$。因此，球体 Ω 的重心位置为 $\left(-\dfrac{R}{4}, 0, 0\right)$。

3.4.3 模拟练习题 3-4

1. 计算 $\iiint\limits_{\Omega}[e^{(x^2+y^2+z^2)^{\frac{3}{2}}} + \tan(x+y+z)]dV$,其中 $\Omega = \{(x,y,z) \mid x^2+y^2+z^2 \leqslant 1\}$。

2. 设曲面 $S_1:z=13-x^2-y^2$ 和球面 $S_2:x^2+y^2+z^2=25$。
(1) S_1 将 S_2 分成 3 块,求这 3 块曲面的面积;
(2) 记 $\Omega:x^2+y^2+z^2 \leqslant 25$。求 Ω 位于 S_1 之内部分的体积 V。

3. 计算三重积分 $\iiint\limits_{\Omega}\dfrac{1}{(1+x+y+z)^3}dV$,其中 Ω 由平面 $x+y+z=1$ 与 3 个坐标面围成。

4. 计算 $\iiint\limits_{\Omega}z^2 dxdydz$,其中区域 Ω 是由 $\begin{cases} x^2+y^2+z^2 \leqslant R^2, \\ x^2+y^2+(z-R)^2 \leqslant R^2 \end{cases}$ 所确定。

5. 设 $f(x)$ 为连续的奇函数,并且是周期为 1 的周期函数,$\int_0^1 xf(x)dx = 1$。若 $F(x) = \int_0^x dv \int_0^v du \int_0^u f(t)dt$,将 $F(x)$ 表示为定积分形式,并求 $F'(1)$。

6. 求 $\iiint\limits_{\Omega}(x+y)^2 dxdydz$,其中 Ω 为 $\begin{cases} y^2 = 2z, \\ x = 0 \end{cases}$ 绕 z 轴旋转一周所生成的曲面与平面 $z=2, z=8$ 所围成的区域。

3.5 第一类曲线积分

3.5.1 考点综述和解题方法点拨

1. 对弧长的曲线积分的概念(又称第一类曲线积分)

$$\int_L f(x,y)ds = \lim_{\lambda \to 0}\sum_{i=1}^n f(\xi_i, \eta_i)\Delta s_i。$$

如果函数 $f(x,y)$ 在曲线 L 上连续,则 $f(x,y)$ 在曲线 L 上对弧长的曲线积分 $\int_L f(x,y)ds$ 一定存在。

上述概念可以推广到空间,如果 $f(x,y,z)$ 是定义在空间中分段光滑曲线 L 上的有界函数,则函数 $f(x,y,z)$ 在曲线 L 上对弧长的曲线积分是

$$\int_L f(x,y,z)ds = \lim_{\lambda \to 0}\sum_{i=1}^n f(\xi_i, \eta_i, \zeta_i)\Delta s_i。$$

2. 对弧长的曲线积分的性质

性质 1 $\int_L [f_1(x,y) \pm f_2(x,y)]ds = \int_L f_1(x,y)ds \pm \int_L f_2(x,y)ds$。

性质 2 $\int_L kf(x,y)ds = k\int_L f(x,y)ds$,其中 k 为常数。

性质 3 若 $L = L_1 + L_2$，则
$$\int_L f(x,y,z)\mathrm{d}s = \int_{L_1} f(x,y,z)\mathrm{d}s + \int_{L_2} f(x,y,z)\mathrm{d}s。$$

3. 对弧长曲线积分的计算法

(1) 设函数 $f(x,y)$ 在平面曲线
$$L: \begin{cases} x = x(t), \\ y = y(t), \end{cases} \alpha \leqslant t \leqslant \beta$$
上连续，$x'(t), y'(t)$ 在区间 $[\alpha,\beta]$ 上连续，则
$$\int_L f(x,y)\mathrm{d}s = \int_\alpha^\beta f[x(t),y(t)]\sqrt{[x'(t)]^2 + [y'(t)]^2}\mathrm{d}t。$$

如果曲线 L 的方程为 $y = y(x)(a \leqslant x \leqslant b)$ 且 $y'(x)$ 在区间 $[a,b]$ 上连续，则
$$\int_L f(x,y)\mathrm{d}s = \int_a^b f[x,y(x)]\sqrt{1 + [y'(x)]^2}\mathrm{d}x。$$

(2) 设函数 $f(x,y,z)$ 在空间曲线
$$L: \begin{cases} x = x(t), \\ y = y(t), \quad \alpha \leqslant t \leqslant \beta \\ z = z(t), \end{cases}$$
上连续，$x'(t), y'(t), z'(t)$ 在 $[\alpha,\beta]$ 上连续，则
$$\int_L f(x,y,z)\mathrm{d}s = \int_\alpha^\beta f[x(t),y(t),z(t)]\sqrt{x'^2(t) + y'^2(t) + z'^2(t)}\mathrm{d}t。$$

(3) 利用曲线 L 对称性与函数奇偶性计算

若曲线 L 关于 y 轴对称，$L_{\text{右}}$ 为 L 的右半部分，则有
$$\int_L f(x,y)\mathrm{d}s = \begin{cases} 0, & \text{若 } f(-x,y) = -f(x,y), \\ 2\int_{L_{\text{右}}} f(x,y)\mathrm{d}s, & \text{若 } f(-x,y) = f(x,y)。 \end{cases}$$

若曲线 L 关于 x 轴对称，$L_{\text{上}}$ 为 L 的上半部分，则有
$$\int_L f(x,y)\mathrm{d}s = \begin{cases} 0, & \text{若 } f(x,-y) = -f(x,y), \\ 2\int_{L_{\text{上}}} f(x,y)\mathrm{d}s, & \text{若 } f(x,-y) = f(x,y)。 \end{cases}$$

若曲线 L 关于直线 $y = x$ 对称，则 $\int_L f(x,y)\mathrm{d}s = \int_L f(y,x)\mathrm{d}s$。

3.5.2 竞赛例题

例 1 设 L 为椭圆 $\dfrac{x^2}{4} + \dfrac{y^2}{3} = 1$，其周长记为 a，则 $\oint_L (2xy + 3x^2 + 4y^2)\mathrm{d}s = $ _____。

解 L 关于 x 轴对称，$2xy$ 关于 y 为奇的，所以 $\oint_L 2xy\mathrm{d}s = 0$。故
$$\oint_L (2xy + 3x^2 + 4y^2)\mathrm{d}s = \oint_L 2xy\mathrm{d}s + \oint_L (3x^2 + 4y^2)\mathrm{d}s$$
$$= \oint_L (3x^2 + 4y^2)\mathrm{d}s$$
$$= \oint_L 12\mathrm{d}s = 12a。$$

例 2 求 $\oint_\Gamma (x^2+y^2)^2 \mathrm{d}s$,其中 Γ 由方程组 $\begin{cases} x^2+y^2+z^2=1, \\ x=y \end{cases}$ 给定。

解 $\Gamma: \begin{cases} x^2+y^2+z^2=1, \\ x=y \end{cases}$ 变为参数方程

$$\begin{cases} x=\dfrac{1}{\sqrt{2}}\cos\theta, \\ y=\dfrac{1}{\sqrt{2}}\cos\theta, \quad 0\leqslant \theta \leqslant 2\pi。\\ z=\sin\theta, \end{cases}$$

所以

$$\text{原式} = \int_0^{2\pi} \cos^4\theta \mathrm{d}\theta = \int_0^{2\pi} \left(\frac{1+\cos 2\theta}{2}\right)^2 \mathrm{d}\theta$$

$$= \frac{1}{4}\int_0^{2\pi}(1+2\cos 2\theta)\mathrm{d}\theta + \frac{1}{8}\int_0^{2\pi}(1+\cos 4\theta)\mathrm{d}\theta = \frac{3}{4}\pi。$$

例 3 计算 $I = \oint_L \mathrm{e}^{\sqrt{x^2+y^2}}\mathrm{d}s$,其中 L 为由圆周 $x^2+y^2=a^2$,直线 $y=x$ 及 x 轴在第一象限中所围图形的边界。

解 作出积分曲线图,如图 3.24 所示,则

$$\oint_L \mathrm{e}^{\sqrt{x^2+y^2}}\mathrm{d}s = \int_{\overline{OA}} \mathrm{e}^{\sqrt{x^2+y^2}}\mathrm{d}s + \int_{\overset{\frown}{AB}} \mathrm{e}^{\sqrt{x^2+y^2}}\mathrm{d}s + \int_{\overline{OB}} \mathrm{e}^{\sqrt{x^2+y^2}}\mathrm{d}s。$$

$\overset{\frown}{AB}: x=a\cos t, y=a\sin t, 0\leqslant t \leqslant \dfrac{\pi}{4}$。

$\overline{OA}: y=0, 0\leqslant x \leqslant a$。

$\overline{BO}: y=x, 0\leqslant x \leqslant \dfrac{\sqrt{2}}{2}a$。

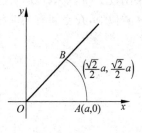

图 3.24

所以

$$I = \int_0^a \mathrm{e}^x \mathrm{d}x + \int_0^{\frac{\pi}{4}} \mathrm{e}^a \cdot a \mathrm{d}t + \int_0^{\frac{\sqrt{2}}{2}a} \mathrm{e}^{\sqrt{2}x}\sqrt{2}\mathrm{d}x = \mathrm{e}^a - 1 + \mathrm{e}^a \cdot a \cdot \frac{\pi}{4} + \mathrm{e}^a - 1$$

$$= 2(\mathrm{e}^a - 1) + \frac{\pi}{4}a\mathrm{e}^a。$$

例 4 求心形线 $r=a(1+\cos\theta)$ 的全长,其中 $a>0$ 是常数。

解 $\begin{cases} x=r(\theta)\cos\theta, \\ y=r(\theta)\sin\theta, \end{cases}$

$$\mathrm{d}s = \sqrt{x'^2(\theta)+y'^2(\theta)}\mathrm{d}\theta = \sqrt{r^2(\theta)+r'^2(\theta)}\mathrm{d}\theta = 2a\left|\cos\frac{\theta}{2}\right|\mathrm{d}\theta,$$

故心形线的全长为

$$S = 2\int_0^\pi 2a\left|\cos\frac{\theta}{2}\right|\mathrm{d}\theta = 8a\sin\frac{\theta}{2}\bigg|_0^\pi = 8a。$$

3.5.3 模拟练习题 3-5

1. 设 L 是由点 $O(0,0)$ 经过点 $A(1,0)$ 到点 $B(0,1)$ 的折线,则曲线积分 $\int_L (x+y)\mathrm{d}s =$ _____。

2. 求摆线 $\begin{cases} x = 1-\cos t, \\ y = t-\sin t \end{cases}$ 一拱 $(0 \leqslant t \leqslant 2\pi)$ 的弧长。

3. 计算 $I = \int_\Gamma \dfrac{1}{x^2+y^2+z^2}\mathrm{d}s$,其中 Γ 为曲线 $x = \mathrm{e}^t\cos t, y = \mathrm{e}^t\sin t, z = \mathrm{e}^t$ 上相应于 t 从 0 变到 2 的这段弧。

3.6 第二类曲线积分

3.6.1 考点综述和解题方法点拨

1. 对坐标的曲线积分(又称第二类曲线积分)

$$\int_L P(x,y)\mathrm{d}x = \lim_{\lambda \to 0}\sum_{i=1}^{n}P(\xi_i,\eta_i)\Delta x_i, \quad \int_L Q(x,y)\mathrm{d}y = \lim_{\lambda \to 0}\sum_{i=1}^{n}Q(\xi_i,\eta_i)\Delta y_i。$$

如果函数 $P(x,y), Q(x,y)$ 在有向曲线 L 上连续时,上述积分都存在。

类似地,在空间有向曲线 Γ 上对坐标 x, y, z 的曲线积分

$$\int_\Gamma P(x,y,z)\mathrm{d}x = \lim_{\lambda \to 0}\sum_{i=1}^{n}P(\xi_i,\eta_i,\zeta_i)\Delta x_i,$$

$$\int_\Gamma Q(x,y,z)\mathrm{d}y = \lim_{\lambda \to 0}\sum_{i=1}^{n}Q(\xi_i,\eta_i,\zeta_i)\Delta y_i,$$

$$\int_\Gamma R(x,y,z)\mathrm{d}z = \lim_{\lambda \to 0}\sum_{i=1}^{n}R(\xi_i,\eta_i,\zeta_i)\Delta z_i。$$

2. 对坐标的曲线积分的性质

$$\int_{\overset{\frown}{AB}} P\mathrm{d}x + Q\mathrm{d}y = -\int_{\overset{\frown}{BA}} P\mathrm{d}x + Q\mathrm{d}y。$$

3. 对坐标的曲线积分的计算法

(1) 设函数 $P(x,y), Q(x,y)$ 在有向曲线 L 上连续,L 的参数方程为

①
$$\begin{cases} x = x(t), \\ y = y(t), \end{cases} \quad \alpha \leqslant t \leqslant \beta,$$

且 $x'(t), y'(t)$ 连续,而 $t = \alpha$ 时对应于起点 A,$t = \beta$ 对应于终点 B,则

$$\int_{\overset{\frown}{AB}} P(x,y)\mathrm{d}x = \int_\alpha^\beta P[x(t),y(t)]x'(t)\mathrm{d}t,$$

$$\int_{\overset{\frown}{AB}} Q(x,y)\mathrm{d}y = \int_\alpha^\beta Q[x(t),y(t)]y'(t)\mathrm{d}t。$$

② 如果曲线 L 是由方程 $y = y(x) (a \leqslant x \leqslant b)$ 给出,曲线 L 的起点 A 的横线坐标为 $x = a$,终点 B 的横坐标为 $x = b$,函数 $y(x)$ 具有连续的一阶导数,则

$$\int_{\overset{\frown}{AB}} P(x,y)\mathrm{d}x = \int_a^b P[x,y(x)]\mathrm{d}x,$$

$$\int_{\widehat{AB}} Q(x,y)\mathrm{d}y = \int_a^b Q[x,y(x)]y'(x)\mathrm{d}x.$$

③如果曲线 L 是由方程 $x=x(y)(c\leqslant y\leqslant d)$ 给出,曲线 L 的起点 A 的纵坐标为 $y=c$,终点 B 的纵坐标为 $y=d$,函数 $x(y)$ 具有连续的一阶导数,则

$$\int_{\widehat{AB}} P(x,y)\mathrm{d}x = \int_c^d P[x(y),y]x'(y)\mathrm{d}y,$$

$$\int_{\widehat{AB}} Q(x,y)\mathrm{d}y = \int_c^d Q[x(y),y]\mathrm{d}y.$$

④对于空间曲线积分,如果函数 $P(x,y,z),Q(x,y,z),R(x,y,z)$ 在有向曲线 Γ 上连续,Γ 的参数方程为

$$\begin{cases} x = x(t), \\ y = y(t), \quad \alpha \leqslant t \leqslant \beta. \\ z = z(t), \end{cases}$$

而 $x'(t),y'(t),z'(t)$ 连续,且 $t=\alpha$ 对应于起点 A,$t=\beta$ 对应于终点 B,则

$$\int_\Gamma P(x,y,z)\mathrm{d}x = \int_\alpha^\beta P[x(t),y(t),x(t)]x'(t)\mathrm{d}t,$$

$$\int_\Gamma Q(x,y,z)\mathrm{d}y = \int_\alpha^\beta Q[x(t),y(t),x(t)]y'(t)\mathrm{d}t,$$

$$\int_\Gamma R(x,y,z)\mathrm{d}z = \int_\alpha^\beta R[x(t),y(t),x(t)]z'(t)\mathrm{d}t.$$

(2)设函数 $P(x,y),Q(x,y)$ 在平面区域 D 及其边界线 L 上具有一阶连续偏导数,则

$$\oint_{L^+} P(x,y)\mathrm{d}x + Q(x,y)\mathrm{d}y = \iint_D \left(\frac{\partial Q}{\partial x} - \frac{\partial P}{\partial y}\right)\mathrm{d}x\mathrm{d}y. \quad (\text{格林公式})$$

(3)设函数 $P(x,y,z),Q(x,y,z),R(x,y,z)$ 在包含曲面 S 的空间 Ω 内具有连续的一阶偏导数,L 是曲面 Σ 的边界曲线,则

$$\oint_L P\mathrm{d}x + Q\mathrm{d}y + R\mathrm{d}z = \iint_\Sigma \begin{vmatrix} \mathrm{d}y\mathrm{d}z & \mathrm{d}z\mathrm{d}x & \mathrm{d}x\mathrm{d}y \\ \frac{\partial}{\partial x} & \frac{\partial}{\partial y} & \frac{\partial}{\partial z} \\ P & Q & R \end{vmatrix}. \quad (\text{斯托克斯公式})$$

(4)若曲线 L 关于 y 轴左、右对称,$L_{右}$ 为 L 右半部分,方向不变,则有

$$\int_L P(x,y)\mathrm{d}x = \begin{cases} 0, & P(-x,y) = -P(x,y), \\ 2\int_{L_{右}} P(x,y)\mathrm{d}x & P(-x,y) = P(x,y); \end{cases}$$

$$\int_L Q(x,y)\mathrm{d}y = \begin{cases} 2\int_{L_{右}} Q(x,y)\mathrm{d}y, & Q(-x,y) = -Q(x,y), \\ 0, & Q(-x,y) = Q(x,y). \end{cases}$$

若曲线 L 关于 x 轴上、下对称,$L_{上}$ 为 L 的上半部分,方向不变,则有

$$\int_L P(x,y)\mathrm{d}x = \begin{cases} 2\int_{L_{上}} P(x,y)\mathrm{d}x, & P(x,-y) = -P(x,y), \\ 0, & P(x,-y) = P(x,y); \end{cases}$$

$$\int_L Q(x,y)\mathrm{d}y = \begin{cases} 0, & Q(x,-y) = -Q(x,y), \\ 2\int_{L_{上}} Q(x,y)\mathrm{d}y, & Q(x,-y) = Q(x,y). \end{cases}$$

4. 两类曲线积分的关系

(1)设平面上有向曲线 L 上任一点 $M(x,y)$ 处与 L 方向一致的切线的方向余弦为

$$\cos\alpha = \frac{\mathrm{d}x}{\mathrm{d}s}, \cos\beta = \frac{\mathrm{d}y}{\mathrm{d}s},$$

则

$$\int_L P\mathrm{d}x + Q\mathrm{d}y = \int_L (P\cos\alpha + Q\cos\beta)\mathrm{d}s。$$

(2) 设空间有向曲线 Γ 上任一点 $N(x,y,z)$ 处与 Γ 方向一致的切线的方向余弦为

$$\cos\alpha = \frac{\mathrm{d}x}{\mathrm{d}s}, \cos\beta = \frac{\mathrm{d}y}{\mathrm{d}s}, \cos\gamma = \frac{\mathrm{d}z}{\mathrm{d}s},$$

则

$$\int_\Gamma P\mathrm{d}x + Q\mathrm{d}y + R\mathrm{d}z = \int_\Gamma (P\cos\alpha + Q\cos\beta + R\cos\gamma)\mathrm{d}s。$$

5. 平面上曲线积分与路径无关的条件

设函数 $P(x,y), Q(x,y)$ 在平面单连通区域 D 内具有连续的一阶偏导数,则下面 4 个命题等价。

命题 1 曲线 $L(\overset{\frown}{AB})$ 是 D 内由点 A 到点 B 的一段有向曲线,则曲线积分

$$\int_L P\mathrm{d}x + Q\mathrm{d}y$$

与路径无关,只与起点 A 和终点 B 有关。

命题 2 在区域 D 内沿任意一条闭曲线 L 的曲线积分有

$$\oint_L P\mathrm{d}x + Q\mathrm{d}y = 0。$$

命题 3 在区域 D 内任意一点 (x,y) 处有

$$\frac{\partial Q}{\partial x} = \frac{\partial P}{\partial y}。$$

命题 4 在 D 内存在函数 $u(x,y)$,使得 $P\mathrm{d}x + Q\mathrm{d}y$ 是该二元函数 $u(x,y)$ 的全微分,即

$$\mathrm{d}u = P\mathrm{d}x + Q\mathrm{d}y。$$

6. 已知全微分求原函数

如果函数 $P(x,y), Q(x,y)$ 在单连通域 D 内具有连续的一阶偏导数,且 $\frac{\partial Q}{\partial x} = \frac{\partial P}{\partial y}$,则 $P\mathrm{d}x + Q\mathrm{d}y$ 是某个函数 $u(x,y)$ 的全微分,且有

$$u(x,y) = \int_{(x_0, y_0)}^{(x,y)} P\mathrm{d}x + Q\mathrm{d}y,$$

其中 (x_0, y_0) 是域 D 内的某一定点,(x,y) 是 D 内的任一点。

3.6.2 竞赛例题

1. 利用直角坐标或参数方程求解

例 1 设 L 为正向圆周 $x^2 + y^2 = 2$ 在第一象限中的部分,则曲线积分 $\int_L x\mathrm{d}y - 2y\mathrm{d}x = $ _____。

解 L 可表示为

$$\begin{cases} x = \sqrt{2}\cos\theta, \\ y = \sqrt{2}\sin\theta, \end{cases} \theta: 0 \to \frac{\pi}{2}。$$

因此
$$\int_L x\,dy - 2y\,dx = \int_0^{\frac{\pi}{2}} \sqrt{2}\cos\theta\,d\sqrt{2}\sin\theta - 2\sqrt{2}\sin\theta\,d\sqrt{2}\cos\theta$$
$$= \int_0^{\frac{\pi}{2}}(2\cos^2\theta + 4\sin^2\theta)\,d\theta = \int_0^{\frac{\pi}{2}}2\,d\theta + \int_0^{\frac{\pi}{2}}2\sin^2\theta\,d\theta$$
$$= \pi + \int_0^{\frac{\pi}{2}}(1-\cos2\theta)\,d\theta = \frac{3}{2}\pi。$$

例 2 求 $\int_\Gamma x\,dx + y\,dy + (x+y-1)\,dz$，其中 Γ 是从点 $(1,1,1)$ 到点 $(2,3,4)$ 的一段直线。

解 Γ 的参数方程为
$$\begin{cases} x = 1+t, \\ y = 1+2t, \quad t:0 \to 1。\\ z = 1+3t, \end{cases}$$

故
$$\int_\Gamma x\,dx + y\,dy + (x+y-1)\,dz = \int_0^1 (1+t)\,d(1+t) + (1+2t)\,d(1+2t)$$
$$+ (1+t+1+2t-1)\,d(1+3t)$$
$$= \int_0^1 (6+14t)\,dt = 13。$$

例 3 设 L 是由原点 O 沿抛物线 $y=x^2$ 到点 $A(1,1)$，再由点 A 沿直线 $y=x$ 到原点的封闭曲线，则曲线积分 $\oint_L \arctan\frac{y}{x}\,dy - dx = $ _____。

解 设 L_1 为弧段 $\overset{\frown}{OA}$，则方程为 $y=x^2, x:0\to1$；设 L_2 为直线段 $\overrightarrow{AO}$，则 L_2 为：$y=x, x:1\to 0$，故
$$\oint_L \arctan\frac{y}{x}\,dy - dx = \int_{L_1}\arctan\frac{y}{x}\,dy - dx + \int_{L_2}\arctan\frac{y}{x}\,dy - dx$$
$$= \int_0^1\left(\arctan\frac{x^2}{x}\cdot 2x - 1\right)dx + \int_1^0\left(\frac{\pi}{4}-1\right)dx$$
$$= \int_0^1 (2x\arctan x - 1)\,dx + \left(1-\frac{\pi}{4}\right)$$
$$= (x^2+1)\arctan x \Big|_0^1 - \int_0^1 \frac{x^2}{1+x^2}\,dx - \frac{\pi}{4}$$
$$= \frac{\pi}{4} - 1。$$

例 4 已知 Γ 为 $x^2+y^2+z^2=6y$ 与 $x^2+y^2=4y(z\geqslant 0)$ 的交线，从 z 轴正向看上去为逆时针方向，计算曲线积分
$$\oint_\Gamma (x^2+y^2-z^2)\,dx + (y^2+z^2-x^2)\,dy + (z^2+x^2-y^2)\,dz。$$

解 记曲线 Γ 的 $x\geqslant 0$ 的部分与 $x\leqslant 0$ 的部分分别为 Γ_1 与 Γ_2，其参数方程分别为
$$\Gamma_1: x=\sqrt{4t-t^2}, y=t, z=\sqrt{2t}, t \text{ 从 } 0 \text{ 变到 } 4,$$
$$\Gamma_2: x=-\sqrt{4t-t^2}, y=t, z=\sqrt{2t}, t \text{ 从 } 4 \text{ 变到 } 0。$$

分别在 Γ_1 和 Γ_2 上积分，有

$$\oint_{\Gamma_1}(x^2+y^2-z^2)\mathrm{d}x+(y^2+z^2-x^2)\mathrm{d}y+(z^2+x^2-y^2)\mathrm{d}z$$
$$=\int_0^4\left[\left(\frac{2t(2-t)}{\sqrt{4t-t^2}}+2(t^2-t)+\sqrt{2}\,\frac{3t-t^2}{\sqrt{t}}\right)\right]\mathrm{d}t,$$
$$\oint_{\Gamma_2}(x^2+y^2-z^2)\mathrm{d}x+(y^2+z^2-x^2)\mathrm{d}y+(z^2+x^2-y^2)\mathrm{d}z$$
$$=\int_4^0\left[\left(\frac{-2t(2-t)}{\sqrt{4t-t^2}}+2(t^2-t)+\sqrt{2}\,\frac{3t-t^2}{\sqrt{t}}\right)\right]\mathrm{d}t$$
$$=\int_0^4\left[\left(\frac{2t(2-t)}{\sqrt{4t-t^2}}-2(t^2-t)-\sqrt{2}\,\frac{3t-t^2}{\sqrt{t}}\right)\right]\mathrm{d}t.$$

两式相加,则
$$\text{原式}=4\int_0^4\frac{t(2-t)}{\sqrt{4t-t^2}}\mathrm{d}t\xrightarrow{\diamondsuit\,t-2=u}4\int_{-2}^2\frac{-(2+u)u}{\sqrt{4-u^2}}\mathrm{d}u$$
$$=-8\int_0^2\frac{u^2}{\sqrt{4-u^2}}\mathrm{d}u\xrightarrow{\diamondsuit\,u=2\sin t}-8\int_0^{\frac{\pi}{2}}4\sin^2 t\mathrm{d}t=-8\pi.$$

2.利用格林公式计算

例 5 计算 $\int_{\widehat{AOB}}(12xy+\mathrm{e}^y)\mathrm{d}x-(\cos y-x\mathrm{e}^y)\mathrm{d}y$,其中 $\widehat{AOB}$ 为由点 $A(-1,1)$ 沿曲线 $y=x^2$ 到点 $O(0,0)$,再沿直线 $y=0$ 到点 $B(2,0)$ 的路径.

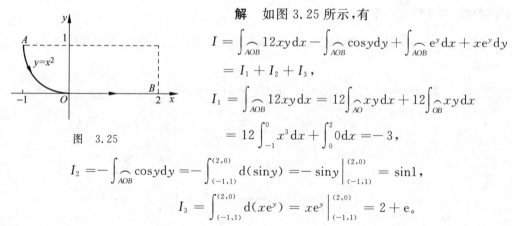

图 3.25

解 如图 3.25 所示,有
$$I=\int_{\widehat{AOB}}12xy\mathrm{d}x-\int_{\widehat{AOB}}\cos y\mathrm{d}y+\int_{\widehat{AOB}}\mathrm{e}^y\mathrm{d}x+x\mathrm{e}^y\mathrm{d}y$$
$$=I_1+I_2+I_3,$$
$$I_1=\int_{\widehat{AOB}}12xy\mathrm{d}x=12\int_{\widehat{AO}}xy\mathrm{d}x+12\int_{\widehat{OB}}xy\mathrm{d}x$$
$$=12\int_{-1}^0 x^3\mathrm{d}x+\int_0^2 0\mathrm{d}x=-3,$$
$$I_2=-\int_{\widehat{AOB}}\cos y\mathrm{d}y=-\int_{(-1,1)}^{(2,0)}\mathrm{d}(\sin y)=-\sin y\Big|_{(-1,1)}^{(2,0)}=\sin 1,$$
$$I_3=\int_{(-1,1)}^{(2,0)}\mathrm{d}(x\mathrm{e}^y)=x\mathrm{e}^y\Big|_{(-1,1)}^{(2,0)}=2+\mathrm{e}.$$

所以
$$I=2+\mathrm{e}+\sin 1-3=\sin 1+\mathrm{e}-1.$$

例 6 计算 $\oint_L\dfrac{(x+y)\mathrm{d}x-(x-y)\mathrm{d}y}{x^2+y^2}$,其中 L 是:

(1)不包围也不通过原点的任意闭曲线;

(2)以原点为中心的正向的单位圆;

(3)包围原点的任意正向闭曲线.

解 因为有任意闭路积分的问题,故先验证积分是否与路径无关,即验证 $\dfrac{\partial P}{\partial y}$ 与 $\dfrac{\partial Q}{\partial x}$ 是否处处相等.

$$\frac{\partial P}{\partial y} = \frac{(x^2+y^2)1-(x+y)2y}{(x^2+y^2)^2} = \frac{x^2-2xy-y^2}{(x^2+y^2)^2},$$

$$\frac{\partial Q}{\partial x} = \frac{(x^2+y^2)(-1)-(y-x)2x}{(x^2+y^2)^2} = \frac{x^2-2xy-y^2}{(x^2+y^2)^2},$$

所以在全平面上除掉原点 $(0,0)$ 的复连通域内,有 $\frac{\partial P}{\partial y} = \frac{\partial Q}{\partial x}$,故

(1) 在不包围也不经过原点的任意闭曲线 L_1 上 (如图 3.26 所示)

$$\oint_{L_1} \frac{(x+y)\mathrm{d}x-(x-y)\mathrm{d}y}{x^2+y^2} = 0。$$

因为由 L_1 所围域 D_1 是单连通域,且有 $\frac{\partial P}{\partial y} = \frac{\partial Q}{\partial x}$ 处处成立,由曲线积分与路径无关的等价条件知

$$\oint_{L_1} \frac{(x+y)\mathrm{d}x-(x-y)\mathrm{d}y}{x^2+y^2} = 0。$$

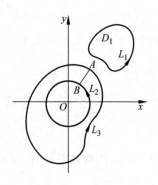

图 3.26

(2) 设 L_2 是以原点为中心的单位圆,方向取为正向,由于 L_2 所围的域包围有原点,是复连通域,此积分不一定为零,可利用参数方程直接计算 $L_2: \begin{cases} x=\cos t, \\ y=\sin t, \end{cases} 0 \leqslant t \leqslant 2\pi,$

$$\oint_{L_2} \frac{(x+y)\mathrm{d}x-(x-y)\mathrm{d}y}{x^2+y^2} = \int_0^{2\pi} \frac{(\cos t+\sin t)\mathrm{d}\cos t-(\cos t-\sin t)\mathrm{d}\sin t}{\cos^2 t+\sin^2 t}$$

$$= \int_0^{2\pi} [\cos t(-\sin t)-\sin^2 t-\cos^2 t+\cos t \cdot \sin t]\mathrm{d}t = \int_0^{2\pi}(-1)\mathrm{d}t = -2\pi。$$

(3) 如图 3.26 所示,由于 L_3 包围原点,故是复连通域,又 L_3 是任意闭曲线(包围原点)直接积分不现实。为了除去原点,在 L_3 和单位圆 L_2(当 L_3 不能完全包含 L_2 时,在 L_3 内任作一个中心在原点,半径为充分小正数 δ 的小圆即可解决)。之间作辅助线 AB(如图 3.26 所示),使连接 L_3 和 L_2,则 $L' = L_2 + \overline{AB} - L_2 + \overline{BA}$ 成为一条闭曲线(其中 $-L_2$ 表示 L_2 的负向闭曲线),这条闭曲线不包围原点,所以在以 L' 为边界曲线的单连通域上,恒有 $\frac{\partial P}{\partial y} = \frac{\partial Q}{\partial x}$,故

$$\oint_{L'} \frac{(x+y)\mathrm{d}x-(x-y)\mathrm{d}y}{x^2+y^2} = 0,$$

即

$$\oint_{L'} \frac{(x+y)\mathrm{d}x-(x-y)\mathrm{d}y}{x^2+y^2} = \oint_{L_3} \frac{(x+y)\mathrm{d}x-(x-y)\mathrm{d}y}{x^2+y^2}$$

$$+ \int_{\overline{AB}} \frac{(x+y)\mathrm{d}x-(x-y)\mathrm{d}y}{x^2+y^2} + \oint_{-L_2} \frac{(x+y)\mathrm{d}x-(x-y)\mathrm{d}y}{x^2+y^2}$$

$$+ \int_{\overline{BA}} \frac{(x+y)\mathrm{d}x-(x-y)\mathrm{d}y}{x^2+y^2} = 0。$$

因为

$$\int_{\overline{AB}} \frac{(x+y)\mathrm{d}x-(x-y)\mathrm{d}y}{x^2+y^2} = -\int_{\overline{BA}} \frac{(x+y)\mathrm{d}x-(x-y)\mathrm{d}y}{x^2+y^2},$$

所以

$$\oint_{L_3} \frac{(x+y)\mathrm{d}x-(x-y)\mathrm{d}y}{x^2+y^2} + \oint_{-L_2} \frac{(x+y)\mathrm{d}x-(x-y)\mathrm{d}y}{x^2+y^2} = 0,$$

$$\oint_{L_3} \frac{(x+y)dx - (x-y)dy}{x^2+y^2} = -\oint_{-L_2} \frac{(x+y)dx - (x-y)dy}{x^2+y^2}$$
$$= \oint_{L_2} \frac{(x+y)dx - (x-y)dy}{x^2+y^2}。$$

由此推出了包围原点的任意正向闭路 C_3 上的积分等于包围原点的正向单位圆的积分。故
$$\oint_{L_3} \frac{(x+y)dx - (x-y)dy}{x^2+y^2} = -2\pi。$$

例 7 计算曲线积分 $I = \oint_L \frac{xdy - ydx}{4x^2 + y^2}$,其中 L 是以点 $(1,0)$ 为中心, R 为半径的圆周 $(R>1)$,取逆时针方向。

解 令 $P = \frac{-y}{4x^2+y^2}, Q = \frac{x}{4x^2+y^2}$,则
$$\frac{\partial P}{\partial y} = \frac{y^2 - 4x^2}{(4x^2+y^2)^2} = \frac{\partial Q}{\partial x} \quad ((x,y) \neq (0,0))。$$

为了能运用格林公式,作足够小椭圆(如图 3.27 所示)
$$C: \begin{cases} x = \frac{\delta}{2}\cos\theta \\ y = \delta\sin\theta, \end{cases} \text{取逆时针方向}, \theta: 0 \to 2\pi。$$

则
$$I = \oint_L \frac{xdy - ydx}{4x^2+y^2} = \oint_{L+C^-} \frac{xdy - ydx}{4x^2+y^2} + \oint_{C^+} \frac{xdy - ydx}{4x^2+y^2}$$
$$= 0 + \oint_C \frac{xdy - ydx}{4x^2+y^2} = \int_0^{2\pi} \frac{\frac{1}{2}\delta^2}{\delta^2} d\theta = \pi。$$

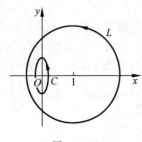

图 3.27

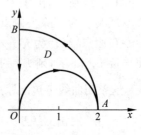

图 3.28

例 8 已知 L 是第一象限中从点 $O(0,0)$ 沿圆周 $x^2+y^2=2x$ 到点 $A(2,0)$,再沿圆周 $x^2+y^2=4$ 到点 $B(0,2)$ 的曲线段(如图 3.28 所示),计算曲线积分
$$I = \int_L 3x^2 y dx + (x^3 + x - 2y) dy。$$

解 添加直线段 $\overline{BO}: x=0, y: 2 \to 0$。采用格林公式计算。
$$I = \int_L 3x^2 y dx + (x^3 + x - 2y) dy$$
$$= \int_{L+\overline{BO}} 3x^2 y dx + (x^3 + x - 2y) dy - \int_{\overline{BO}} 3x^2 y dx + (x^3 + x - 2y) dy$$
$$= \iint_D (3x^2 + 1 - 3x^2) dx dy - \int_2^0 (-2y) dy$$

$$= \left(\frac{1}{4}\pi \cdot 2^2 - \frac{1}{2}\pi \cdot 1^2\right) - 4 = \frac{\pi}{2} - 4。$$

例9 若 $\varphi(y)$ 的导数连续，$\varphi(0)=0$，曲线 $\widehat{AB}$ 的极坐标方程为 $\rho = a(1-\cos\theta)$，其中 $a>0, 0\leqslant\theta\leqslant\pi$，$A$ 与 B 分别对应于 $\theta=0$ 与 $\theta=\pi$，求 $\int_{\widehat{AB}}[\varphi(y)e^x - \pi y]dx + [\varphi'(y)e^x - \pi]dy$。

解 设曲线 $\widehat{AB}$ 与线段 $\overline{BA}$ 所围区域为 D（如图 3.29 所示）。又设
$$P = \varphi(y)e^x - \pi y, Q = \varphi'(y)e^x - \pi,$$
应用格林公式，有
$$\oint_{\widehat{AB}+\overline{BA}} Pdx + Qdy = \iint_D (Q_x - P_y)dxdy = \iint_D \pi dxdy = \frac{\pi}{2}\int_0^\pi \rho^2 d\theta$$
$$= \frac{a^2\pi}{2}\int_0^\pi (1-\cos\theta)^2 d\theta = \frac{a^2\pi}{2}\int_0^\pi \left(\frac{3}{2} - 2\cos\theta + \frac{1}{2}\cos2\theta\right)d\theta$$
$$= \frac{3}{4}a^2\pi^2。$$

由于 $\int_{\overline{BA}} Pdx + Qdy = \int_{-2a}^0 P(x,0)dx = \int_{-2a}^0 \varphi(0)e^x dx = 0$，于是
$$\int_{\widehat{AB}} Pdx + Qdy = \frac{3}{4}a^2\pi^2。$$

例10 设椭圆 $\frac{x^2}{4} + \frac{y^2}{9} = 1$ 在 $A\left(1, \frac{3\sqrt{3}}{2}\right)$ 点的切线交 y 轴于 B 点，设 L 为从 A 到 B 的直线段，试计算
$$\int_L \left(\frac{\sin y}{x+1} - \sqrt{3}y\right)dx + [\cos y\ln(x+1) + 2\sqrt{3}x - \sqrt{3}]dy。$$

解 运用隐函数求导，有 $\frac{x}{2} + \frac{2y \cdot y'}{9} = 0$，则 $y' = -\frac{9x}{4y}$，于是椭圆在 A 点的切线方程为
$$y - \frac{3\sqrt{3}}{2} = -\frac{3}{2\sqrt{3}}(x-1)。$$

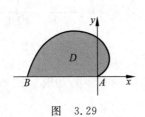

图 3.29

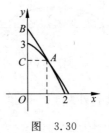

图 3.30

求得点 B 坐标为 $(0, 2\sqrt{3})$。如图 3.30 所示，取点 $C\left(0, \frac{3\sqrt{3}}{2}\right)$，应用格林公式有
$$\oint_{\overline{BC}+\overline{CA}+\overline{AB}} \left(\frac{\sin y}{x+1} - \sqrt{3}y\right)dx + [\cos y\ln(x+1) + 2\sqrt{3}x - \sqrt{3}]dy$$
$$= \iint_D 3\sqrt{3}dxdy = 3\sqrt{3} \cdot \frac{1}{2} \cdot 1 \cdot \frac{1}{2}\sqrt{3} = \frac{9}{4},$$

所以

原式 $= \dfrac{9}{4} - \displaystyle\int_{2\sqrt{3}}^{\frac{3\sqrt{3}}{2}}(-\sqrt{3})\mathrm{d}y - \int_0^1\left[\dfrac{\sin(3\sqrt{3}/2)}{x+1} - \sqrt{3}\cdot\dfrac{3\sqrt{3}}{2}\right]\mathrm{d}x = \dfrac{21}{4} - \sin\dfrac{3\sqrt{3}}{2}\cdot\ln 2$。

例 11 已知 Γ 是 $y = a\sin x\,(a>0)$ 上从 $(0,0)$ 到 $(\pi,0)$ 的一段曲线,$a=$ _____ 时,曲线积分 $\displaystyle\int_\Gamma (x^2+y)\mathrm{d}x + (2xy+\mathrm{e}^{y^2})\mathrm{d}y$ 取最大值。

解 设 Γ 与 $\overline{AO}$ 所围区域为 D(如图 3.31 所示),在 D 上应用格林公式,记 $P = x^2 + y$,$Q = 2xy + \mathrm{e}^{y^2}$,则

$$\int_{\Gamma+\overline{AO}} P\mathrm{d}x + Q\mathrm{d}y = -\iint_D (Q_x - P_y)\mathrm{d}x\mathrm{d}y = -\iint_D (2y-1)\mathrm{d}x\mathrm{d}y$$

$$= \int_0^\pi \mathrm{d}x \int_0^{a\sin x} (1-2y)\mathrm{d}y$$

$$= a\int_0^\pi \sin x \mathrm{d}x - a^2\int_0^\pi \dfrac{1-\cos 2x}{2}\mathrm{d}x = 2a - \dfrac{\pi}{2}a^2,$$

$$I = \int_\Gamma P\mathrm{d}x + Q\mathrm{d}y = 2a - \dfrac{a^2}{2}\pi - \int_{\overline{AO}} P\mathrm{d}x + Q\mathrm{d}y$$

$$= 2a - \dfrac{a^2}{2}\pi + \int_0^\pi x^2\mathrm{d}x = 2a - \dfrac{a^2}{2}\pi + \dfrac{1}{3}\pi^3。$$

令 $\dfrac{\mathrm{d}I}{\mathrm{d}a} = 2 - a\pi = 0$ 得唯一驻点 $a = \dfrac{2}{\pi}$,由于 $\dfrac{\mathrm{d}^2 I}{\mathrm{d}a^2} = -\pi < 0$,所以 $I\left(\dfrac{2}{\pi}\right)$ 为极大值,即最大值。故 $a = \dfrac{2}{\pi}$。

例 12 设 Γ 为 $x^2 + y^2 = 2x\,(y \geq 0)$ 上从 $O(0,0)$ 到 $A(2,0)$ 的一段弧连续函数,满足

$$f(x) = x^2 + \int_\Gamma y[f(x) + \mathrm{e}^x]\mathrm{d}x + (\mathrm{e}^x - xy^2)\mathrm{d}y。$$

求 $f(x)$。

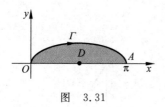

图 3.31　　　　　图 3.32

解 设 $\displaystyle\int_\Gamma y[f(x)+\mathrm{e}^x]\mathrm{d}x + (\mathrm{e}^x - xy^2)\mathrm{d}y = a$,则 $f(x) = x^2 + a$。如图 3.32 所示,有 $\overrightarrow{AO}$:$y = 0, x: 2 \to 0$。

$$a = \int_{\Gamma+\overrightarrow{AO}} y[f(x)+\mathrm{e}^x]\mathrm{d}x + (\mathrm{e}^x - xy^2)\mathrm{d}y - \int_{\overrightarrow{AO}} y[f(x)+\mathrm{e}^x]\mathrm{d}x + (\mathrm{e}^x - xy^2)\mathrm{d}y$$

$$= -\iint_D (\mathrm{e}^x - y^2 - f(x) - \mathrm{e}^x)\mathrm{d}x\mathrm{d}y - 0$$

$$= -\iint_D (-y^2 - x^2 - a)\mathrm{d}x\mathrm{d}y = \iint_D (x^2+y^2)\mathrm{d}x\mathrm{d}y + a\iint_D \mathrm{d}x\mathrm{d}y$$

$$= \int_0^{\frac{\pi}{2}} \mathrm{d}\theta \int_0^{2\cos\theta} r^3 \mathrm{d}r + \dfrac{\pi}{2}a = \dfrac{3}{4}\pi + \dfrac{\pi}{2}a。$$

所以 $a=\dfrac{3\pi}{2(2-\pi)}$，于是 $f(x)=x^2+\dfrac{3\pi}{2(2-\pi)}$。

3. 利用积分与路径无关计算

例 13 设 Γ 是由点 $(1,0)$ 经 $y=1-x^2$ 到 $(-1,0)$，则 $\displaystyle\int_\Gamma \dfrac{(x-y)\mathrm{d}x+(x+y)\mathrm{d}y}{x^2+y^2}=$ _____。

解 令 $P(x,y)=\dfrac{x-y}{x^2+y^2}$，$Q(x,y)=\dfrac{x+y}{x^2+y^2}$，则 $\dfrac{\partial Q}{\partial x}=\dfrac{\partial P}{\partial y}=\dfrac{y^2-x^2-2xy}{(x^2+y^2)^2}$，即在不包含 $(0,0)$ 的单连通区域内积分与路径无关，如图 3.33 所示，作圆 $x^2+y^2=1(y\geqslant 0)$，从 $(1,0)$ 到 $(-1,0)$ 的上半圆周记为 L，则

$$L:\begin{cases}x=\cos\theta,\\ y=\sin\theta,\end{cases}\theta:0\to\pi。$$

故

原式 $=\displaystyle\int_L P\mathrm{d}x+Q\mathrm{d}y=\int_0^\pi \dfrac{(\cos\theta-\sin\theta)(-\sin\theta)+(\cos\theta+\sin\theta)\cos\theta}{1}\mathrm{d}\theta=\int_0^\pi 1\mathrm{d}\theta=\pi。$

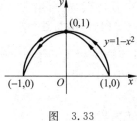

图 3.33

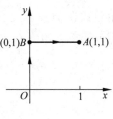

图 3.34

例 14 已知点 $O(0,0)$ 及点 $A(1,1)$，且曲线积分

$$I=\int_{\overline{OA}}(ax\cos y-y^2\sin x)\mathrm{d}x+(by\cos x-x^2\sin y)\mathrm{d}y$$

与路径无关，试确定常数 a,b，并求 I。

解 令 $P(x,y)=ax\cos y-y^2\sin x$，$Q(x,y)=by\cos x-x^2\sin y$，则

$$\dfrac{\partial P}{\partial y}=-ax\sin y-2y\sin x,\qquad \dfrac{\partial Q}{\partial x}=-by\sin x-2x\sin y。$$

由题意，$\dfrac{\partial P}{\partial y}=\dfrac{\partial Q}{\partial x}$，解得 $a=b=2$。

取 $B(0,1)$，走 $\overline{OB},\overline{BA}$ 折线（如图 3.34 所示），则

$$I=\int_{(0,0)}^{(1,1)}P\mathrm{d}x+Q\mathrm{d}y=\int_{(0,0)}^{(0,1)}P\mathrm{d}x+Q\mathrm{d}y+\int_{(0,1)}^{(1,1)}P\mathrm{d}x+Q\mathrm{d}y$$

$$=\int_0^1 Q(0,y)\mathrm{d}y+\int_0^1 P(x,1)\mathrm{d}x=\int_0^1 2y\mathrm{d}y+\int_0^1(2x\cos 1-\sin x)\mathrm{d}x$$

$$=2\cos 1。$$

例 15 设曲线积分 $\displaystyle\int_L[\sin x-f(x)]\dfrac{y}{x}\mathrm{d}x+f(x)\mathrm{d}y$ 与积分路径无关，且 $f(\pi)=1$，求 $f(x)$，并计算 L 始点为 $A(1,0)$，终点为 $B(\pi,\pi)$ 时曲线积分 I 的值。

解 由 $\dfrac{\partial P}{\partial y}=\dfrac{\partial Q}{\partial x}$ 得 $[\sin x-f(x)]\dfrac{1}{x}=f'(x)$，整理得
$$f'(x)+\dfrac{1}{x}f(x)=\dfrac{\sin x}{x}。$$

解此一阶线性非齐次线性方程得
$$f(x)=\mathrm{e}^{-\int\frac{1}{x}\mathrm{d}x}\left[\int\dfrac{\sin x}{x}\mathrm{e}^{\int\frac{1}{x}\mathrm{d}x}\mathrm{d}x+C\right]=\dfrac{1}{x}\left[\int\dfrac{\sin x}{x}\cdot x\mathrm{d}x+C\right]=\dfrac{1}{x}(-\cos x+C)。$$

由 $f(\pi)=1$ 得 $C=\pi-1$，故 $f(x)=\dfrac{1}{x}(\pi-1-\cos x)$，
$$I=\int_{(1,0)}^{(\pi,\pi)}[\sin x-f(x)]\dfrac{y}{x}\mathrm{d}x+f(x)\mathrm{d}y=\int_1^\pi 0\mathrm{d}x+\int_0^\pi f(\pi)\mathrm{d}y=\pi。$$

例 16 设 L 是由点 $O(0,0)$ 到点 $A(1,1)$ 的任意一段光滑曲线，则曲线积分
$\int_L(1-2xy-y^2)\mathrm{d}x-(x+y)^2\mathrm{d}y=$ _____。

解 设 $P(x,y)=1-2xy-y^2$，$Q(x,y)=-(x+y)^2$，则
$$\dfrac{\partial P}{\partial y}=-2(x+y)=\dfrac{\partial Q}{\partial x}。$$

上述两个偏导数在 xOy 面上任一点 (x,y) 处均存在且连续，故所给曲线积分与积分路径无关。现取积分路线为由点 $O(0,0)$ 经点 $B(1,0)$ 到点 $A(1,1)$ 的折线，则
$$\int_L(1-2xy-y^2)\mathrm{d}x-(x+y)^2\mathrm{d}y=\int_0^1\mathrm{d}x-\int_0^1(1+y)^2\mathrm{d}y=1-\dfrac{(1+y)^3}{3}\bigg|_0^1=-\dfrac{4}{3}。$$

故应填 $-\dfrac{4}{3}$。

例 17 设函数 $f(x)$ 在 $(-\infty,+\infty)$ 内具有一阶连续导数，L 是上半平面 $(y>0)$ 内的有向分段光滑曲线，其起点为 (a,b)，终点为 (c,d)。记
$$I=\int_L\dfrac{1}{y}[1+y^2f(xy)]\mathrm{d}x+\dfrac{x}{y^2}[y^2f(xy)-1]\mathrm{d}y。$$

(1)证明：曲线积分 I 与路径 L 无关； (2)当 $ab=cd$ 时，求 I 的值。

证明 (1)因为
$$\dfrac{\partial}{\partial y}\left\{\dfrac{1}{y}[1+y^2f(xy)]\right\}=f(xy)-\dfrac{1}{y^2}+xyf'(xy)=\dfrac{\partial}{\partial x}\left\{\dfrac{x}{y^2}[y^2f(xy)-1]\right\}$$

在上半面内处处成立，所以在上半面内曲线积分 I 与路径无关。

(2)由于 I 与路径无关，故可取积分路径 L 为由点 (a,b) 到点 (c,b) 再到点 (c,d) 的折线段，所以
$$I=\int_a^c\dfrac{1}{b}[1+b^2f(bx)]\mathrm{d}x+\int_b^d\dfrac{c}{y^2}[y^2f(cy)-1]\mathrm{d}y$$
$$=\dfrac{c-a}{b}+\int_a^cbf(bx)\mathrm{d}x+\int_b^dcf(cy)\mathrm{d}y+\dfrac{c}{d}-\dfrac{c}{b}$$
$$=\dfrac{c}{d}-\dfrac{a}{b}+\int_{ab}^{bc}f(t)\mathrm{d}t+\int_{bc}^{cd}f(t)\mathrm{d}t$$
$$=\dfrac{c}{d}-\dfrac{a}{b}+\int_{ab}^{cd}f(t)\mathrm{d}t。$$

当 $ab=cd$ 时，$\int_{ab}^{cd}f(t)\mathrm{d}t=0$，得 $I=\dfrac{c}{d}-\dfrac{a}{b}$。

4. 利用斯托克斯公式计算

例 18 计算 $I = \oint_L (y^2 - z^2)dx + (2z^2 - x^2)dy + (3x^2 - y^2)dz$,其中 L 是平面 $x+y+z=2$ 与柱面 $|x|+|y|=1$ 的交线,从 z 轴正向看去,L 为逆时针方向。

解 记 S 为平面 $x+y+z=2$ 上 L 所围成部分的上侧,D 为 S 在 xOy 坐标面上的投影,由斯托克斯公式,得

$$I = \iint_S (-2y-4z)dydz + (-2z-6x)dzdx + (-2x-2y)dxdy$$

$$= -\frac{2}{\sqrt{3}}\iint_S (4x+2y+3z)dS = -2\iint_D (x-y+6)dxdy$$

$$= -12\iint_D dxdy = -24。$$

例 19 设 L 是柱面方程 $x^2+y^2=1$ 与平面 $z=x+y$ 的交线,从 z 轴正向往 z 轴负向看去为逆时针方向,则曲线积分 $\oint_L xzdx + xdy + \frac{y^2}{2}dz = $ _____。

解 令 $P=xz, Q=x, R=\frac{y^2}{2}$,由斯托克斯公式得

$$\oint_L xzdx + xdy + \frac{y^2}{2}dz = \iint_\Sigma \left(\frac{\partial R}{\partial y} - \frac{\partial Q}{\partial z}\right)dydz + \left(\frac{\partial P}{\partial z} - \frac{\partial R}{\partial x}\right)dzdx + \left(\frac{\partial Q}{\partial x} - \frac{\partial P}{\partial y}\right)dxdy$$

$$= \iint_\Sigma (y-0)dydz + (x-0)dxdz + (1-0)dxdy$$

$$= \iint_\Sigma ydydz + xdxdz + dxdy,$$

其中 Σ 为位于柱面 $x^2+y^2=1$ 内的平面 $z=x+y$,取上侧,且

$$\iint_\Sigma ydydz = 0, \iint_\Sigma xdxdz = 0, \iint_\Sigma dxdy = \iint_{D_{xy}:x^2+y^2\leq 1} dxdy = \pi。$$

因此 $\oint_L xzdx + xdy + \frac{y^2}{2}dz = \pi$。

3.6.3 模拟练习题 3-6

1. 计算 $\int_{\widehat{AmB}} [f(y)e^x - 3y]dx + [f'(y)e^x - 3]dy$,其中 $f'(x)$ 连续,$\widehat{AmB}$ 为连接点 $A(2,3)$ 和点 $B(4,1)$ 的任意路径且与线段 AB 围成的面积为 5,$\widehat{AmB}$ 在直线 AB 的一侧。

2. 计算 $\lim\limits_{R\to+\infty} \oint_L \frac{xdy - ydx}{(x^2+xy+y^2)^2}$,$L$ 是 $x^2+y^2=R^2$,取正向。

3. 选取 n,使 $\frac{(x-y)dx + (x+y)dy}{(x^2+y^2)^n}$ 为某一函数 $u(x,y)$ 的全微分,并求 $u(x,y)$。

4. 已知曲线 L 的方程为 $\begin{cases} z = \sqrt{2-x^2+y^2} \\ z = x, \end{cases}$ 起点为 $A(0,\sqrt{2},0)$,终点为 $B(0,-\sqrt{2},0)$,

计算曲线积分
$$I = \int_L (y+z)\mathrm{d}x + (z^2 - x^2 + y)\mathrm{d}y + x^2 y^2 \mathrm{d}z。$$

3.7 第一类曲面积分

3.7.1 考点综述和解题方法点拨

1. 对面积的曲面积分的概念

设函数 $f(x,y,z)$ 在光滑曲面 Σ 上有界。将 Σ 任意分成 n 小块 ΔS_i(同时表示第 i 小块的面积)$(i=1,2,\cdots,n)$,$\forall (\xi_i,\eta_i,\zeta_i) \in \Delta S_i$,作积 $f(\xi_i,\eta_i,\zeta_i)\Delta S_i$,作和 $\sum_{i=1}^{n} f(\xi_i,\eta_i,\zeta_i)\Delta S_i$。若 $\lim_{\lambda \to 0} \sum_{i=1}^{n} f(\xi_i,\eta_i,\zeta_i)\Delta S_i$ 存在(λ 为小块曲面直径的最大值),则称此极限为函数 $f(x,y,z)$ 在曲面 Σ 上对面积的曲面积分,记为
$$\iint_{\Sigma} f(x,y,z)\mathrm{d}S = \lim_{\lambda \to 0} \sum_{i=1}^{n} f(\xi_i,\eta_i,\zeta_i)\Delta S_i。$$

2. 对面积的曲面积分计算法

(1) 设光滑曲面 Σ 的方程为 $z = z(x,y)$,Σ 在 xOy 平面上的投影域为 D_{xy},函数 $z = z(x,y)$ 具有一阶连续的偏导数,被积函数 $f(x,y,z)$ 在 Σ 上连续,则
$$\iint_{\Sigma} f(x,y,z)\mathrm{d}S = \iint_{D_{xy}} f[x,y,z(x,y)]\sqrt{1+\left(\frac{\partial z}{\partial x}\right)^2 + \left(\frac{\partial z}{\partial y}\right)^2}\mathrm{d}x\mathrm{d}y。$$

当光滑曲面 Σ 的方程为 $x = x(y,z)$ 或 $y = y(z,x)$ 时,可以把曲面积分化为相应的二重积分
$$\iint_{\Sigma} f(x,y,z)\mathrm{d}S = \iint_{D_{yz}} f[x(y,z),y,z]\sqrt{1+\left(\frac{\partial x}{\partial y}\right)^2 + \left(\frac{\partial x}{\partial z}\right)^2}\mathrm{d}y\mathrm{d}z,$$
或
$$\iint_{\Sigma} f(x,y,z)\mathrm{d}S = \iint_{D_{zx}} f[x,y(x,z),z]\sqrt{1+\left(\frac{\partial y}{\partial x}\right)^2 + \left(\frac{\partial y}{\partial z}\right)^2}\mathrm{d}z\mathrm{d}x,$$

其中 D_{yz} 和 D_{zx} 分别为曲面 Σ 在 yOz 面和 zOx 面上的投影域。

(2) 利用曲面的对称性和函数的奇偶性计算

若曲面 Σ 关于 xOy 坐标面上、下对称,$\Sigma_{上}$ 表示 Σ 的上半部分,则有
$$\iint_{\Sigma} f(x,y,z)\mathrm{d}S = \begin{cases} 2\iint_{\Sigma_{上}} f(x,y,z)\mathrm{d}S, & \text{若 } f(x,y,-z) = f(x,y,z), \\ 0, & \text{若 } f(x,y,-z) = -f(x,y,z); \end{cases}$$

若曲面 Σ 关于 yOz 坐标面前、后对称,$\Sigma_{前}$ 表示 Σ 的前半部分,则有
$$\iint_{\Sigma} f(x,y,z)\mathrm{d}S = \begin{cases} 2\iint_{\Sigma_{前}} f(x,y,z)\mathrm{d}S, & \text{若 } f(-x,y,z) = f(x,y,z), \\ 0, & \text{若 } f(-x,y,z) = -f(x,y,z); \end{cases}$$

若曲面 Σ 关于 xOz 坐标面左、右对称，$\Sigma_右$ 表示 Σ 的右半部分，则有

$$\iint_\Sigma f(x,y,z)\mathrm{d}S = \begin{cases} 2\iint_{\Sigma_右} f(x,y,z)\mathrm{d}S, & 若\ f(x,-y,z)=f(x,y,z), \\ 0, & 若\ f(x,-y,z)=-f(x,y,z)。 \end{cases}$$

3.7.2 竞赛例题

例 1 设 $\Sigma: x^2+y^2+z^2=a^2(z\geqslant 0)$，$\Sigma_1$ 为 Σ 在第一卦限中的部分，则有（　　）。

A. $\iint_\Sigma x\mathrm{d}S = 4\iint_{\Sigma_1} x\mathrm{d}s$
B. $\iint_\Sigma y\mathrm{d}S = 4\iint_{\Sigma_1} y\mathrm{d}s$
C. $\iint_\Sigma z\mathrm{d}S = 4\iint_{\Sigma_1} z\mathrm{d}s$
D. $\iint_\Sigma xyz\mathrm{d}S = 4\iint_{\Sigma_1} xyz\mathrm{d}s$

解 应用曲面的对称性和函数的奇偶性。

首先曲面 Σ 关于 yOz、xOz 坐标面均对称，而选项中又都有 4 倍，因此，考虑被积函数关于 x,y 均为偶函数。

A,B,D 中的被积函数关于 x,y 均为奇函数，因此 $\iint_\Sigma f\mathrm{d}s = 0$，而 $\iint_{\Sigma_1} f\mathrm{d}s \neq 0$。故均为错误结论。而 C 中的被积函数为 $f(x,y,z)=z$，关于 x,y 均为偶函数，因此选 C。

例 2 计算曲面积分 $\iint_\Sigma z\mathrm{d}S$，其中 Σ 为锥面 $z=\sqrt{x^2+y^2}$ 在柱体 $x^2+y^2\leqslant 2x$ 内的部分。

解 Σ 在 xOy 平面上的投影区域为 $D: x^2+y^2\leqslant 2x$。

$$\mathrm{d}S = \sqrt{1+\left(\frac{\partial z}{\partial x}\right)^2+\left(\frac{\partial z}{\partial y}\right)^2}\mathrm{d}\sigma = \sqrt{2}\mathrm{d}\sigma。$$

于是

$$\iint_\Sigma z\mathrm{d}S = \iint_D \sqrt{x^2+y^2}\cdot\sqrt{2}\mathrm{d}\sigma = \sqrt{2}\int_{-\frac{\pi}{2}}^{\frac{\pi}{2}}\mathrm{d}\theta\int_0^{2\cos\theta} r^2\mathrm{d}r = \frac{16}{3}\sqrt{2}\int_0^{\frac{\pi}{2}}\cos^3\theta\mathrm{d}\theta = \frac{32}{9}\sqrt{2}。$$

例 3 计算 $\oiint_\Sigma \frac{1}{(1+x+y)^2}\mathrm{d}S$，其中 Σ 为平面 $x+y+z=1$ 及 3 个坐标面所围立体的表面。

解 Σ 如图 3.35 所示，记 Σ 在 3 个坐标面的投影部分分别为 D_{xy}, D_{yz}, D_{zx}，斜平面 $x+y+z=1$ 上的部分为 Σ_1。

$$I_1 = \iint_{D_{xy}} \frac{1}{(1+x+y)^2}\mathrm{d}S = \iint_{D_{xy}} \frac{1}{(1+x+y)^2}\mathrm{d}x\mathrm{d}y$$

$$= \int_0^1\mathrm{d}x\int_0^{1-x}\frac{1}{(1+x+y)^2}\mathrm{d}y = \int_0^1\left(\frac{1}{1+x}-\frac{1}{2}\right)\mathrm{d}x$$

$$= \ln 2 - \frac{1}{2},$$

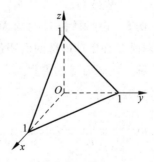

图 3.35

$$I_2 = \iint\limits_{D_{yz}} \frac{1}{(1+x+y)^2} dS = \int_0^1 dz \int_0^{1-z} \frac{1}{(1+y)^2} dy = \int_0^1 \left(1 - \frac{1}{2-z}\right) dz = 1 - \ln 2,$$

$$I_3 = \iint\limits_{D_{zx}} \frac{1}{(1+x+y)^2} dS = \int_0^1 dx \int_0^{1-x} \frac{1}{(1+x)^2} dz$$

$$= \int_0^1 \frac{1-x}{(1+x)^2} dx = \left[-\frac{2}{1+x} - \ln(1+x)\right]\Big|_0^1 = 1 - \ln 2,$$

Σ_1 为:$z = 1 - x - y$,$dS = \sqrt{1 + \left(\frac{\partial z}{\partial x}\right)^2 + \left(\frac{\partial z}{\partial y}\right)^2} dxdy = \sqrt{3} dxdy$,故

$$I_4 = \iint\limits_{\Sigma_1} \frac{1}{(1+x+y)^2} dS = \iint\limits_{D_{xy}} \frac{1}{(1+x+y)^2} \sqrt{3} dxdy = \sqrt{3}\left(\ln 2 - \frac{1}{2}\right),$$

所以,$I = I_1 + I_2 + I_3 + I_4 = (\sqrt{3} - 1)\ln 2 + \frac{3 - \sqrt{3}}{2}$。

例 4 设 Σ 为椭球面 $\frac{x^2}{2} + \frac{y^2}{2} + z^2 = 1$ 的上半部分,点 $P(x,y,z) \in \Sigma$,π 为 Σ 在点 P 处的切平面,$\rho(x,y,z)$ 为点 $O(0,0,0)$ 到平面 π 的距离,求 $\iint\limits_\Sigma \frac{z}{\rho(x,y,z)} dS$。

解 设 (X, Y, Z) 为 π 上任意一点,则 π 的方程为

$$\frac{xX}{2} + \frac{yY}{2} + zZ = 1$$

从而知 $\rho(x,y,z) = \left(\frac{x^2}{4} + \frac{y^2}{4} + z^2\right)^{-\frac{1}{2}}$。由 $z = \sqrt{1 - \left(\frac{x^2}{2} + \frac{y^2}{2}\right)}$,有

$$\frac{\partial z}{\partial x} = \frac{-x}{2\sqrt{1 - \left(\frac{x^2}{2} + \frac{y^2}{2}\right)}}, \quad \frac{\partial z}{\partial y} = \frac{-y}{2\sqrt{1 - \left(\frac{x^2}{2} + \frac{y^2}{2}\right)}},$$

于是

$$dS = \sqrt{1 + \left(\frac{\partial z}{\partial x}\right)^2 + \left(\frac{\partial z}{\partial y}\right)^2} d\sigma = \frac{\sqrt{4 - x^2 - y^2}}{2\sqrt{1 - \left(\frac{x^2}{2} + \frac{y^2}{2}\right)}} d\sigma,$$

所以

$$\iint\limits_\Sigma \frac{z dS}{\rho(x,y,z)} = \frac{1}{4}\iint\limits_D (4 - x^2 - y^2) d\sigma = \frac{1}{4}\int_0^{2\pi} d\theta \int_0^{\sqrt{2}} (4 - r^2) r dr = \frac{3}{2}\pi。$$

例 5 设半径为 R 的球面 Σ 的球心在定球 $x^2 + y^2 + z^2 = a^2 (a > 0)$ 上,问当 R 取何值时,球面 Σ 在定球内部的面积最大?

解 设球面 Σ 的方程为 $x^2 + y^2 + (z-a)^2 = R^2$,其中 $0 < R < 2a$,则球面 Σ 在定球内部部分的方程为 $z = a - \sqrt{R^2 - x^2 - y^2}$。

由 $\frac{\partial z}{\partial x} = \frac{x}{\sqrt{R^2 - x^2 - y^2}}$,$\frac{\partial z}{\partial y} = \frac{y}{\sqrt{R^2 - x^2 - y^2}}$,得 $\sqrt{1 + \left(\frac{\partial z}{\partial x}\right)^2 + \left(\frac{\partial z}{\partial y}\right)^2} = \frac{R}{\sqrt{R^2 - x^2 - y^2}}$。

从方程组 $\begin{cases} x^2 + y^2 + z^2 = a^2, \\ x^2 + y^2 + (z-a)^2 = R^2 \end{cases}$ 中消去 z,得两球面的交线在 xOy 平面上的投影为

$$\begin{cases} x^2 + y^2 = \left(\dfrac{R}{2a}\sqrt{4a^2 - R^2}\right)^2, \\ z = 0. \end{cases}$$

因此，球面 Σ 在定球内部的面积为

$$S(R) = \iint_\Sigma \mathrm{d}S = \iint_{D_{xy}} \frac{R}{\sqrt{R^2 - x^2 - y^2}} \mathrm{d}x\mathrm{d}y$$

$$= R \int_0^{2\pi} \mathrm{d}\theta \int_0^{\frac{R}{2a}\sqrt{4a^2-R^2}} \frac{r}{\sqrt{R^2 - r^2}} \mathrm{d}r = 2\pi R^2 - \frac{\pi R^3}{a}。$$

于是

$$S'(R) = 4\pi R - \frac{3\pi}{a}R^2 = \pi R\left(4 - \frac{3}{a}R\right), \quad S''(R) = 4\pi - \frac{6\pi}{a}R。$$

令 $S'(R) = 0$，得 $R = \dfrac{4}{3}a$，而 $S''\left(\dfrac{4}{3}a\right) = -4\pi < 0$，故函数 $S(R)$ 在 $R = \dfrac{4}{3}a$ 时取得极大值，且在定义域内仅有此唯一的极值，所以当 $R = \dfrac{4}{3}a$ 时，球面 Σ 在定球内部的面积最大。

3.7.3　模拟练习题 3-7

1. 设曲面 Σ 为 $x^2 + y^2 + z^2 = 4$，求 $\iint_\Sigma (x^2 + y^2)\mathrm{d}S$。

2. 计算曲面积分 $\iint_\Sigma (x + y + z)\mathrm{d}S$，其中 Σ 是 $z = x^2 + y^2, z \leqslant 1$。

3. 计算曲面积分 $\iint_\Sigma \left(z + 2x + \dfrac{4}{3}y\right)\mathrm{d}S$，其中 Σ 为平面 $\dfrac{x}{2} + \dfrac{y}{3} + \dfrac{z}{4} = 1$ 在第一卦限中的部分。

4. 设 Σ 是球面 $x^2 + y^2 + z^2 = R^2$，$M(x_0, y_0, z_0)$ 是球面外一点，求证：

$$4\pi R^2 (d-R)^2 \leqslant \iint_\Sigma [(x-x_0)^2 + (y-y_0)^2 + (z-z_0)^2]\mathrm{d}S \leqslant 4\pi R^2 (d+R)^2,$$

其中 d 是点 M 到坐标原点的距离。

3.8　第二类曲面积分

3.8.1　考点综述和解题方法点拨

1. 对坐标的曲面积分的概念（又称第二类曲面积分）

有向曲面　通常遇到的曲面都是双侧的，规定了正侧的曲面称为有向曲面。

设 Σ 为光滑的有向曲面，$P(x,y,z), Q(x,y,z), R(x,y,z)$ 都是定义在 Σ 上的有界函数，将曲面 Σ 任意分成 n 个小曲面 $\Delta S_i (i=1,2,\cdots,n)$，在每个小曲面上任取一点 $N_i(\xi_i, \eta_i, \zeta_i)$，曲面 Σ 的正侧在点 N_i 处的法向量为

$$\boldsymbol{n}_i = \cos\alpha_i \boldsymbol{i} + \cos\beta_i \boldsymbol{j} + \cos\gamma_i \boldsymbol{k}$$

有向小曲面 ΔS_i 在 xOy 平面上投影为 $\Delta S_{i,xy} = \Delta S_i \cos\gamma_i$，如果当各小曲面直径的最大值 $\lambda \to 0$

时,和式 $\sum_{i=1}^{n} R(\xi_i, \eta_i, \zeta_i)\Delta S_{i,xy}$ 的极限存在,则称此极限为函数 $R(x,y,z)$ 在有向曲面 Σ 的正侧上对坐标 x,y 的曲面积分,记为 $\iint\limits_{\Sigma} R(x,y,z)\mathrm{d}x\mathrm{d}y$,即

$$\iint\limits_{\Sigma} R(x,y,z)\mathrm{d}x\mathrm{d}y = \lim_{\lambda \to 0}\sum_{i=1}^{n} R(\xi_i, \eta_i, \zeta_i)\Delta S_{i,xy}。$$

类似地,函数 $P(x,y,z)$ 在有向曲面 Σ 的正侧上对坐标 y,z 的曲面积分

$$\iint\limits_{\Sigma} P(x,y,z)\mathrm{d}y\mathrm{d}z = \lim_{\lambda \to 0}\sum_{i=1}^{n} P(\xi_i, \eta_i, \zeta_i)\Delta S_{i,yz},$$

其中 $\Delta S_{i,yz} = \Delta S_i \cos\alpha_i$。

函数 $Q(x,y,z)$ 在有向曲面 Σ 的正侧上对坐标 z,x 的曲面积分

$$\iint\limits_{\Sigma} Q(x,y,z)\mathrm{d}z\mathrm{d}x = \lim_{\lambda \to 0}\sum_{i=1}^{n} Q(\xi_i, \eta_i, \zeta_i)\Delta S_{i,zx},$$

其中 $\Delta S_{i,zx} = \Delta S_i \cos\beta_i$。

2. 对坐标的曲面积分的性质

若 Σ 表示有向曲面的正侧,该曲面的另一侧为负侧记为 Σ^-,则有

$$\iint\limits_{\Sigma} P\mathrm{d}y\mathrm{d}z + Q\mathrm{d}z\mathrm{d}x + R\mathrm{d}x\mathrm{d}y = -\iint\limits_{\Sigma^-} P\mathrm{d}y\mathrm{d}z + Q\mathrm{d}z\mathrm{d}x + R\mathrm{d}x\mathrm{d}y,$$

即当积分曲面改变为相反侧时,对坐标的曲面积分要改变符号。

3. 对坐标的曲面积分的计算

(1) 利用计算公式

① $\iint\limits_{\Sigma} R(x,y,z)\mathrm{d}x\mathrm{d}y$ 中,Σ 是一块有向光滑曲面,其方程为 $z = z(x,y)$,它在 xOy 平面上的投影区域为 D_{xy},Σ 的法向量与 z 轴的正向的夹角为 γ,$R(x,y,z)$ 在 Σ 上连续,则

$$\iint\limits_{\Sigma} R(x,y,z)\mathrm{d}x\mathrm{d}y = \begin{cases} +\iint\limits_{D_{xy}} R[x,y,z(x,y)]\mathrm{d}x\mathrm{d}y, & 0 < \gamma < \dfrac{\pi}{2}, \\ -\iint\limits_{D_{xy}} R[x,y,z(x,y)]\mathrm{d}x\mathrm{d}y, & \dfrac{\pi}{2} < \gamma < \pi, \\ 0, & \gamma = \dfrac{\pi}{2}。 \end{cases}$$

② 如果有向光滑曲面 Σ 的方程为 $y = y(z,x)$,它在 zOx 平面上的投影区域为 D_{zx},Σ 的法向量的正向与 y 轴的正向的夹角为 β,$Q(x,y,z)$ 在 Σ 上连续,则

$$\iint\limits_{\Sigma} Q(x,y,z)\mathrm{d}z\mathrm{d}x = \begin{cases} +\iint\limits_{D_{zx}} Q[x,y(z,x),z]\mathrm{d}z\mathrm{d}x, & 0 < \beta < \dfrac{\pi}{2}, \\ -\iint\limits_{D_{zx}} Q[x,y(z,x),z]\mathrm{d}z\mathrm{d}x, & \dfrac{\pi}{2} < \beta < \pi, \\ 0, & \beta = \dfrac{\pi}{2}。 \end{cases}$$

③ 如果有向光滑 Σ 的方程为 $x = x(y,z)$,它在 yOz 平面上的投影区域为 D_{yz},Σ 的法向

量与 x 轴的正向的夹角为 α,$P(x,y,z)$ 在 Σ 上连续,则

$$\iint\limits_{\Sigma} P(x,y,z)\mathrm{d}y\mathrm{d}z = \begin{cases} +\iint\limits_{D_{yz}} P[x(y,z),y,z]\mathrm{d}y\mathrm{d}z, & 0 < \alpha < \dfrac{\pi}{2}, \\ -\iint\limits_{D_{yz}} P[x(y,z),y,z]\mathrm{d}y\mathrm{d}z, & \dfrac{\pi}{2} < \alpha < \pi, \\ 0, & \alpha = \dfrac{\pi}{2}。 \end{cases}$$

(2) 利用两类曲面积分之间的关系计算

设曲面 Σ 上任一点 (x,y,z) 处法向量 $\boldsymbol{n}$ 的方向余弦为 $\cos\alpha,\cos\beta,\cos\gamma$,则有

$$\iint\limits_{\Sigma} P\mathrm{d}y\mathrm{d}z + Q\mathrm{d}z\mathrm{d}x + R\mathrm{d}x\mathrm{d}y = \iint\limits_{\Sigma} (P\cos\alpha + Q\cos\beta + R\cos\gamma)\mathrm{d}S。$$

(3) 利用高斯公式计算

设三维空间闭区域 Ω 是由分片光滑的闭曲面 Σ 围成,函数 $P(x,y,z),Q(x,y,z),R(x,y,z)$ 在 Ω 上具有一阶连续的偏导数,则

$$\oiint\limits_{\Sigma} P\mathrm{d}y\mathrm{d}z + Q\mathrm{d}z\mathrm{d}x + R\mathrm{d}x\mathrm{d}y = \iiint\limits_{\Omega} \left(\dfrac{\partial P}{\partial x} + \dfrac{\partial Q}{\partial y} + \dfrac{\partial R}{\partial z}\right)\mathrm{d}V,$$

其中 Σ 是 Ω 的整个边界曲面的外侧。

(4) 利用斯托克斯公式计算

设光滑曲面 Σ 的边界曲线为光滑曲线 C,函数 $P(x,y,z),Q(x,y,z),R(x,y,z)$ 在曲面 Σ 及曲线 C 上具有对 x,y,z 的连续偏导数,则斯托克斯公式成立:

$$\oint_C P\mathrm{d}x + Q\mathrm{d}y + R\mathrm{d}z = \iint\limits_{\Sigma} \left(\dfrac{\partial R}{\partial y} - \dfrac{\partial Q}{\partial z}\right)\mathrm{d}y\mathrm{d}z + \left(\dfrac{\partial P}{\partial z} - \dfrac{\partial R}{\partial x}\right)\mathrm{d}z\mathrm{d}x + \left(\dfrac{\partial Q}{\partial x} - \dfrac{\partial P}{\partial y}\right)\mathrm{d}x\mathrm{d}y$$

$$= \iint\limits_{\Sigma} \left[\left(\dfrac{\partial R}{\partial y} - \dfrac{\partial Q}{\partial z}\right)\cos\alpha + \left(\dfrac{\partial P}{\partial z} - \dfrac{\partial R}{\partial x}\right)\cos\beta + \left(\dfrac{\partial Q}{\partial x} - \dfrac{\partial P}{\partial y}\right)\cos\gamma\right]\mathrm{d}S。$$

曲线积分的方向和曲面的侧按右手法则,$(\cos\alpha,\cos\beta,\cos\gamma)$ 是该侧的单位法向量。

为便于记忆,可将斯托克斯公式表示成如下形式:

$$\oint_C P\mathrm{d}x + Q\mathrm{d}y + R\mathrm{d}z = \iint\limits_{\Sigma} \begin{vmatrix} \mathrm{d}y\mathrm{d}z & \mathrm{d}z\mathrm{d}x & \mathrm{d}x\mathrm{d}y \\ \dfrac{\partial}{\partial x} & \dfrac{\partial}{\partial y} & \dfrac{\partial}{\partial z} \\ P & Q & R \end{vmatrix} = \iint\limits_{\Sigma} \begin{vmatrix} \cos\alpha & \cos\beta & \cos\gamma \\ \dfrac{\partial}{\partial x} & \dfrac{\partial}{\partial y} & \dfrac{\partial}{\partial z} \\ P & Q & R \end{vmatrix} \mathrm{d}S。$$

(5) 利用曲面的对称性和函数的奇偶性计算

若曲面 Σ 关于 yOz 面前、后对称,$\Sigma_{前}$ 为 Σ 的前半部分,正侧不变,则有

$$\iint\limits_{\Sigma} f\mathrm{d}y\mathrm{d}z = \begin{cases} 0, & 若 f(-x,y,z) = f(x,y,z), \\ 2\iint\limits_{\Sigma_{前}} f\mathrm{d}y\mathrm{d}z, & 若 f(-x,y,z) = -f(x,y,z); \end{cases}$$

$$\iint\limits_{\Sigma} f\mathrm{d}z\mathrm{d}x = \begin{cases} 2\iint\limits_{\Sigma_{前}} f\mathrm{d}z\mathrm{d}x, & 若 f(-x,y,z) = f(x,y,z), \\ 0, & 若 f(-x,y,z) = -f(x,y,z); \end{cases}$$

$$\iint\limits_{\Sigma} f \mathrm{d}x\mathrm{d}y = \begin{cases} 2\iint\limits_{\Sigma_{\text{前}}} f \mathrm{d}x\mathrm{d}y, & \text{若 } f(-x,y,z) = f(x,y,z), \\ 0, & \text{若 } f(-x,y,z) = -f(x,y,z)\text{。} \end{cases}$$

若 Σ 关于 xOy 面上、下对称(或关于 xOz 面左、右对称),f 关于 z(或 y)有奇、偶性,也有类似的结论。

3.8.2 竞赛例题

1. 利用对称性计算

例 1 计算曲面积分 $I = \iint\limits_{\Sigma} \dfrac{2\mathrm{d}y\mathrm{d}z}{x\cos^2 x} + \dfrac{\mathrm{d}z\mathrm{d}x}{\cos^2 y} - \dfrac{\mathrm{d}x\mathrm{d}y}{z\cos^2 z}$,其中 Σ 是球面 $x^2 + y^2 + z^2 = 1$ 的外侧。

解 由 Σ 的对称性,可知

$$I = \iint\limits_{\Sigma} \frac{2\mathrm{d}x\mathrm{d}y}{z\cos^2 z} + \frac{\mathrm{d}x\mathrm{d}y}{\cos^2 y} - \frac{\mathrm{d}x\mathrm{d}y}{z\cos^2 z} = \iint\limits_{\Sigma} \left(\frac{1}{z\cos^2 z} + \frac{1}{\cos^2 z}\right)\mathrm{d}x\mathrm{d}y$$

且

$$\iint\limits_{\Sigma} \frac{1}{\cos^2 z}\mathrm{d}x\mathrm{d}y = \iint\limits_{x^2+y^2 \leqslant 1} \frac{1}{\cos^2 \sqrt{1-x^2-y^2}}\mathrm{d}x\mathrm{d}y - \iint\limits_{x^2+y^2 \leqslant 1} \frac{1}{\cos^2 (-\sqrt{1-x^2-y^2})}\mathrm{d}x\mathrm{d}y$$
$$= 0\text{。}$$

于是

$$I = \iint\limits_{\Sigma} \frac{1}{z\cos^2 z}\mathrm{d}x\mathrm{d}y$$
$$= \iint\limits_{x^2+y^2 \leqslant 1} \frac{1}{\sqrt{1-x^2-y^2}\cos^2 \sqrt{1-x^2-y^2}}\mathrm{d}x\mathrm{d}y$$
$$\quad - \iint\limits_{x^2+y^2 \leqslant 1} \frac{1}{-\sqrt{1-x^2-y^2}\cos^2 (-\sqrt{1-x^2-y^2})}\mathrm{d}x\mathrm{d}y$$
$$= 2\iint\limits_{x^2+y^2 \leqslant 1} \frac{1}{\sqrt{1-x^2-y^2}\cos^2 \sqrt{1-x^2-y^2}}\mathrm{d}x\mathrm{d}y$$
$$= 2\int_0^{2\pi}\mathrm{d}\theta \int_0^1 \frac{1}{\sqrt{1-\rho^2}\cos^2 \sqrt{1-\rho^2}}\rho\mathrm{d}\rho = -4\pi \int_0^1 \frac{1}{\cos^2 \sqrt{1-\rho^2}}\mathrm{d}(\sqrt{1-\rho^2})$$
$$= -4\pi \tan\sqrt{1-\rho^2}\Big|_0^1 = 4\pi\tan 1\text{。}$$

例 2 设 Σ 表示球面 $x^2 + y^2 + z^2 = 1$ 的外侧位于 $x^2 + y^2 - x \leqslant 0, z \geqslant 0$ 的部分,试计算 $I = \iint\limits_{\Sigma} x^2 \mathrm{d}y\mathrm{d}z + y^2 \mathrm{d}z\mathrm{d}x + z^2 \mathrm{d}x\mathrm{d}y$。

解 曲面 Σ 在 xy 平面上的投影为

$$D = \{(x,y) \mid x^2 + y^2 \leqslant x\}\text{。}$$

由于 $F = x^2 + y^2 + z^2 - 1$,$\boldsymbol{n} = (F_x, F_y, F_z) = 2(x,y,z)$,故

$$\frac{\mathrm{d}y\mathrm{d}z}{x} = \frac{\mathrm{d}z\mathrm{d}x}{y} = \frac{\mathrm{d}x\mathrm{d}y}{z},$$

于是

$$\text{原式} = \iint_D \left(\frac{x^3}{z} + \frac{y^3}{z} + z^2\right)\bigg|_{z=\sqrt{1-x^2-y^2}} dxdy$$

$$= \iint_D \left(\frac{x^3}{\sqrt{1-x^2-y^2}} + 1 - x^2 - y^2\right) dxdy$$

$$\left(\text{因为}\frac{y^3}{z}\text{关于}y\text{为奇函数},D\text{关于}y=0\text{对称},\text{故}\iint_D \frac{y^3}{z}dxdy = 0\right)$$

$$= 2\int_0^1 d\rho \int_0^{\arccos\rho} \frac{\rho^4}{\sqrt{1-\rho^2}}\cos^3\theta d\theta + \frac{\pi}{4} - 2\int_0^{\frac{\pi}{2}} d\theta \int_0^{\cos\theta} \rho^3 d\rho$$

$$= 2\int_0^1 \frac{\rho^4}{\sqrt{1-\rho^2}} \left(\sin\theta - \frac{1}{3}\sin^3\theta\right)\bigg|_0^{\arccos\rho} d\rho + \frac{\pi}{4} - \frac{1}{2}\int_0^{\frac{\pi}{2}} \cos^4\theta d\theta$$

$$= 2\int_0^1 \frac{\rho^4}{\sqrt{1-\rho^2}} \left[\sqrt{1-\rho^2} - \frac{1}{3}(1-\rho^2)^{\frac{3}{2}}\right] d\rho + \frac{\pi}{4}$$

$$- \frac{1}{2}\left(\frac{3}{8}\theta + \frac{1}{4}\sin 2\theta + \frac{1}{32}\sin 4\theta\right)\bigg|_0^{\frac{\pi}{2}}$$

$$= 2\int_0^1 \left(\frac{2}{3}\rho^4 + \frac{1}{3}\rho^6\right) d\rho + \frac{\pi}{4} - \frac{3}{32}\pi$$

$$= \frac{38}{105} + \frac{5}{32}\pi.$$

2. 利用 $dydz, dzdx, dxdy$ 之间的关系式计算

例3 计算曲面积分

$$\iint_\Sigma yz(y-z)dydz + zx(z-x)dzdx + xy(x-y)dxdy,$$

其中 Σ 是上半球面 $z=\sqrt{4Rx-x^2-y^2}(R\geqslant 1)$ 在柱面 $\left(x-\frac{3}{2}\right)^2 + y^2 = 1$ 之内部分的上侧。

解 记 $F(x,y,z) = x^2 + y^2 + z^2 - 4Rx = 0 (z\geqslant 0)$，则曲面 Σ 的法向量为 $\boldsymbol{n} = (x-2R, y, z)$，于是

$$\frac{dydz}{x-2R} = \frac{dzdx}{y} = \frac{dxdy}{z},$$

$$\text{原式} = \iint_\Sigma \left[yz(y-z)\frac{1}{z}(x-2R) + zx(z-x)\frac{y}{z} + xy(x-y)\right] dxdy$$

$$= 2R\iint_\Sigma y(z-y)dxdy.$$

记曲面 Σ 在 xy 平面上的投影区域为 D，$D: \left(x-\frac{3}{2}\right)^2 + y^2 \leqslant 1$，则

$$\text{原式} = 2R\iint_D y\left(\sqrt{4Rx-x^2-y^2} - y\right) dxdy$$

$$= 2R\iint_D y\sqrt{4Rx-x^2-y^2}\, dxdy - 2R\iint_D y^2 dxdy$$

$$= 0 - 2R \iint\limits_{D} y^2 dx dy \xrightarrow{\begin{subarray}{c} x - \frac{2}{3} = r\cos\theta \\ y = r\sin\theta \end{subarray}} -2R \int_0^{2\pi} d\theta \int_0^1 r^3 \sin^2\theta dr$$

$$= -2R \cdot \int_0^{2\pi} \frac{1-\cos 2\theta}{2} d\theta \cdot \int_0^1 r^3 dr$$

$$= -2R \cdot \pi \cdot \frac{1}{4} = -\frac{\pi}{2} R。$$

3. 利用斯托克斯公式计算

例 4 设空间曲线 Γ 由立方体 $0 \leqslant x \leqslant 1, 0 \leqslant y \leqslant 1, 0 \leqslant z \leqslant 1$ 的表面与平面 $x+y+z=\frac{3}{2}$ 相截而成，从 z 轴正向看去，C 取逆时针方向，计算 $\left| \oint_C (z^2-y^2)dx + (x^2-z^2)dy + (y^2-x^2)dz \right|$。

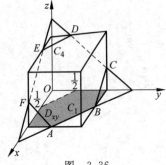

图 3.36

解 如图 3.36 所示，设截面上侧部分为曲面 Σ，它在 xOy 平面上的投影的面积为 $\frac{3}{4}$，Σ 的法向量为 $\boldsymbol{n} = (1,1,1)$，其方向余弦为 $\cos\alpha = \cos\beta = \cos\gamma = \frac{1}{\sqrt{3}}$。

令 $P = z^2 - y^2, Q = x^2 - z^2, R = y^2 - x^2$，运用斯托克斯公式，有

$$\oint_\Gamma (z^2-y^2)dx + (x^2-z^2)dy + (y^2-x^2)dz$$

$$= \iint\limits_{\Sigma} \left(\frac{\partial R}{\partial y} - \frac{\partial Q}{\partial z}\right) dydz + \left(\frac{\partial P}{\partial z} - \frac{\partial R}{\partial x}\right) dzdx + \left(\frac{\partial Q}{\partial x} - \frac{\partial P}{\partial y}\right) dxdy$$

$$= \iint\limits_{\Sigma} (2y+2z)dydz + (2z+2x)dzdx + (2x+2y)dxdy$$

$$= 2\iint\limits_{\Sigma} \left[(y+z)\frac{1}{\sqrt{3}} + (z+x)\frac{1}{\sqrt{3}} + (x+y)\frac{1}{\sqrt{3}}\right] dS$$

$$= \frac{4}{\sqrt{3}} \iint\limits_{\Sigma} (x+y+z)dS = \frac{4}{\sqrt{3}} \iint\limits_{\Sigma} \frac{3}{2} dS$$

$$= 2\sqrt{3} \iint\limits_{D_{xy}} \frac{1}{\frac{1}{\sqrt{3}}} dxdy = \frac{9}{2}。$$

因此 $\left| \oint_\Gamma (z^2-y^2)dx + (x^2-z^2)dy + (y^2-x^2)dz \right| = \frac{9}{2}$。

4. 利用高斯公式计算

例 5 设 Σ 为 $x^2+y^2+z^2=1(z \geqslant 0)$ 的外侧，求

$$I = \iint\limits_{\Sigma} xz^2 dydz + yz^2 dzdx + 2z(x^2+y^2)dxdy。$$

解 记 $\Sigma_1: x^2+y^2 \leqslant 1, z=0$，取下侧。令 $P=xz^2, Q=yz^2, R=2z(x^2+y^2)$。由高斯公式，得

$$I = \iint\limits_{\Sigma+\Sigma_1} Pdydz + Qdzdx + Rdxdy - \iint\limits_{\Sigma_1} Pdydz + Qdzdx + Rdxdy$$

$$= \iiint_\Omega \left(\frac{\partial P}{\partial x} + \frac{\partial Q}{\partial y} + \frac{\partial R}{\partial z}\right) dV + 0 \quad (\Omega: x^2 + y^2 + z^2 \leqslant 1, z \geqslant 0)$$

$$= \iiint_\Omega (z^2 + z^2 + 2x^2 + 2y^2) dV = 2\int_0^{2\pi} d\theta \int_0^{\frac{\pi}{2}} d\varphi \int_0^1 r^2 \cdot r^2 \sin\varphi dr$$

$$= 4\pi \cdot \int_0^{\frac{\pi}{2}} \sin\varphi d\varphi \cdot \int_0^1 r^4 dr = \frac{4}{5}\pi.$$

例 6 求 $\iint_\Sigma x(y^2 + z) dydz + y(z^2 + x) dzdx + z(x^2 + y) dxdy$，其中 Σ 为球面 $x^2 + y^2 + z^2 = 2z$ 的外侧。

解 设球面 Σ 所包围的区域为 Ω，应用高斯公式，有

$$\text{原式} = \iiint_\Omega (P_x + Q_y + R_z) dV = \iiint_\Omega (y^2 + z + z^2 + x + x^2 + y) dV$$

$$= \iiint_\Omega (x^2 + y^2 + z^2) dV + \iiint_\Omega (z + x + y) dV$$

$$= \int_0^{2\pi} d\theta \int_0^{\frac{\pi}{2}} d\varphi \int_0^{2\cos\varphi} r^4 \sin\varphi dr + \int_0^{2\pi} d\theta \int_0^{\frac{\pi}{2}} d\varphi \int_0^{2\cos\varphi} r^3 \cos\varphi \sin\varphi dr + 0 + 0$$

$$= 2\pi \int_0^{\frac{\pi}{2}} \sin\varphi \frac{32}{5} \cos^5\varphi d\varphi + 2\pi \int_0^{\frac{\pi}{2}} \sin\varphi \cos\varphi \frac{16}{4} \cos^4\varphi d\varphi$$

$$= 2\pi \frac{52}{5}\left(-\frac{1}{6}\right)\cos^6\varphi \Big|_0^{\frac{\pi}{2}} = \frac{52}{15}\pi.$$

例 7 计算 $\iint_\Sigma x^2 dydz + y^2 dzdx + z^2 dxdy$，其中 Σ 为柱面 $x^2 + y^2 = 1$ 介于 $z = 0$ 与 $x + y + z = 2$ 之间部分的外侧。

解 记 $\Sigma_1: x + y + z = 2$（介于 $x^2 + y^2 \leqslant 1$ 内的部分），取上侧；记 $\Sigma_2: z = 0$（介于 $x^2 + y^2 \leqslant 1$ 内的部分），取下侧。记 Ω 为 $\Sigma, \Sigma_1, \Sigma_2$ 所包围的立体区域。应用高斯公式，记 $D_{xy}: x^2 + y^2 \leqslant 1, z = 0$。则

$$\iint_{\Sigma + \Sigma_1 + \Sigma_2} x^2 dydz + y^2 dzdx + z^2 dxdy$$

$$= 2\iiint_\Omega (x + y + z) dV = 2\iint_{D_{xy}} dxdy \int_0^{2-x-y} (x + y + z) dz$$

$$= \iint_{D_{xy}} [4 - (x+y)^2] dxdy = 4\pi - \iint_{D_{xy}} (x^2 + y^2 + 2xy) dxdy$$

$$= 4\pi - \iint_D (x^2 + y^2) dxdy = 4\pi - \int_0^{2\pi} d\theta \int_0^1 r^3 dr$$

$$= 4\pi - 2\pi \cdot \frac{1}{4} = \frac{7}{2}\pi.$$

又
$$\iint_{\Sigma_2} x^2 \mathrm{d}y\mathrm{d}z + y^2 \mathrm{d}z\mathrm{d}x + z^2 \mathrm{d}x\mathrm{d}y = 0.$$

$$\begin{aligned}\iint_{\Sigma_1} x^2 \mathrm{d}y\mathrm{d}z + y^2 \mathrm{d}z\mathrm{d}x + z^2 \mathrm{d}x\mathrm{d}y &= \iint_{\Sigma_1}(x^2+y^2+z^2)\mathrm{d}x\mathrm{d}y \\ &= \iint_{\Sigma_1}[x^2+y^2+(2-x-y)^2]\mathrm{d}x\mathrm{d}y \\ &= 2\iint_{\Sigma_1}(x^2+y^2)\mathrm{d}x\mathrm{d}y + 4\iint_{D}\mathrm{d}x\mathrm{d}y + 0 \\ &= 2\int_0^{2\pi}\mathrm{d}\theta\int_0^1 r^3\mathrm{d}r + 4\pi = 5\pi.\end{aligned}$$

所以
$$\begin{aligned}\iint_{\Sigma} x^2 \mathrm{d}y\mathrm{d}z + y^2 \mathrm{d}z\mathrm{d}x + z^2 \mathrm{d}x\mathrm{d}y &= \iiint_{\Sigma+\Sigma_1+\Sigma_2} x^2 \mathrm{d}y\mathrm{d}z + y^2 \mathrm{d}z\mathrm{d}x + z^2 \mathrm{d}x\mathrm{d}y - \iint_{\Sigma_1} x^2 \mathrm{d}y\mathrm{d}z \\ & \quad + y^2 \mathrm{d}z\mathrm{d}x + z^2 \mathrm{d}x\mathrm{d}y - \iint_{\Sigma_2} x^2 \mathrm{d}y\mathrm{d}z + y^2 \mathrm{d}z\mathrm{d}x + z^2 \mathrm{d}x\mathrm{d}y \\ &= \frac{7}{2}\pi - 5\pi - 0 = -\frac{3}{2}\pi.\end{aligned}$$

例 8 设 Σ 为 $x^2+y^2+z^2=1(z\geqslant 0)$ 的外侧，连续函数 $f(x,y)$ 满足
$$f(x,y) = 2(x-y)^2 + \iint_{\Sigma} x(z^2+\mathrm{e}^z)\mathrm{d}y\mathrm{d}z + y(z^2+\mathrm{e}^z)\mathrm{d}z\mathrm{d}x + [zf(x,y)-2\mathrm{e}^z]\mathrm{d}x\mathrm{d}y,$$
求 $f(x,y)$。

解 设 $\iint_{\Sigma} x(z^2+\mathrm{e}^z)\mathrm{d}y\mathrm{d}z + y(z^2+\mathrm{e}^z)\mathrm{d}z\mathrm{d}x + [zf(x,y)-2\mathrm{e}^z]\mathrm{d}x\mathrm{d}y = a$，则 $f(x,y) = 2(x-y)^2 + a$。设 D 为 xy 平面上的圆 $x^2+y^2\leqslant 1$，Σ_1 为 D 的下侧，Ω 为 Σ 与 Σ_1 包围的区域，应用高斯公式，有

$$\begin{aligned}a &= \iint_{\Sigma+\Sigma_1} x(z^2+\mathrm{e}^z)\mathrm{d}y\mathrm{d}z + y(z^2+\mathrm{e}^z)\mathrm{d}z\mathrm{d}x + [zf(x,y)-2\mathrm{e}^z]\mathrm{d}x\mathrm{d}y \\ & \quad - \iint_{\Sigma_1} x(z^2+\mathrm{e}^z)\mathrm{d}y\mathrm{d}z + y(z^2+\mathrm{e}^z)\mathrm{d}z\mathrm{d}x + [zf(x,y)-2\mathrm{e}^z]\mathrm{d}x\mathrm{d}y \\ &= \iiint_{\Omega}[2z^2+2(x-y)^2+a]\mathrm{d}V + \iint_{D}(-2)\mathrm{d}x\mathrm{d}y \\ &= \iiint_{\Omega}[2(x^2+y^2+z^2)-4xy+a]\mathrm{d}V - 2\pi \\ &= 2\int_0^{2\pi}\mathrm{d}\theta\int_0^{\frac{\pi}{2}}\sin\varphi\mathrm{d}\varphi\int_0^1 r^4\mathrm{d}r - 0 + \frac{2}{3}\pi a - 2\pi = \frac{-6}{5}\pi + \frac{2}{3}\pi a.\end{aligned}$$

故 $a = \dfrac{18\pi}{5(2\pi-3)}$，于是 $f(x,y) = 2(x-y)^2 + \dfrac{18\pi}{5(2\pi-3)}$。

例9 应用高斯公式计算

$$\iint_\Sigma (ax^2 + by^2 + cz^2)\mathrm{d}S \quad (a,b,c \text{ 为常数}),$$

其中 $\Sigma: x^2 + y^2 + z^2 = 2z$。

解 令 $F = x^2 + y^2 + z^2 - 2z = 0$。则 Σ 的外侧的法向量为 $\boldsymbol{n} = (F_x, F_y, F_z) = (2x, 2y, 2z-2)$,其方向余弦为 $\boldsymbol{n}° = (\cos\alpha, \cos\beta, \cos\gamma) = (x, y, z-1)$,则

$$\begin{aligned}
\text{原式} &= \iint_\Sigma [ax^2 + by^2 + cz(z-1)]\mathrm{d}S + \iint_\Sigma c(z-1)\mathrm{d}S + \iint_\Sigma c\,\mathrm{d}S \\
&= \iint_\Sigma (ax\cos\alpha + by\cos\beta + cz\cos\gamma)\mathrm{d}S + \iint_\Sigma c\cos\gamma\,\mathrm{d}S + \iint_\Sigma c\,\mathrm{d}S \\
&= \iint_\Sigma ax\,\mathrm{d}y\mathrm{d}z + by\,\mathrm{d}z\mathrm{d}x + cz\,\mathrm{d}x\mathrm{d}y + \iint_\Sigma c\,\mathrm{d}x\mathrm{d}y + \iint_\Sigma c\,\mathrm{d}S \\
&= \iiint_\Omega (a+b+c)\mathrm{d}x\mathrm{d}y\mathrm{d}z + \iiint_\Omega 0\,\mathrm{d}x\mathrm{d}y\mathrm{d}z + \iint_\Sigma c\,\mathrm{d}S \\
&= \frac{4}{3}\pi(a+b+c) + 4\pi c。
\end{aligned}$$

例10 设 $\varphi(x, y, z)$ 为原点到椭球面 Σ:

$$\frac{x^2}{a^2} + \frac{y^2}{b^2} + \frac{z^2}{c^2} = 1 \quad (a > 0, b > 0, c > 0)$$

上点 (x, y, z) 处的切平面的距离,求 $\iint_\Sigma \varphi(x, y, z)\mathrm{d}S$。

解 椭球面 $\frac{x^2}{a^2} + \frac{y^2}{b^2} + \frac{z^2}{c^2} = 1$ 上任一点 $P(x, y, z)$ 处的切平面方程为 $\frac{xX}{a^2} + \frac{yY}{b^2} + \frac{zZ}{c^2} = 1$。坐标原点到切平面的距离为 $\varphi(x, y, z) = \dfrac{1}{\sqrt{\dfrac{x^2}{a^4} + \dfrac{y^2}{b^4} + \dfrac{z^2}{c^4}}}$。

方法1 因为 $\varphi(x, y, z)$ 关于 x, y, z 均为偶函数,Σ 关于 yOz 面、xOz 面、xOy 面均对称,设 Σ_1 为 Σ 位于第一象限的部分,则

$$\iint_\Sigma \varphi(x, y, z)\mathrm{d}S = 8\iint_{\Sigma_1} \varphi(x, y, z)\mathrm{d}S。$$

$\Sigma_1: z = c\sqrt{1 - \dfrac{x^2}{a^2} - \dfrac{y^2}{b^2}} \ (x \geqslant 0, y \geqslant 0)$。$\Sigma_1$ 在 xOy 面上的投影为

$$D_1 = \left\{(x, y) \,\middle|\, \frac{x^2}{a^2} + \frac{y^2}{b^2} \leqslant 1, x \geqslant 0, y \geqslant 0\right\},$$

由于

$$z_x = \frac{-cx}{a^2\sqrt{1 - \dfrac{x^2}{a^2} - \dfrac{y^2}{b^2}}}, \quad z_y = \frac{-cy}{b^2\sqrt{1 - \dfrac{x^2}{a^2} - \dfrac{y^2}{b^2}}},$$

$$\mathrm{d}S = \sqrt{1 + z_x^2 + z_y^2}\,\mathrm{d}x\mathrm{d}y = \frac{c^2}{z}\sqrt{\frac{x^2}{a^4} + \frac{y^2}{b^4} + \frac{z^2}{c^4}}\,\mathrm{d}x\mathrm{d}y = \frac{c}{\sqrt{1 - \dfrac{x^2}{a^2} - \dfrac{y^2}{b^2}}\,\varphi(x, y, z)}\mathrm{d}x\mathrm{d}y,$$

因此
$$\iint_\Sigma \varphi(x,y,z)\mathrm{d}S = 8\iint_{\Sigma_1}\varphi(x,y,z)\mathrm{d}S = 8c\iint_{D_1}\frac{1}{\sqrt{1-\frac{x^2}{a^2}-\frac{y^2}{b^2}}}\mathrm{d}x\mathrm{d}y$$

$$\xrightarrow{\substack{x=ra\cos\theta\\y=rb\sin\theta}} 8c\int_0^{\frac{\pi}{2}}\mathrm{d}\theta\int_0^1\frac{ab}{\sqrt{1-r^2}}r\mathrm{d}r$$

$$= 4\pi abc\int_0^1\frac{1}{\sqrt{1-r^2}}r\mathrm{d}r = 4\pi abc。$$

方法 2 记 $u=\frac{x^2}{a^4}+\frac{y^2}{b^4}+\frac{z^2}{c^4}$,则 $\varphi(x,y,z)=\frac{1}{\sqrt{u}}$。于是

$$\iint_\Sigma\varphi(x,y,z)\mathrm{d}S = \iint_\Sigma\frac{1}{\sqrt{u}}\mathrm{d}S = \iint_\Sigma\frac{1}{\sqrt{u}}\left(\frac{x^2}{a^2}+\frac{y^2}{b^2}+\frac{z^2}{c^2}\right)\mathrm{d}S。 \qquad ①$$

因椭球面 Σ 上 P 点处的外侧法向量的方向余弦为

$$\cos\alpha=\frac{x}{\sqrt{u}a^2},\cos\beta=\frac{y}{\sqrt{u}b^2},\cos\gamma=\frac{z}{\sqrt{u}c^2},$$

由此化简①式得

$$\iint_\Sigma\varphi(x,y,z)\mathrm{d}S = \iint_\Sigma(x\cos\alpha+y\cos\beta+z\cos\gamma)\mathrm{d}S$$

$$= \iint_\Sigma x\mathrm{d}y\mathrm{d}z+y\mathrm{d}z\mathrm{d}x+z\mathrm{d}x\mathrm{d}y \quad (\text{高斯公式})$$

$$= \iiint_\Omega 3\mathrm{d}V = 3\cdot\frac{4}{3}\pi abc = 4\pi abc。$$

3.8.3 模拟练习题 3-8

1. 计算曲面积分 $I=\oiint_\Sigma\dfrac{x\mathrm{d}y\mathrm{d}z+y\mathrm{d}z\mathrm{d}x+z\mathrm{d}x\mathrm{d}y}{(x^2+y^2+z^2)^{\frac{3}{2}}}$,其中 Σ 是曲面 $2x^2+2y^2+z^2=4$ 的外侧。

2. 计算 $\iint_\Sigma\dfrac{ax\mathrm{d}y\mathrm{d}z+(z+a)^2\mathrm{d}x\mathrm{d}y}{(x^2+y^2+z^2)^{1/2}}$,其中 Σ 为下半球面 $z=-\sqrt{a^2-x^2-y^2}$ 的上侧,a 为大于零的常数。

3. 计算曲面积分 $I=\iint_\Sigma 2x^3\mathrm{d}y\mathrm{d}z+2y^3\mathrm{d}z\mathrm{d}x+3(z^2-1)\mathrm{d}x\mathrm{d}y$,其中 Σ 是曲面 $z=1-x^2-y^2$ ($z\geqslant 0$) 的上侧。

4. 设 Ω 是由锥面 $z=\sqrt{x^2+y^2}$ 与半球面 $z=\sqrt{R^2-x^2-y^2}$ 围成的空间区域,Σ 是 Ω 的整个边界的外侧,求 $\oiint_\Sigma x\mathrm{d}y\mathrm{d}z+y\mathrm{d}z\mathrm{d}x+z\mathrm{d}x\mathrm{d}y$。

5. 求 $I=\oiint_\Sigma(x-y+z)\mathrm{d}y\mathrm{d}z+(y-z+x)\mathrm{d}z\mathrm{d}x+(z-x+y)\mathrm{d}x\mathrm{d}y$,其中 Σ 为曲面 $|x-y+z|+|y-z+x|+|z-x+y|=1$ 的外侧。

第4章 微分方程

4.1 一阶微分方程

4.1.1 考点综述和解题方法点拨

1. 定义 含有未知函数的导数阶数为一的方程即为一阶微分方程,通式为 $F(x,y,y')=0$。

2. 一阶微分方程的分类及解法

(1) 变量可分离的微分方程

若由 $F(x,y,y')=0$ 可得 $\dfrac{\mathrm{d}y}{\mathrm{d}x}=f(x)\cdot g(y)$,则称其为变量可分离的微分方程。

解法 分离变量,各自积分。

$$\dfrac{\mathrm{d}y}{\mathrm{d}x}=f(x)\cdot g(y) \xrightarrow{\text{分离变量}} \dfrac{1}{g(y)}\mathrm{d}y = f(x)\mathrm{d}x$$

$$\xrightarrow{\text{各自积分}} \int \dfrac{1}{g(y)}\mathrm{d}y = \int f(x)\mathrm{d}x。$$

(2) 齐次方程

若由 $F(x,y,y')=0$ 可得 $\dfrac{\mathrm{d}y}{\mathrm{d}x}=f\left(\dfrac{y}{x}\right)$,则称其为齐次方程。

解法 换元化为变量可分离方程。

$$\dfrac{\mathrm{d}y}{\mathrm{d}x}=f\left(\dfrac{y}{x}\right) \xrightarrow[u=\frac{y}{x}]{\text{换元}} u+x\dfrac{\mathrm{d}u}{\mathrm{d}x}=f(u)$$

$$\xrightarrow{\text{移项}} \dfrac{\mathrm{d}u}{\mathrm{d}x}=\dfrac{f(u)-u}{x} \quad (\text{变量可分离方程})。$$

(3) 一阶线性方程

若由 $F(x,y,y')=0$ 可得 $y'+P(x)y=Q(x)$,则称其为一阶线性方程:

解法 使用解的公式 $y=\mathrm{e}^{-\int P(x)\mathrm{d}x}\left[\int Q(x)\mathrm{e}^{\int P(x)\mathrm{d}x}\mathrm{d}x+C\right]$。

(4) 伯努利方程

若由 $F(x,y,y')=0$ 可得 $y'+P(x)y=Q(x)y^n(n\neq 0,1)$,则称其为伯努利方程。

解法 换元化为一阶线性方程。

令 $u(x)=y^{1-n}$,则 $u'(x)=(1-n)y^{-n}y'(x)$。代入原方程 $y'+P(x)y=Q(x)y^n$ 得

$$u'(x)+(1-n)P(x)u(x)=(1-n)Q(x) \quad (\text{一阶线性方程})。$$

(5) 全微分方程

若由 $F(x,y,y')=0$ 可得 $P(x,y)\mathrm{d}x+Q(x,y)\mathrm{d}y=0$,且 $\dfrac{\partial P}{\partial y}=\dfrac{\partial Q}{\partial x}$,则称其为全微分方程。

解法 原函数求解或折线积分。

① 令 $du(x,y) = P(x,y)dx + Q(x,y)dy$，则 $\frac{\partial u}{\partial x} = P(x,y)$，$\frac{\partial u}{\partial y} = Q(x,y)$。$u(x,y) = \int P(x,y)dx + \varphi(y)$。又由 $\frac{\partial u}{\partial y} = Q(x,y)$，可得 $\varphi(y)$。从而解得 $u(x,y) = C$。

② $u(x,y) = \int_{(x_0,y_0)}^{(x,y)} P(x,y)dx + Q(x,y)dy = \int_{x_0}^{x} P(x,y)dx + \int_{y_0}^{y} Q(x,y)dy$，$u(x,y) = C$ 即为方程的解。

4.1.2 竞赛例题

1. 变量可分离的微分方程

例1 设曲线 C 经过点 $(0,1)$，且位于 x 轴上方。就数值而言，C 上任何两点之间的弧长都等于该弧以及它在 x 轴上的投影为边的曲边梯形的面积，求 C 的方程。

解 设曲线 C 的方程为 $y = y(x)$，由题意得

$$\int_0^x \sqrt{1+(y')^2}\,dx = \int_0^x y(x)dx, \quad y(0) = 1。$$

两边求导，得

$$\sqrt{1+(y')^2} = y \Rightarrow 1+(y')^2 = y^2 \Rightarrow y' = \pm\sqrt{y^2-1} \Rightarrow \frac{dy}{\sqrt{y^2-1}} = \pm dx。$$

于是

$$\ln(y+\sqrt{y^2-1}) = \pm x + \ln|C|,$$
$$y + \sqrt{y^2-1} = Ce^{\pm x}。$$

由 $y(0)=1$，解得 $C=1$。故 $y+\sqrt{y^2-1} = e^{\pm x} \Rightarrow \frac{1}{y-\sqrt{y^2-1}} = e^{\pm x}$，所以

$$y + \sqrt{y^2-1} = e^{\pm x}, \quad y - \sqrt{y^2-1} = e^{\mp x},$$

于是所求曲线方程为

$$y = \frac{1}{2}(e^x + e^{-x})。$$

例2 已知曲线 $y = f(x)$ $(x \geq 0, y \geq 0)$ 连续且单调，现从其上任意一点 A 作 x 轴与 y 轴的垂线，垂足分别是 B 和 C。若由直线 AC，y 轴和曲线本身包围的图形的面积等于矩形 $OBAC$ 的面积的 $\frac{1}{3}$，求曲线的方程。

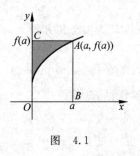

图 4.1

解 (1) 当 $f(x)$ 单调增加时（如图 4.1 所示），在曲线上任取点 $A(a, f(a))$。由题意得

$$\int_0^a [f(a) - f(x)]dx = \frac{1}{3}af(a),$$

化简得

$$3\int_0^a f(x)dx = 2af(a)。$$

两边对 a 求导得

$$3f(a) = 2f(a) + 2af'(a)。$$

化简得 $\dfrac{2\mathrm{d}f}{f}=\dfrac{\mathrm{d}a}{a}$。积分得 $f(a)=C\sqrt{a}$。于是所求曲线方程为 $y=C\sqrt{x}$（其中 C 为任意正常数）。

(2) 当 $f(x)$ 单调减时（如图 4.2 所示），在曲线上任取点 $A(a,f(a))$。由题意得

$$\int_0^a [f(x)-f(a)]\mathrm{d}x = \dfrac{1}{3}af(a),$$

化简得

$$3\int_0^a f(x)\mathrm{d}x = 4af(a)。$$

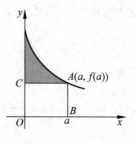

图 4.2

两边对 a 求导，得 $4\dfrac{\mathrm{d}f}{f}=-\dfrac{\mathrm{d}a}{a}$，积分得 $f(a)=\dfrac{C}{\sqrt[4]{a}}$。故曲线方程为 $y=\dfrac{C}{\sqrt[4]{x}}$（C 为任意常数）。

例 3 (1) 求微分方程 $y'+\sin(x-y)=\sin(x+y)$ 的通解；(2) 求可微函数 $f(t)$，使之满足 $f(t)=\cos 2t+\displaystyle\int_0^t f(u)\sin u\,\mathrm{d}u$。

解 (1) 应用三角公式，原方程等价于

$$y'+\sin x\cos y-\cos x\sin y = \sin x\cos y+\cos x\sin y,$$

即 $y'=2\cos x\sin y$，此为变量可分离的方程，分离变量得

$$\dfrac{\mathrm{d}y}{\sin y}=2\cos x\,\mathrm{d}x,$$

积分得 $\ln|\csc y-\cot y|=2\sin x+C_1$，即通解为

$$\csc y-\cot y = C\cdot\mathrm{e}^{2\sin x}。$$

(2) 等式两端对 t 求导，得

$$f'(t)-\sin t\cdot f(t) = -2\sin 2t。$$

所以

$$f(t)=\mathrm{e}^{\int\sin t\,\mathrm{d}t}\left[\int(-2\sin 2t)\mathrm{e}^{-\int\sin t\,\mathrm{d}t}\mathrm{d}t+C\right]=\mathrm{e}^{-\cos t}\left[-2\int\sin 2t\cdot\mathrm{e}^{\cos t}\mathrm{d}t+C\right]$$
$$=4(\cos t-1)+C\mathrm{e}^{-\cos t}。$$

例 4 求满足函数方程

$$f(x+y)=\dfrac{f(x)+f(y)}{1-f(x)f(y)}$$

的可微函数 $f(x)$。

解 由于 $y=0$ 时

$$f(x)=\dfrac{f(x)+f(0)}{1-f(x)f(0)} \Rightarrow f(0)[1+f^2(x)]=0,$$

所以 $f(0)=0$。又因为

$$\dfrac{f(x+y)-f(x)}{y}=\dfrac{f(y)-f(0)}{y}\cdot\dfrac{1+f^2(x)}{1-f(x)f(y)},$$

两边令 $y \to 0$ 得
$$f'(x) = f'(0)[1 + f^2(x)]。$$

分离变量得
$$\frac{\mathrm{d}f(x)}{1 + f^2(x)} = f'(0)\mathrm{d}x,$$

积分得
$$\arctan f(x) = f'(0)x + C_1。$$

令 $x = 0$ 代入得 $C_1 = 0$,于是所求函数为
$$f(x) = \tan(f'(0)x)。$$

2. 齐次微分方程

例 5 设函数 $f(x)$ 在 $[1, +\infty)$ 上连续,若由曲线 $y = f(x)$,直线 $x = 1, x = t(t > 1)$ 与 x 轴所围成的平面图形绕 x 轴旋转一周所成的旋转体体积为
$$V(t) = \frac{\pi}{3}[t^2 f(t) - f(1)],$$

试求 $y = f(x)$ 所满足的微分方程,并求该微分方程满足条件 $y|_{x=2} = \frac{2}{9}$ 的解。

解 由题意 $V(t) = \pi \int_1^t f^2(x) \mathrm{d}x = \frac{\pi}{3}[t^2 f(t) - f(1)]$,即
$$3\int_1^t f^2(x)\mathrm{d}x = t^2 f(t) - f(1)。$$

两边对 t 求导,得
$$3f^2(t) = 2tf(t) + t^2 f'(t),$$

改写为 $x^2 y' = 3y^2 - 2xy$,即
$$\frac{\mathrm{d}y}{\mathrm{d}x} = 3\left(\frac{y}{x}\right)^2 - 2\frac{y}{x}。$$

令 $\frac{y}{x} = u(x)$,则 $\frac{\mathrm{d}y}{\mathrm{d}x} = u + x\frac{\mathrm{d}u}{\mathrm{d}x} = 3u^2 - 2u$,化简整理得
$$x\frac{\mathrm{d}u}{\mathrm{d}x} = 3u(u - 1)。$$

当 $u \neq 0, 1$ 时,$\frac{\mathrm{d}u}{u(u-1)} = \frac{3}{x}\mathrm{d}x$。积分得 $\frac{u-1}{u} = Cx^3 \Rightarrow y - x = Cx^3 y (C \in \mathbf{R})$。

又 $y|_{x=2} = \frac{2}{9}$,所以 $C = -1$。故所求的解为 $y - x = -x^3 y$。

例 6 求初值问题 $\begin{cases} (y + \sqrt{x^2 + y^2})\mathrm{d}x - x\mathrm{d}y = 0, \\ y|_{x=1} = 0 \end{cases}$ $(x > 0)$ 的解。

解 原方程化为 $\frac{\mathrm{d}y}{\mathrm{d}x} = \frac{y}{x} + \frac{\sqrt{x^2 + y^2}}{x}$。令 $\frac{y}{x} = u$,得 $u + x\frac{\mathrm{d}u}{\mathrm{d}x} = u + \sqrt{1 + u^2}$,即 $\frac{\mathrm{d}u}{\sqrt{1 + u^2}} = \frac{\mathrm{d}x}{x}$。解得
$$\ln(u + \sqrt{1 + u^2}) = \ln(Cx) \quad (C \in \mathbf{R}, C > 0),\text{即 } u + \sqrt{1 + u^2} = Cx。$$

故有 $y + \sqrt{x^2 + y^2} = Cx^2$。

又 $y|_{x=1}=0$,故 $C=1$。所以 $y+\sqrt{x^2+y^2}=x^2$。化简得 $y=\frac{1}{2}x^2-\frac{1}{2}$。

例 7 求微分方程 $y^3dx+2(x^2-xy^2)dy=0$ 的通解。

解 令 $x=u^2$,则 $dx=2udu$,原方程化为齐次方程
$$y^3udu+(u^4-u^2y^2)dy=0, 即 \left(\frac{y}{u}\right)^3du+\left[1-\left(\frac{y}{u}\right)^2\right]dy=0。$$

令 $y=zu$,则 $dy=zdu+udz$,方程化为 $z^3du+(1-z^2)(zdu+udz)=0$。

分离变量得 $\frac{z^2-1}{z}dz=\frac{du}{u}$,积分得 $\frac{1}{2}z^2-\ln z=\ln u+C_1$,即 $z^2=\ln(zu)^2+2C_1$。代入 $y=zu, u^2=x$,得原方程通解 $y^2=x(\ln y^2+C)$。

例 8 求微分方程 $(y^4-3x^2)dy+xydx=0$ 的通解。

解 令 $x=u^2$,则 $dx=2udu$,方程化为齐次方程
$$(y^4-3u^4)dy+2u^3ydu=0, 即 \left[\left(\frac{y}{u}\right)^4-3\right]dy+2\frac{y}{u}du=0。$$

令 $\frac{y}{u}=z$,即 $y=zu$,则 $dy=zdu+udz$,方程化为 $(z^4-3)(zdu+udz)+2zdu=0$。

分离变量得 $\frac{3-z^4}{z^5-z}dz=\frac{du}{u}$,即 $\left(\frac{2z^3}{z^4-1}-\frac{3}{z}\right)dz=\frac{du}{u}$,积分得
$$\frac{1}{2}\ln|z^4-1|-3\ln|z|=\ln|u|+\ln C_1,$$
即 $\ln|z^4-1|=2\ln|C_1z^3u|$,也即 $z^4-1=Cz^6u^2$。

把所做代换 $\frac{y}{u}=z$ 代入得 $\left(\frac{y}{u}\right)^4-1=C\left(\frac{y}{u}\right)^6u^2$,整理得 $y^4-u^4=Cy^6$。再把 $u^2=x$ 代入得通解 $y^4-x^2=Cy^6$。

例 9 设有连结点 $O(0,0)$ 和 $A(1,1)$ 的一段凸的曲线弧 $\overparen{OA}$,对于 $\overparen{OA}$ 上任意一点 $P(x,y)$,曲线弧 $\overparen{OP}$ 与直线段 $\overline{OP}$ 所围图形的面积为 x^2,求曲线弧 $\overparen{OA}$ 的方程。

解 设曲线弧 $\overparen{OA}$ 的方程为 $y=f(x)$,由题意得 $\int_0^x f(x)dx-\frac{1}{2}xf(x)=x^2$,等式两端求导得 $f(x)-\frac{1}{2}f(x)-\frac{1}{2}f'(x)x=2x$,即 $y'=\frac{y}{x}-4$。

令 $\frac{y}{x}=u$,上式化为 $x\frac{du}{dx}=-4$,即 $du=-4\frac{dx}{x}$。积分得 $u=-4\ln x+C$,把 $u=\frac{y}{x}$ 代入上式得通解 $y=-4x\ln x+Cx$。

由于 $A(1,1)$ 在曲线上,即 $y|_{x=1}=1$,因而 $C=1$,从而 $\overparen{OA}$ 的方程为 $y=x(1-4\ln x)$。

例 10 已知 A,B,C,D 四个动点分别位于一个正方形的四个顶点(如图 4.3(a)所示),然后点 A 向着点 B、点 B 向着点 C、点 C 向着点 D、点 D 向着点 A 同时以相同的速率运动,求每一点运动的轨迹,并画出运动轨迹的大致图形。

解 建立如图 4.3(b)所示坐标系,坐标原点在正方形的中心,点 A,B,C,D 的坐标分别为 $(a,a),(a,-a),(-a,-a),(-a,a)$。下面先考虑点 A 的运动。设经过时刻 t,点 A 运动到 $P(x,y)$,则点 B 运动到 $Q(y,-x)$,作 PM 垂直于 x 轴,QM 垂直于 y 轴,PM 与 QM 相交于 M。于是

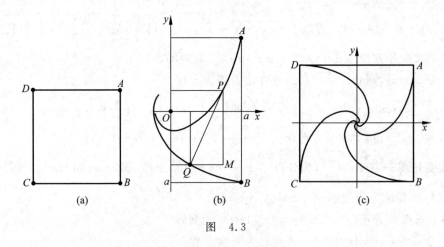

图 4.3

$$y' = \tan\angle PQM = \frac{PM}{QM} = \frac{x+y}{x-y}, \quad y(a) = a。$$

这是齐次方程,令 $y = xu$,方程化为

$$\frac{(1-u)\mathrm{d}u}{1+u^2} = \frac{\mathrm{d}x}{x}, \quad u(a) = 1。$$

解得 $2\arctan\dfrac{y}{x} = \dfrac{\pi}{2} + \ln\dfrac{x^2+y^2}{2a^2}$,这就是点 A 运动的轨迹,化为极坐标方程为

$$\rho = \sqrt{2}a\mathrm{e}^{\theta - \frac{\pi}{4}}, \quad \theta \leqslant \frac{\pi}{4}。$$

此为对数螺线,图形如图 4.3(c)所示,点 B,C,D 运动轨迹的极坐标方程分别为

$$B: \rho = \sqrt{2}a\mathrm{e}^{\theta + \frac{\pi}{4}}, \quad \theta \leqslant -\frac{\pi}{4},$$

$$C: \rho = \sqrt{2}a\mathrm{e}^{\theta + \frac{3\pi}{4}}, \quad \theta \leqslant -\frac{3\pi}{4},$$

$$D: \rho = \sqrt{2}a\mathrm{e}^{\theta + \frac{5\pi}{4}}, \quad \theta \leqslant -\frac{5\pi}{4}。$$

其图形由对称性可画出(如图 4.3(c)所示)。

3. 一阶线性微分方程

例 11 求一连接 $O(0,0), A(1,1)$ 两点的向上凸的连续曲线,使其上任意一点 $P(x,y)$ 到 O 的直线 OP 与该曲线所围区域的面积为 x^3。

解 设曲线方程为 $y = y(x)$,则由题意可得

$$\int_0^x y(x)\mathrm{d}x = x^3 + \frac{1}{2}xy。$$

两边关于 x 求导,得 $xy' - y = -6x^2$。此方程的通解为

$$y = \mathrm{e}^{\int \frac{1}{x}\mathrm{d}x}\left[C - \int 6x\mathrm{e}^{-\int \frac{1}{x}\mathrm{d}x}\mathrm{d}x\right] = x(C - 6x)。$$

由 $y(1) = 1$,得 $C = 7$,故所求曲线方程为

$$y = x(7 - 6x)。$$

例 12 设 $f(x)$ 在 $(-\infty,+\infty)$ 上连续,且满足

$$f(t) = 2\iint\limits_{x^2+y^2\leqslant t^2}(x^2+y^2)f(\sqrt{x^2+y^2})\mathrm{d}x\mathrm{d}y + t^4,$$

求 $f(x)$。

解
$$\iint\limits_{x^2+y^2\leqslant t^2}(x^2+y^2)f(\sqrt{x^2+y^2})\mathrm{d}x\mathrm{d}y = \int_0^{2\pi}\mathrm{d}\theta\int_0^t r^3 f(r)\mathrm{d}r$$
$$= 2\pi\int_0^t r^3 f(r)\mathrm{d}r。$$

代入原式得 $f(t) = 4\pi\int_0^t r^3 f(r)\mathrm{d}r + t^4$。两边求导得 $f'(t) = 4\pi t^3 f(t) + 4t^3$,$f(0) = 0$。故

$$f(t) = \mathrm{e}^{\int 4\pi t^3\mathrm{d}t}\left[\int 4t^3 \mathrm{e}^{-\int 4\pi t^3\mathrm{d}t}\mathrm{d}t + C\right] = \mathrm{e}^{\pi t^4}\left[\int \mathrm{e}^{-\pi t^4}4t^3\mathrm{d}t + C\right]$$
$$= \mathrm{e}^{\pi t^4}\left[C - \frac{1}{\pi}\mathrm{e}^{-\pi t^4}\right] = C\mathrm{e}^{\pi t^4} - \frac{1}{\pi}。$$

又 $f(0) = 0$,所以 $C = \frac{1}{\pi}$。故 $f(x) = \frac{1}{\pi}(\mathrm{e}^{\pi x^4} - 1)$。

例 13 设 $f(x)$ 为定义在 $[0,+\infty)$ 上的连续函数,且满足

$$f(t) = \iiint\limits_{x^2+y^2+z^2\leqslant t^2} f(\sqrt{x^2+y^2+z^2})\mathrm{d}V + t^3,$$

求 $f(1)$。

解
$$\iiint\limits_{x^2+y^2+z^2\leqslant t^2}f(\sqrt{x^2+y^2+z^2})\mathrm{d}V \xrightarrow{\text{球面}\atop\text{坐标}} \int_0^{2\pi}\mathrm{d}\theta\int_0^\pi\mathrm{d}\varphi\int_0^t f(r)r^2\sin\varphi\mathrm{d}r$$
$$= 2\pi\cdot\int_0^\pi \sin\varphi\mathrm{d}\varphi\int_0^t r^2 f(r)\mathrm{d}r$$
$$= 4\pi\int_0^t r^2 f(r)\mathrm{d}r。$$

原式变为

$$f(t) = 4\pi\int_0^t r^2 f(r)\mathrm{d}r + t^3,f(0) = 0。$$

两边求导得 $f'(t) = 4\pi t^2 f(t) + 3t^2$,其解为

$$f(t) = \mathrm{e}^{\int 4\pi t^2\mathrm{d}t}\left[\int 3t^2\mathrm{e}^{-\int 4\pi t^2\mathrm{d}t}\mathrm{d}t + C\right] = \mathrm{e}^{\frac{4}{3}\pi t^3}\left[\int 3t^2\mathrm{e}^{-\frac{4}{3}\pi t^3}\mathrm{d}t + C\right] = C\mathrm{e}^{\frac{4}{3}\pi t^3} - \frac{3}{4\pi}。$$

由 $f(0) = 0$,得 $C = \frac{3}{4\pi}$,于是 $f(t) = \frac{3}{4\pi}(\mathrm{e}^{\frac{4}{3}\pi t^3} - 1)$。故 $f(1) = \frac{3}{4\pi}(\mathrm{e}^{\frac{4}{3}\pi} - 1)$。

例 14 设函数 $f(x)$ 具有连续的一阶导数,且满足

$$f(x) = \int_0^x (x^2 - t^2)f'(t)\mathrm{d}t + x^2。$$

求 $f(x)$ 的表达式。

解 $f(x) = x^2\int_0^x f'(t)\mathrm{d}t - \int_0^x t^2 f'(t)\mathrm{d}t + x^2$。

两边关于 x 求导,得

$$f'(x) = x^2 f'(x) + 2x\int_0^x f'(t)dt + 2x - x^2 f'(x) = 2x[f(x) - f(0)] + 2x。$$

又 $f(0) = 0$,故有 $f'(x) - 2xf(x) = 2x$。从而

$$f(x) = e^{\int 2xdx}\left[\int 2xe^{-\int 2xdx}dx + C\right] = e^{x^2}\left[\int 2xe^{-x^2}dx + C\right]$$
$$= e^{x^2}[-e^{-x^2} + C] = -1 + Ce^{x^2}。$$

由 $f(0) = 0$,得 $C = 1$,所以 $f(x) = e^{x^2} - 1$。

例 15 设对于半空间 $x > 0$ 内任意的光滑有向封闭曲面 S,都有

$$\oiint_S xf(x)dydz - xyf(x)dzdx - e^{2x}zdxdy = 0,$$

其中函数 $f(x)$ 在 $[0, +\infty)$ 内具有连续的一阶导数,且 $\lim\limits_{x \to 0^+} f(x) = 1$。求 $f(x)$。

解 使用高斯公式

$$0 = \oiint_S xf(x)dydz - xyf(x)dzdx - e^{2x}zdxdy$$
$$= \pm\iiint_\Omega [xf'(x) + f(x) - xf(x) - e^{2x}]dV,$$

故有 $xf'(x) + f(x) - xf(x) - e^{2x} = 0, x > 0$。即

$$f'(x) + \left(\frac{1}{x} - 1\right)f(x) = \frac{e^{2x}}{x}, x > 0。$$

因此

$$f(x) = e^{\int\left(1 - \frac{1}{x}\right)dx}\left[\int \frac{e^{2x}}{x}e^{\int\left(\frac{1}{x} - 1\right)dx}dx + C\right] = \frac{e^x}{x}\left[\int \frac{e^{2x}}{x} \cdot \frac{x}{e^x}dx + C\right]$$
$$= \frac{e^x}{x}[e^x + C]。$$

又 $\lim\limits_{x \to 0^+} f(x) = 1$,即 $\lim\limits_{x \to 0^+} \frac{e^x}{x}[e^x + C] = 1 \Rightarrow C = -1$。故有 $f(x) = \frac{e^x}{x}(e^x - 1)$。

例 16 设 $F(x) = f(x)g(x)$,其中函数 $f(x), g(x)$ 在 $(-\infty, +\infty)$ 内满足以下条件:
$$f'(x) = g(x), g'(x) = f(x), 且 f(0) = 0, f(x) + g(x) = 2e^x。$$

(1)求 $F(x)$ 所满足的一阶微分方程;

(2)求出 $F(x)$ 的表达式。

解 (1)由 $F'(x) = f'(x)g(x) + f(x)g'(x) = g^2(x) + f^2(x)$
$$= [g(x) + f(x)]^2 - 2f(x)g(x)$$
$$= 4e^{2x} - 2F(x),$$

因此 $F(x)$ 满足的一阶微分方程为 $F'(x) + 2F(x) = 4e^{2x}$。

(2) $F(x) = e^{-\int 2dx}\left[\int 4 \cdot e^{2x} \cdot e^{\int 2dx}dx + C\right] = e^{-2x}\left[\int 4e^{4x}dx + C\right]$
$$= e^{-2x}[e^{4x} + C] = e^{2x} + Ce^{-2x}。$$

$F(0)=f(0)g(0)=0$，所以 $C=-1$。故 $F(x)=\mathrm{e}^{2x}-\mathrm{e}^{-2x}$。

例 17 微分方程 $y\mathrm{d}x+(x-3y^2)\mathrm{d}y=0$ 满足条件 $y|_{x=1}=1$ 的解为 $y=$ _____。

解 $y\mathrm{d}x+(x-3y^2)\mathrm{d}y=0 \Rightarrow \dfrac{\mathrm{d}x}{\mathrm{d}y}+\dfrac{1}{y}x=3y$

$$\Rightarrow y\dfrac{\mathrm{d}x}{\mathrm{d}y}+x=3y^2$$

$$\Rightarrow \dfrac{\mathrm{d}(xy)}{\mathrm{d}y}=3y^2$$

$$\Rightarrow xy=y^3+C。$$

又 $y|_{x=1}=1 \Rightarrow C=0$，所以 $y=\sqrt{x}$。

例 18 设 $f(u,v)$ 具有连续偏导数，且满足 $f_u(u,v)+f_v(u,v)=uv$。求 $y(x)=\mathrm{e}^{-2x}f(x,x)$ 所满足的一阶微分方程，并求其通解。

解 $y'=-2\mathrm{e}^{-2x}f(x,x)+\mathrm{e}^{-2x}f_u(x,x)+\mathrm{e}^{-2x}f_v(x,x)$

$\qquad =-2\mathrm{e}^{-2x}f(x,x)+\mathrm{e}^{-2x}\cdot x^2=-2y+x^2\mathrm{e}^{-2x}$。

因此，y 所满足的一阶微分方程为

$$y'+2y=x^2\mathrm{e}^{-2x}。$$

解得

$$y=\mathrm{e}^{-\int 2\mathrm{d}x}\left[\int x^2\mathrm{e}^{-2x}\cdot \mathrm{e}^{\int 2\mathrm{d}x}\mathrm{d}x+C\right]=\mathrm{e}^{-2x}\left[\int x^2\mathrm{e}^{-2x}\cdot \mathrm{e}^{2x}\mathrm{d}x+C\right]=\left(\dfrac{x^3}{3}+C\right)\cdot \mathrm{e}^{-2x} \quad (C\in \mathbf{R})。$$

4. 伯努利方程

例 19 求微分方程 $x^2y'+xy=y^2$ 的通解。

解 整理原方程，得 $y'+\dfrac{1}{x}y=\dfrac{1}{x^2}y^2 \Leftrightarrow y^{-2}\cdot y'+\dfrac{1}{x}\cdot \dfrac{1}{y}=\dfrac{1}{x^2}$。

令 $z=\dfrac{1}{y}$，则得 $z'-\dfrac{1}{x}z=-\dfrac{1}{x^2}$，故

$$z=\mathrm{e}^{\int \frac{1}{x}\mathrm{d}x}\left[\int -\dfrac{1}{x^2}\mathrm{e}^{-\int \frac{1}{x}\mathrm{d}x}\mathrm{d}x+C\right]=x\left[\int -\dfrac{1}{x^2}\cdot \dfrac{1}{x}\mathrm{d}x+C\right]=\dfrac{1}{2x}+Cx。$$

所以

$$y=\dfrac{1}{z}=\dfrac{2x}{1+2Cx^2} \quad (C\in \mathbf{R})。$$

5. 全微分方程

例 20 求方程 $[\sin(xy)+xy\cos(xy)]\mathrm{d}x+x^2\cos(xy)\mathrm{d}y=0$ 的通解。

解 设 $P(x,y)=\sin(xy)+xy\cos(xy)$，$Q(x,y)=x^2\cos(xy)$，因为

$$\dfrac{\partial P}{\partial y}=2x\cos(xy)-x^2y\sin(xy)=\dfrac{\partial Q}{\partial x},$$

故该方程为全微分方程，解之得通解

$$\int_0^x 0\cdot \mathrm{d}x+\int_0^y x^2\cos(xy)\mathrm{d}y=C,$$

即 $x\sin(xy)=C$。

例 21 求解微分方程 $(1+e^{\frac{x}{y}})dx+e^{\frac{x}{y}}\left(1-\frac{x}{y}\right)dy=0$。

解 $P(x,y)=1+e^{\frac{x}{y}}$,$Q(x,y)=e^{\frac{x}{y}}\left(1-\frac{x}{y}\right)$,由于

$$\frac{\partial P}{\partial y}=-\frac{x}{y^2}e^{\frac{x}{y}}=\frac{\partial Q}{\partial x},$$

所以方程是全微分方程,取 $(x_0,y_0)=(0,1)$,有

$$u(x,y)=\int_1^y dy+\int_0^x(1+e^{\frac{x}{y}})dx=y-1+x+ye^{\frac{x}{y}}-y=x+ye^{\frac{x}{y}}-1,$$

故原方程的解为 $x+ye^{\frac{x}{y}}=C$。

例 22 求解 $(5x^4+3xy^2-y^3)dx+(3x^2y-3xy^2+y^2)dy=0$。

解 这里

$$\frac{\partial P}{\partial y}=6xy-3y^2=\frac{\partial Q}{\partial x},$$

所以这是全微分方程。可取 $x_0=0,y_0=0$,则有

$$u(x,y)=\int_0^x(5x^4+3xy^2-y^3)dx+\int_0^y y^2 dy=x^5+\frac{3}{2}x^2y^2-xy^3+\frac{1}{3}y^3.$$

于是方程的通解为 $x^5+\frac{3}{2}x^2y^2-xy^3+\frac{1}{3}y^3=C$。

例 23 求 $(x^2-y^2-2y)dx+(x^2+2x-y^2)dy=0$ 的通解。

分析 原方程有因子 $(x^2-y^2)(dx+dy)$ 及 $2(xdy-ydx)$,因此方程可用积分因子 $\frac{1}{x^2-y^2}$。

解 $P(x,y)=x^2-y^2-2y$, $Q(x,y)=x^2+2x-y^2$,

$$\frac{\partial P(x,y)}{\partial y}=-2y-2, \quad \frac{\partial Q(x,y)}{\partial x}=2x+2,$$

故 $\frac{\partial P}{\partial y}\neq\frac{\partial Q}{\partial x}$,原方程不属于全微分方程。将原方程改为

$$(x^2-y^2)d(x+y)+2(xdy-ydx)=0,$$

故可令 $\mu(x,y)=\frac{1}{x^2-y^2}$,则方程变为

$$d(x+y)+2\frac{xdy-ydx}{x^2-y^2}=0,$$

即为

$$d(x+y)-2d\left(\frac{1}{2}\ln\frac{x-y}{x+y}\right)=0.$$

故 $x+y=\ln\frac{x-y}{x+y}+C$ 是原方程的解。

例 24 求微分方程 $(x^2+y^2+y)dx-xdy=0$ 的通解。

解 此方程不是全微分方程,故考虑用积分因子将其化为全微分方程,原方程可写为
$$(x^2+y^2)dx+(ydx-xdy)=0,$$
而由 $d\left(\arctan\dfrac{x}{y}\right)=\dfrac{ydx-xdy}{x^2+y^2}$ 知应取积分因子 $\mu(x,y)=\dfrac{1}{x^2+y^2}$,即把方程化为
$$dx+d\arctan\dfrac{x}{y}=0。$$
故得方程通解为 $x+\arctan\dfrac{x}{y}=C$。

例 25 求 $xdy=y(xy-1)dx$ 的通解。

解 原方程可写成 $xdy+ydx-xy^2dx=0$,于是有 $d(xy)-xy^2dx=0$。

令 $z=xy$,则 $y=\dfrac{z}{x}$,代入上式有
$$dz-\dfrac{z^2}{x}dx=0,$$
通解为 $x=C\cdot e^{-\frac{1}{z}}(C\neq 0)$。故原方程通解为 $x=Ce^{-\frac{1}{xy}}$ $(C\neq 0)$。

4.1.3 模拟练习题 4-1

1. 求下列微分方程的解:

(1) $xy'+y=2\sqrt{xy}$;

(2) $xy'\ln x+y=ax(\ln x+1)$;

(3) $\dfrac{dy}{dx}=\dfrac{y}{2(\ln y-x)}$;

(4) $(1+e^{\frac{x}{y}})dx+e^{\frac{x}{y}}\left(1-\dfrac{x}{y}\right)dy=0$。

2. 设函数 $f(x)$ 在 $[0,+\infty)$ 上可导,$f(0)=0$,且其反函数为 $g(x)$。若 $\int_0^{f(x)}g(t)dt=x^2e^x$,求 $f(x)$。

3. 设函数 $f(x)$ 在 $(0,+\infty)$ 内连续,$f(1)=\dfrac{5}{2}$,且对所有 $x,t\in(0,+\infty)$,满足条件 $\int_1^{xt}f(u)du=t\int_1^x f(u)du+x\int_1^t f(u)du$,求 $f(x)$。

4. 已知 $f(x)=\sum\limits_{n=0}^{\infty}a_n x^n$,$f(0)=1$,且 $\sum\limits_{n=0}^{\infty}[2xa_n+(n+1)a_{n+1}]x^n=0$。求 $f(x)$。

4.2 可降阶的二阶微分方程

4.2.1 考点综述和解题方法点拨

1. $y''=f(x,y')$

方程特点是右端不显含函数 y,令 $y'=p$,$y''=\dfrac{dp}{dx}=p'$,代入原方程即可化为一阶方程 $p'=f(x,p)$,若其解为 $p=\varphi(x,C_1)$,则原方程的通解为

$$y = \int \varphi(x, C_1) \mathrm{d}x + C_2。$$

2. $y'' = f(y, y')$

方程特点是右端不显含自变量 x,令 $y' = p$,并利用复合函数的求导法则,把 y'' 化为对 y 的导数,即

$$y'' = \frac{\mathrm{d}p}{\mathrm{d}x} = \frac{\mathrm{d}p}{\mathrm{d}y} \cdot \frac{\mathrm{d}y}{\mathrm{d}x} = p \cdot \frac{\mathrm{d}p}{\mathrm{d}y},$$

代入原方程即可化为一阶方程

$$p \cdot \frac{\mathrm{d}p}{\mathrm{d}y} = f(y, p)。$$

若其解为 $p = \varphi(y, C_1)$,即 $\frac{\mathrm{d}y}{\mathrm{d}x} = \varphi(y, C_1)$,则原方程的通解为

$$\int \frac{\mathrm{d}y}{\varphi(y, C_1)} = x + C_2。$$

4.2.2 竞赛例题

例1 求微分方程 $xy'' + 3y' = 0$ 的通解。

解 令 $y' = p(x)$,则 $y'' = p'(x)$。代入原方程得 $x\frac{\mathrm{d}p}{\mathrm{d}x} + 3p = 0$,即 $\frac{\mathrm{d}p}{p} = -\frac{3}{x}\mathrm{d}x$,两边积分得 $\ln p = -3\ln x + \ln C_1'$,故 $p = C_1' \cdot x^{-3}$,即 $y' = C_1' x^{-3}$,所以 $y = \frac{C_1}{x^2} + C_2$。

例2 求微分方程 $yy'' + y'^2 = 0$ 满足初始条件 $y|_{x=0} = 1, y'|_{x=0} = \frac{1}{2}$ 的特解。

解 令 $y' = p(y)$,则 $y'' = p'(y) \cdot y' = p' \cdot p$,代入原方程,得

$$p\left(y\frac{\mathrm{d}p}{\mathrm{d}y} + p\right) = 0。$$

(1) $p = 0$,得 $y' = 0$(舍去);

(2) $y\frac{\mathrm{d}p}{\mathrm{d}y} + p = 0$ 解得 $p = \frac{C_1}{y}$。将 $y(0) = 1, y'(0) = \frac{1}{2}$ 代入得 $C_1 = \frac{1}{2}$,即 $y' = \frac{1}{2y}$,解得 $y^2 = x + C_2$。又 $x = 0$ 时 $y = 1$,所以 $C_2 = 1$。故原方程的特解为 $y^2 = x + 1$。

例3 设 $f(x) = y$ 是一向上凸的连续曲线,其上任意一点 (x, y) 处的曲率为 $\frac{1}{\sqrt{1+y'^2}}$,且此曲线上点 $(0, 1)$ 处切线方程为 $y = x + 1$,求该曲线方程,并求函数 $y = y(x)$ 的极值。

解 曲线上凸,故 $y'' < 0$;曲率为 $\frac{1}{\sqrt{1+y'^2}} = -\frac{y''}{\sqrt{(1+y'^2)^3}}$,即 $\frac{y''}{1+y'^2} = -1$。

令 $y' = p(x)$,则 $y'' = p'(x)$。方程变为

$$\frac{p'}{1+p^2} = -1,\text{即 } \frac{\mathrm{d}p}{1+p^2} = -\mathrm{d}x。$$

积分得 $\arctan p = C_1 - x$。

又在 $(0,1)$ 处切线方程为 $y=x+1$, 故有 $y(0)=1, y'(0)=1$。代入上式,得 $C_1=\dfrac{\pi}{4}$,因此 $y'=\tan\left(\dfrac{\pi}{4}-x\right)$。再积分得 $y=\ln\left|\cos\left(\dfrac{\pi}{4}-x\right)\right|+C_2$。又 $y(0)=1$,所以 $C_2=1+\dfrac{\ln 2}{2}$。故所求曲线方程为

$$y=\ln\cos\left(\dfrac{\pi}{4}-x\right)+1+\dfrac{\ln 2}{2}, x\in\left(-\dfrac{\pi}{4},\dfrac{3}{4}\pi\right)。$$

因为 $\cos\left(\dfrac{\pi}{4}-x\right)\leqslant 1$,且当 $x=\dfrac{\pi}{4}$ 时,$\cos\left(\dfrac{\pi}{4}-x\right)=1$,所以当 $x=\dfrac{\pi}{4}$ 时函数取得极大值 $y=1+\dfrac{1}{2}\ln 2$。

4.2.3 模拟练习题 4-2

1. 求微分方程 $y''(x+y'^2)=y'$ 满足初始条件 $y(1)=y'(1)=1$ 的特解。
2. 求下列各微分方程的通解:
 (1) $y''=1+y'^2$;(2) $y''=y'+x$;(3) $yy''+2y'^2=0$。

4.3 线性微分方程

4.3.1 考点综述和解题方法点拨

1. 二阶线性微分方程

(1) 标准形式为

$$y''+p(x)y'+q(x)y=f(x), \tag{4.1}$$

$$y''+p(x)y'+q(x)y=0。\tag{4.2}$$

称方程 (4.1) 为二阶线性非齐次微分方程,方程 (4.2) 为方程 (4.1) 所对应的齐次方程。

(2) 解的结构定理

定理 1 若 $y_1(x)$ 与 $y_2(x)$ 是方程 (4.2) 的两个解,则 $C_1y_1(x)+C_2y_2(x)$ 是方程 (4.2) 的解。

定理 2 若 $y_1(x)$ 与 $y_2(x)$ 是方程 (4.2) 的两个线性无关的解,则 $C_1y_1(x)+C_2y_2(x)$ 是齐次方程 (4.2) 的通解。

定理 3 若 $y_1(x)$ 与 $y_2(x)$ 是方程 (4.1) 的两个解,则 $y_1(x)-y_2(x)$ 是齐次方程 (4.2) 的解。

定理 4 方程 (4.1) 的通解等于齐次方程 (4.2) 的通解与方程 (4.1) 的特解的和。

定理 5 设方程 (4.1) 中 $f(x)=f_1(x)+f_2(x)$。若 $\tilde{y}_1(x),\tilde{y}_2(x)$ 分别是

$$y''+p(x)y'+q(x)y=f_1(x),$$
$$y''+p(x)y'+q(x)y=f_2(x)$$

的解,则 $\tilde{y}_1(x)+\tilde{y}_2(x)$ 是方程 (4.1) 的解。

2. 二阶常系数线性齐次微分方程的通解

(1) 标准式 $y'' + py' + qy = 0$。 (4.3)

(2) 特征方程 $r^2 + pr + q = 0$。 (4.4)

(3) 不同形式的解

若 $p^2 - 4q > 0$，则方程(4.4)有两个互异实根 $\lambda_1, \lambda_2 (\lambda_1 \neq \lambda_2)$，此时方程(4.3)的通解为 $y = C_1 e^{\lambda_1 x} + C_2 e^{\lambda_2 x}$；

若 $p^2 - 4q = 0$，则方程(4.4)有两个相等实根 $\lambda_1, \lambda_2 (\lambda_1 = \lambda_2)$，此时方程(4.3)的通解为 $y = e^{\lambda_1 x}(C_1 + C_2 x)$；

若 $p^2 - 4q < 0$，则方程(4.4)有一对共轭复根 $\lambda_{1,2} = \alpha \pm \beta i$，此时方程(4.3)的通解为 $y = e^{\alpha x}(C_1 \cos\beta x + C_2 \sin\beta x)$。

3. 二阶常系数线性非齐次微分方程的特解

设二阶常系数线性非齐次微分方程为

$$y'' + py' + qy = f(x)。$$

则其特解如下：

(1) 当 $f(x) = P_n(x) e^{\lambda x}$ 时，可设特解为 $y^* = x^k Q_n(x) e^{\lambda x}$，其中

$$k = \begin{cases} 0, & \text{若 } \lambda \text{ 不是特征根}, \\ 1, & \text{若 } \lambda \text{ 是特征根，且为单根}, \\ 2, & \text{若 } \lambda \text{ 是特征根，且为重根}。 \end{cases}$$

(2) 当 $f(x) = e^{\alpha x}[P_n(x)\cos\beta x + Q_m(x)\sin\beta x]$ 时，可设特解为

$$y^* = x^k e^{\alpha x}(R_L^{(1)}(x)\cos\beta x + R_L^{(2)}(x)\sin\beta x),$$

其中

$$L = \max\{m, n\}。 \qquad k = \begin{cases} 0, & \text{若 } \alpha \pm \beta i \text{ 不是特征根}, \\ 1, & \text{若 } \alpha \pm \beta i \text{ 是特征根}。 \end{cases}$$

正确写出特解形式后，再用待定系数法求特解。

4. 欧拉方程（二阶）

(1) 标准形式

$$x^2 y'' + pxy' + qy = f(x) \qquad (4.5)$$

(2) 解法 令 $x = e^t$，则 $\dfrac{dy}{dt} = \dfrac{dy}{dx} \cdot \dfrac{dx}{dt} = y'x$。

$$\frac{d^2 y}{dt^2} = \frac{d}{dt}(y'x) = \frac{d}{dx}(y'x)\frac{dx}{dt} = (y''x + y')x = x^2 y'' + xy'。$$

故有 $xy' = \dfrac{dy}{dt}, x^2 y'' = \dfrac{d^2 y}{dt^2} - \dfrac{dy}{dt}$，代入方程(4.5)得

$$\frac{d^2 y}{dt^2} + (p-1)\frac{dy}{dt} + qy = f(e^t)。$$

4.3.2 竞赛例题

例 1 设 4 阶常系数线性齐次微分方程有一个解为 $y_1 = xe^x\cos 2x$，则通解为_____。

解 由特解 $y_1 = xe^x\cos 2x$，表明特征方程有二重特征根 $\lambda = 1 \pm 2i$，故特征方程为
$$(\lambda - 1 - 2i)^2(\lambda - 1 + 2i)^2 = 0。$$
化简得 $(\lambda^2 - 2\lambda + 5)^2 = \lambda^4 - 4\lambda^3 + 14\lambda^2 - 20\lambda + 25 = 0$，于是得所求的微分方程为 $y^{(4)} - 4y^{(3)} + 14y'' - 20y' + 25y = 0$，此方程的通解为
$$y = e^x[(C_1 + C_2 x)\cos 2x + (C_3 + C_4 x)\sin 2x]。$$

例 2 已知二阶线性非齐次方程的 3 个特解分别为 $y_1 = e^x$，$y_2 = x + e^x$，$y_3 = x^2 + e^x$，该微分方程为_____。

解 设原方程为(4.1)式，对应的二阶线性齐次方程为(4.2)式，则 $y_2(x) - y_1(x) = x$，$y_3(x) - y_1(x) = x^2$ 是方程(4.2)的两个线性无关解，故方程(4.2)的通解为
$$y = C_1 x + C_2 x^2。$$
由
$$\begin{cases} y = C_1 x + C_2 x^2, \\ y' = C_1 + 2C_2 x, \\ y'' = 2C_2 \end{cases}$$
消去 C_1, C_2，得方程(4.2)为 $x^2 y'' - 2xy' + 2y = 0$。令方程(4.1)为
$$x^2 y'' - 2xy' + 2y = f(x)。$$
将其特解 $y_1 = e^x$ 代入上式得 $f(x) = e^x(x^2 - 2x + 2)$。故所求方程为
$$x^2 y'' - 2xy' + 2y = e^x(x^2 - 2x + 2)。$$

例 3 设 $u_0 = 0$，$u_1 = 1$，$u_{n+1} = au_n + bu_{n-1}$，$n = 1, 2, \cdots$。设 $f(x) = \sum_{n=1}^{\infty} \frac{u_n}{n!} x^n$，试导出 $f(x)$ 满足的微分方程。

解 已知 $f(x) = \sum_{n=1}^{\infty} \frac{u_n}{n!} x^n$，对 x 求导得

$$f'(x) = \sum_{n=1}^{\infty} \frac{u_n}{(n-1)!} x^{n-1} = 1 + \sum_{n=2}^{\infty} \frac{u_n}{(n-1)!} x^{n-1} = 1 + \sum_{n=2}^{\infty} \frac{au_{n-1} + bu_{n-2}}{(n-1)!} x^{n-1}$$

$$= 1 + a \sum_{n=2}^{\infty} \frac{u_{n-1}}{(n-1)!} x^{n-1} + b \sum_{n=2}^{\infty} \frac{u_{n-2}}{(n-1)!} x^{n-1}$$

$$= 1 + af(x) + b \sum_{n=1}^{\infty} \frac{u_{n-1}}{n!} x^n。$$

再求导，得

$$f''(x) = af'(x) + b \sum_{n=1}^{\infty} \frac{u_{n-1}}{(n-1)!} x^{n-1} = af'(x) + b \sum_{n=0}^{\infty} \frac{u_n}{n!} x^n = af'(x) + bf(x)。$$

故 $f(x)$ 满足微分方程
$$\begin{cases} f''(x) - af'(x) - bf(x) = 0, \\ f(0) = 0, f'(0) = 1。 \end{cases}$$

例 4 设二阶常系数线性非齐次方程
$$y'' + ay' + by = (cx+d)e^{2x}$$
有特解 $y = 2e^x + (x^2-1)e^{2x}$，不解方程，写出通解（说明理由），并求出常数 a,b,c,d。

解 微分方程的通解具有形式
$$y = C_1 y_1(x) + C_2 y_2(x) + \tilde{y}(x), \qquad ①$$
这里 C_1,C_2 为任意常数，$y_1(x),y_2(x)$ 为对应的齐次微分方程的基本解组。$\tilde{y}(x) = (\alpha x+\beta)e^{2x}$，此时 $\lambda=2$ 不是特征根；或 $\tilde{y}(x) = x(\alpha x+\beta)e^{2x}$，此时 $\lambda=2$ 为单特征根。由于
$$y = 2e^x + (x^2-1)e^{2x} = 2e^x - e^{2x} + x^2 e^{2x},$$
此特解应为①式中取定常数 C_1,C_2 而得。分析可得 $y_1(x) = e^x$，$y_2(x) = e^{2x}$，$\tilde{y}(x) = x^2 e^{2x}$。因而 $\lambda = 1, 2$ 为特征根，故 $a = -(1+2) = -3, b = 1 \times 2 = 2$。原方程的通解为
$$y = C_1 e^x + C_2 e^{2x} + x^2 e^{2x}。$$
将 $\tilde{y}(x) = x^2 e^{2x}$ 代入 $y'' - 3y' + 2y = (cx+d)e^{2x}$ 可得
$$e^{2x}(4x^2 + 8x + 2) - 3e^{2x}(2x^2 + 2x) + 2x^2 e^{2x} = (cx+d)e^{2x}。$$
化简得 $2x + 2 = cx + d$，所以 $c = 2, d = 2$，即有
$$a = -3, \quad b = 2, \quad c = 2, \quad d = 2。$$

例 5 设 $\varphi(x) = \cos x - \int_0^x (x-u)\varphi(u)du$，其中 $\varphi(u)$ 为连续函数，求 $\varphi(x)$。

解 原式两边求导得
$$\varphi'(x) = -\sin x - \int_0^x \varphi(u)du - x\varphi(x) + x\varphi(x) = -\sin x - \int_0^x \varphi(u)du。 \qquad ②$$
再两边求导得
$$\varphi''(x) + \varphi(x) = -\cos x。 \qquad ③$$
其特征方程为 $\lambda^2 + 1 = 0$，特征根为 $\lambda = \pm i$，故方程③的通解为
$$\varphi(x) = C_1 \cos x + C_2 \sin x - \frac{1}{D^2+1}\cos x = C_1 \cos x + C_2 \sin x - \mathrm{Re}\frac{1}{D^2+1}e^{ix}$$
$$= C_1 \cos x + C_2 \sin x - \mathrm{Re}\frac{1}{(D^2+1)'_{D=i}}e^{ix}x$$
$$= C_1 \cos x + C_2 \sin x + \mathrm{Re}\frac{i}{2}e^{ix}x = C_1 \cos x + C_2 \sin x - \frac{1}{2}x\sin x。$$
由原式和②式知 $\varphi(0) = 1, \varphi'(0) = 0$，代入上式得 $C_1 = 1, C_2 = 0$，故所求函数为
$$\varphi(x) = \cos x - \frac{1}{2}x\sin x。$$

例 6 设 $u = u(\sqrt{x^2+y^2})$ 具有二阶连续偏导数，且满足

$$\frac{\partial^2 u}{\partial x^2}+\frac{\partial^2 u}{\partial y^2}-\frac{1}{x}\frac{\partial u}{\partial x}+u=x^2+y^2。$$

试求函数 u 的表达式。

解 令 $t=\sqrt{x^2+y^2}$，则 $\dfrac{\partial u}{\partial x}=\dfrac{\mathrm{d}u}{\mathrm{d}t}\cdot\dfrac{\partial t}{\partial x}=\dfrac{x}{t}\cdot\dfrac{\mathrm{d}u}{\mathrm{d}t}$，

$$\frac{\partial^2 u}{\partial x^2}=\left(\frac{1}{t}-\frac{x^2}{t^3}\right)\frac{\mathrm{d}u}{\mathrm{d}t}+\frac{x^2}{t^2}\frac{\mathrm{d}^2 u}{\mathrm{d}t^2}。$$

类似可得，$\dfrac{\partial^2 u}{\partial y^2}=\left(\dfrac{1}{t}-\dfrac{y^2}{t^3}\right)\dfrac{\mathrm{d}u}{\mathrm{d}t}+\dfrac{y^2}{t^2}\cdot\dfrac{\mathrm{d}^2 u}{\mathrm{d}t^2}$，代入原方程，得

$$\frac{\mathrm{d}^2 u}{\mathrm{d}t^2}+u=t^2。$$

解得其通解为 $u=C_1\cos t+C_2\sin t+t^2-2$。因此

$$u(x,y)=C_1\cos\sqrt{x^2+y^2}+C_2\sin\sqrt{x^2+y^2}+x^2+y^2-2。$$

例 7 求 $y''+y=x+\cos^2 x$ 的通解。

解 $y''+y=0$ 的通解为 $Y=C_1\cos x+C_2\sin x$。

$$y''+y=x+\cos^2 x=x+\frac{1}{2}+\frac{1}{2}\cos 2x。$$

$y''+y=x+\dfrac{1}{2}$ 的特解为 $y_1^*=x+\dfrac{1}{2}$；$y''+y=\dfrac{1}{2}\cos 2x$ 的特解为 $y_2^*=-\dfrac{1}{6}\cos 2x$。

故原方程的通解为

$$y=Y+y_1^*+y_2^*=C_1\cos x+C_2\sin x+x+\frac{1}{2}-\frac{1}{6}\cos 2x。$$

例 8 用初等函数与不定积分表示 $y''-xy'-y=0$ 的通解。

解 $y''-xy'-y=0\Leftrightarrow y''-(xy)'=0$ 积分得

$$y'-xy=C_1。$$

因此

$$y=\mathrm{e}^{\int x\mathrm{d}x}\left[\int C_1\mathrm{e}^{-\int x\mathrm{d}x}\mathrm{d}x+C_2\right]=\mathrm{e}^{\frac{1}{2}x^2}\left(C_2+C_1\int\mathrm{e}^{-\frac{x^2}{2}}\mathrm{d}x\right)。$$

（其中 $\int\mathrm{e}^{-\frac{x^2}{2}}\mathrm{d}x$ 只表示一个原函数。）

例 9 给定方程 $y''+(\sin y-x)(y')^3=0$。

(1) 证明 $\dfrac{\mathrm{d}^2 y}{\mathrm{d}x^2}=-\dfrac{\mathrm{d}^2 x}{\mathrm{d}y^2}\bigg/\left(\dfrac{\mathrm{d}x}{\mathrm{d}y}\right)^3$，并将方程化为以 x 为因变量，以 y 为自变量的形式；

(2) 求方程的通解。

证明 (1) 应用反函数求导法则，有 $\dfrac{\mathrm{d}y}{\mathrm{d}x}=\dfrac{1}{\dfrac{\mathrm{d}x}{\mathrm{d}y}}$，两边对 x 求导得

$$\frac{\mathrm{d}^2 y}{\mathrm{d}x^2}=\frac{\mathrm{d}}{\mathrm{d}x}\left(\frac{1}{\mathrm{d}x/\mathrm{d}y}\right)=-\frac{1}{\left(\dfrac{\mathrm{d}x}{\mathrm{d}y}\right)^2}\frac{\mathrm{d}}{\mathrm{d}x}\left(\frac{\mathrm{d}x}{\mathrm{d}y}\right)=-\frac{1}{\left(\dfrac{\mathrm{d}x}{\mathrm{d}y}\right)^2}\cdot\frac{\mathrm{d}}{\mathrm{d}y}\left(\frac{\mathrm{d}x}{\mathrm{d}y}\right)\frac{1}{\dfrac{\mathrm{d}x}{\mathrm{d}y}}=-\frac{\dfrac{\mathrm{d}^2 x}{\mathrm{d}y^2}}{\left(\dfrac{\mathrm{d}x}{\mathrm{d}y}\right)^3}。$$

(2) 将 $\dfrac{dy}{dx}=\dfrac{1}{\dfrac{dx}{dy}}$，$\dfrac{d^2y}{dx^2}=-\dfrac{d^2x}{dy^2}\bigg/\left(\dfrac{dx}{dy}\right)^3$ 一起代入原微分方程得

$$-\frac{d^2x}{dy^2}+(\sin y-x)(y')^3\left(\frac{dx}{dy}\right)^3=0,$$

即

$$\frac{d^2x}{dy^2}+x=\sin y。$$

特征方程为 $\lambda^2+1=0$，故 $\lambda=\pm i$，对应的齐次方程的通解为

$$x=C_1\cos y+C_2\sin y。$$

令原方程的特解为 $\tilde{x}=y(A\cos y+B\sin y)$，则

$$\tilde{x}'=(A+By)\cos y+(B-Ay)\sin y,$$
$$\tilde{x}''=(B+B-Ay)\cos y+(-A-A-By)\sin y。$$

一起代入原微分方程得

$$(2B-Ay+Ay)\cos y+(-2A-By+By)\sin y=\sin y。$$

比较系数得 $B=0$，$A=-\dfrac{1}{2}$，故 $\tilde{x}=-\dfrac{1}{2}y\cos y$，于是所求通解为

$$x=C_1\cos y+C_2\sin y-\frac{1}{2}y\cos y。$$

例 10 设函数 $\varphi(x)$ 有连续的二阶导数，并使曲线积分

$$\int_L[3\varphi'(x)-2\varphi(x)+xe^{2x}]ydx+\varphi'(x)dy$$

与路径无关，求 $\varphi(x)$。

解 由 $\dfrac{\partial P}{\partial y}=\dfrac{\partial Q}{\partial x}$，得

$$\varphi''(x)-3\varphi'(x)+2\varphi(x)=xe^{2x}。$$

该微分方程为二阶线性非齐次微分方程，其所对应的齐次微分方程的特征根为 $r_1=1$，$r_2=2$。从而对应齐次微分方程的通解为 $\varphi(x)=C_1e^x+C_2e^{2x}$。

设一个特解为 $\varphi^*(x)=x(ax+b)e^{2x}$，解得 $a=\dfrac{1}{2}$，$b=-1$。故微分方程的通解为

$$\varphi(x)=C_1e^x+C_2e^{2x}+x\left(\frac{x}{2}-1\right)e^{2x}。$$

例 11 求方程 $\dfrac{dy}{dx}=\dfrac{1}{x^2+y^2+2xy}$ 的通解。

解 把原式整理为 $\dfrac{dy}{dx}=\dfrac{1}{(x+y)^2}$。令 $u=x+y$，得 $\dfrac{du}{dx}-1=\dfrac{1}{u^2}$，分离变量得 $\dfrac{u^2}{u^2+1}du=dx$，等式两端同时积分得

$$u-\arctan u=x+C。$$

故该微分方程的通解为 $y=\arctan(x+y)+C$。

例 12 利用代换 $y=\dfrac{u}{\cos x}$ 将方程 $y''\cos x-2y'\sin x+3y\cos x=e^x$ 化简，并求出原方程的通解。

解 由 $u = y\cos x$ 两端对 x 求导，得
$$u' = y'\cos x - y\sin x, \quad u'' = y''\cos x - 2y'\sin x - y\cos x。$$
于是原方程化为 $u'' + 4u = e^x$，其通解为
$$u = C_1\cos 2x + C_2\sin 2x + \frac{e^x}{5} \quad (C_1, C_2 \text{ 为任意常数})。$$
从而原方程的通解为 $y = C_1\dfrac{\cos 2x}{\cos x} + 2C_2\sin x + \dfrac{e^x}{5\cos x}$。

例 13 设 $f(x)$ 在 $[1, +\infty)$ 上二阶连续可导，$f(1) = 0, f'(1) = 1$，函数 $z = (x^2 + y^2)f(x^2 + y^2)$ 满足 $\dfrac{\partial^2 z}{\partial x^2} + \dfrac{\partial^2 z}{\partial y^2} = 0$，求 $f(x)$ 在 $[1, +\infty)$ 上的最大值。

解 令 $u = x^2 + y^2$，则 $z = uf(u), u_x = 2x, u_y = 2y$，且
$$\frac{\partial z}{\partial x} = u_x f(u) + uf'(u)u_x = 2x[f(u) + uf'(u)],$$
$$\frac{\partial^2 z}{\partial x^2} = 2[f(u) + uf'(u)] + 2x[f'(u)u_x + u_x f'(u) + uf''(u)u_x]$$
$$= 2f(u) + 2(5x^2 + y^2)f'(u) + 4x^2 uf''(u)。 \quad ④$$
利用函数 z 中 x 与 y 的对称性，易得
$$\frac{\partial^2 z}{\partial y^2} = 2f(u) + 2(5y^2 + x^2)f'(u) + 4y^2 uf''(u)。$$
将④式与上式代入方程 $\dfrac{\partial^2 z}{\partial x^2} + \dfrac{\partial^2 z}{\partial y^2} = 0$ 可得
$$u^2 f''(u) + 3uf'(u) + f(u) = 0。 \quad ⑤$$
上式是二阶欧拉方程。令 $u = e^t$，则
$$uf'(u) = \frac{df}{dt}, \quad u^2 f''(u) = \frac{d^2 f}{dt^2} - \frac{df}{dt}。$$
代入⑤式得
$$\frac{d^2 f}{dt^2} + 2\frac{df}{dt} + f = 0。 \quad ⑥$$
其特征方程为 $\lambda^2 + 2\lambda + 1 = 0$，解得 $\lambda = -1, -1$，于是方程⑥的通解为
$$f = e^{-t}(C_1 + C_2 t) = \frac{1}{u}(C_1 + C_2 \ln u)。$$
由 $f(1) = 0, f'(1) = 1$，得 $C_1 = 0, C_2 = 1$，于是 $f(x) = \dfrac{\ln x}{x}$。

由于 $f'(x) = \dfrac{1 - \ln x}{x^2}$，令 $f'(x) = 0$ 得驻点 $x_0 = e$，且当 $1 \leqslant x < e$ 时 $f'(x) > 0$，当 $x > e$ 时 $f'(x) < 0$，所以 $f(e) = \dfrac{1}{e}$ 为所求的最大值。

例 14 求下列微分方程的通解：
(1) $y''' - 6y'' + 3y' + 10y = 0$;
(2) $y^{(4)} - 2y''' + 2y'' - 2y' + y = 0$。

解 (1) 特征方程为 $r^3 - 6r^2 + 3r + 10 = 0$。解得 $r_1 = -1, r_2 = 2, r_3 = 5$，均为单重根。故原方程通解为

$$y = C_1 e^{-x} + C_2 e^{2x} + C_3 e^{5x}.$$

(2)特征方程为 $r^4 - 2r^3 + 2r^2 - 2r + 1 = 0$，即 $(r-1)^2(r^2+1) = 0$ 得二重实根 1，单重共轭复根 $\pm i$，故方程通解为

$$y = (C_1 + C_2 x)e^x + C_3 \cos x + C_4 \sin x.$$

例 15 求二阶微分方程 $y'' + y' - 2y = \dfrac{e^x}{1+e^x}$ 的通解。

解 $y'' + y' - 2y = (y'' + 2y') - (y' + 2y) = (y' + 2y)' - (y' + 2y)$。

所以，令 $u = y' + 2y$，则原方程变为

$$u' - u = \frac{e^x}{1+e^x}.$$

解得 $u = e^x[C_1 - \ln(1+e^{-x})]$，于是

$$y' + 2y = e^x[C_1 - \ln(1+e^{-x})].$$

方程的通解为

$$y = e^{-2x}\left\{C_2 + \int e^{3x}[C_1 - \ln(1+e^{-x})]dx\right\},$$

其中

$$\int e^{3x}[C_1 - \ln(1+e^{-x})]dx = \frac{1}{3}\int [C_1 - \ln(1+e^{-x})]de^{3x}$$

$$= \frac{1}{3}C_1 e^{3x} - \frac{1}{3}e^{3x}\ln(1+e^{-x}) + \frac{1}{3}\int e^{3x}d\ln(1+e^{-x})$$

$$= \frac{1}{3}e^{3x}[C_1 - \ln(1+e^{-x})] + \frac{1}{3}\int \frac{-e^{2x}}{1+e^{-x}}dx$$

$$= \frac{1}{3}e^{3x}[C_1 - \ln(1+e^{-x})] - \frac{1}{3}\int \left(e^{2x} - e^x + 1 - \frac{e^{-x}}{1+e^{-x}}\right)dx$$

$$= \frac{1}{3}e^{3x}[C_1 - \ln(1+e^{-x})] - \frac{1}{3}x - \frac{1}{6}e^{2x} + \frac{1}{3}e^x - \frac{1}{3}\ln(1+e^{-x}).$$

故 $y = \dfrac{1}{3}C_1 e^x + C_2 e^{-2x} - \dfrac{1}{3}e^x \ln(1+e^{-x}) - \dfrac{1}{6} + \dfrac{1}{3}e^{-x} - \dfrac{1}{3}xe^{-2x} - \dfrac{1}{3}e^{-2x}\ln(1+e^{-x})$。

例 16 设 $f(x)$ 可微，且满足 $x = \int_0^x f(t)dt + \int_0^x tf(t-x)dt$，求：

(1) $f(x)$ 的表达式；

(2) $\int_{-\frac{\pi}{4}}^{\frac{3}{4}\pi} |f(x)|^n dx$（其中 $n = 2, 3, \cdots$）。

解 (1) $\int_0^x tf(t-x)dt \xrightarrow{u = t-x} \int_{-x}^0 (u+x)f(u)du = \int_{-x}^0 uf(u)du + x\int_{-x}^0 f(u)du$。

所以题目中的等式变为

$$x = \int_0^x f(t)dt + \int_{-x}^0 f(u)udu + x\int_{-x}^0 f(u)du.$$

两边关于 x 求导，得

$$1 = f(x) - xf(-x) + \int_{-x}^0 f(u)du + xf(-x),$$

即

$$1 = f(x) + \int_{-x}^0 f(u)du.$$

两边再关于 x 求导，得

$$f'(x) + f(-x) = 0 。 \qquad ⑦$$

再求导得

$$f''(x) - f'(-x) = 0 。 \qquad ⑧$$

将方程⑦中 x 换为 $-x$，得

$$f'(-x) + f(x) = 0 。 \qquad ⑨$$

联立方程⑧，⑨，得

$$f''(x) + f(x) = 0 。$$

通解为 $f(x) = C_1 \cos x + C_2 \sin x$，则 $f'(x) = -C_1 \sin x + C_2 \cos x$。将 $f(0)=1, f'(0)=-1$ 代入，得 $C_1=1, C_2=-1$。故

$$f(x) = \cos x - \sin x 。$$

(2) $f(x) = \cos x - \sin x = \sqrt{2} \cos\left(x + \dfrac{\pi}{4}\right)$

$$\int_{-\frac{\pi}{4}}^{\frac{3}{4}\pi} |f(x)|^n \mathrm{d}x = \int_{-\frac{\pi}{4}}^{\frac{3}{4}\pi} (\sqrt{2})^n \left|\cos\left(x + \frac{\pi}{4}\right)\right|^n \mathrm{d}x$$

$$\xlongequal{t = x + \frac{\pi}{4}} (\sqrt{2})^n \int_0^{\pi} |\cos t|^n \mathrm{d}t$$

$$= (\sqrt{2})^n \int_{-\frac{\pi}{2}}^{\frac{\pi}{2}} |\cos t|^n \mathrm{d}t$$

$$= 2^{\frac{n+2}{2}} \int_0^{\frac{\pi}{2}} \cos^n t \, \mathrm{d}t$$

$$= \begin{cases} 2^{\frac{n+2}{2}} \cdot \dfrac{(n-1) \cdot (n-3) \cdots \cdots 2}{n \cdot (n-2) \cdots \cdots 3}, & n = 3, 5, \cdots, 2k+1, \cdots, \\ 2^{\frac{n+2}{2}} \cdot \dfrac{(n-1) \cdot (n-3) \cdots \cdots 1}{n \cdot (n-2) \cdots \cdots 2} \cdot \dfrac{\pi}{2}, & n = 2, 4, \cdots, 2k, \cdots 。 \end{cases}$$

例 17 求二阶微分方程 $y'' + (4x + \mathrm{e}^{2y})(y')^3 = 0 \quad (y' \neq 0)$ 的通解。

解 $\dfrac{\mathrm{d}y}{\mathrm{d}x} = \left(\dfrac{\mathrm{d}x}{\mathrm{d}y}\right)^{-1} \Rightarrow \dfrac{\mathrm{d}^2 y}{\mathrm{d}x^2} = \dfrac{\mathrm{d}}{\mathrm{d}x}\left(\dfrac{\mathrm{d}y}{\mathrm{d}x}\right) = \dfrac{\mathrm{d}}{\mathrm{d}x}\left(\left(\dfrac{\mathrm{d}x}{\mathrm{d}y}\right)^{-1}\right) = \dfrac{\mathrm{d}}{\mathrm{d}y}\left(\left(\dfrac{\mathrm{d}x}{\mathrm{d}y}\right)^{-1}\right) \cdot \dfrac{\mathrm{d}y}{\mathrm{d}x}$

$$= -\dfrac{\mathrm{d}^2 x}{\mathrm{d}y^2} \cdot \left(\dfrac{\mathrm{d}y}{\mathrm{d}x}\right)^3,$$

故原方程变为

$$-\dfrac{\mathrm{d}^2 x}{\mathrm{d}y^2}\left(\dfrac{\mathrm{d}y}{\mathrm{d}x}\right)^3 + (4x + \mathrm{e}^{2y})\left(\dfrac{\mathrm{d}y}{\mathrm{d}x}\right)^3 = 0 \quad (y' \neq 0) \Leftrightarrow \dfrac{\mathrm{d}^2 x}{\mathrm{d}y^2} - 4x = \mathrm{e}^{2y} 。$$

其通解为 $x = C_1 \mathrm{e}^{-2y} + C_2 \mathrm{e}^{2y} + \dfrac{1}{4} y \mathrm{e}^{2y}$。

例 18 设二阶常系数齐次线性微分方程 $y'' + by' + y = 0$ 的每一个解 $y(x)$ 在区间 $[0, +\infty)$ 上有界，则实数 b 的取值范围是（　　）。

  A. $[0, \infty)$ B. $(-\infty, 0)$ C. $(-\infty, 4]$ D. $(-\infty, +\infty)$

解 特征方程为 $\lambda^2 + b\lambda + 1 = 0$。判别式为 $\Delta = b^2 - 4$。

当 $b\neq\pm 2$ 时,方程的解为

$$y(x) = C_1 e^{\frac{-b+\sqrt{b^2-4}}{2}} + C_2 e^{\frac{-b-\sqrt{b^2-4}}{2}}。$$

(1)当 $b^2-4>0$,即 $b>2$ 或 $b<-2$ 时,要使 $y(x)$ 在 $(0,+\infty)$ 上有界,只需 $-b\pm\sqrt{b^2-4}\leqslant 0$,即 $b>2$。

(2)当 $b^2-4<0$,即 $-2<b<2$ 时,要使 $y(x)$ 在 $(0,+\infty)$ 上有界,只需 $-b\pm\sqrt{b^2-4}$ 的实部小于等于 0,即 $-b\leqslant 0 \Rightarrow b\geqslant 0$,此时 $0\leqslant b<2$。

(3)当 $b=2$ 时,$y(x)=(C_1+C_2 x)e^{-x}$ 在区间 $(0,+\infty)$ 上有界。

(4)当 $b=-2$ 时,$y(x)=(C_1+C_2 x)e^{x}$ 在区间 $(0,+\infty)$ 上无界。

综上所述,当且仅当 $b\geqslant 0$ 时,$y(x)$ 在 $[0,+\infty)$ 上有界,故选 A。

例 19 求欧拉方程 $x^3 y'''+x^2 y''-4xy'=3x^2$ 的通解。

解 作变换 $x=e^t$ 或 $t=\ln x$,原方程化为

$$D(D-1)(D-2)y + D(D-1)y - 4Dy = 3e^{2t},$$

即 $D^3 y - 2D^2 y - 3Dy = 3e^{2t}$,或

$$\frac{d^3 y}{dt^3} - 2\frac{d^2 y}{dt^2} - 3\frac{dy}{dt} = 3e^{2t}。 \qquad ⑩$$

方程⑩所对应的齐次方程为

$$\frac{d^3 y}{dt^3} - 2\frac{d^2 y}{dt^2} - 3\frac{dy}{dt} = 0, \qquad ⑪$$

其特征方程为

$$r^3 - 2r^2 - 3r = 0,$$

它有 3 个根:$r_1=0, r_2=-1, r_3=3$。于是方程⑪的通解为

$$Y = C_1 + C_2 e^{-t} + C_3 e^{3t} = C_1 + \frac{C_2}{x} + C_3 x^3。$$

特解的形式为

$$y^* = be^{2t} = bx^2,$$

代入原方程,求得 $b=-\dfrac{1}{2}$,即 $y^* = -\dfrac{x^2}{2}$。于是,所给欧拉方程的通解为

$$y = C_1 + \frac{C_2}{x} + C_3 x^3 - \frac{1}{2}x^2。$$

4.3.3 模拟练习题 4-3

1.求下列微分方程的通解:

(1)$2y'' + y' - y = 2e^x$; (2)$y'' + 3y' + 2y = 3xe^{-x}$;

(3)$y'' - 2y' + 5y = e^x \sin 2x$; (4)$y'' + y = e^x + \cos x$。

2.设 $\varphi(x)$ 连续,且满足

$$\varphi(x) = e^x + \int_0^x t\varphi(t)dt - x\int_0^x \varphi(t)dt,$$

求 $\varphi(x)$。

3. 已知 $y=1, y=x, y=x^2$ 是某二阶非齐次线性微分方程的 3 个解,则该方程的通解为_____。

4. 求欧拉方程 $x^2 y'' + 3xy' + y = 0$ 的解。

5. 设函数 $y=y(x)$ 在 $(-\infty, +\infty)$ 内具有二阶导数,且 $y' \neq 0$, $x=x(y)$ 是 $y=y(x)$ 的反函数。

(1) 试将 $x=x(y)$ 所满足的微分方程

$$\frac{d^2 x}{dy^2} + (y + \sin x)\left(\frac{dx}{dy}\right)^3 = 0$$

变换为 $y=y(x)$ 所满足的微分方程。

(2) 求变换后的微分方程满足初始条件 $y(0)=0, y'(0)=\frac{3}{2}$ 的解。

第5章 无穷级数

5.1 数项级数

5.1.1 考点综述和解题方法点拨

1. 数项级数的主要性质

设 $S_n = \sum_{i=1}^{n} a_i$，若 $\lim_{n \to \infty} S_n = A$，则级数 $\sum_{n=1}^{\infty} a_n$ 收敛于 A，否则称级数 $\sum_{n=1}^{\infty} a_n$ 发散。

(1) 级数 $\sum_{n=1}^{\infty} a_n$ 收敛的必要条件是 $\lim_{n \to \infty} a_n = 0$。

(2) 若 $\sum_{n=1}^{\infty} a_n$ 与 $\sum_{n=1}^{\infty} b_n$ 皆收敛，则 $\sum_{n=1}^{\infty} (a_n \pm b_n)$ 也收敛。

(3) 若 $\sum_{n=1}^{\infty} a_n$ 收敛，$\sum_{n=1}^{\infty} b_n$ 发散，则 $\sum_{n=1}^{\infty} (a_n \pm b_n)$ 发散。

(4) 对收敛级数任意加括号得到的新级数仍收敛，且其和不变。

(5) 正项级数收敛的充要条件是其部分和数列有界。

2. 正项级数敛散性判别法

(1) 比较判别法 I：设 $0 \leqslant a_n \leqslant b_n$，则当 $\sum_{n=1}^{\infty} b_n$ 收敛时，$\sum_{n=1}^{\infty} a_n$ 收敛；当 $\sum_{n=1}^{\infty} a_n$ 发散时，$\sum_{n=1}^{\infty} b_n$ 发散。

(2) 比较判别法 II：设 $a_n \geqslant 0, b_n > 0$，且 $\lim_{n \to \infty} \frac{a_n}{b_n} = \lambda$，则当 $0 \leqslant \lambda < +\infty$，$\sum_{n=1}^{\infty} b_n$ 收敛时，$\sum_{n=1}^{\infty} a_n$ 收敛；当 $0 < \lambda \leqslant +\infty$，$\sum_{n=1}^{\infty} b_n$ 发散时，$\sum_{n=1}^{\infty} a_n$ 发散。

(3) 比值判别法：设 $a_n > 0$，若 $\lim_{n \to \infty} \frac{a_{n+1}}{a_n} = \lambda$，则当 $0 \leqslant \lambda < 1$ 时，$\sum_{n=1}^{\infty} a_n$ 收敛；当 $\lambda > 1$ 时，$\sum_{n=1}^{\infty} a_n$ 发散。

(4) 根值判别法：设 $a_n > 0$，若 $\lim_{n \to \infty} \sqrt[n]{a_n} = \lambda$，则当 $0 \leqslant \lambda < 1$ 时，$\sum_{n=1}^{\infty} a_n$ 收敛；当 $\lambda > 1$ 时，$\sum_{n=1}^{\infty} a_n$ 发散。

(5) 两个重要级数

① 几何级数 $\sum_{n=0}^{\infty} aq^n$：当 $|q| < 1$ 时收敛，当 $|q| \geqslant 1$ 时发散。且当 $|q| < 1$ 时，有 $\sum_{n=0}^{\infty} aq^n = \frac{a}{1-q}$。

② p 级数 $\sum\limits_{n=1}^{\infty} \dfrac{1}{n^p}$：当 $p>1$ 时收敛，当 $p\leqslant 1$ 时发散。

3.任意项级数敛散性判别法

(1)当 $\sum\limits_{n=1}^{\infty}|a_n|$ 收敛时，$\sum\limits_{n=1}^{\infty}a_n$ 必收敛，此时称 $\sum\limits_{n=1}^{\infty}a_n$ 绝对收敛。

(2)当 $\sum\limits_{n=1}^{\infty}|a_n|$ 发散，但 $\sum\limits_{n=1}^{\infty}a_n$ 收敛时，称 $\sum\limits_{n=1}^{\infty}a_n$ 条件收敛。

(3)莱布尼茨判别法　设交错级数 $\sum\limits_{n=0}^{\infty}(-1)^n a_n, a_n>0$，若数列 $\{a_n\}$ 单调减少，且 $\lim\limits_{n\to\infty}a_n=0$，则该级数收敛(可能是绝对收敛或条件收敛)。

(4)对于任意项级数 $\sum\limits_{n=1}^{\infty}a_n$，若 $\lim\limits_{n\to\infty}\left|\dfrac{a_{n+1}}{a_n}\right|=\lambda$，则当 $0\leqslant\lambda<1$ 时，$\sum\limits_{n=1}^{\infty}a_n$ 绝对收敛；当 $\lambda>1$ 时，$\sum\limits_{n=1}^{\infty}a_n$ 发散。

5.1.2　竞赛例题

1.利用定义求数项级数的和

例1　计算 $\dfrac{1}{2}+\dfrac{3}{2^2}+\dfrac{5}{2^3}+\cdots+\dfrac{2n-1}{2^n}+\cdots$。

解　令 $S_n=\dfrac{1}{2}+\dfrac{3}{2^2}+\dfrac{5}{2^3}+\cdots+\dfrac{2n-1}{2^n}$，则 $\dfrac{1}{2}S_n=\dfrac{1}{2^2}+\dfrac{3}{2^3}+\cdots+\dfrac{2n-3}{2^n}+\dfrac{2n-1}{2^{n+1}}$。$S_n-\dfrac{1}{2}S_n$ 得

$$\dfrac{1}{2}S_n=\dfrac{1}{2}+2\left(\dfrac{1}{2^2}+\dfrac{1}{2^3}+\cdots+\dfrac{1}{2^n}\right)-\dfrac{2n-1}{2^{n+1}}$$
$$=\dfrac{1}{2}+2\cdot\dfrac{\dfrac{1}{2^2}\left(1-\dfrac{1}{2^{n-1}}\right)}{1-\dfrac{1}{2}}-\dfrac{2n-1}{2^{n+1}}$$
$$=\dfrac{3}{2}-\dfrac{1}{2^{n-1}}-\dfrac{2n-1}{2^{n+1}}。$$

故 $S_n=3-\dfrac{1}{2^{n-2}}-\dfrac{2n-1}{2^n}$，所以

$$\dfrac{1}{2}+\dfrac{3}{2^2}+\dfrac{5}{2^3}+\cdots+\dfrac{2n-1}{2^n}+\cdots=\lim_{n\to\infty}S_n=\lim_{n\to\infty}\left(3-\dfrac{1}{2^{n-2}}-\dfrac{2n-1}{2^n}\right)=3。$$

例2　求 $\sum\limits_{k=1}^{\infty}\dfrac{k+2}{k!+(k+1)!+(k+2)!}$ 的和。

解　$\dfrac{k+2}{k!+(k+1)!+(k+2)!}=\dfrac{k+2}{k!(k+2)+(k+2)!}=\dfrac{1}{k!+(k+1)!}$
$$=\dfrac{1}{k!(k+2)}=\dfrac{k+1}{(k+2)!}$$

$$= \frac{(k+2)-1}{(k+2)!} = \frac{1}{(k+1)!} - \frac{1}{(k+2)!}.$$

故
$$\sum_{k=1}^{\infty} \frac{k+2}{k!+(k+1)!+(k+2)!} = \sum_{k=1}^{\infty} \left[\frac{1}{(k+1)!} - \frac{1}{(k+2)!}\right] = \frac{1}{2}.$$

例3 设级数 $\sum_{n=1}^{\infty} u_n$ 的通项 u_n 与其部分和 S_n 满足方程 $2S_n^2 = 2u_n S_n - u_n, n \geqslant 2$。求证级数收敛并求其和。

证明 $u_n = S_n - S_{n-1}, n \geqslant 2$ 代入 $2S_n^2 = 2u_n S_n - u_n$，得
$$2S_n^2 = 2(S_n - S_{n-1})S_n - (S_n - S_{n-1}).$$

化简、整理得
$$\frac{1}{S_n} = \frac{1}{S_{n-1}} + 2, \quad n \geqslant 2.$$

因此
$$\frac{1}{S_n} = \frac{1}{S_{n-1}} + 2 = \frac{1}{S_{n-2}} + 2 \cdot 2 = \cdots = \frac{1}{S_1} + 2(n-1) = \frac{1}{u_1} + 2(n-1).$$

故 $S_n = \frac{u_1}{1+2(n-1)u_1}$，于是
$$\lim_{n \to \infty} S_n = \lim_{n \to \infty} \frac{u_1}{1+2(n-1)u_1} = 0.$$

因此，级数收敛，其和为 0。

例4 设 $a_n > 0 (n=1,2,\cdots)$，求证级数 $\sum_{n=1}^{\infty} \frac{a_n}{(1+a_1)(1+a_2)\cdots(1+a_n)}$ 收敛。

证明 当 $n \geqslant 2$ 时，
$$\frac{a_n}{(1+a_1)(1+a_2)\cdots(1+a_n)} = \frac{1}{(1+a_1)(1+a_2)\cdots(1+a_{n-1})} - \frac{1}{(1+a_1)(1+a_2)\cdots(1+a_n)},$$
$$S_n = \frac{a_1}{1+a_1} + \left[\frac{1}{1+a_1} - \frac{1}{(1+a_1)(1+a_2)}\right] + \left[\frac{1}{(1+a_1)(1+a_2)} - \frac{1}{(1+a_1)(1+a_2)(1+a_3)}\right]$$
$$+ \cdots + \left[\frac{1}{(1+a_1)(1+a_2)\cdots(1+a_{n-1})} - \frac{1}{(1+a_1)(1+a_2)\cdots(1+a_n)}\right]$$
$$= \frac{a_1}{1+a_1} + \frac{1}{1+a_1} - \frac{1}{(1+a_1)(1+a_2)\cdots(1+a_n)}$$
$$= 1 - \frac{1}{(1+a_1)(1+a_2)\cdots(1+a_n)} < 1.$$

所以 $\sum_{n=1}^{\infty} \frac{a_n}{(1+a_1)(1+a_2)\cdots(1+a_n)}$ 收敛。

例5 设 $u_n > 0$，记 $S_n = \sum_{k=1}^{n} u_k$，证明级数 $\sum_{n=1}^{\infty} \frac{u_n}{S_n^2}$ 收敛。

证明 $u_n = S_n - S_{n-1}, n \geqslant 2$，从而
$$\sum_{k=1}^{n} \frac{u_k}{S_k^2} = \frac{u_1}{S_1^2} + \sum_{k=2}^{\infty} \frac{S_k - S_{k-1}}{S_k^2} \leqslant \frac{1}{u_1} + \sum_{k=2}^{n} \frac{S_k - S_{k-1}}{S_k \cdot S_{k-1}}$$

$$= \frac{1}{u_1} + \sum_{k=2}^{n}\left(\frac{1}{S_{k-1}} - \frac{1}{S_k}\right) = \frac{1}{u_1} + \frac{1}{S_1} - \frac{1}{S_n}$$

$$= \frac{2}{u_1} - \frac{1}{S_n} < \frac{2}{u_1}。$$

所以级数 $\sum_{n=1}^{\infty} \frac{u_n}{S_n^2}$ 收敛。

2. 判别正项级数的敛散性

例6 三个级数 $\sum_{n=2}^{\infty} \frac{1}{\ln \sqrt[3]{n}}, \sum_{n=1}^{\infty} \frac{e^n}{3^n - 2^n}, \sum_{n=1}^{\infty} \left(3 - \frac{1}{n}\right)^n \sin\frac{1}{3^n}$ 中，_____是收敛的。

解 $\frac{1}{\ln \sqrt[3]{n}} = \frac{3}{\ln n} > \frac{3}{n}$，而 $\sum_{n=2}^{\infty} \frac{3}{n}$ 发散，故 $\sum_{n=2}^{\infty} \frac{1}{\ln \sqrt[3]{n}}$ 发散。

$$\frac{e^n}{3^n - 2^n} = \frac{e^n}{3^n\left(1 - \left(\frac{2}{3}\right)^n\right)} = \left(\frac{e}{3}\right)^n \cdot \frac{1}{1 - \left(\frac{2}{3}\right)^n} \sim \left(\frac{e}{3}\right)^n (n \to \infty),$$

而 $\sum_{n=1}^{\infty} \left(\frac{e}{3}\right)^n$ 收敛，故 $\sum_{n=1}^{\infty} \frac{e^n}{3^n - 2^n}$ 收敛。

$$\lim_{n \to \infty} \left(3 - \frac{1}{n}\right)^n \sin\frac{1}{3^n} = \lim_{n \to \infty} \left(3 - \frac{1}{n}\right)^n \cdot \frac{1}{3^n} = \lim_{n \to \infty} 3^n \left(1 - \frac{1}{3n}\right)^n \cdot \frac{1}{3^n} = e^{-\frac{1}{3}} \neq 0。$$

故 $\sum_{n=1}^{\infty} \left(3 - \frac{1}{n}\right)^n \cdot \sin\frac{1}{3^n}$ 发散。

例7 讨论 $\sum_{n=1}^{\infty} \frac{1}{x_n^2}$ 的敛散性，其中 $\{x_n\}$ 是方程 $x = \tan x$ 的正根按递增顺序编号而得的序列。

解 $x > 0$，且 $\tan x$ 为周期函数，因此

$$n\pi - \frac{\pi}{2} < x_n < n\pi + \frac{\pi}{2}, \quad n = 1, 2, 3, \cdots。$$

于是 $x_n > n\pi - \frac{\pi}{2} > n$，故 $\frac{1}{x_n^2} < \frac{1}{n^2}$。又 $\sum_{n=1}^{\infty} \frac{1}{n^2}$ 收敛，故 $\sum_{n=1}^{\infty} \frac{1}{x_n^2}$ 收敛。

例8 设 $\{a_n\}, \{b_n\}$ 为满足 $e^{a_n} = a_n + e^{b_n} (n = 1, 2, \cdots)$ 的两个实数列，已知 $a_n > 0$ $(n = 1, 2, \cdots)$，且 $\sum_{n=1}^{\infty} a_n$ 收敛，证明：$\sum_{n=1}^{\infty} \frac{b_n}{a_n}$ 也收敛。

证明 由于 $\sum_{n=1}^{\infty} a_n$ 收敛，所以 $\lim_{n \to \infty} a_n = 0$。因 $a_n > 0$，且

$$b_n = \ln(e^{a_n} - a_n) = \ln\left(1 + a_n + \frac{a_n^2}{2} + o(a_n^2) - a_n\right)$$

$$= \ln\left(1 + \frac{a_n^2}{2} + o(a_n^2)\right) \sim \frac{a_n^2}{2} + o(a_n^2) \sim \frac{a_n^2}{2} \quad (n \to \infty),$$

故 $b_n > 0$，且 $\frac{b_n}{a_n} \sim \frac{a_n}{2}$，于是级数 $\sum_{n=1}^{\infty} \frac{b_n}{a_n}$ 收敛。

例 9 已知 $\{u_n\}$ 是单调增加的正数列,试证明:级数 $\sum_{n=1}^{\infty}\left(1-\dfrac{u_n}{u_{n+1}}\right)$ 收敛的充分必要条件是数列 $\{u_n\}$ 有界。

证明 先证充分性。令 $a_n=1-\dfrac{u_n}{u_{n+1}}$,因 $\{u_n\}$ 单调增,所以 $a_n \geqslant 0$,且 $a_n \leqslant \dfrac{u_{n+1}-u_n}{u_1}$。记 $b_n=\dfrac{u_{n+1}-u_n}{u_1}$,由于

$$\sum_{k=1}^{n} b_k = \dfrac{1}{u_1}(u_2-u_1+u_3-u_2+\cdots+u_{n+1}-u_n)=\dfrac{1}{u_1}(u_{n+1}-u_1),$$

因 $\{u_n\}$ 单调增并有界,故数列 $\{u_n\}$ 收敛。设 $\lim\limits_{n\to\infty} u_n = A$,则 $\lim\limits_{n\to\infty}\sum_{k=1}^{n} b_k = \dfrac{1}{u_1}(A-u_1)$,故级数 $\sum_{n=1}^{\infty} b_n$ 收敛,由比较判别法得 $\sum_{n=1}^{\infty}\left(1-\dfrac{u_n}{u_{n+1}}\right)$ 收敛。

再证必要性。若 $\{u_n\}$ 无界,则对于任意的 $k\in\mathbf{N}$,均存在 $n>k$,使 $u_n>3u_k$。令 $a_i=1-\dfrac{u_i}{u_{i+1}}$,记 $S_n=\sum_{i=1}^{n} a_i$,则

$$S_{n-1}-S_{k-1}=\sum_{t=k}^{n-1}\left(1-\dfrac{u_t}{u_{t+1}}\right)=\dfrac{u_{k+1}-u_k}{u_{k+1}}+\dfrac{u_{k+2}-u_{k+1}}{u_{k+2}}+\cdots+\dfrac{u_n-u_{n-1}}{u_n}$$

$$\geqslant \dfrac{1}{u_n}(u_{k+1}-u_k+u_{k+2}-u_{k+1}+\cdots+u_n-u_{n-1})=\dfrac{u_n-u_k}{u_n}\geqslant \dfrac{2}{3}。$$

由柯西收敛准则得数列 $\{S_n\}$ 发散,则原级数发散,矛盾。因此数列 $\{u_n\}$ 有界。

例 10 求 $\lim\limits_{n\to\infty} \dfrac{n^{\frac{n}{2}}}{n!}$。

解 令 $a_n=\dfrac{n^{\frac{n}{2}}}{n!}$,判断 $\sum_{n=1}^{\infty} a_n$ 的敛散性。因为 $a_n>0$,且

$$\lim_{n\to\infty}\dfrac{a_{n+1}}{a_n}=\lim_{n\to\infty}\dfrac{(n+1)^{\frac{n+1}{2}}}{n^{\frac{n}{2}}}\cdot\dfrac{n!}{(n+1)!}=\lim_{n\to\infty}\dfrac{(n+1)^{\frac{n-1}{2}}}{n^{\frac{n}{2}}}$$

$$=\lim_{n\to\infty}\left(1+\dfrac{1}{n}\right)^{\frac{n}{2}}\cdot\dfrac{1}{\sqrt{1+n}}$$

$$=\sqrt{e}\cdot 0=0<1。$$

故 $\sum_{n=1}^{\infty} a_n$ 收敛,由收敛级数的性质知 $\lim\limits_{n\to\infty} a_n=0$,即 $\lim\limits_{n\to\infty}\dfrac{n^{\frac{n}{2}}}{n!}=0$。

例 11 已知数列 $\{a_n\}:a_1=1,a_2=2,a_3=5,\cdots,a_{n+1}=3a_n-a_{n-1}(n=2,3,\cdots)$,记 $x_n=\dfrac{1}{a_n}$,判别级数 $\sum_{n=1}^{\infty} x_n$ 的敛散性。

解 $a_1=1>0,a_2=2>0,a_2-a_1=1>0$。不妨归纳假设 $a_n>0,a_n-a_{n-1}>0$,则

$$a_{n+1}-a_n=3a_n-a_{n-1}-a_n=2a_n-a_{n-1}=(a_n-a_{n-1})+a_n>0。$$

故 $a_{n+1}>a_n>0$,即 $\{a_n\}$ 严格单调增加,且 $\forall n\in\mathbf{N},a_n>0$。

$$3a_n = a_{n-1} + a_{n+1} < 2a_{n+1} \Rightarrow a_{n+1} > \frac{3}{2}a_n > 0 \Rightarrow 0 < x_{n+1} < \frac{2}{3}x_n.$$

故有

$$0 < x_n < \frac{2}{3}x_{n-1} < \left(\frac{2}{3}\right)^2 x_{n-1} < \cdots < \left(\frac{2}{3}\right)^{n-1} x_1 = \left(\frac{2}{3}\right)^{n-1}.$$

又 $\sum_{n=1}^{\infty}\left(\frac{2}{3}\right)^{n-1}$ 收敛,所以 $\sum_{n=1}^{\infty} x_n$ 收敛。

例 12 已知正项级数 $\sum_{n=1}^{\infty} a_n$ 收敛,证明级数 $\sum_{n=1}^{\infty} \sqrt[n]{a_1 a_2 \cdots a_n}$ 收敛。

证明 对于正项级数 $\sum_{n=1}^{\infty} \sqrt[n]{a_1 a_2 \cdots a_n}$ 的部分和

$$\sum_{k=1}^{n} \sqrt[k]{a_1 a_2 \cdots a_k} = \sum_{k=1}^{n} \frac{\sqrt[k]{a_1 \cdot 2a_2 \cdot 3a_3 \cdot \cdots \cdot ka_k}}{\sqrt[k]{k!}}.$$

应用不等式 $k! \geqslant \left(\frac{k}{2}\right)^k (k \in \mathbf{N}^*)$ 与几何平均数小于等于算术平均数,有

$$\sum_{k=1}^{n} \frac{\sqrt[k]{a_1 \cdot 2a_2 \cdot 3a_3 \cdot \cdots \cdot ka_k}}{\sqrt[k]{k!}} \leqslant \sum_{k=1}^{n} \frac{2}{k} \sum_{i=1}^{k} \frac{ia_i}{k} = 2 \sum_{i=1}^{n} a_i \left(i \sum_{k=i}^{n} \frac{1}{k^2}\right).$$

由于

$$i \sum_{k=i}^{n} \frac{1}{k^2} = i \left(\frac{1}{i^2} + \frac{1}{(i+1)^2} + \frac{1}{(i+2)^2} + \cdots + \frac{1}{n^2}\right)$$

$$< i \left(\frac{1}{i^2} + \frac{1}{i(i+1)} + \frac{1}{(i+1)(i+2)} + \cdots + \frac{1}{(n-1)n}\right)$$

$$= i \left(\frac{1}{i^2} + \frac{1}{i} - \frac{1}{i+1} + \frac{1}{i+1} - \frac{1}{i+2} + \cdots + \frac{1}{n-1} - \frac{1}{n}\right)$$

$$= i \left(\frac{1}{i^2} + \frac{1}{i} - \frac{1}{n}\right) < i \left(\frac{1}{i^2} + \frac{1}{i}\right) = \frac{1}{i} + 1 \leqslant 2 \quad (i \geqslant 1).$$

所以

$$\sum_{k=1}^{n} \sqrt[k]{a_1 a_2 \cdots a_k} \leqslant 2 \sum_{i=1}^{n} a_i \left(i \sum_{k=i}^{n} \frac{1}{k^2}\right) < 4 \sum_{i=1}^{n} a_i.$$

由于收敛级数 $\sum_{n=1}^{\infty} a_n$ 的部分和有界,所以级数 $\sum_{n=1}^{\infty} \sqrt[n]{a_1 a_2 \cdots a_n}$ 的部分和有界,于是级数 $\sum_{n=1}^{\infty} \sqrt[n]{a_1 a_2 \cdots a_n}$ 收敛。

例 13 试讨论级数 $\sum_{n=2}^{\infty} \left(1 - \frac{1}{n}\right)^{n \ln n}$ 的敛散性。

解 当 $n \to \infty$ 时,有

$$\ln\left[\left(1 - \frac{1}{n}\right)^{n \ln n}\right] = n \ln n \ln\left(1 - \frac{1}{n}\right) = n \ln n \cdot \left[-\left(\frac{1}{n} + \frac{1}{2n^2} + o\left(\frac{1}{n^2}\right)\right)\right]$$

$$= -\ln n - \frac{\ln n}{2n} + o\left(\frac{1}{n}\right) \cdot \ln n \sim -\ln n.$$

所以 $\left(1-\dfrac{1}{n}\right)^{n\ln n} \sim e^{-\ln n} = \dfrac{1}{n}$ $(n\to\infty)$。故 $\sum\limits_{n=2}^{\infty}\left(1-\dfrac{1}{n}\right)^{\ln n}$ 发散。

例 14 设函数 $\varphi(x)$ 是 $(-\infty,+\infty)$ 上连续的周期函数，周期为 1，且 $\int_0^1 \varphi(x)\mathrm{d}x = 0$，函数 $f(x)$ 在 $[0,1]$ 上有连续的导数，$a_n = \int_0^1 f(x)\varphi(nx)\mathrm{d}x$，证明 $\sum\limits_{n=1}^{\infty} a_n^2$ 收敛。

证明 $a_n = \int_0^1 f(x)\varphi(nx)\mathrm{d}x \xrightarrow{nx=t} \dfrac{1}{n}\int_0^n f\left(\dfrac{t}{n}\right)\varphi(t)\mathrm{d}t$。

令 $G(x) = \int_0^x \varphi(t)\mathrm{d}t$，则 $G(0)=0$，$G'(x)=\varphi(x)$，且

$$G(n) = \int_0^n \varphi(t)\mathrm{d}t = n\int_0^1 \varphi(t)\mathrm{d}t = 0,$$

$$G(x+n) = \int_0^{x+n}\varphi(t)\mathrm{d}t = \int_0^x \varphi(t)\mathrm{d}t + \int_x^{x+n}\varphi(t)\mathrm{d}t$$
$$= \int_0^x \varphi(t)\mathrm{d}t + n\int_0^1 \varphi(t)\mathrm{d}t = \int_0^x \varphi(t)\mathrm{d}t + 0 = G(x),$$

所以 $G(x)$ 是在 $(-\infty,+\infty)$ 上连续可导的周期函数，于是 $G(x)$ 在 $(-\infty,+\infty)$ 上有界，记作 $|G(x)|\leqslant M_1$。$\forall x\in(-\infty,+\infty)$，有

$$a_n = \dfrac{1}{n}\int_0^n f\left(\dfrac{t}{n}\right)\mathrm{d}G(t) = \dfrac{1}{n}\left[f\left(\dfrac{t}{n}\right)G(t)\Big|_0^n - \int_0^n f'\left(\dfrac{t}{n}\right)\dfrac{1}{n}G(t)\mathrm{d}t\right]$$
$$= -\dfrac{1}{n^2}\int_0^n f'\left(\dfrac{t}{n}\right)G(t)\mathrm{d}t。$$

因 $f'(x)$ 在 $[0,1]$ 上连续，所以 $f'(x)$ 在 $[0,1]$ 上有界，即 $\forall x\in[0,1]$ 有 $|f'(x)|\leqslant M_2$。于是

$$|a_n| \leqslant \dfrac{1}{n^2}\int_0^n M_1 M_2 \mathrm{d}t = \dfrac{M_1 M_2}{n} \Rightarrow a_n^2 \leqslant \dfrac{(M_1 M_2)^2}{n^2}。$$

而 $\sum\limits_{n=1}^{\infty}\dfrac{(M_1 M_2)^2}{n^2}$ 收敛，故由比较判别法得 $\sum\limits_{n=1}^{\infty} a_n^2$ 收敛。

例 15 设 $f_n(x) = x^{\frac{1}{n}} + x - r$，其中 $r>0$。(1) 证明：$f_n(x)$ 在 $(0,+\infty)$ 内有唯一的零点 x_n；(2) 求 r 为何值时级数 $\sum\limits_{n=1}^{\infty} x_n$ 收敛，为何值时级数 $\sum\limits_{n=1}^{\infty} x_n$ 发散。

证明 (1) 因为 $x>0$ 时，$\forall n\in \mathbf{N}^*$，有 $f_n(x)$ 连续，且 $f_n'(x) = \dfrac{1}{n}x^{\frac{1}{n}-1} + 1 > 0$，所以 $f_n(x)$ 严格增。又因为

$$f_n(0) = -r < 0, \quad f_n(r) = \sqrt[n]{r} > 0,$$

根据零点定理，$f_n(x)$ 在 $(0,r)(\subset(0,+\infty))$ 内有唯一的零点 x_n。

(2) 当 $0<r<1$ 时，$f_n(r^n) = \sqrt[n]{r^n} + r^n - r > 0$。又由 $f_n(x)$ 严格增可知 $0<x_n<r^n$，而 $\sum\limits_{n=1}^{\infty} r^n$ 收敛，由比较判别法可得级数 $\sum\limits_{n=1}^{\infty} x_n$ 收敛。

当 $r>1$ 时，因 $\lim\limits_{n\to\infty}\sqrt[n]{n} = 1$，$\lim\limits_{n\to\infty}\dfrac{1}{n} = 0$，所以只要 n 充分大，就有

$$f_n\left(\frac{1}{n}\right) = \sqrt[n]{\frac{1}{n}} + \frac{1}{n} - r < 0.$$

由 $f_n(x)$ 严格增可知 $x_n > \frac{1}{n} > 0$，而 $\sum_{n=1}^{\infty} \frac{1}{n}$ 发散，由比较判别法得级数 $\sum_{n=1}^{\infty} x_n$ 发散。

当 $r=1$ 时，因为

$$f_n\left(\frac{1}{2n}\right) = \sqrt[n]{\frac{1}{2n}} + \frac{1}{2n} - 1 = \frac{1}{2n}\left(1 - 2n + 2n \cdot \sqrt[n]{\frac{1}{2n}}\right) = \frac{1}{2n}(1 - 2n(1-\alpha)),$$

其中 $\alpha = \frac{1}{\sqrt[n]{2n}} (0 < \alpha < 1)$。由于

$$2n(1-\alpha) = 2n \frac{1-\alpha^n}{1+\alpha+\alpha^2+\cdots+\alpha^{n-1}} = \frac{2n-1}{1+\alpha+\alpha^2+\cdots+\alpha^{n-1}}$$

$$> \frac{n}{1+1+\cdots+1} = \frac{n}{n} = 1,$$

故 $f_n\left(\frac{1}{2n}\right) < 0$。由 $f_n(x)$ 严格增可知 $x_n > \frac{1}{2n} > 0$，由比较判别法得级数 $\sum_{n=1}^{\infty} x_n$ 发散。

综上所述，当 $0 < r < 1$ 时，级数 $\sum_{n=1}^{\infty} x_n$ 收敛；当 $r \geq 1$ 时，级数 $\sum_{n=1}^{\infty} x_n$ 发散。

例 16 (1) 先讨论级数 $\sum_{n=1}^{\infty} \left(\frac{1}{n} - \ln\left(1+\frac{1}{n}\right)\right)$ 的敛散性。又已知 $x_n = 1 + \frac{1}{2} + \cdots + \frac{1}{n} - \ln(1+n)$，证明数列 $\{x_n\}$ 收敛；

(2) 求 $\lim_{n \to \infty} \frac{1}{\ln n}\left(1 + \frac{1}{2} + \cdots + \frac{1}{n}\right)$。

证明 (1) 应用 $\ln(1+x)$ 的麦克劳林展式，有

$$\ln(1+x) = x - \frac{1}{2}x^2 + o(x^2) \quad (x \to 0),$$

所以当 n 充分大时，有

$$\ln\left(1+\frac{1}{n}\right) = \frac{1}{n} - \frac{1}{2n^2} + o\left(\frac{1}{n^2}\right),$$

$$\frac{1}{n} - \ln\left(1+\frac{1}{n}\right) = \frac{1}{2n^2} + o\left(\frac{1}{n^2}\right) \sim \frac{1}{2n^2}.$$

而级数 $\sum_{n=1}^{\infty} \frac{1}{2n^2}$ 收敛，所以级数 $\sum_{n=1}^{\infty} \left(\frac{1}{n} - \ln\left(1+\frac{1}{n}\right)\right)$ 收敛。该级数的部分和为

$$\sum_{k=1}^{n} \left(\frac{1}{k} - \ln\left(1+\frac{1}{k}\right)\right) = 1 + \frac{1}{2} + \cdots + \frac{1}{n} - \ln(1+n) = x_n,$$

所以数列 $\{x_n\}$ 收敛。

(2) 由于 $\lim_{n \to \infty} \frac{1}{\ln n} = 0$，设 $x_n \to A$，则

$$\lim_{n \to \infty} \frac{x_n}{\ln n} = \lim_{n \to \infty} \frac{1 + \frac{1}{2} + \cdots + \frac{1}{n}}{\ln n} - \lim_{n \to \infty} \frac{\ln(1+n)}{\ln n} = 0.$$

①

应用洛必达法则,有

$$\lim_{x\to+\infty}\frac{\ln(1+x)}{\ln x}=\lim_{x\to+\infty}\frac{\frac{1}{1+x}}{\frac{1}{x}}=\lim_{x\to+\infty}\frac{1}{1+\frac{1}{x}}=1。$$

所以 $\lim\limits_{n\to\infty}\dfrac{\ln(1+n)}{\ln n}=1$,由 ① 式即得

$$\lim_{n\to\infty}\frac{1}{\ln n}\left(1+\frac{1}{2}+\cdots+\frac{1}{n}\right)=\lim_{n\to\infty}\frac{\ln(1+n)}{\ln n}=1。$$

例 17 设 $f(x)=\dfrac{1}{1-x-x^2}$,$a_n=\dfrac{1}{n!}f^{(n)}(0)$,求证级数 $\sum\limits_{n=0}^{\infty}\dfrac{a_{n+1}}{a_n a_{n+2}}$ 收敛,并求其和。

证明 令 $F(x)=(1-x-x^2)f(x)$,则 $F(x)=1$。根据莱布尼茨公式,对上式两边求 $n+2$ 阶导数,有

$$F^{(n+2)}(x)=f^{(n+2)}(x)(1-x-x^2)+C_{n+2}^1 f^{(n+1)}(x)(-1-2x)+C_{n+2}^2 f^{(n)}(x)(-2)$$
$$=0。$$

令 $x=0$,得

$$(n+2)!a_{n+2}+C_{n+2}^1 a_{n+1}(n+1)!(-1)+C_{n+2}^2 a_n n!(-2)=0,$$
$$(n+2)!a_{n+2}-(n+2)!a_{n+1}-(n+2)!a_n=0。$$

于是 $a_{n+2}=a_{n+1}+a_n$,且

$$a_0=\frac{1}{0!}f^{(0)}(0)=1,\qquad a_1=\frac{1}{1!}f'(0)=\frac{-(-1-2x)}{(1-x-x^2)^2}\bigg|_{x=0}=1,$$

归纳可得 $n\to\infty$ 时有 $a_n\to\infty$。原级数的部分和

$$S_n=\sum_{k=0}^{n}\frac{a_{k+1}}{a_k\cdot a_{k+2}}=\sum_{k=0}^{n}\frac{a_{k+2}-a_k}{a_k\cdot a_{k+2}}=\sum_{k=0}^{n}\left(\frac{1}{a_k}-\frac{1}{a_{k+2}}\right)$$
$$=\left(\frac{1}{a_0}-\frac{1}{a_2}\right)+\left(\frac{1}{a_1}-\frac{1}{a_3}\right)+\left(\frac{1}{a_2}-\frac{1}{a_4}\right)+\cdots+\left(\frac{1}{a_{n-1}}-\frac{1}{a_{n+1}}\right)+\left(\frac{1}{a_n}-\frac{1}{a_{n+2}}\right)$$
$$=\frac{1}{a_0}+\frac{1}{a_1}-\frac{1}{a_{n+1}}-\frac{1}{a_{n+2}}\to 2\quad(n\to\infty)。$$

于是,级数 $\sum\limits_{n=0}^{\infty}\dfrac{a_{n+1}}{a_n a_{n+2}}$ 收敛,且和为 2。

例 18 设 $a_n>0$,$p>1$,且 $\lim\limits_{n\to\infty}n^p(e^{\frac{1}{n}}-1)a_n=1$。若 $\sum\limits_{n=1}^{\infty}a_n$ 收敛,求 p 的取值范围。

解 $e^{\frac{1}{n}}-1\sim\dfrac{1}{n}(n\to\infty)$,所以

$$\lim_{n\to\infty}n^p(e^{\frac{1}{n}}-1)a_n=\lim_{n\to\infty}n^{p-1}a_n=1。$$

由比较判别法的极限形式知,若 $\sum\limits_{n=1}^{\infty}a_n$ 收敛,则 $p-1>1$,即 $p>2$。故 p 的取值范围为 $(2,+\infty)$。

例 19 设 $a_n=\displaystyle\int_0^{\frac{\pi}{4}}\tan^n x\,\mathrm{d}x$。

(1) 求 $\sum\limits_{n=1}^{\infty}\dfrac{1}{n}(a_n+a_{n+2})$;

(2) 试证对任意的常数 $\lambda>0$，级数 $\sum_{n=1}^{\infty}\dfrac{a_n}{n^\lambda}$ 收敛。

解 (1) $\dfrac{1}{n}(a_n+a_{n+2})=\dfrac{1}{n}\int_0^{\frac{\pi}{4}}\tan^n x(1+\tan^2 x)\mathrm{d}x=\dfrac{1}{n}\int_0^{\frac{\pi}{4}}\tan^n x\,\mathrm{d}\tan x$

$$=\dfrac{1}{n}\cdot\dfrac{1}{n+1}\tan^{n+1}x\Big|_0^{\frac{\pi}{4}}=\dfrac{1}{n(n+1)}.$$

因此

$$\sum_{n=1}^{\infty}\dfrac{1}{n}(a_n+a_{n+2})=\sum_{n=1}^{\infty}\dfrac{1}{n(n+1)}=\lim_{n\to\infty}\sum_{k=1}^{n}\dfrac{1}{k(k+1)}=1.$$

(2) $a_n=\int_0^{\frac{\pi}{4}}\tan^n x\,\mathrm{d}x\xlongequal{t=\tan x}\int_0^1\dfrac{t^n}{1+t^2}\mathrm{d}t<\int_0^1 t^n\,\mathrm{d}t=\dfrac{1}{n+1}.$

所以 $\forall\lambda>0$，有 $\dfrac{a_n}{n^\lambda}<\dfrac{1}{(n+1)n^\lambda}<\dfrac{1}{n^{\lambda+1}}$。而 $\sum_{n=1}^{\infty}\dfrac{1}{n^{\lambda+1}}(\lambda>0)$ 收敛，故 $\sum_{n=1}^{\infty}\dfrac{a_n}{n^\lambda}$ 收敛。

例 20 判断级数 $\sum_{n=1}^{\infty}\left(n\ln\dfrac{2n+1}{2n-1}-1\right)$ 的敛散性。

解 $n\ln\dfrac{2n+1}{2n-1}-1=n\ln\left(1+\dfrac{2}{2n-1}\right)-1$

$$=n\left[\dfrac{2}{2n-1}-\dfrac{1}{2}\left(\dfrac{2}{2n-1}\right)^2+\dfrac{1}{3}\left(\dfrac{2}{2n-1}\right)^3+o\left(\dfrac{1}{n^3}\right)\right]-1$$

$$=\dfrac{2n+3}{3(2n-1)^3}+o\left(\dfrac{1}{n^2}\right).$$

于是

$$\lim_{n\to\infty}\dfrac{n\ln\dfrac{2n+1}{2n-1}-1}{\dfrac{1}{n^2}}=\lim_{n\to\infty}\dfrac{\dfrac{2n+3}{3(2n-1)^3}+o\left(\dfrac{1}{n^2}\right)}{\dfrac{1}{n^2}}=\dfrac{1}{12}.$$

而 $\sum_{n=1}^{\infty}\dfrac{1}{n^2}$ 收敛，故 $\sum_{n=1}^{\infty}\left(n\ln\dfrac{2n+1}{2n-1}-1\right)$ 收敛。

例 21 设 $\alpha>1$，求证级数 $\sum_{n=1}^{\infty}\dfrac{n}{1^\alpha+2^\alpha+\cdots+n^\alpha}$ 收敛。

证明 $\lim_{n\to\infty}\dfrac{\dfrac{n}{1^\alpha+2^\alpha+\cdots+n^\alpha}}{\dfrac{1}{n^\alpha}}=\lim_{n\to\infty}\dfrac{1}{\dfrac{1}{n}\left[\left(\dfrac{1}{n}\right)^\alpha+\left(\dfrac{2}{n}\right)^\alpha+\cdots+\left(\dfrac{n}{n}\right)^\alpha\right]}$

$$=\lim_{n\to\infty}\dfrac{1}{\dfrac{1}{n}\sum_{k=1}^{n}\left(\dfrac{k}{n}\right)^\alpha}=\dfrac{1}{\lim_{n\to\infty}\sum_{k=1}^{n}\left(\dfrac{k}{n}\right)^\alpha\cdot\dfrac{1}{n}}$$

$$=\dfrac{1}{\int_0^1 x^\alpha\,\mathrm{d}x}=\dfrac{1}{\dfrac{1}{\alpha+1}}=\alpha+1.$$

因此，原级数与 $\sum_{n=1}^{\infty}\dfrac{1}{n^\alpha}$ 同敛散。$\alpha>1$，$\sum_{n=1}^{\infty}\dfrac{1}{n^\alpha}$ 收敛，故 $\sum_{n=1}^{\infty}\dfrac{n}{1^\alpha+2^\alpha+\cdots+n^\alpha}$ 收敛。

3. 判断一般项级数的敛散性

例 22 判别级数 $\sum_{n=1}^{\infty}(-1)^{n+1}(\sqrt[n]{3}-1)$ 的敛散性。

解 令 $a_n=\sqrt[n]{3}-1$,则 $a_n>0$,且 $a_n=e^{\frac{\ln 3}{n}}-1\sim\frac{\ln 3}{n}>\frac{1}{n}(n\geq 1)$。且 $\sum_{n=1}^{\infty}\frac{1}{n}$ 发散,所以 $\sum_{n=1}^{\infty}\frac{\ln 3}{n}$ 发散,即 $\sum_{n=1}^{\infty}|(-1)^{n+1}(\sqrt[n]{3}-1)|$ 发散。

又 $\{a_n\}$ 单调减少且 $a_n\to 0(n\to\infty)$,故 $\sum_{n=1}^{\infty}(-1)^{n+1}(\sqrt[n]{3}-1)$ 收敛。

因此 $\sum_{n=1}^{\infty}(-1)^{n+1}(\sqrt[n]{3}-1)$ 条件收敛。

例 23 试判断级数 $\sum_{n=1}^{\infty}(-1)^n\tan(\sqrt{n^2+2}\pi)$ 是否收敛,若收敛,是条件收敛还是绝对收敛。

解 令 $a_n=\tan(\sqrt{n^2+2}\pi)$,则

$$a_n=\tan(\sqrt{n^2+2}\pi)=\tan(\sqrt{n^2+2}-n)\pi=\tan\frac{2\pi}{\sqrt{n^2+2}+n}。$$

显然 $\{a_n\}$ 单调递减,且 $a_n\to 0(n\to\infty)$,故 $\sum_{n=1}^{\infty}(-1)^n a_n$ 收敛。又

$$a_n=\tan(\sqrt{n^2+2}\pi)=\tan\frac{2\pi}{\sqrt{n^2+2}+n}>\frac{2\pi}{\sqrt{n^2+2}+n}>\frac{2\pi}{(n+1)+n}>\frac{1}{n}。$$

故 $\sum_{n=1}^{\infty}a_n$ 发散。因此 $\sum_{n=1}^{\infty}(-1)^n\tan(\sqrt{n^2+2}\pi)$ 条件收敛。

例 24 对常数 p,讨论级数

$$\sum_{n=1}^{\infty}(-1)^{n+1}\frac{\sqrt{n+1}-\sqrt{n}}{n^p}$$

何时绝对收敛、何时条件收敛、何时发散。

解 令 $a_n=\frac{\sqrt{n+1}-\sqrt{n}}{n^p}(n>0)$,则

$$a_n=\frac{1}{(\sqrt{n+1}+\sqrt{n})n^p}=\frac{1}{\sqrt{n}\left(\sqrt{1+\frac{1}{n}}+1\right)n^p}\sim\frac{1}{2n^{p+\frac{1}{2}}}。$$

故当 $p+\frac{1}{2}>1$(即 $p>\frac{1}{2}$)时 $\sum_{n=1}^{\infty}a_n$ 收敛,则原级数绝对收敛;当 $p+\frac{1}{2}\leq 1$(即 $p\leq\frac{1}{2}$)时 $\sum_{n=1}^{\infty}a_n$ 发散,则原级数非绝对收敛。

当 $0<p+\frac{1}{2}\leq 1$(即 $-\frac{1}{2}<p\leq\frac{1}{2}$)时显然 $a_n\to 0(n\to\infty)$。令

$$f(x)=x^p(\sqrt{x+1}+\sqrt{x}),\quad x>0。$$

由于
$$f'(x) = x^{p-1}(\sqrt{x+1}+\sqrt{x})\left[p + \frac{\sqrt{x}}{2\sqrt{x+1}}\right],$$
且 $x^{p-1}>0, \sqrt{x+1}+\sqrt{x}>0$,而
$$\lim_{x\to+\infty}\left[p+\frac{\sqrt{x}}{2\sqrt{x+1}}\right] = p+\frac{1}{2}>0,$$

所以 x 充分大时 $f(x)$ 单调增加,于是 n 充分大时, $a_n = \frac{1}{f(n)}$ 单调减少,应用莱布尼茨判别法推知 $-\frac{1}{2}<p\leqslant\frac{1}{2}$ 时原级数条件收敛。

当 $p+\frac{1}{2}\leqslant 0$ 时 $a_n \not\to 0(n\to\infty)$,故 $p\leqslant -\frac{1}{2}$ 时原级数发散。

例 25 已知级数 $\sum_{n=2}^{\infty}(-1)^n \frac{n^k}{n-1}$ 为条件收敛,求常数 k 的取值范围。

解 令 $a_n = \frac{n^k}{n-1}$,则
$$a_n = \frac{n^k}{n-1} = \frac{1}{n^{1-k}-n^{-k}} \sim \frac{1}{n^{1-k}}。$$

因此,当 $1-k>1$,即 $k<0$ 时,$\sum_{n=2}^{\infty}(-1)^n \frac{n^k}{n-1}$ 绝对收敛;当 $1-k\leqslant 1$ 时,$\sum_{n=2}^{\infty}(-1)^n \frac{n^k}{n-1}$ 不绝对收敛。

当 $k\geqslant 1$ 时,$\lim_{n\to\infty}a_n = \lim_{n\to\infty}\frac{n^k}{n-1} = \begin{cases} 1, & k=1, \\ \infty, & k>1。\end{cases}$ 故 $\sum_{n=2}^{\infty}(-1)^n \frac{n^k}{n-1}$ 发散。

当 $0\leqslant k<1$ 时,$\lim_{n\to\infty}\frac{n^k}{n-1}=0$,且 $\frac{n^k}{n-1} = \frac{1}{n^{1-k}-n^{-k}}$ 单调减少。此时 $\sum_{n=2}^{\infty}(-1)^n \frac{n^k}{n-1}$ 收敛。

综上,当 $0\leqslant k<1$ 时原级数条件收敛。

例 26 设级数 $\sum_{n=1}^{\infty}a_n$ 条件收敛,$\lim_{n\to\infty}\frac{a_{n+1}}{a_n}=r$ 存在,求 r 的值,并举出满足这些条件的例子。

解 因级数 $\sum_{n=1}^{\infty}a_n$ 条件收敛,所以该级数不可能为正项级数或负项级数。因为
$$\lim_{n\to\infty}\frac{a_{n+1}}{a_n}=r \Rightarrow \lim_{n\to\infty}\left|\frac{a_{n+1}}{a_n}\right|=|r|。$$

(1) 若 $|r|<1$,则由比值判别法推得 $\sum_{n=1}^{\infty}|a_n|$ 收敛,此与条件矛盾,故 $|r|\geqslant 1$。

(2) 若 $|r|>1$,则由 $\lim_{n\to\infty}\left|\frac{a_{n+1}}{a_n}\right|=|r|>1$,推知 n 充分大时数列 $\{|a_n|\}$ 单调增加,故 $|a_n|\not\to 0 \Rightarrow a_n \not\to 0$,此与条件矛盾,故 $|r|=1$,即 $r=1,-1$。

(3) 若 $r=1$，则由 $\lim\limits_{n\to\infty}\dfrac{a_{n+1}}{a_n}=1$，推知 n 充分大时，a_n 与 a_{n+1} 同为正值或同为负值，此不可能。

综上得 $r=-1$。

例如级数 $\sum\limits_{n=1}^{\infty}(-1)^n\dfrac{1}{n}$ 为条件收敛，且

$$\lim_{n\to\infty}\frac{a_{n+1}}{a_n}=\lim_{n\to\infty}\frac{(-1)^{n+1}}{n+1}\cdot\frac{n}{(-1)^n}=-1\text{。}$$

例 27 设 k 为常数，试判别级数 $\sum\limits_{n=2}^{\infty}(-1)^n\dfrac{1}{n^k(\ln n)^2}$ 的敛散性。

解 令 $a_n=\dfrac{1}{n^k(\ln n)^2}$，则

当 $k>1$ 时，$\lim\limits_{n\to\infty}\dfrac{a_n}{\frac{1}{n^k}}=\lim\limits_{n\to\infty}\dfrac{1}{(\ln n)^2}=0$。$\sum\limits_{n=2}^{\infty}\dfrac{(-1)^n}{n^k(\ln n)^2}$ 绝对收敛。

当 $k=1$ 时，原级数的绝对值级数的部分和

$$S_n=\sum_{i=2}^{n}\frac{1}{i(\ln i)^2}=\frac{1}{2(\ln 2)^2}+\sum_{i=3}^{n}\frac{1}{i(\ln i)^2}<\frac{1}{2(\ln 2)^2}+\sum_{i=3}^{n}\int_{i-1}^{i}\frac{1}{x(\ln x)^2}\mathrm{d}x$$

$$\leqslant\frac{1}{2(\ln 2)^2}+\int_{2}^{+\infty}\frac{1}{x(\ln x)^2}\mathrm{d}x=\frac{1}{2(\ln 2)^2}+\frac{1}{\ln x}\Big|_{+\infty}^{2}$$

$$=\frac{1}{2(\ln 2)^2}+\frac{1}{\ln 2}\text{。}$$

故原级数绝对收敛。

当 $0\leqslant k<1$ 时，$\lim\limits_{n\to\infty}\dfrac{a_n}{\frac{1}{n}}=\lim\limits_{n\to\infty}\dfrac{n^{1-k}}{(\ln n)^2}=+\infty$，原级数不绝对收敛，且 $\{a_n\}$ 单调减少，$\lim\limits_{n\to\infty}a_n=$
$\lim\limits_{n\to\infty}\dfrac{1}{n^k(\ln n)^2}=0$。因此原级数收敛，故此时原级数条件收敛。

当 $k<0$ 时，$\lim\limits_{n\to\infty}a_n=\lim\limits_{n\to\infty}\dfrac{n^{-k}}{(\ln n)^2}=+\infty$，原级数发散。

综上，原级数在 $k\geqslant 1$ 时绝对收敛，在 $0\leqslant k<1$ 时条件收敛，在 $k<0$ 时发散。

例 28 设 $f(x)$ 在 $(-\infty,+\infty)$ 上有定义，在 $x=0$ 的邻域内 f 有连续的导数，且 $\lim\limits_{x\to 0}\dfrac{f(x)}{x}=$
$a>0$，讨论级数 $\sum\limits_{n=1}^{\infty}(-1)^{n+1}f\left(\dfrac{1}{n}\right)$ 的敛散性。

解 由于 $\lim\limits_{x\to 0}\dfrac{f(x)}{x}=a>0$，所以 $x\to 0$ 时，$f(x)\sim ax$，$f\left(\dfrac{1}{n}\right)\sim\dfrac{a}{n}$，而级数 $\sum\limits_{n=1}^{\infty}\dfrac{a}{n}$ 发散，所以级数 $\sum\limits_{n=1}^{\infty}(-1)^{n+1}f\left(\dfrac{1}{n}\right)$ 非绝对收敛。又由条件可得 $f(0)=0$，于是

$$f'(0)=\lim_{x\to 0}\frac{f(x)-f(0)}{x}=\lim_{x\to 0}\frac{f(x)}{x}=a,$$

且 $a>0$。因 $f'(x)$ 在 $x=0$ 连续,所以存在 $x=0$ 的某邻域 U,其内 $f'(x)>0$,因而在 U 中 $f(x)$ 严格增,于是当 n 充分大时,有

$$f\left(\frac{1}{n+1}\right)<f\left(\frac{1}{n}\right),$$

即 $\left\{f\left(\frac{1}{n}\right)\right\}$ 单调减少,且 $\lim\limits_{n\to\infty}f\left(\frac{1}{n}\right)=f(0)=0$,应用莱布尼茨法则即得原级数条件收敛。

例 29 讨论级数 $1-\frac{1}{2^p}+\frac{1}{\sqrt{3}}-\frac{1}{4^p}+\frac{1}{\sqrt{5}}-\frac{1}{6^p}+\cdots$ 的敛散性(p 为常数)。

解 当 $p=\frac{1}{2}$ 时,原式 $=\sum\limits_{n=1}^{\infty}(-1)^{n+1}\frac{1}{\sqrt{n}}$,由于此为交错级数,$\frac{1}{\sqrt{n}}$ 单调减少且收敛于 0,由莱布尼茨判别法得 $p=\frac{1}{2}$ 时原级数收敛。

当 $p\leqslant 0$ 时,原级数的通项 $a_n \not\to 0$,所以原级数发散。

当 $p>\frac{1}{2}$ 时,考虑加括号(两项一括)的级数

$$\sum_{n=1}^{\infty}\left(\frac{1}{\sqrt{2n-1}}-\frac{1}{(2n)^p}\right)。 \qquad ②$$

由于 $n\to\infty$ 时,$\frac{1}{\sqrt{2n-1}}-\frac{1}{(2n)^p}$(在 $p>\frac{1}{2}$ 时)与 $\frac{1}{\sqrt{2n-1}}$ 同阶,而 $\frac{1}{\sqrt{2n-1}}$ 与 $\frac{1}{\sqrt{n}}$ 同阶,$\sum\limits_{n=1}^{\infty}\frac{1}{\sqrt{n}}$ 发散,所以 $p>\frac{1}{2}$ 时,加括号的级数②发散,因而原级数也发散。

当 $0<p<\frac{1}{2}$ 时,原级数为

$$\sum_{n=1}^{\infty}\left(\frac{1}{\sqrt{2n-1}}-\frac{1}{(2n)^p}\right)=\sum_{n=1}^{\infty}(-1)^{n-1}\frac{1}{\sqrt{n}}-\sum_{n=1}^{\infty}\left(\frac{1}{(2n)^p}-\frac{1}{\sqrt{2n}}\right)。$$

因为 $\frac{1}{(2n)^p}-\frac{1}{\sqrt{2n}}>0$,而且当 $n\to\infty$ 时,$\frac{1}{(2n)^p}-\frac{1}{\sqrt{2n}}$ 与 $\frac{1}{(2n)^p}$ 等价,$\sum\limits_{n=1}^{\infty}\frac{1}{(2n)^p}$ 发散,所以 $\sum\limits_{n=1}^{\infty}\left(\frac{1}{(2n)^p}-\frac{1}{\sqrt{2n}}\right)$ 发散。而 $\sum\limits_{n=1}^{\infty}(-1)^{n-1}\frac{1}{\sqrt{n}}$ 收敛,故 $\sum\limits_{n=1}^{\infty}\left(\frac{1}{\sqrt{2n-1}}-\frac{1}{(2n)^p}\right)$ 发散。

5.1.3 模拟练习题 5-1

1. 求极限 $\lim\limits_{n\to\infty}\frac{5^n n!}{(2n)^n}$。

2. 已知 $\sum\limits_{n=1}^{\infty}\frac{1}{n^2}=\frac{\pi^2}{6}$,求级数 $\sum\limits_{n=1}^{\infty}\frac{1}{(2n-1)^2}$ 的和。

3. 设有两条抛物线 $y=nx^2+\frac{1}{n}$ 和 $y=(n+1)x^2+\frac{1}{n+1}$,记它们的交点的横坐标的绝对值为 a_n。

(1) 求这两条抛物线所围成的平面图形的面积 S_n;

(2) 求级数 $\sum\limits_{n=1}^{\infty}\frac{S_n}{a_n}$ 的和。

4. 判别下列级数的敛散性：

(1) $\sum_{n=1}^{\infty} \frac{n+2}{2n^3-1}$；

(2) $\sum_{n=1}^{\infty}(\sqrt[n]{n}-1)$；

(3) $\sum_{n=1}^{\infty} \frac{1!+2!+\cdots+n!}{(2n)!}$；

(4) $\sum_{n=1}^{\infty} \frac{n^2}{\left(2+\frac{1}{n}\right)^n}$；

(5) $\sum_{n=2}^{\infty}\left(\frac{1}{\sqrt{n-1}}-\frac{1}{\sqrt{n}}-\frac{1}{n}\right)$。

5. 判别下列级数是绝对收敛还是条件收敛：

(1) $\sum_{n=1}^{\infty} \frac{(-1)^n}{n-\ln n}$；

(2) $\sum_{n=2}^{\infty} \frac{(-1)^n}{n \ln n}$。

6. 设 α 为正实数，讨论 $1-\frac{1}{2^\alpha}+\frac{1}{3}-\frac{1}{4^\alpha}+\frac{1}{5}-\frac{1}{6^\alpha}+\cdots$ 的敛散性。

7. 设 $f(x)$ 在点 $x=0$ 的某邻域内具有二阶连续导数，且
$$\lim_{x\to 0}\frac{f(x)}{x}=0。$$
求证：级数 $\sum_{n=1}^{\infty} f\left(\frac{1}{n}\right)$ 绝对收敛。

5.2 幂 级 数

5.2.1 考点综述和解题方法点拨

1. 幂级数的收敛半径、收敛域与和函数

以幂级数 $\sum_{n=0}^{\infty} a_n x^n$ 作为研究对象，幂级数 $\sum_{n=0}^{\infty} a_n(x-x_0)^n$ 有类似结论。

(1) 收敛半径 R

若级数中 x 的幂连续出现，则 $R=\lim_{n\to\infty}\left|\frac{a_n}{a_{n+1}}\right|$。

若级数中 x 的幂有规律缺项，则采用比值方法求解。

(2) 收敛域 E

$(-R,R)$ 为收敛区间，验证 $x=\pm R$ 处的敛散性，即可得收敛域。

(3) 和函数 $S(x)$ 设 $S(x)=\sum_{n=0}^{\infty}a_n x^n, x\in E$。

① 两个结果：

$\sum_{n=0}^{\infty} x^n = \frac{1}{1-x}$ $(-1<x<1)$，$\sum_{n=0}^{\infty}(-1)^n x^n = \frac{1}{1+x}$ $(-1<x<1)$。

② 若 $\sum_{n=0}^{\infty} a_n x^n$ 中的 a_n 形如 $\frac{1}{n}$，$\frac{1}{n(n+1)}$，则采用先求导后积分（逐项积分）的方法求和函数。

③ 若 $\sum_{n=0}^{\infty} a_n x^n$ 中的 a_n 形如 $n+1$、$n(n+1)$，则采用先积分后求导（逐项可导）的方法，求和函数。

2. 阿贝尔定理

若 x_0 是幂级数 $\sum_{n=0}^{\infty} a_n x^n$ 的收敛点，则对于一切满足 $|x|<|x_0|$ 的点 x，幂级数都绝对收敛；若 x_0 是幂级数 $\sum_{n=0}^{\infty} a_n x^n$ 的发散点，则对一切满足 $|x|>|x_0|$ 的点 x，幂级数都发散。

3. 初等函数关于 x 的幂级数展式

(1) 常用公式有

$$e^x = 1 + x + \frac{1}{2!}x^2 + \cdots + \frac{1}{n!}x^n + \cdots, \quad x \in (-\infty, +\infty),$$

$$\sin x = x - \frac{1}{3!}x^3 + \frac{1}{5!}x^5 + \cdots + (-1)^{n-1} \frac{x^{2n-1}}{(2n-1)!} + \cdots, \quad x \in (-\infty, +\infty),$$

$$\cos x = 1 - \frac{1}{2!}x^2 + \frac{1}{4!}x^4 + \cdots + (-1)^n \frac{x^{2n}}{(2n)!} + \cdots, \quad x \in (-\infty, +\infty),$$

$$\frac{1}{1-x} = 1 + x + x^2 + \cdots + x^n + \cdots, \quad x \in (-1, 1),$$

$$\frac{1}{1+x} = 1 - x + x^2 + \cdots + (-1)^n x^n + \cdots, \quad x \in (-1, 1),$$

$$(1+x)^m = 1 + mx + \frac{m(m-1)}{2!}x^2 + \cdots + \frac{m(m-1)\cdots(m-n+1)}{n!}x^n + \cdots, \quad x \in (-1, 1),$$

$$\ln(1+x) = x - \frac{1}{2}x^2 + \frac{1}{3}x^3 + \cdots + (-1)^{n-1} \frac{x^n}{n} + \cdots, \quad x \in (-1, 1]。$$

可采用换元法，借助于公式，将函数展为幂级数。

(2) 可先求 $f'(x)$ 的幂级数展式，再逐项积分求 $f(x)$ 的幂级数展开式。

(3) 可先求 $\int_0^x f(x) dx$ 的幂级数展开式，用逐项求导求 $f(x)$ 的幂级数展开式。

5.2.2 竞赛例题

1. 求幂级数的收敛域与和函数

例1 级数 $\sum_{n=1}^{\infty} (\ln x)^n$ 的收敛域是_____。

解 令 $u_n(x) = (\ln x)^n$，则 $u_{n+1}(x) = (\ln x)^{n+1}$，于是

$$\lim_{n \to \infty} \left| \frac{u_{n+1}(x)}{u_n(x)} \right| = \lim_{n \to \infty} \left| \frac{(\ln x)^{n+1}}{(\ln x)^n} \right| = |\ln x|。$$

由比值判别法，当 $|\ln x| < 1$，即 $\frac{1}{e} < x < e$ 时，级数绝对收敛；当 $|\ln x| > 1$，即 $x > e$ 或 $0 < x < \frac{1}{e}$ 时，级数发散；当 $|\ln x| = 1$，即 $x = \frac{1}{e}$ 或 e 时，级数发散，故收敛域为 $\left(\frac{1}{e}, e \right)$。

例2 若 $\sum_{n=1}^{\infty} a_n (x-1)^n$ 在 $x = -1$ 处收敛，则此级数在 $x = 2$ 处（　　）。

A. 条件收敛 　　　　　　B. 绝对收敛 　　　　　　C. 发散 　　　　　　D. 敛散性不变

解 由阿贝尔引理，因为 $|2-1| = 1 < |-1-1| = 2$，所以幂级数绝对收敛。故应选 B。

例3 若 $\sum_{n=1}^{\infty} a_n x^n$ 在 $x = 3$ 处发散，则 $\sum_{n=1}^{\infty} a_n \left(x - \frac{1}{2} \right)^n$ 在 $x = -3$ 处（　　）。

A. 条件收敛　　　　　B. 绝对收敛　　　　　C. 发散　　　　　D. 无法判断

解　$\sum\limits_{n=1}^{\infty}a_n x^n$ 与 $\sum\limits_{n=1}^{\infty}a_n\left(x-\dfrac{1}{2}\right)^n$ 有相同的收敛半径 R。$\sum\limits_{n=1}^{\infty}a_n x^n$ 在 $x=3$ 处发散,故 $R\leqslant 3$。而 $\left|-3-\dfrac{1}{2}\right|=\dfrac{7}{2}>3$,故发散选 C。

例4　设 $\sum\limits_{n=1}^{\infty}a_n x^n$ 与 $\sum\limits_{n=1}^{\infty}b_n x^n$ 的收敛半径分别为 $\dfrac{\sqrt{5}}{3}$ 和 $\dfrac{1}{3}$,则幂级数 $\sum\limits_{n=1}^{\infty}\dfrac{a_n^2}{b_n^2}x^n$ 的收敛半径为_____。

解　由题意得 $\lim\limits_{n\to\infty}\left|\dfrac{a_n}{a_{n+1}}\right|=\dfrac{\sqrt{5}}{3}$,$\lim\limits_{n\to\infty}\left|\dfrac{b_n}{b_{n+1}}\right|=\dfrac{1}{3}$。而 $\sum\limits_{n=1}^{\infty}\dfrac{a_n^2}{b_n^2}x^n$ 的收敛半径为

$$R=\lim_{n\to\infty}\left|\dfrac{a_n^2}{b_n^2}\right|\bigg/\left|\dfrac{a_{n+1}^2}{b_{n+1}^2}\right|=\lim_{n\to\infty}\left|\dfrac{a_n^2}{a_{n+1}^2}\right|\cdot\left|\dfrac{b_{n+1}^2}{b_n^2}\right|$$

$$=\left(\lim_{x\to\infty}\left|\dfrac{a_n}{a_{n+1}}\right|\right)^2\cdot\left(\lim_{n\to\infty}\left|\dfrac{b_{n+1}}{b_n}\right|\right)^2$$

$$=\dfrac{5}{9}\cdot 9=5。$$

例5　求幂级数 $\sum\limits_{n=1}^{\infty}\dfrac{1}{n-(-1)^n}x^n$ 的收敛域。

解　令 $a_n=\dfrac{1}{n-(-1)^n}$,则 $R=\lim\limits_{n\to\infty}\left|\dfrac{a_n}{a_{n+1}}\right|=\lim\limits_{n\to\infty}\dfrac{n+1-(-1)^{n+1}}{n-(-1)^n}=1$。

当 $x=1$ 时,级数为 $\sum\limits_{n=1}^{\infty}\dfrac{1}{n-(-1)^n}$,因为 $\dfrac{1}{n-(-1)^n}\sim\dfrac{1}{n}(n\to\infty)$,而 $\sum\limits_{n=1}^{\infty}\dfrac{1}{n}$ 发散,所以 $\sum\limits_{n=1}^{\infty}\dfrac{1}{n-(-1)^n}$ 发散,即 $x=1$ 时原级数发散。

当 $x=-1$ 时,级数为

$$\sum\limits_{n=1}^{\infty}\dfrac{(-1)^n}{n-(-1)^n}=-\dfrac{1}{2}+\sum\limits_{n=2}^{\infty}\dfrac{n+(-1)^n}{n^2-1}\cdot(-1)^n$$

$$=-\dfrac{1}{2}+\sum\limits_{n=2}^{\infty}(-1)^n\dfrac{n}{n^2-1}+\sum\limits_{n=2}^{\infty}\dfrac{1}{n^2-1}。$$

令 $f(n)=\dfrac{n}{n^2-1}$,则 $f'(x)=\dfrac{-1-x^2}{(x^2-1)^2}<0(x\geqslant 2)$,故 $f(x)$ 严格递减,因此 $f(n)$ 单减。且 $\lim\limits_{n\to\infty}f(n)=0$,所以 $\sum\limits_{n=2}^{\infty}\dfrac{(-1)^n\cdot n}{n^2-1}$ 收敛。而 $\sum\limits_{n=2}^{\infty}\dfrac{1}{n^2-1}$ 也收敛,即 $x=-1$ 时级数收敛。所以收敛域为 $[-1,1)$。

例6　求级数 $\sum\limits_{n=1}^{\infty}\dfrac{(-1)^n 8^n}{n\ln(n^3+n)}x^{3n-2}$ 的收敛域。

解　令 $u_n(x)=\dfrac{(-1)^n 8^n}{n\ln(n^3+n)}x^{3n-2}$,则

$$\lim_{n\to\infty}\left|\dfrac{u_{n+1}(x)}{u_n(x)}\right|=\lim_{n\to\infty}\left|\dfrac{(-1)^{n+1}8^{n+1}\cdot n\cdot\ln(n^3+n)\cdot x^{3n+1}}{(n+1)\ln[(n+1)^3+(n+1)]\cdot(-1)^n 8^n\cdot x^{3n-2}}\right|=8\mid x\mid^3。$$

若 $8|x|^3 < 1$,即 $-\frac{1}{2} < x < \frac{1}{2}$,级数收敛,收敛区间为 $\left(-\frac{1}{2}, \frac{1}{2}\right)$。

当 $x = \frac{1}{2}$ 时,原级数为 $4\sum_{n=1}^{\infty} \frac{(-1)^n}{n\ln(n^3+n)}$,收敛。

当 $x = -\frac{1}{2}$ 时,原级数为 $\sum_{n=1}^{\infty} \frac{4}{n\ln(n^3+n)}$。因为

$$\frac{4}{n\ln(n^3+n)} > \frac{4}{n\ln n^4} = \frac{1}{n\ln n} \quad (n \geqslant 2),$$

而 $\int_2^{+\infty} \frac{1}{x\ln x}dx = \ln|\ln x|\Big|_2^{+\infty} = +\infty$。故 $\sum_{n=2}^{\infty} \frac{1}{n\ln n}$ 发散。因此 $\sum_{n=1}^{\infty} \frac{4}{n\ln(n^3+n)}$ 发散。

综上得收敛域为 $\left(-\frac{1}{2}, \frac{1}{2}\right]$。

例 7 求幂级数 $\sum_{n=1}^{\infty} \frac{1}{n(3^n+(-2)^n)} x^n$ 的收敛域。

解 令 $a_n = \frac{1}{n(3^n+(-2)^n)}$,则

$$\lim_{n\to\infty}\left|\frac{a_n}{a_{n+1}}\right| = \lim_{n\to\infty} \frac{(n+1)(3^{n+1}+(-2)^{n+1})}{n(3^n+(-2)^n)} = \lim_{n\to\infty} \frac{3+(-2)\left(\frac{-2}{3}\right)^n}{1+\left(\frac{-2}{3}\right)^n} = 3,$$

所以幂级数的收敛半径 $R = 3$。当 $x = 3$ 时,原幂级数化为 $\sum_{n=1}^{\infty} \frac{3^n}{n(3^n+(-2)^n)}$。因为

$\frac{3^n}{n(3^n+(-2)^n)} > \frac{1}{2n}$,$\sum_{n=1}^{\infty} \frac{1}{2n}$ 发散,由比较判别法知 $x = 3$ 时原幂级数发散。当 $x = -3$ 时,原级数化为

$$\sum_{n=1}^{\infty} (-1)^n \frac{3^n}{n(3^n+(-2)^n)} = \sum_{n=1}^{\infty} (-1)^n \frac{1}{n} - \sum_{n=1}^{\infty} \frac{2^n}{n(3^n+(-2)^n)}。$$

因为 $\sum_{n=1}^{\infty} (-1)^n \frac{1}{n}$ 为莱布尼茨型级数,收敛;令 $b_n = \frac{2^n}{n(3^n+(-2)^n)}$,由于 $b_n > 0$,且

$$\lim_{n\to\infty} \frac{b_{n+1}}{b_n} = \lim_{n\to\infty} \frac{n \cdot 2^{n+1}(3^n+(-2)^n)}{(n+1) \cdot 2^n(3^{n+1}+(-2)^{n+1})} = \lim_{n\to\infty} 2 \cdot \frac{1+\left(\frac{-2}{3}\right)^n}{3+(-2)\left(\frac{-2}{3}\right)^n} = \frac{2}{3} < 1。$$

由比值判别法知 $\sum_{n=1}^{\infty} b_n$ 收敛。故收敛域为 $[-3, 3)$。

例 8 求幂级数 $\sum_{n=1}^{\infty} \left(1+\frac{1}{2}+\cdots+\frac{1}{n}\right)^{-1} x^n$ 的收敛域。

解 令 $a_n = \left(1+\frac{1}{2}+\cdots+\frac{1}{n}\right)^{-1} = \frac{1}{1+\frac{1}{2}+\cdots+\frac{1}{n}}$,则因为 $\sum_{n=1}^{\infty} \frac{1}{n}$ 发散,故部分和

$1+\dfrac{1}{2}+\cdots+\dfrac{1}{n} \to +\infty (n\to\infty)$。所以有

$$\lim_{n\to\infty}\dfrac{a_n}{a_{n+1}}=\lim_{n\to\infty}\dfrac{1+\dfrac{1}{2}+\dfrac{1}{3}+\cdots+\dfrac{1}{n}+\dfrac{1}{n+1}}{1+\dfrac{1}{2}+\dfrac{1}{3}+\cdots+\dfrac{1}{n}}=\lim_{n\to\infty}\left[1+\dfrac{1}{n+1}\cdot\dfrac{1}{1+\dfrac{1}{2}+\cdots+\dfrac{1}{n}}\right]$$

$$=1$$

故收敛半径 $R=1$,收敛区间为 $(-1,1)$。

当 $x=1$ 时,原级数为 $\sum_{n=1}^{\infty}a_n$。因 $a_n=\dfrac{1}{1+\dfrac{1}{2}+\cdots+\dfrac{1}{n}}>\dfrac{1}{1+1+\cdots+1}=\dfrac{1}{n}$,故 $\sum_{n=1}^{\infty}a_n$ 发散。

当 $x=-1$ 时,原级数为 $\sum_{n=1}^{\infty}(-1)^n a_n$。因为 $\{a_n\}$ 单调递减且 $\lim_{n\to\infty}a_n=0$,所以由莱布尼茨判别法得 $\sum_{n=1}^{\infty}(-1)^n a_n$ 收敛。

综上得收敛域为 $[-1,1)$。

例 9 (1) 设幂级数 $\sum_{n=1}^{\infty}a_n^2 x^n$ 的收敛域为 $[-1,1]$,求证:幂级数 $\sum_{n=1}^{\infty}\dfrac{a_n}{n}x^n$ 的收敛域也为 $[-1,1]$。

(2) 试问命题(1)的逆命题是否正确?若正确,给出证明;若不正确,举一反例说明。

证明 (1) 因 $\sum_{n=1}^{\infty}a_n^2$ 收敛,$\sum_{n=1}^{\infty}\dfrac{1}{n^2}$ 收敛,而 $\left|\dfrac{a_n}{n}\right|\leqslant\dfrac{1}{2}\left(a_n^2+\dfrac{1}{n^2}\right)$,由比较判别法得 $\sum_{n=1}^{\infty}\left|\dfrac{a_n}{n}\right|$ 收敛,故 $\sum_{n=1}^{\infty}\dfrac{a_n}{n}x^n$ 在 $x=\pm 1$ 时(绝对)收敛。下面证明:$\forall x_0$,$|x_0|>1$,级数 $\sum_{n=1}^{\infty}\dfrac{a_n}{n}x_0^n$ 发散。(反证)设 $\sum_{n=1}^{\infty}\dfrac{a_n}{n}x_0^n$ 收敛,则对 $\forall r$,只要 $|r|<|x_0|$,则 $\sum_{n=1}^{\infty}\left|\dfrac{a_n}{n}r^n\right|$ 收敛,取 r_1 使得 $1<|r_1|<|r|<|x_0|$。由于 $\lim_{n\to\infty}a_n^2=0$,$\lim_{n\to\infty}\left|\dfrac{r_1}{r}\right|^n=0$,所以 n 充分大时,$|a_n|<1$,$n\left|\dfrac{r_1}{r}\right|^n<1$。于是

$$|a_n^2 r_1^n|=\left|\dfrac{a_n}{n}r^n\right||a_n|\,n\left|\dfrac{r_1}{r}\right|^n\leqslant\left|\dfrac{a_n}{n}r^n\right|,$$

故 $\sum_{n=1}^{\infty}a_n^2 r_1^n$ 收敛,此与 $\sum_{n=1}^{\infty}a_n^2 x^n$ 在 $|x|>1$ 时发散矛盾。所以 $\sum_{n=1}^{\infty}\dfrac{a_n}{n}x^n$ 的收敛域为 $[-1,1]$。

(2) 命题(1)的逆命题不成立。反例 $a_n=\dfrac{1}{\sqrt{n}}$,则 $\sum_{n=1}^{\infty}\dfrac{a_n}{n}x^n=\sum_{n=1}^{\infty}\dfrac{1}{n^{3/2}}x^n$,其收敛域为 $[-1,1]$,但 $\sum_{n=1}^{\infty}a_n^2 x^n=\sum_{n=1}^{\infty}\dfrac{1}{n}x^n$ 的收敛域为 $[-1,1)$。

例 10 幂级数 $\sum_{n=1}^{\infty}\dfrac{2n-1}{3^n}x^{2n}$ 的和函数为 _____。

解 令 $f(x)=\sum_{n=1}^{\infty}\dfrac{2n-1}{3^n}\cdot x^{2n-2}$,逐项积分得

$$\int_0^x f(x)\mathrm{d}x = \sum_{n=1}^{\infty}\frac{1}{3^n}x^{2n-1} = \frac{1}{x}\sum_{n=1}^{\infty}\left(\frac{x^2}{3}\right)^n = \frac{1}{x}\cdot\frac{\dfrac{x^2}{3}}{1-\dfrac{x^2}{3}} = \frac{x}{3-x^2},$$

故 $f(x) = \left(\dfrac{x}{3-x^2}\right)' = \dfrac{3+x^2}{(3-x^2)^2}$。于是和函数

$$S(x) = x^2 f(x) = \frac{x^2(x^2+3)}{(x^2-3)^2}\text{。}$$

例 11 求幂级数 $\sum_{n=1}^{\infty}\dfrac{n}{2^n}(x+1)^{2n}$ 的收敛域与和函数。

解 $\lim_{n\to\infty}\dfrac{n+1}{2^{n+1}}\cdot\dfrac{(x+1)^{2n+2}}{(x+1)^{2n}}\cdot\dfrac{2^n}{n} = \dfrac{(x+1)^2}{2}$。

则当 $\dfrac{(x+1)^2}{2}<1$，即 $-1-\sqrt{2}<x<-1+\sqrt{2}$ 时，幂级数收敛，故收敛区间为 $(-1-\sqrt{2},-1+\sqrt{2})$。当 $x=-1\pm\sqrt{2}$ 时，原级数均为 $\sum_{n=1}^{\infty}n$ 发散，所以收敛域为 $(-1-\sqrt{2},-1+\sqrt{2})$。

令 $S(x)$ 为其和函数，则

$$S(x) = \sum_{n=1}^{\infty}n\left[\frac{(x+1)^2}{2}\right]^n = \frac{(x+1)^2}{2}\sum_{n=1}^{\infty}n\left[\frac{(x+1)^2}{2}\right]^{n-1}$$

$$= \frac{(x+1)^2}{2}\left[\sum_{n=1}^{\infty}\left[\frac{(x+1)^2}{2}\right]^n\right]'$$

$$= \frac{x^2+1}{2}\left[\frac{\dfrac{(x+1)^2}{2}}{1-\dfrac{(x+1)^2}{2}}\right]' = \frac{2(x+1)^2}{(x^2+2x-1)^2},\quad x\in(-1-\sqrt{2},-1+\sqrt{2})\text{。}$$

例 12 求 $\sum_{n=0}^{\infty}\dfrac{(-1)^n n^3}{(n+1)!}x^n$ 的收敛区间与和函数。

解 令 $a_n = \dfrac{(-1)^n n^3}{(n+1)!}$，则

$$\lim_{n\to\infty}\left|\frac{a_n}{a_{n+1}}\right| = \lim_{n\to\infty}\frac{n^3}{(n+1)!}\cdot\frac{(n+2)!}{(n+1)^3} = +\infty,$$

于是，原级数的收敛区间为 $(-\infty,+\infty)$。因为

$$\frac{n^3}{(n+1)!} = \frac{n^3+1-1}{(n+1)!} = \frac{(n+1)(n^2-n+1)}{(n+1)!} - \frac{1}{(n+1)!}$$

$$= \frac{n(n-1)+1}{n!} - \frac{1}{(n+1)!} = \frac{1}{(n-2)!} + \frac{1}{n!} - \frac{1}{(n+1)!},$$

所以

$$\sum_{n=0}^{\infty}\frac{(-1)^n n^3}{(n+1)!}x^n = \sum_{n=1}^{\infty}\frac{n^3}{(n+1)!}(-x)^n$$

$$= -\frac{x}{2} + \sum_{n=2}^{\infty}\frac{(-x)^n}{(n-2)!} + \sum_{n=2}^{\infty}\frac{(-x)^n}{n!} - \sum_{n=2}^{\infty}\frac{(-x)^n}{(n+1)!}$$

$$=-\frac{x}{2}+(-x)^2\sum_{n=0}^{\infty}\frac{(-x)^n}{n!}+\sum_{n=2}^{\infty}\frac{(-x)^n}{n!}+\frac{1}{x}\sum_{n=3}^{\infty}\frac{(-x)^n}{n!}$$

$$=-\frac{x}{2}+x^2\mathrm{e}^{-x}+(\mathrm{e}^{-x}-1+x)+\frac{1}{x}\left(\mathrm{e}^{-x}-1+x-\frac{1}{2}x^2\right)$$

$$=\mathrm{e}^{-x}\left(x^2+1+\frac{1}{x}\right)-\frac{1}{x} \quad (x\neq 0)。$$

综上所述,和函数 $S(x)=\begin{cases}\mathrm{e}^{-x}\left(x^2+1+\dfrac{1}{x}\right)-\dfrac{1}{x}, & x\neq 0,\\ 0, & x=0。\end{cases}$

例 13 求幂级数 $\sum\limits_{n=1}^{\infty}\dfrac{n}{n+1}x^n$ 的收敛域与和函数。

解 $\sum\limits_{n=1}^{\infty}\dfrac{n}{n+1}x^n=\sum\limits_{n=1}^{\infty}x^n-\sum\limits_{n=1}^{\infty}\dfrac{1}{n+1}x^n=\dfrac{x}{1-x}-\dfrac{1}{x}\sum\limits_{n=1}^{\infty}\dfrac{1}{n+1}x^{n+1}$

$$=\dfrac{x}{1-x}-\dfrac{1}{x}\left(\sum_{n=1}^{\infty}\dfrac{x^n}{n}-x\right)=\dfrac{x}{1-x}+\dfrac{1}{x}\ln(1-x)+1$$

$$=\dfrac{1}{1-x}+\dfrac{1}{x}\ln(1-x)。$$

又 $\sum\limits_{n=1}^{\infty}x^n$ 的收敛域为 $(-1,1)$,$\sum\limits_{n=1}^{\infty}\dfrac{1}{n+1}x^n$ 的收敛域为 $[-1,1)$,取其公共部分,得收敛域为 $(-1,1)$。

而和函数为

$$S(x)=\begin{cases}\dfrac{1}{1-x}+\dfrac{1}{x}\ln(1-x), & -1<x<0 \text{ 或 } 0<x<1,\\ 0, & x=0。\end{cases}$$

例 14 求 $\sum\limits_{n=0}^{\infty}\dfrac{x^{2^n}}{x^{2^{n+1}}-1}$ $(|x|<1)$ 的和函数。

解 因为

$$\dfrac{x^{2^n}}{x^{2^{n+1}}-1}=\dfrac{x^{2^n}+1-1}{(x^{2^n}+1)(x^{2^n}-1)}=\dfrac{1}{x^{2^n}-1}-\dfrac{1}{x^{2^{n+1}}-1},$$

所以级数的部分和函数为

$$S_n(x)=\sum_{k=0}^{n}\dfrac{x^{2^k}}{x^{2^{k+1}}-1}=\sum_{k=0}^{n}\left[\dfrac{1}{x^{2^k}-1}-\dfrac{1}{x^{2^{k+1}}-1}\right]=\dfrac{1}{x-1}-\dfrac{1}{x^{2^{n+1}}-1}。$$

由于 $|x|<1$,所以 $\lim\limits_{n\to\infty}x^{2^{n+1}}=0$,于是

$$\lim_{n\to\infty}S_n(x)=\lim_{n\to\infty}\left(\dfrac{1}{x-1}-\dfrac{1}{x^{2^{n+1}}-1}\right)=\dfrac{1}{x-1}+1=\dfrac{x}{x-1}, \quad |x|<1$$

所以

$$\sum_{n=0}^{\infty}\dfrac{x^{2^n}}{x^{2^{n+1}}-1}=\dfrac{x}{x-1}, \quad |x|<1$$

例 15 对 p 讨论幂级数 $\sum\limits_{n=2}^{\infty} \dfrac{x^n}{n^p \ln n}$ 的收敛域。

解 令 $a_n = \dfrac{1}{n^p \ln n}$，则

$$\lim_{n\to\infty} \left| \dfrac{a_n}{a_{n+1}} \right| = \lim_{n\to\infty} \dfrac{(n+1)^p \ln(n+1)}{n^p \ln n} = \lim_{n\to\infty} \left(1+\dfrac{1}{n}\right)^p \dfrac{\ln(n+1)}{\ln n} = 1,$$

所以幂级数的收敛半径 $R=1$。

当 $p<0$ 时，$a_n \not\to 0 (n\to\infty)$，所以幂级数在 $x=\pm 1$ 处发散。因此收敛域为 $(-1,1)$。

当 $0 \leqslant p < 1$ 时，若 $x=1$，原幂级数为 $\sum\limits_{n=2}^{\infty} \dfrac{1}{n^p \ln n}$，因为 $\lim\limits_{n\to\infty} \dfrac{\frac{1}{n^p \ln n}}{\frac{1}{n}} = \lim\limits_{n\to\infty} \dfrac{n^{1-p}}{\ln n} = +\infty$，而 $\sum\limits_{n=2}^{\infty} \dfrac{1}{n}$ 发散，所以 $\sum\limits_{n=2}^{\infty} \dfrac{1}{n^p \ln n}$ 发散；若 $x=-1$，$\sum\limits_{n=2}^{\infty} (-1)^n \dfrac{1}{n^p \ln n}$ 是莱布尼茨型级数，故收敛。因此收敛域为 $[-1,1)$。

当 $p=1$ 时，若 $x=1$，原级数化为 $\sum\limits_{n=2}^{\infty} \dfrac{1}{n \ln n}$，由积分判别法知发散；若 $x=-1$，$\sum\limits_{n=2}^{\infty} (-1)^n \dfrac{1}{n \ln n}$ 为莱布尼茨型级数，故收敛。因此收敛域为 $[-1,1)$。

当 $p>1$ 时，若 $x=1$，$\dfrac{1}{n^p \ln n} < \dfrac{1}{n^p} (n \geqslant 3)$，而级数 $\sum\limits_{n=2}^{\infty} \dfrac{1}{n^p}$ 收敛，由比较判别法可知 $\sum\limits_{n=2}^{\infty} \dfrac{1}{n^p \ln n}$ 收敛；若 $x=-1$，则 $\sum\limits_{n=2}^{\infty} \dfrac{(-1)^n}{n^p \ln n}$ 绝对收敛。因此收敛域为 $[-1,1]$。

综上可知，当 $p<0$ 时，收敛域为 $(-1,1)$；当 $0 \leqslant p < 1$ 时，收敛域为 $[-1,1)$；当 $p>1$ 时，收敛域为 $[-1,1]$。

例 16 设 $a_0=1, a_1=-2, a_2=\dfrac{7}{2}, a_{n+1}=-\left(1+\dfrac{1}{n+1}\right) a_n \ (n=2,3,\cdots)$。证明当 $|x|<1$ 时幂级数 $\sum\limits_{n=0}^{\infty} a_n x^n$ 收敛，并求其和函数 $S(x)$。

证明 因为 $a_{n+1} = -\left(1+\dfrac{1}{n+1}\right) a_n$，所以 $\dfrac{a_n}{a_{n+1}} = -\dfrac{n+1}{n+2}$，且

$$\lim_{n\to\infty} \left| \dfrac{a_n}{a_{n+1}} \right| = \lim_{n\to\infty} \left| -\dfrac{n+1}{n+2} \right| = 1,$$

所以幂级数的收敛半径 $R=1$，故当 $|x|<1$ 时，幂级数 $\sum\limits_{n=0}^{\infty} a_n x^n$ 收敛。

由 $a_{n+1} = -\left(1+\dfrac{1}{n+1}\right) a_n (n=2,3,\cdots)$，即 $a_n = -\left(1+\dfrac{1}{n}\right) a_{n-1} (n=3,4,\cdots)$，于是

$$a_n = -\dfrac{n+1}{n} \cdot \left(-\dfrac{n}{n-1}\right) a_{n-2} = (-1)^2 \dfrac{n+1}{n-1} a_{n-2} = \cdots$$

$$= (-1)^{n-2} \dfrac{n+1}{3} \cdot a_2 = (-1)^n \dfrac{7}{6}(n+1) \quad (n=3,4,\cdots),$$

则
$$S(x) = a_0 + a_1 x + a_2 x^2 + \sum_{n=3}^{\infty} a_n x^n = 1 - 2x + \frac{7}{2}x^2 + \sum_{n=3}^{\infty} (-1)^n \frac{7}{6}(n+1)x^n。$$

考虑 $\sum_{n=3}^{\infty} (-1)^n (n+1) x^n = f(x)$,逐项积分得

$$\int_0^x [-f(x)] dx = \sum_{n=3}^{\infty} (-x)^{n+1} = \frac{x^4}{1+x},$$

两边求导数得 $f(x) = -\left(\frac{x^4}{1+x}\right)' = -\frac{4x^3 + 3x^4}{(1+x)^2}$,所以

$$S(x) = \frac{1}{(1+x)^2}\left(1 + \frac{x^2}{2} + \frac{x^3}{3}\right), \quad |x| < 1。$$

例 17 设 $a_1 = 1, a_2 = 1, a_{n+2} = 2a_{n+1} + 3a_n, n \geq 1$,求 $\sum_{n=0}^{\infty} a_n x^n$ 的收敛半径、收敛域及和函数。

解 由于 $a_{n+2} + a_{n+1} = 3(a_{n+1} + a_n)$,令 $b_n = a_{n+1} + a_n$,则

$$b_{n+1} = 3b_n = 3^2 b_{n-1} = \cdots = 3^n b_1 = 3^n \cdot 2。$$

考察
$$b_1 - b_2 + b_3 - b_4 + \cdots + (-1)^{n+1} b_n$$
$$= (a_2 + a_1) - (a_3 + a_2) + (a_4 + a_3) - \cdots + (-1)^{n+1}(a_{n+1} + a_n)$$
$$= a_1 + (-1)^{n+1} a_{n+1} = 1 + (-1)^{n+1} a_{n+1}$$
$$= 2 \cdot (3^0 - 3 + 3^2 - 3^3 + \cdots + (-1)^{n+1} 3^{n-1})$$
$$= 2 \cdot (1 - 3 + 3^2 - 3^3 + \cdots + (-3)^{n-1})$$
$$= 2 \cdot \frac{1 - (-3)^n}{1 - (-3)} = \frac{1}{2}(1 - (-3)^n)。$$

由此可得 $a_{n+1} = (-1)^n \cdot \frac{1}{2} + 3^n \cdot \frac{1}{2} \Rightarrow a_n = (-1)^{n-1} \cdot \frac{1}{2} + 3^{n-1} \cdot \frac{1}{2}$,于是

$$\sum_{n=1}^{\infty} a_n x^n = \sum_{n=1}^{\infty} \frac{1}{2}(-1)^{n-1} x^n + \sum_{n=1}^{\infty} \frac{1}{2} 3^{n-1} x^n$$
$$= -\frac{1}{2} \sum_{n=1}^{\infty} (-x)^n + \frac{1}{6} \sum_{n=1}^{\infty} (3x)^n$$
$$= -\frac{1}{2} \cdot \frac{-x}{1-(-x)} + \frac{1}{6} \cdot \frac{3x}{1-3x} = \frac{x(1-x)}{(1+x)(1-3x)},$$

其中 $|x| < 1$ 且 $|3x| < 1$,故所求级数收敛半径 $R = \frac{1}{3}$,收敛域为 $\left(-\frac{1}{3}, \frac{1}{3}\right)$,和函数为 $\frac{x(1-x)}{(1+x)(1-3x)}$。

例 18 设 a_n 是曲线 $y = x^n$ 与 $y = x^{n+1} (n = 1, 2, \cdots)$ 所围区域的面积,记 $S_1 = \sum_{n=1}^{\infty} a_n$,$S_2 = \sum_{n=1}^{\infty} a_{2n-1}$,求 S_1 与 S_2 的值。

解 根据题意有

$$a_n = \int_0^1 (x^n - x^{n+1})\mathrm{d}x = \left(\frac{1}{n+1}x^{n+1} - \frac{1}{n+2}x^{n+2}\right)\bigg|_0^1$$

$$= \frac{1}{n+1} - \frac{1}{n+2} = \frac{1}{(n+1)(n+2)},$$

$$a_{2n-1} = \frac{1}{2n \cdot (2n+1)}.$$

由于 $a_n = \frac{1}{(n+1)(n+2)} \sim \frac{1}{n^2}$,而 $\sum_{n=1}^{\infty}\frac{1}{n^2}$ 收敛,所以级数 $\sum_{n=1}^{\infty}a_n$ 收敛;由于 $a_{2n-1} = \frac{1}{2n \cdot (2n+1)} \sim \frac{1}{4n^2}$,而 $\sum_{n=1}^{\infty}\frac{1}{4n^2}$ 收敛,所以级数 $\sum_{n=1}^{\infty}a_{2n-1}$ 收敛。进一步有

$$S_1 = \sum_{n=1}^{\infty}a_n = \lim_{n\to\infty}\sum_{k=1}^{n}a_k = \lim_{n\to\infty}\sum_{k=1}^{n}\frac{1}{(k+1)(k+2)}$$

$$= \lim_{n\to\infty}\left(\frac{1}{2} - \frac{1}{3} + \frac{1}{3} - \frac{1}{4} + \cdots + \frac{1}{n+1} - \frac{1}{n+2}\right)$$

$$= \lim_{n\to\infty}\left(\frac{1}{2} - \frac{1}{n+2}\right) = \frac{1}{2},$$

$$S_2 = \sum_{n=1}^{\infty}a_{2n-1} = \sum_{n=1}^{\infty}\frac{1}{2n(2n+1)} = \sum_{n=1}^{\infty}\left(\frac{1}{2n} - \frac{1}{2n+1}\right) = \sum_{n=2}^{\infty}(-1)^n\frac{1}{n}.$$

级数 $\sum_{n=2}^{\infty}(-1)^n\frac{1}{n}$ 显然是收敛的。

由于 $\sum_{n=1}^{\infty}(-1)^n\frac{x^n}{n} = \sum_{n=1}^{\infty}\frac{1}{n}(-x)^n = -\ln(1+x)$,收敛域为 $(-1,1]$,所以 $\sum_{n=1}^{\infty}(-1)^n\frac{1}{n} = -\ln(1+1) = -\ln 2$,于是

$$S_2 = \sum_{n=1}^{\infty}\left(\frac{1}{2n} - \frac{1}{2n+1}\right) = \sum_{n=2}^{\infty}(-1)^n\frac{1}{n} = 1 - \ln 2.$$

例 19 (1)验证函数 $y(x) = 1 + \frac{x^3}{3!} + \frac{x^6}{6!} + \frac{x^9}{9!} + \cdots + \frac{x^{3n}}{(3n)!} + \cdots (-\infty < x < +\infty)$ 满足微分方程 $y'' + y' + y = e^x$。

(2)利用(1)的结果求幂级数 $\sum_{n=0}^{\infty}\frac{x^{3n}}{(3n)!}$ 的和函数。

解 (1)因为

$$y(x) = 1 + \frac{x^3}{3!} + \frac{x^6}{6!} + \frac{x^9}{9!} + \cdots + \frac{x^{3n}}{(3n)!} + \cdots,$$

$$y'(x) = \frac{x^2}{2!} + \frac{x^5}{5!} + \frac{x^8}{8!} + \cdots + \frac{x^{3n-1}}{(3n-1)!} + \cdots,$$

$$y''(x) = x + \frac{x^4}{4!} + \frac{x^7}{7!} + \cdots + \frac{x^{3n-2}}{(3n-2)!} + \cdots,$$

所以 $y'' + y' + y = e^x$。

(2)与 $y'' + y' + y = e^x$ 对应的齐次微分方程为 $y'' + y' + y = 0$。其特征方程为 $\lambda^2 + \lambda + 1 = 0$,特征根为 $\lambda_{1,2} = -\frac{1}{2} \pm \frac{\sqrt{3}}{2}\mathrm{i}$。因此齐次微分方程的通解为

$$Y = e^{-\frac{x}{2}}\left[C_1\cos\frac{\sqrt{3}}{2}x + C_2\sin\frac{\sqrt{3}}{2}x\right].$$

设非齐次微分方程的特解为 $y^* = Ae^x$，将 y^* 代入方程 $y'' + y' + y = e^x$ 得 $A = \frac{1}{3}$，于是 $y^* = \frac{1}{3}e^x$，故方程通解为

$$y = Y + y^* = e^{-\frac{x}{2}}\left[C_1\cos\frac{\sqrt{3}}{2}x + C_2\sin\frac{\sqrt{3}}{2}x\right] + \frac{1}{3}e^x.$$

当 $x=0$ 时，有

$$\begin{cases} y(0) = 1 = C_1 + \frac{1}{3}, \\ y'(0) = 0 = -\frac{1}{2}C_1 + \frac{\sqrt{3}}{2}C_2 + \frac{1}{3}, \end{cases}$$

由此得 $C_1 = \frac{2}{3}, C_2 = 0$。于是幂级数 $\sum_{n=0}^{\infty}\frac{x^{3n}}{(3n)!}$ 的和函数为

$$y(x) = \frac{2}{3}e^{-\frac{x}{2}}\cos\frac{\sqrt{3}}{2}x + \frac{1}{3}e^x, \quad -\infty < x < +\infty.$$

例 20 求幂级数 $1 + \sum_{n=1}^{\infty}(-1)^n\frac{x^{2n}}{2n}(|x|<1)$ 的和函数 $f(x)$ 及其极值。

解 设 $f(x) = 1 + \sum_{n=1}^{\infty}(-1)^n\frac{x^{2n}}{2n}$，则 $f'(x) = \sum_{n=1}^{\infty}(-1)^n x^{2n-1} = -\frac{x}{1+x^2}$。

上式两边从 0 到 x 积分，得

$$f(x) - f(0) = -\int_0^x \frac{t}{1+t^2}dt = -\frac{1}{2}\ln(1+x^2).$$

由 $f(0)=1$，得 $f(x) = 1 - \frac{1}{2}\ln(1+x^2) \quad (|x|<1)$。

令 $f'(x)=0$，求得唯一驻点 $x=0$。由于 $f''(x) = -\frac{1-x^2}{(1+x^2)^2}, f''(0) = -1 < 0$，可见 $f(x)$ 在 $x=0$ 处取得极大值，且极大值 $f(0)=1$。

2. 利用幂级数求数项级数的和

例 21 求级数 $\sum_{n=0}^{\infty}\frac{(-1)^n(n^2-n+1)}{2^n}$ 的和。

解
$$\sum_{n=0}^{\infty}\frac{(-1)^n(n^2-n+1)}{2^n} = \sum_{n=0}^{\infty}n(n-1)\left(-\frac{1}{2}\right)^n + \sum_{n=0}^{\infty}\left(-\frac{1}{2}\right)^n$$
$$= \sum_{n=0}^{\infty}(n-1)n\left(-\frac{1}{2}\right)^n + \frac{2}{3}.$$

令 $S(x) = \sum_{n=2}^{\infty}n(n-1)x^{n-2}, \ x\in(-1,1)$，则

$$\int_0^x\left[\int_0^x S(x)dx\right]dx = \sum_{n=2}^{\infty}x^n = \frac{x^2}{1-x}, \text{故 } S(x) = \left(\frac{x^2}{1-x}\right)'' = \frac{2}{(1-x)^3}.$$

因此
$$\sum_{n=0}^{\infty} n(n-1)x^n = x^2 S(x) = \frac{2x^2}{(1-x)^3}, \quad x \in (-1,1),$$
$$\sum_{n=0}^{\infty} n(n-1)\left(-\frac{1}{2}\right)^n = \frac{4}{27}.$$

所以
$$\sum_{n=0}^{\infty} \frac{(-1)^n(n^2-n+1)}{2^n} = \frac{4}{27} + \frac{2}{3} = \frac{22}{27}.$$

例 22 设 $I_n = \int_0^{\frac{\pi}{4}} \sin^n x \cos x \, dx, n=0,1,2,\cdots,$ 求 $\sum_{n=0}^{\infty} I_n$。

解 由 $I_n = \int_0^{\frac{\pi}{4}} \sin^n x \, d(\sin x) = \frac{1}{n+1}(\sin x)^{n+1} \Big|_0^{\frac{\pi}{4}} = \frac{1}{n+1}\left(\frac{\sqrt{2}}{2}\right)^{n+1}$,有
$$\sum_{n=0}^{\infty} I_n = \sum_{n=0}^{\infty} \frac{1}{n+1}\left(\frac{\sqrt{2}}{2}\right)^{n+1}.$$

令 $S(x) = \sum_{n=0}^{\infty} \frac{1}{n+1}x^{n+1}$，则其收敛半径 $R=1$,在 $(-1,1)$ 内有
$$S'(x) = \sum_{n=0}^{\infty} x^n = \frac{1}{1-x},$$

于是 $S(x) = \int_0^x \frac{1}{1-t}dt = -\ln|1-x|$。

令 $x = \frac{\sqrt{2}}{2} \in (-1,1)$，则
$$S\left(\frac{\sqrt{2}}{2}\right) = \sum_{n=0}^{\infty} \frac{1}{n+1}\left(\frac{\sqrt{2}}{2}\right)^{n+1} = -\ln\left|1 - \frac{\sqrt{2}}{2}\right|,$$

从而
$$\sum_{n=0}^{\infty} I_n = \sum_{n=0}^{\infty} \int_0^{\frac{\pi}{4}} \sin^n x \cos x \, dx = \ln(2+\sqrt{2}).$$

例 23 求 $\lim\limits_{n\to\infty}\left(\frac{1^2}{2^1} + \frac{2^2}{2^2} + \frac{3^2}{2^3} + \cdots + \frac{n^2}{2^n}\right)$。

解 首先考虑幂级数
$$f(x) = \sum_{n=1}^{\infty} n^2 x^{n-1} \quad (|x|<1).$$

逐项积分得
$$\int_0^x f(x) \, dx = \sum_{n=1}^{\infty} n x^n \quad (|x|<1).$$

令 $g(x) = \sum_{n=1}^{\infty} n x^{n-1} (|x|<1)$，逐项积分得
$$\int_0^x g(x) \, dx = \sum_{n=1}^{\infty} x^n = \frac{x}{1-x} \quad (|x|<1).$$

两边求导得
$$g(x) = \left(\frac{x}{1-x}\right)' = \frac{1}{(1-x)^2} \quad (|x|<1),$$
于是
$$\int_0^x f(x)\mathrm{d}x = xg(x) = \frac{x}{(1-x)^2} \quad (|x|<1),$$
两边求导得
$$f(x) = \left[\frac{x}{(1-x)^2}\right]' = \frac{1+x}{(1-x)^3} \quad (|x|<1),$$
所以
$$原式 = \frac{1}{2}f\left(\frac{1}{2}\right) = \frac{1}{2}\frac{1+\frac{1}{2}}{\left(1-\frac{1}{2}\right)^3} = 6。$$

例 24 求级数 $\sum_{n=1}^{\infty} \frac{2n-1}{2^n}$ 的和。

解 原式 $= 2\sum_{n=1}^{\infty} \frac{n}{2^n} - \sum_{n=1}^{\infty}\left(\frac{1}{2}\right)^n = 2\sum_{n=1}^{\infty}\frac{n}{2^n} - \frac{\frac{1}{2}}{1-\frac{1}{2}} = 2\sum_{n=1}^{\infty}\frac{n}{2^n} - 1。$

令 $f(x) = \sum_{n=1}^{\infty} nx^{n-1} (|x|<1)$，逐项求积分得
$$\int_0^x f(x)\mathrm{d}x = \sum_{n=1}^{\infty} x^n = \frac{x}{1-x}, \quad |x|<1,$$
两边求导得 $f(x) = \frac{1}{(1-x)^2} (|x|<1)$。令 $x = \frac{1}{2}$ 得
$$f\left(\frac{1}{2}\right) = \sum_{n=1}^{\infty} n\frac{1}{2^{n-1}} = \sum_{n=1}^{\infty}\frac{2n}{2^n} = \frac{1}{\left(1-\frac{1}{2}\right)^2} = 4,$$
故
$$原式 = 4 - 1 = 3。$$

例 25 求级数 $\sum_{n=1}^{\infty} \frac{(-1)^{n-1}}{n(2n-1)3^n}$ 的和。

解 令
$$f(x) = \sum_{n=1}^{\infty} \frac{(-1)^{n-1}}{2n(2n-1)}x^{2n}, \quad |x| \leqslant 1,$$
两次逐项求导得
$$f'(x) = \sum_{n=1}^{\infty} \frac{(-1)^{n-1}}{2n-1}x^{2n-1}, \quad |x|<1,$$
$$f''(x) = \sum_{n=1}^{\infty} (-1)^{n-1}x^{2n-2} = \sum_{n=1}^{\infty} (-x^2)^{n-1} = \frac{1}{1+x^2}, \quad |x|<1。 \quad ①$$
①式两边积分得
$$f'(x) = f'(0) + \int_0^x \frac{1}{1+x^2}\mathrm{d}x = \arctan x, \quad |x|<1。 \quad ②$$

②式两边积分得

$$f(x) = f(0) + \int_0^x \arctan x \, dx = x\arctan x\Big|_0^x - \int_0^x \frac{x}{1+x^2}dx$$

$$= x\arctan x - \frac{1}{2}\ln(1+x^2), \quad |x| < 1.$$

于是

$$\text{原式} = 2f\left(\frac{1}{\sqrt{3}}\right) = \frac{2}{\sqrt{3}}\arctan\frac{1}{\sqrt{3}} - \ln\frac{4}{3} = \frac{\pi}{9}\sqrt{3} - 2\ln 2 + \ln 3.$$

例 26 试求 $\dfrac{1 + \dfrac{\pi^4}{5!} + \dfrac{\pi^8}{9!} + \dfrac{\pi^{12}}{13!} + \cdots}{\dfrac{1}{3!} + \dfrac{\pi^4}{7!} + \dfrac{\pi^8}{11!} + \dfrac{\pi^{12}}{15!} + \cdots}$。

解 记 $p = 1 + \dfrac{\pi^4}{5!} + \dfrac{\pi^8}{9!} + \dfrac{\pi^{12}}{13!} + \cdots$,$q = \dfrac{1}{3!} + \dfrac{\pi^4}{7!} + \dfrac{\pi^8}{11!} + \dfrac{\pi^{12}}{15!} + \cdots$,则

$$\pi p - \pi^3 q = \pi - \frac{\pi^3}{3!} + \frac{\pi^5}{5!} - \frac{\pi^7}{7!} + \frac{\pi^9}{9!} - \cdots.$$

由于 $\sin x$ 的幂级数展开式为

$$\sin x = x - \frac{1}{3!}x^3 + \frac{1}{5!}x^5 - \frac{1}{7!}x^7 + \frac{1}{9!}x^9 - \cdots$$

所以 $\pi p - \pi^3 q = \sin \pi = 0$,即原式 $= \dfrac{p}{q} = \pi^2$。

例 27 证明:当 $p \geq 1$ 时,有

$$\sum_{n=1}^{\infty} \frac{1}{(n+1)\sqrt[p]{n}} \leq p.$$

证明 令 $x_n = \dfrac{1}{(n+1)\sqrt[p]{n}}$,于是

$$x_n = n^{1-\frac{1}{p}} \frac{1}{n(n+1)} = n^{1-\frac{1}{p}}\left(\frac{1}{n} - \frac{1}{n+1}\right) = n^{1-\frac{1}{p}}\left(\left(\frac{1}{\sqrt[p]{n}}\right)^p - \left(\frac{1}{\sqrt[p]{n+1}}\right)^p\right).$$

由拉格朗日中值定理,存在 $\theta \in (0,1)$,使得

$$\left(\frac{1}{\sqrt[p]{n}}\right)^p - \left(\frac{1}{\sqrt[p]{n+1}}\right)^p = p\left(\frac{1}{\sqrt[p]{n+\theta}}\right)^{p-1}\left(\frac{1}{\sqrt[p]{n}} - \frac{1}{\sqrt[p]{n+1}}\right),$$

于是

$$x_n = \left(\frac{n}{n+\theta}\right)^{1-\frac{1}{p}} p\left(\frac{1}{\sqrt[p]{n}} - \frac{1}{\sqrt[p]{n+1}}\right) \leq p\left(\frac{1}{\sqrt[p]{n}} - \frac{1}{\sqrt[p]{n+1}}\right).$$

又 $\sum\limits_{n=1}^{\infty}\left(\dfrac{1}{\sqrt[p]{n}} - \dfrac{1}{\sqrt[p]{n+1}}\right) = \lim\limits_{n\to\infty}\left(1 - \dfrac{1}{\sqrt[p]{2n}}\right) = 1$,因此

$$\sum_{n=1}^{\infty} \frac{1}{(n+1)\sqrt[p]{n}} \leq p\sum_{n=1}^{\infty}\left(\frac{1}{\sqrt[p]{n}} - \frac{1}{\sqrt[p]{n+1}}\right) = p.$$

3. 求函数的幂级数展开式

例 28 设

$$f(x) = \begin{cases} \dfrac{1+x^2}{x}\arctan x, & x \neq 0, \\ 1, & x = 0. \end{cases}$$

试将 $f(x)$ 展开成 x 的幂级数,并求级数 $\sum_{n=1}^{\infty}\dfrac{(-1)^n}{1-4n^2}$ 的和。

解 因 $\dfrac{1}{1+x^2}=\sum_{n=0}^{\infty}(-1)^n x^{2n}, x\in(-1,1)$,故

$$\arctan x=\int_0^x(\arctan x)'\mathrm{d}x=\sum_{n=0}^{\infty}\dfrac{(-1)^n}{2n+1}x^{2n+1},\quad x\in[-1,1]。$$

于是

$$f(x)=1+\sum_{n=1}^{\infty}\dfrac{(-1)^n}{2n+1}x^{2n}+\sum_{n=0}^{\infty}\dfrac{(-1)^n}{2n+1}x^{2n+2}=1+\sum_{n=1}^{\infty}\dfrac{(-1)^n}{2n+1}x^{2n}+\sum_{n=1}^{\infty}\dfrac{(-1)^{n-1}}{2n-1}x^{2n}$$

$$=1+2\sum_{n=1}^{\infty}\dfrac{(-1)^n}{1-4n^2}x^{2n},\quad x\in[-1,1],$$

因此

$$\sum_{n=1}^{\infty}\dfrac{(-1)^n}{1-4n^2}=\dfrac{1}{2}[f(1)-1]=\dfrac{\pi}{4}-\dfrac{1}{2}。$$

例 29 将函数 $f(x)=\dfrac{1}{4}\ln\dfrac{1+x}{1-x}+\dfrac{1}{2}\arctan x-x$ 展开成 x 的幂级数。

解 因

$$f'(x)=\dfrac{1}{4}\left(\dfrac{1}{1+x}+\dfrac{1}{1-x}\right)+\dfrac{1}{2}\cdot\dfrac{1}{1+x^2}-1=\dfrac{1}{1-x^4}-1=\sum_{n=1}^{\infty}x^{4n},-1<x<1,$$

且 $f(0)=0$,故

$$f(x)=f(x)-f(0)=\int_0^x f'(t)\mathrm{d}t=\int_0^x\left(\sum_{n=1}^{\infty}t^{4n}\right)\mathrm{d}t=\sum_{n=1}^{\infty}\dfrac{x^{4n+1}}{4n+1},\quad -1<x<1。$$

例 30 函数 $f(x)=\ln(1-x-2x^2)$ 关于 x 的幂级数展开式为_____,该幂级数收敛域为_____。

解 因为 $\ln(1-u)=-\sum_{n=1}^{\infty}\dfrac{1}{n}u^n(-1\leqslant u<1)$,所以

$$\ln(1-x-2x^2)=\ln(1+x)+\ln(1-2x)=\sum_{n=1}^{\infty}\dfrac{(-1)^{n+1}}{n}x^n-\sum_{n=1}^{\infty}\dfrac{1}{n}(2x)^n$$

$$=\sum_{n=1}^{\infty}\dfrac{(-1)^{n+1}-2^n}{n}x^n,$$

收敛域为 $-1<x\leqslant 1$ 与 $-1\leqslant 2x<1$ 的交集,即 $\left[-\dfrac{1}{2},\dfrac{1}{2}\right)$。

例 31 将 $f(x)=\arctan\dfrac{1+x}{1-x}$ 展开为 x 的幂级数,并指明收敛域。

解 首先求 $f'(x)$ 的幂级数展开式,有

$$f'(x)=\dfrac{1}{1+\left(\dfrac{1+x}{1-x}\right)^2}\cdot\dfrac{2}{(1-x)^2}=\dfrac{1}{1+x^2}=\sum_{n=0}^{\infty}(-1)^n x^{2n},$$

这里 $|x|<1$。逐项求积分得

$$f(x)-f(0)=\sum_{n=0}^{\infty}(-1)^n\dfrac{x^{2n+1}}{2n+1},\quad -1\leqslant x<1。$$

因 $f(0)=\arctan 1=\dfrac{\pi}{4}$，所以

$$\arctan\frac{1+x}{1-x}=\frac{\pi}{4}+\sum_{n=0}^{\infty}(-1)^n\frac{x^{2n+1}}{2n+1},\quad -1\leqslant x<1。$$

例 32 函数 $f(x)=\arctan\dfrac{x+3}{x-3}$ 关于 x 的幂级数展开式中 x^3 的系数为_____，收敛半径为_____。

解 由于 $|x|<3$ 时

$$f'(x)=\left(\arctan\frac{x+3}{x-3}\right)'=\frac{-3}{9+x^2}=-\frac{1}{3}\frac{1}{1+\left(\dfrac{x}{3}\right)^2}$$

$$=-\frac{1}{3}\left(\sum_{n=0}^{\infty}\left(-\frac{x^2}{3^2}\right)^n\right)=\sum_{n=0}^{\infty}(-1)^{n+1}\frac{1}{3\cdot 9^n}x^{2n}。$$

逐项积分得

$$f(x)-f(0)=\sum_{n=0}^{\infty}(-1)^{n+1}\frac{1}{3\cdot 9^n}\frac{1}{2n+1}x^{2n+1}。$$

于是 x^3 的系数 ($n=1$) 时为 $\dfrac{1}{81}$，收敛半径为 3。

例 33 试将函数 $\dfrac{x^2-4x+14}{(x-3)^2(2x+5)}$ 展为麦克劳林级数，并写出其收敛域。

解 因为

$$f(x)=\frac{x^2-4x+14}{(x-3)^2(2x+5)}=\frac{1}{(x-3)^2}+\frac{1}{2x+5}。$$

下面分别将 $g(x)=\dfrac{1}{(x-3)^2}$，$h(x)=\dfrac{1}{2x+5}$ 展为幂级数，因为

$$\int_0^x g(x)\mathrm{d}x=\int_0^x\frac{1}{(x-3)^2}\mathrm{d}x=\frac{-1}{x-3}\Big|_0^x=\frac{x}{3(3-x)}$$

$$=\frac{x}{9}\cdot\frac{1}{1-\dfrac{x}{3}}=\sum_{n=0}^{\infty}\frac{1}{3^{n+2}}x^{n+1},\quad |x|<3,$$

两边求导得

$$g(x)=\sum_{n=0}^{\infty}\left(\frac{x^{n+1}}{3^{n+2}}\right)'=\sum_{n=0}^{\infty}\frac{n+1}{3^{n+2}}x^n,\quad |x|<3。$$

又因为

$$h(x)=\frac{1}{2x+5}=\frac{1}{5}\frac{1}{1+\dfrac{2}{5}x}=\sum_{n=0}^{\infty}(-1)^n\frac{2^n}{5^{n+1}}x^n,\quad |x|<\frac{5}{2}。$$

所以 $f(x)$ 的幂级数展式为

$$f(x)=g(x)+h(x)=\sum_{n=0}^{\infty}\frac{n+1}{3^{n+2}}x^n+\sum_{n=0}^{\infty}(-1)^n\frac{2^n}{5^{n+2}}x^n$$

$$=\sum_{n=0}^{\infty}\left(\frac{n+1}{3^{n+2}}+(-1)^n\frac{2^n}{5^{n+1}}\right)x^n,$$

其收敛域为 $|x|<3$ 与 $|x|<\dfrac{5}{2}$ 的交集,即 $|x|<\dfrac{5}{2}$。

例 34 将幂级数 $\sum\limits_{n=0}^{\infty}\dfrac{(-1)^n}{(2n+1)!2^{2n}}x^{2n+1}$ 的和函数展为 $x-1$ 的幂级数。

解 应用函数 $\sin x$ 的麦克劳林展式得原级数的和函数为

$$\sum_{n=0}^{\infty}\dfrac{(-1)^n}{(2n+1)!2^{2n}}x^{2n+1}=2\sum_{n=0}^{\infty}\dfrac{(-1)^n}{(2n+1)!}\left(\dfrac{x}{2}\right)^{2n+1}=2\sin\dfrac{x}{2}。$$

令 $x-1=t$,应用 $\sin x$ 与 $\cos x$ 的麦克劳林展式,则

$$\begin{aligned}2\sin\dfrac{x}{2}&=2\sin\dfrac{1+t}{2}=2\sin\dfrac{1}{2}\cdot\cos\dfrac{t}{2}+2\cos\dfrac{1}{2}\cdot\sin\dfrac{t}{2}\\&=2\sin\dfrac{1}{2}\cdot\sum_{n=0}^{\infty}\dfrac{(-1)^n}{(2n)!}\left(\dfrac{t}{2}\right)^{2n}+2\cos\dfrac{1}{2}\cdot\sum_{n=0}^{\infty}\dfrac{(-1)^n}{(2n+1)!}\left(\dfrac{t}{2}\right)^{2n+1}\\&=\sum_{n=0}^{\infty}2(-1)^n\left[\dfrac{\sin\dfrac{1}{2}}{2^{2n}(2n)!}(x-1)^{2n}+\dfrac{\cos\dfrac{1}{2}}{2^{2n+1}(2n+1)!}(x-1)^{2n+1}\right],\quad|x|<+\infty。\end{aligned}$$

5.2.3 模拟练习题 5-2

1. 求幂级数 $\sum\limits_{n=1}^{\infty}\dfrac{1}{a^n+b^n}x^n\,(a>0,b>0)$ 的收敛域。

2. 求幂级数 $\sum\limits_{n=0}^{\infty}\dfrac{4n^2+4n+3}{2n+1}x^{2n}$ 的收敛域与和函数。

3. 设 $f(x)=\dfrac{2x^2}{1+x^2}$,求 $f^{(6)}(0)$。

4. 求下列级数的和:

(1) $\sum\limits_{n=2}^{\infty}\dfrac{1}{(n^2-1)2^n}$;   (2) $\sum\limits_{n=1}^{\infty}\dfrac{n}{(n+1)!}$。

5. 将 $f(x)=\dfrac{x}{2+x-x^2}$ 展开成 x 的幂级数。

6. 将 $f(x)=\dfrac{1}{x^2+3x+2}$ 展开成 $(x-1)$ 的幂级数,并说明:

(1) $\sum\limits_{n=1}^{\infty}\left(\dfrac{1}{2^n}-\dfrac{1}{3^n}\right)=\dfrac{1}{2}$;   (2) $\sum\limits_{n=1}^{\infty}(-1)^{n-1}\left(\dfrac{1}{2^n}-\dfrac{1}{3^n}\right)=\dfrac{1}{12}$。

5.3 傅里叶级数

5.3.1 考点综述和解题方法点拨

1. 周期为 2π 的函数的傅里叶级数

(1) 设函数 $f(x)$ 在区间 $[-\pi,\pi]$(或 $[0,2\pi]$)上可积,则称

$$a_n=\dfrac{1}{\pi}\int_{-\pi}^{\pi}f(x)\cos nx\,\mathrm{d}x,\quad n=0,1,2,\cdots,$$

$$b_n = \frac{1}{\pi}\int_{-\pi}^{\pi} f(x)\sin nx\, dx, \quad n=1,2,\cdots$$

为函数 $f(x)$ 的傅里叶系数。由上述 a_n,b_n 所形成的三角级数

$$\frac{a_0}{2} + \sum_{n=1}^{\infty}(a_n\cos nx + b_n\sin nx)$$

称为 $f(x)$ 的傅里叶级数。

(2) 若 $f(x)$ 是 $(-\pi,\pi)$ 上的奇函数,则

$$f(x) = \sum_{n=1}^{\infty} b_n \sin nx$$

称为正弦级数,其中 $b_n = \frac{2}{\pi}\int_0^{\pi} f(x)\sin nx\, dx \quad (n=1,2,\cdots)$。

(3) 若 $f(x)$ 是 $(-\pi,\pi)$ 上的偶函数,则

$$f(x) = \frac{a_0}{2} + \sum_{n=1}^{\infty} a_n \cos nx$$

称为余弦级数,其中 $a_n = \frac{2}{\pi}\int_{-\pi}^{\pi} f(x)\cos nx\, dx \quad (n=0,1,2,\cdots)$。

2. 狄利克雷(Dirichlet)定理

设函数 $f(x)$ 在区间 $[-\pi,\pi]$(或 $[0,2\pi]$)上满足条件:

(1) 连续或只有有限个第一类间断点;

(2) 至多只有有限个极值点。

则 $f(x)$ 的傅里叶级数

$$\frac{a_0}{2} + \sum_{n=1}^{\infty}(a_n\cos nx + b_n\sin nx)$$

在区间 $[-\pi,\pi]$(或 $[0,2\pi]$)上收敛,并且,若其和函数为 $S(x)$,则有:

(1) 在 $f(x)$ 的连续点处,$S(x) = f(x)$;

(2) 在 $f(x)$ 的间断点 x 处,$S(x) = \dfrac{f(x-0)+f(x+0)}{2}$;

(3) 在端点 $x = \pm\pi$ 处,$S(x) = \dfrac{f(-\pi+0)+f(\pi-0)}{2}$,

$\left(\text{或在 } x=0,2\pi \text{ 处}, S(x) = \dfrac{f(0+0)+f(2\pi-0)}{2}\right)$,其中 $f(x_0-0), f(x_0+0)$ 分别表示 $f(x)$ 在 x_0 处的左、右极限。

3. 周期为 $2l$ 的函数的傅里叶级数及收敛定理

设函数 $f(x)$ 在长为 $2l$ 的区间 $[-l,l]$(或 $[0,2l]$)上满足狄利克雷定理条件,作变量置换 $t = \dfrac{\pi x}{l}$,则函数 $f(x) = f\left(\dfrac{l}{\pi}t\right) = \varphi(t)$,而 $\varphi(t)$ 在区间 $[-\pi,\pi]$ 上满足狄利克雷定理条件,所以 $f(x)$ 在 $[-l,l]$ 上的傅里叶级数 $\dfrac{a_0}{2} + \sum_{n=1}^{\infty}\left(a_n\cos\dfrac{n\pi}{l}x + b_n\sin\dfrac{n\pi}{l}x\right)$ 收敛,并且若设其和函数为 $S(x)$,则有:

(1) 在 $f(x)$ 的连续点处,$S(x) = f(x)$;

(2) 在 $f(x)$ 的间断点 x 处,$S(x) = \dfrac{f(x-0)+f(x+0)}{2}$;

(3) 在端点 $x=\pm l$ 处，$S(x) = \dfrac{f(-l+0)+f(l-0)}{2}$，

$\left(\text{或在 } x=0.2l \text{ 处}, S(x) = \dfrac{f(0+0)+f(2l-0)}{2}\right)$，其中

$$a_n = \frac{1}{l}\int_{-l}^{l} f(x)\cos\frac{n\pi x}{l}\mathrm{d}x, \quad n=0,1,2,\cdots,$$

$$b_n = \frac{1}{l}\int_{-l}^{l} f(x)\sin\frac{n\pi x}{l}\mathrm{d}x, \quad n=1,2,\cdots.$$

可见，任意区间 $[-l,l]$ 上的傅里叶级数是区间 $[-\pi,\pi]$ 上的傅里叶级数的推广。而区间 $[-\pi,\pi]$ 上的傅里叶级数是区间 $[-l,l]$ 上的傅里叶级数的特殊情况。

5.3.2 竞赛例题

例1 将函数 $f(x) = \begin{cases} 0, & -\pi < x \leqslant 0, \\ x, & 0 < x \leqslant \pi \end{cases}$ 展开成傅里叶级数。

解 所给函数满足收敛定理的条件，傅里叶系数为

$$a_0 = \frac{1}{\pi}\int_{-\pi}^{\pi} f(x)\mathrm{d}x = \frac{1}{\pi}\int_{-\pi}^{0} 0\cdot\mathrm{d}x + \frac{1}{\pi}\int_{0}^{\pi} x\mathrm{d}x = \frac{\pi}{2},$$

$$a_n = \frac{1}{\pi}\int_{-\pi}^{\pi} f(x)\cos nx\,\mathrm{d}x = \frac{1}{\pi}\int_{-\pi}^{0} 0\cdot\cos nx\,\mathrm{d}x + \frac{1}{\pi}\int_{0}^{\pi} x\cos nx\,\mathrm{d}x$$

$$= \frac{1}{\pi}\left(\frac{x\sin nx}{n} + \frac{\cos nx}{n^2}\right)\bigg|_{0}^{\pi} = \frac{-1+(-1)^n}{\pi n^2} = \begin{cases} -\dfrac{2}{n^2\pi}, & \text{当 } n=1,3,5,\cdots, \\ 0, & \text{当 } n=2,4,6,\cdots. \end{cases}$$

又

$$b_n = \frac{1}{\pi}\int_{-\pi}^{\pi} f(x)\sin nx\,\mathrm{d}x = \frac{1}{\pi}\int_{-\pi}^{0} 0\cdot\sin nx\,\mathrm{d}x + \frac{1}{\pi}\int_{0}^{\pi} x\sin nx\,\mathrm{d}x$$

$$= \frac{1}{\pi}\left(-\frac{x\cos nx}{n} + \frac{\sin nx}{n^2}\right)\bigg|_{0}^{\pi} = \frac{(-1)^{n+1}}{n}, \quad n=1,2,\cdots.$$

所以 $f(x)$ 的傅里叶级数展开式为

$$f(x) = \frac{\pi}{4} + \sum_{n=1}^{\infty}\left[\frac{(-1)^n - 1}{n^2\pi}\cos nx + \frac{(-1)^{n+1}}{n}\sin nx\right],$$

当 $x=\pm\pi$ 时，傅里叶级数收敛于 $\dfrac{f(-\pi+0)+f(\pi-0)}{2} = \dfrac{0+\pi}{2} = \dfrac{\pi}{2}$。

例2 将 $f(x) = x^2$ 在 $(0,\pi)$ 上展为余弦级数，并求 $\sum\limits_{n=1}^{\infty}\dfrac{1}{(2n-1)^2}$ 的和。

解 将函数 $f(x)$ 偶延拓，则有

$$b_n = 0, \quad a_0 = \frac{2}{\pi}\int_{0}^{\pi} x^2 \mathrm{d}x = \frac{2}{3}\pi^2.$$

$$a_n = \frac{2}{\pi}\int_{0}^{\pi} x^2\cos nx\,\mathrm{d}x = \frac{2}{\pi}\left(\frac{x^2}{n}\sin nx + \frac{2x}{n^2}\cos nx - \frac{2}{n^3}\sin nx\right)\bigg|_{0}^{\pi} = \frac{4}{n^2}(-1)^n,$$

故

$$\frac{\pi^2}{3} + 4\sum_{n=1}^{\infty}\frac{(-1)^n}{n^2}\cos nx = x^2, \quad 0 < x < \pi.$$

在 $x=0$ 处，级数收敛于 0，所以 $\sum_{n=1}^{\infty}\dfrac{(-1)^{n-1}}{n^2}=\dfrac{\pi^2}{12}$，

在 $x=\pi$ 处，级数收敛于 π^2，所以 $\sum_{n=1}^{\infty}\dfrac{1}{n^2}=\dfrac{\pi^2}{6}$，因此

$$\sum_{n=1}^{\infty}\dfrac{1}{(2n-1)^2}=\dfrac{1}{2}\left(\dfrac{\pi^2}{12}+\dfrac{\pi^2}{6}\right)=\dfrac{\pi^2}{8}。$$

例 3 将函数 $y=x^2, x\in[-1,1]$，展开为以 2 为周期的傅里叶级数，并求 $\sum_{n=1}^{\infty}\dfrac{(-1)^n}{n^2}$ 的和。

解 $f(x)=x^2$ 为偶函数，故 $b_n=0(n=1,2,\cdots)$。而

$$a_0=2\int_0^1 x^2\mathrm{d}x=\dfrac{2}{3},$$

$$a_n=2\int_0^1 x^2\cos n\pi x\mathrm{d}x=\dfrac{2}{n\pi}\int_0^1 x^2\mathrm{d}(\sin n\pi x)$$

$$=-\dfrac{4}{n\pi}\int_0^1 x\sin n\pi x\mathrm{d}x=\dfrac{4}{n^2\pi^2}\int_0^1 x\mathrm{d}(\cos n\pi x)$$

$$=\dfrac{4}{n^2\pi^2}(-1)^n, \quad n=1,2,\cdots。$$

当 $x=\pm 1$ 时，$\dfrac{f(-1+0)+f(1-0)}{2}=1=f(\pm 1)$，所以

$$\dfrac{1}{3}+\sum_{n=1}^{\infty}\dfrac{4(-1)^n}{n^2\pi^2}\cos n\pi x=x^2, \quad x\in[-1,1]。$$

令 $x=0$，得 $\dfrac{1}{3}+\sum_{n=1}^{\infty}\dfrac{4(-1)^n}{n^2\pi^2}=0$，所以 $\sum_{n=1}^{\infty}\dfrac{(-1)^n}{n^2}=-\dfrac{\pi^2}{12}$。

5.3.3 模拟练习题 5-3

1. 已知 $f(x)=\begin{cases}x, & -\pi<x\leqslant 0,\\ 1+x, & 0<x\leqslant\pi,\end{cases}$ 的傅里叶级数为

$$\dfrac{a_0}{2}+\sum_{n=1}^{\infty}(a_n\cos nx+b_n\sin nx),$$

其和函数为 $S(x)$，则 $S(1)=$＿＿＿＿＿＿，$S(0)=$＿＿＿＿＿＿，$S(\pi)=$＿＿＿＿＿＿。

2. $f(x)=1-x^2(0\leqslant x\leqslant\pi)$，用余弦级数展开，并求 $\sum_{n=1}^{\infty}\dfrac{(-1)^{n-1}}{n^2}$ 的和。

第6章 向量代数与空间解析几何

6.1 向量及其运算

6.1.1 考点综述和解题方法点拨

1. 向量的数量积(或点乘积,内积)

向量 $a=(a_1,a_2,a_3)$ 与 $b=(b_1,b_2,b_3)$ 的数量积是一个数 $|a|\cdot|b|\cos(\widehat{a,b})$(且 $0\leqslant(\widehat{a,b})\leqslant\pi$),记作 $a\cdot b$。若向量 a 或 b 为零向量时,则定义 $a\cdot b=0$,数量积 $a\cdot b$ 的坐标表示式为

$$a\cdot b = a_1b_1+a_2b_2+a_3b_3。$$

两个向量 a,b 垂直(或称正交),记作 $a\perp b$,特别地,规定零向量与任一向量垂直。

数量积有以下基本性质:
(1) $a\cdot b=b\cdot a$,
(2) $(\lambda a)\cdot b=\lambda(a\cdot b)$,
(3) $(a+b)\cdot c=a\cdot c+b\cdot c$,
(4) $a\perp b$ 的充分必要条件是 $a\cdot b=0$。

2. 向量的向量积(叉乘积或外积)

两个向量 a 和 b 的向量积是一个向量 c,记为 $a\times b$,即 $c=a\times b$;c 的模等于 $|a||b|\sin(\widehat{a,b})$,$c$ 的方向垂直于 a 与 b 所决定的平面,且 a,b,c 顺次构成右手系。若向量 a 或 b 为零向量时,则定义 $a\times b=0$,向量积 $a\times b$ 坐标表示式为

$$a\times b = \begin{vmatrix} i & j & k \\ a_1 & a_2 & a_3 \\ b_1 & b_2 & b_3 \end{vmatrix} = \left(\begin{vmatrix} a_2 & a_3 \\ b_2 & b_3 \end{vmatrix}, -\begin{vmatrix} a_1 & a_3 \\ b_1 & b_3 \end{vmatrix}, \begin{vmatrix} a_1 & a_2 \\ b_1 & b_2 \end{vmatrix}\right)。$$

向量积有以下的性质:
(1) $a\times b=-b\times a$,
(2) $(\lambda a)\times b=\lambda(a\times b)$,
(3) $(a+b)\times c=a\times c+b\times c$,
(4) $a/\!/b$ 的充分必要条件是 $a\times b=0$。

3. 向量的混合积

设 $a=(a_1,a_2,a_3),b=(b_1,b_2,b_3),c=(c_1,c_2,c_3)$。则称乘积 $(a\times b)\cdot c$ 为向量 a,b,c 的混合积,记为 $[a,b,c]$。

混合积是一数量,其几何意义为:混合积的绝对值等于以 a,b,c 为相邻三条棱的平行六面体的体积。因此,向量 a,b,c 共面的充分必要条件是

$$(a\times b)\cdot c = 0。$$

混合积 $(a\times b)\cdot c$ 的坐标表达式为

第 6 章 向量代数与空间解析几何 249

$$(\boldsymbol{a}\times\boldsymbol{b})\cdot\boldsymbol{c}=\begin{vmatrix}a_1 & a_2 & a_3\\ b_1 & b_2 & b_3\\ c_1 & c_2 & c_3\end{vmatrix},$$

且 $(\boldsymbol{a}\times\boldsymbol{b})\cdot\boldsymbol{c}=(\boldsymbol{b}\times\boldsymbol{c})\cdot\boldsymbol{a}=(\boldsymbol{c}\times\boldsymbol{a})\cdot\boldsymbol{b}$。

6.1.2 竞赛例题

例 1 A,B,C,D 为平面上的 4 个定点,AB 与 CD 的中点分别为 E,F,$|EF|=a$(a 为正常数),P 为平面上的任一点,则 $(\overrightarrow{PA}+\overrightarrow{PB})\cdot(\overrightarrow{PC}+\overrightarrow{PD})$ 的最小值为_____。

解 如图 6.1 所示,在点 E,F,P 所在平面上建立直角坐标系,EF 的中点为坐标原点,$\overrightarrow{EF}$ 方向为 x 轴,则 E,F 的坐标为 $E\left(-\dfrac{a}{2},0\right),F\left(\dfrac{a}{2},0\right)$。设 P 的坐标为 (x,y),因为 $\overrightarrow{PA}+\overrightarrow{PB}=2\overrightarrow{PE},\overrightarrow{PC}+\overrightarrow{PD}=2\overrightarrow{PF}$,而 $\overrightarrow{PE}=\left(-\dfrac{a}{2}-x,-y\right),\overrightarrow{PF}=\left(\dfrac{a}{2}-x,-y\right)$,所以

$$(\overrightarrow{PA}+\overrightarrow{PB})\cdot(\overrightarrow{PC}+\overrightarrow{PD})=4\overrightarrow{PE}\cdot\overrightarrow{PF}=4\left[\left(-\dfrac{a}{2}-x\right)\left(\dfrac{a}{2}-x\right)+y^2\right]$$
$$=4(x^2+y^2)-a^2。$$

由此可得:当 $x=y=0$ 时,原式取最小值 $-a^2$。

例 2 设 $\boldsymbol{\alpha}$ 与 $\boldsymbol{\beta}$ 均为单位向量,其夹角为 $\dfrac{\pi}{6}$,则以 $\boldsymbol{\alpha}+2\boldsymbol{\beta}$ 与 $3\boldsymbol{\alpha}+\boldsymbol{\beta}$ 为邻边的平行四边形的面积为_____。

解 平行四边形的面积

$$S=|(\boldsymbol{\alpha}+2\boldsymbol{\beta})\times(3\boldsymbol{\alpha}+\boldsymbol{\beta})|=|\boldsymbol{\alpha}\times\boldsymbol{\beta}+6\boldsymbol{\beta}\times\boldsymbol{\alpha}|=|\boldsymbol{\alpha}\times\boldsymbol{\beta}-6\boldsymbol{\alpha}\times\boldsymbol{\beta}|$$
$$=|-5\boldsymbol{\alpha}\times\boldsymbol{\beta}|=5|\boldsymbol{\alpha}\times\boldsymbol{\beta}|=5|\boldsymbol{\alpha}||\boldsymbol{\beta}|\sin\langle\boldsymbol{\alpha},\boldsymbol{\beta}\rangle=\dfrac{5}{2}。$$

例 3 已知正方体 $ABCD\text{-}A_1B_1C_1D_1$ 的边长为 2,E 为 D_1C_1 的中点,F 为侧面正方形 BCC_1B_1 的中心。

(1) 试求过点 A_1,E,F 的平面与底面 $ABCD$ 所成的二面角的值;

(2) 试求过点 A_1,E,F 的平面截正方体所得到的截面的面积。

解 (1) 建立如图 6.2 所示的坐标系,则 $A_1(2,0,2),E(0,1,2),F(1,2,1),\overrightarrow{A_1F}=$

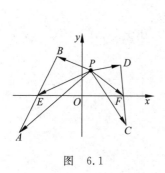

图 6.1

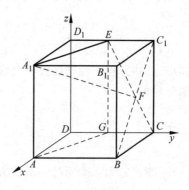

图 6.2

$(-1,2,-1)$，$\overrightarrow{EF}=(1,1,-1)$，$\boldsymbol{n}=\overrightarrow{EF}\times\overrightarrow{A_1F}=(1,2,3)$，底面 $ABCD$ 的法向量为 $\boldsymbol{k}=(0,0,1)$，所求的二面角 θ 为

$$\theta = \arccos\frac{\boldsymbol{k}\cdot\boldsymbol{n}}{|\boldsymbol{k}|\cdot|\boldsymbol{n}|} = \arccos\frac{3}{\sqrt{14}}。$$

(2)设 CD 的中点为 G，则四边形 $ABCG$ 的面积为 $S_1=3$，则所求截面的面积为 $S=\dfrac{S_1}{\cos\theta}=\sqrt{14}$。

例 4 设一向量与三个坐标平面的夹角分别是 θ,φ,ψ。试证：$\cos^2\theta+\cos^2\varphi+\cos^2\psi=2$。

证明 设 $\boldsymbol{a}=(a_x,a_y,a_z)$，$\theta,\varphi,\psi$ 分别为 $\boldsymbol{a}$ 与 xOy 面，yOz 面，zOx 面的夹角，则

$$\cos\theta = \frac{\sqrt{a_x^2+a_y^2}}{\sqrt{a_x^2+a_y^2+a_z^2}}, \quad \cos\varphi = \frac{\sqrt{a_y^2+a_z^2}}{\sqrt{a_x^2+a_y^2+a_z^2}}, \quad \cos\psi = \frac{\sqrt{a_x^2+a_z^2}}{\sqrt{a_x^2+a_y^2+a_z^2}}。$$

所以

$$\cos^2\theta+\cos^2\varphi+\cos^2\psi = \frac{2(a_x^2+a_y^2+a_z^2)}{a_x^2+a_y^2+a_z^2} = 2。$$

6.1.3 模拟练习题 6-1

1. 已知 $\boldsymbol{a}=\boldsymbol{i}$，$\boldsymbol{b}=\boldsymbol{j}-2\boldsymbol{k}$，$\boldsymbol{c}=2\boldsymbol{i}-2\boldsymbol{j}+\boldsymbol{k}$，求一单位向量 $\boldsymbol{m}$，使 $\boldsymbol{m}\perp\boldsymbol{c}$，且 $\boldsymbol{m}$ 与 $\boldsymbol{a},\boldsymbol{b}$ 共面。
2. 设 $(\boldsymbol{a}\times\boldsymbol{b})\cdot\boldsymbol{c}=2$，则 $[(\boldsymbol{a}+\boldsymbol{b})\times(\boldsymbol{b}+\boldsymbol{c})]\cdot(\boldsymbol{c}+\boldsymbol{a})=$ _____。
3. 已知 $\boldsymbol{a}=(3,-2,1)$，$\boldsymbol{b}=(2,1,2)$，$\boldsymbol{c}=(3,-1,2)$，判断向量 $\boldsymbol{a},\boldsymbol{b},\boldsymbol{c}$ 是否共面。

6.2 空间平面和直线

6.2.1 考点综述和解题方法点拨

1. 平面及其方程

法向量 与平面垂直的任意非零向量，称为该平面的法向量。

(1)**点法式方程** 设平面过点 $M_0(x_0,y_0,z_0)$，其法向量为 $\boldsymbol{n}=(A,B,C)$，则此平面方程为

$$A(x-x_0)+B(y-y_0)+C(z-z_0)=0;$$

(2)**截距式方程** 设 $a,b,c(abc\neq 0)$ 分别为平面在 x,y,z 轴上的截距，则此平面的方程为

$$\frac{x}{a}+\frac{y}{b}+\frac{z}{c}=1;$$

(3)**三点式方程** 设平面过不共线的三点 $A(x_1,y_1,z_1),B(x_2,y_2,z_2),C(x_3,y_3,z_3)$，则此平面方程为

$$\begin{vmatrix} x-x_1 & y-y_1 & z-z_1 \\ x_2-x_1 & y_2-y_1 & z_2-z_1 \\ x_3-x_1 & y_3-y_1 & z_3-z_1 \end{vmatrix}=0;$$

(4)**一般式方程** 平面的一般式方程是三元一次方程

$$Ax+By+Cz+D=0,$$

其中 A,B,C 不同时为零。

2. 空间直线及其方程

方向向量 与直线平行的非零向量,称为该直线的方向向量。

(1) 对称式方程(又称点向式或标准式方程)

过点 $M_0(x_0, y_0, z_0)$,方向向量为 $\boldsymbol{s}=(l,m,n)$ 的直线的标准式方程为

$$\frac{x-x_0}{l} = \frac{y-y_0}{m} = \frac{z-z_0}{n};$$

(2) 参数方程 由标准式方程

$$\frac{x-x_0}{l} = \frac{y-y_0}{m} = \frac{z-z_0}{n} = t$$

易得直线的参数方程

$$\begin{cases} x = x_0 + lt, \\ y = y_0 + mt, \quad t \text{ 为参数}; \\ z = z_0 + nt, \end{cases}$$

(3) 两点式方程 过点 $M_1(x_1, y_1, z_1)$ 和 $M_2(x_2, y_2, z_2)$ 的直线方程为

$$\frac{x-x_1}{x_2-x_1} = \frac{y-y_1}{y_2-y_1} = \frac{z-z_1}{z_2-z_1};$$

(4) 一般式方程 直线的一般式方程为三元一次方程组

$$\begin{cases} A_1 x + B_1 y + C_1 z + D_1 = 0, \\ A_2 x + B_2 y + C_2 z + D_2 = 0, \end{cases}$$

其中每一个三元一次方程都表示一个平面。

3. 直线、平面之间的相对位置关系

设平面

$$\pi_1 : A_1 x + B_1 y + C_1 z + D_1 = 0, \quad \pi_2 : A_2 x + B_2 y + C_2 z + D_2 = 0,$$

它们的法向量分别为 $\boldsymbol{n}_1 = (A_1, B_1, C_1)$, $\boldsymbol{n}_2 = (A_2, B_2, C_2)$。

直线

$$L_1 : \frac{x-x_1}{l_1} = \frac{y-y_1}{m_1} = \frac{z-z_1}{n_1}, \quad L_2 : \frac{x-x_2}{l_2} = \frac{y-y_2}{m_2} = \frac{z-z_2}{n_2},$$

它们的方向向量分别为 $\boldsymbol{s}_1 = (l_1, m_1, n_1)$, $\boldsymbol{s}_2 = (l_2, m_2, n_2)$。

(1) 夹角

平面 π_1 与平面 π_2 间的夹角 θ 定义为法向量 $\boldsymbol{n}_1$ 与 $\boldsymbol{n}_2$ 间的夹角,即

$$\cos\theta = \frac{|\boldsymbol{n}_1 \cdot \boldsymbol{n}_2|}{|\boldsymbol{n}_1| \cdot |\boldsymbol{n}_2|} = \frac{|A_1 A_2 + B_1 B_2 + C_1 C_2|}{\sqrt{A_1^2 + B_1^2 + C_1^2} \cdot \sqrt{A_2^2 + B_2^2 + C_2^2}};$$

直线 L_1 与直线 L_2 间的夹角 θ 定义为方向向量 $\boldsymbol{s}_1$ 与 $\boldsymbol{s}_2$ 间的夹角,即

$$\cos\theta = \frac{|\boldsymbol{s}_1 \cdot \boldsymbol{s}_2|}{|\boldsymbol{s}_1| \cdot |\boldsymbol{s}_2|} = \frac{|l_1 l_2 + m_1 m_2 + n_1 n_2|}{\sqrt{l_1^2 + m_1^2 + n_1^2} \cdot \sqrt{l_2^2 + m_2^2 + n_2^2}}。$$

直线 L_1 与平面 π_1 间的夹角 θ 定义为 L_1 和它在平面 π_1 上的投影所成的两邻角中的锐角,即

$$\sin\theta = \frac{|\boldsymbol{n}_1 \cdot \boldsymbol{s}_1|}{|\boldsymbol{n}_1| \cdot |\boldsymbol{s}_1|} = \frac{|A_1 l_1 + B_1 m_1 + C_1 n_1|}{\sqrt{A_1^2 + B_1^2 + C_1^2} \cdot \sqrt{l_1^2 + m_1^2 + n_1^2}}。$$

(2) 平行的条件

平面 π_1 与 π_2 平行的充分必要条件是 $\dfrac{A_1}{A_2}=\dfrac{B_1}{B_2}=\dfrac{C_1}{C_2}$;

直线 L_1 与 L_2 平行的充分必要条件是 $\dfrac{l_1}{l_2}=\dfrac{m_1}{m_2}=\dfrac{n_1}{n_2}$;

直线 L_1 与平面 π_1 平行的充分必要条件是 $l_1A_1+m_1B_1+n_1C_1=0$。

(3) 垂直的条件

平面 π_1 与 π_2 垂直的充分必要条件是 $A_1A_2+B_1B_2+C_1C_2=0$;

直线 L_1 与 L_2 垂直的充分必要条件是 $l_1l_2+m_1m_2+n_1n_2=0$;

直线 L_1 垂直于平面 π_1 的充分必要条件是 $\dfrac{l_1}{A_1}=\dfrac{m_1}{B_1}=\dfrac{n_1}{C_1}$。

4. 距离公式

(1) 点到平面的距离　点 $M_0(x_0,y_0,z_0)$ 到平面 $Ax+By+Cz+D=0$ 的距离为 $d=\dfrac{|Ax_0+By_0+Cz_0+D|}{\sqrt{A^2+B^2+C^2}}$。

(2) 点到直线的距离　点 $P_1(x_1,y_1,z_1)$ 到直线 $\dfrac{x-x_0}{l}=\dfrac{y-y_0}{m}=\dfrac{z-z_0}{n}$ 的距离为 $d=\dfrac{|\overrightarrow{M_0P_1}\times \boldsymbol{s}|}{|\boldsymbol{s}|}$,其中 $M_0(x_0,y_0,z_0)$, $\boldsymbol{s}=(l,m,n)$。

(3) 两直线共面的条件　设有两直线

$$L_1:\dfrac{x-x_1}{l_1}=\dfrac{y-y_1}{m_1}=\dfrac{z-z_1}{n_1},\quad L_2:\dfrac{x-x_2}{l_2}=\dfrac{y-y_2}{m_2}=\dfrac{z-z_2}{n_2},$$

它们共面的条件为 $\overrightarrow{P_1P_2}\cdot(\boldsymbol{a}\times\boldsymbol{b})=0$,其中

$$P_1(x_1,y_1,z_1),\quad P_2(x_2,y_2,z_2),\quad \boldsymbol{a}=(l_1,m_1,n_1),\quad \boldsymbol{b}=(l_2,m_2,n_2)。$$

(4) 两直线间的距离　两异面直线 L_1,L_2 的距离为 $d=\dfrac{|\overrightarrow{P_1P_2}\cdot(\boldsymbol{a}\times\boldsymbol{b})|}{|\boldsymbol{a}\times\boldsymbol{b}|}$。

6.2.2 竞赛例题

例 1　曲线 $\begin{cases}\dfrac{x^2}{a^2}+\dfrac{y^2}{b^2}=1,\\ Ax+By+Cz=0\end{cases}$ $(C\neq 0)$ 所围平面区域 D 的面积为 _____。

解　$Ax+By+Cz=0$ 的法向量的方向余弦为

$$\cos\alpha=\dfrac{A}{\sqrt{A^2+B^2+C^2}},\quad \cos\beta=\dfrac{B}{\sqrt{A^2+B^2+C^2}},\quad \cos\gamma=\dfrac{C}{\sqrt{A^2+B^2+C^2}}。$$

平面区域 D 在 xOy 平面上的投影为椭圆 $\dfrac{x^2}{a^2}+\dfrac{y^2}{b^2}\leqslant 1$,其面积为 πab,所以 D 的面积为

$$\dfrac{\pi ab}{|\cos\gamma|}=\dfrac{\pi ab}{|C|}\sqrt{A^2+B^2+C^2}。$$

例 2　过点 $(2,0,-3)$ 且与直线 $\begin{cases}x-2y+4z-7=0,\\ 3x+5y-2z+1=0\end{cases}$ 垂直的平面方程为 _____。

解　直线的方向向量分别为 $(1,-2,4)$ 和 $(3,5,-2)$,故平面的法向量为

$$\boldsymbol{n}=(1,-2,4)\times(3,5,-2)=-(16,-14,-11)=(-16,14,11),$$

平面方程为
$$-16(x-2)+14(y-0)+11(z+3)=0。$$

例 3 通过直线
$$L_1:\begin{cases}x=2t-1,\\y=3t+2,\\z=2t-3\end{cases}\quad \text{和}\quad L_2:\begin{cases}x=2t+3,\\y=3t-1,\\z=2t+1\end{cases}$$
的平面方程是_____。

解 直线 L_1 的方向向量为 $l=(2,3,2)$，且通过点 $P_1(-1,2,-3)$，直线 L_2 的方向向量为 $l=(2,3,2)$，且通过点 $P_2(3,-1,1)$。于是所求平面的法向量为
$$n=l\times\overrightarrow{P_1P_2}=(2,3,2)\times(4,-3,4)=18(1,0,-1)。$$
于是所求平面方程为 $(x+1)-(z+3)=0$，即 $x-z=2$。

例 4 求过点 $(1,2,3)$，且与曲面 $z=x+(y-z)^3$ 的所有切平面皆垂直的平面方程。

解 令 $F=z-x-(y-z)^3$，则曲面上过一点 (x,y,z) 的切平面法向量为 $n=(F_x,F_y,F_z)=(-1,-3(y-z)^2,1+3(y-z)^2)$。记 $n_1=(1,1,1)$，由于 $n\cdot n_1=-1-3(y-z)^2+1+3(y-z)^2\equiv 0$，所以 $n_1\perp n$，因此所求平面方程为
$$(x-1)+(y-2)+(z-3)=0,\quad \text{即}\ x+y+z-6=0。$$

例 5 已知直线 l 过点 $M(1,-2,0)$ 且与两条直线
$$l_1:\begin{cases}2x+z=1,\\x-y+3z=5\end{cases}\quad \text{和}\quad l_2:\begin{cases}x=-2+t,\\y=1-4t,\\z=3\end{cases}$$
垂直，则 l 的参数方程为_____。

解 直线 l_1 的方向向量为 $l_1=(2,0,1)\times(1,-1,3)=(1,-5,-2)$，直线 l_2 的方向向量为 $l_2=(1,-4,0)$。于是所求直线的方向向量为 $l=(1,-5,-2)\times(1,-4,0)=-(8,2,-1)$，于是直线 l 的参数方程为 $x=1+8t,y=-2+2t,z=-t$。

例 6 已知直线 l 过点 $M(1,-2,0)$ 且与两条直线
$$l_1:\begin{cases}2x+z=1,\\x-y+3z=5,\end{cases}\quad l_2:\begin{cases}x+4y-2=0,\\z=3\end{cases}$$
垂直，则 l 的方程为_____。

解 直线 l_1 的方向向量为 $l_1=(2,0,1)\times(1,-1,3)=(1,-5,-2)$，直线 l_2 的方向向量为 $l_2=(1,4,0)\times(0,0,1)=(4,-1,0)$。直线 l 的方向向量为
$$l=l_1\times l_2=(1,-5,-2)\times(4,-1,0)=-(2,8,-19),$$
所以所求直线 l 的方程为
$$\frac{x-1}{2}=\frac{y+2}{8}=\frac{z}{-19}。$$

例 7 点 $(2,1,-1)$ 关于平面 $x-y+2z=5$ 的对称点的坐标为_____。

解 设点 $A(2,1,-1)$ 关于平面 $x-y+2z=5$ 的对称点为 B，AB 与平面的交点记为 Q，直线的方向向量等于该平面的法向量 $(1,-1,2)$，所以直线 AB 的参数方程为
$$x=2+t,\quad y=1-t,\quad z=-1+2t。$$
代入平面方程得 $2+t-1+t-2+4t=5$，解得 $t=1$，于是点 Q 的坐标为 $(3,0,1)$。因 Q 是 A，B 的中点，所以 B 的坐标为

$$(2\times3-2, 2\times0-1, 2\times1-(-1)) = (4,-1,3).$$

例 8 已知点 $P(1,0,-1)$ 与 $Q(3,1,2)$，在平面 $x-2y+z=12$ 上求一点 M，使得 $|PM|+|MQ|$ 最小。

解 将 P, Q 点的坐标分别代入 $x-2y+z$ 得 0 及 3，均小于 12，故点 P, Q 在已知平面的同侧。从 P 作直线 l 垂直于平面，l 的方程为

$$x=1+t, \quad y=-2t, \quad z=-1+t.$$

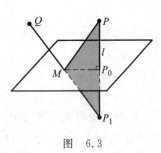

图 6.3

代入平面方程解得 $t=2$，所以直线 l 与平面的交点为 $P_0(3,-4,1)$（如图 6.3 所示），P 关于平面的对称点为 $P_1(5,-8,3)$。连接 P_1Q，其方程为

$$x=3+2t, \quad y=1-9t, \quad z=2+t.$$

代入平面方程解得 $t=\dfrac{3}{7}$。于是所求点 M 的坐标为

$$M\left(\dfrac{27}{7}, -\dfrac{20}{7}, \dfrac{17}{7}\right).$$

例 9 点 $(2,1,0)$ 到平面 $3x+4y+5z=0$ 的距离 $d=$ _____。

解 $d=\dfrac{|3\times2+4\times1+5\times0|}{\sqrt{3^2+4^2+5^2}}=\dfrac{10}{5\sqrt{2}}=\sqrt{2}.$

6.2.3 模拟练习题 6-2

1. 求平面 $x+2y-2z+6=0$ 和平面 $4x-y+8z-8=0$ 的交角的平分面方程。

2. 求直线 $L_1: \begin{cases} x+2y+5=0, \\ 2y-z-4=0 \end{cases}$ 与直线 $L_2: \begin{cases} y=0, \\ x+2z+4=0 \end{cases}$ 的公垂线方程。

3. 求两直线 $L_1: \dfrac{x-1}{1}=\dfrac{y-5}{-2}=\dfrac{z+8}{1}$ 与直线 $L_2: \begin{cases} x-y=6, \\ 2y+z=3 \end{cases}$ 的夹角。

6.3 空间曲面和曲线

6.3.1 考点综述和解题方法点拨

1. 空间曲面方程

(1) 一般方程 $F(x,y,z)=0$；

(2) 显式方程 $z=f(x,y)$；

(3) 参数方程 $\begin{cases} x=x(u,v), \\ y=y(u,v), (u,v)\in D, \\ z=z(u,v), \end{cases}$ 其中 D 为 uv 平面上某一区域。

2. 旋转曲面方程

设 $C: f(y,z)=0$ 为 yOz 平面上的曲线，则：

(1) C 绕 z 轴旋转所得的曲面为 $f(\pm\sqrt{x^2+y^2}, z)=0$；

(2) C 绕 y 轴旋转所得的曲面为 $f(y, \pm\sqrt{x^2+z^2})=0$。

旋转曲面主要由母线和旋转轴确定。求旋转曲面方程时，平面曲线绕某坐标轴旋转，则该坐标轴对应的变量不变，而曲线方程中另一变量改写成该变量与第三变量平方和的正负平方根，例如：$L\begin{cases}f(x,y)=0,\\z=0,\end{cases}$ 曲线 L 绕 x 轴旋转所形成的旋转曲面的方程为

$$f(x,\pm\sqrt{y^2+z^2})=0.$$

3. 柱面方程

(1) 母线平行于 z 轴的柱面方程为 $F(x,y)=0$；

(2) 母线平行于 x 轴的柱面方程为 $G(y,z)=0$；

(3) 母线平行于 y 轴的柱面方程为 $H(x,z)=0$。

当曲面方程中缺少一个变量时，则曲面为柱面。如 $F(x,y)=0$，变量 z 未出现，该曲面表示由准线 $\begin{cases}F(x,y)=0,\\z=0\end{cases}$ 生成，母线平行于 z 轴的柱面。

柱面方程必须注意准线与母线两个要素。

4. 常用的几类二次曲面

(1) 椭球面：$\dfrac{x^2}{a^2}+\dfrac{y^2}{b^2}+\dfrac{z^2}{c^2}=1$； (2) 单叶双曲面：$\dfrac{x^2}{a^2}+\dfrac{y^2}{b^2}-\dfrac{z^2}{c^2}=1$；

(3) 双叶双曲面：$\dfrac{x^2}{a^2}-\dfrac{y^2}{b^2}-\dfrac{z^2}{c^2}=1$； (4) 二次锥面：$\dfrac{x^2}{a^2}+\dfrac{y^2}{b^2}-\dfrac{z^2}{c^2}=0$；

(5) 椭圆抛物面：$z=\dfrac{x^2}{a^2}+\dfrac{y^2}{b^2}$； (6) 双曲抛物面：$z=\dfrac{x^2}{a^2}-\dfrac{y^2}{b^2}$；

(7) 球面：$x^2+y^2+z^2=R^2$； (8) 旋转抛物面：$z=x^2+y^2$；

(9) 圆柱面：$x^2+y^2=R^2$。

5. 空间曲面的切平面与法线

已知空间曲面 $\Sigma:F(x,y,z)=0$，若函数 F 可微，点 $P(x_0,y_0,z_0)\in\Sigma$，则

$$\boldsymbol{n}=(F_x,F_y,F_z)\Big|_P$$

为曲面 Σ 在点 P 的法向量；曲面 Σ 在点 P 的切平面方程为

$$F_x(P)(x-x_0)+F_y(P)(y-y_0)+F_z(P)(z-z_0)=0.$$

曲面 Σ 在点 P 的法线方程为

$$\frac{x-x_0}{F_x(P)}=\frac{y-y_0}{F_y(P)}=\frac{z-z_0}{F_z(P)}.$$

6. 空间曲线

(1) 一般式方程 $P:\begin{cases}F(x,y,z)=0,\\H(x,y,z)=0;\end{cases}$

(2) 参数式方程 $\begin{cases}y=f(x),\\z=h(x);\end{cases}$ $\begin{cases}x=\varphi(t),\\y=\psi(t),\\z=\omega(t);\end{cases}$

(3) 在坐标面内的投影

$P:\begin{cases}F(x,y,z)=0,\\H(x,y,z)=0\end{cases}$ 在 xOy 面内的投影的求法：

$$\begin{cases} F(x,y,z)=0, \\ H(x,y,z)=0 \end{cases} \xrightarrow{\text{消}z} G(x,y)=0 \xrightarrow[\text{联立}]{\text{与}z=0} \begin{cases} G(x,y)=0, \\ z=0. \end{cases}$$

(4) 切线与法平面

设曲线方程为 $P: \begin{cases} x=\varphi(t), \\ y=\psi(t), \\ z=\omega(t), \end{cases}$ 其在 $P_0(x_0,y_0,z_0)(t=t_0)$ 处的切向量为

$$\boldsymbol{t}=(\varphi'(t_0),\psi'(t_0),\omega'(t_0))。$$

于是

切线方程为 $\dfrac{x-x_0}{\varphi'(t_0)}=\dfrac{y-y_0}{\psi'(t_0)}=\dfrac{z-z_0}{\omega'(t_0)}$;

法平面方程为 $\varphi'(t_0)(x-x_0)+\psi'(t_0)(y-y_0)+\omega'(t_0)(z-z_0)=0$。

6.3.2 竞赛例题

例1 从椭球面外的一点作椭球面的一切可能的切平面,证明全部切点在同一平面上。

解 设椭球面 Σ 的方程为

$$\frac{x^2}{a^2}+\frac{y^2}{b^2}+\frac{z^2}{c^2}=1。$$

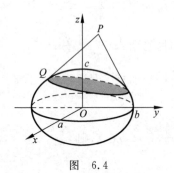

图 6.4

椭球面外一点设为 $P(x_0,y_0,z_0)$,则 $\dfrac{x_0^2}{a^2}+\dfrac{y_0^2}{b^2}+\dfrac{z_0^2}{c^2}>1$(如图 6.4 所示)。由 P 向 Σ 作切平面,设切点为 $Q(x,y,z)$,因曲面 Σ 过点 Q 的切平面方程为

$$\frac{xX}{a^2}+\frac{yY}{b^2}+\frac{zZ}{c^2}=1,$$

令 $(X,Y,Z)=(x_0,y_0,z_0)$,代入上式得

$$\frac{x_0}{a^2}x+\frac{y_0}{b^2}y+\frac{z_0}{c^2}z=1$$

这表明切点 Q 位于此方程所表示的同一平面上。

例2 直线 $\begin{cases} x=2z, \\ y=1 \end{cases}$ 绕 z 轴旋转,得到的旋转面的方程为_____。

解 在所求曲面上任取点 $P(x,y,z)$,过点 P 作平面垂直于 z 轴,该平面与直线交于点 $Q(x_0,y_0,z)$,与 z 轴交于点 $M(0,0,z)$,则 $|PM|^2=|QM|^2$,即 $x^2+y^2=x_0^2+y_0^2$,由于 $\begin{cases} x_0=2z, \\ y_0=1, \end{cases}$ 所以所求旋转曲面的方程为 $x^2+y^2-4z^2=1$。

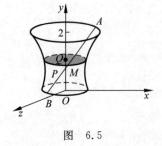

图 6.5

例3 求直线 $\dfrac{x-1}{2}=\dfrac{y}{1}=\dfrac{z}{-1}$ 绕 y 轴旋转一周所得旋转曲面的方程,并求该曲面与 $y=0,y=2$ 所包围的立体的体积。

解 如图 6.5 所示,在所求曲面上任取点 $P(x,y,z)$,过 P 作垂直于 y 轴的平面,该平面与题给直线 AB 交于点 $M(x_0,y_0,z_0)$,与 y 轴交于点 $Q(0,y,0)$,则 $y_0=y$,

且 $|PQ|=|MQ|$，所以 $x^2+z^2=x_0^2+z_0^2$。

因为
$$\frac{x_0-1}{2}=\frac{y_0}{1}=\frac{z_0}{-1},$$
所以 $x_0=1+2y, z_0=-y$，由此可得旋转曲面方程为
$$x^2+z^2 = 1+4y+5y^2。$$
所求立体体积为
$$V = \pi\int_0^2(x^2+z^2)\mathrm{d}y = \pi\int_0^2(1+4y+5y^2)\mathrm{d}y = \pi\left(y+2y^2+\frac{5}{3}y^3\right)\Big|_0^2 = \frac{70}{3}\pi。$$

例 4 设 $\Gamma:\begin{cases}x^2+y^2+z^2+4x-4y+2z=0,\\ 2x+y-2z=k。\end{cases}$

(1) 当 k 为何值时 Γ 为一圆？

(2) 当 $k=6$ 时，求 Γ 的圆心和半径。

解 (1) 球面方程化为
$$(x+2)^2+(y-2)^2+(z+1)^2 = 9,$$
所以球面的球心为 $(-2,2,-1)$，半径为 3。球心到平面 $2x+y-2z=k$ 的距离为
$$d = \frac{|-4+2+2-k|}{\sqrt{4+1+4}} = \frac{1}{3}|k|。$$
由 $\frac{1}{3}|k|<3$，解得 k 的取值范围是 $(-9,9)$。

(2) $k=6$ 时，上述 $d=2$，所以圆 Γ 的半径 $r=\sqrt{3^2-2^2}=\sqrt{5}$。过球心与已知平面 $2x+y-2z=6$ 垂直的直线为
$$x=-2+2t, \quad y=2+t, \quad z=-1-2t。$$
代入平面方程解得 $t=\frac{2}{3}$，故所求圆的圆心为 $\left(-\frac{2}{3},\frac{8}{3},-\frac{7}{3}\right)$，半径 $r=\sqrt{5}$。

例 5 (1) 证明曲面 Σ：
$$x = (b+a\cos\theta)\cos\varphi, y = a\sin\theta, z = (b+a\cos\theta)\sin\varphi$$
$$(0\leqslant\theta\leqslant 2\pi, 0\leqslant\varphi\leqslant 2\pi, 0<a<b)$$
为旋转曲面。

(2) 求旋转此曲面所围立体的体积。

证明 (1) 消去 θ,φ，得
$$(\sqrt{x^2+z^2}-b)^2+y^2 = a^2,$$
它是曲线 $\Gamma:\begin{cases}(x-b)^2+y^2=a^2,\\ z=0\end{cases}$ 绕 y 轴旋转一周生成的旋转曲面。

(2) $V = 2\pi\int_0^a[(b+\sqrt{a^2-y^2})^2-(b-\sqrt{a^2-y^2})^2]\mathrm{d}y = 8\pi b\int_0^a\sqrt{a^2-y^2}\mathrm{d}y = 2\pi^2 a^2 b$。

例 6 有一张边长为 4π 的正方形纸（如图 6.6 所示），C,D 分别为 AA',BB' 的中点，E 为 DB' 的中点。现将纸卷成圆柱形，使 A 与 A' 重合，B 与 B' 重合，并将圆柱面垂直放在

xOy 平面上,且 B 与圆点 O 重合,D 落在 y 轴正向上,此时求:

(1)通过 C,E 两点的直线绕 z 轴所得的旋转曲面方程;

(2)此旋转曲面与 xOy 平面和过 A 点垂直于 z 轴的平面所围成的立体体积。

解 (1)依题意可知圆柱底面的半径 $R=2$,故 C 点坐标取为 $(0,4,4\pi)$,E 点坐标为 $(2,2,0)$,$\overrightarrow{EC}=(-2,2,4\pi)$,因此过 C,E 两点的直线方程为

$$\frac{x-2}{-2}=\frac{y-2}{2}=\frac{z}{4\pi},$$

所以旋转曲面方程为

$$x^2+y^2=\left(2-\frac{z}{2\pi}\right)^2+\left(2+\frac{z}{2\pi}\right)^2, 即 x^2+y^2=8+\frac{z^2}{2\pi^2}。$$

(2)如图 6.7 所示,旋转曲面在垂直于 z 轴方向的截面是一个半径为 $\sqrt{8+\dfrac{z^2}{2\pi^2}}$ 的圆,故所求体积 V 为

$$V=\int_0^{4\pi}\pi\left(8+\frac{z^2}{2\pi^2}\right)\mathrm{d}z=32\pi^2+\frac{32}{3}\pi^2=\frac{128}{3}\pi^2。$$

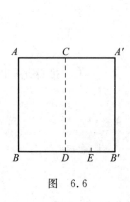

图 6.6

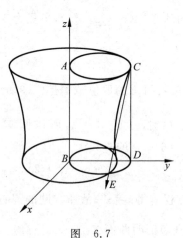

图 6.7

例7 当 $k(>0)$ 取何值时,曲线 $\begin{cases} z=ky, \\ \dfrac{x^2}{2}+z^2=2y \end{cases}$ 是圆?并求此圆的圆心坐标以及该圆在 zx 平面、yz 平面上的投影。

解 从曲线方程中消去 z,并整理得题给曲线在 xy 平面上的投影为

$$\begin{cases} x^2+2k^2\left(y-\dfrac{1}{k^2}\right)^2=\dfrac{2}{k^2}, \\ z=0。 \end{cases}$$

它是 xy 平面上中心为 $\left(0,\dfrac{1}{k^2}\right)$,半轴长分别为 $\dfrac{\sqrt{2}}{k},\dfrac{1}{k^2}$ 的椭圆。设所求圆的圆心 A 的坐标为 (a,b,c),由于点 A 在椭圆柱面 $x^2+2k^2\left(y-\dfrac{1}{k^2}\right)^2=\dfrac{2}{k^2}$ 的中心轴上,故 $a=0,b=\dfrac{1}{k^2},c=kb=$

$\dfrac{1}{k}$,欲使题给曲线为圆,等价于 $|OA|=\dfrac{\sqrt{2}}{k}$,即 $\sqrt{0^2+\dfrac{1}{k^4}+\dfrac{1}{k^2}}=\dfrac{\sqrt{2}}{k}$,由此可解得 $k=1$。于是 $k=1$ 时,题给曲线为圆,圆心坐标为 $(0,1,1)$。

将原方程组 $\begin{cases} z=y, \\ x^2-4y+2z^2=0 \end{cases}$ 消去 y,得圆在 zx 平面上的投影为 $\begin{cases} x+2z^2-4z=0, \\ y=0。 \end{cases}$

由于题给曲线圆在平面 $z=y$ 上,此平面垂直于 yz 平面,所以圆在 yz 平面上的投影为一线段,即 $\begin{cases} y=z, \\ x=0 \end{cases} (0\le z\le 2)$。

例 8 设锥面 $z^2=3x^2+3y^2(z\ge 0)$ 被平面 $x-\sqrt{3}z+4=0$ 截下的(有限)部分为 Σ。

(1)求曲面 Σ 的面积;

(2)用薄铁片制作 Σ 的模型,$A(2,0,2\sqrt{3})$,$B(-1,0,\sqrt{3})$ 为 Σ 上的两点,O 为原点,将 Σ 沿线段 OB 剪开并展成平面图形 D,以 OA 方向为极轴建立平面极坐标系,试写出 D 的边界的极坐标方程。

解 (1)锥面与平面的交线 Γ:$\begin{cases} z^2=3x^2+3y^2, \\ x-\sqrt{3}z+4=0 \end{cases}$ 在 xy 平面上的投影为 $\dfrac{4}{9}\left(x-\dfrac{1}{2}\right)^2+\dfrac{1}{2}y^2=1$,此为一椭圆,它所围图形 D_1 的面积为 $\dfrac{3}{2}\sqrt{2}\pi$,Σ 的面积为
$$S=\iint\limits_{D_1}\sqrt{1+(z_x)^2+(z_y)^2}\,dxdy=2\iint\limits_{D_1}dxdy=3\sqrt{2}\pi。$$

(2)交线 Γ 的球坐标方程为
$$r=\dfrac{8}{3-\cos\theta},\quad \varphi=\dfrac{\pi}{6}。$$

作平面 $z=\sqrt{3}$ 交 Σ 于 Γ_1,Γ_1 是半径为 1 的圆(如图 6.8(a)所示),其上任一点到 O 的距离为 2。在 Γ 上取点 P,设其球坐标为 (r_0,φ_0,θ_0),则 $r_0=\dfrac{8}{3-\cos\theta_0}$,$\varphi_0=\dfrac{\pi}{6}$。连接 OP 交 Γ_1 于 Q,连接 OA 交 Γ_1 于 A_1,Q 的球坐标为 $\left(2,\dfrac{\pi}{6},\theta_0\right)$,$\overset{\frown}{A_1Q}$ 的弧长为 θ_0。

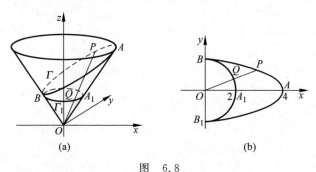

图 6.8

如图 6.8(b)所示,在平面图形 D 中,设 P 的极坐标为 (ρ,θ),则 Q 的极坐标为 $(2,\theta)$,$\overset{\frown}{A_1Q}$ 的弧长为 2θ,故 $\theta_0=2\theta$。因 $r_0=\rho$,于是 D 的边界的极坐标方程为
$$\rho=\dfrac{8}{3-\cos 2\theta}\ \text{与}\ \theta=\pm\dfrac{\pi}{2}。$$

6.3.3 模拟练习题 6-3

1. 将 xOy 坐标面上的双曲线 $4x^2-9y^2=36$ 分别绕 x 轴及 y 轴旋转一周,求所生成的旋转曲面的方程。

2. 求上半球 $0 \leqslant z \leqslant \sqrt{a^2-x^2-y^2}$ 与圆柱体 $x^2+y^2 \leqslant ax(a>0)$ 的公共部分在 xOy 面和 xOz 面上的投影。

模拟练习题参考答案

1-1

1. **解** 由 $\sin g(x)=1-x^2$,所以 $g(x)=\arcsin(1-x^2)$,从而 $-1\leqslant 1-x^2\leqslant 1$,所以 $-\sqrt{2}\leqslant x\leqslant\sqrt{2}$。

2. **解** $y=x-[x]$ 的图像如图 A.1 所示。

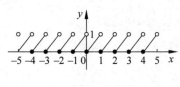

图 A.1

所以,选 B。

3. **解** 当 $x<-2$ 时,$y=3-x^3$,$x=\sqrt[3]{3-y}$,且 $y>11$;当 $-2\leqslant x\leqslant 2$ 时,$y=5-x$,$x=5-y$,且 $3\leqslant y\leqslant 7$;当 $x>2$ 时,$y=1-(x-2)^2$,$x=2+\sqrt{1-y}$,且 $y<1$;所以,$y=f(x)$ 的值域为 $(-\infty,1)\cup[3,7]\cup(11,+\infty)$。$y=f(x)$ 的反函数为 $y=\begin{cases}2+\sqrt{1-x}, & x<1,\\ 5-x, & 3\leqslant x\leqslant 7,\\ \sqrt[3]{3-x}, & x>11.\end{cases}$

4. **解** 令 $t=\ln x$,即 $x=e^t$,则有 $f^2(t)-2e^t f(t)+te^{2t}=0$,由此可解得 $f(t)=e^t\pm\sqrt{e^{2t}-te^{2t}}=e^t(1\pm\sqrt{1-t})$。由 $f(0)=0$,可得 $f(t)=e^t(1-\sqrt{1-t})$,$t\leqslant 1$,即所求的函数为 $f(x)=e^x(1-\sqrt{1-x})$,$x\leqslant 1$。

5. **解** 令 $\dfrac{x+1}{x-1}=t$,则 $x=\dfrac{t+1}{t-1}$,于是 $f(t)=3f\left(\dfrac{t+1}{t-1}\right)-\dfrac{2t+2}{t-1}=3[3f(t)-2t]-\dfrac{2t+2}{t-1}$,整理得 $f(t)=\dfrac{3}{4}t+\dfrac{1}{4}\dfrac{t+1}{t-1}$。所以,$f(x)=\dfrac{3}{4}x+\dfrac{1}{4}\dfrac{x+1}{x-1}$。

1-2

1. **解** $\lim\limits_{n\to\infty}\left(\dfrac{n+1}{n}\right)^{(-1)^n}=\lim\limits_{n\to\infty}e^{(-1)^n\ln\frac{n+1}{n}}=e^{\lim\limits_{n\to\infty}(-1)^n\ln\left(1+\frac{1}{n}\right)}=e^{\lim\limits_{n\to\infty}(-1)^n\cdot\frac{1}{n}}=e^0=1$。

2. **解** $\lim\limits_{x\to 0}x^{-3}\left[\left(\dfrac{2+\cos x}{3}\right)^x-1\right]=\lim\limits_{x\to 0}\dfrac{e^{x\ln\frac{2+\cos x}{3}}-1}{x^3}=\lim\limits_{x\to 0}\dfrac{x\ln\frac{2+\cos x}{3}}{x^3}$
$=\lim\limits_{x\to 0}\dfrac{\ln\left(1+\frac{\cos x-1}{3}\right)}{x^2}=\lim\limits_{x\to 0}\dfrac{\cos x-1}{3x^2}=-\dfrac{1}{6}$。

3. **解** $\lim\limits_{x\to 0}\dfrac{6+f(x)}{x^2}=\lim\limits_{x\to 0}\dfrac{6x+xf(x)}{x^3}=\lim\limits_{x\to 0}\dfrac{\sin 6x+xf(x)+6x-\sin 6x}{x^3}$
$=\lim\limits_{x\to 0}\dfrac{6x-\sin 6x}{x^3}=\lim\limits_{x\to 0}\dfrac{6-6\cos 6x}{3x^2}=2\lim\limits_{x\to 0}\dfrac{1-\cos 6x}{x^2}=2\times\dfrac{36}{2}=36$。

4. **解** $\lim\limits_{n\to\infty}\sin(\pi\sqrt{n^2+1})=\lim\limits_{n\to\infty}\sin(\pi\sqrt{n^2+1}-n\pi+n\pi)$

$$= \lim_{n\to\infty}\sin(\pi\sqrt{n^2+1}-n\pi)\cos n\pi = \lim_{n\to\infty}(-1)^n \cdot \sin\frac{\pi}{\sqrt{n^2+1}+n}$$

$$= \pi\lim_{n\to\infty}\frac{(-1)^n}{\sqrt{n^2+1}+n}=0.$$

5. **解** $\lim_{x\to 0}\dfrac{1-\cos x \cdot \sqrt{\cos 2x} \cdot \sqrt[3]{\cos 3x}}{x^2} = \lim_{x\to 0}\dfrac{1-\sqrt[6]{\cos^6 x \cdot \cos^3 2x \cdot \cos^2 3x}}{x^2}$

$$= \lim_{x\to 0}\frac{1-\sqrt[6]{1+(\cos^6 x \cdot \cos^3 2x \cdot \cos^2 2x-1)}}{x^2} = -\lim_{x\to 0}\frac{\cos^6 x \cdot \cos^3 2x \cdot \cos^2 3x-1}{6x^2}$$

$$= -\lim_{x\to 0}\frac{6\cos^5 x \cdot (-\sin x) \cdot \cos^3 2x \cdot \cos^2 3x+3\cos^6 x\cos^2 2x \cdot 2 \cdot (-\sin 2x) \cdot \cos^2 3x+2\cos^6 x \cdot \cos^3 2x \cdot \cos 3x \cdot 3(-\sin 3x)}{12x}$$

$$= \lim_{x\to 0}\frac{6\sin x \cdot \cos^5 x \cdot \cos^3 2x \cdot \cos^2 3x}{12x} + \lim_{x\to 0}\frac{6\sin 2x \cdot \cos^6 x \cdot \cos^3 2x \cdot \cos^2 3x}{12x}$$

$$+ \lim_{x\to 0}\frac{6\sin 3x \cdot \cos^6 x \cdot \cos^3 2x \cdot \cos 3x}{12x}$$

$$= \frac{1}{2}+1+\frac{3}{2}=3.$$

6. **解** $\left|\cos\sqrt{x+1}-\cos\sqrt{x}\right| = 2\left|\sin\dfrac{\sqrt{x+1}+\sqrt{x}}{2}\right| \cdot \left|\sin\dfrac{\sqrt{x+1}-\sqrt{x}}{2}\right|$

$$\leqslant 2\left|\sin\frac{\sqrt{x+1}-\sqrt{x}}{2}\right| \leqslant 2\left|\sin\frac{1}{2(\sqrt{x+1}+\sqrt{x})}\right|$$

$$\leqslant 2 \cdot \frac{1}{2(\sqrt{x+1}+\sqrt{x})} = \frac{1}{\sqrt{x+1}+\sqrt{x}}.$$

所以 $\lim_{x\to +\infty}(\cos\sqrt{x+1}-\cos\sqrt{x})=0.$

7. **解** $\lim_{x\to 0}\dfrac{\ln(\sin^2 x+e^x)-x}{\ln(x^2+e^{2x})-2x} = \lim_{x\to 0}\dfrac{\ln\left(1+\dfrac{\sin^2 x}{e^x}\right)}{\ln\left(1+\dfrac{x^2}{e^{2x}}\right)} = \lim_{x\to 0}\dfrac{\sin^2 x \cdot e^{2x}}{e^x \cdot x^2}=1.$

1-3

1. **解** $f(x)=2x$(由 $f(0)=f(0)+f(0)\Rightarrow f(0)=0$,所以 $f(x+\Delta x)=f(x)+f(\Delta x)$。$\lim_{\Delta x\to 0}f(x+\Delta x)$

$=f(x)$,因此 $f(x)$ 在任何实数 x 处都连续。$f\left(\dfrac{m}{n}\right)=2 \cdot \dfrac{m}{n}$,对无理数 x,也有 $f(x)=2x$)。

2. **证明** (1)令 $f_n(x)=e^x+x^{2n+1}$,则 $f_n(x)$ 单调增加(关于 x),且 $f_n(0)=1,f_n(-1)=e^{-1}-1<0$,由零点定理,得方程 $f_n(x)=0$ 存在唯一实根 $x_n\in(-1,0)$。

(2) $f_n(x_n)=e^{x_n}+x_n^{2n+1}=0$,得 $x_n=-e^{-\frac{x_n}{2n+1}}$,且 $-1<x_n<0$,则 $\lim_{n\to\infty}\dfrac{x_n}{2n+1}=0$,故 $A=\lim_{n\to\infty}x_n=-e^0=-1$。

(3) $x_n-A=x_n+1=e^0-e^{-\frac{x_n}{2n+1}}$,故有 $\xi_n\in\left(0,-\dfrac{x_n}{2n+1}\right)$使得 $\lim_{n\to\infty}\dfrac{x_n-A}{\dfrac{1}{n}} = \lim_{n\to\infty}\left(-e^{\xi_n} \cdot \dfrac{x_n}{2n+1} \cdot n\right)=\dfrac{1}{2}$。

3. **解** $f(x)=\lim_{n\to\infty}\dfrac{x(x^{2n}-1)}{x^{2n}+1} = \begin{cases} -x, & |x|<1, \\ 0, & x=\pm 1, \\ x, & |x|>1. \end{cases}$

因此定义域为$(-\infty,+\infty)$,在 $x=\pm 1$ 处间断,均为跳跃间断点。

4. **证明** 令 $f(x)=\ln x-ax-b(x>0)$,且设存在 $0<x_1<x_2<x_3$,使得 $f(x_1)=f(x_2)=f(x_3)=0$,则由罗尔定理可得 $\exists \xi_1\in(x_1,x_2),\xi_2\in(x_2,x_3)$,使得 $f'(\xi_1)=f'(\xi_2)=0$。再对 $f'(x)$ 在 $[\xi_1,\xi_2]$ 运用罗尔定

理,得 $\exists \xi \in (\xi_1, \xi_2) \subset (0, +\infty)$,使得 $f''(\xi) = 0$。而 $f''(x) = -\dfrac{1}{x^2} < 0 (x > 0)$ 矛盾。同理可证,$f(x) = 0$ 也不能有多于 3 个实根的情形。所以方程至多有两个实根。

2-1

1. **解** $f(x) = x^2(2+|x|) = \begin{cases} 2x^2 + x^3, & x \geq 0, \\ 2x^2 - x^3, & x < 0, \end{cases}$ $f'(0) = \lim\limits_{x \to 0} \dfrac{f(x) - f(0)}{x} = \lim\limits_{x \to 0} x(2+|x|) = 0$,所以

$$f'(x) = \begin{cases} 4x + 3x^2, & x > 0, \\ 0, & x = 0, \\ 4x - 3x^2, & x < 0; \end{cases} \quad f''(0) = \lim_{x \to 0} \dfrac{f'(x) - f'(0)}{x} = \lim_{x \to 0} \dfrac{4x \pm 3x^2}{x} = 4。$$

所以 $f''(x) = \begin{cases} 4 + 6x, & x > 0, \\ 4, & x = 0, \\ 4 - 6x, & x < 0; \end{cases}$ $f'''_{-}(0) = \lim\limits_{x \to 0} \dfrac{4 - 6x - 4}{x} = -6$,$f'''_{+}(0) = \lim\limits_{x \to 0} \dfrac{4 + 6x - 4}{x} = 6$。

因为 $f'''_{-}(0) \neq f'''_{+}(0)$,所以 $f'''(0)$ 不存在。因此,$n = 2$。

2. **证明** 令 $g(x) = e^x, x \in [a, b]$。则 $f(x), g(x)$ 在 $[a, b]$ 上连续,在 (a, b) 内可导,且 $f'(x) \neq 0$,由柯西中值定理得,$\exists \eta \in (a, b)$,使得

$$\dfrac{g(b) - g(a)}{f(b) - f(a)} = \dfrac{g'(\eta)}{f'(\eta)}, \text{即} \dfrac{e^b - e^a}{f(b) - f(a)} = \dfrac{e^\eta}{f'(\eta)}。 \quad \text{①}$$

而

$$\dfrac{f(b) - f(a)}{b - a} = f'(\xi), \xi \in (a, b)。 \quad \text{②}$$

由①,②可得 $(b-a)e^\eta f'(\xi) = (e^b - e^a)f'(\eta)$。

3. **证明** (1) 令 $f(x) = x\ln^2 x - (x-1)^2$,其中 $1 < x < 2$,则

$$f'(x) = \ln^2 x + 2\ln x - 2(x-1),$$

$$f''(x) = 2\left(\dfrac{\ln x}{x} + \dfrac{1}{x} - 1\right) = 2\dfrac{\ln x + 1 - x}{x}。$$

再令 $g(x) = \ln x + 1 - x$,则 $g'(x) = \dfrac{1}{x} - 1 = \dfrac{1-x}{x}$。

当 $x > 1$ 时,$g'(x) < 0$,所以 $g(x)$ 单调减少。故 $g(x) < g(1) = 0$。因此 $f''(x) < 0$,所以 $f'(x)$ 单调减少。而 $f'(1) = 0$,从而 $f(x)$ 单调减少。由 $f(1) = 0$,得当 $1 < x < 2$ 时,$f(x) < 0$,即 $x\ln^2 x < (x-1)^2$。

(2) 令 $f(t) = \ln\sqrt{t}, t \in [1, 1+2x]$ $(x > 0)$,则 $f(t)$ 在 $[1, 1+2x]$ 上连续,在 $(1, +2x)$ 内可导,由拉格朗日中值定理,得

$$\dfrac{f(1+2x) - f(1)}{2x} = f'(\xi), \xi \in (1, 1+2x),$$

即

$$\dfrac{\ln\sqrt{1+2x} - \ln\sqrt{1}}{2x} = \dfrac{1}{2\xi}, 1 < \xi < 1+2x。$$

所以

$$\dfrac{1}{2(1+2x)} < \dfrac{\ln\sqrt{1+2x}}{2x} < \dfrac{1}{2},$$

即

$$\dfrac{x}{1+2x} < \ln\sqrt{1+2x} < x。$$

4. 解 (1) $y=\mathrm{e}^{\frac{1}{x}}\arctan\dfrac{x^2+x+1}{x-2}$,显然 $x\neq 0,2$。

$\lim\limits_{x\to-\infty}y=\lim\limits_{x\to-\infty}\mathrm{e}^{\frac{1}{x}}\arctan\dfrac{x^2+x+1}{x-2}=-\dfrac{\pi}{2}$; $\lim\limits_{x\to+\infty}y=\lim\limits_{x\to+\infty}\mathrm{e}^{\frac{1}{x}}\arctan\dfrac{x^2+x+1}{x-2}=\dfrac{\pi}{2}$;

$\lim\limits_{x\to 0^+}y=\lim\limits_{x\to 0^+}\mathrm{e}^{\frac{1}{x}}\arctan\dfrac{x^2+x+1}{x-2}=-\infty$; $\lim\limits_{x\to 2^-}y=\lim\limits_{x\to 2^-}\mathrm{e}^{\frac{1}{x}}\arctan\dfrac{x^2+x+1}{x-2}=\dfrac{\pi}{2}\sqrt{\mathrm{e}}$;

$\lim\limits_{x\to 2^+}y=\lim\limits_{x\to 2^+}\mathrm{e}^{\frac{1}{x}}\arctan\dfrac{x^2+x+1}{x-2}=\dfrac{\pi\sqrt{\mathrm{e}}}{2}$。所以曲线有 3 条渐近线,$y=\pm\dfrac{\pi}{2}$ 为水平渐近线,$x=0$ 为铅直渐近线。

(2) $y=|x+2|\mathrm{e}^{\frac{1}{x}}=\begin{cases}(x+2)\mathrm{e}^{\frac{1}{x}}, & x\geqslant -2 \text{ 且 } x\neq 0, \\ -(x+2)\mathrm{e}^{\frac{1}{x}}, & x<-2。\end{cases}$ 因为 $\lim\limits_{x\to 0^+}y=\lim\limits_{x\to 0^+}(x+2)\mathrm{e}^{\frac{1}{x}}=+\infty$,所以 $x=0$ 为铅直渐近线。$\lim\limits_{x\to+\infty}\dfrac{y}{x}=\lim\limits_{x\to+\infty}\dfrac{x+2}{x}\mathrm{e}^{\frac{1}{x}}=1$,$\lim\limits_{x\to+\infty}(y-x)=\lim\limits_{x\to+\infty}((x+2)\mathrm{e}^{\frac{1}{x}}-x)=3$,所以 $y=x+3$ 为斜渐近线。同理可得 $y=-x-3$ 也是斜渐近线。

(3) $\lim\limits_{x\to 0}y=\lim\limits_{x\to 0}x\mathrm{e}^{\frac{1}{x^2}}\xlongequal{t=\frac{1}{x}}\lim\limits_{t\to\infty}\dfrac{\mathrm{e}^{t^2}}{t}=\lim\limits_{t\to\infty}\mathrm{e}^{t^2}\cdot 2=+\infty$,所以,$x=0$ 为铅直渐近线。$\lim\limits_{x\to\infty}\dfrac{y}{x}=\lim\limits_{x\to\infty}\dfrac{x\mathrm{e}^{\frac{1}{x^2}}}{x}=1$,$\lim\limits_{x\to\infty}(y-x)=\lim\limits_{x\to\infty}x(\mathrm{e}^{\frac{1}{x^2}}-1)=0$。所以,$y=x$ 为斜渐近线。

(4) $\lim\limits_{x\to\infty}\dfrac{y}{x}=\lim\limits_{x\to\infty}\ln\left(\mathrm{e}+\dfrac{1}{x}\right)=1$,$\lim\limits_{x\to\infty}(y-x)=\lim\limits_{x\to\infty}x\left[\ln\left(\mathrm{e}+\dfrac{1}{x}\right)-1\right]\xlongequal{t=\frac{1}{x}}\lim\limits_{t\to 0}\dfrac{\ln(\mathrm{e}+t)-1}{t}=\dfrac{1}{\mathrm{e}}$。所以,曲线有一条斜渐近线 $y=x+\dfrac{1}{\mathrm{e}}$。

5. 解 令 $y'=\mathrm{e}^{\frac{\pi}{2}+\arctan x}\cdot\dfrac{x(x+1)}{1+x^2}=0$,得 $x_1=-1,x_2=0$。

列表

x	$(-\infty,-1)$	-1	$(-1,0)$	0	$(0,+\infty)$
y'	$+$	0	$-$	0	$+$
y	单增	极大值 $y(-1)=-2\mathrm{e}^{\frac{\pi}{4}}$	单减	极小值 $y(0)=-\mathrm{e}^{\frac{\pi}{2}}$	单增

$$\lim_{x\to+\infty}\dfrac{y}{x}=\lim_{x\to+\infty}\dfrac{(x-1)}{x}\mathrm{e}^{\frac{\pi}{2}+\arctan x}=\mathrm{e}^\pi,$$

$$\lim_{x\to+\infty}(y-\mathrm{e}^\pi x)=\lim_{x\to+\infty}[(x-1)\mathrm{e}^{\frac{\pi}{2}+\arctan x}-\mathrm{e}^\pi x]$$

$$=\lim_{x\to+\infty}\mathrm{e}^\pi x\left(\arctan x-\dfrac{\pi}{2}\right)-\lim_{x\to+\infty}\mathrm{e}^{\frac{\pi}{2}+\arctan x}$$

$$=\mathrm{e}^\pi\lim_{x\to+\infty}\dfrac{\arctan x-\dfrac{\pi}{2}}{\dfrac{1}{x}}-\mathrm{e}^\pi$$

$$=\mathrm{e}^\pi\lim_{x\to+\infty}\dfrac{\dfrac{1}{1+x^2}}{-\dfrac{1}{x^2}}-\mathrm{e}^\pi=-2\mathrm{e}^\pi。$$

又

$$\lim_{x\to-\infty}\dfrac{y}{x}=\lim_{x\to-\infty}\dfrac{(x-1)\mathrm{e}^{\frac{\pi}{2}+\arctan x}}{x}=1,$$

$$\lim_{x\to-\infty}(y-x) = \lim_{x\to-\infty}\left[(x-1)e^{\frac{\pi}{2}+\arctan x} - x\right] = \lim_{x\to-\infty}x(e^{\frac{\pi}{2}+\arctan x}-1)-1$$

$$= \lim_{x\to-\infty}\frac{\frac{\pi}{2}+\arctan x}{\frac{1}{x}} - 1 = \lim_{x\to-\infty}\frac{\frac{1}{1+x^2}}{-\frac{1}{x^2}} - 1 = -2。$$

所以曲线有两条斜渐近线:$y=e^{\pi}x-2e^{\pi},y=x-2$。函数的单调减少区间为$(-1,0)$,单调增加区间为$(-\infty,-1),(0,+\infty)$。函数的极小值为$y(0)=-e^{\frac{\pi}{2}}$,极大值为$y(-1)=-2e^{\frac{\pi}{4}}$。

6. **解** $x'(t)=a(1-\cos t), x''(t)=a\sin t, y'(t)=a\sin t, y''(t)=a\cos t$。

由曲率公式得曲率

$$k = \frac{|y''(t)x'(t)-y'(t)x''(t)|}{(x'^2(t)+y'^2(t))^{3/2}} = \frac{1}{2\sqrt{2}a}\frac{1}{\sqrt{1-\cos t}}, t\in(0,2\pi)。$$

显然,当$t=\pi$时,$k_{\min}=\frac{1}{4a}$,此时曲率半径为$4a$。

7. **解** 令$f(x)=4x+\ln 4x-4\ln x-k(x>0)$,则$f'(x)=\frac{4(x-1+\ln^3 x)}{x}$。令$f'(x)=0$,得$x=1$,且当$x>1$时,$f'(x)>0$;当$0<x<1$时,$f'(x)<0$。所以$f(x)$在$x=1$处取得极小值$f(1)=4-k$。

(1)当$4-k>0$,即$k<4$时,无交点。

(2)当$4-k=0$,即$k=4$时,只有一个交点。

(3)当$4-k<0$,即$k>4$时,因为$\lim_{x\to 0^+}f(x)=+\infty,\lim_{x\to+\infty}f(x)=+\infty$,所以有两个交点。

8. **解** 当$x\to 0$时,$\sin x=x-\frac{1}{3!}x^3+o(x^3)$,

$$f(x) = f(0)+f'(0)x+\frac{f''(0)}{2!}x^2+o(x^2)。$$

所以,$\lim_{x\to 0}\frac{\sin x+xf(x)}{x^3} = \lim_{x\to 0}\frac{x-\frac{1}{6}x^3+f(0)x+f'(0)x^2+\frac{f''(0)}{2}x^3+o(x^3)}{x^3}$

$$= \lim_{x\to 0}\frac{x(1-f(0))+f'(0)x^2+\left(\frac{f''(0)}{2}-\frac{1}{6}\right)x^3+o(x^3)}{x^3} = \frac{1}{3}。$$

由此可得$\begin{cases}1+f(0)=0,\\ f'(0)=0,\\ \frac{f''(0)}{2}-\frac{1}{6}=\frac{1}{3}。\end{cases}\Rightarrow\begin{cases}f(0)=-1,\\ f'(0)=0,\\ f''(0)=1。\end{cases}$

2-2

1. **解** $\lim_{(x,y)\to(0,0)}f(x,y)=\lim_{(x,y)\to(0,0)}xy\sin\frac{1}{x^2+y^2}=0=f(0,0)$,所以$f(x,y)$在$(0,0)$处连续。$f'_x(0,0)=\lim_{x\to 0}\frac{f(x,0)-f(0,0)}{x}=0, f'_y(0,0)=\lim_{y\to 0}\frac{f(0,y)-f(0,0)}{y}=0$,故$f(x,y)$在$(0,0)$处可导。

$$\lim_{\substack{x\to 0\\ y\to 0}}\frac{f(x,y)-f(0,0)-f'_x(0,0)x-f'_y(0,0)y}{\sqrt{x^2+y^2}} = \lim_{(x,y)\to(0,0)}\frac{xy}{\sqrt{x^2+y^2}}\sin\frac{1}{x^2+y^2}=0。$$

所以函数在$(0,0)$处可微。

2. **解** $\frac{\partial z}{\partial x}=f'(x+\varphi(y)), \frac{\partial z}{\partial y}=f'(x+\varphi(y))\varphi'(y)$,

$$\frac{\partial^2 z}{\partial x^2}=f''(x+\varphi(y)), \frac{\partial^2 z}{\partial y^2}=f''(x+\varphi(y))\varphi'(y)+f'(x+\varphi(y))\varphi''(y)。$$

3. **解** $\dfrac{\partial z}{\partial x} = -\dfrac{1}{x^2}f(xy) + \dfrac{y}{x}f'(xy) + yf'(x+y)$,

$\dfrac{\partial^2 z}{\partial x \partial y} = -\dfrac{1}{x}f'(xy) + \dfrac{1}{x}f'(xy) + \dfrac{y}{x}f''(xy) \cdot x + f'(x+y) + yf''(x+y)$

$= f'(x+y) + yf''(xy) + yf''(x+y)$。

4. **解** $x = \varphi(y)$, 故 $\dfrac{\mathrm{d}y}{\mathrm{d}x} = \dfrac{1}{\varphi'(y)}$。

$\dfrac{\mathrm{d}z}{\mathrm{d}x} = f_1' + f_2' \cdot \dfrac{\mathrm{d}y}{\mathrm{d}x} = f_1' + \dfrac{f_2'}{\varphi'(y)}$,

$\dfrac{\mathrm{d}^2 z}{\mathrm{d}x^2} = \dfrac{\mathrm{d}}{\mathrm{d}x}\left(f_1' + \dfrac{f_2'}{\varphi'(y)}\right) = \dfrac{\mathrm{d}}{\mathrm{d}x}(f_1') + \dfrac{\mathrm{d}}{\mathrm{d}x}\left(\dfrac{f_2'}{\varphi'(y)}\right)$

$= f_{11}'' + f_{12}'' \dfrac{\mathrm{d}y}{\mathrm{d}x} + \dfrac{1}{\varphi'(y)}\left(f_{21}'' + f_{22}'' \cdot \dfrac{\mathrm{d}y}{\mathrm{d}x}\right) + f_2' \cdot \dfrac{\mathrm{d}}{\mathrm{d}x}\left(\dfrac{1}{\varphi'(y)}\right)$

$= f_{11}'' + \dfrac{2}{\varphi'(y)} f_{12}'' + \dfrac{1}{[\varphi'(y)]^2} f_{22}'' - \dfrac{\varphi''(y)}{[\varphi'(y)]^3} f_2'$。

5. **解** $z(x,y) \xrightarrow{x-t=u} \int_x^{x-y} -\mathrm{e}^y f(u)\mathrm{d}u = \int_{x-y}^{x} f(u)\mathrm{d}u \cdot \mathrm{e}^y$。

$\dfrac{\partial z}{\partial x} = \mathrm{e}^y[f(x) - f(x-y)], \dfrac{\partial^2 z}{\partial x \partial y} = \mathrm{e}^y[f(x) - f(x-y)] + \mathrm{e}^y f'(x-y)$

$= \mathrm{e}^y[f(x) - f(x-y) + f'(x-y)]$。

6. **解** $\dfrac{\partial z}{\partial x} = yf + xyf' \cdot \left(\dfrac{x+y}{xy}\right)' = yf - \dfrac{y}{x}f'$, $\dfrac{\partial z}{\partial y} = xf - \dfrac{x}{y}f'$。

$x^2 \dfrac{\partial z}{\partial x} - y^2 \dfrac{\partial z}{\partial y} = xyf \cdot (x-y) = z(x-y)$,

故 $g(x,y) = x-y$。

7. **解** 方程 $x - z = y\mathrm{e}^z$ 两侧关于 x 求导, 得 $1 - \dfrac{\partial z}{\partial x} = y\mathrm{e}^z \dfrac{\partial z}{\partial x}$, 所以

$\dfrac{\partial z}{\partial x} = \dfrac{1}{1+y\mathrm{e}^z}, \dfrac{\partial^2 z}{\partial x^2} = \dfrac{\partial}{\partial x}\left(\dfrac{1}{1+y\mathrm{e}^z}\right) = -\dfrac{y\mathrm{e}^z}{(1+y\mathrm{e}^z)^2} \cdot \dfrac{\partial z}{\partial x} = -\dfrac{y\mathrm{e}^z}{(1+y\mathrm{e}^z)^3}$。

8. **解** $x^2 + y^2 + z^2 = yf\left(\dfrac{z}{y}\right)$ 两侧分别关于 x, y 求导, 得

$2x + 2z\dfrac{\partial z}{\partial x} = yf'\left(\dfrac{z}{y}\right)\dfrac{1}{y}\dfrac{\partial z}{\partial x} \Rightarrow \dfrac{\partial z}{\partial x} = \dfrac{2x}{f'\left(\dfrac{z}{y}\right) - 2z}$,

$2y + 2z\dfrac{\partial z}{\partial y} = f\left(\dfrac{z}{y}\right) + yf'\left(\dfrac{z}{y}\right)\left(\dfrac{-z}{y^2} + \dfrac{1}{y}\dfrac{\partial z}{\partial y}\right) \Rightarrow \dfrac{\partial z}{\partial y} = \dfrac{2y^2 - yf\left(\dfrac{z}{y}\right) - zf'\left(\dfrac{z}{y}\right)}{y\left(f'\left(\dfrac{z}{y}\right) - 2z\right)}$,

$\mathrm{d}z = \dfrac{\partial z}{\partial x}\mathrm{d}x + \dfrac{\partial z}{\partial y}\mathrm{d}y = \dfrac{2x}{f' - 2z}\mathrm{d}x + \dfrac{2y^2 - yf - zf'}{y(f' - 2z)}\mathrm{d}y$。

9. **解** $\dfrac{\mathrm{d}u}{\mathrm{d}x} = f_1' \cdot 2x + f_2' \cdot 2y \cdot \dfrac{\mathrm{d}y}{\mathrm{d}x} + f_3' \cdot 2z \dfrac{\mathrm{d}z}{\mathrm{d}y} \cdot \dfrac{\mathrm{d}y}{\mathrm{d}x} = f_1' \cdot 2x + 2y\mathrm{e}^x f_2' + 2zf_3' \cdot \left(-\dfrac{\varphi_1'}{\varphi_2'}\right) \cdot \mathrm{e}^x$

$= 2xf_1' + 2\mathrm{e}^{2x} f_2' - 2z\mathrm{e}^x f_3' \dfrac{\varphi_1'}{\varphi_2'}$。

10. **解** 令 $\begin{cases} f_x = 2x(2+y^2) = 0, \\ f_y = 2x^2 y + \ln y + 1 = 0, \end{cases} \Rightarrow \begin{cases} x = 0, \\ y = \dfrac{1}{\mathrm{e}}. \end{cases}$

$f_{xx} = 4, \ f_{xy} = 4xy, \ f_{yy} = 2x^2 + \dfrac{1}{y}$。

在 $\left(0, \dfrac{1}{\mathrm{e}}\right)$ 处, $A = 4, B = 0, C = \mathrm{e}$, 故 $AC - B^2 = 4\mathrm{e} > 0$。而 $A = 4 < 0$。所以 $f(x,y)$ 在 $\left(0, \dfrac{1}{\mathrm{e}}\right)$ 处取极小值,

极小值为 $f\left(0, \dfrac{1}{\mathrm{e}}\right) = -\dfrac{1}{\mathrm{e}}$。

11. **解** (1)令 $F(x,y,z)=\sqrt{x}+2\sqrt{y}+3\sqrt{z}-3$,则 $P(a,b,c)$ 处切平面的法向量为
$$\boldsymbol{n}=(F_x(p),F_y(p),F_z(p))=\left(\frac{1}{2\sqrt{a}},\frac{1}{\sqrt{b}},\frac{3}{2\sqrt{c}}\right).$$
所以 P 处切平面方程为 $\frac{x-a}{2\sqrt{a}}+\frac{y-b}{\sqrt{b}}+\frac{3(z-c)}{2\sqrt{c}}=0$,即
$$\frac{1}{\sqrt{a}}x+\frac{2}{\sqrt{b}}y+\frac{3}{\sqrt{c}}z-(\sqrt{a}+2\sqrt{b}+3\sqrt{c})=0,$$
也就是 $\frac{1}{\sqrt{a}}x+\frac{2}{\sqrt{b}}y+\frac{3}{\sqrt{c}}z=3$。

(2)切平面的截距式方程为 $\frac{x}{3\sqrt{a}}+\frac{y}{\frac{3\sqrt{b}}{2}}+\frac{z}{\sqrt{c}}=1$,所以四面体的体积 $V=\frac{1}{6}\cdot 3\sqrt{a}\cdot\frac{3}{2}\sqrt{b}\cdot\sqrt{c}=\frac{3}{4}\sqrt{abc}$。令 $L(a,b,c)=abc+\lambda(\sqrt{a}+2\sqrt{b}+3\sqrt{c}-3)$,则取

$$\begin{cases}\frac{\partial L}{\partial a}=bc+\frac{\lambda}{2\sqrt{a}}=0,\\ \frac{\partial L}{\partial b}=ac+\frac{\lambda}{\sqrt{b}}=0,\\ \frac{\partial L}{\partial c}=ab+\frac{3\lambda}{2\sqrt{c}}=0,\\ \sqrt{a}+2\sqrt{b}+3\sqrt{c}=3,\end{cases}\Rightarrow\begin{cases}a=1,\\ b=\frac{1}{4},\\ c=\frac{1}{9}.\end{cases}$$

所以当 $a=1, b=\frac{1}{4}, c=\frac{1}{9}$ 时,四面体体积最大,值为 $\frac{1}{8}$。

12. **解** (1)令 $\begin{cases}f_x=4(y-x^2)(-2x)-x^6=x(-8y+8x^2-x^5)=0,\\ f_y=4(y-x^2)-2y=2(y-2x^2)=0,\end{cases}$ 可得:$(0,0),(-2,8)$。又
$$f_{xx}=24x^2-8y-6x^5, f_{xy}=-8x, f_{yy}=2.$$
在 $(-2,8)$ 处,$AC-B^2>0$,且 $A>0$,所以 $(-2,8)$ 为极小值点,且 $f(-2,8)=-\frac{96}{7}$。
$$f(0,0)=0, 而 \begin{cases}f(x,x^2)=-x^4-\frac{1}{7}x^7<0, & x\in \mathring{U}(0),\\ f(x,4x^2)=2x^4-\frac{1}{7}x^7>0, & x\in \mathring{U}(0).\end{cases}$$
所以 $f(x,y)$ 在 $(0,0)$ 处不取极值。

(2)当 $y=kx(k\in\mathbf{R})$ 时,$f(x,y)=k^2x^2-4kx^3+2x^4-\frac{1}{7}x^7$。
$$\frac{\mathrm{d}f}{\mathrm{d}x}\bigg|_{x=0}=(2k^2x-12kx^2+8x^3-x^6)|_{x=0}=0,$$
$$\frac{\mathrm{d}^2f}{\mathrm{d}x^2}\bigg|_{x=0}=2k^2.$$
当 $k=0$ 时,$f(x,0)=2x^4-\frac{1}{7}x^7>0, x\in\mathring{U}(0)$,所以 $f(0,0)$ 是极小值;当 $k\neq 0$ 时,$\frac{\mathrm{d}^2f}{\mathrm{d}x^2}\bigg|_{x=0}>0$,所以 $f(0,0)$ 是极小值。综上,当点 (x,y) 在过原点的任一直线上变化时,$f(x,y)$ 在 $(0,0)$ 处取得极小值。

3-1

1. **解** $\int\frac{\sin x}{\sin x+\cos x}\mathrm{d}x=\frac{1}{2}\int\frac{\sin x+\cos x+\sin x-\cos x}{\sin x+\cos x}\mathrm{d}x=\frac{1}{2}\left[\int\mathrm{d}x-\int\frac{\cos x-\sin x}{\sin x+\cos x}\mathrm{d}x\right]$
$=\frac{1}{2}[x-\ln|\sin x+\cos x|]+C$。

2. 解 $\int \dfrac{\arctan \dfrac{1}{x}}{1+x^2} dx = \int \arctan \dfrac{1}{x} \cdot \dfrac{1}{1+\left(\dfrac{1}{x}\right)^2} \cdot \dfrac{1}{x^2} dx = -\int \arctan \dfrac{1}{x} \cdot \dfrac{1}{1+\left(\dfrac{1}{x}\right)^2} d\dfrac{1}{x}$

$= -\int \arctan \dfrac{1}{x} d\arctan \dfrac{1}{x} = -\dfrac{1}{2}\left(\arctan \dfrac{1}{x}\right)^2 + C$。

3. 解 $\int \dfrac{x^2 e^x}{(x+2)^2} dx = -\int x^2 e^x d\dfrac{1}{x+2} = -\dfrac{x^2 \cdot e^x}{x+2} + \int \dfrac{1}{x+2} d(x^2 e^x)$

$= -\dfrac{x^2 e^x}{x+2} + \int x e^x dx = -\dfrac{x^2 e^x}{x+2} + xe^x - e^x + C$。

4. 解 $\int \dfrac{xe^{\arctan x}}{(1+x^2)^{3/2}} dx = \int \dfrac{x}{\sqrt{1+x^2}} e^{\arctan x} \cdot \dfrac{1}{1+x^2} dx = \int \dfrac{x}{\sqrt{1+x^2}} de^{\arctan x}$

$= \dfrac{xe^{\arctan x}}{\sqrt{1+x^2}} - \int \dfrac{e^{\arctan x}}{(1+x^2)^{3/2}} dx = \dfrac{xe^{\arctan x}}{\sqrt{1+x^2}} - \int \dfrac{1}{\sqrt{1+x^2}} de^{\arctan x}$

$= \dfrac{xe^{\arctan x}}{\sqrt{1+x^2}} - \dfrac{e^{\arctan x}}{\sqrt{1+x^2}} + \int \dfrac{xe^{\arctan x}}{(1+x^2)^{3/2}} dx$,

所以 $\int \dfrac{xe^{\arctan x}}{(1+x^2)^{3/2}} dx = \dfrac{(x-1)e^{\arctan x}}{2\sqrt{1+x^2}} + C$。

5. 解 $\int x f''(x) dx = \int x df'(x) = xf'(x) - \int f'(x) dx = xf'(x) - f(x) + C$。而 $f(x) = (e^{x^2})' = 2xe^{x^2}$, 故 $f'(x) = (2xe^{x^2})' = 2e^{x^2} + 4x^2 e^{x^2}$。所以 $\int xf''(x) dx = 2xe^{x^2} + 4x^3 e^{x^2} - 2xe^{x^2} + C = 4x^3 e^{x^2} + C$。

3-2

1. 解 令 $\int_0^{\frac{\pi}{2}} f(x) dx = A$, $f(x) = x^2 \sin x + \int_0^{\frac{\pi}{2}} f(x) dx$ 两端从 $0 \sim \dfrac{\pi}{2}$, 积分得 $A = \int_0^{\frac{\pi}{2}} x^2 \sin x dx + \int_0^{\frac{\pi}{2}} A dx = \pi - 2 + \dfrac{\pi}{2} A$, 所以 $A = -2$, 因此, $f(x) = x^2 \sin x - 2$。

2. 解 (1) $\lim\limits_{n \to \infty} \dfrac{1}{n} \sqrt[n]{n(n+1)\cdots(2n-1)} = \lim\limits_{n \to \infty} e^{\ln \sqrt[n]{1 \cdot \left(1+\frac{1}{n}\right) \cdot \cdots \cdot \left(1+\frac{n-1}{n}\right)}}$

$= e^{\lim\limits_{n \to \infty} \frac{1}{n}\left[\ln 1 + \ln\left(1+\frac{1}{n}\right) + \cdots + \ln\left(1+\frac{n-1}{n}\right)\right]}$

$= e^{\int_1^2 \ln x dx} = e^{2\ln 2 - 1} = \dfrac{4}{e}$。

(2) $\dfrac{1}{n+1}\left(\sin\dfrac{\pi}{n} + \sin\dfrac{2\pi}{n} + \cdots + \sin\dfrac{n}{n}\pi\right) < \dfrac{\sin\dfrac{\pi}{n}}{n+1} + \dfrac{\sin\dfrac{2}{n}\pi}{n+\dfrac{1}{2}} + \cdots + \dfrac{\sin\dfrac{n}{n}\pi}{n+\dfrac{1}{n}}$

$< \dfrac{1}{n}\left(\sin\dfrac{\pi}{n} + \sin\dfrac{2\pi}{n} + \cdots + \sin\dfrac{n}{n}\pi\right)$。

而 $\lim\limits_{n \to \infty} \dfrac{1}{n}\left(\sin\dfrac{\pi}{n} + \sin\dfrac{2\pi}{n} + \cdots + \sin\dfrac{n}{n}\pi\right) = \dfrac{1}{\pi}\int_0^{\pi} \sin x dx = \dfrac{2}{\pi}$, $\lim\limits_{n \to \infty} \dfrac{1}{n+1}\left(\sin\dfrac{\pi}{n} + \sin\dfrac{2\pi}{n} + \cdots + \sin\dfrac{n}{n}\pi\right) = \lim\limits_{n \to \infty} \dfrac{n}{n+1} \cdot \dfrac{1}{n}\left(\sin\dfrac{\pi}{n} + \sin\dfrac{2\pi}{n} + \cdots + \sin\dfrac{n}{n}\pi\right) = \lim\limits_{n \to \infty} \dfrac{n}{n+1} \cdot \lim\limits_{n \to \infty} \dfrac{1}{n}\left(\sin\dfrac{\pi}{n} + \sin\dfrac{2\pi}{n} + \cdots + \sin\dfrac{n}{n}\pi\right) = \dfrac{2}{\pi}$。

由夹逼准则, 得 $\lim\limits_{n \to \infty}\left[\dfrac{\sin\dfrac{\pi}{n}}{n+1} + \dfrac{\sin\dfrac{2}{n}\pi}{n+\dfrac{1}{2}} + \cdots + \dfrac{\sin\dfrac{n}{n}\pi}{n+\dfrac{1}{n}}\right] = \dfrac{2}{\pi}$。

3. 证明 令 $F(x)=f(x)+f(1-x), x\in[0,1]$,则 $F(x)$ 在 $[0,1]$ 上连续,且 $\int_0^1 F(x)\mathrm{d}x=\int_0^1 f(x)\mathrm{d}x+\int_0^1 f(1-x)\mathrm{d}x$。而

$$\int_0^1 f(1-x)\mathrm{d}x \xrightarrow{t=1-x} \int_1^0 -f(t)\mathrm{d}t=\int_0^1 f(x)\mathrm{d}x,$$

所以 $\int_0^1 F(x)\mathrm{d}x=2\int_0^1 f(x)\mathrm{d}x=0$。

由积分中值定理 $\int_0^1 F(x)\mathrm{d}x=F(\xi)=f(\xi)+f(1-\xi), \xi\in(0,1)$,所以存在 $\xi\in(0,1)$ 使得 $f(\xi)+f(1-\xi)=0$。

4. 解 当 $n=1$ 时, $I_1=\int_0^\pi \frac{\sin 2x}{\sin x}\mathrm{d}x=\int_0^\pi 2\cos x\mathrm{d}x=2\sin x\Big|_0^\pi=0$,于是

$$I_2=\int_0^\pi \frac{\sin 4x}{\sin x}\mathrm{d}x=I_2-I_1=\int_0^\pi \frac{\sin 4x-\sin 2x}{\sin x}\mathrm{d}x$$

$$=\int_0^\pi \frac{2\cos 3x\cdot\sin x}{\sin x}\mathrm{d}x=2\int_0^\pi \cos 3x\mathrm{d}x=\frac{2}{3}\sin 3x\Big|_0^\pi=0。$$

$$I_3=I_3-I_2=\int_0^\pi \frac{\sin 6x-\sin 4x}{\sin x}\mathrm{d}x=2\int_0^\pi \frac{\cos 5x\sin x}{\sin x}\mathrm{d}x=\frac{2}{5}\sin 5x\Big|_0^\pi=0。$$

递推得,若 $I_{n-1}=0$,则

$$I_n=\int_0^\pi \frac{\sin 2nx}{\sin x}\mathrm{d}x=\int_0^\pi \frac{\sin 2nx-\sin(2n-2)x}{\sin x}\mathrm{d}x$$

$$=2\int_0^\pi \frac{\cos(2n-1)x\cdot\sin x}{\sin x}\mathrm{d}x=2\int_0^\pi \cos(2n-1)x\mathrm{d}x$$

$$=\frac{2}{2n-1}\sin(2n-1)x\Big|_0^\pi=0。$$

5. 解 (1)① 当 $a<b\leqslant 0$ 时, $\int_a^b |x|\mathrm{d}x=\int_a^b (-x)\mathrm{d}x=\frac{1}{2}(a^2-b^2)$。

② 当 $a<0<b$ 时, $\int_a^b |x|\mathrm{d}x=\int_a^0 (-x)\mathrm{d}x+\int_0^b x\mathrm{d}x=\frac{1}{2}(a^2+b^2)$。

③ 当 $0<a<b$ 时, $\int_a^b |x|\mathrm{d}x=\int_a^b x\mathrm{d}x=\frac{1}{2}(b^2-a^2)$。

所以 $\int_a^b |x|\mathrm{d}x=\begin{cases}\dfrac{a^2-b^2}{2}, & a<b\leqslant 0,\\ \dfrac{a^2+b^2}{2}, & a<0<b,\\ \dfrac{b^2-a^2}{2}, & 0<a<b。\end{cases}$

(2) $\int_{-3}^3 \max\{x,x^2,x^3\}\mathrm{d}x=\int_{-3}^0 x^2\mathrm{d}x+\int_0^1 x\mathrm{d}x+\int_1^3 x^3\mathrm{d}x=\frac{x^3}{3}\Big|_{-3}^0+\frac{x^2}{2}\Big|_0^1+\frac{x^4}{4}\Big|_1^3=\frac{59}{2}$。

(3) $\int_0^\pi \sqrt{\sin x-\sin^3 x}\mathrm{d}x=\int_0^\pi \sqrt{\sin x}\cdot|\cos x|\mathrm{d}x=\int_0^{\frac{\pi}{2}}\sqrt{\sin x}\cos x\mathrm{d}x-\int_{\frac{\pi}{2}}^\pi \sqrt{\sin x}\cos x\mathrm{d}x$

$$=\int_0^{\frac{\pi}{2}}\sqrt{\sin x}\mathrm{d}\sin x-\int_{\frac{\pi}{2}}^\pi \sqrt{\sin x}\mathrm{d}\sin x=\frac{4}{3}。$$

(4) $\int_{\frac{1}{2}}^2 \left(1+x+\frac{1}{x}\right)\mathrm{e}^{x-\frac{1}{x}}\mathrm{d}x=\int_{\frac{1}{2}}^2 \mathrm{e}^{x-\frac{1}{x}}\mathrm{d}x+\int_{\frac{1}{2}}^2 x\left(1+\frac{1}{x^2}\right)\mathrm{e}^{x-\frac{1}{x}}\mathrm{d}x$

$$=\int_{\frac{1}{2}}^2 \mathrm{e}^{x-\frac{1}{x}}\mathrm{d}x+\int_{\frac{1}{2}}^2 x\mathrm{d}\mathrm{e}^{x-\frac{1}{x}}=\int_{\frac{1}{2}}^2 \mathrm{e}^{x-\frac{1}{x}}\mathrm{d}x+x\mathrm{e}^{x-\frac{1}{x}}\Big|_{\frac{1}{2}}^2-\int_{\frac{1}{2}}^2 \mathrm{e}^{x-\frac{1}{x}}\mathrm{d}x$$

$$=2\mathrm{e}^{\frac{3}{2}}-\frac{1}{2}\mathrm{e}^{-\frac{3}{2}}。$$

(5) $\int_0^{\frac{\pi}{4}} \ln(1+\tan x)dx = \int_0^{\frac{\pi}{4}} \ln\frac{\sin x + \cos x}{\cos x}dx = \int_0^{\frac{\pi}{4}} \ln(\sin x + \cos x)dx - \int_0^{\frac{\pi}{4}} \ln\cos x dx$。

$$\int_0^{\frac{\pi}{4}} \ln(\cos x + \sin x)dx = \int_0^{\frac{\pi}{4}} \ln\left[\sqrt{2}\cos\left(\frac{\pi}{4}-x\right)\right]dx \xrightarrow{x=\frac{\pi}{4}-u} -\int_{\frac{\pi}{4}}^0 [\ln\sqrt{2} + \ln\cos u]du,$$

$$= \frac{\pi\ln 2}{8} + \int_0^{\frac{\pi}{4}} \ln\cos x dx,$$

故 $\int_0^{\frac{\pi}{4}} \ln(1+\tan x)dx = \frac{\pi\ln 2}{8}$。

(6) $\int_1^e \cos(\ln x)dx \xrightarrow{t=\ln x} \int_0^1 \cos t \cdot de^t = \cos t \cdot e^t \Big|_0^1 + \int_0^1 e^t \sin t dt$

$$= e\cos 1 - 1 + e\sin 1 - \int_0^1 e^t \cos t dt,$$

从而得 原积分 $= \dfrac{e\cos 1 + e\sin 1 - 1}{2}$。

(7) $\int_0^{\frac{\pi}{4}} \dfrac{1-\tan x}{1+\tan x}dx \xrightarrow{t=\tan x} \int_0^1 \dfrac{1-t}{1+t} \cdot \dfrac{1}{1+t^2}dt = \int_0^1 \dfrac{1}{1+t}dt - \int_0^1 \dfrac{tdt}{1+t^2}$

$$= \ln(1+t)\Big|_0^1 - \frac{1}{2}\ln(1+t^2)\Big|_0^1 = \frac{\ln 2}{2}.$$

(8) $\int_{-\frac{\pi}{2}}^{\frac{\pi}{2}} \dfrac{e^x}{1+e^x}\sin^4 x dx = \int_{-\frac{\pi}{2}}^0 \dfrac{e^x}{1+e^x}\sin^4 x dx + \int_0^{\frac{\pi}{2}} \dfrac{e^x}{1+e^x}\sin^4 x dx$。

又 $\int_{-\frac{\pi}{2}}^0 \dfrac{e^x}{1+e^x}\sin^4 x dx \xrightarrow{t=-x} \int_{\frac{\pi}{2}}^0 -\dfrac{e^{-t}}{1+e^{-t}}\sin^4 t dt = \int_0^{\frac{\pi}{2}} \dfrac{1}{1+e^x}\sin^4 x dx$,所以

$$\int_{-\frac{\pi}{2}}^{\frac{\pi}{2}} \dfrac{e^x}{1+e^x}\sin^4 x dx = \int_0^{\frac{\pi}{2}} \sin^4 x dx = \frac{3}{4} \cdot \frac{1}{2} \cdot \frac{\pi}{2} = \frac{3\pi}{16}.$$

6. **证明** $\int_a^b (x-a)(x-b)f''(x)dx = \int_a^b (x-a)(x-b)df'(x)$

$$= (x-a)(x-b)f'(x)\Big|_a^b - \int_a^b f'(x)d(x-a)(x-b)$$

$$= -\int_a^b (2x-a-b)df(x) = -f(x)(2x-a-b)\Big|_a^b + 2\int_a^b f(x)dx$$

$$= -f(b)(b-a) + f(a)(a-b) + 2\int_a^b f(x)dx = 2\int_a^b f(x)dx,$$

即 $\int_a^b f(x)dx = \dfrac{1}{2}\int_a^b (x-a)(x-b)f''(x)dx$。

7. **证明** 将 $f(x)$ 在 $x=0$ 处和 $x=1$ 处进行一阶泰勒展开,得

$$f(x) = f(0) + f'(0)x + \frac{f''(\xi_1)}{2}x^2, f(x) = f(1) + f'(1)(x-1) + \frac{f''(\xi_2)}{2}(x-1)^2,$$

分别积分得 $\int_0^1 f(x)dx = \int_0^1 f(0)dx + f'(0)\int_0^1 x dx + \dfrac{f''(\xi_1)}{2}\int_0^1 x^3 dx$

$$= f(0) + \frac{1}{2}f'(0) + \frac{1}{6}f''(\xi_1), \quad ①$$

$$\int_0^1 f(x)dx = \int_0^1 f(1)dx + \int_0^1 f'(1)(x-1)dx + \int_0^1 \frac{f''(\xi_2)}{2}(x-1)^2 dx$$

$$= f(1) + f'(1)\frac{(x-1)^2}{2}\Big|_0^1 + \frac{f''(\xi_2)}{6}(x-1)^3\Big|_0^1$$

$$= f(1) - \frac{1}{2}f'(1) + \frac{f''(\xi_2)}{6}. \quad ②$$

①+②,得 $2\int_0^1 f(x)dx = f(0) + f(1) + \dfrac{1}{6}[f''(\xi_1) + f''(\xi_2)]$。又 $f''(x)$ 连续,所以存在 $\xi \in (0,1)$ 使得

$f''(\xi_1) + f''(\xi_2) = 2f''(\xi)$,故得 $\int_0^1 f(x)\mathrm{d}x = \frac{1}{2}[f(0)+f(1)] + \frac{1}{6}f''(\xi)$。

8. 证明 令 $F(x) = x\int_0^x f^2(t)\mathrm{d}t - \left[\int_0^x f(t)\mathrm{d}t\right]^2, x \in [0,1]$，则

$$F'(x) = \int_0^x f^2(t)\mathrm{d}t + xf^2(x) - 2\int_0^x f(t)\mathrm{d}t \cdot f(x)$$

$$= \int_0^x [f^2(t) + f^2(x) - 2f(x)\cdot f(t)]\mathrm{d}t$$

$$= \int_0^x [f(t) - f(x)]^2 \mathrm{d}t \geqslant 0。$$

所以 $F(x)$ 单调增加。又 $F(0) = 0, F(1) = \int_0^1 f^2(x)\mathrm{d}x - \left(\int_0^1 f(x)\mathrm{d}x\right)^2$，所以 $F(1) \geqslant F(0)$，即

$$\left(\int_0^1 f(x)\mathrm{d}x\right)^2 \leqslant \int_0^1 f^2(x)\mathrm{d}x。$$

9. 证明 由于 $f(x)$ 在 $[a,b]$ 上连续，则 $f(x)$ 在 $[a,b]$ 上必存在最大值 M，即 $f(x) \leqslant M$。
由 $f(x) \leqslant \int_a^x f(t)\mathrm{d}t$，得 $f(x) \leqslant M(x-a)$。对 x 进行积分，有

$$\int_a^x f(t)\mathrm{d}t \leqslant M\int_a^x (t-a)\mathrm{d}t。$$

所以

$$f(x) \leqslant \int_a^x f(t)\mathrm{d}t \leqslant M\cdot\frac{1}{2}(t-a)^2\bigg|_a^x = \frac{M}{2}(x-a)^2。$$

再对 x 进行积分，有

$$\int_a^x f(t)\mathrm{d}t \leqslant \int_a^x \frac{M}{2}(t-a)^2\mathrm{d}t,$$

从而得

$$f(x) \leqslant \frac{M}{3x^2}(x-a)^3,$$

$$\vdots$$

多次对 x 进行积分，得

$$f(x) \leqslant \frac{M}{n!}(x-a)^n \leqslant \frac{M}{n!}(b-a)^n。$$

而 $\lim_{n\to\infty}\frac{M(b-a)^n}{n!} = 0$，所以 $f(x) \leqslant 0$。

由已知得 $f(x) \geqslant 0$，所以 $f(x) = 0$ 对 $\forall x \in [a,b]$ 恒成立。

3-3

1. 解 (1) $\int_1^2 \mathrm{d}x \int_{\frac{1}{x}}^2 f(x,y)\mathrm{d}y = \int_{\frac{1}{2}}^1 \mathrm{d}y \int_{\frac{1}{y}}^2 f(x,y)\mathrm{d}x + \int_1^2 \mathrm{d}y \int_1^2 f(x,y)\mathrm{d}x$；

(2) $\int_0^1 \mathrm{d}x \int_{2x-1}^{\sqrt{x}} f(x,y)\mathrm{d}y = \int_{-1}^0 \mathrm{d}y \int_{y^2}^{\frac{1}{2}(1+y)} f(x,y)\mathrm{d}x + \int_0^1 \mathrm{d}y \int_{y^2}^{\frac{1}{2}(1+y)} f(x,y)\mathrm{d}x$；

(3) $\int_{-2}^1 \mathrm{d}x \int_{x^2+2x}^{x+2} f(x,y)\mathrm{d}y = \int_{-1}^0 \mathrm{d}y \int_{-1-\sqrt{1+y}}^{-1+\sqrt{1+y}} f(x,y)\mathrm{d}x + \int_0^3 \mathrm{d}y \int_{y-2}^{-1+\sqrt{1+y}} f(x,y)\mathrm{d}x$；

(4) $\int_{-\sqrt{2}}^{\sqrt{2}} \mathrm{d}x \int_{x^2}^{4-x^2} f(x,y)\mathrm{d}y = \int_0^2 \mathrm{d}y \int_{-\sqrt{y}}^{\sqrt{y}} f(x,y)\mathrm{d}x + \int_2^4 \mathrm{d}y \int_{-\sqrt{4-y}}^{\sqrt{4-y}} f(x,y)\mathrm{d}x$；

(5) $\int_0^a \mathrm{d}y \int_{\sqrt{a^2-y^2}}^{y+a} f(x,y)\mathrm{d}x = \int_0^a \mathrm{d}x \int_{\sqrt{a^2-x^2}}^a f(x,y)\mathrm{d}y + \int_a^{2a} \mathrm{d}x \int_{x-a}^a f(x,y)\mathrm{d}y$；

(6) $\int_{-\frac{\pi}{4}}^{\frac{\pi}{4}} \mathrm{d}x \int_0^{2\cos x} f(x,y)\mathrm{d}y = \int_0^{\sqrt{2}} \mathrm{d}y \int_{-\frac{\pi}{4}}^{\frac{\pi}{4}} f(x,y)\mathrm{d}x + \int_{\sqrt{2}}^2 \mathrm{d}y \int_{-\arccos\frac{y}{2}}^{\arccos\frac{y}{2}} f(x,y)\mathrm{d}x$；

(7) $\int_0^1 dy \int_0^{y^2} f(x,y)dx + \int_1^2 dy \int_0^{\sqrt{2y-y^2}} f(x,y)dx = \int_0^1 dx \int_{\sqrt{x}}^{1+\sqrt{1-x^2}} f(x,y)dy$。

2. **解** $D: \begin{cases} -\dfrac{\pi}{4} \leqslant \theta \leqslant \dfrac{\pi}{2}, \\ 0 \leqslant r \leqslant 2\cos\theta。\end{cases}$ 依 D 作区域图 A.2。将坐标原点 O 取在极点,

极轴取为 x 轴正半轴建立直角坐标系,则 $\theta = -\dfrac{\pi}{4}$ 在直角坐标系中的方程为 $y = -x$, $r = 2\cos\theta$ 方程为 $(x-1)^2 + y^2 = 1$。D 是既 X-型又 Y-型区域。

当 D 是 X-型区域时 $\begin{cases} 0 \leqslant x \leqslant 1, \\ -x \leqslant y \leqslant \sqrt{2x-x^2}; \end{cases} \begin{cases} 1 \leqslant x \leqslant 2, \\ -\sqrt{2x-x^2} \leqslant y \leqslant \sqrt{2x-x^2}。\end{cases}$

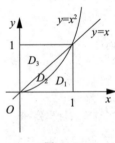

图 A.2

当 D 是 Y-型区域时 $\begin{cases} -1 \leqslant y \leqslant 0, \\ -y \leqslant x \leqslant 1+\sqrt{1-y^2}; \end{cases} \begin{cases} 0 \leqslant y \leqslant 1, \\ 1-\sqrt{1-y^2} \leqslant x \leqslant 1+\sqrt{1-y^2}。\end{cases}$

所以,在直角坐标系下,原积分化为

$$\int_0^1 dx \int_{-x}^{\sqrt{2x-x^2}} f(x,y)dy + \int_1^2 dx \int_{-\sqrt{2x-x^2}}^{\sqrt{2x-x^2}} f(x,y)dy$$

和

$$\int_{-1}^0 dy \int_{-y}^{1+\sqrt{1-y^2}} f(x,y)dx + \int_0^1 dy \int_{1-\sqrt{1-y^2}}^{1+\sqrt{1-y^2}} f(x,y)dx。$$

3. **解** (1) 如图 A.3 所示,将 D 分成 D_1, D_2, D_3,于是

$$\iint_D |y-x^2| \max\{x,y\} dxdy$$

$$= \iint_{D_1} (x^2-y)xdxdy + \iint_{D_2} (y-x^2)xdxdy$$

$$+ \iint_{D_3} (y-x^2)ydxdy$$

$$= \int_0^1 dx \int_0^{x^2} (x^3-xy)dy + \int_0^1 dx \int_{x^2}^x (xy-x^3)dy$$

$$+ \int_0^1 dx \int_x^1 (y^2-x^2y)dy$$

$$= \frac{1}{12} + \left(\frac{1}{8} - \frac{1}{5} + \frac{1}{12}\right) + \left(\frac{1}{12} + \frac{1}{10}\right) = \frac{11}{40}。$$

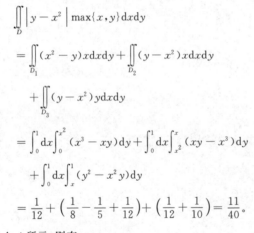

图 A.3

(2) 如图 A.4 所示,则有

$$\iint_D |x^2+y^2-2| dxdy = \iint_{D_1} [2-(x^2+y^2)]dxdy + \iint_{D_2} (x^2+y^2-2)dxdy$$

$$= \int_0^{2\pi} d\theta \int_0^{\sqrt{2}} (2-r^2)rdr + \int_0^{2\pi} d\theta \int_{\sqrt{2}}^{\sqrt{3}} (r^2-2)rdr$$

$$= 2\pi + \frac{\pi}{2} = \frac{5}{2}\pi。$$

(3) 如图 A.5 所示,有

$$\iint_D (x+y)^2 dxdy = \int_0^\pi d\theta \int_{a\sin\theta}^{2a\sin\theta} (r\cos\theta + r\sin\theta)^2 rdr$$

$$= \int_0^\pi (\cos\theta + \sin\theta)^2 \frac{15a^4}{4} \sin^4\theta d\theta = \frac{45}{32}\pi a^4。$$

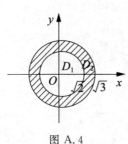
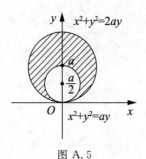

图 A.4　　　　　　　图 A.5

(4) 如图 A.6 所示,有
$$\iint_D e^{\frac{x}{y}} dxdy = \int_0^1 dy \int_0^{y^2} e^{\frac{x}{y}} dx = \int_0^1 (ye^y - y)dy = \frac{1}{2}.$$

(5) 如图 A.7 所示,有
$$\iint_D ydxdy = \int_0^\pi d\theta \int_{a(1+\cos\theta)}^{2a} \rho\sin\theta \cdot \rho d\rho = \int_0^\pi \frac{a^3}{3}[8 - (1+\cos\theta)^3]\sin\theta d\theta$$
$$= -\frac{a^3}{3}\int_0^\pi [8 - (1+\cos\theta)^3]d(1+\cos\theta) = 4a^3.$$

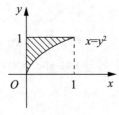
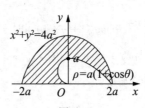

图 A.6　　　　　　　图 A.7

(6) 如图 A.8 所示,有
$$\iint_D (x+y)^3(x-y)^2 dxdy \xrightarrow[x-y=v]{\diamondsuit x+y=u} \iint_{D'} u^3 v^2 \left|\frac{\partial(x,y)}{\partial(u,v)}\right| dudv = \int_1^3 du \int_{-1}^1 u^3 v^2 \cdot \frac{1}{2} dv = \frac{20}{3}.$$

(7) $\iint_D \sqrt{\sqrt{x}+\sqrt[3]{y}} dxdy \xrightarrow[\sqrt[3]{y}=v]{\diamondsuit \sqrt{x}=u} \iint_{D'} \sqrt{u+v} \left|\frac{\partial(x,y)}{\partial(u,v)}\right| dudv$
$$= \int_0^1 du \int_0^{1-u} \sqrt{u+v} \cdot 6uv^2 dv = \frac{1}{11}.$$

(8) 如图 A.9 所示,由对称性有
$$\iint_D (x+y)^2 dxdy = \iint_D (x^2+y^2+2xy)dxdy = \iint_D (x^2+y^2)dxdy$$
$$= 4\iint_{D_1} (x^2+y^2)dxdy = 4\int_0^{\frac{\pi}{4}} d\theta \int_0^{\sqrt{2\cos 2\theta}} r^2 \cdot rdr = \frac{\pi}{2}.$$

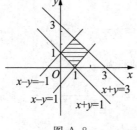
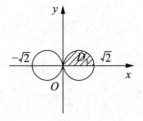

图 A.8　　　　　　　图 A.9

4. 解 $\int_0^1 dx \int_0^{x^2} \dfrac{ye^y}{1-\sqrt{y}} dy = \int_0^1 dy \int_{\sqrt{y}}^1 \dfrac{ye^y}{1-\sqrt{y}} dx = \int_0^1 ye^y dy = 1$。

5. 解 $\int_0^1 dx \int_1^{x^2} xe^{-y^2} dy = -\int_0^1 dx \int_{x^2}^1 xe^{-y^2} dy = -\int_0^1 dy \int_0^{\sqrt{y}} xe^{-y^2} dx$

$= -\int_0^1 \dfrac{y}{2} e^{-y^2} dy = \dfrac{1}{4}(e^{-1}-1)$。

6. 解 如图 A.10 所示，则有

$\int_0^1 dx \int_{-\sqrt{1-x^2}}^{\sqrt{1-x^2}} \left(\dfrac{1-x^2-y^2}{1+x^2+y^2}\right)^{\frac{1}{2}} dy$

$= \int_{-\frac{\pi}{2}}^{\frac{\pi}{2}} \int_0^1 \sqrt{\dfrac{1-r^2}{1+r^2}} r dr = \dfrac{\pi}{2} \int_0^1 \sqrt{\dfrac{1-r^2}{1+r^2}} dr^2$

$\xrightarrow{t=r^2} \dfrac{\pi}{2} \int_0^1 \sqrt{\dfrac{1-t}{1+t}} dt \xrightarrow[t=\frac{1-u^2}{1+u^2}]{u=\sqrt{\frac{1-t}{1+t}}} \dfrac{\pi}{2} \int_1^0 \dfrac{-4u^2}{(1+u^2)^2} du$

$= 2\pi \left(\int_0^1 \dfrac{1}{1+u^2} du - \int_0^1 \dfrac{1}{(u^2+1)^2} du\right) = \dfrac{\pi}{2}\left(\dfrac{\pi}{2}-1\right)$。

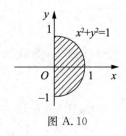

图 A.10

3-4

1. 解 $\iiint_\Omega [e^{(x^2+y^2+z^2)^{\frac{3}{2}}} + \tan(x+y+z)] dV = \iiint_\Omega e^{(x^2+y^2+z^2)^{\frac{3}{2}}} dV + \iiint_\Omega \tan(x+y+z) dV$。

因为 Ω 关于平面 $x+y+z=0$ 对称，且 $\tan(x+y+z)$ 在互为对称点处的值互为相反数，故有 $\iiint_\Omega \tan(x+y+z) dV = 0$。所以

$$\text{原积分} = \iiint_\Omega e^{(x^2+y^2+z^2)^{\frac{3}{2}}} dV = \int_0^{2\pi} d\theta \int_0^\pi d\varphi \int_0^1 e^{r^3} \cdot r^2 \sin\varphi dr$$

$$= 2\pi \int_0^\pi \sin\varphi d\varphi \int_0^1 e^{r^3} \cdot r^2 dr = \dfrac{4\pi}{3}(e-1)。$$

2. 解 如图 A.11 所示，曲面 $S_1: z=13-x^2-y^2$ 将球面 $x^2+y^2+z^2=25$ 分成上、中、下三部分。

(1) 上半球面方程为 $z=\sqrt{25-x^2-y^2}$，$z_x = \dfrac{-x}{\sqrt{25-x^2-y^2}}$。

$z_y = \dfrac{-y}{\sqrt{25-x^2-y^2}}$，$dS = \sqrt{1+z_x^2+z_y^2} dxdy = \dfrac{5}{\sqrt{25-x^2-y^2}} dxdy$，

$D_{xy} = \{(x,y) \mid x^2+y^2 \leqslant 9\}$，所以上半球面上方块曲面面积为

$A_{上} = \iint_{D_{xy}} \dfrac{5}{\sqrt{25-x^2-y^2}} dxdy = \int_0^{2\pi} d\theta \int_0^3 \dfrac{5}{\sqrt{25-r^2}} \cdot r dr$

$= -10\pi \sqrt{25-r^2} \Big|_0^3 = 10\pi$。

下半球面方程为 $z=-\sqrt{25-x^2-y^2}$，$dS = \dfrac{5}{\sqrt{25-x^2-y^2}} dxdy$，

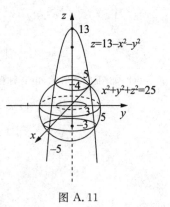

图 A.11

$D'_{xy} = \{(x,y) \mid x^2+y^2 \leqslant 16\}$。所以下半球面下方块曲面面积为

$A_{下} = \iint_{D'_{xy}} \dfrac{5}{\sqrt{25-x^2-y^2}} dxdy = \int_0^{2\pi} d\theta \int_0^4 \dfrac{5}{\sqrt{25-r^2}} \cdot r dr = 20\pi$。

中间块曲面面积为 $A_{中} = 4\pi \cdot 5^2 - 10\pi - 20\pi = 70\pi$。

故 S_2 被 S_1 分成的三块自上而下面积分别为 $10\pi, 70\pi, 20\pi$。

(2) Ω 位于 S_1 之外部分的体积为

$$V_{\text{外}} = \pi\int_{-3}^{4}(25-z^2)\mathrm{d}z - \pi\int_{-3}^{4}(13-z)\mathrm{d}z = \pi\int_{-3}^{4}(12+z-z^2)\mathrm{d}z = \frac{343}{6}\pi$$

所以，Ω 位于 S_1 之内部分的体积为

$$V = \frac{4}{3}\pi \cdot 5^3 - V_{\text{外}} = \frac{4\pi \cdot 5^3}{3} - \frac{343}{6}\pi = \frac{219}{2}\pi。$$

3. **解** 如图 A.12 所示，有

$$\iiint_{\Omega}\frac{1}{(1+x+y+z)^3}\mathrm{d}V = \int_0^1\mathrm{d}x\int_0^{1-x}\mathrm{d}y\int_0^{1-x-y}\frac{1}{(1+x+y+z)^3}\mathrm{d}z$$

$$= \int_0^1\mathrm{d}x\int_0^{1-x}\left[\frac{1}{2(1+x+y)^2} - \frac{1}{8}\right]\mathrm{d}y = \int_0^1\left[\frac{1}{2(1+x)} - \frac{1}{4} - \frac{1}{8}(1-x)\right]\mathrm{d}x$$

$$= \int_0^1\left[\frac{1}{2(1+x)} - \frac{3}{8} + \frac{1}{8}x\right]\mathrm{d}x = \frac{1}{2}\ln 2 - \frac{5}{16}。$$

4. **解** 如图 A.13 所示，求出两球面的交线。

$$\begin{cases} x^2+y^2+z^2 = R^2, \\ x^2+y^2+(z-R)^2 = R^2, \end{cases} \Rightarrow \begin{cases} y = \frac{\sqrt{3}}{2}R, \\ z = \frac{R}{2}。 \end{cases}$$

$$\Omega_1: \begin{cases} 0 \leqslant \theta \leqslant 2\pi, \\ 0 \leqslant \varphi \leqslant \frac{\pi}{3}, \\ 0 \leqslant r \leqslant R; \end{cases} \quad \Omega_2: \begin{cases} 0 \leqslant \theta \leqslant 2\pi, \\ \frac{\pi}{3} \leqslant \varphi \leqslant \frac{\pi}{2}, \\ 0 \leqslant r \leqslant 2R\cos\varphi。 \end{cases}$$

所以

$$\iiint_{\Omega}z^2\mathrm{d}x\mathrm{d}y\mathrm{d}z = \iiint_{\Omega_1}z^2\mathrm{d}x\mathrm{d}y\mathrm{d}z + \iiint_{\Omega_2}z^2\mathrm{d}x\mathrm{d}y\mathrm{d}z$$

$$= \int_0^{2\pi}\mathrm{d}\theta\int_0^{\frac{\pi}{3}}\mathrm{d}\varphi\int_0^R r^2\cos^2\varphi \cdot r^2\sin\varphi \mathrm{d}r + \int_0^{2\pi}\mathrm{d}\theta\int_{\frac{\pi}{3}}^{\frac{\pi}{2}}\mathrm{d}\varphi\int_0^{2R\cos\varphi} r^2\cos^2\varphi \cdot r^2\sin\varphi \mathrm{d}r$$

$$= \frac{2}{5}\pi R^5\int_0^{\frac{\pi}{3}}\cos^2\varphi \cdot \sin\varphi \mathrm{d}\varphi + \frac{2^6}{5}\pi R^5\int_{\frac{\pi}{3}}^{\frac{\pi}{2}}\cos^7\varphi \cdot \sin\varphi \mathrm{d}\varphi$$

$$= \frac{7}{60}\pi R^5 + \frac{1}{160}\pi R^5 = \frac{59}{480}\pi R^5。$$

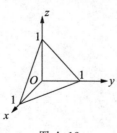
图 A.12

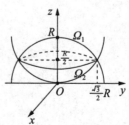
图 A.13

5. **解** $F(x) = \int_0^x\mathrm{d}v\int_0^v\mathrm{d}u\int_0^u f(t)\mathrm{d}t = \int_0^x\mathrm{d}v\int_0^v\mathrm{d}t\int_t^v f(t)\mathrm{d}u$

$$= \int_0^x\mathrm{d}v\int_0^v f(t)(v-t)\mathrm{d}t = \int_0^x\mathrm{d}v\int_0^v vf(t)\mathrm{d}t - \int_0^x\mathrm{d}v\int_0^v tf(t)\mathrm{d}t$$

$$= \int_0^x \mathrm{d}t \int_t^x vf(t)\mathrm{d}v - \int_0^x \mathrm{d}t \int_t^x tf(t)\mathrm{d}v = \int_0^x f(t) \cdot \frac{x^2-t^2}{2}\mathrm{d}t - \int_0^x tf(t)(x-t)\mathrm{d}t$$

$$= \frac{1}{2}x^2 \int_0^x f(t)\mathrm{d}t - x\int_0^x tf(t)\mathrm{d}t + \frac{1}{2}\int_0^x t^2 f(t)\mathrm{d}t.$$

$$F'(x) = x\int_0^x f(t)\mathrm{d}t + \frac{1}{2}x^2 f(x) - \int_0^x tf(t)\mathrm{d}t - x^2 f(x) + \frac{1}{2}x^2 f(x)$$

$$= x\int_0^x f(t)\mathrm{d}t - \int_0^x tf(t)\mathrm{d}t.$$

又 $f(x)$ 是周期为 1 的奇函数，所以有

$$\int_0^1 f(t)\mathrm{d}t = \int_{-\frac{1}{2}}^{\frac{1}{2}} f(t)\mathrm{d}t = 0,$$

所以 $F'(1) = \int_0^1 f(t)\mathrm{d}t - \int_0^1 tf(t)\mathrm{d}t = 0 - 1 = -1$。

6. 解 由题设画出图 A.14 所示的草图。

（法 1）设

$$\Omega_{\text{大}}: \begin{cases} 0 \leqslant \theta \leqslant 2\pi, \\ 0 \leqslant r \leqslant 4, \\ \frac{r^2}{2} \leqslant z \leqslant 8; \end{cases} \quad \Omega_{\text{小}}: \begin{cases} 0 \leqslant \theta \leqslant 2\pi, \\ 0 \leqslant r \leqslant 2, \\ \frac{r^2}{2} \leqslant z \leqslant 2. \end{cases}$$

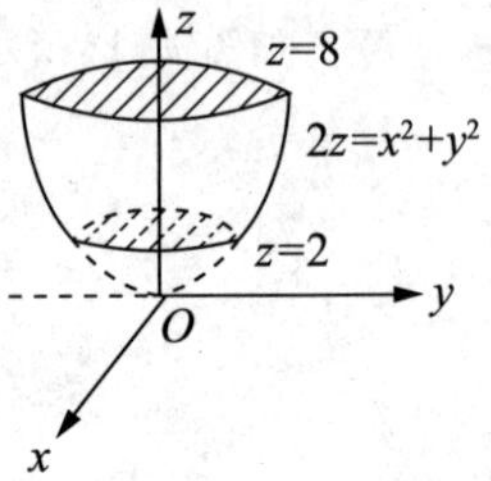

则

$$I = \iiint_\Omega (x+y)^2 \mathrm{d}x\mathrm{d}y\mathrm{d}z$$

$$= \iiint_{\Omega_{\text{大}}} (x+y)^2 \mathrm{d}x\mathrm{d}y\mathrm{d}z - \iiint_{\Omega_{\text{小}}} (x+y)^2 \mathrm{d}x\mathrm{d}y\mathrm{d}z.$$

图 A.14

$$\iiint_{\Omega_{\text{大}}} (x+y)^2 \mathrm{d}x\mathrm{d}y\mathrm{d}z = \int_0^{2\pi} \mathrm{d}\theta \int_0^4 \mathrm{d}r \int_{\frac{r^2}{2}}^8 r^2 (\cos\theta + \sin\theta)^2 r \mathrm{d}z$$

$$= \int_0^{2\pi} (\cos\theta + \sin\theta)^2 \mathrm{d}\theta \int_0^4 r^3 \left(8 - \frac{r^2}{2}\right) \mathrm{d}r = \frac{1024\pi}{3}.$$

$$\iiint_{\Omega_{\text{小}}} (x+y)^2 \mathrm{d}x\mathrm{d}y\mathrm{d}z = \int_0^{2\pi} \mathrm{d}\theta \int_0^2 \mathrm{d}r \int_{\frac{r^2}{2}}^2 r^2 (\cos\theta + \sin\theta)^2 r \mathrm{d}z$$

$$= \int_0^{2\pi} (\cos\theta + \sin\theta)^2 \mathrm{d}\theta \int_0^2 r^3 \left(2 - \frac{r^2}{2}\right) \mathrm{d}r = \frac{16\pi}{3}.$$

所以 $I = \frac{1024}{3}\pi - \frac{16}{3}\pi = 336\pi$。

（法 2）

$$\Omega: \begin{cases} 2 \leqslant z \leqslant 8, \\ D_z: x^2 + y^2 \leqslant 2z. \end{cases}$$

所以

$$I = \int_2^8 \mathrm{d}z \iint_{D_z} (x+y)^2 \mathrm{d}x\mathrm{d}y$$

$$= \int_2^8 \mathrm{d}z \int_0^{2\pi} \mathrm{d}\theta \int_0^{\sqrt{2z}} r^2 (\sin\theta + \cos\theta)^2 r \mathrm{d}r$$

$$= \int_2^8 \mathrm{d}z \int_0^{\sqrt{2z}} r^3 \mathrm{d}r \int_0^{2\pi} (\sin\theta + \cos\theta)^2 \mathrm{d}\theta$$

$$= 2\pi \int_2^8 \frac{1}{4} \cdot 4z^2 \mathrm{d}z = 336\pi.$$

3-5

1. 解 如图 A.15 所示,有
$$OA: y=0, x\in[0,1]; \quad AB: x+y=1, x\in[0,1]。$$
所以
$$\int_L (x+y)\,\mathrm{d}s = \int_{OA}(x+y)\,\mathrm{d}s + \int_{AB}(x+y)\,\mathrm{d}s$$
$$= \int_0^1 x\,\mathrm{d}x + \sqrt{2} = \frac{1}{2} + \sqrt{2}。$$

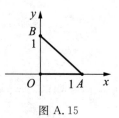

图 A.15

2. 解 $\mathrm{d}s = \sqrt{x'^2+y'^2}\,\mathrm{d}t = \sqrt{2-2\cos t}\,\mathrm{d}t = 2\left|\sin\frac{t}{2}\right|\mathrm{d}t$。所以弧长为
$$s = \int_0^{2\pi}\mathrm{d}s = \int_0^{2\pi} 2\left|\sin\frac{t}{2}\right|\mathrm{d}t = 2\int_0^{2\pi}\sin\frac{t}{2}\,\mathrm{d}t = -4\cos\frac{t}{2}\Big|_0^{2\pi} = 8。$$

3. 解 $\mathrm{d}s = \sqrt{x'^2+y'^2+z'^2}\,\mathrm{d}t = \sqrt{3}\,\mathrm{e}^t\,\mathrm{d}t$,所以
$$I = \int_0^2 \frac{\sqrt{3}\,\mathrm{e}^t\,\mathrm{d}t}{\mathrm{e}^{2t}\cos^2 t + \mathrm{e}^{2t}\sin^2 t + \mathrm{e}^{2t}} = \int_0^2 \frac{\sqrt{3}}{2}\mathrm{e}^{-t}\,\mathrm{d}t = \frac{\sqrt{3}}{2}(1-\mathrm{e}^{-2})。$$

3-6

1. 解 如图 A.16 所示,设 $\widehat{AmB}$ 与 $\overline{BA}$ 围成区域为 D,则因为 $\overline{BA}: y=5-x$, $x: 4\to 2$。所以有下列计算。

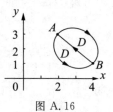

图 A.16

$$\int_{\widehat{AmB}}[f(y)\mathrm{e}^x - 3y]\mathrm{d}x + [f'(y)\mathrm{e}^x - 3]\mathrm{d}y$$
$$= \int_{\widehat{AmB}+\overline{BA}}[f(y)\mathrm{e}^x - 3y]\mathrm{d}x + [f'(y)\mathrm{e}^x - 3]\mathrm{d}y$$
$$- \int_{\overline{BA}}[f(y)\mathrm{e}^x - 3y]\mathrm{d}x + [f'(y)\mathrm{e}^x - 3]\mathrm{d}y。$$

而 $\int_{\widehat{AmB}+\overline{BA}}[f(y)\mathrm{e}^x - 3y]\mathrm{d}x + [f'(y)\mathrm{e}^x - 3]\mathrm{d}y = -\iint_D (-3)\mathrm{d}\sigma = \pm 15$,

$$\int_{\overline{BA}}[f(y)\mathrm{e}^x - 3y]\mathrm{d}x + [f'(y)\mathrm{e}^x - 3]\mathrm{d}y$$
$$= \int_4^2 [f(5-x)\mathrm{e}^x - 3(5-x) - f'(5-x)\mathrm{e}^x + 3]\mathrm{d}x$$
$$= -\int_2^4 [f(5-x)\mathrm{e}^x - f'(5-x)\mathrm{e}^x]\mathrm{d}x + \int_2^4 (12-3x)\mathrm{d}x$$
$$= -\int_2^4 \mathrm{d}(f(5-x)\mathrm{e}^x) + 6 = 6 - f(1)\mathrm{e}^4 + f(3)\mathrm{e}^2。$$

所以,原积分 $= \pm 15 - (6 - f(1)\mathrm{e}^4 + f(3)\mathrm{e}^2) = 9 + \mathrm{e}^4 f(1) - \mathrm{e}^2 f(3)$,或 $-21 + \mathrm{e}^4 f(1) - \mathrm{e}^2 f(3)$。

2. 解 $L: \begin{cases} x = R\cos\theta, \\ y = R\sin\theta, \end{cases} \theta: 0\to 2\pi$,故

$$\oint_L \frac{x\,\mathrm{d}y - y\,\mathrm{d}x}{(x^2+xy+y^2)^2} = \int_0^{2\pi} \frac{R\cos\theta\,\mathrm{d}R\sin\theta - R\sin\theta\,\mathrm{d}R\cos\theta}{R^4(1+\cos\theta\sin\theta)^2} = \frac{1}{R^2}\int_0^{2\pi}\frac{\mathrm{d}\theta}{(1+\cos\theta\sin\theta)^2},$$

所以
$$\lim_{R\to +\infty}\oint_L \frac{x\,\mathrm{d}y - y\,\mathrm{d}x}{(x^2+xy+y^2)^2} = \lim_{R\to +\infty}\frac{1}{R^2}\int_0^{2\pi}\frac{\mathrm{d}\theta}{(1+\cos\theta\sin\theta)^2}$$
$$= \lim_{R\to +\infty}\frac{2\pi}{R^2}\cdot\frac{1}{(1+\cos\xi\sin\xi)^2} = 0 \quad (0<\xi<2\pi)。$$

3. 解 若 $\dfrac{(x-y)\mathrm{d}x+(x+y)\mathrm{d}y}{(x^2+y^2)^n}$ 是函数 $u(x,y)$ 的全微分,则有 $\dfrac{\partial}{\partial y}\left(\dfrac{x-y}{(x^2+y^2)^n}\right)=\dfrac{\partial}{\partial x}\left(\dfrac{x+y}{(x^2+y^2)^n}\right)$,即 $2nx^2+2ny^2=2x^2+2y^2$,所以 $n=1$。

$$\begin{aligned}\mathrm{d}u(x,y)&=\dfrac{(x-y)\mathrm{d}x+(x+y)\mathrm{d}y}{x^2+y^2}=\dfrac{\dfrac{1}{2}\mathrm{d}(x^2+y^2)}{x^2+y^2}+\dfrac{x\mathrm{d}y-y\mathrm{d}x}{x^2+y^2}\\&=\dfrac{1}{2}\mathrm{d}\ln(x^2+y^2)+\dfrac{x\mathrm{d}y-y\mathrm{d}x}{x^2+y^2}\text{。}\end{aligned}$$

再令 $\mathrm{d}v=\dfrac{x\mathrm{d}y-y\mathrm{d}x}{x^2+y^2}$,则 $\dfrac{\partial v}{\partial x}=-\dfrac{y}{x^2+y^2}$,$\dfrac{\partial v}{\partial y}=\dfrac{x}{x^2+y^2}$,所以

$$v=-\int\dfrac{y}{x^2+y^2}\mathrm{d}x=-y\cdot\dfrac{1}{y}\arctan\dfrac{x}{y}+\varphi(y)=-\arctan\dfrac{x}{y}+\varphi(y)\text{。}$$

$$\dfrac{\partial v}{\partial y}=-\dfrac{\left(-\dfrac{x}{y^2}\right)}{1+\left(\dfrac{x}{y}\right)^2}+\varphi'(y)=\dfrac{x}{x^2+y^2}+\varphi'(y)=\dfrac{x}{x^2+y^2},$$

于是得 $\varphi'(y)=0$,因此 $\varphi(y)=C$,故 $v=-\arctan\dfrac{x}{y}+C$。故有 $\mathrm{d}u=\mathrm{d}\dfrac{1}{2}\ln(x^2+y^2)+\mathrm{d}\left(-\arctan\dfrac{x}{y}+C\right)$,即 $u(x,y)=\dfrac{1}{2}\ln(x^2+y^2)-\arctan\dfrac{x}{y}+C$。

4. 解 (法 1) 由 L 的方程 $\begin{cases}z=\sqrt{2-x^2-y^2},\\z=x,\end{cases}$ 可得 L 的参数方程为

$$L:\begin{cases}x=\cos\theta,\\y=\sqrt{2}\sin\theta,\\z=\cos\theta,\end{cases}\theta:\dfrac{\pi}{2}\to-\dfrac{\pi}{2}\text{。}$$

所以

$$\begin{aligned}I&=\int_L(y+z)\mathrm{d}x+(z^2-x^2+y)\mathrm{d}y+(x^2y^2)\mathrm{d}z\\&=\int_{\frac{\pi}{2}}^{-\frac{\pi}{2}}[-\sin\theta\cdot(\sqrt{2}\sin\theta+\cos\theta)+\sqrt{2}\cos\theta\cdot(\cos^2\theta-\cos^2\theta+\sqrt{2}\sin\theta)-\sin\theta(\cos^2\theta\cdot 2\sin^2\theta)]\mathrm{d}\theta\\&=\int_{\frac{\pi}{2}}^{-\frac{\pi}{2}}[-\sqrt{2}\sin^2\theta+\sin\theta\cdot\cos\theta-2\cos^3\theta\cdot\sin^3\theta]\mathrm{d}\theta=\dfrac{\sqrt{2}}{2}\pi\text{。}\end{aligned}$$

(法 2) 设 L_1 是从点 B 到点 A 的直线段,Σ 为平面 $z=x$ 上由 L 与 L_1 围成的半圆面下侧,其法向的方向余弦为 $\left(\dfrac{1}{\sqrt{2}},0,-\dfrac{1}{\sqrt{2}}\right)$。由斯托克斯公式得

$$\begin{aligned}&\oint_{L+L_1}(y+z)\mathrm{d}x+(z^2-x^2+y)\mathrm{d}y+x^2y^2\mathrm{d}z\\&=\iint_\Sigma\begin{vmatrix}\dfrac{1}{\sqrt{2}}&0&\dfrac{1}{\sqrt{2}}\\\dfrac{\partial}{\partial x}&\dfrac{\partial}{\partial y}&\dfrac{\partial}{\partial z}\\y+z&z^2-x^2+y&x^2y^2\end{vmatrix}\mathrm{d}S=\dfrac{1}{\sqrt{2}}\iint_\Sigma(2x^2y+2x-2z+1)\mathrm{d}S\text{。}\end{aligned}$$

曲面 Σ 关于 xOz 面对称,所以 $\iint_\Sigma 2x^2y\mathrm{d}S=0$,而 $\iint_\Sigma(x-z)\mathrm{d}S=0$,所以

$$\oint_{L+L_1}(y+z)\mathrm{d}x+(z^2-x^2+y)\mathrm{d}y+x^2y^2\mathrm{d}z=\dfrac{1}{\sqrt{2}}\iint_\Sigma\mathrm{d}S=\dfrac{\sqrt{2}}{2}\pi\text{。}$$

又 L_1 的参数方程为 $x=0, y=y, z=0, y: -\sqrt{2} \to \sqrt{2}$,所以

$$\int_{L_1}(y+z)dx+(z^2-x^2-y)dy+x^2y^2dz = \int_{-\sqrt{2}}^{\sqrt{2}}ydy = 0,$$

故 $I = \frac{\sqrt{2}}{2}\pi - 0 = \frac{\sqrt{2}}{2}\pi$。

3-7

1. 解 Σ 在 xOy 面上的投影 $D_{xy}: \{(x,y) \mid x^2+y^2 \leqslant 4\}$。$\Sigma$ 关于 xOy 面上、下对称,而 x^2+y^2 关于 z 为偶函数,所以 $\iint_{\Sigma}(x^2+y^2)dS = 2\iint_{\Sigma_上}(x^2+y^2)dS$。

$$\Sigma_上: z=\sqrt{4-x^2-y^2}, dS = \sqrt{1+z_x^2+z_y^2}dxdy = \frac{2}{\sqrt{4-x^2-y^2}}dxdy。$$

于是

$$\iint_{\Sigma}(x^2+y^2)dS = 2\iint_{\Sigma_上}(x^2+y^2)dS = 2\iint_{D_{xy}}(x^2+y^2)\frac{2}{\sqrt{4-x^2-y^2}}dxdy$$

$$= 4\int_0^{2\pi}d\theta\int_0^2 \frac{r^2}{\sqrt{4-r^2}}rdr$$

$$= \frac{1}{2}8\pi\int_0^2 \frac{r^2}{\sqrt{4-r^2}}dr^2 \xrightarrow{t=r^2} 4\pi\int_0^4 \frac{t}{\sqrt{4-t}}dt$$

$$\xrightarrow[t=4-u^2]{u=\sqrt{4-t}} 4\pi\int_2^0 \frac{4-u^2}{u}(-2u)du$$

$$= 8\pi\int_0^2(4-u^2)du = \frac{128\pi}{3}。$$

2. 解 Σ 在 xOy 面上的投影 $D_{xy}: x^2+y^2 \leqslant 1$, $dS = \sqrt{1+4x^2+4y^2}dxdy$,所以

$$\iint_{\Sigma}(x+y+z)dS = \iint_{D_{xy}}(x+y+x^2+y^2)\sqrt{1+4x^2+4y^2}dxdy$$

$$= \iint_{D_{xy}}(x^2+y^2)\sqrt{1+4x^2+4y^2}dxdy$$

$$= \int_0^{2\pi}d\theta\int_0^1 r^2\sqrt{1+4r^2}rdr = \pi\int_0^1 r^2\sqrt{1+4r^2}dr^2$$

$$\xrightarrow{u=\sqrt{1+4r^2}} \pi\int_1^{\sqrt{5}} \frac{1}{4}(u^2-1)u \cdot \frac{1}{2}udu = \frac{\pi}{8}\int_1^{\sqrt{5}}(u^4-u^2)du$$

$$= \frac{25\sqrt{5}+1}{60}\pi。$$

3. 解 $\Sigma: z = 4-2x-\frac{4}{3}y, dS = \sqrt{1+z_x^2+z_y^2}dxdy = \frac{\sqrt{61}}{3}dxdy$,

$$D_{xy}: \begin{cases} 0 \leqslant x \leqslant 2, \\ 0 \leqslant y \leqslant 3-\frac{3}{2}x。\end{cases}$$

$$\iint_{\Sigma}\left(z+2x+\frac{4}{3}y\right)dS = \iint_{\Sigma}4dS = 4\int_0^2 dx\int_0^{3-\frac{3}{2}x}\frac{\sqrt{61}}{3}dy = \frac{4\sqrt{61}}{3}\int_0^2\left(3-\frac{3}{2}x\right)dx = 4\sqrt{61}。$$

4. 证明 令 $H(x,y,z) = (x-x_0)^2+(y-y_0)^2+(z-z_0)^2$,现求 $H(x,y,z)$ 在 $x^2+y^2+z^2=R^2$ 条件下的最大值和最小值。再令 $L(x,y,z) = (x-x_0)^2+(y-y_0)^2+(z-z_0)^2+\lambda(x^2+y^2+z^2-R^2)$。取

$$\begin{cases} L'_x = 2(x-x_0) + 2\lambda x = 0, \\ L'_y = 2(y-y_0) + 2\lambda y = 0, \\ L'_z = 2(z-z_0) + 2\lambda z = 0, \\ x^2 + y^2 + z^2 = R^2, \end{cases} \Rightarrow \begin{cases} x = \dfrac{x_0}{1+\lambda}, \\ y = \dfrac{y_0}{1+\lambda}, \\ z = \dfrac{z_0}{1+\lambda}, \\ x^2 + y^2 + z^2 = R^2, \end{cases}$$

解得

$$\begin{cases} x_1 = \dfrac{R}{d}x_0, \\ y_1 = \dfrac{R}{d}y_0, \\ z_1 = \dfrac{R}{d}z_0, \end{cases} \text{或} \begin{cases} x_2 = -\dfrac{R}{d}x_0, \\ y_2 = -\dfrac{R}{d}y_0, \\ z_2 = -\dfrac{R}{d}z_0, \end{cases}$$

$$H(x_1, y_1, z_1) = \left(\frac{R}{d}x_0 - x_0\right)^2 + \left(\frac{R}{d}y_0 - y_0\right)^2 + \left(\frac{R}{d}z_0 - z_0\right)^2$$
$$= \frac{(R-d)^2}{d^2}(x_0^2 + y_0^2 + z_0^2) = (R-d)^2,$$

$$H(x_2, y_2, z_2) = \left(-\frac{R}{d}x_0 - x_0\right)^2 + \left(-\frac{R}{d}y_0 - y_0\right)^2 + \left(-\frac{R}{d}z_0 - z_0\right)^2$$
$$= \frac{(R+d)^2}{d^2}(x_0^2 + y_0^2 + z_0^2) = (R+d)^2,$$

因此,$H(x,y,z)$ 的最小值为 $(d-R)^2$,最大值为 $(d+R)^2$。根据积分估值定理,得

$$S_{球} \cdot (d-R)^2 \leqslant \iint_{\Sigma} [(x-x_0)^2 + (y-y_0)^2 + (z-z_0)^2] dS \leqslant S_{球} \cdot (d+R)^2,$$

即 $4\pi R^2 (d-R)^2 \leqslant \iint_{\Sigma} [(x-x_0)^2 + (y-y_0)^2 + (z-z_0)^2] dS \leqslant 4\pi R^2 (d+R)^2$。

3-8

1. 解 令 $P(x,y,z) = \dfrac{x}{(x^2+y^2+z^2)^{3/2}}$, $Q(x,y,z) = \dfrac{y}{(x^2+y^2+z^2)^{3/2}}$, $R(x,y,z) = \dfrac{z}{(x^2+y^2+z^2)^{3/2}}$, 则

$$\frac{\partial P}{\partial x} + \frac{\partial Q}{\partial y} + \frac{\partial R}{\partial z} = \frac{y^2+z^2-2x^2}{(x^2+y^2+z^2)^3} + \frac{x^2+z^2-2y^2}{(x^2+y^2+z^2)^3} + \frac{x^2+y^2-2z^2}{(x^2+y^2+z^2)^3} = 0。$$

令 $\Sigma_1 : x^2 + y^2 + z^2 = \delta^2 (\delta > 0)$,取其外侧,则

$$I = \oiint_{\Sigma} \frac{x dy dz + y dz dx + z dx dy}{(x^2+y^2+z^2)^{3/2}} = \iint_{\Sigma - \Sigma_1} \frac{x dy dz + y dz dx + z dx dy}{(x^2+y^2+z^2)^{3/2}} + \iint_{\Sigma_1} \frac{x dy dz + y dz dx + z dx dy}{(x^2+y^2+z^2)^{3/2}}。$$

由高斯公式,得

$$\iint_{\Sigma - \Sigma_1} \frac{x dy dz + y dz dx + z dx dy}{(x^2+y^2+z^2)^{3/2}} = \iiint_{\Omega} \left(\frac{\partial P}{\partial x} + \frac{\partial Q}{\partial y} + \frac{\partial R}{\partial z}\right) dV = 0。$$

$$\iint_{\Sigma_1} \frac{x dy dz + y dz dx + z dx dy}{(x^2+y^2+z^2)^{3/2}} = \frac{1}{\delta^3} \iint_{\Sigma_1} x dy dz + y dz dx + z dx dy$$

$$= \frac{1}{\delta^3} \iiint_{\Omega} 3 dV = \frac{3}{\delta^3} \int_0^{2\pi} d\theta \int_0^{\pi} d\varphi \int_0^{\delta} r^2 \sin\varphi dr$$

$$= \frac{3}{\delta^3} \cdot 2\pi \cdot \frac{\delta^3}{3} \cdot 2 = 4\pi。$$

模拟练习题参考答案   281

2. **解** 取 $\Sigma_1: z=0, x^2+y^2 \leqslant a^2$,取其上侧,则

$$\iint_{\Sigma} \frac{ax\mathrm{d}y\mathrm{d}z+(z+a)^2\mathrm{d}x\mathrm{d}y}{(x^2+y^2+z^2)^{1/2}} = \frac{1}{a}\iint_{\Sigma} ax\mathrm{d}y\mathrm{d}z+(z+a)^2\mathrm{d}x\mathrm{d}y$$

$$= \frac{1}{a}\left[\iint_{\Sigma-\Sigma_1} ax\mathrm{d}y\mathrm{d}z+(z+a)^2\mathrm{d}x\mathrm{d}y + \iint_{\Sigma_1} ax\mathrm{d}y\mathrm{d}z+(z+a)^2\mathrm{d}x\mathrm{d}y\right]。$$

由高斯公式,可得

$$\iint_{\Sigma-\Sigma_1} ax\mathrm{d}y\mathrm{d}z+(z+a)^2\mathrm{d}x\mathrm{d}y = -\iiint_{\Omega}[a+2(z+a)]\mathrm{d}V$$

$$= -\iiint_{\Omega} 3a\mathrm{d}V - \iiint_{\Omega} 2z\mathrm{d}V = -3a\cdot\frac{1}{2}\cdot\frac{4}{3}\pi a^3 - 2\iiint_{\Omega} z\mathrm{d}V$$

$$= -2\pi a^4 - 2\int_0^{2\pi}\mathrm{d}\theta\int_{\frac{\pi}{2}}^{\pi}\mathrm{d}\varphi\int_0^a r\cos\varphi\cdot r^2\sin\varphi\mathrm{d}r$$

$$= -\frac{3}{2}\pi a^4。$$

$$\iint_{\Sigma_1} ax\mathrm{d}y\mathrm{d}z+(z+a)^2\mathrm{d}x\mathrm{d}y = \iint_{D_{xy}} a^2\mathrm{d}x\mathrm{d}y = \pi a^4。$$

所以 $\iint_{\Sigma}\frac{ax\mathrm{d}y\mathrm{d}z+(z+a)^2\mathrm{d}x\mathrm{d}y}{(x^2+y^2+z^2)^{1/2}} = \frac{1}{a}\left(-\frac{3}{2}\pi a^4+\pi a^4\right) = -\frac{1}{2}\pi a^3$。

3. **解** 取 $\Sigma_1: z=0, x^2+y^2\leqslant 1$,取其上侧,则

$$I = \iint_{\Sigma-\Sigma_1} 2x^3\mathrm{d}y\mathrm{d}z+2y^3\mathrm{d}z\mathrm{d}x+3(z^2-1)\mathrm{d}x\mathrm{d}y + \iint_{\Sigma_1} 2x^3\mathrm{d}y\mathrm{d}z+2y^3\mathrm{d}z\mathrm{d}x+3(z^2-1)\mathrm{d}x\mathrm{d}y$$

$$\iint_{\Sigma-\Sigma_1} 2x^3\mathrm{d}y\mathrm{d}z+2y^3\mathrm{d}z\mathrm{d}x+3(z^2-1)\mathrm{d}x\mathrm{d}y \xrightarrow{\text{高斯公式}} 6\iiint_{\Omega}(x^2+y^2+z)\mathrm{d}V = 6\int_0^{2\pi}\mathrm{d}\theta\int_0^1 r\mathrm{d}r\int_0^{1-r^2}(r^2+z)\mathrm{d}z$$

$$= 12\pi\int_0^1 \frac{1}{2}(r-r^5)\mathrm{d}V = 6\pi\left(\frac{1}{2}-\frac{1}{6}\right) = 2\pi,$$

$$\iint_{\Sigma_1} 2x^3\mathrm{d}y\mathrm{d}z+2y^3\mathrm{d}z\mathrm{d}x+3(z^2-1)\mathrm{d}x\mathrm{d}y = \iint_{\Sigma_1} 3(z^2-1)\mathrm{d}x\mathrm{d}y = \iint_{D_{xy}} -3\mathrm{d}x\mathrm{d}y = -3\pi。$$

所以, $I = 2\pi-3\pi = -\pi$。

4. **解** $\begin{cases} z=\sqrt{x^2+y^2}, \\ z=\sqrt{R^2-x^2-y^2}, \end{cases} \Rightarrow \begin{cases} x^2+y^2=\frac{R^2}{2}, \\ z=\frac{\sqrt{2}}{2}R, \end{cases}$ 所以 $\Omega: \begin{cases} 0\leqslant\theta\leqslant 2\pi, \\ 0\leqslant\varphi\leqslant\frac{\pi}{4}, \\ 0\leqslant r\leqslant R。\end{cases}$

因此, $\oiint_{\Sigma} x\mathrm{d}y\mathrm{d}z+y\mathrm{d}z\mathrm{d}x+z\mathrm{d}x\mathrm{d}y \xrightarrow{\text{高斯公式}} \iiint_{\Omega} 3\mathrm{d}V$

$$= 3\int_0^{2\pi}\mathrm{d}\theta\int_0^{\frac{\pi}{4}}\mathrm{d}\varphi\int_0^R r^2\sin\varphi\mathrm{d}r = 6\pi\int_0^{\frac{\pi}{4}}\sin\varphi\mathrm{d}\varphi。$$

$$= 2\pi R^3\left(1-\frac{\sqrt{2}}{2}\right) = (2-\sqrt{2})\pi R^3。$$

5. **解** $I = \oiint_{\Sigma}(x-y+z)\mathrm{d}y\mathrm{d}z+(y-z+x)\mathrm{d}z\mathrm{d}x+(z-x+y)\mathrm{d}x\mathrm{d}y = 3\iiint_{\Omega}\mathrm{d}V(\Omega \text{为} \Sigma \text{围成的立体})。$

令 $u=x-y+z, v=y-z+x, w=z-x+y$,则

$$x=\frac{1}{2}(u+v), y=\frac{1}{2}(v+w), z=\frac{1}{2}(u+w)。$$

所以 $\dfrac{\partial(x,y,z)}{\partial(u,v,w)} = \begin{vmatrix} \dfrac{1}{2} & \dfrac{1}{2} & 0 \\ 0 & \dfrac{1}{2} & \dfrac{1}{2} \\ \dfrac{1}{2} & 0 & \dfrac{1}{2} \end{vmatrix} = \dfrac{1}{4}$。于是

$$I = 3\iiint_\Omega \mathrm{d}V = 3\iiint_{|u|+|v|+|w|\leqslant 1} \dfrac{\partial(x,y,z)}{\partial(u,v,w)}\mathrm{d}u\mathrm{d}v\mathrm{d}w = \dfrac{3}{4}\cdot 8\int_0^1 \mathrm{d}u\int_0^{1-u}\mathrm{d}V\int_0^{1-u-v}\mathrm{d}w = 1。$$

4-1

1. **解** （1）$xy'+y=2\sqrt{xy}$ 等式两侧同除以 x，得 $y'+\dfrac{y}{x}=2\sqrt{\dfrac{y}{x}}$。令 $\dfrac{y}{x}=p(x)$，则 $y=xp(x)$，$y'=p+xp'$。所以原方程变为 $p+xp'+p=2\sqrt{p}$。分离变量得 $p'=\dfrac{2\sqrt{p}-2p}{x}$，积分得

$$(1-\sqrt{p})x=C,\text{即 } x-\sqrt{xy}=C。$$

（2）$xy'\ln x+y=ax(\ln x+1)$ 等式两侧同除以 $x\ln x$，得

$$y'+\dfrac{1}{x\ln x}y=\dfrac{a(\ln x+1)}{\ln x}=a\left(1+\dfrac{1}{\ln x}\right),$$

于是

$$y=\mathrm{e}^{-\int\frac{1}{x\ln x}\mathrm{d}x}\left[\int a\left(1+\dfrac{1}{\ln x}\right)\mathrm{e}^{\int\frac{1}{x\ln x}\mathrm{d}x}\mathrm{d}x+C\right]$$

$$=\dfrac{1}{\ln x}\left[a\int(\ln x+1)\mathrm{d}x+C\right]$$

$$=\dfrac{1}{\ln x}(ax\ln x+C)$$

$$=ax+\dfrac{C}{\ln x}。$$

（3）$\dfrac{\mathrm{d}y}{\mathrm{d}x}=\dfrac{y}{2(\ln y-x)} \Rightarrow \dfrac{\mathrm{d}x}{\mathrm{d}y}=\dfrac{2\ln y-2x}{y}=-\dfrac{2}{y}x+\dfrac{2}{y}\ln y$，即 $x'+\dfrac{2}{y}x=\dfrac{2\ln y}{y}$，所以 $x=\mathrm{e}^{-\int\frac{2}{y}\mathrm{d}y}\left[\int\dfrac{2\ln y}{y}\mathrm{e}^{\int\frac{2}{y}\mathrm{d}y}\mathrm{d}y+C\right]=Cy^{-2}+\ln y-\dfrac{1}{2}$。

（4）$(1+\mathrm{e}^{\frac{x}{y}})\mathrm{d}x+\mathrm{e}^{\frac{x}{y}}\left(1-\dfrac{x}{y}\right)\mathrm{d}y=0 \Rightarrow \dfrac{\mathrm{d}x}{\mathrm{d}y}=\dfrac{\left(\dfrac{x}{y}-1\right)\mathrm{e}^{\frac{x}{y}}}{1+\mathrm{e}^{\frac{x}{y}}}$。

令 $\dfrac{x}{y}=u(y)$，则 $x=yu(y)$，$\dfrac{\mathrm{d}x}{\mathrm{d}y}=u(y)+y\dfrac{\mathrm{d}u}{\mathrm{d}y}$，所以，原方程变为

$$u+y\dfrac{\mathrm{d}u}{\mathrm{d}y}=\dfrac{(u-1)\mathrm{e}^u}{1+\mathrm{e}^u} \Rightarrow \int\dfrac{1+\mathrm{e}^u}{u+\mathrm{e}^u}\mathrm{d}u=-\int\dfrac{1}{y}\mathrm{d}y,$$

积分得 $\ln|u+\mathrm{e}^u|+\ln|y|=\ln|C|$，故 $yu+y\mathrm{e}^u=C$，即 $x+y\mathrm{e}^{\frac{x}{y}}=C$。

2. **解** $\int_0^{f(x)}g(t)\mathrm{d}t=x^2\mathrm{e}^x$ 两侧求导，得

$$g(f(x))f'(x)=2x\mathrm{e}^x+x^2\mathrm{e}^x,$$

即 $xf'(x)=2x\mathrm{e}^x+x^2\mathrm{e}^x \Rightarrow f'(x)=2\mathrm{e}^x+x\mathrm{e}^x$，故 $f(x)=\int(2\mathrm{e}^x+x\mathrm{e}^x)\mathrm{d}x=2\mathrm{e}^x+x\mathrm{e}^x-\mathrm{e}^x+C=\mathrm{e}^x(x+1)+C$。又 $f(0)=0$，所以 $1+C=0 \Rightarrow C=-1$。因此

$$f(x)=\mathrm{e}^x(x+1)-1。$$

3. **解** 设 $\int_1^x f(t)\mathrm{d}t=F(x)$，则 $F'(x)=f(x)$，且 $F(1)=0$，$F'(1)=f(1)=\dfrac{5}{2}$。由 $\int_1^x f(u)\mathrm{d}u=$

$t\int_1^x f(u)du + x\int_1^t f(u)du$ 可得

$$F(xt) = tF(x) + xF(t),$$

所以有 $F(x+\Delta x) = F\left[x\left(1+\frac{\Delta x}{x}\right)\right] = xF\left(1+\frac{\Delta x}{x}\right) + \left(1+\frac{\Delta x}{x}\right)F(x),$

故 $\lim\limits_{\Delta x \to 0} \frac{F(x+\Delta x) - F(x)}{\Delta x} = \lim\limits_{\Delta x \to 0} \frac{xF\left(1+\frac{\Delta x}{x}\right) + \frac{\Delta x}{x}F(x)}{\Delta x} = \lim\limits_{\Delta x \to 0} \frac{F\left(1+\frac{\Delta x}{x}\right) - F(1)}{\frac{\Delta x}{x}} + \frac{F(x)}{x}$

$$= F'(1) + \frac{F(x)}{x} = \frac{F(x)}{x} + \frac{5}{2},$$

即 $F'(x) - \frac{1}{x}F(x) = \frac{5}{2}$。所以

$$F(x) = e^{\int \frac{1}{x} dx}\left[\int \frac{5}{2} e^{-\int \frac{1}{x} dx} dx + C\right] = x\left(\frac{5}{2}\ln x + C\right).$$

$F(1) = 0 \Rightarrow C = 0$, 故 $F(x) = \frac{5}{2}x\ln x$. 因此, $f(x) = F'(x) = \frac{5}{2}(\ln x + 1)$.

4. **解** $f(x) = \sum\limits_{n=0}^{\infty} a_n x^n = a_0 + a_1 x + a_2 x^2 + \cdots + a_n x^n + \cdots$, 故

$$\sum_{n=0}^{\infty}[2xa_n + (n+1)a_{n+1}]x^n = \sum_{n=0}^{\infty} 2xa_n x^n + \sum_{n=0}^{\infty}(n+1)a_{n+1}x^n = 2xf(x) + f'(x) = 0.$$

所以分离变量,各自积分,得 $f(x) = Ce^{-x^2}$. 又 $f(0) = 1$, 得 $C = 1$, 故有 $f(x) = e^{-x^2}$。

4-2

1. **解** 令 $y' = p(x)$, 则 $y'' = p'(x)$, 原方程变为 $p'(x)(x+p^2) = p$, 再变为 $\frac{dx}{dp} = \frac{x+p^2}{p} = \frac{1}{p}x + p$, 所以 $\frac{dx}{dp} - \frac{1}{p}x = p$, 于是

$$x = e^{\int \frac{1}{p} dp}\left[\int p e^{-\int \frac{1}{p} dp} dp + C_1\right] = p(p + C_1) = p^2 + C_1 p.$$

又 $x = 1$ 时 $p = 1$, 所以 $C_1 = 0$, 故 $x = p^2$, 因此 $p = \sqrt{x}$, 即 $y' = \sqrt{x}$, 于是 $y = \int \sqrt{x} dx = \frac{2}{3}x^{\frac{3}{2}} + C_2$, 由 $x = 1, y = 1 \Rightarrow C_2 = \frac{1}{3}$. 所以微分方程

$y''(x + y'^2) = y'$ 满足初始条件 $y(1) = y'(1) = 1$ 的特解是 $y = \frac{2}{3}x^{\frac{3}{2}} + \frac{1}{3}$.

2. **解** (1) 令 $y' = p(x)$, 则 $y'' = p'(x)$。原方程变为 $p' = Hp^2$, 分离变量, 各自积分, 得

$$\int \frac{dp}{1+p^2} = \int dx \Rightarrow \arctan p = x + C_1,$$

所以 $p = \tan(x + C_1)$, 即

$$y = \int \tan(x + C_1) dx = -\ln|\cos(x + C_1)| + C_2.$$

(2) 令 $y' = p(x)$, 则 $y'' = p'(x)$. 原方程变为 $p' - p = x$, 所以

$$p = e^{\int dx}\left[\int x e^{-\int dx} dx + C_1\right] = e^x\left[\int x e^{-x} dx + C\right] = C_1 e^x - x - 1.$$

因此, $y = \int p dx = \int(C_1 e^x - x - 1) dx = C_1 e^x - \frac{x^2}{2} - x + C_2$.

(3) 令 $y'=p(y)$，则 $y''=p'(y)p(y)$。原方程变为
$$ypp'+2p^2=0 \Rightarrow p=0 \text{ 或 } yp'+2p=0。$$

对于 $yp'+2p=0$，分离变量，各自积分得 $\int \dfrac{\mathrm{d}p}{p}=\int -\dfrac{2}{y}\mathrm{d}y$，故 $py^2=C_1'$，$y^2\mathrm{d}y=C_1'\mathrm{d}x$，积分得 $\dfrac{y^3}{3}=C_1'x+C_2'$，故 $y=\sqrt[3]{C_1x+C_2}$（包含 $p=0$ 的解）。

4-3

1. 解 (1) 原方程对应的齐次方程为 $2y''+y'-y=0$，特征方程为 $2\lambda^2+\lambda-1=0$，特征根为 $\lambda_1=-1$，$\lambda_2=\dfrac{1}{2}$，所以，齐次方程的通解为 $Y=C_1\mathrm{e}^{-x}+C_2\mathrm{e}^{\frac{x}{2}}$。设原方程的一个特解为 $y^*=a\mathrm{e}^x$，则 $y^{*'}=y^{*''}=a\mathrm{e}^x$。代入原方程，得 $a=1$，所以 $y^*=\mathrm{e}^x$。因此，原方程的通解为 $y=Y+y^*=C_1\mathrm{e}^{-x}+C_2\mathrm{e}^{\frac{x}{2}}+\mathrm{e}^x$。

(2) 原方程对应的齐次方程为 $y''+3y'+2y=0$，特征方程为 $\lambda^2+3\lambda+2=0$，特征根为 $\lambda_1=-1$，$\lambda_2=-2$，所以，齐次方程的通解为 $Y=C_1\mathrm{e}^{-x}+C_2\mathrm{e}^{-2x}$。

设原方程的一个特解为 $y^*=(ax^2+bx)\mathrm{e}^{-x}$，则
$$y^{*'}=[-ax^2+(2a-b)x+b]\mathrm{e}^{-x},$$
$$y^{*''}=[ax^2+(b-4a)x-2(a-b)]\mathrm{e}^{-x},$$

将 y^*，$y^{*'}$，$y^{*''}$ 代入原方程，得 $a=\dfrac{3}{2}$，$b=-3$。所以
$$y^*=\left(\dfrac{3}{2}x^2-3x\right)\mathrm{e}^{-x}。$$

因此，原方程的通解为 $y=Y+y^*=C_1\mathrm{e}^{-x}+C_2\mathrm{e}^{-2x}+\left(\dfrac{3}{2}x^2-3x\right)\mathrm{e}^{-x}$。

(3) 原方程对应的齐次方程为 $y''-2y'+5y=0$，特征方程为 $\lambda^2-2\lambda+5=0$，特征根为 $\lambda_{1,2}=1\pm2\mathrm{i}$，故齐次方程的通解为 $Y=\mathrm{e}^x(C_1\cos2x+C_2\sin2x)$。设原方程的一个特解为 $y^*=x\mathrm{e}^x(a\sin2x+b\cos2x)$。对 y^* 求一、二阶导数并代入原方程，得 $a=0$，$b=-\dfrac{1}{4}$，因此，原方程的通解为
$$y=\mathrm{e}^x(C_1\cos2x+C_2\sin2x)-\dfrac{1}{4}x\mathrm{e}^x\cos2x。$$

(4) 原方程对应的齐次方程为 $y''+y=0$。特征方程为 $\lambda^2+1=0$，特征根为 $\lambda_{1,2}=\pm\mathrm{i}$，所以齐次方程的通解为 $Y=C_1\cos x+C_2\sin x$。设 $y_1^*=A\mathrm{e}^x$，$y_2^*=x(a\cos x+b\sin x)$，分别为方程 $y''+y=\mathrm{e}^x$，$y''+y=\cos x$ 的解。将 y_1^*，y_2^* 求一、二阶导数代入相应方程，得 $A=\dfrac{1}{2}$，$a=0$，$b=\dfrac{1}{2}$，所以 $y_1^*=\dfrac{1}{2}\mathrm{e}^x$，$y_2^*=\dfrac{1}{2}x\sin x$。于是原方程的通解为 $y=C_1\cos x+C_2\sin x+\dfrac{1}{2}\mathrm{e}^x+\dfrac{1}{2}x\sin x$。

2. 解 $\varphi(x)=\mathrm{e}^x+\int_0^x t\varphi(t)\mathrm{d}t-x\int_0^x \varphi(t)\mathrm{d}t$ 两侧关于 x 求导得 $\varphi'(x)=\mathrm{e}^x-\int_0^x \varphi(t)\mathrm{d}t$，再求导，得 $\varphi''(x)+\varphi(x)=\mathrm{e}^x$，且 $\varphi(0)=1$，$\varphi'(0)=1$。$\varphi''(x)+\varphi(x)=0$ 的特征方程为 $\lambda^2+1=0$，其特征根为 $\lambda_{1,2}=\pm\mathrm{i}$。所以 $\varphi''(x)+\varphi(x)=0$ 的通解为 $Y=C_1\cos x+C_2\sin x$。设 $y^*=a\mathrm{e}^x$ 是 $\varphi''(x)+\varphi(x)=\mathrm{e}^x$ 的解，则 $a=\dfrac{1}{2}$，所以 $\varphi(x)=C_1\cos x+C_2\sin x+\dfrac{1}{2}\mathrm{e}^x$。

又 $\varphi(0)=1$，得 $C_1+\dfrac{1}{2}=1\Rightarrow C_1=\dfrac{1}{2}$；$\varphi'(0)=1$，得 $C_2+\dfrac{1}{2}=1\Rightarrow C_2=\dfrac{1}{2}$。

所以 $\varphi(x)=\dfrac{1}{2}(\cos x+\sin x+\mathrm{e}^x)$。

3. 解 由题意及线性方程解的结构定理得，$x-1, x^2-1$ 是齐次方程的解，且线性无关。所以齐次方程的通解为 $C_1(x-1)+C_2(x^2-1)$。该方程的通解为
$$C_1(x-1)+C_2(x^2-1)+1=C_2x^2+C_1x+(1-C_1-C_2)。$$
故，应填 $C_2x^2+C_1x+(1-C_1-C_2)$。

4. 解 令 $x=e^t$，则 $\dfrac{dy}{dx}=\dfrac{dy}{dt}\Big/\dfrac{dx}{dt}=e^{-t}\dfrac{dy}{dt}$,

$$\frac{d^2y}{dx^2}=\frac{d}{dx}\left(\frac{dy}{dx}\right)=\frac{d}{dx}\left(e^{-t}\frac{dy}{dt}\right)=\frac{d}{dt}\left(e^{-t}\frac{dy}{dt}\right)\Big/\frac{dx}{dt}$$

$$=e^{-t}\left(-e^{-t}\frac{dy}{dt}+e^{-t}\frac{d^2y}{dt^2}\right)=e^{-2t}\frac{d^2y}{dt^2}-e^{-2t}\frac{dy}{dt}。$$

将 $\dfrac{dy}{dx},\dfrac{d^2y}{dx^2}$ 代入原方程，得

$$\frac{d^2y}{dt^2}+2\frac{dy}{dt}+y=0，\text{其特征方程为 }\lambda^2+2\lambda+1=0。$$

所以，特征根为 $\lambda_1=\lambda_2=-1$，通解为 $Y=e^{-t}(C_1+C_2t)$。因此，原方程的通解为 $Y=\dfrac{1}{x}(C_1+C_2\ln x)$。

5. 解 (1) $\dfrac{dx}{dy}=\dfrac{1}{\dfrac{dy}{dx}}=\dfrac{1}{y'}, \dfrac{d^2x}{dy^2}=\dfrac{d}{dy}\left(\dfrac{1}{y'}\right)=\dfrac{d}{dx}\left(\dfrac{1}{y'}\right)\cdot\dfrac{dx}{dy}=\dfrac{-y''}{y'^3}$，所以 $\dfrac{d^2x}{dy^2}+(y+\sin x)\left(\dfrac{dx}{dy}\right)^3=0$ 变为

$\dfrac{-y''}{y'^3}+(y+\sin x)\dfrac{1}{y'^3}=0\Rightarrow y''-y=\sin x$。这就是 $y=y(x)$ 所满足的微分方程。

(2) $y''-y=0$ 的特征方程是 $\lambda^2-1=0$。特征根 $\lambda=\pm 1$，所以通解为 $Y=C_1e^x+C_2e^{-x}$。
设 $y^*=a\sin x+b\cos x$ 是 $y''-y=\sin x$ 的解，则 $y^{*\prime}=a\cos x-b\sin x, y^{*\prime\prime}=-a\sin x-b\cos x$。将 $y^*, y^{*\prime\prime}$ 代入方程，得 $a=-\dfrac{1}{2}, b=0$，所以 $y^*=-\dfrac{1}{2}\sin x$。因此 $y''-y=\sin x$ 的通解为 $y=C_1e^x+C_2e^{-x}-\dfrac{1}{2}\sin x$。

由 $y(0)=0$，可得 $C_1+C_2=0$， ①

$y'(0)=\dfrac{3}{2}$，可得 $C_1-C_2=2$。 ②

联立①，②可得 $C_1=1, C_2=-1$。所以微分方程满足初始条件 $y(0)=0, y'(0)=\dfrac{3}{2}$ 的解为

$$y=e^x-e^{-x}-\dfrac{1}{2}\sin x。$$

5-1

1. 解 考察级数 $\displaystyle\sum_{n=1}^{\infty}\dfrac{5^nn!}{(2n)^n}$。令 $a_n=\dfrac{5^nn!}{(2n)^n}$，则 $a_n>0$。因为

$$\lim_{n\to\infty}\frac{a_{n+1}}{a_n}=\lim_{n\to\infty}\frac{5^{n+1}(n+1)!}{[2(n+1)]^{n+1}}\cdot\frac{(2n)^n}{5^nn!}=\lim_{n\to\infty}\frac{5}{2}\cdot\left(\frac{n}{n+1}\right)^n=\frac{5}{2}\lim_{n\to\infty}\left(1-\frac{1}{n+1}\right)^n=\frac{5}{2e}<1。$$

所以级数 $\displaystyle\sum_{n=1}^{\infty}\dfrac{5^nn!}{(2n)^n}$ 收敛。由级数收敛的必要条件，得 $\displaystyle\lim_{n\to\infty}\dfrac{5^nn!}{(2n)^n}=0$。

2. 解 $\displaystyle\sum_{n=1}^{\infty}\dfrac{1}{n^2}=\dfrac{\pi^2}{6}\Rightarrow\sum_{n=1}^{\infty}\dfrac{1}{(2n)^2}=\dfrac{1}{4}\sum_{n=1}^{\infty}\dfrac{1}{n^2}=\dfrac{1}{4}\cdot\dfrac{\pi^2}{6}=\dfrac{\pi^2}{24}$。

$$\sum_{n=1}^{\infty}\frac{1}{(2n-1)^2}=\sum_{n=1}^{\infty}\frac{1}{n^2}-\sum_{n=1}^{\infty}\frac{1}{(2n)^2}=\frac{\pi^2}{6}-\frac{\pi^2}{24}=\frac{\pi^2}{8}。$$

3. **解** (1) $\begin{cases} y = nx^2 + \dfrac{1}{n}, \\ y = (n+1)x^2 + \dfrac{1}{n+1}, \end{cases} \Rightarrow x = \pm \dfrac{1}{\sqrt{n(n+1)}}$，所以 $a_n = \dfrac{1}{\sqrt{n(n+1)}}$。

$$S_n = \int_{-\frac{1}{\sqrt{n(n+1)}}}^{\frac{1}{\sqrt{n(n+1)}}} \left[\left(nx^2 + \frac{1}{n}\right) - \left((n+1)x^2 + \frac{1}{n+1}\right) \right] dx$$

$$= 2\int_0^{\frac{1}{\sqrt{n(n+1)}}} \left(\frac{1}{n} - \frac{1}{n+1} - x^2 \right) dx$$

$$= \frac{4}{3n(n+1)\sqrt{n(n+1)}}。$$

(2) $\dfrac{S_n}{a_n} = \dfrac{4}{3n(n+1)} = \dfrac{4}{3}\left(\dfrac{1}{n} - \dfrac{1}{n+1}\right)$。

$$\sum_{n=1}^{\infty} \frac{S_n}{a_n} = \lim_{n\to\infty} \sum_{k=1}^{n} \frac{S_k}{a_k} = \lim_{n\to\infty} \frac{4}{3}\left(1 - \frac{1}{2} + \frac{1}{2} - \frac{1}{3} + \cdots + \frac{1}{n} - \frac{1}{n+1}\right)$$

$$= \frac{4}{3} \lim_{n\to\infty} \left(1 - \frac{1}{n+1}\right) = \frac{4}{3}。$$

4. **解** (1) $\lim\limits_{n\to\infty} \dfrac{n+2}{2n^3-1} \cdot n^2 = \dfrac{1}{2}$，所以 $\sum\limits_{n=1}^{\infty} \dfrac{n+2}{2n^3-1}$ 收敛。

(2) 因为 $\lim\limits_{n\to\infty} \dfrac{\sqrt[n]{n}-1}{\dfrac{\ln n}{n}} = \lim\limits_{n\to\infty} \dfrac{e^{\frac{\ln n}{n}}-1}{\dfrac{\ln n}{n}} \xlongequal{\frac{\ln n}{n}=t} \lim\limits_{t\to 0} \dfrac{e^t-1}{t} = 1$，所以 $\sum\limits_{n=1}^{\infty} (\sqrt[n]{n}-1)$ 与 $\sum\limits_{n=1}^{\infty} \dfrac{\ln n}{n}$ 同敛散。又 $\dfrac{\ln n}{n} > \dfrac{1}{n}$。因此 $\sum\limits_{n=1}^{\infty} \dfrac{\ln n}{n}$ 发散，所以 $\sum\limits_{n=1}^{\infty} (\sqrt[n]{n}-1)$ 发散。

(3) $\dfrac{1! + 2! + \cdots + n!}{(2n)!} < \dfrac{n \cdot n!}{(2n)!}$，而 $\sum\limits_{n=1}^{\infty} \dfrac{n \cdot n!}{(2n)!}$ 收敛，因为 $\lim\limits_{n\to\infty} \dfrac{(n+1)\cdot(n+1)!}{(2(n+1))!} \cdot \dfrac{(2n)!}{n \cdot n!} = \lim\limits_{n\to\infty} \dfrac{(n+1)^2}{n(2n+1)(2n+2)} = 0$。由比较判别法知，$\sum\limits_{n=1}^{\infty} \dfrac{1! + 2! + \cdots + n!}{(2n)!}$ 收敛。

(4) $\lim\limits_{n\to\infty} \sqrt[n]{\dfrac{n^2}{\left(2+\dfrac{1}{n}\right)^n}} = \lim\limits_{n\to\infty} \dfrac{n^{\frac{2}{n}}}{2+\dfrac{1}{n}} = \dfrac{1}{2} \lim\limits_{n\to\infty} n^{\frac{2}{n}} = \dfrac{1}{2} e^{\lim\limits_{n\to\infty} \frac{2}{n}\ln n} = \dfrac{1}{2} e^{\lim\limits_{x\to\infty} \frac{2}{x}\ln x} = \dfrac{1}{2} e^0 = \dfrac{1}{2} < 1$。所以，由比值判别法知，$\sum\limits_{n=1}^{\infty} \dfrac{n^2}{\left(2+\dfrac{1}{n}\right)^n}$ 收敛。

(5) $\dfrac{1}{\sqrt{n}-1} - \dfrac{1}{\sqrt{n}} - \dfrac{1}{n} = \dfrac{n - \sqrt{n}(\sqrt{n}-1) - (\sqrt{n}-1)}{(\sqrt{n}-1)n} = \dfrac{1}{n(\sqrt{n}-1)}$。而 $\lim\limits_{n\to\infty} \dfrac{\dfrac{1}{n(\sqrt{n}-1)}}{\dfrac{1}{n^{\frac{3}{2}}}} = \lim\limits_{n\to\infty} \dfrac{n\sqrt{n}}{n(\sqrt{n}-1)} = 1$，由极限判别法知 $\sum\limits_{n=2}^{\infty} \left(\dfrac{1}{\sqrt{n}-1} - \dfrac{1}{\sqrt{n}} - \dfrac{1}{n}\right)$ 收敛。

5. **解** (1) 令 $a_n = \dfrac{(-1)^n}{n - \ln n}$，则 $|a_n| = \dfrac{1}{n - \ln n}$。因为 $\lim\limits_{n\to\infty} |a_n| n = \lim\limits_{n\to\infty} \dfrac{n}{n - \ln n} = 1$，所以 $\sum\limits_{n=1}^{\infty} |a_n|$ 发散。又 $\lim\limits_{n\to\infty} \dfrac{1}{n - \ln n} = 0$，且 $\left(\dfrac{1}{x - \ln x}\right)' = \dfrac{1-x}{x(x-\ln x)^2} < 0 \ (x > 1)$，故 $\dfrac{1}{n - \ln n}$ 单调递减。由莱布尼茨判别法知 $\sum\limits_{n=1}^{\infty} \dfrac{(-1)^n}{n - \ln n}$ 条件收敛。

(2) 令 $a_n = \dfrac{(-1)^n}{n\ln n}$，则 $|a_n| = \dfrac{1}{n\ln n}$。因为 $\int_2^{+\infty} \dfrac{\mathrm{d}x}{x\ln x} = \int_2^{+\infty} \dfrac{\mathrm{d}\ln x}{\ln x} = \ln\ln x \Big|_2^{+\infty} = +\infty$，发散。所以 $\sum\limits_{n=2}^{\infty} \dfrac{1}{n\ln n}$ 发散。又 $\dfrac{1}{n\ln n}$ 关于 n 显然单调递减，且 $\lim\limits_{n\to\infty} \dfrac{1}{n\ln n} = 0$。由莱布尼茨判别法知 $\sum\limits_{n=2}^{\infty} \dfrac{(-1)^n}{n\ln n}$ 收敛。综上得 $\sum\limits_{n=2}^{\infty} \dfrac{(-1)^n}{n\ln n}$ 条件收敛。

6. 解 当 $\alpha = 1$ 时，原式为 $\sum\limits_{n=1}^{\infty} (-1)^{n+1} \dfrac{1}{n}$，收敛。

当 $\alpha > 1$ 时，考虑加括号后的级数 $\sum\limits_{n=1}^{\infty} \left(\dfrac{1}{2n-1} - \dfrac{1}{(2n)^\alpha}\right)$。因为 $\lim\limits_{n\to\infty}\left(\dfrac{1}{2n-1} - \dfrac{1}{(2n)^\alpha}\right)n = \dfrac{1}{2}$，所以加括号后的级数发散，从而原级数发散。

当 $0 < \alpha < 1$ 时，$\sum\limits_{n=1}^{\infty} \left(\dfrac{1}{2n-1} - \dfrac{1}{(2n)^\alpha}\right) = \sum\limits_{n=1}^{\infty} \dfrac{(-1)^{n-1}}{n} - \sum\limits_{n=1}^{\infty}\left(\dfrac{1}{(2n)^\alpha} - \dfrac{1}{2n}\right)$，而 $\dfrac{1}{(2n)^\alpha} - \dfrac{1}{2n} > 0$，且 $\lim\limits_{n\to\infty}\left(\dfrac{1}{(2n)^\alpha} - \dfrac{1}{2n}\right)n^\alpha = \dfrac{1}{2^\alpha}$，故 $\sum\limits_{n=1}^{\infty}\left(\dfrac{1}{(2n)^\alpha} - \dfrac{1}{2n}\right)$ 发散，而 $\sum\limits_{n=1}^{\infty} \dfrac{(-1)^{n-1}}{n}$ 收敛，从而 $\sum\limits_{n=1}^{\infty}\left(\dfrac{1}{2n-1} - \dfrac{1}{(2n)^\alpha}\right)$ 发散。故原级数发散。

7. 解 $\lim\limits_{x\to 0} \dfrac{f(x)}{x} = 0 \Rightarrow f(0) = 0, f'(0) = 0$。所以
$$f(x) = f(0) + f'(0)x + f''(0)x^2 + o(x^2) = f''(0)x^2 + o(x^2),$$
$$\left|f\left(\dfrac{1}{n}\right)\right| = \left|f''(0)\dfrac{1}{n^2} + o\left(\dfrac{1}{n^2}\right)\right|,$$
$$\lim\limits_{n\to\infty} \dfrac{\left|f\left(\dfrac{1}{n}\right)\right|}{\dfrac{1}{n^2}} = \lim\limits_{n\to\infty} \left|\dfrac{f''(0)\dfrac{1}{n^2} + o\left(\dfrac{1}{n^2}\right)}{\dfrac{1}{n^2}}\right| = |f''(0)|。$$

而 $\sum\limits_{n=1}^{\infty} \dfrac{1}{n^2}$ 收敛，所以 $\sum\limits_{n=1}^{\infty} \left|f\left(\dfrac{1}{n}\right)\right|$ 收敛，即 $\sum\limits_{n=1}^{\infty} f\left(\dfrac{1}{n}\right)$ 绝对收敛。

5-2

1. 解 令 $u_n = \dfrac{1}{a^n + b^n}$，则 $u_{n+1} = \dfrac{1}{a^{n+1} + b^{n+1}}$，

$$\lim\limits_{n\to\infty} \dfrac{u_{n+1}}{u_n} = \lim\limits_{n\to\infty} \dfrac{a^n + b^n}{a^{n+1} + b^{n+1}} = \begin{cases} \dfrac{1}{a}, & a > b, \\ \dfrac{1}{a}, & a = b, \\ \dfrac{1}{b}, & a < b。\end{cases}$$

所以收敛半径为 $R = \begin{cases} a, & a \geq b, \\ b, & a < b。\end{cases}$

当 $x = R$ 时，若 $a \geq b$，则 $\sum\limits_{n=1}^{\infty} \dfrac{x^n}{a^n + b^n} = \sum\limits_{n=1}^{\infty} \dfrac{a^n}{a^n + b^n}$。

因为 $\lim\limits_{n\to\infty} \dfrac{a^n}{a^n + b^n} = 1$，所以 $\sum\limits_{n=1}^{\infty} \dfrac{a^n}{a^n + b^n}$ 发散。

若 $a < b$，则 $\sum\limits_{n=1}^{\infty} \dfrac{x^n}{a^n + b^n} = \sum\limits_{n=1}^{\infty} \dfrac{b^n}{a^n + b^n}$ 发散。

当 $x=-R$ 时,若 $a\geqslant b$,则 $\sum_{n=1}^{\infty}\dfrac{x^n}{a^n+b^n}=\sum_{n=1}^{\infty}\dfrac{(-a)^n}{a^n+b^n}$;

若 $a<b$,则 $\sum_{n=1}^{\infty}\dfrac{x^n}{a^n+b^n}=\sum_{n=1}^{\infty}\dfrac{(-b)^n}{a^n+b^n}$。

$\lim\limits_{n\to\infty}\dfrac{(-a)^n}{a^n+b^n}\neq 0,\lim\limits_{n\to\infty}\dfrac{(-b)^n}{a^n+b^n}\neq 0$,所以 $\sum_{n=1}^{\infty}\dfrac{(-a)^n}{a^n+b^n}$ 与 $\sum_{n=1}^{\infty}\dfrac{(-b)^n}{a^n+b^n}$ 都发散。

综上,当 $a\geqslant b$ 时,原级数的收敛域为 $(-a,a)$;当 $a<b$ 时,原级数的收敛域为 $(-b,b)$。

2. 解 令 $u_n(x)=\dfrac{4n^2+4n+3}{2n+1}x^{2n}$,则

$$\lim_{n\to\infty}\left|\dfrac{u_{n+1}(x)}{u_n(x)}\right|=\lim_{n\to\infty}\left|\dfrac{4(n+1)^2+4(n+1)+3}{2(n+1)+1}x^{2(n+1)}\cdot\dfrac{1}{x^{2n}}\cdot\dfrac{2n+1}{4n^2+4n+3}\right|=x^2。$$

由 $x^2<1$,得 $-k x<1$。当 $x=\pm 1$ 时显然级数发散。故收敛域为 $(-1,1)$。

令 $\sum_{n=0}^{\infty}\dfrac{4n^2+4n+3}{2n+1}x^{2n}=S(x),|x|<1$,则

$$S(x)=\sum_{n=0}^{\infty}\left(2n+1+\dfrac{2}{2n+1}\right)x^{2n}\quad(x\neq 0)$$

$$=\sum_{n=0}^{\infty}2nx^{2n}+\sum_{n=0}^{\infty}x^{2n}+2\sum_{n=0}^{\infty}\dfrac{x^{2n}}{2n+1}$$

$$=x\sum_{n=1}^{\infty}2nx^{2n-1}+\sum_{n=0}^{\infty}x^{2n}+\dfrac{2}{x}\sum_{n=0}^{\infty}\dfrac{x^{2n+1}}{2n+1}$$

$$=x\left(\sum_{n=1}^{\infty}x^{2n}\right)'+\dfrac{1}{1-x^2}+\dfrac{2}{x}\int_0^x\sum_{n=0}^{\infty}x^{2n}\,\mathrm{d}x$$

$$=x\left(\dfrac{x^2}{1-x^2}\right)'+\dfrac{1}{1-x^2}+\dfrac{2}{x}\int_0^x\dfrac{1}{1-x^2}\,\mathrm{d}x$$

$$=\dfrac{2x^2}{(1-x^2)^2}+\dfrac{1}{1-x^2}+\dfrac{1}{x}\ln\dfrac{1+x}{1-x}=\dfrac{1+x^2}{(1-x^2)^2}+\dfrac{1}{x}\ln\dfrac{1+x}{1-x}。$$

当 $x=0$ 时,$S(0)=3$。

所以 $S(x)=\begin{cases}\dfrac{1+x^2}{(1-x^2)^2}+\dfrac{1}{x}\ln\dfrac{1+x}{1-x}, & x\neq 0,\\ 3, & x=0。\end{cases}$

3. 解 当 $|x|<1$ 时,由 $\dfrac{1}{1+x}=1-x+x^2-x^3+\cdots+(-1)^n x^n+\cdots$,得

$$\dfrac{1}{1+x^2}=1-x^2+x^4-x^6+\cdots+(-1)^n x^{2n}+\cdots,$$

故 $f(x)=\dfrac{2x^2}{1+x^2}=2x^2-2x^4+2x^6-2x^8+\cdots+(-1)^n 2x^{2n+2}+\cdots$。又由泰勒公式

$$f(x)=f(0)+f'(0)x+\dfrac{f''(0)}{2!}x^2+\cdots+\dfrac{f^{(n)}(0)}{n!}x^n+\cdots,$$

故有 $\dfrac{f^{(6)}(0)}{6!}=2$,所以 $f^{(6)}(0)=2\times 6!=1440$。

4. 解 (1) $\sum_{n=2}^{\infty}\dfrac{1}{(n^2-1)2^n}=\sum_{n=2}^{\infty}\dfrac{1}{n^2-1}x^n\left(当\ x=\dfrac{1}{2}\ 时\right)$。考察幂级数 $\sum_{n=2}^{\infty}\dfrac{1}{n^2-1}x^n$,其收敛半径

$R=\lim\limits_{n\to\infty}\dfrac{\dfrac{1}{n^2-1}}{\dfrac{1}{(n+1)^2-1}}=\lim\limits_{n\to\infty}\dfrac{(n+1)^2-1}{n^2-1}=1$。当 $x=\pm 1$ 时 $\sum_{n=2}^{\infty}\dfrac{x^n}{n^2-1}$ 均收敛,故收敛域为 $[-1,1]$。

令 $S(x) = \sum_{n=2}^{\infty} \frac{1}{n^2-1} x^n$ ($|x| < 1$,且 $x \neq 0$),则

$$S(x) = \frac{1}{2} \sum_{n=2}^{\infty} \frac{1}{n-1} x^n - \frac{1}{2} \sum_{n=2}^{\infty} \frac{1}{n+1} x^n$$

$$= \frac{x}{2} \sum_{n=2}^{\infty} \frac{1}{n-1} x^{n-1} - \frac{1}{2x} \sum_{n=2}^{\infty} \frac{1}{n+1} x^{n+1}$$

$$= \frac{x}{2} \sum_{n=2}^{\infty} \int_0^x x^{n-2} \mathrm{d}x - \frac{1}{2x} \sum_{n=2}^{\infty} \int_0^x x^n \mathrm{d}x$$

$$= \frac{x}{2} \int_0^x \sum_{n=2}^{\infty} x^{n-2} \mathrm{d}x - \frac{1}{2x} \int_0^x \sum_{n=2}^{\infty} x^n \mathrm{d}x$$

$$= \frac{x}{2} \int_0^x \frac{1}{1-x} \mathrm{d}x - \frac{1}{2x} \int_0^x \frac{x^2}{1-x} \mathrm{d}x$$

$$= -\frac{x}{2} \ln(1-x) + \frac{1}{2x} \left(\frac{x^2}{2} + x + \ln|x-1| \right)$$

$$= -\frac{x}{2} \ln(1-x) + \frac{x}{4} + \frac{1}{2} + \frac{1}{2x} \ln(1-x)。$$

所以 $S\left(\frac{1}{2}\right) = -\frac{1}{4} \ln\left(1-\frac{1}{2}\right) + \frac{1}{8} + \frac{1}{2} + \ln\left(1-\frac{1}{2}\right) = \frac{5}{8} - \frac{3}{4} \ln 2$,即 $\sum_{n=2}^{\infty} \frac{1}{(n^2-1)2^n} = \frac{5}{8} - \frac{3}{4} \ln 2$。

(2) 因为 $e^x = \sum_{n=0}^{\infty} \frac{x^n}{n!}$,所以 $\frac{e^x-1}{x} = \sum_{n=1}^{\infty} \frac{x^{n-1}}{n!}$ ($x \in \mathbf{R}$),

$$\left(\frac{e^x-1}{x} \right)' = \sum_{n=1}^{\infty} \frac{(n-1)x^{n-2}}{n!} = \frac{1}{2!} + \frac{2x}{3!} + \frac{3x^2}{4!} + \cdots = \sum_{n=1}^{\infty} \frac{nx^{n-1}}{(n+1)!},$$

即 $\sum_{n=1}^{\infty} \frac{n}{(n+1)!} = \left(\frac{e^x-1}{x} \right)' \Big|_{x=1} = \frac{e^x x - e^x + 1}{x^2} \Big|_{x=1} = 1$。

5. **解** $f(x) = \frac{x}{2+x-x^2} = \frac{2}{3} \cdot \frac{1}{2-x} - \frac{1}{3} \cdot \frac{1}{1+x} = \frac{1}{3} \cdot \frac{1}{1-\frac{x}{2}} - \frac{1}{3} \cdot \frac{1}{1+x}$。而

$$\frac{1}{1-\frac{x}{2}} = \sum_{n=0}^{\infty} \left(\frac{x}{2} \right)^n = \sum_{n=0}^{\infty} \frac{1}{2^n} x^n \quad \left(\left| \frac{x}{2} \right| < 1 \right),$$

$$\frac{1}{1+x} = \sum_{n=0}^{\infty} (-x)^n = \sum_{n=0}^{\infty} (-1)^n x^n \quad (|x| < 1)。$$

所以 $f(x) = \frac{1}{3} \sum_{n=0}^{\infty} \left[\frac{1}{2^n} - (-1)^n \right] x^n$ ($|x| < 1$)。

6. **解** $f(x) = \frac{1}{x^2+3x+2} = \frac{1}{x+1} - \frac{1}{x+2}$

$$= \frac{1}{2+(x-1)} - \frac{1}{3+(x-1)}$$

$$= \frac{1}{2} \cdot \frac{1}{1+\frac{x-1}{2}} - \frac{1}{3} \cdot \frac{1}{1+\frac{x-1}{3}}$$

$$= \frac{1}{2} \sum_{n=0}^{\infty} \left(-\frac{x-1}{2} \right)^n - \frac{1}{3} \sum_{n=0}^{\infty} \left(-\frac{x-1}{3} \right)^n \quad (|x-1| < 2)$$

$$= \sum_{n=0}^{\infty} (-1)^n \left(\frac{1}{2^{n+1}} - \frac{1}{3^{n+1}} \right) (x-1)^n \quad (-1 < x < 3)。$$

(1) $\sum_{n=1}^{\infty}\left(\dfrac{1}{2^n}-\dfrac{1}{3^n}\right)=\sum_{n=0}^{\infty}\left(\dfrac{1}{2^{n+1}}-\dfrac{1}{3^{n+1}}\right)=f(0)=\dfrac{1}{2}$。

(2) $\sum_{n=1}^{\infty}(-1)^{n-1}\left(\dfrac{1}{2^n}-\dfrac{1}{3^n}\right)=\sum_{n=0}^{\infty}(-1)^n\left(\dfrac{1}{2^{n+1}}-\dfrac{1}{3^{n+1}}\right)=f(2)=\dfrac{1}{12}$。

5-3

1. 解 $f(x)=\begin{cases}x, & -\pi<x\leqslant 0,\\ 1+x, & 0<x\leqslant\pi。\end{cases}$

如图 A.17 所示,显然 $x=1$ 为 $f(x)$ 的连续点,$x=0$ 为 $f(x)$ 的间断点,$x=\pi$ 为区间端点。由狄利克雷收敛定理得

$$S(1)=f(1)=2,$$
$$S(0)=\dfrac{f(0+0)+f(0-0)}{2}=\dfrac{1}{2},$$
$$S(\pi)=\dfrac{f(-\pi+0)+f(\pi-0)}{2}=\dfrac{-\pi+\pi+1}{2}=\dfrac{1}{2}。$$

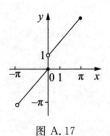

图 A.17

故依次填写 $2,\dfrac{1}{2},\dfrac{1}{2}$。

2. 解 将 $f(x)$ 偶延拓,所以 $b_n=0(n=1,2,\cdots)$。而

$$a_0=\dfrac{2}{\pi}\int_0^{\pi}f(x)\mathrm{d}x=\dfrac{2}{\pi}\int_0^{\pi}(1-x^2)\mathrm{d}x=2\left(1-\dfrac{\pi^2}{3}\right),$$

$$\begin{aligned}a_n&=\dfrac{2}{\pi}\int_0^{\pi}f(x)\cos nx\,\mathrm{d}x\\ &=\dfrac{2}{\pi}\left[\int_0^{\pi}\cos nx\,\mathrm{d}x-\int_0^{\pi}x^2\cos nx\,\mathrm{d}x\right]\\ &=\dfrac{2}{\pi}\left[\dfrac{1}{n}\sin nx\Big|_0^{\pi}-\dfrac{1}{n}\int_0^{\pi}x^2\,\mathrm{d}\sin nx\right]\\ &=-\dfrac{2}{n\pi}\left[x^2\cdot\sin nx\Big|_0^{\pi}-\int_0^{\pi}\sin nx\,\mathrm{d}x^2\right]\\ &=\dfrac{4}{n\pi}\int_0^{\pi}x\sin nx\,\mathrm{d}x=-\dfrac{4}{n^2\pi}\int_0^{\pi}x\,\mathrm{d}\cos nx\\ &=-\dfrac{4}{n^2\pi}\left[x\cos nx\Big|_0^{\pi}-\int_0^{\pi}\cos nx\,\mathrm{d}x\right]\\ &=-\dfrac{4\pi\cos n\pi}{n^2\pi}=\dfrac{4(-1)^{n-1}}{n^2}。\end{aligned}$$

所以 $1-x^2=\dfrac{a_0}{2}+\sum_{n=1}^{\infty}a_n\cos nx=1-\dfrac{\pi^2}{3}+\sum_{n=1}^{\infty}\dfrac{4(-1)^{n-1}}{n^2}\cos nx$。

令 $x=0$,得 $1=1-\dfrac{\pi^2}{3}+\sum_{n=1}^{\infty}\dfrac{4(-1)^{n-1}}{n^2}$,因此,$\sum_{n=1}^{\infty}\dfrac{(-1)^{n-1}}{n^2}=\dfrac{\pi^2}{12}$。

6-1

1. 解 设 $\boldsymbol{m}=a\boldsymbol{i}+b\boldsymbol{j}+c\boldsymbol{k}$,则 $a^2+b^2+c^2=1$。 ①

$\boldsymbol{m}\perp\boldsymbol{c}\Leftrightarrow 2a-2b+c=0$。 ②

$\boldsymbol{m}$ 与 $\boldsymbol{a},\boldsymbol{b}$ 共面 $\Leftrightarrow[\boldsymbol{a},\boldsymbol{b},\boldsymbol{m}]=0$,即

$$\begin{vmatrix}1 & 0 & 0\\ 0 & 1 & -2\\ a & b & c\end{vmatrix}=c+2b=0。 \qquad ③$$

模拟练习题参考答案 291

联立①,②,③,解方程组得 $\begin{cases} a=\dfrac{2}{3}, \\ b=\dfrac{1}{3}, \\ c=-\dfrac{2}{3}, \end{cases}$ 或 $\begin{cases} a=-\dfrac{2}{3}, \\ b=-\dfrac{1}{3}, \\ c=\dfrac{2}{3}。 \end{cases}$

因此,$m=\pm\left(\dfrac{2}{3},\dfrac{1}{3},-\dfrac{2}{3}\right)$。

2. **解** $[(a+b)\times(b+c)]\cdot(c+a)$
$=[a\times(b+c)]\cdot(c+a)+[b\times(b+c)]\cdot(c+a)$
$=a\times b\cdot c+a\times c\cdot c+a\times b\cdot a+a\times c\cdot a+b\times b\cdot c+b\times b\cdot a+b\times c\cdot c+b\times c\cdot a$
$=2[a\times b\cdot c]=4$。

3. **解** $[a\times b\cdot c]=\begin{vmatrix} 3 & -2 & 1 \\ 2 & 1 & 2 \\ 3 & -1 & 2 \end{vmatrix}=\begin{vmatrix} 1 & -3 & -1 \\ 2 & 1 & 2 \\ 1 & -2 & 0 \end{vmatrix}=\begin{vmatrix} 1 & -3 & 1 \\ 0 & 7 & 4 \\ 0 & 1 & 1 \end{vmatrix}=3\neq 0$。

由向量共面的充要条件,知 a,b,c 不共面。

6-2

1. **解** 与两平面相交的平面束方程为
$$x+2y-2z+6+\lambda(4x-y+8z-8)=0,$$
即 $(1+4\lambda)x+(2-\lambda)y+(8\lambda-2)z+(6-8\lambda)=0$。两平面交角的平分面与两平面的夹角相等,有
$$\frac{|(1+4\lambda)\cdot 1+2(2-\lambda)-2(8\lambda-2)|}{\sqrt{1^2+2^2+(-2)^2}\cdot\sqrt{(1+4\lambda)^2+(2-\lambda)^2+(8\lambda-2)^2}}$$
$$=\frac{|4(1+4\lambda)-(2-\lambda)+8(8\lambda-2)|}{\sqrt{4^2+(-1)^2+8^2}\cdot\sqrt{(1+4\lambda)^2+(2\lambda)^2+(8\lambda-2)^2}},$$

由此可得 $\lambda_1=\dfrac{41}{120}$,$\lambda_2=\dfrac{17}{14}$。故角平分面方程为
$$x-7y+14z-26=0 \text{ 或 } 7x+5y+2z+10=0。$$

2. **解** L_1 的方向向量 $s_1=\begin{vmatrix} i & j & k \\ 1 & 2 & 0 \\ 0 & 2 & -1 \end{vmatrix}=(-2,1,2)$。取 L_1 上的点 $P_1(-1,-2,-8)$,L_2 的方向向量 $s_2=\begin{vmatrix} i & j & k \\ 0 & 1 & 0 \\ 1 & 0 & 2 \end{vmatrix}=(2,0,-1)$。取 L_2 上的点 $P_2(-2,0,-1)$,则公垂线的方向向量为
$$s=\begin{vmatrix} i & j & k \\ -2 & 1 & 2 \\ 2 & 0 & -1 \end{vmatrix}=(-1,2,-2)。$$

过 L_1 与公垂线的平面 π_1 的法向量为 $n_1=s_1\times s=\begin{vmatrix} i & j & k \\ -2 & 1 & 2 \\ -1 & 2 & -2 \end{vmatrix}=-3(2,2,1)$。

所以 π_1 的方程为 $2x+2y+z+14=0$。过 L_2 与公垂线的平面 π_2 的法向量为
$$n_2=s_2\cdot s=\begin{vmatrix} i & j & k \\ 2 & 0 & -1 \\ -1 & 2 & -2 \end{vmatrix}=(2,5,4),$$

所以 π_2 的方程为 $2x+5y+4z+8=0$。

又公垂线为平面 π_1,π_2 的交线,所以,所求公垂线的方程为 $\begin{cases} 2x+2y+z+14=0, \\ 2x+5y+4z+8=0. \end{cases}$

3. **解** 设 L_1 的方向向量为 s_1,则 $s_1=(1,-2,1)$。设 L_2 的方向向量为 s_2,则
$$s_2=(1,-1,0)\times(0,2,1)=(-1,-1,2)。$$
所以 L_1 与 L_2 夹角的余弦为 $\frac{|s_1 \cdot s_2|}{|s_1| \cdot |s_2|}=\frac{3}{\sqrt{6} \cdot \sqrt{6}}=\frac{1}{2}$,故 L_1 与 L_2 夹角为 $\frac{\pi}{3}$。

6-3

1. **解** $4x^2-9y^2=36$ 绕 x 轴旋转一周所得旋转曲面的方程为 $4x^2-9(y^2+z^2)=36$。绕 y 轴旋转一周生成的旋转曲面方程为
$$4(x^2+z^2)-9y^2=36。$$

2. **解** $0 \leqslant z \leqslant \sqrt{a^2-x^2-y^2}$ 为半球体,$x^2+y^2 \leqslant ax(a>0)$ 为以 xOy 面上的圆 $x^2+y^2=ax$ 为准线,母线平行于 Oz 轴的圆柱面所围的圆柱体,且在 xOy 面内,圆 $x^2+y^2=ax$ 含在 $x^2+y^2=a^2$ 内。所以公共部分在 xOy 面上的投影为 $x^2+y^2 \leqslant ax(z>0)$,在 xOz 面上的投影为 $x^2+z^2=a^2(x \geqslant 0, z \geqslant 0)$。

第 3 部分

十届决赛试题及参考答案

J0 决赛信息

第一届全国大学生数学竞赛决赛(2010年非数学类)

试　　题

一、计算下列各题(本题共 4 个小题,每小题 5 分,共 20 分)(要求写出重要步骤)

(1) 求极限 $\lim\limits_{n\to\infty}\sum\limits_{k=1}^{n-1}\left(1+\dfrac{k}{n}\right)\sin\dfrac{k\pi}{n^2}$。

(2) 计算 $\iint\limits_{\Sigma}\dfrac{ax\,dydz+(z+a)^2\,dxdy}{\sqrt{x^2+y^2+z^2}}$,其中 Σ 为下半球面 $z=-\sqrt{a^2-y^2-x^2}$ 的上侧,$a>0$。

(3) 现要设计一个容积为 V 的圆柱体的容器。已知上下两底的材料费为单位面积 a 元,而侧面的材料费为单位面积 b 元。试给出最节省的设计方案,即高与上下底的直径之比为何值时所需费用最少?

(4) 已知 $f(x)$ 在 $\left(\dfrac{1}{4},\dfrac{1}{2}\right)$ 内满足 $f'(x)=\dfrac{1}{\sin^3 x+\cos^3 x}$,求 $f(x)$。

二、求下列极限(小题(1)4 分,小题(2)6 分,共 10 分)

(1) $\lim\limits_{n\to\infty}n\left(\left(1+\dfrac{1}{n}\right)^n-\mathrm{e}\right)$;

(2) $\lim\limits_{n\to\infty}\left(\dfrac{a^{\frac{1}{n}}+b^{\frac{1}{n}}+c^{\frac{1}{n}}}{3}\right)^n$,其中 $a>0,b>0,c>0$。

三、(10 分) 设 $f(x)$ 在点 $x=1$ 附近有定义,且在点 $x=1$ 可导,$f(1)=0,f'(1)=2$。求

$$\lim_{x\to 0}\dfrac{f(\sin^2 x+\cos x)}{x^2+x\tan x}。$$

四、(10 分) 设 $f(x)$ 在 $[0,+\infty)$ 上连续,无穷积分 $\int_0^{+\infty}f(x)\,dx$ 收敛。求

$$\lim_{y\to+\infty}\dfrac{1}{y}\int_0^y xf(x)\,dx。$$

五、(12 分) 设函数 $f(x)$ 在 $[0,1]$ 上连续,在 $(0,1)$ 内可微,且 $f(0)=f(1)=0,f\left(\dfrac{1}{2}\right)=1$。证明:(1) 存在 $\xi\in\left(\dfrac{1}{2},1\right)$ 使得 $f(\xi)=\xi$;(2) 存在 $\eta\in(0,\xi)$ 使得 $f'(\eta)=f(\eta)-\eta+1$。

六、(14 分) 设 $n>1$ 为整数

$$F(x)=\int_0^x \mathrm{e}^{-t}\left(1+\dfrac{t}{1!}+\dfrac{t^2}{2!}+\cdots+\dfrac{t^n}{n!}\right)dt。$$

证明:方程 $F(x)=\dfrac{n}{2}$ 在 $\left(\dfrac{n}{2},n\right)$ 内至少有一个根。

七、(12 分) 是否存在 $\mathbf{R}^1$ 中的可微函数 $f(x)$ 使得

$$f(f(x))=1+x^2+x^4-x^3-x^5。$$

若存在,请给出一个例子;若不存在,请给出证明。

八、(12分) 设 $f(x)$ 在 $[0,+\infty)$ 上一致连续，且对于固定的 $x \in [0,+\infty)$，当自然数 $n \to +\infty$ 时 $f(x+n) \to 0$。证明：函数序列 $\{f(x+n) | n=1,2,\cdots\}$ 在 $[0,1]$ 上一致收敛于 0。

参 考 答 案

一、(1) **解** 记 $S_n = \sum_{k=1}^{n-1}\left(1+\dfrac{k}{n}\right)\sin\dfrac{k\pi}{n^2}$，则

$$S_n = \sum_{k=1}^{n-1}\left(1+\dfrac{k}{n}\right)\left(\dfrac{k\pi}{n^2}+o\left(\dfrac{1}{n^2}\right)\right) = \dfrac{\pi}{n^2}\sum_{k=1}^{n-1}k+\dfrac{\pi}{n^3}\sum_{k=1}^{n-1}k^2+o\left(\dfrac{1}{n}\right) \to \dfrac{\pi}{2}+\dfrac{\pi}{3}=\dfrac{5\pi}{6}.$$

(2) **解** 将 Σ（或分片后）投影到相应坐标平面上化为二重积分逐块计算。

$$I_1 = \dfrac{1}{a}\iint_{\Sigma} ax\,\mathrm{d}y\mathrm{d}z = -2\iint_{D_{yz}}\sqrt{a^2-(y^2+z^2)}\,\mathrm{d}y\mathrm{d}z,$$

其中 D_{yz} 为 yOz 平面上的半圆 $y^2+z^2\leqslant a^2, z\leqslant 0$。利用极坐标，得

$$I_1 = -2\int_{\pi}^{2\pi}\mathrm{d}\theta\int_0^a\sqrt{a^2-r^2}\,r\mathrm{d}r = -\dfrac{2}{3}\pi a^3.$$

$$I_2 = \dfrac{1}{a}\iint_{\Sigma}(z+a)^2\mathrm{d}x\mathrm{d}y = \dfrac{1}{a}\iint_{D_{xy}}\left[a-\sqrt{a^2-(x^2+y^2)}\right]^2\mathrm{d}x\mathrm{d}y,$$

其中 D_{xy} 为 xOy 平面上的圆域 $x^2+y^2\leqslant a^2$。利用极坐标，得

$$I_2 = \dfrac{1}{a}\int_0^{2\pi}\mathrm{d}\theta\int_0^a(2a^2-2a\sqrt{a^2-r^2}-r^2)r\mathrm{d}r = \dfrac{\pi}{6}a^3.$$

因此，$I = I_1+I_2 = -\dfrac{\pi}{2}a^3$。

(3) **解** 设圆柱容器的高为 h，上下底的半径为 r，则有

$$\pi r^2 h = V, \quad 或\ h = \dfrac{V}{\pi r^2},$$

所需费用为

$$F(r) = 2a\pi r^2 + 2b\pi rh = 2a\pi r^2 + \dfrac{2bV}{r}.$$

显然

$$F'(r) = 4a\pi r - \dfrac{2bV}{r^2},$$

那么，费用最少意味着 $F'(r)=0$，也即 $r^3=\dfrac{bV}{2a\pi}$。这时高与底的直径之比为 $\dfrac{h}{2r}=\dfrac{V}{2\pi r^3}=\dfrac{a}{b}$。

(4) **解** 由 $\sin^3 x+\cos^3 x=\sqrt{2}\cos\left(\dfrac{\pi}{4}-x\right)\left[\dfrac{1}{2}+\sin^2\left(\dfrac{\pi}{4}-x\right)\right]$，得

$$f(x) = \dfrac{1}{\sqrt{2}}\int\dfrac{\mathrm{d}x}{\cos\left(\dfrac{\pi}{4}-x\right)\left[\dfrac{1}{2}+\sin^2\left(\dfrac{\pi}{4}-x\right)\right]} + C.$$

令 $u=\dfrac{\pi}{4}-x$，得

$$f(x) = -\dfrac{1}{\sqrt{2}}\int\dfrac{\mathrm{d}u}{\cos u\left(\dfrac{1}{2}+\sin^2 u\right)} = -\dfrac{1}{\sqrt{2}}\int\dfrac{\mathrm{d}\sin u}{\cos^2 u\left(\dfrac{1}{2}+\sin^2 u\right)}$$

$$\xrightarrow{\text{令}\ t=\sin u} -\dfrac{1}{\sqrt{2}}\int\dfrac{\mathrm{d}t}{(1-t^2)\left(\dfrac{1}{2}+t^2\right)} = -\dfrac{\sqrt{2}}{3}\left[\int\dfrac{\mathrm{d}t}{1-t^2}+\int\dfrac{2\mathrm{d}t}{1+2t^2}\right]$$

$$=-\frac{\sqrt{2}}{3}\left[\frac{1}{2}\ln\left|\frac{1+t}{1-t}\right|+\sqrt{2}\arctan\sqrt{2}t\right]+C$$

$$=-\frac{\sqrt{2}}{6}\ln\left|\frac{1+\sin\left(\frac{\pi}{4}-x\right)}{1-\sin\left(\frac{\pi}{4}-x\right)}\right|-\frac{2}{3}\arctan\left(\sqrt{2}\sin\left(\frac{\pi}{4}-x\right)\right)+C_{\circ}$$

二、(1) 解 因为
$$\left(1+\frac{1}{n}\right)^n-\mathrm{e}=\mathrm{e}^{1-\frac{1}{2n}+o\left(\frac{1}{n}\right)}-\mathrm{e}=\mathrm{e}(\mathrm{e}^{-\frac{1}{2n}+o\left(\frac{1}{n}\right)}-1)=\mathrm{e}\left\{\left[1-\frac{1}{2n}+o\left(\frac{1}{n}\right)\right]-1\right\}$$
$$=\mathrm{e}\left[-\frac{1}{2n}+o\left(\frac{1}{n}\right)\right],$$

因此
$$\lim_{n\to\infty}n\left[\left(1+\frac{1}{n}\right)^n-\mathrm{e}\right]=-\frac{\mathrm{e}}{2}_{\circ}$$

(2) 解 由泰勒公式有
$$a^{\frac{1}{n}}=\mathrm{e}^{\frac{\ln a}{n}}=1+\frac{1}{n}\ln a+o\left(\frac{1}{n}\right),n\to\infty,$$
$$b^{\frac{1}{n}}=\mathrm{e}^{\frac{\ln b}{n}}=1+\frac{1}{n}\ln b+o\left(\frac{1}{n}\right),n\to\infty,$$
$$c^{\frac{1}{n}}=\mathrm{e}^{\frac{\ln c}{n}}=1+\frac{1}{n}\ln c+o\left(\frac{1}{n}\right),n\to\infty,$$

因此
$$\frac{1}{3}(a^{\frac{1}{n}}+b^{\frac{1}{n}}+c^{\frac{1}{n}})=1+\frac{1}{n}\ln\sqrt[3]{abc}+o\left(\frac{1}{n}\right),n\to\infty,$$
$$\left(\frac{a^{\frac{1}{n}}+b^{\frac{1}{n}}+c^{\frac{1}{n}}}{3}\right)^n=\left[1+\frac{1}{n}\ln\sqrt[3]{abc}+o\left(\frac{1}{n}\right)\right]^n_{\circ}$$

令 $\alpha_n=\frac{1}{n}\ln\sqrt[3]{abc}+o\left(\frac{1}{n}\right)$，上式可改写成
$$\left(\frac{a^{\frac{1}{n}}+b^{\frac{1}{n}}+c^{\frac{1}{n}}}{3}\right)^n=\left[(1+\alpha_n)^{\frac{1}{\alpha_n}}\right]^{n\alpha_n}_{\circ}$$

显然
$$(1+\alpha_n)^{\frac{1}{\alpha_n}}\to\mathrm{e},n\to\infty,\qquad n\alpha_n\to\ln\sqrt[3]{abc},n\to\infty,$$

所以
$$\lim_{n\to\infty}\left(\frac{a^{\frac{1}{n}}+b^{\frac{1}{n}}+c^{\frac{1}{n}}}{3}\right)^n=\sqrt[3]{abc}_{\circ}$$

三、解 由题设可知
$$\lim_{y\to 1}\frac{f(y)-f(1)}{y-1}=\lim_{y\to 1}\frac{f(y)}{y-1}=f'(1)=2_{\circ}$$

令 $y=\sin^2 x+\cos x$，那么当 $x\to 0$ 时 $y=\sin^2 x+\cos x\to 1$，故由上式有
$$\lim_{x\to 0}\frac{f(\sin^2 x+\cos x)}{\sin^2 x+\cos x-1}=2_{\circ}$$

可见
$$\lim_{x\to 0}\frac{f(\sin^2 x+\cos x)}{x^2+x\tan x}=\lim_{x\to 0}\left(\frac{f(\sin^2 x+\cos x)}{\sin^2 x+\cos x-1}\cdot\frac{\sin^2 x+\cos x-1}{x^2+x\tan x}\right)$$
$$=2\lim_{x\to 0}\frac{\sin^2 x+\cos x-1}{x^2+x\tan x}=\frac{1}{2}_{\circ}$$

最后一步的极限可用常规的办法——洛必达法则或泰勒公式展开求得。

四、解 设 $\int_0^{+\infty} f(x)\mathrm{d}x = l$，并令
$$F(x) = \int_0^x f(t)\mathrm{d}t,$$
这时，$F'(x) = f(x)$，并有
$$\lim_{x \to +\infty} F(x) = l_\circ$$
对于任意的 $y > 0$，有
$$\frac{1}{y}\int_0^y xf(x)\mathrm{d}x = \frac{1}{y}\int_0^y x\mathrm{d}F(x) = \frac{1}{y}xF(x)\Big|_{x=0}^{x=y} - \frac{1}{y}\int_0^y F(x)\mathrm{d}x = F(y) - \frac{1}{y}\int_0^y F(x)\mathrm{d}x_\circ$$
根据洛必达法则和变上限积分的求导公式，不难看出
$$\lim_{y \to +\infty} \frac{1}{y}\int_0^y F(x)\mathrm{d}x = \lim_{y \to +\infty} F(y) = l,$$
因此
$$\lim_{y \to +\infty} \frac{1}{y}\int_0^y xf(x)\mathrm{d}x = l - l = 0_\circ$$

五、证明 (1) 令 $F(x) = f(x) - x$，则 $F(x)$ 在 $[0,1]$ 上连续，且有
$$F\left(\frac{1}{2}\right) = \frac{1}{2} > 0, \quad F(1) = -1 < 0_\circ$$
所以，存在一个 $\xi \in \left(\frac{1}{2}, 1\right)$，使得 $F(\xi) = 0$，即 $f(\xi) = \xi_\circ$

(2) 令 $G(x) = \mathrm{e}^{-x}[f(x) - x]$，那么 $G(0) = G(\xi) = 0$。这样，存在一个 $\eta \in (0, \xi)$，使得 $G'(\eta) = 0$，即
$$G'(\eta) = \mathrm{e}^{-\eta}[f'(\eta) - 1] - \mathrm{e}^{-\eta}[f(\eta) - \eta] = 0,$$
也即 $f'(\eta) = f(\eta) - \eta + 1_\circ$

六、证明 因为
$$\mathrm{e}^{-t}\left(1 + \frac{t}{1!} + \frac{t^2}{2!} + \cdots + \frac{t^n}{n!}\right) < 1, \forall t > 0,$$
故有
$$F\left(\frac{n}{2}\right) = \int_0^{\frac{n}{2}} \mathrm{e}^{-t}\left(1 + \frac{t}{1!} + \frac{t^2}{2!} + \cdots + \frac{t^n}{n!}\right)\mathrm{d}t < \frac{n}{2}_\circ$$
下面只需证明 $F(n) > \frac{n}{2}$ 即可。
$$F(n) = \int_0^n \mathrm{e}^{-t}\left(1 + \frac{t}{1!} + \frac{t^2}{2!} + \cdots + \frac{t^n}{n!}\right)\mathrm{d}t = -\int_0^n \left(1 + \frac{t}{1!} + \frac{t^2}{2!} + \cdots + \frac{t^n}{n!}\right)\mathrm{d}\mathrm{e}^{-t}$$
$$= 1 - \mathrm{e}^{-n}\left(1 + \frac{n}{1!} + \frac{n^2}{2!} + \cdots + \frac{n^n}{n!}\right) + \int_0^n \mathrm{e}^{-t}\left(1 + \frac{t}{1!} + \frac{t^2}{2!} + \cdots + \frac{t^{n-1}}{(n-1)!}\right)\mathrm{d}t,$$
由此推出
$$F(n) = \int_0^n \mathrm{e}^{-t}\left(1 + \frac{t}{1!} + \frac{t^2}{2!} + \cdots + \frac{t^n}{n!}\right)\mathrm{d}t$$
$$= 1 - \mathrm{e}^{-n}\left(1 + \frac{n}{1!} + \frac{n^2}{2!} + \cdots + \frac{n^n}{n!}\right) + 1 - \mathrm{e}^{-n}\left(1 + \frac{n}{1!} + \frac{n^2}{2!} + \cdots + \frac{n^{n-1}}{(n-1)!}\right) + \cdots$$
$$+ 1 - \mathrm{e}^{-n}\left(1 + \frac{n}{1!}\right) + 1 - \mathrm{e}^{-n}_\circ \qquad ①$$

记 $a_i = \frac{n^i}{i!}$，那么 $a_0 = 1 < a_1 < a_2 < \cdots < a_n$。我们观察下面的方阵

$$\begin{pmatrix} a_0 & 0 & \cdots & 0 \\ a_0 & a_1 & \cdots & 0 \\ \vdots & \vdots & & \vdots \\ a_0 & a_1 & \cdots & a_n \end{pmatrix} + \begin{pmatrix} a_0 & a_1 & \cdots & a_n \\ 0 & a_1 & \cdots & a_n \\ \vdots & \vdots & & \vdots \\ 0 & 0 & \cdots & a_n \end{pmatrix} = \begin{pmatrix} 2a_0 & a_1 & \cdots & a_n \\ a_0 & 2a_1 & \cdots & a_n \\ \vdots & \vdots & & \vdots \\ a_0 & a_1 & \cdots & 2a_n \end{pmatrix},$$

整个矩阵的所有元素之和为

$$(n+2)(1+a_1+a_2+\cdots+a_n) = (n+2)\left(1+\frac{n}{1!}+\frac{n^2}{2!}+\cdots+\frac{n^n}{n!}\right).$$

基于上述观察，由①式便得到

$$F(n) > n+1 - \frac{(2+n)}{2}e^{-n}\left(1+\frac{n}{1!}+\frac{n^2}{2!}+\cdots+\frac{n^n}{n!}\right) > n+1-\frac{n+2}{2} = \frac{n}{2}.$$

七、解 不存在

解法 1 假设存在 $\mathbf{R}^1$ 中的可微函数 $f(x)$ 使得

$$f(f(x)) = 1+x^2+x^4-x^3-x^5.$$

考虑方程

$$f(f(x)) = x, \text{即} \quad 1+x^2+x^4-x^3-x^5 = x$$

或

$$(x-1)(x^4+x^2+1) = 0.$$

此方程有唯一实数根 $x=1$，即 $f(f(x))$ 有唯一不动点 $x=1$。

下面说明 $x=1$ 也是 $f(x)$ 的不动点。

事实上，令 $f(1)=t$，则 $f(t)=f(f(1))=1$，$f(f(t))=f(1)=t$，因此 $t=1$。

记 $g(x)=f(f(x))$，则一方面

$$[g(x)]' = [f(f(x))]' \Rightarrow g'(1) = (f'(1))^2 \geqslant 0.$$

另一方面，$g'(x)=(1+x^2+x^4-x^3-x^5)'=2x+4x^3-3x^2-5x^4$，从而 $g'(1)=-2$。矛盾。

所以，不存在 $\mathbf{R}^1$ 中的可微函数 $f(x)$ 使得 $f(f(x))=1+x^2+x^4-x^3-x^5$。证毕。

解法 2 满足条件的函数不存在，理由如下：

首先，不存在 $x_k \to +\infty$，使 $f(x_k)$ 有界，否则 $f(f(x_k))=1+x_k^2+x_k^4-x_k^3-x_k^5$ 有界，矛盾。因此

$$\lim_{x\to+\infty} f(x) = \infty.$$

从而由连续函数的介值性有 $\lim\limits_{x\to+\infty} f(x) = +\infty$ 或 $\lim\limits_{x\to+\infty} f(x) = -\infty$。

若 $\lim\limits_{x\to+\infty} f(x)=+\infty$，则 $\lim\limits_{x\to+\infty} f(f(x)) = \lim\limits_{y\to+\infty} f(y) = -\infty$，矛盾。

若 $\lim\limits_{x\to+\infty} f(x)=-\infty$，则 $\lim\limits_{x\to+\infty} f(f(x)) = \lim\limits_{y\to-\infty} f(y) = +\infty$，矛盾。

因此，无论哪种情况都不可能。

八、证明 由于 $f(x)$ 在 $[0,+\infty)$ 上一致连续，故对于任意给定的 $\varepsilon>0$，存在一个 $\delta>0$，使得当 $|x_1-x_2|<\delta, x_1\geqslant 0, x_2\geqslant 0$ 时，有

$$|f(x_1)-f(x_2)| < \frac{\varepsilon}{2}.$$

取一个充分大的自然数 m，使得 $m>\delta^{-1}$，并在 $[0,1]$ 中取 m 个点

$$x_1=0<x_2<\cdots<x_m=1$$

其中 $x_j=\dfrac{j}{m}(j=1,2,\cdots,m)$。这样，对于每一个 j

$$|x_{j+1}-x_j| = \frac{1}{m} < \delta.$$

又由于 $\lim\limits_{n\to\infty} f(x+n)=0$，故对于每一个 x_j，存在一个 N_j 使得当 $n>N_j$ 时

$$|f(x_j+n)| < \frac{\varepsilon}{2},$$

这里的 ε 是前面给定的。

令 $N=\max\{N_1,N_2,\cdots,N_m\}$，那么当 $n>N$ 时

$$|f(x_j+n)| < \frac{\varepsilon}{2},$$

其中 $j=1,2,\cdots,m$。设 $x\in[0,1]$ 是任意一点,这时总有一个 x_j 使得 $x\in[x_j,x_{j+1}]$。

由 $f(x)$ 在 $[0,+\infty]$ 上一致连续及 $|x-x_j|<\delta$ 可知
$$|f(x_j+n)-f(x+n)|<\frac{\varepsilon}{2},\forall n=1,2,\cdots。$$

另一方面,我们已经知道,当 $n>N$ 时
$$|f(x_j+n)|<\frac{\varepsilon}{2}。$$

这样,由后面证得的两个式子就得到当 $n>N,x\in[0,1]$ 时
$$|f(x+n)|<\varepsilon。$$

注意到这里的 N 的选取与点 x 无关,这就证实了函数序列 $\{f(x+n)|n=1,2,\cdots\}$ 在 $[0,1]$ 上一致收敛于 0。

J1 第一届决赛微课

第二届全国大学生数学竞赛决赛(2011年非数学类)

试　题

一、**计算下列各题**(本题共3个小题,每小题5分,共15分)(要求写出重要步骤)

(1) $\lim\limits_{x\to 0}\left(\dfrac{\sin x}{x}\right)^{\frac{1}{1-\cos x}}$;

(2) $\lim\limits_{n\to\infty}\left(\dfrac{1}{n+1}+\dfrac{1}{n+2}+\cdots+\dfrac{1}{n+n}\right)$;

(3) 已知 $\begin{cases} x=\ln(1+e^{2t}) \\ y=t-\arctan e^t \end{cases}$,求 $\dfrac{d^2 y}{d x^2}$。

二、(10分) 求方程 $(2x+y-4)dx+(x+y-1)dy=0$ 的通解。

三、(15分) 设函数 $f(x)$ 在 $x=0$ 的某邻域内有二阶连续导数,且 $f(0),f'(0),f''(0)$ 均不为零。证明:存在唯一一组实数 k_1,k_2,k_3,使得

$$\lim_{h\to 0}\dfrac{k_1 f(h)+k_2 f(2h)+k_3 f(3h)-f(0)}{h^2}=0。$$

四、(17分) 设 $\Sigma_1:\dfrac{x^2}{a^2}+\dfrac{y^2}{b^2}+\dfrac{z^2}{c^2}=1$,其中 $a>b>c>0$,$\Sigma_2:z^2=x^2+y^2$,Γ 为 Σ_1 和 Σ_2 的交线。求椭球面 Σ_1 在 Γ 上各点的切平面到原点距离的最大值和最小值。

五、(16分) 已知 S 是空间曲线 $\begin{cases} x^2+3y^2=1 \\ z=0 \end{cases}$ 绕 y 轴旋转形成的椭球面的上半部分 $(z\geq 0)$(取上侧),Π 是 S 在点 $P(x,y,z)$ 处的切平面,$\rho(x,y,z)$ 是原点到切平面 Π 的距离,λ,μ,ν 表示 S 的正法向的方向余弦。计算:

(1) $\iint\limits_S \dfrac{z}{\rho(x,y,z)}dS$; (2) $\iint\limits_S z(\lambda x+3\mu y+\nu z)dS$。

六、(12分) 设 $f(x)$ 是在 $(-\infty,+\infty)$ 内的可微函数,且 $|f'(x)|<mf(x)$,其中 $0<m<1$。任取实数 a_0,定义 $a_n=\ln f(a_{n-1}),n=1,2,\cdots$。证明:$\sum\limits_{n=1}^{\infty}(a_n-a_{n-1})$ 绝对收敛。

七、(15分) 是否存在区间 $[0,2]$ 上的连续可微函数 $f(x)$,满足 $f(0)=f(2)=1$,$|f'(x)|\leq 1$,$\left|\int_0^2 f(x)dx\right|\leq 1$?请说明理由。

参 考 答 案

一、(1) 解

原式 $=\exp\lim\limits_{x\to 0}\dfrac{1}{1-\cos x}\left(\dfrac{\sin x}{x}-1\right)$

$$= \exp \lim_{x \to 0} \frac{1}{1-\cos x} \cdot \frac{\sin x - x}{x} = \exp \lim_{x \to 0} \frac{-\frac{1}{6}x^3}{\frac{1}{2}x^2}$$

$$= e^{-\frac{1}{3}} \left(x - \sin x \sim \frac{1}{6}x^3 \right).$$

(2)**解** 因为

$$I = \lim_{n \to \infty} \left[\frac{1}{1+\frac{1}{n}} + \frac{1}{1+\frac{2}{n}} + \cdots + \frac{1}{1+\frac{n}{n}} \right] \frac{1}{n} = \lim_{n \to \infty} \sum_{i=1}^{n} \frac{1}{1+\frac{i}{n}} \frac{1}{n},$$

取 $\xi_i = \frac{i}{n}$,则得被积函数为 $f(x) = \frac{1}{1+x}$,积分区间 $[0,1]$,于是 $I = \int_0^1 \frac{1}{1+x} dx = \ln(1+x) \Big|_0^1 = \ln 2$。

(3)**解** $\dfrac{dy}{dx} = \dfrac{1 - \dfrac{e^t}{1+e^{2t}}}{\dfrac{2e^{2t}}{1+e^{2t}}} = \dfrac{1+e^{2t}-e^t}{2e^{2t}} = \dfrac{1}{2}(e^{-2t} + 1 - e^{-t})$,

$\dfrac{d^2 y}{dx^2} = \dfrac{d\left(\dfrac{dy}{dx}\right)}{dx} = \dfrac{\dfrac{1}{2}(-2e^{-2t} + e^{-t})}{\dfrac{2e^{2t}}{1+e^{2t}}} = \dfrac{1}{4}(-2e^{-4t} + e^{-3t} - 2e^{-2t} + e^{-t})$。

二、解 所给方程改写为

$$(2x dx + y dy) + (y dx + x dy) - (4 dx + dy) = 0,$$

即

$$d\left(x^2 + \frac{1}{2}y^2\right) + d(xy) - d(4x+y) = 0.$$

故所求通解为

$$x^2 + \frac{1}{2}y^2 + xy - (4x+y) = C.$$

三、解 由条件得

$$0 = \lim_{h \to 0} [k_1 f(h) + k_2 f(2h) + k_3 f(3h) - f(0)] = (k_1 + k_2 + k_3 - 1) f(0).$$

因 $f(0) \neq 0$,所以

$$k_1 + k_2 + k_3 - 1 = 0.$$

又

$$0 = \lim_{h \to 0} \frac{k_1 f(h) + k_2 f(2h) + k_3 f(3h) - f(0)}{h}$$
$$= \lim_{h \to 0} [k_1 f'(h) + 2k_2 f'(2h) + 3k_3 f'(3h)] = (k_1 + 2k_2 + 3k_3) f'(0),$$

因 $f'(0) \neq 0$,所以

$$k_1 + 2k_2 + 3k_3 = 0.$$

再由

$$0 = \lim_{h \to 0} \frac{k_1 f(h) + k_2 f(2h) + k_3 f(3h) - f(0)}{h^2}$$
$$= \lim_{h \to 0} \frac{k_1 f'(h) + 2k_2 f'(2h) + 3k_3 f'(3h)}{2h}$$
$$= \frac{1}{2} \lim_{h \to 0} [k_1 f''(h) + 4k_2 f''(2h) + 9k_3 f''(3h)]$$
$$= \frac{1}{2} [k_1 + 4k_2 + 9k_3] f''(0).$$

因 $f''(0) \neq 0$,所以 $k_1 + 4k_2 + 9k_3 = 0$。因此 k_1, k_2, k_3 应满足线性方程组

$$\begin{cases} k_1 + k_2 + k_3 - 1 = 0, \\ k_1 + 2k_2 + 3k_3 = 0, \\ k_1 + 4k_2 + 9k_3 = 0. \end{cases}$$

因其系数行列式 $\begin{vmatrix} 1 & 1 & 1 \\ 1 & 2 & 3 \\ 1 & 4 & 9 \end{vmatrix} = 2 \neq 0$,所以存在唯一一组实数 k_1, k_2, k_3,使得

$$\lim_{h \to 0} \frac{k_1 f(h) + k_2 f(2h) + k_3 f(3h) - f(0)}{h^2} = 0.$$

四、解 椭球面 Σ_1 上任意一点 $P(x, y, z)$ 处的切平面方程是

$$\frac{x}{a^2}(X-x) + \frac{y}{b^2}(Y-y) + \frac{z}{c^2}(Z-z) = 0, \text{ 或 } \frac{x}{a^2}X + \frac{y}{b^2}Y + \frac{z}{c^2}Z = 1.$$

由 $P(x, y, z) \in \Sigma_1$,于是它到原点的距离

$$d(x, y, z) = \frac{1}{\sqrt{\left(\frac{x^2}{a^4}\right) + \left(\frac{y^2}{b^4}\right) + \left(\frac{z^2}{c^4}\right)}}.$$

作拉格朗日函数

$$F(x, y, z, \lambda, \mu) = \frac{x^2}{a^4} + \frac{y^2}{b^4} + \frac{z^2}{c^4} + \lambda\left(\frac{x^2}{a^2} + \frac{y^2}{b^2} + \frac{z^2}{c^2} - 1\right) + \mu(x^2 + y^2 - z^2),$$

令

$$\begin{cases} F_x = 2\left(\frac{1}{a^4} + \frac{\lambda}{a^2} + \mu\right)x = 0, \\ F_y = 2\left(\frac{1}{b^4} + \frac{\lambda}{b^2} + \mu\right)y = 0, \\ F_z = 2\left(\frac{1}{c^4} + \frac{\lambda}{c^2} - \mu\right)z = 0, \\ F_\lambda = \frac{x^2}{a^2} + \frac{y^2}{b^2} + \frac{z^2}{c^2} - 1 = 0, \\ F_\mu = x^2 + y^2 - z^2 = 0. \end{cases}$$

由第一个方程得 $x = 0$,代入后两个方程得 $y = \pm z = \pm \frac{bc}{\sqrt{b^2 + c^2}}$;同理,由第二个方程得 $y = 0$,代入后两个方程得 $x = \pm z = \pm \frac{ac}{\sqrt{a^2 + c^2}}$,且

$$\left.\frac{x^2}{a^4} + \frac{y^2}{b^4} + \frac{z^2}{c^4}\right|_{\left(0, \frac{bc}{\sqrt{b^2+c^2}}, \pm \frac{bc}{\sqrt{b^2+c^2}}\right)} = \frac{b^4 + c^4}{b^2 c^2 (b^2 + c^2)},$$

$$\left.\frac{x^2}{a^4} + \frac{y^2}{b^4} + \frac{z^2}{c^4}\right|_{\left(\frac{ac}{\sqrt{a^2+c^2}}, 0, \pm \frac{ac}{\sqrt{a^2+c^2}}\right)} = \frac{a^4 + c^4}{a^2 c^2 (a^2 + c^2)}.$$

为比较以上两值的大小,设 $f(x) = \frac{x^4 + c^4}{x^2 c^2 (x^2 + c^2)}$ $(0 < b < x < a)$,则

$$f'(x) = \frac{2x(x^4 - 2c^2 x^2 - c^4)}{x^4 (x^2 + c^2)^2} = \frac{2x(x^2 - c^2)^2 - 2c^4}{x^4 (x^2 + c^2)^2} = \frac{2x(x^2 - c^2 + \sqrt{2}c^2)(x^2 - c^2 - \sqrt{2}c^2)}{x^4 (x^2 + c^2)^2}.$$

如果要 $f'(x) > 0$,须将原条件 $a > b > c > 0$ 加强为 $a > b > \sqrt{1 + \sqrt{2}}\, c$. 从而得到 $f(x)$ 在 $[b, a]$ 单调增,从而 $f(a) > f(b)$,故原问题的最大值为 $bc\sqrt{\dfrac{b^2 + c^2}{b^4 + c^4}}$,最小值为 $ac\sqrt{\dfrac{a^2 + c^2}{a^4 + c^4}}$.

注 是不是还要讨论 $f'(x) < 0$ 的情形,请自己思考。

五、解 (1)由题设,S 的方程为
$$x^2+3y^2+z^2=1, z\geqslant 0。$$
设 (X,Y,Z) 为切平面 π 上任意一点,则 π 的方程为 $xX+3yY+zZ=1$,从而由点到平面的距离公式以及 $P(x,y,z)\in S$ 得
$$\rho(x,y,z)=(x^2+9y^2+z^2)^{-\frac{1}{2}}=(1+6y^2)^{-\frac{1}{2}}。$$
由 S 为上半椭球面 $z=\sqrt{1-x^2-3y^2}$,知
$$z_x=-\frac{x}{\sqrt{1-x^2-3y^2}}, \qquad z_y=-\frac{3y}{\sqrt{1-x^2-3y^2}},$$
于是
$$dS=\sqrt{1+z_x^2+z_y^2}=\frac{\sqrt{1+6y^2}}{\sqrt{1-x^2-3y^2}}。$$
又 S 在 xOy 平面上的投影为 $D_{xy}: x^2+3y^2\leqslant 1$,故
$$\iint\limits_{S}\frac{z}{\rho(x,y,z)}dS=\iint\limits_{D_{xy}}\sqrt{1-x^2-3y^2}\cdot\frac{1}{(1+6y^2)^{-\frac{1}{2}}}\frac{\sqrt{1+6y^2}}{\sqrt{1-x^2-3y^2}}dxdy$$
$$=\iint\limits_{D_{xy}}(1+6y^2)dxdy=\frac{\sqrt{3}}{2}\pi,$$
其中
$$\iint\limits_{D_{xy}}dxdy=\pi\cdot 1\cdot\frac{1}{\sqrt{3}}=\frac{\pi}{\sqrt{3}}。$$
令 $\begin{cases}x=r\cos\theta,\\ y=\frac{1}{\sqrt{3}}r\sin\theta\end{cases}$(广义极坐标),则
$$\iint\limits_{D_{xy}}6y^2dxdy=6\cdot\frac{1}{\sqrt{3}}\int_0^{2\pi}\sin^2\theta d\theta\int_0^1\frac{1}{3}r^3dr=\frac{1}{2\sqrt{3}}\int_0^{2\pi}\frac{1-\cos 2\theta}{2}d\theta=\frac{\pi}{2\sqrt{3}}。$$

(2)由于 S 取上侧,故正法向量
$$\boldsymbol{n}=\left(\frac{x}{\sqrt{x^2+(3y)^2+z^2}},\frac{3y}{\sqrt{x^2+(3y)^2+z^2}},\frac{z}{\sqrt{x^2+(3y)^2+z^2}}\right),$$
所以
$$\lambda=\frac{x}{\sqrt{x^2+(3y)^2+z^2}}, \quad \mu=\frac{3y}{\sqrt{x^2+(3y)^2+z^2}}, \quad \nu=\frac{z}{\sqrt{x^2+(3y)^2+z^2}},$$
$$\iint\limits_{S}z(\lambda x+3\mu y+\nu z)dS=\iint\limits_{S}z\cdot\frac{x^2+9y^2+z^2}{\sqrt{x^2+9y^2+z^2}}dS=\iint\limits_{S}\frac{z}{\rho(x,y,z)}dS=\frac{\sqrt{3}}{2}\pi。$$

六、证明 因
$$|a_n-a_{n-1}|=|\ln f(a_{n-1})-\ln f(a_{n-2})|$$
$$=\left|\frac{f'(\xi)}{f(\xi)}(a_{n-1}-a_{n-1})\right| \quad (\xi\text{ 介于 }a_n, a_{n-1}\text{ 之间})$$
$$<m|a_{n-1}-a_{n-2}|<m^2|a_{n-2}-a_{n-3}|<\cdots<m^{n-1}|a_1-a_0|。$$
而 $0<m<1$,从而 $\sum\limits_{n=1}^{+\infty}(a_n-a_{n-1})$ 绝对收敛。

七、解 不存在满足题设条件的函数。以下用反证法证明。

假设在 $[0,2]$ 上连续、可微,且满足 $f(0)=f(2)=1$,$|f'(x)|\leqslant 1$,$\left|\int_0^2 f(x)dx\right|\leqslant 1$,则对 $f(x)$,当 $x\in(0,1]$ 时,由拉格朗日中值定理,得
$$f(x)-f(0)=f'(\xi_1)x, 0<\xi_1<x,$$

即
$$f(x)=1+f'(\xi_1)x, x\in(0,1)_\circ$$
利用 $|f'(x)|\leqslant 1$,得
$$f(x)\geqslant 1-x, x\in(0,1]_\circ$$
由 $f(0)=1$ 知,$f(x)\geqslant 1-x$ 在 $[0,1]$ 上成立。同理 $x\in[1,2)$ 时,有
$$f(2)-f(x)=f'(\xi_2)(2-x), x<\xi_2<2,$$
即
$$f(x)=1+f'(\xi_2)(x-2), x\in[1,2)_\circ$$
利用 $|f'(x)|\leqslant 1$,得
$$f(x)\geqslant 1+(x-2)=x-1, x\in[1,2)_\circ$$
由 $f(2)=1$ 知,$f(x)\geqslant x-1$ 在 $[1,2]$ 上成立。所以
$$\int_0^2 f(x)\mathrm{d}x=\int_0^1 f(x)\mathrm{d}x+\int_1^2 f(x)\mathrm{d}x>\int_0^1(1-x)\mathrm{d}x+\int_1^2(x-1)\mathrm{d}x$$
$$=-\frac{1}{2}(1-x)^2\Big|_0^1+\frac{1}{2}(x-1)^2\Big|_1^2=1_\circ$$

矛盾。

J2 第二届决赛微课

第三届全国大学生数学竞赛决赛(2012年非数学类)

试 题

一、计算下列各题(本题共 5 个小题,每小题 6 分,共 30 分)(要求写出重要步骤)

(1) $\lim\limits_{x\to 0}\dfrac{\sin^2 x - x^2\cos^2 x}{x^2\sin^2 x}$。

(2) $\lim\limits_{x\to +\infty}\left[\left(x^3+\dfrac{x}{2}-\tan\dfrac{1}{x}\right)\mathrm{e}^{\frac{1}{x}}-\sqrt{1+x^6}\right]$。

(3) 设函数 $f(x,y)$ 有二阶连续偏导数,满足 $f_x^2 f_{yy}-2f_x f_y f_{xy}+f_y^2 f_{xx}=0$,且 $f_y\neq 0$,$y=y(x,z)$ 是由方程 $z=f(x,y)$ 所确定的函数。求 $\dfrac{\partial^2 y}{\partial x^2}$。

(4) 求不定积分 $I=\displaystyle\int\left(1+x-\dfrac{1}{x}\right)\mathrm{e}^{x+\frac{1}{x}}\mathrm{d}x$。

(5) 求曲线 $x^2+y^2=az$ 和 $z=2a-\sqrt{x^2+y^2}(a>0)$ 所围立体的表面积。

二、(13 分) 讨论 $\displaystyle\int_0^{+\infty}\dfrac{x}{\cos^2 x+x^a\sin^2 x}\mathrm{d}x$ 的敛散性,其中 a 是一个实常数。

三、(13 分) 设 $f(x)$ 在 $(-\infty,+\infty)$ 上无穷次可微,并且满足:存在 $M>0$,使得 $|f^{(k)}(x)|\leq M(k=1,2,\cdots),\forall x\in(-\infty,+\infty)$,且 $f\left(\dfrac{1}{2^n}\right)=0(n=1,2,\cdots)$。求证:在 $(-\infty,+\infty)$ 上,$f(x)\equiv 0$。

四、(本题(1)6 分,(2)10 分,共 16 分) 设 D 为椭圆形 $\dfrac{x^2}{a^2}+\dfrac{y^2}{b^2}\leq 1(a>b>0)$,面密度为 ρ 的均质薄板;l 为通过椭圆焦点 $(-c,0)$(其中 $c^2=a^2-b^2$) 垂直于薄板的旋转轴。

(1) 求薄板 D 绕 l 旋转的转动惯量 J。

(2) 对于固定的转动惯量,讨论椭圆薄板的面积是否有最大值和最小值。

五、(12 分) 设连续可微函数 $z=z(x,y)$ 由方程 $F(xz-y,x-yz)=0$ (其中 $F(u,v)$ 有连续的偏导数) 唯一确定,L 为正向单位圆周。试求:$I=\displaystyle\oint_L (xz^2+2yz)\mathrm{d}y-(2xz+yz^2)\mathrm{d}x$。

六、(本题(1)6 分,(2)10 分,共 16 分)(1) 求解微分方程
$$\begin{cases}\dfrac{\mathrm{d}y}{\mathrm{d}x}-xy=x\mathrm{e}^{x^2},\\ y(0)=1。\end{cases}$$

(2) 如 $y=f(x)$ 为上述方程的解,证明:$\lim\limits_{n\to\infty}\displaystyle\int_0^1\dfrac{n}{n^2 x^2+1}f(x)\mathrm{d}x=\dfrac{\pi}{2}$。

参考答案

一、(1) 解 $\lim\limits_{x\to 0}\dfrac{\sin^2 x-x^2\cos^2 x}{x^2\sin^2 x}=\lim\limits_{x\to 0}\dfrac{\sin^2 x-x^2\cos^2 x}{x^4}$

$$=\lim_{x\to 0}\frac{(\sin x+x\cos x)(\sin x-x\cos x)}{x^4}$$

$$=\lim_{x\to 0}\frac{\sin x+x\cos x}{x}\lim_{x\to 0}\frac{\sin x-x\cos x}{x^3}$$

$$=2\lim_{x\to 0}\frac{x\sin x}{3x^2}=\frac{2}{3}\lim_{x\to 0}\frac{\sin x}{x}=\frac{2}{3}。$$

(2) **解** 易得

$$I=\lim_{t\to 0^+}\frac{1}{t^3}\left[\left(1+\frac{t^2}{2}-t^3\tan t\right)e^t-\sqrt{1+t^6}\right]=\lim_{t\to 0^+}\frac{1}{t^3}\left[\left(1+\frac{t^2}{2}\right)e^t-1\right]$$

$$=\lim_{t\to 0^+}\frac{2+2t+t^2}{6t^2}\cdot\lim_{t\to 0^+}e^t=+\infty。$$

(3) **解** $z=f(x,y)$ 两边对 x 求两次偏导,分别得

$$0=f_x+f_y\frac{\partial y}{\partial x},\quad 0=f_{xx}+2f_{xy}\frac{\partial y}{\partial x}+f_{yy}\left(\frac{\partial y}{\partial x}\right)^2+f_y\frac{\partial^2 y}{\partial x^2}。$$

由前式解出 $\frac{\partial y}{\partial x}=-\frac{f_x}{f_y}$,代入后式得

$$\frac{f_y^2 f_{xx}-2f_{xy}f_x f_y+f_x^2 f_{yy}}{f_y^2}+f_y\frac{\partial^2 y}{\partial x^2}=0。$$

由题设条件,得 $f_y\frac{\partial^2 y}{\partial x^2}=0$,而 $f_y\neq 0$,故 $\frac{\partial^2 y}{\partial x^2}=0$。

(4) **解** $I=\int\left(1+x-\frac{1}{x}\right)e^{x+\frac{1}{x}}dx=\int e^{x+\frac{1}{x}}dx+\int x\left(1-\frac{1}{x^2}\right)e^{x+\frac{1}{x}}dx$

$$=\int e^{x+\frac{1}{x}}dx+xe^{x+\frac{1}{x}}-\int e^{x+\frac{1}{x}}dx=xe^{x+\frac{1}{x}}+C。$$

(5) **解** 联立 $x^2+y^2=az,z=2a-\sqrt{x^2+y^2}$,解得两曲面的交线所在平面 $z=a$(舍去 $z=4a$),它将表面积分为 S_1 和 S_2 两部分,它们在 xOy 平面的投影为 $x^2+y^2\leqslant a^2$。

$$S=\iint_{x^2+y^2\leqslant a^2}\left(\sqrt{1+\frac{4x^2}{a^2}+\frac{4y^2}{a^2}}+\sqrt{2}\right)dxdy=\int_0^{2\pi}d\theta\int_0^a\frac{\sqrt{a^2+4r^2}}{a}rdr+\sqrt{2}\pi a^2$$

$$=\pi a^2\left(\frac{5\sqrt{5}-1}{6}+\sqrt{2}\right)。$$

二、解 记 $f(x)=\dfrac{x}{\cos^2 x+x^a\sin^2 x}$。若 $a\leqslant 0$,则 $f(x)\geqslant\dfrac{x}{2}(\forall x>1)$;若 $0<a\leqslant 2$,则 $a-1\leqslant 1$,而 $f(x)\geqslant\dfrac{x^{1-a}}{2}(\forall x>1)$,所以 $\int_0^{+\infty}\dfrac{x}{\cos^2 x+x^a\sin^2 x}dx$ 发散。

若 $a>2$,设 $a_n=\int_{n\pi}^{(n+1)\pi}f(x)dx$,考虑级数 $\sum_{n=1}^{\infty}a_n$ 的敛散性即可。

当 $n\pi\leqslant x\leqslant(n+1)\pi$ 时,有

$$\frac{n\pi}{1+[(n+1)^a\pi^a-1]\sin^2 x}\leqslant f(x)=\frac{x}{\cos^2 x+x^a\sin^2 x}\leqslant\frac{(n+1)\pi}{1+(n^a\pi^a-1)\sin^2 x}。$$

对任何 $b>0$,有

$$\int_{n\pi}^{(n+1)\pi}\frac{dx}{1+b\sin^2 x}=2\int_0^{\pi/2}\frac{dx}{1+b\sin^2 x}=-2\int_0^{\pi/2}\frac{d\cot x}{b+\csc^2 x}=2\int_0^{+\infty}\frac{dt}{b+1+t^2}=\frac{\pi}{\sqrt{b+1}}。$$

这样,存在 $0<A_1\leqslant A_2$,使得 $\dfrac{A_1}{n^{a/2-1}}\leqslant a_n\leqslant\dfrac{A_2}{n^{a/2-1}}$。从而可知,当 $a>4$,所讨论的积分收敛,否则发散。

三、证明 因为 $f(x)$ 在 $(-\infty,\infty)$ 上无穷次可微,且 $|f^{(k)}(x)|\leqslant M(k=1,2,\cdots)$,所以

$$f(x)=\sum_{n=0}^{\infty}\frac{f^{(n)}(0)}{n!}x^n。\quad\text{①}$$

由 $f\left(\dfrac{1}{2^n}\right)=0(n=1,2,\cdots)$,得 $f(0)=\lim\limits_{n\to\infty}f\left(\dfrac{1}{2^n}\right)=0$。于是

$$f'(0)=\lim_{n\to\infty}\frac{f\left(\dfrac{1}{2^n}\right)-f(0)}{\dfrac{1}{2^n}}=0。$$

由罗尔定理,对于自然数 n,在 $\left[\dfrac{1}{2^{n+1}},\dfrac{1}{2^n}\right]$ 上,存在 $\xi_n^{(1)}\in\left(\dfrac{1}{2^{n+1}},\dfrac{1}{2^n}\right)$,使得

$$f'(\xi_n^{(1)})=0,从而 \xi_n^{(1)}\to 0(n\to\infty),(n=1,2,3,\cdots)。$$

这里 $\xi_1^{(1)}>\xi_2^{(1)}>\xi_3^{(1)}>\cdots>\xi_n^{(1)}>\xi_{n+1}^{(1)}>\cdots$。故 $f'(0)=\lim\limits_{n\to\infty}f'(\xi_n^{(1)})=0$。

在 $[\xi_{n+1}^{(1)},\xi_n^{(1)}](n=1,2,\cdots)$ 上,对 $f'(x)$ 应用罗尔定理,存在 $\xi_n^{(2)}\in(\xi_{n+1}^{(1)},\xi_n^{(1)})$,使得 $f''(\xi_n^{(2)})=0$,且 $\xi_n^{(2)}\to 0(n\to\infty)$,故 $f''(0)=\lim\limits_{n\to\infty}f''(\xi_n^{(2)})=0$。

类似地,对于任意的 n,有 $f^{(n)}(0)=0$。由①式得 $f(x)=\sum\limits_{n=0}^{\infty}\dfrac{f^{(n)}(0)}{n!}x^n\equiv 0$。

四、(1)解 $J=\iint\limits_{D}((c+x)^2+y^2)\rho\mathrm{d}x\mathrm{d}y=2\rho\int_0^\pi\mathrm{d}\varphi\int_0^1(c^2+2act\cos\varphi+a^2t^2\cos^2\varphi+b^2t^2\sin^2\varphi)abt\mathrm{d}t$

$\qquad\qquad =\dfrac{ab\pi}{4}(5a^2-3b^2)\rho,$

$\int_0^\pi\mathrm{d}\varphi\int_0^1 c^2 abt\mathrm{d}t=abc^2\cdot\dfrac{\pi}{2}=ab(a^2-b^2)\dfrac{\pi}{2},$

$\int_0^\pi\mathrm{d}\varphi\int_0^1 2act\cos\varphi abt\mathrm{d}t=0,$

$\int_0^\pi\mathrm{d}\varphi\int_0^1 a^2t^2\cos^2\varphi abt\mathrm{d}t=\dfrac{a^3b}{8}\int_0^\pi(1+\cos 2\varphi)\mathrm{d}\varphi=a^3b\dfrac{\pi}{8},$

$\int_0^\pi\mathrm{d}\varphi\int_0^1 b^2t^2\sin^2\varphi abt\mathrm{d}t=\dfrac{ab^3}{8}\int_0^\pi(1-\cos 2\varphi)\mathrm{d}\varphi=ab^3\dfrac{\pi}{8}$。

(2)解 设 J 固定,$b(a)$ 是由 $J=\dfrac{ab\pi\rho}{4}(5a^2-3b^2)$ 确定的隐函数,则 $b'(a)=\dfrac{3b^3-15a^2b}{5a^3-9ab^2}$。

对 $S=\pi ab(a)$ 求导,得

$$S'(a)=\pi(b(a)+ab'(a))=\pi\left(b+\dfrac{3b^3-15a^2b}{5a^2-9b^2}\right)=-2\pi b\left(\dfrac{5a^2+3b^2}{5a^2-9b^2}\right)。$$

显然,当 $b=\dfrac{\sqrt{5}}{3}a$ 时,$S'(a)$ 不存在;当 $b<\dfrac{\sqrt{5}}{3}a$ 时,$S'(a)<0$;当 $\dfrac{\sqrt{5}}{3}a<b\leqslant a$ 时,$S'(a)>0$。

由 $J=\dfrac{ab\pi\rho}{4}(5a^2-3b^2)$,当 $b=a$ 时,$a=\left(\dfrac{2J}{\rho\pi}\right)^{\frac{1}{4}}$,$S=\left(\dfrac{2\pi J}{\rho}\right)^{\frac{1}{2}}$;当 $b=\dfrac{\sqrt{5}}{3}a$ 时,$a=\left(\dfrac{18J}{5\sqrt{5}\rho\pi}\right)^{\frac{1}{4}}$,$S=\left(\dfrac{2\pi J}{\sqrt{5}\rho}\right)^{\frac{1}{2}}$。由 $\dfrac{\pi\rho}{2}a^3b\leqslant J=\dfrac{ab\pi\rho}{4}(5a^2-3b^2)$ 可知,当 $a\to+\infty$ 时,$b=O(a^{-3})$,所以 $\lim\limits_{a\to+\infty}S=0$。由此可知,椭圆的面积不存在最大值和最小值,且 $0<S<\left(\dfrac{2\pi J}{\rho}\right)^{\frac{1}{2}}$。

五、解 令 $P(x,y)=-2xz-yz^2$,$Q(x,y)=xz^2+2yz$,则

$$\frac{\partial Q}{\partial x}-\frac{\partial P}{\partial y}=2(xz+y)\frac{\partial z}{\partial x}+2(x+yz)\frac{\partial z}{\partial y}+2z^2。$$

利用格林公式得

$$I=2\iint\limits_{x^2+y^2\leqslant 1}\left((xz+y)\frac{\partial z}{\partial x}+(x+yz)\frac{\partial z}{\partial y}+z^2\right)\mathrm{d}x\mathrm{d}y。$$

方程 $F=0$ 对 x 求导,得到 $\left(z+x\dfrac{\partial z}{\partial x}\right)F_u+\left(1-y\dfrac{\partial z}{\partial x}\right)F_v=0$,即 $\dfrac{\partial z}{\partial x}=-\dfrac{zF_u+F_v}{xF_u-yF_v}$。

同样,可得 $\dfrac{\partial z}{\partial y} = \dfrac{F_u + zF_v}{xF_u - yF_v}$。于是

$$x \dfrac{\partial z}{\partial x} + y \dfrac{\partial z}{\partial y} = \dfrac{z(-xF_u + yF_v) + (yF_u - xF_v)}{xF_u - yF_v} = \dfrac{yF_u - xF_v}{xF_u - yF_v} - z,$$

$$y \dfrac{\partial z}{\partial x} + x \dfrac{\partial z}{\partial y} = \dfrac{z(-yF_u + xF_v) + (xF_u - yF_v)}{xF_u - yF_v} = 1 - \dfrac{z(yF_u - xF_v)}{xF_u - yF_v},$$

$$(xz + y) \dfrac{\partial z}{\partial x} + (x + yz) \dfrac{\partial z}{\partial y} = 1 - z^2。$$

故

$$\oint_L (xz^2 + 2yz)\mathrm{d}y - (2xz + yz^2)\mathrm{d}x = 2 \iint\limits_{x^2+y^2 \leqslant 1} \mathrm{d}x\mathrm{d}y = 2\pi。$$

六、(1) 解 解得微分方程的通解为

$$y = \mathrm{e}^{\int x \mathrm{d}x} \left(\int x \mathrm{e}^{x^2} \mathrm{e}^{-\int x \mathrm{d}x} + C \right) = \mathrm{e}^{\frac{1}{2}x^2} \left(\int x \mathrm{e}^{x^2} \mathrm{e}^{-\frac{1}{2}x^2} \mathrm{d}x + C \right)$$

$$= \mathrm{e}^{\frac{1}{2}x^2} \left(\int x \mathrm{e}^{\frac{1}{2}x^2} \mathrm{d}x + C \right) = \mathrm{e}^{\frac{1}{2}x^2} (\mathrm{e}^{\frac{1}{2}x^2} + C) = \mathrm{e}^{x^2} + C\mathrm{e}^{\frac{1}{2}x^2}。$$

而由 $y(0) = 1$,知 $C = 0$,从而 $y = \mathrm{e}^{x^2}$。

(2) 证明 注意到 $\lim\limits_{n \to \infty} \int_0^1 \dfrac{n}{n^2 x^2 + 1} \mathrm{d}x = \lim\limits_{n \to \infty} \arctan n = \dfrac{\pi}{2}$,及

$$\int_0^1 \dfrac{n}{n^2 x^2 + 1} f(x) \mathrm{d}x = \int_0^1 \dfrac{n}{n^2 x^2 + 1} \mathrm{e}^{x^2} \mathrm{d}x = \int_0^1 \dfrac{n}{n^2 x^2 + 1} (\mathrm{e}^{x^2} - 1) \mathrm{d}x + \int_0^1 \dfrac{n}{n^2 x^2 + 1} \mathrm{d}x。$$

$\forall \varepsilon > 0$,由 $\lim\limits_{x \to 0}(\mathrm{e}^{x^2} - 1) = 0$ 知 $\exists \delta > 0$,$\forall 0 < x < \delta$ 时,有 $|\mathrm{e}^{x^2} - 1| < \varepsilon \dfrac{1}{\pi}$,因此有

$$\int_0^1 \dfrac{n}{n^2 x^2 + 1} (\mathrm{e}^{x^2} - 1) \mathrm{d}x = \int_0^\delta \dfrac{n}{n^2 x^2 + 1} (\mathrm{e}^{x^2} - 1) \mathrm{d}x + \int_\delta^1 \dfrac{n}{n^2 x^2 + 1} (\mathrm{e}^{x^2} - 1) \mathrm{d}x$$

$$\leqslant \dfrac{\varepsilon}{\pi} \int_0^\delta \dfrac{n}{n^2 x^2 + 1} \mathrm{d}x + (\mathrm{e} - 1) \int_\delta^1 \dfrac{n}{n^2 x^2 + 1} \mathrm{d}x$$

$$\leqslant \dfrac{1}{2}\varepsilon + (\mathrm{e} - 1) \dfrac{n}{n^2 \delta^2 + 1} (1 - \delta)$$

$$\leqslant \dfrac{1}{2}\varepsilon + (\mathrm{e} - 1) \dfrac{n}{n^2 \delta^2 + 1}。$$

$\exists N$,$\forall n > N$ 时,$\dfrac{n}{n^2 \delta^2 + 1} < \dfrac{\varepsilon}{2(\mathrm{e} - 1)}$,由此

$$\int_0^1 \dfrac{n}{n^2 x^2 + 1}(\mathrm{e}^{x^2} - 1) \mathrm{d}x < \dfrac{1}{2}\varepsilon + \dfrac{1}{2}\varepsilon = \varepsilon, \text{即} \lim\limits_{n \to \infty} \int_0^1 \dfrac{n}{n^2 x^2 + 1}(\mathrm{e}^{x^2} - 1) \mathrm{d}x = 0。$$

故

$$\lim\limits_{n \to \infty} \int_0^1 \dfrac{n}{n^2 x^2 + 1} f(x) \mathrm{d}x = \lim\limits_{n \to \infty} \int_0^1 \dfrac{n}{n^2 x^2 + 1}(\mathrm{e}^{x^2} - 1) \mathrm{d}x + \lim\limits_{n \to \infty} \int_0^1 \dfrac{n}{n^2 x^2 + 1} \mathrm{d}x = \dfrac{\pi}{2}。$$

J3 第三届决赛微课

第四届全国大学生数学竞赛决赛(2013 年非数学类)

试　题

一、简答下列各题(本题共 5 个小题,每小题 5 分,共 25 分)

(1) 计算 $\lim\limits_{x\to 0^+}\left[\ln(x\ln a)\cdot\ln\left(\dfrac{\ln ax}{\ln\dfrac{x}{a}}\right)\right](a>1)$。

(2) 设 $f(u,v)$ 具有连续偏导数,且满足 $f_u(u,v)+f_v(u,v)=uv$,求 $y(x)=e^{-2x}f(x,x)$ 所满足的一阶微分方程,并求其通解。

(3) 求在 $[0,+\infty)$ 上的可微函数 $f(x)$,使 $f(x)=e^{-u(x)}$,其中 $u=\int_0^x f(t)\mathrm{d}t$。

(4) 计算不定积分 $\int x\arctan x\ln(1+x^2)\mathrm{d}x$。

(5) 过直线 $\begin{cases}10x+2y-2z=27,\\ x+y-z=0\end{cases}$ 作曲面 $3x^2+y^2-z^2=27$ 的切平面,求此切平面的方程。

二、(15 分)设曲面 $\Sigma: z^2=x^2+y^2, 1\leqslant z\leqslant 2$,其面密度为常数 ρ。求在原点处的质量为 1 的质点和 Σ 之间的引力(记引力常数为 G)。

三、(15 分)设 $f(x)$ 在 $[1,+\infty)$ 上连续可导,
$$f'(x)=\dfrac{1}{1+f^2(x)}\left[\sqrt{\dfrac{1}{x}}-\sqrt{\ln\left(1+\dfrac{1}{x}\right)}\right],$$
证明:$\lim\limits_{x\to+\infty}f(x)$ 存在。

四、(15 分)设函数 $f(x)$ 在 $[-2,2]$ 上二阶可导,且 $|f(x)|<1$。又 $f^2(0)+[f'(0)]^2=4$。试证在 $(-2,2)$ 内至少存在一点 ξ,使得 $f(\xi)+f''(\xi)=0$。

五、(15 分)求二重积分 $I=\iint\limits_{x^2+y^2\leqslant 1}|x^2+y^2-x-y|\mathrm{d}x\mathrm{d}y$。

六、(15 分)若对于任何收敛于零的序列 $\{x_n\}$,级数 $\sum\limits_{n=1}^{\infty}a_n x_n$ 都是收敛的,试证明:级数 $\sum\limits_{n=1}^{\infty}|a_n|$ 收敛。

参考答案

一、(1) 解 $\lim\limits_{x\to 0^+}\left[\ln(x\ln a)\cdot\ln\left(\dfrac{\ln ax}{\ln\dfrac{x}{a}}\right)\right]=\lim\limits_{x\to 0^+}\ln\left(1+\dfrac{2\ln a}{\ln x-\ln a}\right)^{\frac{\ln x-\ln a}{2\ln a}\cdot\frac{2\ln a\ln(x\ln a)}{\ln x+\ln(\ln a)}}=\lim\limits_{x\to 0^+}\ln e^{\ln a^2}=2\ln a$。

(2) **解** $y'=-2e^{-2x}f(x,x)+e^{-2x}f_u(x,x)+e^{-2x}f_v(x,x)=-2y+x^2e^{-2x}$,

因此,所求的一阶微分方程为

$$y' + 2y = x^2 \mathrm{e}^{-2x}。$$

解得

$$y = \mathrm{e}^{-\int 2\mathrm{d}x} \left(\int x^2 \mathrm{e}^{-2x} \mathrm{e}^{\int 2\mathrm{d}x} \mathrm{d}x + C\right) = \left(\frac{x^3}{3} + C\right) \mathrm{e}^{-2x} \quad (C \text{ 为任意常数})。$$

(3) **解** 由题意

$$\mathrm{e}^{-\int_0^x f(t)\mathrm{d}t} = f(x),\text{即}\int_0^x f(t)\mathrm{d}t = -\ln f(x)。$$

两边求导可得

$$f'(x) = -f^2(x),\text{并且 } f(0) = \mathrm{e}^0 = 1。$$

由此可求得 $f(x) = \dfrac{1}{x+1}$。

(4) **解** 由于

$$\int x\ln(1+x^2)\mathrm{d}x = \frac{1}{2}\int \ln(1+x^2)\mathrm{d}(1+x^2) = \frac{1}{2}(1+x^2)\ln(1+x^2) - \frac{1}{2}x^2 + C。$$

则

$$\text{原式} = \int \arctan x \mathrm{d}\left[\frac{1}{2}(1+x^2)\ln(1+x^2) - \frac{1}{2}x^2\right]$$

$$= \frac{1}{2}[(1+x^2)\ln(1+x^2) - x^2]\arctan x - \frac{1}{2}\int \left[\ln(1+x^2) - \frac{x^2}{1+x^2}\right]\mathrm{d}x$$

$$= \frac{1}{2}\arctan x[(1+x^2)\ln(1+x^2) - x^2 - 3] - \frac{x}{2}\ln(1+x^2) + \frac{3}{2}x + C。$$

(5) **解** 设 $F(x,y,z) = 3x^2 + y^2 - z^2 - 27$,则曲面的法向量为

$$\boldsymbol{n}_1 = (F_x, F_y, F_z) = 2(3x, y, -z)。$$

过直线 $\begin{cases} 10x + 2y - 2z = 27, \\ x + y - z = 0 \end{cases}$ 的平面束方程为

$$10x + 2y - 2z - 27 + \lambda(x + y - z) = 0,\text{即}(10+\lambda)x + (2+\lambda)y - (2+\lambda)z - 27 = 0。$$

其法向量为

$$\boldsymbol{n}_2 = (10+\lambda, 2+\lambda, -(2+\lambda))。$$

设所求切点为 $P_0(x_0, y_0, z_0)$,则

$$\begin{cases} \dfrac{10+\lambda}{3x_0} = \dfrac{2+\lambda}{y_0} = \dfrac{2+\lambda}{z_0}, \\ 3x_0^2 + y_0^2 - z_0^2 = 27, \\ (10+\lambda)x_0 + (2+\lambda)y_0 - (2+\lambda)z_0 - 27 = 0。\end{cases}$$

解得 $x_0 = 3, y_0 = 1, z_0 = 1, \lambda = -1$,或 $x_0 = -3, y_0 = -17, z_0 = -17, \lambda = -19$,故所求切平面方程为

$$9x + y - z - 27 = 0 \text{ 或 } 9x + 17y - 17z + 27 = 0。$$

二、解 设引力 $F = (F_x, F_y, F_z)$。由对称性 $F_x = 0, F_y = 0$。

记 $r = \sqrt{x^2 + y^2 + z^2}$,从原点出发过点 (x,y,z) 的射线与 z 轴的夹角为 θ,则有 $\cos\theta = \dfrac{z}{r}$。质点和面积微元 $\mathrm{d}S$ 之间的引力为 $\mathrm{d}F = G\dfrac{\rho \mathrm{d}S}{r^2}$,而

$$\mathrm{d}F_z = G\frac{\rho \mathrm{d}S}{r^2}\cos\theta = G\rho \frac{z}{r^3}\mathrm{d}S,\text{故 } F_z = \int_\Sigma G\rho \frac{z}{r^3}\mathrm{d}S。$$

在 z 轴上的区间 $[1,2]$ 上取小区间 $[z, z+\mathrm{d}z]$,相应于该小区间有

$$\mathrm{d}S = 2\pi z\sqrt{2}\mathrm{d}z = 2\sqrt{2}\pi z\mathrm{d}z。$$

而 $r = \sqrt{2z^2} = \sqrt{2}z$,故有

$$F_z = \int_1^2 G\rho \frac{2\sqrt{2}\pi z^2}{2\sqrt{2}z^3} dz = G\rho\pi \int_1^2 \frac{1}{z} dz = G\rho\pi \ln 2。$$

三、证明 当 $t>0$ 时,对函数 $\ln(1+x)$ 在区间 $[0,t]$ 上用拉格朗日中值定理,有

$$\ln(1+t) = \frac{t}{1+\xi}, \quad 0 < \xi < t。$$

由此得

$$\frac{t}{1+t} < \ln(1+t) < t。$$

取 $t = \frac{1}{x}$,有

$$\frac{1}{1+x} < \ln\left(1+\frac{1}{x}\right) < \frac{1}{x},$$

所以,当 $x \geq 1$ 时,有 $f'(x) > 0$,即 $f(x)$ 在 $[1,+\infty)$ 上单调增加。又

$$f'(x) \leq \sqrt{\frac{1}{x}} - \sqrt{\ln\left(1+\frac{1}{x}\right)} \leq \sqrt{\frac{1}{x}} - \sqrt{\frac{1}{x+1}} = \frac{\sqrt{x+1}-\sqrt{x}}{\sqrt{x}\sqrt{x+1}} = \frac{1}{\sqrt{x(x+1)}(\sqrt{x+1}+\sqrt{x})} \leq \frac{1}{2\sqrt{x^3}},$$

故

$$\int_1^x f'(t) dt \leq \int_1^x \frac{1}{2\sqrt{t^3}} dt, \text{所以} f(x) - f(1) \leq 1 - \frac{1}{\sqrt{x}} \leq 1,$$

即 $f(x) \leq f(1) + 1$,故 $f(x)$ 有上界。

由于 $f(x)$ 在 $[1,+\infty)$ 上单调增加且有上界,所以 $\lim_{x \to +\infty} f(x)$ 存在。

四、证明 在 $[-2,0]$ 与 $[0,2]$ 上分别对 $f(x)$ 应用拉格朗日中值定理,可知存在 $\xi_1 \in (-2,0)$, $\xi_2 \in (0,2)$,使得

$$f'(\xi_1) = \frac{f(0)-f(-2)}{2}, \quad f'(\xi_2) = \frac{f(2)-f(0)}{2}。$$

由于 $|f(x)| < 1$,所以 $|f'(\xi_1)| \leq 1, |f'(\xi_2)| \leq 1$。

设 $F(x) = f^2(x) + [f'(x)]^2$,则

$$|F(\xi_1)| \leq 2, \quad |F(\xi_2)| \leq 2。 \quad \text{①}$$

由于 $F(0) = f^2(0) + [f'(0)]^2 = 4$,且 $F(x)$ 为 $[\xi_1, \xi_2]$ 上的连续函数,应用闭区间上连续函数的最大值定理,$F(x)$ 在 $[\xi_1, \xi_2]$ 上必定能够取得最大值,设为 M。则当 ξ 为 $F(x)$ 的最大值点时,$M = F(\xi) \geq 4$,由①式知 $\xi \in (\xi_1, \xi_2)$。所以 ξ 必是 $F(x)$ 的极大值点。注意到 $F(x)$ 可导,由极值的必要条件可知

$$F'(\xi) = 2f'(\xi)[f(\xi) + f''(\xi)] = 0。$$

由于 $F(\xi) = f^2(\xi) + [f'(\xi)]^2 \geq 4, |f(\xi)| \leq 1$,可知 $f'(\xi) \neq 0$。由上式知

$$f(\xi) + f''(\xi) = 0。$$

五、解 由对称性,可以只考虑区域 $y \geq x$,由极坐标变换得

$$I = 2\int_{\pi/4}^{5\pi/4} d\varphi \int_0^1 \left| r - \sqrt{2}\sin\left(\varphi + \frac{\pi}{4}\right) \right| r^2 dr = 2\int_0^\pi d\varphi \int_0^1 \left| r - \sqrt{2}\cos\varphi \right| r^2 dr。$$

后一个积分里,(φ, r) 所在的区域为矩形:$D: 0 \leq \varphi \leq \pi, 0 \leq r \leq 1$。把 D 分解为 $D_1 \cup D_2$,其中

$$D_1: 0 \leq \varphi \leq \frac{\pi}{2}, 0 \leq r \leq 1, \quad D_2: \frac{\pi}{2} \leq \varphi \leq \pi, 0 \leq r \leq 1。$$

又记 $D_3: \frac{\pi}{4} \leq \varphi \leq \frac{\pi}{2}, \sqrt{2}\cos\varphi \leq r \leq 1$,这里 D_3 是 D_1 的子集,且记 $I_i = \iint_{D_i} d\varphi dr |r - \sqrt{2}\cos\varphi| r^2 (i = 1, 2, 3)$,则 $I = 2(I_1 + I_2)$。

注意到 $(r - \sqrt{2}\cos\varphi)r^2$ 在 $D_1 \setminus D_3, D_2, D_3$ 的符号分别为负,正,正,则

$$I_3 = \int_{\pi/4}^{\pi/2} d\varphi \int_{\sqrt{2}\cos\varphi}^1 (r - \sqrt{2}\cos\varphi) r^2 dr = \frac{3\pi}{32} + \frac{1}{4} - \frac{\sqrt{2}}{3},$$

$$I_1 = \iint_{D_1}(\sqrt{2}\cos\varphi - r)r^2\,\mathrm{d}\varphi\mathrm{d}r + 2I_3 = \frac{\sqrt{2}}{3} - \frac{\pi}{8} + 2I_3 = \frac{\pi}{16} + \frac{1}{2} - \frac{\sqrt{2}}{3},$$

$$I_2 = \iint_{D_2}(r - \sqrt{2}\cos\varphi)r^2\,\mathrm{d}\varphi\mathrm{d}r = \frac{\pi}{8} + \frac{\sqrt{2}}{3}。$$

所以
$$I = 2(I_1 + I_2) = 1 + \frac{3\pi}{8}。$$

六、证明 用反证法。若 $\sum_{n=1}^{\infty}|a_n|$ 发散,必有 $\sum_{n=1}^{\infty}|a_n| = \infty$,则存在自然数 $m_1 < m_2 < \cdots < m_k < \cdots$,使得

$$\sum_{i=1}^{m_1}|a_i| \geqslant 1, \qquad \sum_{i=m_{k-1}+1}^{m_k}|a_i| \geqslant k, k = 2,3,\cdots。$$

取 $x_i = \frac{1}{k}\mathrm{sgn}\,a_i\,(m_{k-1} \leqslant i \leqslant m_k)$,则

$$\sum_{i=m_{k-1}+1}^{m_k}a_ix_i = \sum_{i=m_{k-1}+1}^{m_k}\frac{|a_i|}{k} \geqslant 1。$$

由此可知,存在数列 $\{x_n\} \to 0\,(n \to \infty)$,使得 $\sum_{n=1}^{\infty}a_nx_n$ 发散,矛盾。所以 $\sum_{n=1}^{\infty}|a_n|$ 收敛。

J4 第四届决赛微课

第五届全国大学生数学竞赛决赛(2014年非数学类)

试 题

一、解答下列各题(本题共4个小题,每小题7分,共28分)

(1) 计算积分 $\int_0^{2\pi} x \int_x^{2\pi} \frac{\sin^2 t}{t^2} dt dx$。

(2) 设 $f(x)$ 是 $[0,1]$ 上的连续函数,且满足 $\int_0^1 f(x)dx = 1$,求一个这样的函数 $f(x)$ 使得积分 $I = \int_0^1 (1+x^2) f^2(x) dx$ 取得最小值。

(3) 设 $F(x,y,z)$ 和 $G(x,y,z)$ 有连续偏导数,$\frac{\partial(F,G)}{\partial(x,z)} \neq 0$,曲线 $\Gamma: \begin{cases} F(x,y,z)=0, \\ G(x,y,z)=0 \end{cases}$ 过点 $P_0(x_0, y_0, z_0)$。记 Γ 在 xOy 平面上的投影曲线为 S。求 S 上过点 (x_0, y_0) 的切线方程。

(4) 设矩阵 $\boldsymbol{A} = \begin{bmatrix} 1 & 2 & 1 \\ 3 & 4 & a \\ 1 & 2 & 2 \end{bmatrix}$,其中 a 为常数,矩阵 $\boldsymbol{B}$ 满足关系式 $\boldsymbol{AB} = \boldsymbol{A} - \boldsymbol{B} + \boldsymbol{E}$,其中 $\boldsymbol{E}$ 是单位矩阵且 $\boldsymbol{B} \neq \boldsymbol{E}$。若秩 $\mathrm{rank}(\boldsymbol{A}+\boldsymbol{B}) = 3$,试求常数 a 的值。

二、(12分)设 $f \in C^4(-\infty, +\infty)$,$f(x+h) = f(x) + f'(x)h + \frac{1}{2} f''(x+\theta h) h^2$,其中 θ 是与 x, h 无关的常数,证明 f 是不超过 3 次的多项式。

三、(12分)设当 $x > -1$ 时,可微函数 $f(x)$ 满足条件 $f'(x) + f(x) - \frac{1}{x+1} \int_0^x f(t)dt = 0$,且 $f(0) = 1$,试证:当 $x \geq 0$ 时,有 $\mathrm{e}^{-x} \leq f(x) \leq 1$ 成立。

四、(10分)设 $D = \{(x,y) | 0 \leq x \leq 1, 0 \leq y \leq 1\}$,$I = \iint_D f(x,y) dxdy$,其中函数 $f(x,y)$ 在 D 上有连续的二阶偏导数。若对任何 x, y 有 $f(0, y) = f(x, 0) = 0$ 且 $\frac{\partial^2 f}{\partial x \partial y} \leq A$。证明 $I \leq \frac{A}{4}$。

五、(12分)设函数 $f(x)$ 具有一阶连续导数,$P = Q = R = f((x^2+y^2)z)$,有向曲面 Σ_t 是圆柱体 $x^2+y^2 \leq t^2, 0 \leq z \leq 1$ 的表面,方向朝外。记第二型的曲面积分

$$I_t = \iint_{\Sigma_t} P dydz + Q dzdx + R dxdy.$$

求极限 $\lim\limits_{t \to 0^+} \frac{I_t}{t^4}$。

六、(12分)设 $\boldsymbol{A}, \boldsymbol{B}$ 为两个 n 阶正定矩阵,求证 $\boldsymbol{AB}$ 正定的充要条件是 $\boldsymbol{AB} = \boldsymbol{BA}$。

七、(12分)假设 $\sum_{n=0}^{\infty} a_n x^n$ 的收敛半径为 1,$\lim\limits_{n \to \infty} n a_n = 0$,且 $\lim\limits_{x \to 1^-} \sum_{n=0}^{\infty} a_n x^n = A$。证明 $\sum_{n=0}^{\infty} a_n$ 收

敛且 $\sum_{n=0}^{\infty} a_n = A$。

参 考 答 案

一、(1) **解法 1** 原式 $= \int_0^{2\pi} \frac{\sin^2 t}{t^2} dt \int_0^t x dx = \frac{1}{2} \int_0^{2\pi} \sin^2 t dt = 2\int_0^{\frac{\pi}{2}} \sin^2 t dt = 2 \cdot \frac{1}{2} \cdot \frac{\pi}{2} = \frac{\pi}{2}$。

解法 2 令 $f(x) = \int_x^{2\pi} \frac{\sin^2 t}{t^2} dt$,则 $f'(x) = -\frac{\sin^2 x}{x^2}$ 且 $f(2\pi) = 0$。

$$\text{原式} = \int_0^{2\pi} x f(x) dx = \frac{1}{2} x^2 f(x) \Big|_0^{2\pi} - \frac{1}{2} \int_0^{2\pi} x^2 f'(x) dx = \frac{1}{2} \int_0^{2\pi} x^2 \frac{\sin^2 x}{x^2} dx$$
$$= \frac{1}{2} \int_0^{2\pi} \sin^2 x dx = \frac{\pi}{2}.$$

(2) **解**
$$1 = \int_0^1 f(x) dx = \int_0^1 f(x) \frac{\sqrt{1+x^2}}{\sqrt{1+x^2}} dx$$
$$\leqslant \left(\int_0^1 (1+x^2) f^2(x) dx \right)^{1/2} \left(\int_0^1 \frac{1}{1+x^2} dx \right)^{1/2}$$
$$= \left(\int_0^1 (1+x^2) f^2(x) dx \right)^{1/2} \left(\frac{\pi}{4} \right)^{1/2},$$

故

$$\int_0^1 (1+x^2) f^2(x) dx \geqslant \frac{4}{\pi}. \text{ 取 } f(x) = \frac{4}{\pi(1+x^2)} \text{ 即可}.$$

(3) **解** 由两方程定义的曲面在 $P_0(x_0, y_0, z_0)$ 的切面分别为

$$F_x(P_0)(x-x_0) + F_y(P_0)(y-y_0) + F_z(P_0)(z-z_0) = 0,$$
$$G_x(P_0)(x-x_0) + G_y(P_0)(y-y_0) + G_z(P_0)(z-z_0) = 0.$$

上述两切面的交线就是 Γ 在 P_0 点的切线,该切线在 xOy 面上的投影就是 S 过 (x_0, y_0) 的切线。消去 $z-z_0$,得

$$(F_x G_z - G_x F_z)_{P_0} (x - x_0) + (F_y G_z - G_y F_z)_{P_0} (y - y_0) = 0,$$

这里 $x-x_0$ 的系数是 $\frac{\partial(F,G)}{\partial(x,z)} \neq 0$,故上式是一条直线的方程,就是所要求的切线。

(4) **解** 由关系式 $AB = A - B + E$,得 $(A+E)(B-E) = 0$。从而得

$$\text{rank}(A+B) \leqslant \text{rank}(A+E) + \text{rank}(B-E) \leqslant 3.$$

因为 $\text{rank}(A+B) = 3$,所以 $\text{rank}(A+E) + \text{rank}(B-E) = 3$。

又 $\text{rank}(A+E) \geqslant 2$,考虑到 B 非单位矩阵,所以 $\text{rank}(B-E) \geqslant 1$。故只有 $\text{rank}(A+E) = 2$。

$$A + E = \begin{pmatrix} 2 & 2 & 1 \\ 3 & 5 & a \\ 1 & 2 & 3 \end{pmatrix} \to \begin{pmatrix} 0 & -2 & -5 \\ 0 & -1 & a-9 \\ 1 & 2 & 3 \end{pmatrix} \to \begin{pmatrix} 0 & 0 & 13-2a \\ 0 & -1 & a-9 \\ 1 & 2 & 3 \end{pmatrix}, \text{ 从而 } a = \frac{13}{2}.$$

二、**证明** 由泰勒公式

$$f(x+h) = f(x) + f'(x) h + \frac{1}{2} f''(x) h^2 + \frac{1}{6} f'''(x) h^3 + \frac{1}{24} f^{(4)}(\xi) h^4, \qquad ①$$

$$f''(x+\theta h) = f''(x) + f'''(x) \theta h + \frac{1}{2} f^{(4)}(\eta) \theta^2 h^2, \qquad ②$$

其中 ξ 介于 x 与 $x+h$ 之间,η 介于 x 与 $x+\theta h$ 之间。由①,②式与已知条件

$$f(x+h) = f(x) + f'(x) h + \frac{1}{2} f''(x+\theta h) h^2$$

可得
$$4(1-3\theta)f'''(x) = [6f^{(4)}(\eta)\theta^2 - f^{(4)}(\xi)]h.$$

当 $\theta \neq \dfrac{1}{3}$ 时，令 $h \to 0$ 得 $f'''(x) = 0$，此时 f 是不超过二次的多项式；

当 $\theta = \dfrac{1}{3}$ 时，有 $\dfrac{2}{3}f^{(4)}(\eta) = f^{(4)}(\xi)$。令 $h \to 0$，注意到 $\xi \to x, \eta \to x$，有 $f^{(4)}(x) = 0$，从而 f 是不超过三次的多项式。

三、证明 设由题设知 $f'(0) = -1$，则所给方程可变形为
$$(x+1)f'(x) + (x+1)f(x) - \int_0^x f(t)dt = 0.$$

两端对 x 求导并整理得
$$(x+1)f''(x) + (x+2)f'(x) = 0,$$

这是一个可降阶的二阶微分方程，可用分离变量法求得 $f'(x) = \dfrac{Ce^{-x}}{1+x}$。

由 $f'(0) = -1$ 得 $C = -1$，故 $f'(x) = -\dfrac{e^{-x}}{1+x} < 0$，可见 $f(x)$ 单减。而 $f(0) = 1$，所以当 $x \geq 0$ 时，$f(x) \leq 1$。

对 $f'(t) = -\dfrac{e^{-t}}{1+t} < 0$ 在 $[0,x]$ 上进行积分得
$$f(x) = f(0) - \int_0^x \dfrac{e^{-t}}{1+t}dt \geq 1 - \int_0^x e^{-t}dt = e^{-x}.$$

四、证明 $I = \int_0^1 dy \int_0^1 f(x,y)dx = -\int_0^1 dy \int_0^1 f(x,y)d(1-x)$。对固定 y，$(1-x)f(x,y)\Big|_{x=0}^{x=1} = 0$，由分部积分法和可得
$$\int_0^1 f(x,y)d(1-x) = -\int_0^1 (1-x)\dfrac{\partial f(x,y)}{\partial x}dx.$$

调换积分次序后可得 $I = \int_0^1 (1-x)dx \int_0^1 \dfrac{\partial f(x,y)}{\partial x}dy$。

因为 $f(x,0) = 0$，所以 $\dfrac{\partial f(x,0)}{\partial x} = 0$，从而 $(1-y)\dfrac{\partial f(x,y)}{\partial x}\Big|_{y=0}^{y=1} = 0$。再由分部积分法得
$$\int_0^1 \dfrac{\partial f(x,y)}{\partial x}dy = -\int_0^1 \dfrac{\partial f(x,y)}{\partial x}d(1-y) = \int_0^1 (1-y)\dfrac{\partial^2 f}{\partial x \partial y}dy.$$

故
$$I = \int_0^1 (1-x)dx \int_0^1 (1-y)\dfrac{\partial^2 f}{\partial x \partial y}dy = \iint_D (1-x)(1-y)\dfrac{\partial^2 f}{\partial x \partial y}dxdy.$$

因为 $\dfrac{\partial^2 f}{\partial x \partial y} \leq A$，且 $(1-x)(1-y)$ 在 D 上非负，故 $I \leq A\iint_D (1-x)(1-y)dxdy = \dfrac{A}{4}$。

五、解 由高斯公式得
$$I_t = \iiint_V \left(\dfrac{\partial P}{\partial x} + \dfrac{\partial Q}{\partial y} + \dfrac{\partial R}{\partial z}\right)dxdydz = \iiint_V (2xz + 2yz + x^2 + y^2)f'((x^2+y^2)z)dxdydz.$$

由对称性得 $\iiint_V (2xz + 2yz)f'((x^2+y^2)z)dxdydz = 0$，从而
$$I_t = \iiint_V (x^2+y^2)f'((x^2+y^2)z)dxdydz = \int_0^1 \left[\int_0^{2\pi}d\theta \int_0^t f'(r^2 z)r^3 dr\right]dz$$
$$= 2\pi \int_0^1 \left[\int_0^t f'(r^2 z)r^3 dr\right]dz,$$

$$\lim_{t \to 0^+} \dfrac{I_t}{t^4} = \lim_{t \to 0^+} \dfrac{2\pi \int_0^1 \left[\int_0^t f'(r^2 z)r^3 dr\right]dz}{t^4}$$

$$= \lim_{t \to 0^+} \frac{2\pi \int_0^1 f'(t^2 z) t^3 \, dz}{4t^3} = \lim_{t \to 0^+} \frac{\pi}{2} \int_0^1 f'(t^2 z) \, dz = \frac{\pi}{2} f'(0)\text{。}$$

六、证明 **必要性** 设 AB 为两个 n 阶正定矩阵，从而为对称矩阵，即 $(AB)^T = AB$。又 $A^T = A, B^T = B$，所以 $(AB)^T = B^T A^T = BA$，故 $AB = BA$。

充分性 因为 $AB = BA$，则 $(AB)^T = B^T A^T = BA = AB$，所以 AB 为实对称矩阵。

因为 A, B 为正定矩阵，存在可逆阵 P, Q，使
$$A = P^T P, B = Q^T Q, \text{于是 } AB = P^T P Q^T Q\text{。}$$
所以 $(P^T)^{-1} A B P^T = P Q^T Q P^T = (QP^T)^T (QP^T)$，即 $(P^T)^{-1} ABP^T$ 是正定矩阵。从而矩阵 $(P^T)^{-1} ABP^T$ 的特征值全为正实数，而 AB 相似于 $(P^T)^{-1} ABP^T$，故 AB 的特征值全为正实数。于是得 AB 为正定矩阵。

七、证明 由 $\lim\limits_{n \to \infty} n a_n = 0$，知 $\lim\limits_{n \to \infty} \dfrac{\sum\limits_{k=0}^{n} k |a_k|}{n} = 0$，故对于任意 $\varepsilon > 0$ 存在 N_1 使得当 $n > N_1$ 时，有
$$0 \leqslant \frac{\sum\limits_{k=0}^{n} k |a_k|}{n} < \frac{\varepsilon}{3}, \quad n|a_n| < \frac{\varepsilon}{3}\text{。}$$

又因为 $\lim\limits_{x \to 1^-} \sum\limits_{n=0}^{\infty} a_n x^n = A$，所以存在 $\delta > 0$，当 $1 - \delta < x < 1$ 时，$\left| \sum\limits_{n=0}^{\infty} a_n x^n - A \right| < \dfrac{\varepsilon}{3}$。

取 N_2，当 $n > N_2$ 时，$\dfrac{1}{n} < \delta$，从而 $1 - \delta < 1 - \dfrac{1}{n}$，取 $x = 1 - \dfrac{1}{n}$，则
$$\left| \sum_{n=0}^{\infty} a_n \left(1 - \frac{1}{n}\right)^n - A \right| < \frac{\varepsilon}{3}\text{。}$$

取 $N = \max\{N_1, N_2\}$，当 $n > N$ 时
$$\left| \sum_{k=0}^{n} a_n - A \right| = \left| \sum_{k=0}^{n} a_k - \sum_{k=0}^{n} a_k x^k - \sum_{k=n+1}^{\infty} a_k x^k + \sum_{k=0}^{\infty} a_k x^k - A \right|$$
$$\leqslant \left| \sum_{k=0}^{n} a_k (1 - x^k) \right| + \left| \sum_{k=n+1}^{\infty} a_k x^k \right| + \left| \sum_{k=0}^{\infty} a_k x^k - A \right|\text{。}$$

取 $x = 1 - \dfrac{1}{n}$，则
$$\left| \sum_{k=0}^{n} a_k (1 - x^k) \right| = \left| \sum_{k=0}^{n} a_k (1 - x)(1 + x + x^2 + \cdots + x^{k-1}) \right|$$
$$\leqslant \sum_{k=0}^{n} |a_k| (1 - x) k = \frac{\sum\limits_{k=0}^{n} k|a_k|}{n} < \frac{\varepsilon}{3},$$
$$\left| \sum_{k=n+1}^{\infty} a_k x^k \right| \leqslant \frac{1}{n} \sum_{k=n+1}^{\infty} k |a_k| x^k < \frac{\varepsilon}{3n} \sum_{k=n+1}^{\infty} x^k \leqslant \frac{\varepsilon}{3n} \cdot \frac{1}{1-x} = \frac{\varepsilon}{3n \cdot \dfrac{1}{n}} = \frac{\varepsilon}{3}\text{。}$$

又因为 $\left| \sum\limits_{k=0}^{\infty} a_k x^k - A \right| < \dfrac{\varepsilon}{3}$，则 $\left| \sum\limits_{k=0}^{n} a_n - A \right| < 3 \cdot \dfrac{\varepsilon}{3} = \varepsilon\text{。}$

第六届全国大学生数学竞赛决赛(2015年非数学类)

试 题

一、填空题(本题共6个小题,每小题5分,共30分)

(1)极限 $\lim\limits_{x\to\infty} \dfrac{\left(\int_0^x e^{u^2}du\right)^2}{\int_0^x e^{2u^2}du} = $ _____。

(2)设实数 $a\neq 0$,微分方程 $\begin{cases} y''-ay'^2=0, \\ y(0)=0, y'(0)=-1 \end{cases}$ 的解为 _____。

(3)设矩阵 $A=\begin{pmatrix} \lambda & 0 & 0 \\ 0 & \lambda & 0 \\ -1 & 1 & \lambda \end{pmatrix}$,则 $A^{50} = $ _____。

(4)不定积分 $\int \dfrac{x^2+1}{x^4+1}dx = $ _____。

(5)设曲线积分 $I=\oint_L \dfrac{xdy-ydx}{|x|+|y|}$,其中 L 是以 $(1,0),(0,1),(-1,0),(0,-1)$ 为顶点的正方形的边界曲线,方向为逆时针,则 $I = $ _____。

(6)设 D 是平面上由光滑封闭曲线围成的有界区域,其面积 $A>0$,函数 $f(x,y)$ 在该区域及其边界上连续且 $f(x,y)>0$。记 $J_n=\left(\dfrac{1}{A}\iint_D f^{\frac{1}{n}}(x,y)d\sigma\right)^n$,则极限 $\lim\limits_{n\to\infty} J_n = $ _____。

二、(12分) 设 $l_j(j=1,2,\cdots,n)$ 是平面上点 P_0 处的 $n\geq 2$ 个方向向量,相邻两个向量之间的夹角为 $2\pi/n$。若函数 $f(x,y)$ 在点 P_0 有连续偏导数,证明 $\sum\limits_{j=1}^n \dfrac{\partial f(P_0)}{\partial l_j} = 0$。

三、(14分) 设 A_1, A_2, B_1, B_2 均为 n 阶方阵,其中 A_2, B_2 可逆。证明:存在可逆矩阵 P, Q 使得 $PA_iQ=B_i(i=1,2)$ 成立的充要条件是 $A_1A_2^{-1}$ 和 $B_1B_2^{-1}$ 相似。

四、(14分) 设 $p>0, x_1=\dfrac{1}{4}$,且 $x_{n+1}^p=x_n^p+x_n^{2p}(n=1,2,\cdots)$。证明 $\sum\limits_{n=1}^{\infty}\dfrac{1}{1+x_n^p}$ 收敛且求其和。

五、(15分)(1)将 $[-\pi,\pi]$ 上的函数 $f(x)=|x|$ 展开成傅里叶级数,并证明

$$\sum_{k=1}^{\infty}\dfrac{1}{k^2}=\dfrac{\pi^2}{6}。$$

(2)求积分 $I=\int_0^{+\infty}\dfrac{u}{1+e^u}du$ 的值。

六、(15分) 设 $f(x,y)$ 为 $\mathbf{R}^2$ 上的非负连续函数,若 $\lim\limits_{t\to+\infty}\iint\limits_{x^2+y^2\leq t^2} f(x,y)d\sigma$ 存在有限,则称

广义积分 $\iint\limits_{\mathbf{R}^2} f(x,y) \mathrm{d}\sigma$ 收敛于 I。

(1) 设 $f(x,y)$ 为 $\mathbf{R}^2$ 上非负连续函数，若 $\iint\limits_{\mathbf{R}^2} f(x,y) \mathrm{d}\sigma$ 收敛于 I，证明极限 $\lim\limits_{t\to+\infty} \iint\limits_{-t\leqslant x,y\leqslant t} f(x,y) \mathrm{d}\sigma$ 存在且等于 I。

(2) 设 $\iint\limits_{\mathbf{R}^2} e^{ax^2+2bxy+cy^2} \mathrm{d}\sigma$ 收敛于 I，其中实二次型 $ax^2+2bxy+cy^2$ 在正交变换下的标准型为 $\lambda_1 u^2 + \lambda_2 v^2$。证明 λ_1 和 λ_2 都小于零。

参 考 答 案

一、(1) **解** 原式 $= \lim\limits_{x\to\infty} \dfrac{2e^{x^2}\int_0^x e^{u^2}\mathrm{d}u}{e^{2x^2}} = \lim\limits_{x\to\infty} \dfrac{2\int_0^x e^{u^2}\mathrm{d}u}{e^{x^2}} = \lim\limits_{x\to\infty} \dfrac{2e^{x^2}}{2xe^{x^2}} = 0$。

(2) **解** 方程为可降阶的微分方程，令 $y'=p(x)$，则 $y''=p'(x)$，将 y'，y'' 代入原方程，得 $p'-ap^2=0$，分离变量后有

$$\frac{\mathrm{d}p}{p^2} = a\mathrm{d}x \Rightarrow -\frac{1}{p} = ax+C_1。$$

由 $p(0)=-1 \Rightarrow C_1=1$，所以有

$$y' = -\frac{1}{ax+1} \Rightarrow y = -\frac{1}{a}\ln(ax+1)+C_2。$$

由 $y(0)=0 \Rightarrow C_2=0$。所以方程的解为 $y=-\dfrac{1}{a}\ln(ax+1)$。

(3) **解** 记 $\mathbf{B}=\begin{pmatrix} 0 & 0 & 0 \\ 0 & 0 & 0 \\ -1 & 1 & 0 \end{pmatrix}$，则 $\mathbf{B}^2$ 为零矩阵，故有

$$\mathbf{A}^{50} = (\lambda\mathbf{E}+\mathbf{B})^{50} = \lambda^{50}\mathbf{E} + 50\lambda^{49}\mathbf{B} = \begin{pmatrix} \lambda^{50} & 0 & 0 \\ 0 & \lambda^{50} & 0 \\ -50\lambda^{49} & 50\lambda^{49} & \lambda^{50} \end{pmatrix}。$$

(4) **解** $I = \displaystyle\int \dfrac{1+\dfrac{1}{x^2}}{x^2+\dfrac{1}{x^2}}\mathrm{d}x = \int \dfrac{1}{2+\left(x-\dfrac{1}{x}\right)^2}\mathrm{d}\left(x-\dfrac{1}{x}\right) = \dfrac{1}{\sqrt{2}}\arctan\dfrac{1}{\sqrt{2}}\left(x-\dfrac{1}{x}\right)+C$。

或者 $I = \dfrac{1}{2}\displaystyle\int \dfrac{\mathrm{d}x}{x^2-\sqrt{2}x+1} + \dfrac{1}{2}\int \dfrac{\mathrm{d}x}{x^2+\sqrt{2}x+1}$

$= \dfrac{1}{2}\displaystyle\int \dfrac{\mathrm{d}x}{\left(x-\dfrac{\sqrt{2}}{2}\right)^2+\left(\dfrac{\sqrt{2}}{2}\right)^2} + \dfrac{1}{2}\int \dfrac{\mathrm{d}x}{\left(x+\dfrac{\sqrt{2}}{2}\right)^2+\left(\dfrac{\sqrt{2}}{2}\right)^2}$

$= \dfrac{\sqrt{2}}{2}\arctan(\sqrt{2}x-1) + \dfrac{\sqrt{2}}{2}\arctan(\sqrt{2}x+1)+C$。

(5) **解** 曲线 L 的方程为 $|x|+|y|=1$，记该曲线所围区域为正方形 D，其边长为 $\sqrt{2}$，面积为 2。由格林公式，有 $I = \displaystyle\oint_L x\mathrm{d}y - y\mathrm{d}x = \iint\limits_D (1+1)\mathrm{d}\sigma = 2\sigma(D) = 4$。

(6) 设 $F(t) = \dfrac{1}{A}\iint\limits_{D} f^t(x,y)\mathrm{d}\sigma$, 则

$$\lim_{n\to\infty} J_n = \lim_{t\to 0^+}(F(t))^{\frac{1}{t}} = \lim_{t\to 0^+} e^{\frac{\ln F(t)}{t}} = e^{\lim\limits_{t\to 0^+}\frac{\ln F(t)}{t}}.$$

又 $\lim\limits_{t\to 0^+}\dfrac{\ln F(t)}{t} = \lim\limits_{t\to 0^+}\dfrac{\ln F(t)-\ln F(0)}{t-0} = [\ln F(t)]'\big|_{t=0} = \dfrac{F'(0)}{F(0)} = F'(0)$, 故有

$$\lim_{n\to\infty} J_n = e^{F'(0)} = e^{\frac{1}{A}\iint\limits_{D}\ln f(x,y)\mathrm{d}\sigma}.$$

二、解 不妨设 $l_j(j=1,2,\cdots,n)$ 都为单位向量, 且设

$$l_j = \left(\cos\left(\theta+\dfrac{2\pi j}{n}\right), \sin\left(\theta+\dfrac{2\pi j}{n}\right)\right),$$

$$\nabla f(P_0) = \left(\dfrac{\partial f(P_0)}{\partial x}, \dfrac{\partial f(P_0)}{\partial y}\right),$$

则有 $\dfrac{\partial f(P_0)}{\partial l_j} = \nabla f(P_0)\cdot l_j$. 因此

$$\sum_{j=1}^{n}\dfrac{\partial f(P_0)}{\partial l_j} = \sum_{j=1}^{n}\nabla f(P_0)\cdot l_j = \nabla f(P_0)\cdot\sum_{j=1}^{n} l_j = \nabla f(P_0)\cdot \mathbf{0} = 0.$$

三、证明 若存在可逆矩阵 P,Q 使得 $PA_iQ = B_i (i=1,2)$, 则 $B_2^{-1} = Q^{-1}A_2^{-1}P^{-1}$, 所以 $B_1B_2^{-1} = PA_1A_2^{-1}P^{-1}$, 故 $A_1A_2^{-1}$ 和 $B_1B_2^{-1}$ 相似.

反之, 若 $A_1A_2^{-1}$ 和 $B_1B_2^{-1}$ 相似, 则存在可逆矩阵 C, 使得 $C^{-1}A_1A_2^{-1}C = B_1B_2^{-1}$, 于是 $C^{-1}A_1A_2^{-1}CB_2 = B_1$. 令 $P = C^{-1}, Q = A_2^{-1}CB_2$, 则 P,Q 可逆, 且满足 $PA_iQ = B_i(i=1,2)$.

四、解 记 $y_n = x_n^p$, 则 $y_{n+1} = y_n + y_n^2$, $y_{n+1} - y_n = y_n^2 > 0$, 所以 $y_{n+1} > y_n$.

设 y_n 收敛, 即有上界. 记 $A = \lim\limits_{n\to\infty} y_n > 0$, 从而 $A = A + A^2$, 所以 $A = 0$, 矛盾, 故 $y_n\to +\infty$.

由 $y_{n+1} = y_n(1+y_n)$, 即 $\dfrac{1}{y_{n+1}} = \dfrac{1}{y_n} - \dfrac{1}{1+y_n}$, 得

$$\sum_{k=1}^{n}\dfrac{1}{1+y_k} = \sum_{k=1}^{n}\left(\dfrac{1}{y_k}-\dfrac{1}{y_{k+1}}\right) = \dfrac{1}{y_1} - \dfrac{1}{y_{n+1}}.$$

所以 $\sum\limits_{k=1}^{\infty}\dfrac{1}{1+x_n^p} = \lim\limits_{n\to\infty}\sum\limits_{k=1}^{n}\dfrac{1}{1+y_k} = \lim\limits_{n\to\infty}\left(\dfrac{1}{y_1}-\dfrac{1}{y_{n+1}}\right) = \dfrac{1}{y_1} = 4^p$. 即 $\sum\limits_{n=1}^{\infty}\dfrac{1}{1+x_n^p}$ 收敛, 且其和为 4^p.

五、解 (1) $f(x) = |x|$ 为偶函数, 其傅里叶级数是余弦级数.

$$a_0 = \dfrac{2}{\pi}\int_0^{\pi} x\mathrm{d}x = \pi,$$

$$a_n = \dfrac{2}{\pi}\int_0^{\pi} x\cos nx\mathrm{d}x = \dfrac{2}{n^2\pi}(\cos n\pi - 1) = \begin{cases} -\dfrac{4}{n^2\pi}, & n=1,3,\cdots, \\ 0, & n=2,4,\cdots. \end{cases}$$

由于 $f(x)$ 连续, 所以当 $x\in[-\pi,\pi)$ 时, 有

$$f(x) = \dfrac{\pi}{2} - \dfrac{4}{\pi}\left(\cos x + \dfrac{1}{3^2}\cos 3x + \dfrac{1}{5^2}\cos 5x + \cdots\right).$$

令 $x=0$, 得 $\sum\limits_{k=0}^{\infty}\dfrac{1}{(2k+1)^2} = \dfrac{\pi^2}{8}$. 记

$$S_1 = \sum_{k=1}^{\infty}\dfrac{1}{k^2}, \quad S_2 = \sum_{k=0}^{\infty}\dfrac{1}{(2k+1)^2},$$

则 $S_1 - S_2 = \dfrac{1}{4}S_1$, 故 $S_1 = \dfrac{4}{3}S_2 = \dfrac{\pi^2}{6}$.

(2) 令 $g(u) = \dfrac{u}{1+e^u}$, 则在 $[0,+\infty)$ 上成立

$$g(u) = \frac{ue^{-u}}{1+e^{-u}} = ue^{-u} - ue^{-2u} + ue^{-3u} - \cdots$$

记该级数的前 n 项和为 $S_n(u)$，余项为 $r_n(u) = g(u) - S_n(u)$，则由交错级数的性质 $|r_n(u)| \leqslant ue^{-(n+1)u}$。因为 $\int_0^{+\infty} ue^{-nu}\,du = \frac{1}{n^2}$，就有 $\int_0^{+\infty} |r_n(u)|\,du \leqslant \frac{1}{(n+1)^2}$，于是有

$$\int_0^{+\infty} g(u)\,du = \int_0^{+\infty} S_n(u)\,du + \int_0^{+\infty} r_n(u)\,du = \sum_{k=1}^n \frac{(-1)^{k-1}}{k^2} + \int_0^{+\infty} r_n(u)\,du.$$

由于 $\lim\limits_{n\to\infty}\int_0^{+\infty} r_n(u)\,du = 0$，故 $I = 1 - \frac{1}{2^2} + \frac{1}{3^2} - \frac{1}{4^2} + \cdots$，所以 $I + \frac{1}{2}S_1 = S_1$，由(1)得 $I = \frac{S_1}{2} = \frac{\pi^2}{12}$。

六、证明 （1）由于 $f(x,y)$ 非负，所以

$$\iint_{x^2+y^2 \leqslant t^2} f(x,y)\,d\sigma \leqslant \iint_{-t \leqslant x,y \leqslant t} f(x,y)\,d\sigma \leqslant \iint_{x^2+y^2 \leqslant 2t^2} f(x,y)\,d\sigma.$$

当 $t \to +\infty$ 时，上式中左右两端的极限都收敛于 I，故结论成立。

（2）记 $I(t) = \iint_{x^2+y^2 \leqslant t^2} e^{ax^2+2bxy+cy^2}\,d\sigma$，则 $\lim\limits_{t\to+\infty} I(t) = I$。

记 $\mathbf{A} = \begin{pmatrix} a & b \\ b & c \end{pmatrix}$，则 $ax^2+2bxy+cy^2 = (x,y)\mathbf{A}\begin{pmatrix} x \\ y \end{pmatrix}$。因 $\mathbf{A}$ 是实对称的，所以存在正交矩阵 $\mathbf{P}$ 使得 $\mathbf{P}^T\mathbf{A}\mathbf{P} = \begin{pmatrix} \lambda_1 & 0 \\ 0 & \lambda_2 \end{pmatrix}$，其中 λ_1,λ_2 是 $\mathbf{A}$ 的特征值，也就是标准形的系数。

在变换 $\begin{pmatrix} x \\ y \end{pmatrix} = \mathbf{P}\begin{pmatrix} u \\ v \end{pmatrix}$ 下 $ax^2+2bxy+cy^2 = \lambda_1 u^2 + \lambda_2 v^2$。又由于 $u^2+v^2 = (u,v)\begin{pmatrix} u \\ v \end{pmatrix} = (x,y)\mathbf{P}\mathbf{P}^T\begin{pmatrix} x \\ y \end{pmatrix} = (x,y)\begin{pmatrix} x \\ y \end{pmatrix} = x^2+y^2$，故变换把圆盘 $x^2+y^2 \leqslant t^2$ 变为 $u^2+v^2 \leqslant t^2$，且

$$\left|\frac{\partial(x,y)}{\partial(u,v)}\right| = |\mathbf{P}| = 1,$$

$$I(t) = \iint_{u^2+v^2 \leqslant t^2} e^{\lambda_1 u^2+\lambda_2 v^2}\left|\frac{\partial(x,y)}{\partial(u,v)}\right|\,du\,dv = \iint_{u^2+v^2 \leqslant t^2} e^{\lambda_1 u^2+\lambda_2 v^2}\,du\,dv.$$

由 $\lim\limits_{t\to+\infty} I(t) = I$ 和(1)所得结果，得

$$\lim_{t\to+\infty} \iint_{-t \leqslant u,v \leqslant t} e^{\lambda_1 u^2+\lambda_2 v^2}\,du\,dv = I.$$

在矩形上分离积分变量，得

$$\iint_{-t \leqslant u,v \leqslant t} e^{\lambda_1 u^2+\lambda_2 v^2}\,du\,dv = \int_{-t}^t e^{\lambda_1 u^2}\,du \int_{-t}^t e^{\lambda_2 v^2}\,dv = I_1(t)I_2(t).$$

因为 $I_1(t), I_2(t)$ 都是严格单调增加的，故 $\lim\limits_{t\to+\infty}\int_{-t}^t e^{\lambda_1 u^2}\,du$ 收敛，所以有 $\lambda_1 < 0$；同理有 $\lambda_2 < 0$。

J6 第六届决赛微课

第七届全国大学生数学竞赛决赛(2016 年非数学类)

试 题

一、填空题(本题共 5 个小题,每小题 6 分,共 30 分)

(1) 微分方程 $y''-(y')^3=0$ 的通解是_____。

(2) 设 $D: 1 \leqslant x^2+y^2 \leqslant 4$,则 $I = \iint\limits_{D}(x+y^2)e^{-(x^2+y^2-4)}dxdy$ 的值是_____。

(3) 设 $f(t)$ 二阶连续可导,且 $f(t) \neq 0$,若 $\begin{cases} x = \int_0^t f(s)ds \\ y = f(t), \end{cases}$ 则 $\dfrac{d^2 y}{dx^2} =$ _____。

(4) 设 $\lambda_1, \lambda_2, \cdots, \lambda_n$ 是 n 阶方阵 A 的特征值,$f(x)$ 为多项式,则矩阵 $f(A)$ 的行列式的值为_____。

(5) 设 n 为奇数,极限 $\lim\limits_{n \to \infty}[n \sin(\pi n! e)]$ 的值为_____。

二、(14 分) 设 $f(u,v)$ 在全平面上有连续的偏导数,证明:曲面 $f\left(\dfrac{x-a}{z-c}, \dfrac{y-b}{z-c}\right) = 0$ 的所有切平面都交于点 (a,b,c)。

三、(14 分) 设 $f(x)$ 在 $[a,b]$ 上连续,证明:
$$2\int_a^b f(x)\left(\int_x^b f(t)dt\right)dx = \left(\int_a^b f(x)dx\right)^2.$$

四、(14 分) 设 A 是 $m \times n$ 矩阵,B 是 $n \times p$ 矩阵,C 是 $p \times q$ 矩阵。证明:
$\text{rank}(AB) + \text{rank}(BC) - \text{rank}(B) \leqslant \text{rank}(ABC)$,其中 $\text{rank}(X)$ 表示矩阵 X 的秩。

五、(14 分) 设 $I_n = \int_0^{\frac{\pi}{4}} \tan^n x\, dx$,其中 n 为正整数。

(1) 若 $n \geqslant 2$,计算 $I_n + I_{n-2}$;

(2) 设 p 为实数,讨论级数 $\sum\limits_{n=1}^{\infty}(-1)^n I_n^p$ 的绝对收敛性和条件收敛性。

六、(14 分) 设 $P(x,y,z)$ 和 $R(x,y,z)$ 在空间上有连续偏导数,设上半球面 $S: z = z_0 + \sqrt{r^2-(x-x_0)^2-(y-y_0)^2}$,方向向上,若对任何点 (x_0, y_0, z_0) 和 $r > 0$,第二型曲面积分 $\iint\limits_{S} P\,dydz + R\,dxdy = 0$。证明:$\dfrac{\partial P}{\partial x} \equiv 0$。

参 考 答 案

一、(1) 解 令 $y' = p$,则 $y'' = p'$,原方程变为 $p' = p^3$。分离变量,得 $\dfrac{dp}{p^3} = dx$,积分得 $-\dfrac{1}{2}p^{-2} = x - C_1$,即

$$p = y' = \dfrac{\pm 1}{\sqrt{2(C_1-x)}},\text{积分得 } y = C_2 \pm \sqrt{2(C_1-x)}.$$

(2) **解** 利用对称性和极坐标,有

$$I = e^4 \iint_D y^2 e^{-(x^2+y^2)} dxdy = 4e^4 \int_0^{\frac{\pi}{2}} d\theta \int_1^2 r^2 \sin^2\theta e^{-r^2} r dr$$

$$= 4e^4 \int_0^{\frac{\pi}{2}} \sin^2\theta d\theta \int_1^2 r^3 e^{-r^2} dr = 4e^4 \cdot \frac{\pi}{4} \cdot \frac{1}{2}\left(\frac{2}{e} - \frac{5}{e^4}\right)$$

$$= \frac{\pi}{2}(2e^3 - 5)。$$

(3) **解** $dx = f(t)dt, dy = f'(t)dt$,所以 $\dfrac{dy}{dx} = \dfrac{f'(t)}{f(t)}$,

$$\frac{d^2 y}{dx^2} = \frac{d}{dt}\left(\frac{f'(t)}{f(t)}\right) \Big/ \frac{dx}{dt} = \frac{f(t)f''(t) - f'^2(t)}{f^3(t)}。$$

(4) **解** 因为 $|\mathbf{A}| = \lambda_1 \lambda_2 \cdots \lambda_n$,所以 $|f(\mathbf{A})| = f(\lambda_1) f(\lambda_2) \cdots f(\lambda_n)$。

(5) **解** 由 $e^x = 1 + x + \dfrac{x^2}{2!} + \dfrac{x^3}{3!} + \cdots + \dfrac{x^n}{n!} + \cdots$,得

$$e = 2 + \frac{1}{2!} + \frac{1}{3!} + \cdots + \frac{1}{n!} + \frac{1}{(n+1)!} + \cdots,$$

所以, $\pi n! e = \pi n! \left(2 + \dfrac{1}{2!} + \dfrac{1}{3!} + \cdots + \dfrac{1}{n!} + \dfrac{1}{(n+1)!} + \cdots\right)$

$$= \pi\left(2n! + \frac{n!}{2!} + \frac{n!}{3!} + \cdots + 1\right) + \frac{\pi}{n+1} + \frac{\pi}{(n+1)(n+2)} + \cdots$$

$$= a_n \pi + \frac{\pi}{n+1} + \frac{\pi}{(n+1)(n+2)} + \cdots \quad (a_n \text{ 为偶数})。$$

当 $n \to \infty$ 时, $\pi n! e = a_n \pi + \dfrac{\pi}{n+1} + o\left(\dfrac{1}{n+1}\right)$,因此

$$\lim_{n \to \infty} [n \sin(\pi n! e)] = \lim_{n \to \infty} n \sin\left(a_n \pi + \frac{\pi}{n+1} + o\left(\frac{1}{n+1}\right)\right)$$

$$= \lim_{n \to \infty} n \sin\left(\frac{\pi}{n+1}\right) \quad (\text{注意 } n \text{ 为奇数})$$

$$= \lim_{n \to \infty} \frac{\sin\left(\frac{\pi}{n+1}\right)}{\frac{\pi}{n+1}} \cdot \frac{n\pi}{n+1} = \pi。$$

二、证明 记 $F(x, y, z) = f\left(\dfrac{x-a}{z-c}, \dfrac{y-b}{z-c}\right)$,则

$$(F_x, F_y, F_z) = \left(\frac{f_1}{z-c}, \frac{f_2}{z-c}, \frac{-(x-a)f_1 - (y-b)f_2}{(z-c)^2}\right)。$$

取曲面的法向量

$$\mathbf{n} = ((z-c)f'_1, (z-c)f'_2, -(x-a)f'_1 - (y-b)f'_2)。$$

记 (x, y, z) 为曲面上的点,(X, Y, Z) 为切平面上的点,则曲面上过点 (x, y, z) 的切平面方程为

$$[(z-c)f_1](X-x) + [(Z-c)f_2](Y-y) + [-(x-a)f_1 - (y-b)f_2](Z-z) = 0。$$

容易验证,对任意 $(x, y, z)(z \neq c)$,$(X, Y, Z) = (a, b, c)$ 都满足上述切平面方程。得证。

三、证明 由 $f(x)$ 在 $[a, b]$ 上连续知,$f(x)$ 在 $[a, b]$ 上可积。令 $F(x) = \int_x^b f(t)dt$,则 $F'(x) = -f(x)$。由此得

$$2\int_a^b f(x)\left(\int_x^b f(t)dt\right)dx = 2\int_a^b f(x)F(x)dx$$

$$= -2\int_a^b F(x)F'(x)dx = -2\int_a^b F(x)dF(x)$$

$$= -F^2(x)\Big|_a^b = F^2(a) - F^2(b) = F^2(a) = \left(\int_a^b f(x)\mathrm{d}x\right)^2。$$

四、证明 要证明不等式成立,即要证明

$$\mathrm{rank}(\boldsymbol{AB}) + \mathrm{rank}(\boldsymbol{BC}) \leqslant \mathrm{rank}(\boldsymbol{B}) + \mathrm{rank}(\boldsymbol{ABC}) = \mathrm{rank}\begin{pmatrix} \boldsymbol{ABC} & \boldsymbol{0} \\ \boldsymbol{0} & \boldsymbol{B} \end{pmatrix}。$$

由于 $\begin{pmatrix} \boldsymbol{E}_m & \boldsymbol{A} \\ \boldsymbol{0} & \boldsymbol{E}_n \end{pmatrix}\begin{pmatrix} \boldsymbol{ABC} & \boldsymbol{0} \\ \boldsymbol{0} & \boldsymbol{B} \end{pmatrix}\begin{pmatrix} \boldsymbol{E}_q & \boldsymbol{0} \\ -\boldsymbol{C} & \boldsymbol{E}_p \end{pmatrix} = \begin{pmatrix} \boldsymbol{0} & \boldsymbol{AB} \\ -\boldsymbol{BC} & \boldsymbol{B} \end{pmatrix}$,

$$\begin{pmatrix} \boldsymbol{0} & \boldsymbol{AB} \\ -\boldsymbol{BC} & \boldsymbol{B} \end{pmatrix}\begin{pmatrix} \boldsymbol{0} & -\boldsymbol{E}_q \\ \boldsymbol{E}_p & \boldsymbol{0} \end{pmatrix} = \begin{pmatrix} \boldsymbol{AB} & \boldsymbol{0} \\ \boldsymbol{B} & \boldsymbol{BC} \end{pmatrix},$$

且 $\begin{pmatrix} \boldsymbol{E}_m & \boldsymbol{A} \\ \boldsymbol{0} & \boldsymbol{E}_n \end{pmatrix}$,$\begin{pmatrix} \boldsymbol{E}_q & \boldsymbol{0} \\ -\boldsymbol{C} & \boldsymbol{E}_p \end{pmatrix}$,$\begin{pmatrix} \boldsymbol{0} & -\boldsymbol{E}_q \\ \boldsymbol{E}_p & \boldsymbol{0} \end{pmatrix}$ 可逆,所以

$$\mathrm{rank}\begin{pmatrix} \boldsymbol{ABC} & \boldsymbol{0} \\ \boldsymbol{0} & \boldsymbol{B} \end{pmatrix} = \mathrm{rank}\begin{pmatrix} \boldsymbol{AB} & \boldsymbol{0} \\ \boldsymbol{B} & \boldsymbol{BC} \end{pmatrix} \geqslant \mathrm{rank}(\boldsymbol{AB}) + \mathrm{rank}(\boldsymbol{BC})。$$

五、解 (1) $I_n + I_{n-2} = \int_0^{\frac{\pi}{4}} \tan^n x \mathrm{d}x + \int_0^{\frac{\pi}{4}} \tan^{n-2} x \mathrm{d}x = \int_0^{\frac{\pi}{4}} \tan^{n-2} x(1 + \tan^2 x)\mathrm{d}x$

$$= \int_0^{\frac{\pi}{4}} \tan^{n-2} x \mathrm{d}\tan x = \frac{1}{n-1}。$$

(2) 由于 $0 < x < \frac{\pi}{4}$,所以 $0 < \tan x < 1$,$\tan^{n+2} x < \tan^n x < \tan^{n-2} x$。从而 $I_{n+2} < I_n < I_{n-2}$,于是 $I_{n+2} + I_n < 2I_n < I_{n-2} + I_n$。故

$$\frac{1}{2(n+1)} < I_n < \frac{1}{2(n-1)},\left(\frac{1}{2(n+1)}\right)^p < I_n^p < \left(\frac{1}{2(n-1)}\right)^p。$$

当 $p > 1$ 时,$|(-1)^n I_n^p| = I_n^p < \frac{1}{2^p(n-1)^p}(n \geqslant 2)$,由于 $\sum_{n=2}^{\infty} \frac{1}{(n-1)^p}$ 收敛,所以 $\sum_{n=1}^{\infty} (-1)^n I_n^p$ 绝对收敛。

当 $0 < p \leqslant 1$ 时,由于 $\{I_n^p\}$ 单调减少,并趋近于 0,由莱布尼茨判别法,得 $\sum_{n=1}^{\infty} (-1)^n I_n^p$ 收敛。而 $I_n^p > \frac{1}{2^p(n+1)^p} \geqslant \frac{1}{2^p} \cdot \frac{1}{n+1}$,且 $\sum_{n=1}^{\infty} \frac{1}{n+1}$ 发散,所以 $\sum_{n=1}^{\infty} |(-1)^n I_n^p|$ 发散。因此,$\sum_{n=1}^{\infty} (-1)^n I_n^p$ 条件收敛。

当 $p \leqslant 0$ 时,$|I_n^p| \geqslant 1$,由级数收敛的必要条件知 $\sum_{n=1}^{\infty} (-1)^n I_n^p$ 发散。

六、证明 记上半球面 S 的底平面为 D,方向向下,S 和 D 围成的区域记为 Ω,由高斯公式得

$$\left(\iint_S + \iint_D\right) P \mathrm{d}y\mathrm{d}z + R\mathrm{d}x\mathrm{d}y = \iiint_\Omega \left(\frac{\partial P}{\partial x} + \frac{\partial R}{\partial z}\right)\mathrm{d}V。$$

由于 $\iint_D P\mathrm{d}y\mathrm{d}z + R\mathrm{d}x\mathrm{d}y = -\iint_D R\mathrm{d}\sigma$ 和题设条件($\mathrm{d}\sigma$ 是 xOy 面上的面积微元),则有

$$-\iint_D R\mathrm{d}\sigma = \iiint_\Omega \left(\frac{\partial P}{\partial x} + \frac{\partial R}{\partial z}\right)\mathrm{d}V。 \quad (*)$$

注意到上式对任何 $r > 0$ 成立,由此证明 $R(x_0, y_0, z_0) = 0$。

若不然,设 $R(x_0, y_0, z_0) \neq 0$,则

$$\iint_D R\mathrm{d}\sigma = R(\xi, \eta, z_0)\pi r^2,\text{其中}(\xi, \eta, z_0) \in D。$$

而当 $r \to 0^+$,$R(\xi, \eta, z_0) \to R(x_0, y_0, z_0)$,故 $(*)$ 式左端为 r 的二阶无穷小。

类似地,当 $\frac{\partial P(x_0, y_0, z_0)}{\partial x} + \frac{\partial R(x_0, y_0, z_0)}{\partial z} \neq 0$ 时,$\iiint_\Omega \left(\frac{\partial P}{\partial x} + \frac{\partial R}{\partial z}\right)\mathrm{d}V$ 是 r 的三阶无穷小。

当 $\dfrac{\partial P(x_0,y_0,z_0)}{\partial x}+\dfrac{\partial R(x_0,y_0,z_0)}{\partial z}=0$ 时,该积分是比 r^3 高阶的无穷小,因此(*)式右端是左端的高阶无穷小,从而当 r 很小时,有

$$\left|\iint_D R\,\mathrm{d}\sigma\right|\geqslant\left|\iiint_\Omega\left(\dfrac{\partial P}{\partial x}+\dfrac{\partial R}{\partial z}\right)\mathrm{d}V\right|,$$

这与(*)式矛盾。

由于在任何点 $R(x_0,y_0,z_0)=0$,故 $R(x,y,z)\equiv 0$。代入(*)式得

$$\iiint_\Omega \dfrac{\partial P(x,y,z)}{\partial x}\mathrm{d}V=0。$$

重复前面的证明可知 $\dfrac{\partial P(x_0,y_0,z_0)}{\partial x}=0$。由 (x_0,y_0,z_0) 的任意性得 $\dfrac{\partial P}{\partial x}\equiv 0$。

J7 第七届决赛微课

第八届全国大学生数学竞赛决赛(2017年非数学类)

试　　题

一、填空题(本题共 5 个小题,每小题 6 分,共 30 分)

(1) 过单叶双曲面 $\dfrac{x^2}{4}+\dfrac{y^2}{2}-2z^2=1$ 与球面 $x^2+y^2+z^2=4$ 的交线且与直线 $\begin{cases} x=0, \\ 3y+z=0 \end{cases}$ 垂直的平面方程为_____。

(2) 设可微函数 $f(x,y)$ 满足 $\dfrac{\partial f}{\partial x}=-f(x,y)$,$f\left(0,\dfrac{\pi}{2}\right)=1$,且 $\lim\limits_{n\to\infty}\left[\dfrac{f\left(0,y+\dfrac{1}{n}\right)}{f(0,y)}\right]^n=$ $e^{\cot y}$,则 $f(x,y)=$_____。

(3) 已知 $\boldsymbol{A}$ 为 n 阶可逆反对称矩阵,$\boldsymbol{b}$ 为 n 元列向量,设 $\boldsymbol{B}=\begin{pmatrix}\boldsymbol{A} & \boldsymbol{b}\\ \boldsymbol{b}^{\mathrm{T}} & 0\end{pmatrix}$,则 $\operatorname{rank}(\boldsymbol{B})=$ _____。

(4) $\sum\limits_{n=1}^{100} n^{-\frac{1}{2}}$ 的整数部分为_____。

(5) 曲线 $L_1: y=\dfrac{1}{3}x^3+2x\,(0\leqslant x\leqslant 1)$ 绕直线 $L_2: y=\dfrac{4}{3}x$ 旋转所生成的旋转曲面的面积为_____。

二、(14 分) 设 $0<x<\dfrac{\pi}{2}$,证明:$\dfrac{4}{\pi^2}<\dfrac{1}{x^2}-\dfrac{1}{\tan^2 x}<\dfrac{2}{3}$。

三、(14 分) 设 $f(x)$ 为 $(-\infty,+\infty)$ 上连续的周期为 1 的周期函数,且满足 $0\leqslant f(x)\leqslant 1$ 与 $\int_0^1 f(x)\mathrm{d}x=1$。证明:$0\leqslant x\leqslant 13$ 时,有

$$\int_0^{\sqrt{x}} f(t)\mathrm{d}t+\int_0^{\sqrt{x+27}} f(t)\mathrm{d}t+\int_0^{\sqrt{13-x}} f(t)\mathrm{d}t\leqslant 11,$$

并给出取等号的条件。

四、(14 分) 设函数 $f(x,y,z)$ 在区域 $\Omega=\{(x,y,z)\mid x^2+y^2+z^2\leqslant 1\}$ 上具有连续的二阶偏导数,且满足 $\dfrac{\partial^2 f}{\partial x^2}+\dfrac{\partial^2 f}{\partial y^2}+\dfrac{\partial^2 f}{\partial z^2}=\sqrt{x^2+y^2+z^2}$。计算 $I=\iiint\limits_{\Omega}\left(x\dfrac{\partial f}{\partial x}+y\dfrac{\partial f}{\partial y}+z\dfrac{\partial f}{\partial z}\right)\mathrm{d}x\mathrm{d}y\mathrm{d}z$。

五、(14 分) 设 n 阶方阵 $\boldsymbol{A},\boldsymbol{B}$ 满足 $\boldsymbol{AB}=\boldsymbol{A}+\boldsymbol{B}$,证明:若存在正整数 k,使 $\boldsymbol{A}^k=\boldsymbol{0}$($\boldsymbol{0}$ 为零矩阵),则行列式 $|\boldsymbol{B}+2017\boldsymbol{A}|=|\boldsymbol{B}|$。

六、(14 分) 设 $a_n=\sum\limits_{k=1}^{n}\dfrac{1}{k}-\ln n$。

(1) 证明:极限 $\lim\limits_{n\to\infty}a_n$ 存在;

(2) 记 $\lim\limits_{n\to\infty}a_n=C$,讨论级数 $\sum\limits_{n=1}^{\infty}(a_n-C)$ 的敛散性。

参 考 答 案

一、(1)解 (1)直线 $\begin{cases} x=0, \\ 3y+z=0 \end{cases}$ 的方向向量为

$$s = (1,0,0) \times (0,3,1) = \begin{vmatrix} i & j & k \\ 1 & 0 & 0 \\ 0 & 3 & 1 \end{vmatrix} = -j+3k。$$

从而所求平面的法向量为 $(0,1,-3)$。

联立

$$\begin{cases} \dfrac{x^2}{4} + \dfrac{y^2}{2} - 2z^2 = 1, \\ x^2+y^2+z^2=4, \end{cases}$$

消去 x^2 可得 $y^2=9z^2$,即两曲面交线上的点满足 $y-3z=0$ 或 $y+3z=0$,也即过两曲面交线上的点的平面应该满足: $y-3z=0$ 或 $y+3z=0$。由所求平面的法向量为 $(0,1,-3)$ 得所求平面方程为 $y-3z=0$。

(2)解 由 $\lim\limits_{n\to\infty}\left(\dfrac{f\left(0,y+\dfrac{1}{n}\right)}{f(0,y)}\right)^n = e^{\cot y}$ 等式两端取对数得

$$\cot y = \lim_{n\to\infty}\dfrac{\ln f\left(0,y+\dfrac{1}{n}\right)-\ln f(0,y)}{\dfrac{1}{n}} = \dfrac{\partial}{\partial y}[\ln f(0,y)] = \dfrac{f_y(0,y)}{f(0,y)},$$

所以 $\dfrac{f_y(0,y)}{f(0,y)} = \cot y = \dfrac{(\sin y)'}{\sin y}$,于是得

$$\ln f(0,y) = \ln \sin y + C,\ \text{即}\ f(0,y) = C'\sin y,$$

从而 $f(x,y)=g(x)\sin y$。这时

$$\dfrac{\partial f}{\partial x} = g'(x)\sin y = -f(x,y) = -g(x)\sin y,$$

由 y 的任意性得

$$g'(x) = -g(x),\ \text{即}\ \ln g(x) = -x+\bar{C}, g(x)=\tilde{C}e^{-x}。$$

由 $f\left(0,\dfrac{\pi}{2}\right)=1$ 得

$$1 = g(0)\sin\dfrac{\pi}{2} = \tilde{C},\quad \text{故}\ f(x,y) = e^{-x}\sin y。$$

(3)解 由于 A 为可逆的反对称矩阵,所以 A^{-1} 存在且 $A^T = -A$,而 b 为列向量,所以
$$b^T A^{-1} b = (b^T A^{-1} b)^T = b^T (A^{-1})^T b = b^T (A^T)^{-1} b = b^T (-A)^{-1} b = -b^T A^{-1} b,$$

故 $b^T A^{-1} b = 0$。

对 $B = \begin{pmatrix} A & b \\ b^T & 0 \end{pmatrix}$ 先后做列初等变换和行初等变换,可得如下过程:

$$B = \begin{pmatrix} A & b \\ b^T & 0 \end{pmatrix} \to \begin{pmatrix} A & b-AA^{-1}b \\ b^T & -b^T A^{-1} b \end{pmatrix} \to \begin{pmatrix} A & 0 \\ b^T - b^T A^{-1}A & 0 \end{pmatrix} \to \begin{pmatrix} A & 0 \\ 0 & 0 \end{pmatrix}。$$

从而得 $\mathrm{rank}(B) = \mathrm{rank}(A) = n$。

(4)解 设 $f(x) = \dfrac{1}{\sqrt{x}}$,则 $f(x)$ 在 $(0,+\infty)$ 上非负且单调递减,所以

$$\int_n^{n+1} f(x)\mathrm{d}x < f(n) < \int_{n-1}^n f(x)\mathrm{d}x,\quad n=1,2,\cdots。$$

由此得
$$\sum_{n=1}^{100} n^{-\frac{1}{2}} > \int_1^{101} f(x)dx > \int_1^{100} f(x)dx = 2\sqrt{x}\big|_1^{100} = 18,$$
$$\sum_{n=2}^{100} n^{-\frac{1}{2}} < \int_1^{100} f(x)dx = 18,$$
$$\sum_{n=1}^{100} n^{-\frac{1}{2}} < 1 + \sum_{n=2}^{100} n^{-\frac{1}{2}} = 19,$$

即 $18 < \sum_{n=1}^{100} n^{-\frac{1}{2}} < 19$，所以 $\sum_{n=1}^{100} n^{-\frac{1}{2}}$ 的整数部分为 18。

(5)**解** 由 $y = \frac{1}{3}x^3 + 2x$ 有 $y' = x^2 + 2$，所以曲线 $L_1: y = \frac{1}{3}x^3 + 2x$ 上的微弧长为 $ds = \sqrt{1+(y')^2}dx$，而曲线 L_1 上的点 $\left(x_0, \frac{1}{3}x_0^3 + 2x_0\right)$ 到直线 $L_2: y - \frac{4}{3}x = 0$ 的距离为

$$d = \frac{\left|\frac{1}{3}x_0^3 + 2x_0 - \frac{4}{3}x_0\right|}{\sqrt{1+\left(\frac{4}{3}\right)^2}} = \frac{|x_0^3 + 2x_0|}{5},$$

则得所求的面积为

$$S = \int_0^1 2\pi d\,ds = \int_0^1 2\pi \frac{(x^3+2x)}{5}\sqrt{1+(x^2+2)^2}dx$$
$$= \frac{2\pi}{5}\int_0^1 (x^3+2x)\sqrt{1+(x^2+2)^2}dx$$
$$= \frac{2\pi}{5} \cdot \frac{1}{4}\int_0^1 \sqrt{1+(x^2+2)^2}d(x^2+2)^2$$
$$= \frac{\pi}{10} \cdot \frac{2}{3}\left[1+(x^2+2)^2\right]^{\frac{3}{2}}\bigg|_0^1$$
$$= \frac{\pi}{15}(10\sqrt{10} - 5\sqrt{5}) = \frac{\sqrt{5}(2\sqrt{2}-1)}{3}\pi。$$

二、证明 设 $f(x) = \frac{1}{x^2} - \frac{1}{\tan^2 x}\left(0 < x < \frac{\pi}{2}\right)$，则

$$f'(x) = -\frac{2}{x^3} + \frac{2\cos x}{\sin^3 x} = \frac{2(x^3\cos x - \sin^3 x)}{x^3 \sin^3 x}, \tag{1}$$

令 $\varphi(x) = \frac{\sin x}{\sqrt[3]{\cos x}} - x\left(0 < x < \frac{\pi}{2}\right)$，则

$$\varphi'(x) = \frac{\cos^{4/3}x + \frac{1}{3}\cos^{-2/3}x \sin^2 x}{\cos^{2/3}x} - 1 = \frac{2}{3}\cos^{2/3}x + \frac{1}{3}\cos^{-4/3}x - 1。$$

由均值不等式，得

$$\frac{2}{3}\cos^{2/3}x + \frac{1}{3}\cos^{-4/3}x = \frac{1}{3}(\cos^{2/3}x + \cos^{2/3}x + \cos^{-4/3}x) > \sqrt[3]{\cos^{2/3}x \cdot \cos^{2/3}x \cdot \cos^{-4/3}x} = 1,$$

所以当 $0 < x < \frac{\pi}{2}$ 时，$\varphi'(x) > 0$，从而 $\varphi(x)$ 单调递增。又 $\varphi(0) = 0$，因此 $\varphi(x) > 0$，即

$$x^3\cos x - \sin^3 x < 0。$$

由(1)式得 $f'(x) < 0$，从而 $f(x)$ 在区间 $\left(0, \frac{\pi}{2}\right)$ 单调递减。

由于

$$\lim_{x \to \frac{\pi}{2}^-} f(x) = \lim_{x \to \frac{\pi}{2}^-}\left(\frac{1}{x^2} - \frac{1}{\tan^2 x}\right) = \frac{4}{\pi^2},$$

$$\lim_{x\to 0^+} f(x) = \lim_{x\to 0^+}\left(\frac{1}{x^2} - \frac{1}{\tan^2 x}\right) = \lim_{x\to 0^+}\left(\frac{\tan x + x}{x} \cdot \frac{\tan x - x}{x \tan^2 x}\right) = 2\lim_{x\to 0^+}\frac{\tan x - x}{x^3} = \frac{2}{3},$$

所以 $0 < x < \frac{\pi}{2}$ 时,有

$$\frac{4}{\pi^2} < \frac{1}{x^2} - \frac{1}{\tan^2 x} < \frac{2}{3}。$$

三、证明 由条件 $0 \leqslant f(x) \leqslant 1$,有

$$\int_0^{\sqrt{x}} f(t)dt + \int_0^{\sqrt{x+27}} f(t)dt + \int_0^{\sqrt{13-x}} f(t)dt \leqslant \sqrt{x} + \sqrt{x+27} + \sqrt{13-x}。$$

利用离散柯西不等式,即: $\left(\sum_{i=1}^n a_i b_i\right)^2 \leqslant \sum_{i=1}^n a_i^2 \cdot \sum_{i=1}^n b_i^2$, 等号当且仅当 a_i 与 b_i 对应成比例时成立。

得

$$\sqrt{x} + \sqrt{x+27} + \sqrt{13-x} = 1 \cdot \sqrt{x} + \sqrt{2} \cdot \sqrt{\frac{1}{2}(x+27)} + \sqrt{\frac{2}{3}} \cdot \sqrt{\frac{3}{2}(13-x)}$$

$$\leqslant \sqrt{1 + 2 + \frac{2}{3}} \cdot \sqrt{x + \frac{1}{2}(x+27) + \frac{3}{2}(13-x)} = 11。$$

且等号成立的充分必要条件是:

$$\sqrt{x} = \frac{3}{2}\sqrt{13-x} = \frac{1}{2}\sqrt{x+27},\text{即 } x = 9。$$

所以

$$\int_0^{\sqrt{x}} f(t)dt + \int_0^{\sqrt{x+27}} f(t)dt + \int_0^{\sqrt{13-x}} f(t)dt \leqslant 11。$$

特别当 $x = 9$ 时,有

$$\int_0^{\sqrt{x}} f(t)dt + \int_0^{\sqrt{x+27}} f(t)dt + \int_0^{\sqrt{13-x}} f(t)dt = \int_0^3 f(t)dt + \int_0^6 f(t)dt + \int_0^2 f(t)dt。$$

根据周期性,以及 $\int_0^1 f(x)dx = 1$,有

$$\int_0^3 f(t)dt + \int_0^6 f(t)dt + \int_0^2 f(t)dt = 11\int_0^1 f(t)dt = 11,$$

所以取等号的充分必要条件是 $x = 9$。

四、解 记球面 $\Sigma: x^2 + y^2 + z^2 = 1$ 外侧的单位法向量为 $\mathbf{n} = (\cos\alpha, \cos\beta, \cos\gamma)$,则

$$\frac{\partial f}{\partial \mathbf{n}} = \frac{\partial f}{\partial x}\cos\alpha + \frac{\partial f}{\partial y}\cos\beta + \frac{\partial f}{\partial z}\cos\gamma。$$

考虑曲面积分等式:

$$\oiint_\Sigma \frac{\partial f}{\partial \mathbf{n}} dS = \oiint_\Sigma (x^2 + y^2 + z^2)\frac{\partial f}{\partial \mathbf{n}} dS。 \tag{1}$$

对两边都利用高斯公式,得

$$\oiint_\Sigma \frac{\partial f}{\partial \mathbf{n}} dS = \oiint_\Sigma \left(\frac{\partial f}{\partial x}\cos\alpha + \frac{\partial f}{\partial y}\cos\beta + \frac{\partial f}{\partial z}\cos\gamma\right)dS = \iiint_\Omega \left(\frac{\partial^2 f}{\partial x^2} + \frac{\partial^2 f}{\partial y^2} + \frac{\partial^2 f}{\partial z^2}\right)dv, \tag{2}$$

$$\oiint_\Sigma (x^2 + y^2 + z^2)\frac{\partial f}{\partial \mathbf{n}} dS = \oiint_\Sigma (x^2+y^2+z^2)\left(\frac{\partial f}{\partial x}\cos\alpha + \frac{\partial f}{\partial y}\cos\beta + \frac{\partial f}{\partial z}\cos\gamma\right)dS$$

$$= 2\iiint_\Omega \left(x\frac{\partial f}{\partial x} + y\frac{\partial f}{\partial y} + z\frac{\partial f}{\partial z}\right)dv + \iiint_\Omega (x^2+y^2+z^2)\left(\frac{\partial^2 f}{\partial x^2} + \frac{\partial^2 f}{\partial y^2} + \frac{\partial^2 f}{\partial z^2}\right)dv。 \tag{3}$$

将(2)式、(3)式代入(1)式并整理得

$$I = \frac{1}{2}\iiint_\Omega (1 - (x^2+y^2+z^2))\sqrt{x^2+y^2+z^2}\,dv$$

$$= \frac{1}{2}\int_0^{2\pi}d\theta\int_0^\pi \sin\varphi\,d\varphi\int_0^1 (1-\rho^2)\rho^3\,d\rho = \frac{\pi}{6}。$$

五、证明 由 $AB=A+B$ 得 $(A-E)(B-E)=E$，则 $(A-E)(B-E)=(B-E)(A-E)$，化简可得到
$$AB=BA。$$

(1)若 B 可逆，则由 $AB=BA$ 得 $B^{-1}A=AB^{-1}$，从而 $(B^{-1}A)^k=(B^{-1})^kA^k=0$，所以 $B^{-1}A$ 的特征值全为 0，则 $E+2017B^{-1}A$ 的特征值全为 1，因此
$$|E+2017B^{-1}A|=1,$$
$$|B+2017A|=|B||E+2017B^{-1}A|=|B|。$$

(2)若 B 不可逆，则存在无穷多个数 t，使 $B_t=tE+B$ 可逆，且有 $AB_t=B_tA$。利用(1)的结论，有恒等式
$$|B_t+2017A|=|B_t|。$$
取 $t=0$，得
$$|B+2017A|=|B|。$$

六、解 (1)利用不等式：当 $x>0$ 时，$\dfrac{x}{1+x}<\ln(1+x)<x$，有
$$a_n-a_{n-1}=\frac{1}{n}-\ln\frac{n}{n-1}=\frac{1}{n}-\ln\left(1+\frac{1}{n-1}\right)\leqslant\frac{1}{n}-\frac{\frac{1}{n-1}}{1+\frac{1}{n-1}}=0,$$
$$a_n=\sum_{k=1}^n\frac{1}{k}-\sum_{k=2}^n\ln\frac{k}{k-1}=1+\sum_{k=2}^n\left(\frac{1}{k}-\ln\frac{k}{k-1}\right)$$
$$=1+\sum_{k=2}^n\left[\frac{1}{k}-\ln\left(1+\frac{1}{k-1}\right)\right]\geqslant 1+\sum_{k=2}^n\left[\frac{1}{k}-\frac{1}{k-1}\right]=\frac{1}{n}>0。$$
所以 $\{a_n\}$ 单调减少有下界，故 $\lim\limits_{n\to\infty}a_n$ 存在。

(2)显然，以 a_n 为部分和的级数为 $1+\sum\limits_{n=2}^{\infty}\left(\dfrac{1}{n}-\ln n+\ln(n-1)\right)$，则该级数收敛于 C，且 $a_n-C>0$。用 r_n 记该级数的余项，则
$$a_n-C=-r_n=-\sum_{k=n+1}^{\infty}\left(\frac{1}{k}-\ln k+\ln(k-1)\right)=\sum_{k=n+1}^{\infty}\left(\ln\left(1+\frac{1}{k-1}\right)-\frac{1}{k}\right)。$$
根据泰勒公式，当 $x>0$ 时，$\ln(1+x)>x-\dfrac{x^2}{2}$，所以
$$a_n-C>\sum_{k=n+1}^{\infty}\left(\frac{1}{k-1}-\frac{1}{2(k-1)^2}-\frac{1}{k}\right)。$$
记 $b_n=\sum\limits_{k=n+1}^{\infty}\left(\dfrac{1}{k-1}-\dfrac{1}{2(k-1)^2}-\dfrac{1}{k}\right)$，下面证明正项级数 $\sum\limits_{n=1}^{\infty}b_n$ 发散。因为
$$c_n\xlongequal{\text{def}}n\sum_{k=n+1}^{\infty}\left(\frac{1}{k-1}-\frac{1}{k}-\frac{1}{2(k-1)(k-2)}\right)<nb_n<n\sum_{k=n+1}^{\infty}\left(\frac{1}{k-1}-\frac{1}{k}-\frac{1}{2k(k-1)}\right)=\frac{1}{2},$$
而当 $n\to\infty$ 时，$c_n=\dfrac{n-2}{2(n-1)}\to\dfrac{1}{2}$，所以 $\lim\limits_{n\to\infty}nb_n=\dfrac{1}{2}$。根据比较判别法可知，级数 $\sum\limits_{n=1}^{\infty}b_n$ 发散。

因此，级数 $\sum\limits_{n=1}^{\infty}(a_n-C)$ 发散。

J8 第八届决赛微课

第九届全国大学生数学竞赛决赛(2018 年非数学类)

试　题

一、填空题(本题共 5 个小题,每小题 6 分,共 30 分)

(1) 极限 $\lim\limits_{x\to 0}\dfrac{\tan x - \sin x}{x\ln(1+\sin^2 x)} = $ _____。

(2) 设一平面过原点和点 $(6,-3,2)$,且与平面 $4x-y+2x=8$ 垂直,则此平面方程为 _____。

(3) 设函数 $f(x,y)$ 具有一阶连续偏导数,满足 $df(x,y) = ye^y dx + x(1+y)e^y dy$ 及 $f(0,0)=0$,则 $f(x,y)=$ _____。

(4) 满足 $\dfrac{du(t)}{dt} = u(t) + \int_0^1 u(t)dt$ 及 $u(0)=1$ 的可微函数 $u(t)=$ _____。

(5) 设 a,b,c,d 是互不相同的正实数,x,y,z,w 是实数,满足 $a^x = bcd, b^y = cda, c^z = dab, d^w = abc$,则行列式 $\begin{vmatrix} -x & 1 & 1 & 1 \\ 1 & -y & 1 & 1 \\ 1 & 1 & -z & 1 \\ 1 & 1 & 1 & -w \end{vmatrix} = $ _____。

二、(11 分) 设函数 $f(x)$ 在区间 $(0,1)$ 内连续,且存在两两互异的点 $x_1,x_2,x_3,x_4 \in (0,1)$,使得 $\alpha = \dfrac{f(x_1)-f(x_2)}{x_1-x_2} < \dfrac{f(x_3)-f(x_4)}{x_3-x_4} = \beta$。证明:对任意 $\lambda \in (\alpha, \beta)$,存在互异的点 $x_5, x_6 \in (0,1)$,使得 $\lambda = \dfrac{f(x_5)-f(x_6)}{x_5-x_6}$。

三、(11 分) 设函数 $f(x)$ 在区间 $[0,1]$ 上连续,且 $\int_0^1 f(x)dx \neq 0$。证明:在区间 $[0,1]$ 上存在 3 个不同的点 x_1, x_2, x_3,使得 $\dfrac{\pi}{8}\int_0^1 f(x)dx = \left[\dfrac{1}{1+x_1^2}\int_0^{x_1} f(t)dt + f(x_1)\arctan x_1\right]x_3 = \left[\dfrac{1}{1+x_2^2}\int_0^{x_2} f(t)dt + f(x_2)\arctan x_2\right](1-x_3)$。

四、(12 分) 求极限 $\lim\limits_{n\to\infty}\left[\sqrt[n+1]{(n+1)!} - \sqrt[n]{n!}\right]$。

五、(12 分) 设 $x=(x_1,x_2,\cdots,x_n)^T \in \mathbf{R}^n$,定义 $H(x) = \sum\limits_{i=1}^n x_i^2 - \sum\limits_{i=1}^{n-1} x_i x_{i+1}, n \geqslant 2$。

(1) 证明:对任意非零 $x \in \mathbf{R}^n, H(x) > 0$;(2) 求 $H(x)$ 满足条件 $x_n=1$ 的最小值。

六、(12 分) 设函数 $f(x,y)$ 在区域 $D = \{(x,y) \mid x^2+y^2 \leqslant a^2\}$ 上具有一阶的连续偏导数,且满足 $f(x,y)\big|_{x^2+y^2=a^2} = a^2$,以及 $\max\limits_{(x,y)\in D}\left[\left(\dfrac{\partial f}{\partial x}\right)^2 + \left(\dfrac{\partial f}{\partial y}\right)^2\right] = a^2$,其中 $a>0$。证明:$\left|\iint\limits_D f(x,y)dxdy\right| \leqslant \dfrac{4}{3}\pi a^3$。

七、(12 分) 设 $0<a_n<1 (n=1,2,\cdots)$，且 $\lim\limits_{n\to\infty}\dfrac{\ln\dfrac{1}{a_n}}{\ln n}=q$（有限或为 $+\infty$）。

(1) 证明：当 $q>1$ 时级数 $\sum\limits_{n=1}^{\infty}a_n$ 收敛；当 $q<1$ 时级数 $\sum\limits_{n=1}^{\infty}a_n$ 发散。

(2) 讨论 $q=1$ 时级数 $\sum\limits_{n=1}^{\infty}a_n$ 的收敛性并阐述理由。

参 考 答 案

一、(1) 解 $\lim\limits_{x\to 0}\dfrac{\tan x-\sin x}{x\ln(1+\sin^2 x)}=\lim\limits_{x\to 0}\dfrac{\tan x(1-\cos x)}{x\cdot x^2}$
$$=\lim\limits_{x\to 0}\dfrac{x\cdot\dfrac{x^2}{2}}{x^3}=\dfrac{1}{2}.$$

(2) 解 设平面方程为 $Ax+By+Cz+D=0$。平面过原点，则 $D=0$。

又 $\begin{cases}6A-3B+2C=0,\\ 4A-B+2C=0,\end{cases}$ 解得 $\begin{cases}A=-\dfrac{2}{3}C,\\ B=-\dfrac{2}{3}C,\end{cases}$

所以平面方程为 $2x+2y-3z=0$。

(3) 解 由题意，$f_x=ye^y$，$f_y=x(1+y)e^y$，所以
$$f(x,y)=\int f_x\mathrm{d}x=\int ye^y\mathrm{d}x=xye^y+\Phi(y),$$
由此得
$$f_y=xe^y+xye^y+\Phi'(y)=x(1+y)e^y+\Phi'(y),$$
故有 $\Phi'(y)=0$，即 $\Phi(y)=C$。

因此 $f(x,y)=xye^y+C$。又 $f(0,0)=0$，所以 $C=0$，故
$$f(x,y)=xye^y.$$

(4) 解 令 $\int_0^1 u(t)\mathrm{d}t=A$，则 $u'(t)-u(t)=A$，故有
$$u(t)=e^{\int \mathrm{d}t}\left[\int Ae^{-\int \mathrm{d}t}\mathrm{d}t+C\right]=-A+Ce^t.$$
又 $u(0)=1$，有 $-A+C=1$，所以 $C=1+A$，因此 $u(t)=-A+(1+A)e^t$，该式两侧从 0 到 1 积分得
$$\int_0^1 u(t)\mathrm{d}t=\int_0^1(-A+(1+A)e^t)\mathrm{d}t,$$
即 $A=-A+(1+A)(e-1)$，解得 $A=\dfrac{e-1}{3-e}$，所以 $u(t)=-A+(1+A)e^t=\dfrac{2e^t-e+1}{3-e}$。

(5) 解 $\begin{vmatrix}-x&1&1&1\\1&-y&1&1\\1&1&-z&1\\1&1&1&-w\end{vmatrix}=\begin{vmatrix}1&1&1&1\\0&-x&1&1\\0&1&-y&1\\0&1&1&-z&1\\0&1&1&1&-w\end{vmatrix}$

$\xrightarrow[i=2,3,4,5]{r_i-r_1}\begin{vmatrix}1&1&1&1\\-1&-x-1&0&0\\-1&0&-y-1&0\\-1&0&0&-z-1&0\\-1&0&0&0&-w-1\end{vmatrix}=\begin{vmatrix}1&1&1&1&1\\1&x+1&0&0&0\\1&0&y+1&0&0\\1&0&0&z+1&0\\1&0&0&0&w+1\end{vmatrix}$

$$\frac{c_1 - \frac{1}{1+x}c_2}{c_1 - \frac{1}{1+y}c_3} \begin{vmatrix} 1 - \frac{1}{1+x} - \frac{1}{1+y} - \frac{1}{1+z} - \frac{1}{1+w} & 1 & 1 & 1 & 1 \\ 0 & 1+x & 0 & 0 & 0 \\ 0 & 0 & 1+y & 0 & 0 \\ 0 & 0 & 0 & 1+z & 0 \\ 0 & 0 & 0 & 0 & 1+w \end{vmatrix}$$

$$= (1+x)(1+y)(1+z)(1+w)\left(1 - \frac{1}{1+x} - \frac{1}{1+y} - \frac{1}{1+z} - \frac{1}{1+w}\right).$$

又 $a^x = bcd$, $b^y = cda$, $c^z = dab$, $d^w = abc$, 所以有

$$1+x = \frac{\ln abcd}{\ln a}, \quad 1+y = \frac{\ln abcd}{\ln b}, \quad 1+z = \frac{\ln abcd}{\ln c}, \quad 1+w = \frac{\ln abcd}{\ln d}.$$

于是

$$(1+x)(1+y)(1+z)(1+w)\left(1 - \frac{1}{1+x} - \frac{1}{1+y} - \frac{1}{1+z} - \frac{1}{1+w}\right)$$

$$= \frac{(\ln abcd)^4}{\ln a \cdot \ln b \cdot \ln c \cdot \ln d}\left(1 - \frac{\ln a}{\ln abcd} - \frac{\ln b}{\ln abcd} - \frac{\ln c}{\ln abcd} - \frac{\ln d}{\ln abcd}\right)$$

$$= \frac{(\ln abcd)^4}{\ln a \cdot \ln b \cdot \ln c \cdot \ln d} \cdot \left(1 - \frac{\ln abcd}{\ln abcd}\right)$$

$$= 0.$$

二、证明 不妨设 $x_1 < x_2$, $x_3 < x_4$, 考虑辅助函数

$$F(t) = \frac{f((1-t)x_2 + tx_4) - f((1-t)x_1 + tx_3)}{(1-t)(x_2 - x_1) + t(x_4 - x_3)},$$

则 $F(t)$ 在闭区间 $[0,1]$ 上连续, 且 $F(0) = \alpha < \lambda < \beta = F(1)$. 根据连续函数介值定理, 存在 $t_0 \in (0,1)$, 使得 $F(t_0) = \lambda$.

令 $x_5 = (1-t_0)x_1 + t_0 x_3$, $x_6 = (1-t_0)x_2 + t_0 x_4$, 则 $x_5, x_6 \in (0,1)$, $x_5 < x_6$, 且

$$\lambda = F(t_0) = \frac{f(x_5) - f(x_6)}{x_5 - x_6}.$$

三、证明 令 $F(x) = \frac{4}{\pi} \cdot \frac{\arctan x \int_0^x f(t)dt}{\int_0^1 f(t)dt}$, 则 $F(0) = 0$, $F(1) = 1$, 且函数 $F(x)$ 在闭区间 $[0,1]$ 上可导. 根据介值定理, 存在点 $x_3 \in (0,1)$, 使 $F(x_3) = \frac{1}{2}$.

再分别在区间 $[0, x_3]$ 与 $[x_3, 1]$ 上利用拉格朗日中值定理, 可知存在 $x_1 \in (0, x_3)$, 使得 $F(x_3) - F(0) = F'(x_1)(x_3 - 0)$, 得

$$\frac{\pi}{8}\int_0^1 f(x)dx = \left[\frac{1}{1+x_1^2}\int_0^{x_1} f(x)dx + f(x_1)\arctan x_1\right]x_3;$$

且存在 $x_2 \in (x_3, 1)$, 使 $F(1) - F(x_3) = F'(x_2)(1 - x_3)$, 即

$$\frac{\pi}{8}\int_0^1 f(x)dx = \left[\frac{1}{1+x_2^2}\int_0^{x_2} f(x)dx + f(x_2)\arctan x_2\right](1 - x_3).$$

四、解 注意到 $\sqrt[n+1]{(n+1)!} - \sqrt[n]{n!} = n\left[\frac{\sqrt[n+1]{(n+1)!}}{\sqrt[n]{n!}} - 1\right]\frac{\sqrt[n]{n!}}{n}$, 而

$$\lim_{n \to \infty} \frac{\sqrt[n]{n!}}{n} = e^{\lim_{n \to \infty} \frac{1}{n}\sum_{i=1}^n \ln \frac{k}{n}} = e^{\int_0^1 \ln x dx} = \frac{1}{e},$$

$$\frac{\sqrt[n+1]{(n+1)!}}{\sqrt[n]{n!}} = \sqrt[(n+1)n]{\frac{[(n+1)!]^n}{(n!)^{n+1}}} = \sqrt[(n+1)n]{\frac{(n+1)^{n+1}}{(n+1)!}} = e^{-\frac{1}{n}\frac{1}{n+1}\sum_{k=1}^{n+1} \ln \frac{k}{n+1}},$$

利用等价无穷小替换 $e^x-1 \sim x(x \to 0)$，得

$$\lim_{n \to \infty} n\left[\frac{\sqrt[n+1]{(n+1)!}}{\sqrt[n]{n!}} - 1\right] = -\lim_{n \to \infty} \frac{1}{n+1} \sum_{k=1}^{n+1} \ln \frac{k}{n+1} = -\int_0^1 \ln x \, dx = 1,$$

因此，所求极限为

$$\lim_{n \to \infty}\left[\sqrt[n+1]{(n+1)!} - \sqrt[n]{n!}\right] = \lim_{n \to \infty}\frac{\sqrt[n]{n!}}{n} \cdot \lim_{n \to \infty}\left[\frac{\sqrt[n+1]{(n+1)!}}{\sqrt[n]{n!}} - 1\right] = \frac{1}{e}.$$

五、证明 (1) 二次型 $H(\boldsymbol{x}) = \sum_{i=1}^{n} x_i^2 - \sum_{i=1}^{n-1} x_i x_{i+1}$ 的矩阵为

$$\boldsymbol{A} = \begin{pmatrix} 1 & -\frac{1}{2} & & & \\ -\frac{1}{2} & 1 & -\frac{1}{2} & & \\ & -\frac{1}{2} & \ddots & \ddots & \\ & & \ddots & 1 & -\frac{1}{2} \\ & & & -\frac{1}{2} & 1 \end{pmatrix}.$$

因为 $\boldsymbol{A}$ 实对称，其任意 k 阶顺序主子式 $\Delta_k > 0$，所以 $\boldsymbol{A}$ 正定，故结论成立。

(2) 对 $\boldsymbol{A}$ 作分块如下 $\boldsymbol{A} = \begin{pmatrix} \boldsymbol{A}_{n-1} & \boldsymbol{\alpha} \\ \boldsymbol{\alpha}^T & 1 \end{pmatrix}$，其中 $\boldsymbol{\alpha} = \left(0, \cdots, 0, -\frac{1}{2}\right)^T \in \mathbb{R}^{n-1}$，取可逆矩阵 $\boldsymbol{P} = \begin{pmatrix} \boldsymbol{I}_{n-1} & -\boldsymbol{A}_{n-1}^{-1}\boldsymbol{\alpha} \\ \boldsymbol{0} & 1 \end{pmatrix}$，

则 $\boldsymbol{P}^T \boldsymbol{A} \boldsymbol{P} = \begin{pmatrix} \boldsymbol{A}_{n-1} & \boldsymbol{0} \\ \boldsymbol{0} & 1 - \boldsymbol{\alpha}^T \boldsymbol{A}_{n-1}^{-1} \boldsymbol{\alpha} \end{pmatrix} = \begin{pmatrix} \boldsymbol{A}_{n-1} & \boldsymbol{0} \\ \boldsymbol{0} & a \end{pmatrix}$，其中 $a = 1 - \boldsymbol{\alpha}^T \boldsymbol{A}_{n-1}^{-1} \boldsymbol{\alpha}$。

记 $\boldsymbol{x} = \boldsymbol{P}\begin{pmatrix} \boldsymbol{x}_0 \\ 1 \end{pmatrix}$，其中 $\boldsymbol{x}_0 = (x_1, x_2, \cdots, x_{n-1})^T \in \mathbb{R}^{n-1}$，因为

$$H(\boldsymbol{x}) = \boldsymbol{x}^T \boldsymbol{A} \boldsymbol{x} = (\boldsymbol{x}_0^T, 1) \boldsymbol{P}^T (\boldsymbol{P}^T)^{-1} \begin{pmatrix} \boldsymbol{A}_{n-1} & \boldsymbol{0} \\ \boldsymbol{0} & a \end{pmatrix} \boldsymbol{P}^{-1} \boldsymbol{P} \begin{pmatrix} \boldsymbol{x}_0 \\ 1 \end{pmatrix} = \boldsymbol{x}_0^T \boldsymbol{A}_{n-1} \boldsymbol{x}_0 + a,$$

且 $\boldsymbol{A}_{n-1}$ 正定，所以 $H(\boldsymbol{x}) = \boldsymbol{x}_0^T \boldsymbol{A}_{n-1} \boldsymbol{x}_0 + a \geq a$，当 $\boldsymbol{x} = \boldsymbol{P}\begin{pmatrix} \boldsymbol{0} \\ 1 \end{pmatrix} = \boldsymbol{P}\begin{pmatrix} \boldsymbol{0} \\ 1 \end{pmatrix}$ 时，$H(\boldsymbol{x}) = a$。

因此，$H(\boldsymbol{x})$ 满足条件 $x_n = 1$ 的最小值为 a。

六、证明 在格林公式

$$\oint_C P(x, y) dx + Q(x, y) dy = \iint_D \left(\frac{\partial Q}{\partial x} - \frac{\partial P}{\partial y}\right) dx dy$$

中，依次取 $P = yf(x, y), Q = 0$ 和取 $P = 0, Q = xf(x, y)$，分别可得

$$\iint_D f(x, y) dx dy = -\oint_C yf(x, y) dx - \iint_D y \frac{\partial f}{\partial y} dx dy,$$

$$\iint_D f(x, y) dx dy = \oint_C xf(x, y) dy - \iint_D x \frac{\partial f}{\partial x} dx dy.$$

两式相加，得

$$\iint_D f(x, y) dx dy = \frac{a^2}{2} \oint_C -y dx + x dy - \frac{1}{2} \iint_D \left(x \frac{\partial f}{\partial x} + y \frac{\partial f}{\partial y}\right) dx dy = I_1 + I_2.$$

对 I_1 再次利用格林公式，得 $I_1 = \frac{a^2}{2} \oint_C -y dx + x dy = a^2 \iint_D dx dy = \pi a^4$。

对 I_2 的被积函数利用柯西不等式，得

$$|I_2| \leq \frac{1}{2} \iint_D \left|x \frac{\partial f}{\partial x} + y \frac{\partial f}{\partial y}\right| dx dy \leq \frac{1}{2} \iint_D \sqrt{x^2 + y^2} \sqrt{\left(\frac{\partial f}{\partial x}\right)^2 + \left(\frac{\partial f}{\partial y}\right)^2} dx dy$$

$$\leq \frac{a}{2} \iint_D \sqrt{x^2 + y^2} dx dy = \frac{1}{3} \pi a^4.$$

因此,有
$$\left|\iint_D f(x,y)\mathrm{d}x\mathrm{d}y\right| \leqslant \pi a^4 + \frac{1}{3}\pi a^4 = \frac{4}{3}\pi a^4.$$

七、证明 (1)若 $q>1$,则 $\exists p \in \mathbf{R}$,使得 $q>p>1$。根据极限性质,$\exists N \in \mathbf{Z}^+$,使得 $\forall n>N$,有 $\dfrac{\ln\dfrac{1}{a_n}}{\ln n}>p$,即 $a_n<\dfrac{1}{n^p}$。而 $p>1$ 时 $\sum\limits_{n=1}^{\infty}\dfrac{1}{n^p}$ 收敛,所以 $\sum\limits_{n=1}^{\infty}a_n$ 收敛。

若 $q<1$,则 $\exists p \in \mathbf{R}$,使得 $q<p<1$。根据极限性质,$\exists N \in \mathbf{Z}^+$,使得 $\forall n>N$,有 $\dfrac{\ln\dfrac{1}{a_n}}{\ln n}<p$,即 $a_n>\dfrac{1}{n^p}$。而 $p<1$ 时 $\sum\limits_{n=1}^{\infty}\dfrac{1}{n^p}$ 收散,所以 $\sum\limits_{n=1}^{\infty}a_n$ 发散。

(2)当 $q=1$ 时,级数 $\sum\limits_{n=1}^{\infty}a_n$ 可能收敛,也可能发散。例如:$a_n=\dfrac{1}{n}$ 满足条件,但级数 $\sum\limits_{n=1}^{\infty}a_n$ 发散;又如:$a_n=\dfrac{1}{n\ln^2 n}$ 满足条件,但级数 $\sum\limits_{n=1}^{\infty}a_n$ 收敛。

J9 第九届决赛微课

第十届全国大学生数学竞赛决赛(2019年非数学类)

试 题

一、填空题(本题共5个小题,每小题6分,共30分)

(1) 设函数 $y=\begin{cases}\dfrac{\sqrt{1-a\sin^2 x}-b}{x^2}, & x\neq 0,\\ 2, & x=0\end{cases}$,在点 $x=0$ 处连续,则 $a+b$ 的值为_____。

(2) 设 $a>0$,则 $\displaystyle\int_0^{+\infty}\dfrac{\ln x}{x^2+a^2}dx=$ _____。

(3) 设曲线 L 是空间区域 $0\leqslant x\leqslant 1, 0\leqslant y\leqslant 1, 0\leqslant z\leqslant 1$ 的表面与平面 $x+y+z=\dfrac{3}{2}$ 的交线,则 $\left|\displaystyle\oint_L (z^2-y^2)dx+(x^2-z^2)dy+(y^2-x^2)dz\right|=$ _____。

(4) 设函数 $z=z(x,y)$ 是由方程 $F(x-y,z)=0$ 确定,其中 $F(u,v)$ 具有连续的二阶偏导数。则 $\dfrac{\partial^2 z}{\partial x\partial y}=$ _____。

(5) 已知二次型 $f(x_1,x_2,\cdots,x_n)=\displaystyle\sum_{i=1}^n\left(x_i-\dfrac{x_1+x_2+\cdots+x_n}{n}\right)^2$,则 f 的规范型为_____。

二、(12分) 设 $f(x)$ 在区间 $(-1,1)$ 内三阶连续可导,满足 $f(0)=0, f'(0)=1, f''(0)=0, f'''(0)=-1$;又设数列 $\{a_n\}$ 满足 $a_1\in(0,1), a_{n+1}=f(a_n)(n=1,2,\cdots)$,严格单调减少且 $\displaystyle\lim_{n\to\infty}a_n=0$。计算 $\displaystyle\lim_{n\to\infty}na_n^2$。

三、(12分) 设 $f(x)$ 在 $(-\infty,+\infty)$ 上具有连续导数,且 $|f(x)|\leqslant 1, f'(x)>0, x\in(-\infty,+\infty)$。证明:对于 $0<\alpha<\beta$,成立 $\displaystyle\lim_{n\to\infty}\int_\alpha^\beta f'\left(nx-\dfrac{1}{x}\right)dx=0$。

四、(12分) 计算三重积分 $\displaystyle\iiint_\Omega\dfrac{dxdydz}{(1+x^2+y^2+z^2)^2}$,其中 $\Omega: 0\leqslant x\leqslant 1, 0\leqslant y\leqslant 1, 0\leqslant z\leqslant 1$。

五、(12分) 求级数 $\displaystyle\sum_{n=1}^\infty \dfrac{1}{3}\cdot\dfrac{2}{5}\cdot\dfrac{3}{7}\cdot\cdots\cdot\dfrac{n}{2n+1}\cdot\dfrac{1}{n+1}$ 之和。

六、(11分) 设 A 是 n 阶幂零矩阵,即满足 $A^2=0$。证明:若 A 的秩为 r,且 $1\leqslant r<\dfrac{n}{2}$,则存在 n 阶可逆矩阵 P,使得 $P^{-1}AP=\begin{pmatrix}0 & E_r & 0\\ 0 & 0 & 0\end{pmatrix}$,其中 E_r 为 r 阶单位矩阵。

七、(11分) 设 $\{u_n\}_{n=1}^\infty$ 为单调递减的正实数列,$\displaystyle\lim_{n\to\infty}u_n=0$,$\{a_n\}_{n=1}^\infty$ 为一实数列,级数 $\displaystyle\sum_{n=1}^\infty a_n u_n$ 收敛,证明:$\displaystyle\lim_{n\to\infty}(a_1+a_2+\cdots+a_n)u_n=0$。

参考答案

一、(1)解 设 $y=f(x)$，由 $f(x)$ 在 $x=0$ 处连续，得 $\lim\limits_{x\to 0}f(x)=2$，故有 $\lim\limits_{x\to 0}(\sqrt{1-a\sin^2 x}-b)=0$，从而得 $b=1$。由此得

$$\lim_{x\to 0}\frac{\sqrt{1-a\sin^2 x}-b}{x^2}=\lim_{x\to 0}\frac{\sqrt{1-a\sin^2 x}-1}{x^2}=\lim_{x\to 0}\frac{-ax^2}{2x^2}=-\frac{a}{2}=2,$$

故有 $a=-4$。

因此 $a+b=-3$。

(2)解
$$\int_0^{+\infty}\frac{\ln x}{x^2+a^2}dx \xrightarrow{\diamondsuit\ x=at} \int_0^{+\infty}\frac{\ln a+\ln t}{a(t^2+1)}dt$$
$$=\frac{\ln a}{a}\int_0^{+\infty}\frac{dt}{t^2+1}+\frac{1}{a}\int_0^{+\infty}\frac{\ln t}{t^2+1}dt$$
$$=\frac{\ln a}{a}\arctan t\Big|_0^{+\infty}+\frac{1}{a}\left(\int_0^1\frac{\ln t}{t^2+1}dt+\int_1^{+\infty}\frac{\ln t}{t^2+1}dt\right)$$
$$=\frac{\pi\ln a}{2a}+\frac{1}{a}\left(\int_0^1\frac{\ln t}{t^2+1}dt+\int_1^{+\infty}\frac{\ln t}{t^2+1}dt\right).$$

又 $\int_1^{+\infty}\frac{\ln t}{t^2+1}dt \xrightarrow{u=\frac{1}{t}} \int_1^0\frac{\ln\frac{1}{u}}{\frac{1}{u^2}+1}\left(-\frac{1}{u^2}\right)du=-\int_0^1\frac{\ln u}{u^2+1}du=-\int_0^1\frac{\ln t}{t^2+1}dt,$

故 $\int_0^{+\infty}\frac{\ln x}{x^2+a^2}dx=\frac{\pi\ln a}{2a}$。

(3)解 空间区域与平面 $x+y+z=\frac{3}{2}$ 的交线 L 如题(3)图所示，L 所围图形 Σ 为边长为 $\frac{\sqrt{2}}{2}$ 的正六边形。平面 $x+y+z=\frac{3}{2}$ 的法向量为 $\boldsymbol{n}=(1,1,1)$。其方向余弦为 $\cos\alpha=\cos\beta=\cos\gamma=\frac{\sqrt{3}}{3}$。

由斯托克斯公式得

$$\left|\oint_L(z^2-y^2)dx+(x^2-z^2)dy+(y^2-x^2)dz\right|$$

$$=\left|\iint_\Sigma\begin{vmatrix}1 & 1 & 1\\ \frac{\partial}{\partial x} & \frac{\partial}{\partial y} & \frac{\partial}{\partial z}\\ z^2-y^2 & x^2-z^2 & y^2-x^2\end{vmatrix}\frac{\sqrt{3}}{3}dS\right|$$

$$=\frac{\sqrt{3}}{3}\iint_\Sigma 4(x+y+z)dS$$

$$=\frac{\sqrt{3}}{3}\times 4\times\frac{3}{2}\iint_\Sigma dS$$

$$=2\sqrt{3}\times\frac{3\sqrt{3}}{4}=\frac{9}{2}。$$

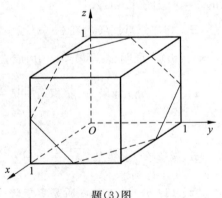

题(3)图

(4)解 方程 $F(x-y,z)=0$ 关于 x 求导，将 y 看作常数，z 看作 x，y 的二元函数，得

$$F'_1+F'_2\frac{\partial z}{\partial x}=0,$$

解得 $\dfrac{\partial z}{\partial x}=-\dfrac{F'_1}{F'_2}$。同理可得 $\dfrac{\partial z}{\partial y}=\dfrac{F'_1}{F'_2}$。

$$\frac{\partial^2 z}{\partial x \partial y} = \frac{\partial}{\partial y}\left(\frac{\partial z}{\partial x}\right) = \frac{\partial}{\partial y}\left(-\frac{F_1'}{F_2'}\right)$$

$$= -\frac{\frac{\partial(F_1')}{\partial y} \cdot F_2' - F_1' \cdot \frac{\partial(F_2')}{\partial y}}{F_2'^2}$$

$$= -\frac{\left(-F_{11}'' + F_{12}'' \frac{\partial z}{\partial y}\right)F_2' - F_1'\left(-F_{21}'' + F_{22}''\frac{\partial z}{\partial y}\right)}{F_2'^2}$$

$$= \frac{F_1'^2 F_{22}'' - 2F_1' F_2' F_{12}'' + F_2'^2 F_{11}''}{F_2'^3}。$$

(5) **解** 令 $x = (x_1, x_2, \cdots, x_n)$, $\bar{x} = \frac{x_1 + x_2 + \cdots + x_n}{n}$, 则

$$f(x) = (x_1 - \bar{x})^2 + (x_2 - \bar{x})^2 + \cdots + (x_n - \bar{x})^2$$
$$= x_1^2 + x_2^2 + \cdots + x_n^2 + n\bar{x}^2 - 2n\bar{x}^2$$
$$= x_1^2 + x_2^2 + \cdots + x_n^2 - \frac{(x_1 + x_2 + \cdots + x_n)^2}{n}。$$

设

$$A = \begin{pmatrix} 1 - \frac{1}{n} & -\frac{1}{n} & \cdots & -\frac{1}{n} \\ -\frac{1}{n} & 1 - \frac{1}{n} & \cdots & -\frac{1}{n} \\ \vdots & \vdots & \ddots & \vdots \\ -\frac{1}{n} & -\frac{1}{n} & \cdots & 1 - \frac{1}{n} \end{pmatrix},$$

则 $f = xAx^T$。

由 $|A - \lambda E| = 0$ 得

$$\begin{vmatrix} 1 - \frac{1}{n} - \lambda & -\frac{1}{n} & \cdots & -\frac{1}{n} \\ -\frac{1}{n} & 1 - \frac{1}{n} - \lambda & \cdots & -\frac{1}{n} \\ \vdots & \vdots & \ddots & \vdots \\ -\frac{1}{n} & -\frac{1}{n} & \cdots & 1 - \frac{1}{n} - \lambda \end{vmatrix} = 0,$$

解得 $\lambda_1 = \lambda_2 = \cdots = \lambda_{n-1} = 1$, $\lambda_n = 0$。

故 f 的规范形为 $y_1^2 + y_2^2 + \cdots + y_{n-1}^2$。

二、解 由于 $f(x)$ 在区间 $(-1,1)$ 内三阶可导, $f(x)$ 在 $x=0$ 处有泰勒公式

$$f(x) = f(0) + f'(0)x + \frac{f''(0)}{2!}x^2 + \frac{f'''(0)}{3!}x^3 + o(x^3)。$$

又 $f(0) = 0, f'(0) = 1, f''(0) = 0, f'''(0) = -1$, 所以

$$f(x) = x - \frac{1}{6}x^3 + o(x^3)。 \quad \text{①}$$

由于 $a_1 \in (0,1)$, 数列 $\{a_n\}$ 严格单调且 $\lim_{n\to\infty} a_n = 0$, 则 $a_n > 0$, 且 $\left\{\frac{1}{a_n^2}\right\}$ 为严格单调增加趋于正无穷的数列, 注意到 $a_{n+1} = f(a_n)$, 故由施托尔茨定理及①式, 有

$$\lim_{n\to\infty} na_n^2 = \lim_{n\to\infty} \frac{n}{\frac{1}{a_n^2}} = \lim_{n\to\infty} \frac{1}{\frac{1}{a_{n+1}^2} - \frac{1}{a_n^2}} = \lim_{n\to\infty} \frac{a_n^2 a_{n+1}^2}{a_n^2 - a_{n+1}^2} = \lim_{n\to\infty} \frac{a_n^2 f^2(a_n)}{a_n^2 - f^2(a_n)}$$

$$= \lim_{n\to\infty} \frac{a_n^2 \left(a_n - \frac{1}{6}a_n^3 + o(a_n^3)\right)^2}{a_n^2 - \left(a_n - \frac{1}{6}a_n^3 + o(a_n^3)\right)^2} = \lim_{n\to\infty} \frac{a_n^4 - \frac{1}{3}a_n^6 + \frac{1}{36}a_n^8 + o(a_n^8)}{\frac{1}{3}a_n^4 - \frac{1}{36}a_n^6 + o(a_n^6)} = 3。$$

三、证明 令 $y(x) = x - \frac{1}{nx}$，则 $y'(x) = 1 + \frac{1}{nx^2} > 0$，故函数 $y(x)$ 在 $[\alpha, \beta]$ 上严格单调增加。记 $y(x)$ 的反函数为 $x(y)$，则 $x(y)$ 定义在 $\left[\alpha - \frac{1}{n\alpha}, \beta - \frac{1}{n\beta}\right]$ 上，且

$$x'(y) = \frac{1}{y'(x)} = \frac{1}{1 + \frac{1}{nx^2}} > 0,$$

于是

$$\int_\alpha^\beta f'\left(nx - \frac{1}{x}\right) dx = \int_{\alpha - \frac{1}{n\alpha}}^{\beta - \frac{1}{n\beta}} f'(ny) x'(y) dy。$$

根据积分中值定理，存在 $\xi_n \in \left[\alpha - \frac{1}{n\alpha}, \beta - \frac{1}{n\beta}\right]$，使得

$$\int_{\alpha - \frac{1}{n\alpha}}^{\beta - \frac{1}{n\beta}} f'(ny) x'(y) dy = x'(\xi_n) \int_{\alpha - \frac{1}{n\alpha}}^{\beta - \frac{1}{n\beta}} f'(ny) dy = \frac{x'(\xi_n)}{n} \left[f\left(n\beta - \frac{1}{\beta}\right) - f\left(n\alpha - \frac{1}{\alpha}\right) \right]。$$

因此

$$\left| \int_\alpha^\beta f'\left(nx - \frac{1}{x}\right) dx \right| \leq \frac{|x'(\xi_n)|}{n} \left[\left| f\left(n\beta - \frac{1}{\beta}\right) \right| + \left| f\left(n\alpha - \frac{1}{\alpha}\right) \right| \right] \leq \frac{2|x'(\xi_n)|}{n}。$$

注意到

$$0 < x'(\xi_n) = \frac{1}{1 + \frac{1}{n\xi_n^2}} < 1,$$

则

$$\left| \int_\alpha^\beta f'\left(nx - \frac{1}{x}\right) dx \right| \leq \frac{2}{n},$$

即

$$\lim_{n\to\infty} \int_\alpha^\beta f'\left(nx - \frac{1}{x}\right) dx = 0。$$

四、解 采用"先二后一"法，并利用对称性，得

$$I = 2\int_0^1 dz \iint_D \frac{dxdy}{(1 + x^2 + y^2 + z^2)^2}, \text{其中} D: 0 \leq x \leq 1, 0 \leq y \leq x。$$

用极坐标计算二重积分，得

$$I = 2\int_0^1 dz \int_0^{\frac{\pi}{4}} d\theta \int_0^{\sec\theta} \frac{rdr}{(1 + r^2 + z^2)^2} = \int_0^1 dz \int_0^{\frac{\pi}{4}} \left(\frac{1}{1 + z^2} - \frac{1}{1 + \sec^2\theta + z^2} \right) d\theta。$$

交换积分次序，得

$$I = \int_0^{\frac{\pi}{4}} d\theta \int_0^1 \left(\frac{1}{1 + z^2} - \frac{1}{1 + \sec^2\theta + z^2} \right) dz = \frac{\pi^2}{16} - \int_0^{\frac{\pi}{4}} d\theta \int_0^1 \frac{1}{1 + \sec^2\theta + z^2} dz。$$

作变量代换：$z = \tan t$，并利用对称性，得

$$\int_0^{\frac{\pi}{4}} d\theta \int_0^1 \frac{1}{1 + \sec^2\theta + z^2} dz = \int_0^{\frac{\pi}{4}} d\theta \int_0^{\frac{\pi}{4}} \frac{\sec^2 t}{\sec^2\theta + \sec^2 t} dt = \int_0^{\frac{\pi}{4}} d\theta \int_0^{\frac{\pi}{4}} \frac{\sec^2\theta}{\sec^2\theta + \sec^2 t} dt$$

$$= \frac{1}{2} \int_0^{\frac{\pi}{4}} d\theta \int_0^{\frac{\pi}{4}} \frac{\sec^2\theta + \sec^2 t}{\sec^2\theta + \sec^2 t} dt = \frac{1}{2} \times \frac{\pi^2}{16} = \frac{\pi^2}{32}。$$

所以 $I = \frac{\pi^2}{16} - \frac{\pi^2}{32} = \frac{\pi^2}{32}$。

五、解 级数通项 $a_n = \dfrac{1}{3} \cdot \dfrac{2}{5} \cdot \dfrac{3}{7} \cdot \cdots \cdot \dfrac{n}{2n+1} \cdot \dfrac{1}{n+1} = \dfrac{2(2n)!!}{(2n+1)!!\,(n+1)} \left(\dfrac{1}{\sqrt{2}}\right)^{2n+2}$。令

$$f(x) = \sum_{n=0}^{\infty} \dfrac{(2n)!!}{(2n+1)!!(n+1)} x^{2n+2},$$

则收敛区间为 $(-1,1)$,$\sum_{n=1}^{\infty} a_n = 2\left[f\left(\dfrac{1}{\sqrt{2}}\right) - \dfrac{1}{2}\right]$。

$$f'(x) = 2\sum_{n=0}^{\infty} \dfrac{(2n)!!}{(2n+1)!!} x^{2n+1} = 2g(x),\ 其中\ g(x) = \sum_{n=0}^{\infty} \dfrac{(2n)!!}{(2n+1)!!} x^{2n+1}。因为$$

$$g'(x) = 1 + \sum_{n=1}^{\infty} \dfrac{(2n)!!}{(2n-1)!!} x^{2n} = 1 + x\sum_{n=1}^{\infty} \dfrac{(2n-2)!!}{(2n-1)!!} 2nx^{2n-1}$$

$$= 1 + x\dfrac{\mathrm{d}}{\mathrm{d}x}\left(\sum_{n=1}^{\infty} \dfrac{(2n-2)!!}{(2n-1)!!} x^{2n}\right) = 1 + x\dfrac{\mathrm{d}}{\mathrm{d}x}[xg(x)],$$

所以 $g(x)$ 满足 $g(0)=0$,$g'(x) - \dfrac{x}{1-x^2} g(x) = \dfrac{1}{1-x^2}$。

解这个一阶线性微分方程,得

$$g(x) = \mathrm{e}^{\int \frac{x}{1-x^2}\mathrm{d}x}\left(\int \dfrac{1}{1-x^2} \mathrm{e}^{-\int \frac{x}{1-x^2}\mathrm{d}x}\mathrm{d}x + C\right) = \dfrac{\arcsin x}{\sqrt{1-x^2}} + \dfrac{C}{\sqrt{1-x^2}}。$$

由 $g(0)=0$ 得 $C=0$,故 $g(x) = \dfrac{\arcsin x}{\sqrt{1-x^2}}$,所以 $f(x) = (\arcsin x)^2$,$f\left(\dfrac{1}{\sqrt{2}}\right) = \dfrac{\pi^2}{16}$,且

$$\sum_{n=1}^{\infty} a_n = 2\left(\dfrac{\pi^2}{16} - \dfrac{1}{2}\right) = \dfrac{\pi^2 - 8}{8}。$$

六、证 存在 n 阶可逆矩阵 H,Q,使得 $A = H\begin{pmatrix} E_r & 0 \\ 0 & 0 \end{pmatrix} Q$,因为 $A^2 = 0$,所以有

$$A^2 = H\begin{pmatrix} E_r & 0 \\ 0 & 0 \end{pmatrix} QH\begin{pmatrix} E_r & 0 \\ 0 & 0 \end{pmatrix} Q = 0。$$

对 QH 作相应分块 $QH = \begin{pmatrix} R_{11} & R_{12} \\ R_{21} & R_{22} \end{pmatrix}$,则有

$$\begin{pmatrix} E_r & 0 \\ 0 & 0 \end{pmatrix} QH \begin{pmatrix} E_r & 0 \\ 0 & 0 \end{pmatrix} = \begin{pmatrix} E_r & 0 \\ 0 & 0 \end{pmatrix}\begin{pmatrix} R_{11} & R_{12} \\ R_{21} & R_{22} \end{pmatrix}\begin{pmatrix} E_r & 0 \\ 0 & 0 \end{pmatrix} = \begin{pmatrix} R_{11} & 0 \\ 0 & 0 \end{pmatrix} = 0,$$

因此 $R_{11} = 0$。

而 $Q = \begin{pmatrix} 0 & R_{12} \\ R_{21} & R_{22} \end{pmatrix} H^{-1}$,所以

$$A = H\begin{pmatrix} E_r & 0 \\ 0 & 0 \end{pmatrix} Q = H\begin{pmatrix} E_r & 0 \\ 0 & 0 \end{pmatrix}\begin{pmatrix} 0 & R_{12} \\ R_{21} & R_{22} \end{pmatrix} H^{-1} = H\begin{pmatrix} 0 & R_{12} \\ 0 & 0 \end{pmatrix} H^{-1}。$$

显然,$\mathrm{rank}(A) = \mathrm{rank}(R_{12}) = r$,所以 R_{12} 为行满秩矩阵。

因为 $r < \dfrac{n}{2}$,所以存在可逆矩阵 S_1,S_2,使得 $S_1 R_{12} S_2 = (E_r, 0)$。

令 $P = H\begin{pmatrix} S_1^{-1} & 0 \\ 0 & S_2 \end{pmatrix}$,则有

$$P^{-1}AP = \begin{pmatrix} S_1 & 0 \\ 0 & S_2^{-1} \end{pmatrix} H^{-1} AH \begin{pmatrix} S_1^{-1} & 0 \\ 0 & S_2 \end{pmatrix} = \begin{pmatrix} 0 & E_r & 0 \\ 0 & 0 & 0 \end{pmatrix}。$$

七、证明 由于 $\sum_{n=1}^{\infty} a_n u_n$ 收敛,所以对任意给定 $\varepsilon > 0$,存在自然数 N_1,使得当 $n > N_1$ 时,有

$$-\dfrac{\varepsilon}{2} < \sum_{k=N_1}^{n} a_k u_k < \dfrac{\varepsilon}{2}。 \tag{1}$$

因为 $\{u_n\}_{n=1}^{\infty}$ 为单调递减的正数列，所以
$$0 < \frac{1}{u_{N_1}} \leqslant \frac{1}{u_{N_1+1}} \leqslant \cdots \leqslant \frac{1}{u_n}. \tag{2}$$

注意到当 $m<n$ 时，有
$$\sum_{k=m}^{n} (A_k - A_{k-1}) b_k = A_n b_n - A_{m-1} b_m + \sum_{k=m}^{n-1} (b_k - b_{k+1}) A_k,$$

令 $A_0 = 0, A_k = \sum_{i=1}^{k} a_i \ (k=1,2,\cdots,n)$，得到
$$\sum_{k=1}^{n} a_k b_k = A_n b_n + \sum_{k=1}^{n-1} (b_k - b_{k+1}) A_k.$$

下面证明：对于任意自然数 n，如果 $\{a_n\}, \{b_n\}$ 满足
$$b_1 \geqslant b_2 \geqslant \cdots \geqslant b_n \geqslant 0, \ m \leqslant a_1 + a_2 + \cdots + a_n \leqslant M,$$
则有
$$b_1 m \leqslant \sum_{k=1}^{n} a_k b_k \leqslant b_1 M.$$

事实上，$m \leqslant A_k \leqslant M, b_k - b_{k+1} \geqslant 0$，即得到
$$m b_1 = m b_n + \sum_{k=1}^{n-1} (b_k - b_{k+1}) m \leqslant \sum_{k=1}^{n} a_k b_k \leqslant M b_n + \sum_{k=1}^{n-1} (b_k - b_{k+1}) M = M b_1.$$

利用(2)式，令 $b_1 = \frac{1}{u_n}, b_2 = \frac{1}{u_{n-1}}, \cdots$，可以得到 $-\frac{\varepsilon}{2} u_n^{-1} < \sum_{k=N_1}^{n} a_k < \frac{\varepsilon}{2} u_n^{-1}$，即
$$\left| \sum_{k=N_1}^{n} a_k u_n \right| < \frac{\varepsilon}{2}.$$

又由 $\lim_{n \to \infty} u_n = 0$ 知，存在自然数 N_2，使得当 $n > N_2$ 时，有
$$|(a_1 + a_2 + \cdots + a_{N_1-1}) u_n| < \frac{\varepsilon}{2}.$$

取 $N = \max\{N_1, N_2\}$，则当 $n > N$ 时，有
$$|(a_1 + a_2 + \cdots + a_n) u_n| < \frac{\varepsilon}{2} + \frac{\varepsilon}{2} = \varepsilon,$$

因此 $\lim_{n \to \infty} (a_1 + a_2 + \cdots + a_n) u_n = 0$。

J10 第十届决赛微课　　近年决赛试题及参考答案

参 考 文 献

[1] 张天德,窦慧.考研试题精选精解高等数学600题[M].济南:山东科学技术出版社,2016.
[2] 张天德,蒋晓芸.高等数学试题精选精解[M].济南:山东科学技术出版社,2007.
[3] 陈仲.高等数学竞赛题解析教程[M].南京:东南大学出版社,2013.
[4] 尹逊波,杨国俅.全国大学生竞赛辅导教程[M].哈尔滨:哈尔滨工业大学出版社,2012.
[5] 李晋明.大学生数学竞赛指南[M].北京:经济管理出版社,2011.
[6] 陈兆斗,黄光东,赵琳琳,邓燕.大学生数学竞赛习题精讲[M].2版.北京:清华大学出版社,2016.